Rainer Geißler
Werner Kammerloher
Hans Werner Schneider

**Berechnungs- und
Entwurfsverfahren der
Hochfrequenztechnik 1**

Aus dem Programm
Nachrichtentechnik

Schaltungen der Nachrichtentechnik
von D. Stoll

Verstärkertechnik
von D. Ehrhardt

Berechnungs- und Entwurfsverfahren der Hochfrequenztechnik
von R. Geißler, W. Kammerloher und H. W. Schneider

Entwurf analoger und digitaler Filter
von O. Mildenberger

Mobilfunknetze
von R. Eberhardt und W. Franz

Optoelektronik
von D. Jansen

Signalanalyse
von W. Bachmann

Digitale Signalverarbeitung
von Ad v. d. Enden und N. Verhoeckx

Analyse digitaler Signale
von W. Lechner und N. Lohl

Weitverkehrstechnik
von K. Kief

System- und Signaltheorie
von O. Mildenberger

Informationstheorie und Codierung
von O. Mildenberger

Methoden der digitalen Bildsignalverarbeitung
von P. Zamperoni

Vieweg

Rainer Geißler
Werner Kammerloher
Hans Werner Schneider

Berechnungs- und Entwurfsverfahren der Hochfrequenztechnik 1

Mit 109 Beispielen, 54 Übungsaufgaben
und mehr als 280 Abbildungen

Die Deutsche Bibliothek – CIP-Einheitsaufnahme

Geissler, Rainer:
Berechnungs- und Entwurfsverfahren der Hochfrequenztechnik /
Rainer Geissler; Werner Kammerloher; Hans Werner Schneider. –
Braunschweig; Wiesbaden: Vieweg.
1. Mit 109 Beispielen, 54 Übungsaufgaben. – 1993
  (Viewegs Fachbücher der Technik)
  ISBN 3-528-04749-6

NE: Kammerloher, Werner:; Schneider, Hans Werner:

Alle Rechte vorbehalten
© Friedr. Vieweg & Sohn Verlagsgesellschaft mbH, Braunschweig/Wiesbaden, 1993

Der Verlag Vieweg ist ein Unternehmen der Verlagsgruppe Bertelsmann International.

Das Werk einschließlich aller seiner Teile ist urheberrechtlich geschützt.
Jede Verwertung außerhalb der engen Grenzen des Urheberrechtsgesetzes ist
ohne Zustimmung des Verlags unzulässig und strafbar. Das gilt insbesondere für
Vervielfältigungen, Übersetzungen, Mikroverfilmungen und die Einspeicherung
und Verarbeitung in elektronischen Systemen.

Umschlaggestaltung: Klaus Birk, Wiesbaden
Druck und buchbinderische Verarbeitung: Lengericher Handelsdruckerei, Lengerich
Gedruckt auf säurefreiem Papier
Printed in Germany

ISBN 3-528-04749-6

Vorwort

Das vorliegende aus zwei Teilbänden bestehende Lehrbuch ist für Studierende der Nachrichtentechnik an Fachhochschulen und Universitäten konzipiert. Es dient als Ergänzung der bekannten Hochfrequenzbücher (siehe Literaturverzeichnis), bei denen auf Grund der Stoffülle die Herleitungen äußerst knapp gehalten sind.

Durch die Betrachtung nur einiger weniger Anwendungsfälle der HF-Technik ist es möglich, ausführliche (nachvollziehbare) Ableitungen durchzuführen und zum besseren Verständnis viele durchgerechnete Beispiele und Übungsaufgaben (Kleindruck) vorzusehen. Auch bei den Übungsaufgaben, deren Lösungen im Anhang zusammengestellt sind, wurde eine ausführliche Form des Lösungsweges angestrebt. Wo der inhaltliche Rahmen des Buches gesprengt wird, ist auf Darstellungen in der weiterführenden Literatur verwiesen (z. B. Computerprogramme).

Vorausgesetzt werden für Band I mathematische Kenntnisse über komplexe Rechnung, Differential- und Integralrechnung sowie Fourierreihen (Niveau: Fachhochschulvordiplom in Elektrotechnik). Für Band II werden zusätzlich Differentialgleichungen und die Feldtheorie benötigt.

Band I beinhaltet die wichtigsten HF-Berechnungsverfahren (Frequenzumsetzung, Filterung, Verstärkung und Oszillation) von Ersatzschaltungen mit diskreten Bauelementen. Außerdem werden in Band I (Kap. 7) das Kreis- und das Smithdiagramm für eine Schaltungssynthese vorgestellt, während die Dimensionierung bzw. Optimierung (heute in der Praxis mit Computerhilfe) mit den normierten Wellen des Kap. 9 (Band II) erfolgt. Weiterhin behandelt Band 2 die Wellenausbreitung bzw. -übertragung (spezielle Leistungsarten und Antennen). Der in den beiden Bänden dargestellte Stoff bietet somit eine Einführung in die HF-Technik sowie ihrer Berechnungsmethoden.

Den Mitarbeitern des Vieweg-Verlags danken wir für die sorgfältige Anfertigung der Zeichnungen und des Satzes.

Den Benutzern des Buches, vor allem aus dem Kreis der Studenten, danken wir im voraus für Verbesserungsvorschläge.

R. Geißler, W. Kammerloher, H. W. Schneider

Neu-Anspach, Frankfurt und Bad Orb,
im September 1993

Inhaltsverzeichnis

1 Frequenzumsetzung 1
   1.1 Kennlinienapproximation 12
      1.1.1 Ausgleichsrechnung 12
      1.1.2 Linearisierung 16
      1.1.3 Interpolationspolynom 21
      1.1.4 Taylorpolynom 25
   1.2 Aussteuerung einer nichtlinearen Kennlinie 26
      1.2.1 Pump- bzw. Oszillatoraussteuerung (eine Frequenz) 26
      1.2.2 Pump- und Signalaussteuerung (zwei Frequenzen) 32
   1.3 Empfänger 38
      1.3.1 Geradeausempfänger 38
      1.3.2 Überlagerungs- bzw. Superheterodynempfänger 39
   1.4 Frequenzumsetzer 45

2 Mischung 46
   2.1 Additive Mischung 46
      2.1.1 Schottkydiodenmischer 52
      2.1.2 Varaktormischer 59
      2.1.3 Transistormischer 80
      2.1.4 Selbstschwingende Mischstufe 84
   2.2 Multiplikative Mischung 87

3 Modulation 98
   3.1 Begriffe und Zweck der Modulation 98
   3.2 Amplituden-Modulation 100
      3.2.1 Theoretische Grundlagen 100
      3.2.2 Besondere Arten der AM 104
      3.2.3 Entstehung der AM 113
      3.2.4 Meßtechnische Aussagen 123
      3.2.5 Modulatorschaltungen 125
      3.2.6 Kreuzmodulation und Intermodulation 131
   3.3 Winkelmodulation 132
      3.3.1 Theoretische Grundlagen 133
      3.3.2 Frequenzspektrum 134
      3.3.3 Unterscheidung zwischen Frequenz- und Phasenmodulation 144
      3.3.4 Erzeugung einer FM 147
      3.3.5 Erzeugung einer PM 154
      3.3.6 Meßtechnische Aussagen 157

3.4 Digitale Modulationsverfahren mit Sinusträger 158
   3.4.1 Begriffe 158
   3.4.2 Spektrale Formung der Impulse 159
   3.4.3 Die 2-PSK bei Synchrondemodulation 166
   3.4.4 Die 4-PSK bei Synchrondemodulation 168
   3.4.5 16-QAM (16-APK) bei Synchrondemodulation 171
   3.4.6 Spektrale Eigenschaften 173
   3.4.7 Beispiele zur PSK 175

4 Demodulation 178
4.1 Demodulation von AM 178
   4.1.1 Hüllkurven-Demodulator 178
   4.1.2 Produktdemodulator (Synchrondemodulator) 186
4.2 Demodulation von FM und PM 188
   4.2.1 Umwandlung der FM in eine AM 188
   4.2.2 Umwandlung von FM in eine Pulsmodulation 193
   4.2.3 FM-Demodulator mit PLL-Schaltung 197
4.3 Demodulation der 2-PSK 198
   4.3.1 Trägerableitung bei der 2-PSK 198
   4.3.2 Bittaktableitung bei der 2-PSK 199
   4.3.3 Regenerierung des demodulierten Signales 201
4.4 Demodulation der 4-PSK 202
   4.4.1 Trägerableitung bei der 4-PSK 204
   4.4.2 Bittaktableitung bei der 4-PSK 207
4.5 Demodulation der 16-QAM 208
4.6 Phasendifferenz-Codierung 209

5 HF-Verstärker 212
5.1 Vorbetrachtung: Einfache Schwingkreise 212
   5.1.1 Einfacher verlustbehafteter Reihenschwingkreis 212
   5.1.2 Einfacher verlustbehafteter Parallelschwingkreis 215
   5.1.3 Generator-Einfluß auf den Schwingkreis 218
   5.1.4 Transformation von Last und Quelle am Parallelschwingkreis 222
5.2 Netzwerke zur Anpassung 225
   5.2.1 Anpassung zwischen Generator und Last 225
   5.2.2 Transformation mit 2 Blindelementen (L-Transformation) 226
   5.2.3 Transformation mit 3 Blindwiderständen 228
   5.2.4 Transformation mit $\lambda/4$-Leitung 231
5.3 Transistor-Ersatzschaltbilder 232
   5.3.1 Y-Parameter 232
   5.3.2 π-Ersatzbilder 235
   5.3.3 S-Parameter 238
5.4 Kleinsignal-Verstärker 242
   5.4.1 Betriebsverhalten eines Transistor-Vierpols 242
   5.4.2 Einstufiger Selektivverstärker 244
   5.4.3 Mehrkreisverstärker 248
   5.4.4 Verstärker-Berechnung mit S-Parametern 255

	5.5	Großsignalverstärker	262
		5.5.1 Betriebsarten und Wirkungsgrade bei Großsignalbetrieb	262
		5.5.2 A-Betrieb bei Großsignal-Aussteuerung	264
		5.5.3 B-Verstärker	267
		5.5.4 C-Verstärker	269

6 Oszillatoren . . . 279

6.1 Grundprinzip eines Zweipol-Oszillators . . . 279
6.2 Grundprinzip eines Vierpol-Oszillators . . . 285
6.3 Einige Grundtypen von Vierpol-Oszillatoren . . . 287
    6.3.1 RC-Oszillatoren . . . 287
    6.3.2 LC-Oszillatoren . . . 294
    6.3.3 Quarz-Oszillatoren . . . 306
    6.3.4 Allgemeine Analyse eines Oszillators mit Y-Parameters . . . 317
6.4 PLL-Raster-Oszillator . . . 322
    6.4.1 PLL-Grundkreis (linearer PLL) . . . 322
    6.4.2 Digitaler PLL . . . 328
    6.4.3 PLL-Frequenz-Synthesizer . . . 329

7 Kreisdiagramm . . . 334

7.1 Ortskurven vom Geraden- und Kreistyp . . . 334
    7.1.1 Geradenortskurven durch den Nullpunkt . . . 334
    7.1.2 Geradenortskurven in allgemeiner Lage . . . 335
    7.1.3 Kreisortskurven durch den Nullpunkt . . . 338
    7.1.4 Kreisortskurven in allgemeiner Lage . . . 343
    7.1.5 Inversionsregeln . . . 348
7.2 Ableitung des Kreisdiagramms . . . 349
7.3 Transformationsschaltungen . . . 356
7.4 Symmetrische Kompensation . . . 363
7.5 Phasendrehung von Spannung und Strom . . . 364
7.6 Vom Kreis- zum Smithdiagramm . . . 374
7.7 Kreise konstanter Wirkleistung . . . 391

Lösungen der Übungsaufgaben . . . 400

Anhang . . . 468

Zusammenstellung der benutzten mathematischen Operationen . . . 468
1 Fourierreihe . . . 468
2 Additionstheoreme . . . 469
3 Komplexe Umformungen . . . 470
4 Rotation . . . 470
5 Mathematische Zeichen . . . 470
6 Tabelle des Integralsinus . . . 471
7 Tabelle des Integralkosinus . . . 472
8 Legrendsche Polynome . . . 473

Literatur . . . 474

Sachwortverzeichnis . . . 476

Inhaltsübersicht Band 2

8 Leitungswellen vom Lecher-Typ
- 8.1 Ableitung der Leitungsgleichungen
- 8.2 Reflexionsfaktor
- 8.3 Leistungen
- 8.4 Verlustlose Leitungen

9 Normierte Wellen
- 9.1 Ersatzwellenquelle
- 9.2 Streuparameter
- 9.3 Transformierte Ersatzwellenquelle
- 9.4 Leistungsverstärkungen
- 9.5 Verlustloses, reziprokes Zweitor

10 Hohlleiter
- 10.1 Allgemeine Wellenleiter
- 10.2 Entstehung der Rechteckhohlleiterwellen
- 10.3 Grundwelle
- 10.4 Kontinuierlicher Hohlleiterübergang

11 Streifenleitungen

12 Antennen
- 12.1 Einleitung
- 12.2 Herzscher Dipol
- 12.3 Kenngrößen von Antennen
- 12.4 Dünne Linear-Antenne
- 12.5 Monopole
- 12.6 Magnetischer Dipol
- 12.7 Empfangsantenne
- 12.8 Richtantennen
- 12.9 Anpaßschaltungen
- 12.10 Spezielle Antennen
- 12.11 Flächenantennen

Lösungen der Übungsaufgaben

Anhang

Zusammenstellung der benutzten mathematischen Operationen

Literatur

Sachwortverzeichnis

1 Frequenzumsetzung

Eine Frequenzumsetzung tritt auf bei der Frequenzvervielfachung, der Mischung, der Frequenzteilung, der Modulation und der Demodulation. Die elementaren Grundlagen der Frequenzumsetzung werden anhand von idealisierten Kennlinien vorgestellt. Der Grund für die Idealisierung liegt in der geschlossenen Lösbarkeit und damit Überschaubarkeit der Fourierintegrale. Für reale Probleme der Praxis dient dann die Kennlinienapproximation des Kapitels 1.1; die Kennlinienapproximation und die nachfolgenden Berechnungsverfahren können auch noch in einigen Jahren auf Bauelemente angewendet werden, die z. Z. noch nicht auf dem Markt sind. Mit diesen meßtechnisch aufgenommenen und fehlerminimierten Kennlinien ist man dann prinzipiell in der Lage, einen Frequenzvervielfacher (Kapitel 1.2.1), Empfänger (Kapitel 1.3), Mischer (Kapitel 2), Modulator (Kapitel 3) oder Demodulator (Kapitel 4) zu berechnen, d. h. die wichtigsten Schaltungen der Hochfrequenztechnik.

Betrachten wir die idealisierte Schaltung in Bild 1-1a: Ein Generator liefert die eingeprägte (Innenwiderstand $R_i = 0$) Spannung $u_P(t) = \hat{u}_P \cos(\omega_P t)$. Der Index P bedeutet Pumpe bzw. Pump- oder Oszillatorspannung. Bei den späteren Schaltungen wird ein Pumposzillator die Kennlinie großsignalmäßig durchsteuern. Nach dem Ohmschen Gesetz berechnet sich der Strom $i_P(t)$ aus

$$i_P(t) = \frac{u_P(t)}{R} = \frac{\hat{u}_P \cos(\omega_P t)}{R} = \hat{i}_P \cos(\omega_P t), \quad \text{mit} \quad \hat{i}_P = \frac{\hat{u}_P}{R}. \tag{1/1}$$

Man erkennt sofort an diesem einfachen Fall, daß die Frequenz f_P des Stromes natürlich identisch ist mit der Frequenz f_P der Spannung; eine Frequenzumsetzung von der Frequenz f_P auf z. B. $n \cdot f_P$ ($n = 0, 1, 2, 3 \ldots$) ist mit unserem idealen Widerstand R nicht möglich.

Dieser Sachverhalt ist auch gegeben, wenn man statt der eingeprägten Spannung in Bild 1-1a einen eingeprägten (Innenwiderstand $R_i \to \infty$) Strom $i_P(t) = \hat{i}_P \cos(\omega_P t)$ voraussetzt (Bild 1-1b):

$$u_P(t) = i_P(t) R = \hat{i}_P R \cos(\omega_P t) = \hat{u}_P \cos(\omega_P t), \quad \text{mit} \quad \hat{u}_P = \hat{i}_P R. \tag{1/2}$$

Die Ursache dieses Verhaltens ist im idealen Widerstand R zu sehen. In Bild 1-2 ist die Kennlinie dieses Widerstandes skizziert. Je nach Größe des Widerstandes R verändert sich der Steigungswinkel α für die Gerade durch den Nullpunkt ($R = 0 \Rightarrow \alpha = 90°$, $R \to \infty \Rightarrow \alpha \to 0°$). Die Gerade in Bild 1-2 verknüpft *linear* Strom und Spannung. Man nennt deshalb die dargestellte Kennlinie in Bild 1-2 eine *lineare* Kennlinie.

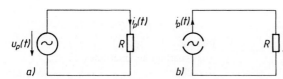

Bild 1-1
Aussteuerung eines ohmschen Widerstandes
a) Spannungssteuerung
b) Stromsteuerung

Mit dieser Bezeichnung läßt sich folgendes allgemein formulieren:

Eine Frequenzumsetzung an einer linearen Kennlinie ist nicht möglich.

Diese Aussage läßt sich auch grafisch aus Bild 1-2 gewinnen. In Bild 1-2 wurde I als Ordinate und U als Abszisse gewählt, weil bei Halbleiterkennlinien (Diode, Transistor) diese Darstellung benutzt wird (s. Datenbücher). Liegt eine Konstantspannungseinspeisung wie in Bild 1-1a vor, dann wird als erstes die Spannung $u_P(t) = \hat{u}_P \cos(\omega_P t)$, wie in Bild 1-2 dargestellt, eingezeichnet. Der Nullpunkt auf der $\omega_P t$-Achse (gleichwertig mit der negativen I-Achse) kann beliebig gewählt werden. Aus Übersichtsgründen ist eine Wahl günstig, bei der der skizzierte $\cos(\omega_P t)$-Spannungsverlauf die gegebene Kennlinie nicht schneidet. Die gleichen Überlegungen gelten beim Nullpunkt des i_P-Koordinatensystems. Die Abstände $0-\pi/2$, $\pi/2-\pi$, $\pi-3\pi/2$ usw. auf den $\omega_P t$-Achsen müssen bei der u_P- und i_P-Darstellung gleich sein, der Dehnungsfaktor ist jedoch beliebig. Für gleiche Zeitpunkte auf den $\omega_P t$-Achsen läßt sich der i_P-Verlauf durch Projektion des u_P-Verlaufs an der gegebenen Kennlinie punktweise ermitteln.

Bei stark nichtlinearen Kennlinien ist es sinnvoll, sehr viele Punkte zu projizieren. Die Punkte werden dann mit einem Kurvenlineal verbunden, und man erhält somit grafisch den Stromverlauf.

Die lineare Kennlinie in Bild 1-2 muß natürlich wieder einen $\cos(\omega_P t)$-förmigen Verlauf liefern, d. h. auch aus der Skizze in Bild 1-2 ist zu erkennen, daß die Frequenz f_P beim Strom identisch ist mit der Frequenz f_P der zuerst gezeichneten Spannung $u_P(t)$, da $i_P(t)$ infolge der linearen Kennlinie unverzerrt abgebildet wird.

Liegt der duale Fall des Bildes 1-1b vor, also eine Konstantstromeinspeisung, dann wird in Bild 1-2 zuerst der $\cos(\omega_P t)$-förmige $i_P(t)$-Verlauf skizziert und daraus durch Projektion die $u_P(t)$-Kurve gewonnen.

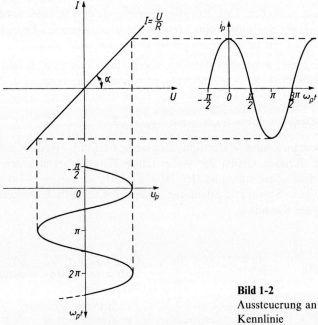

Bild 1-2
Aussteuerung an einer linearen Kennlinie

1 Frequenzumsetzung

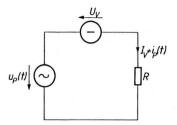

Bild 1-3
Spannungssteuerung mit Vorspannung

- **Beispiel 1/1:** Gegeben ist die in Bild 1-3 skizzierte Schaltung mit $u_P(t) = \hat{u}_P \cos(\omega_P t)$:

$\hat{u}_P = 0{,}4 \text{ V}, \quad U_V = 0{,}6 \text{ V}, \quad R = 20 \text{ }\Omega.$

Skizzieren Sie quantitativ die I-U-Kennlinie, und ermitteln Sie grafisch $i_P(t)$.

Lösung:

Widerstandskennlinie $\triangleq$ Gerade durch den Nullpunkt
(durch 2 Punkte ist eine Gerade eindeutig festgelegt)
1. Punkt: z. B. Nullpunkt,

2. Punkt: z. B. $U_{max} = U_V + \hat{u}_P = 1 \text{ V}, \quad I_{max} = \dfrac{U_{max}}{R} = 50 \text{ mA}.$

Mit den Wertepaaren (0 mA, 0 V) und (50 mA, 1 V) läßt sich die I-U-Kennlinie zeichnen, der Arbeitspunkt U_V und die $\cos(\omega_P t)$-förmige $u_P(t)$-Aussteuerung eintragen. Durch Projektion erhält man $i_P(t)$ (s. Bild 1-4).

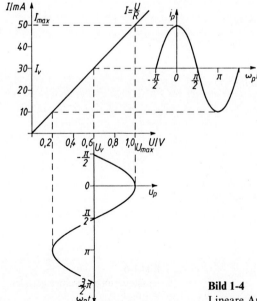

Bild 1-4
Lineare Aussteuerverhältnisse

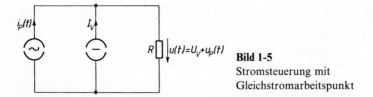

Bild 1-5
Stromsteuerung mit
Gleichstromarbeitspunkt

■ **Übung 1/1:** Gegeben ist die in Bild 1-5 dargestellte Schaltung mit $i_P(t) = \hat{i}_P \sin(\omega_P t)$:
$\hat{i}_P = 30\,\text{mA}$, $I_V = -40\,\text{mA}$, $R = 7,5\,\Omega$.
Skizzieren Sie quantitativ die I-U-Kennlinie, und ermitteln Sie grafisch $u_P(t)$.

Der ideale Widerstand R in Beispiel 1/1 hat eine lineare Kennlinie, so daß eine Frequenzumsetzung nicht möglich ist. Die Vorspannung U_V hat keinen Einfluß auf die Kurvenform des Stromes $i_P(t)$.

Dagegen kann in Bild 1-6 (bei konstanter Amplitude $\hat{u}_P$) durch Variation der Vorspannung U_V die Kurvenform des Stromes $i(t)$ verändert werden. Für $U_V < 0$ (z. B. $U_V = -6\,\text{V}$) und $\hat{u}_P < |U_V|$ (z. B. $\hat{u}_P = 5\,\text{V}$) fließt kein Strom, ist also auch keine Frequenzumsetzung möglich. Wählt man $U_V = 0,6\,\text{V}$ und $\hat{u}_P = 0,4\,\text{V}$ wie in Beispiel 1/1 (s. Bild 1-4), dann wird durch die kosinusförmige Spannung der lineare Kennlinienteil $I = b \cdot U$ durchgesteuert, und man erhält analog zu Bild 1-4 einen kosinusförmigen Strom $i(t) = i_P(t)$ der Frequenz f_P. Für diesen Arbeitspunkt wirkt die nichtlineare Gesamtkennlinie linear, so daß auch hier keine Frequenzumsetzung möglich ist. Mit der in Bild 1-6 dargestellten Kennlinie könnte man in der Praxis in grober Näherung eine Halbleiterdiode beschreiben. Eine bessere Näherung für die Diodenkennlinie liefert die in Übung 1/2 benutzte Kennlinie, mit der man die Schwell- oder Schleusenspannung der Diode berücksichtigen kann.

Betrachtet man die in Bild 1-6 gezeichnete Aussteuerung ($U_V < 0$, $\hat{u}_P > |U_V|$), dann erkennt man, daß nur für $-\Theta < \omega_P t < \Theta$ ein Stromfluß möglich ist. Aus diesem Grund nennt man den Winkel Θ Stromflußwinkel (definiert für $0 \leq \Theta \leq \pi$).

Aus Bild 1-6 folgt:

$$U_V + \hat{u}_P \cos(\Theta) = 0 \Rightarrow \cos(\Theta) = -\frac{U_V}{\hat{u}_P}. \tag{1/3}$$

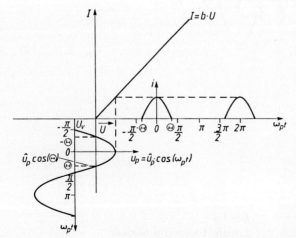

Bild 1-6
Aussteuerung mit einer geraden
Zeitfunktion

1 Frequenzumsetzung

Weiterhin lassen sich aus Bild 1-6 die Aussteuerspannung

$$u = U_V + \hat{u}_P \cos(\omega_P t) \tag{1/4}$$

und die Kennliniengleichung

$$i = b \cdot u \tag{1/5}$$

entnehmen. Setzt man (1/4) in (1/5) ein, dann ergibt sich

$$i = b[U_V + \hat{u}_P \cos(\omega_P t)] = b\hat{u}_P \left[\cos(\omega_P t) - \left(-\frac{U_V}{\hat{u}_P}\right)\right],$$

und mit (1/3) folgt schließlich

$$i = b\hat{u}_P [\cos(\omega_P t) - \cos(\Theta)]. \tag{1/6}$$

Durch die kosinusförmige Aussteuerung in Bild 1-6 wird die nichtlineare Kennlinie periodisch durchfahren. Deshalb kann man die periodische Funktion $i(\omega_P t)$ in (1/6) durch eine trigonometrische Summe beschreiben. Wählt man für die Koeffizienten der trigonometrischen Summe die Fourierkoeffizienten, dann wird der mittlere quadratische Fehler zwischen Ursprungs- und Approximationsfunktion am kleinsten. Die Fourierreihe konvergiert an allen Stetigkeitsstellen der Zeitfunktion gegen den Funktionswert und an allen Unstetigkeitsstellen (Bedingung: Pro Periode nur endlich viele Unstetigkeitsstellen) gegen das arithmetische Mittel aus rechts- und linksseitigem Grenzwert [1].

Damit die Berechnung der Fourierintegrale einfacher wird, sollte man das Koordinatensystem der Aussteuerfunktion so legen, daß man eine gerade ($f(t) = f(-t)$) oder ungerade ($f(t) = -f(-t)$) Aussteuerfunktion erzeugt. In Bild 1-6 wird mit $\cos(\omega_P t)$ die Kennlinie durchfahren, d. h. mit einer geraden ($\cos(\omega_P t) = \cos(-\omega_P t)$) Zeitfunktion. Damit erreicht man nach (A7), daß die b_n-Glieder der reellen Fourierreihe in (A1) zu Null werden, so daß man mit der reellen Fourierreihe

$$i = i_0 + \sum_{n=1}^{\infty} i_n \cos(n\omega_P t) \tag{1/7}$$

arbeiten darf. Mit der Substitution $x = \omega_P t$ geht (1/6) über in

$$i = b\hat{u}_P [\cos(x) - \cos(\Theta)]. \tag{1/8}$$

Mit (A5) kann man den Gleichstrom $I = i_0$ berechnen, der auf Grund der nichtlinearen Kennlinie entsteht:

$$i_0 = \frac{1}{\pi} \int_0^{\Theta} b\hat{u}_P [\cos(x) - \cos(\Theta)] \, dx = \frac{b\hat{u}_P}{\pi} \cdot [\sin(x) - \cos(\Theta) x] \Big|_0^{\Theta},$$

$$i_0 = \frac{b\hat{u}_P}{\pi} \cdot [\sin(\Theta) - \Theta \cos(\Theta)]. \tag{1/9}$$

Die bekannte Einweggleichrichtung läßt sich nachrichtentechnisch auch so auffassen, daß die Energie bei der Frequenz f_P teilweise in Energie bei der Frequenz $f = 0$ (Gleichstrom) umgesetzt wird. Weiterhin können je nach Wahl des Stromflußwinkels Θ Energieanteile bei den Frequenzen $n \cdot f_P$ (s. (1/7)) auftreten. Zur Berechnung der in (1/7) benötigten Fourierkoeffizienten i_n setzen wir (1/8) in (A6) ein:

$$i_n = \frac{2}{\pi} \int_0^\Theta b\hat{u}_P [\cos(x) - \cos(\Theta)] \cos(nx) \, dx,$$

$$i_n = \frac{2b\hat{u}_P}{\pi} \left[\int_0^\Theta \cos(x) \cos(nx) \, dx - \cos(\Theta) \int_0^\Theta \cos(nx) \, dx \right].$$

Nach [1] erhält man als Lösung der Integrale:

$$i_n = \frac{2b\hat{u}_P}{\pi} \left[\frac{\sin((1-n)x)}{2(1-n)} + \frac{\sin((1+n)x)}{2(1+n)} - \frac{\cos(\Theta) \sin(nx)}{n} \right]_0^\Theta,$$

$$i_n = \frac{2b\hat{u}_P}{\pi} \left[\frac{\sin((1-n)\Theta)}{2(1-n)} + \frac{\sin((1+n)\Theta)}{2(1+n)} - \frac{\cos(\Theta) \sin(n\Theta)}{n} \right].$$

Mit Hilfe des Additionstheorems in (A24) ($\alpha = n\Theta, \beta = \Theta$) folgt:

$$i_n = \frac{b\hat{u}_P}{\pi} \left\{ \frac{\sin((n-1)\Theta)}{n-1} + \frac{\sin((n+1)\Theta)}{n+1} - \left[\frac{\sin((n-1)\Theta) + \sin((n+1)\Theta)}{n} \right] \right\},$$

$$i_n = \frac{b\hat{u}_P}{\pi} \left[\frac{n \sin((n-1)\Theta)}{n(n-1)} + \frac{n \sin((n+1)\Theta)}{n(n+1)} \right.$$
$$\left. - \frac{(n-1)\sin((n-1)\Theta)}{n(n-1)} - \frac{(n+1)\sin((n+1)\Theta)}{n(n+1)} \right],$$

$$i_n = \frac{b\hat{u}_P}{n\pi} \left[\frac{\sin((n-1)\Theta)}{n-1} - \frac{\sin((n+1)\Theta)}{n+1} \right]. \tag{1/10}$$

Die Fourierkoeffizienten i_n in (1/10) können positives und negatives Vorzeichen aufweisen. Ein negatives Vorzeichen bedeutet eine 180°-Drehung in bezug auf die Aussteuergröße. Da wegen der geraden Aussteuerfunktion die Fourierkoeffizienten b_n nicht existieren, lassen sich nach (A14) die Amplituden mit $\hat{\imath}_n = |i_n|$ berechnen.

- **Übung 1/2:** Die Halbleiterdiode in Bild 1-7 wird näherungsweise mit der in Bild 1-8 skizzierten Knickkennlinie beschrieben. Die Aussteuerung erfolgt mit der geraden Funktion $u(t) = U_V + \hat{u}_P \cos(\omega_P t)$. Ein Strom kann nur fließen, wenn $u(t) > U_S$ ist. Daraus folgt der in Bild 1-8 eingezeichnete Stromflußwinkel Θ.

  a) Ermitteln Sie unter Zuhilfenahme des Stromflußwinkels Θ (s. Ableitung für Bild 1-6) die reellen Fourierkoeffizienten i_n.

  b) Berechnen Sie für $b = 50$ mS, $\hat{u}_P = 0{,}4$ V und $U_S = 0{,}6$ V die Vorspannung U_V, damit der Fourierkoeffizient $|i_6| = \hat{\imath}_6$ maximal wird. Wie groß ist dann i_6?

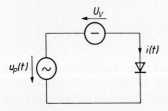

Bild 1-7
Spannungssteuerung (mit Vorspannung) einer Diode

1 Frequenzumsetzung

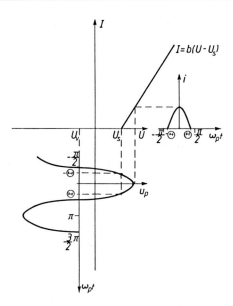

Bild 1-8
Aussteuerverhältnisse an einer
Knickkennlinie

Im MHz-Frequenzbereich verwendet man Quarzoszillatoren, wenn es auf eine hohe Frequenzkonstanz ankommt. Auf Grund der mechanischen Abmessungen lassen sich die Quarze im GHz-Gebiet nicht mehr verwenden. Um auch bei höheren Frequenzen nicht auf eine hohe Frequenzkonstanz verzichten zu müssen, werden Quarzoszillatoren im MHz-Bereich aufgebaut und die Ausgangssignale durch Frequenzvervielfachung in den GHz-Bereich transformiert. Dort werden die Signale entweder verstärkt und direkt genutzt, oder sie synchronisieren einen im GHz-Bereich freischwingenden Oszillator (PLL = Phase Locked Loop). Der Frequenzvervielfacher soll die Quarzoszillatorfrequenz f_P mit gutem Wirkungsgrad in $n \cdot f_P$ umwandeln. Verwendet man unsere nichtlineare Kennlinie in Bild 1-6, dann ist bei konstanter Aussteueramplitude $\hat{u}_P$ eine maximale Amplitude $\hat{\imath}_n$ für ein vorgegebenes n gesucht. Man findet das Maximum, wenn (1/10) nach Θ differenziert wird.

$$\frac{di_n}{d\Theta} = \frac{b\hat{u}_P}{n\pi} \left[\frac{(n-1)\cos((n-1)\Theta)}{n-1} - \frac{(n+1)\cos((n+1)\Theta)}{n+1} \right] \overset{!}{=} 0$$

$$\Rightarrow \cos((n-1)\Theta) = \cos((n+1)\Theta). \tag{1/11}$$

Man erhält maximales $\hat{\imath}_n = |i_n|$ für:

$$n = 0, 2, 4, 6 \ldots \quad \Theta = \frac{\pi}{2}, \tag{1/12a}$$

$$n = 1, 3, 5, 7 \ldots \quad \Theta = \frac{\pi}{n}. \tag{1/12b}$$

Bei konstanter Aussteueramplitude $\hat{u}_P$ läßt sich eine maximale Amplitude $\hat{\imath}_n$ für ein gefordertes n ($n = 0, 1, 2, 3 \ldots$) erzielen, wenn man die Bedingung (1/12) berücksichtigt. Nach (1/12) benötigt man z. B. einen Stromflußwinkel von $\Theta = \pi/7$, wenn für $\hat{u}_P$ = konst. eine maximale Amplitude $\hat{\imath}_7$ erzeugt werden soll, d. h. eine Frequenzumsetzung von f_P auf $7 \cdot f_P$. Wählt man $\Theta = \pi/2$, dann tritt nur ein geradzahliges Spektrum auf (s. Übung 1/3).

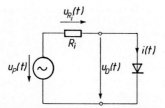

Bild 1-9
Mischsteuerung einer Diode

- **Übung 1/3:** Die Diode in Bild 1-7 soll näherungsweise mit der Kennlinie des Bildes 1/6 beschrieben werden ($b = 50$ mS). Der ideale Generator ($R_i = 0$) liefert die Spannung $u_P(t) = \hat{u}_P \cos(\omega_P t)$ mit $\hat{u}_P = 0{,}4$ V und $f_P = 1$ kHz. Durch Variation der Vorspannung U_V sollen die Stromflußwinkel $\Theta_1 = \pi$, $\Theta_2 = \pi/2$, $\Theta_3 = \pi/3$, $\Theta_4 = \pi/4$ und $\Theta_5 = \pi/5$ eingestellt werden.
  a) Berechnen Sie für jeden Stromflußwinkel Θ die Fourierkoeffizienten i_n für $0 \leq n \leq 5$.
  b) Skizzieren Sie quantitativ für jeden Stromflußwinkel die Aussteuerung der Kennlinie und das dazugehörige Amplitudenspektrum $\hat{i}_n(f)$ für $0 \leq n \leq 5$.

- **Beispiel 1/2:** Der Generator in Bild 1-9 mit dem Innenwiderstand $R_i = 11\ \Omega$ liefert eine Leerlaufspannung $u_P(t) = \hat{u}_P \cos(\omega_P t)$. Einstellbar sind die Amplituden $\hat{u}_{P1} = 0{,}9$ V und $\hat{u}_{P2} = 2$ V. Die Diode soll mit der Knickkennlinie der Übung 1/2 beschrieben werden ($b = 125$ mS, $U_S = 0{,}6$ V).
  a) Berechnen Sie die sich einstellende Gleichspannung U_{R_i} für die Aussteuerung mit $\hat{u}_{P1}$ bzw. $\hat{u}_{P2}$.
  b) Skizzieren Sie quantitativ für eine Aussteuerung mit $\hat{u}_{P2}$ die Spannungen $u_P(t)$, $u_{R_i}(t)$, $u_D(t)$, und ermitteln Sie die sich einstellende Gleichspannung U_D.
  c) Ermitteln Sie für die Diode ein Spannungs- und Stromquellenersatzschaltbild.

Lösung:
Durch die nichtlineare Kennlinie der Diode entsteht ein impulsförmiger Strom, der einen impulsförmigen Spannungsabfall am Innenwiderstand R_i zur Folge hat. Bildet man einen Maschenumlauf, dann erhält man die Diodenspannung, indem man von der kosinusförmigen Generatorleerlaufspannung $u_P(t)$ den verzerrten Spannungsabfall des Innenwiderstandes R_i abzieht, d. h. die Spannung an und der Strom durch die Diode sind nicht mehr kosinusförmig. Es liegt keine Spannungs- bzw. Stromsteuerung der Diode mehr vor, sondern eine Mischsteuerung. Diese in der Praxis schwierig zu handhabende Mischsteuerung läßt sich formal auf eine Spannungssteuerung zurückführen, wenn man den Innenwiderstand R_i zur Diode zählt, d. h. ein neues nichtlineares Bauelement konzipiert (Bild 1-10). An dem neuen nichtlinearen Bauelement aus Diode und Widerstand liegt die Steuerspannung $u_P(t) = \hat{u}_P \cos(\omega_P t)$ (Spannungssteuerung).

R_i-*Kennlinie*
  1. Punkt: z. B. Nullpunkt,
  2. Punkt: z. B. $I = 50$ mA vorgeben, $U = I \cdot R_i = 0{,}55$ V.

Diodenkennlinie
  1. Punkt: z. B. $U_S = 0{,}6$ V, $I = 0$ mA,
  2. Punkt: z. B. $U = 1$ V vorgeben
  $$I = b(U - U_S) = 50\ \text{mA}.$$

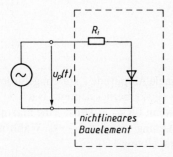

Bild 1-10
Ersatzschaltung für Bild 1-9

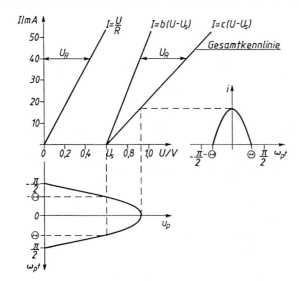

Bild 1-11
Scherung der Diodenkennlinie

Bei der Serienschaltung aus Widerstand R_i und Diode werden die beiden Teilspannungen U_{R_i} und U_D addiert. Da der Strom durch beide Bauelemente gleich ist, werden in Bild 1-11 für einen vorgegebenen Strom die Spannungen der beiden Kennlinien addiert (Scherung der Diodenkennlinie). Bei den benutzten Geraden genügt die Addition der Spannungen für einen Strom (z. B. U_R bei $I = 40$ mA).

Gesamtkennlinie: aus Bild 1-11:

$$I = 50 \text{ mA}, \quad U = 1{,}55 \text{ V}, \quad c = \frac{I}{U - U_S} = 52{,}63 \text{ mS}.$$

a) (1) $i = c\hat{u}_P[\cos(\omega_P t) - \cos(\Theta)]$;

analog zu *Übung 1/2*:

(2) $i_0 = \dfrac{c\hat{u}_P}{\pi}[\sin(\Theta) - \Theta \cos(\Theta)]$;

(3) $\hat{u}_{P1} = 0{,}9$ V: $\cos(\Theta_1) = \dfrac{U_S - U_V}{\hat{u}_{P1}} = 0{,}666 \Rightarrow \Theta_1 = 48{,}2°$,

(3) in (2):

$i_0 = 2{,}79$ mA, $\quad U_{R_i} = i_0 \cdot R_i = 30{,}64$ mV ;

(4) $\hat{u}_{P2} = 2$ V: $\cos(\Theta_2) = \dfrac{U_S - U_V}{\hat{u}_{P2}} = 0{,}3 \Rightarrow \Theta_2 = 72{,}5°$,

(4) in (2):

$i_0 = 19{,}24$ mA, $\quad U_{R_i} = i_0 \cdot R_i = 0{,}212$ V .

b) Der Stromverlauf läßt sich mit (1) berechnen. Nach dem Ohmschen Gesetz $u_{R_i} = i \cdot R_i$ erhält man damit den Spannungsabfall am Innenwiderstand R_i. Subtrahiert man von der kosinusförmigen Generatorleerlaufspannung $u_P(t)$ den Spannungsabfall $u_{R_i}(t)$, dann erhält man die verzerrte Diodenspannung $u_D(t)$ (Bild 1/12). Wird von $u_D(t)$ in Bild 1/12 der arithmetische Mittelwert gebildet, dann ergibt sich $U_D = -0{,}212$ V, genau die Spannung, die der erzeugte Gleichstrom i_0 am Innenwiderstand R_i als Spannungsabfall hervorruft.

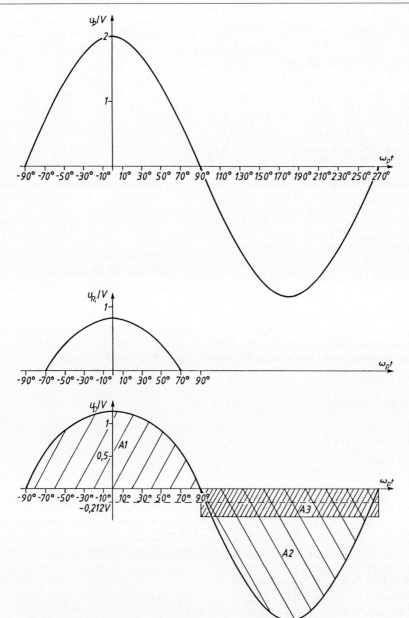

Bild 1-12 $0,5 \cdot A_3 = 0,5(A_2 - A_1) \triangleq U_D = -0,212\,\text{V}$
(arithm. Mittelwert)

c) $c = 52,63\,\text{mS}$, $\hat{u}_P = 2\,\text{V}$, $\Theta = 72,5°$

aus Übung 1/2 $\Rightarrow i_n = \dfrac{c\hat{u}_P}{n\pi}\left[\dfrac{\sin((n-1)\Theta)}{n-1} - \dfrac{\sin((n+1)\Theta)}{n+1}\right]$

$i_1 = 32,83\,\text{mA}$, $i_2 = 19,39\,\text{mA}$, $i_3 = 5,82\,\text{mA}$, $i_4 = -1,78\,\text{mA}$, $i_5 = -2,65\,\text{mA}$, $i_6 = -0,373\,\text{mA}$,
$I = i_0 = 19,24\,\text{mA}$, $\hat{\imath}_n = |i_n|$ (s. Bild 1-13a).

1 Frequenzumsetzung

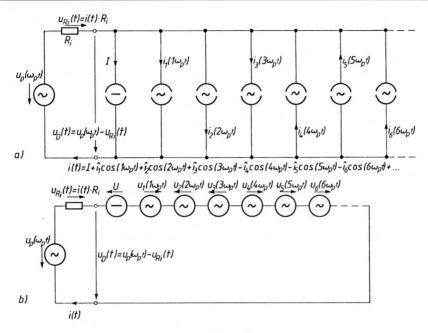

Bild 1-13 a) Stromquellenersatzschaltbild der Diode
b) Spannungsquellenersatzschaltbild der Diode

Zur Berechnung des Spannungsquellenersatzschaltbildes 1-13b wird für jede Frequenz $n \cdot f_P$ ein Maschenumlauf durchgeführt:

$f = 0 \qquad U_{R_i} + U_D = 0 \Rightarrow U_{R_i} = -U_D = U = 0{,}212 \text{ V}$,

$f = f_P \qquad u_P(\omega_P t) - u_1(\omega_P t) - i_1(\omega_P t) R_i = 0$
$\qquad \Rightarrow \hat{u}_1(\omega_P t) = \hat{u}_P(\omega_P t) - \hat{\imath}_1(\omega_P t) R_i = 1{,}64 \text{ V}$,

$f = 2f_P \qquad u_2(2\omega_P t) - R_i i_2(2\omega_P t) = 0 \Rightarrow \hat{u}_2 = R_i \hat{\imath}_2 = 213 \text{ mV}$,

$f = 3f_P \qquad u_3(3\omega_P t) - R_i i_3(3\omega_P t) = 0 \Rightarrow \hat{u}_3 = R_i \hat{\imath}_3 = 64 \text{ mV}$,

$f = 4f_P \qquad u_4(4\omega_P t) - R_i i_4(4\omega_P t) = 0 \Rightarrow \hat{u}_4 = R_i \hat{\imath}_4 = 19{,}6 \text{ mV}$,

$f = 5f_P \qquad u_5(5\omega_P t) - R_i i_5(5\omega_P t) = 0 \Rightarrow \hat{u}_5 = R_i \hat{\imath}_5 = 29{,}2 \text{ mV}$,

$f = 6f_P \qquad u_6(6\omega_P t) - R_i i_6(6\omega_P t) = 0 \Rightarrow \hat{u}_6 = R_i \hat{\imath}_6 = 4{,}1 \text{ mV}$.

Eventuelle negative Vorzeichen bei den Strömen und Spannungen sind in den Ersatzschaltbildern 1-13a und 1-13b durch entsprechende Pfeilrichtungen berücksichtigt, so daß in Bild 1-13 nur noch Beträge eingesetzt werden müssen.

Das Beispiel 1/2 zeigt, daß der durch die nichtlineare Kennlinie entstehende Gleichstrom $I = i_0 = 19{,}24$ mA einen Gleichspannungsabfall $U_{R_i} = I \cdot R_i = 0{,}212$ V am Generatorinnenwiderstand erzeugt, d. h. den ursprünglichen Diodengleichspannungsarbeitspunkt von $U_D = 0$ V auf $U_D = -0{,}212$ V (s. Bild 1-12) verschiebt. Diese Verschiebung muß bei einem praktischen Schaltungsentwurf berücksichtigt werden. Weiterhin ist zu beachten, daß der in Bild 1-9 entstehende Gleichstrom einen geschlossenen Stromkreis vorfindet. In der Schaltung des Bildes 1-9 kann der an der Diode entstehende Gleichstrom über den gleichstromdurchlässigen Generator fließen.

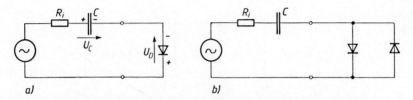

Bild 1-14 a) Diodenaussteuerung ohne Gleichstromweg
b) Gleichstromweg durch Antiparallelschaltung der Dioden

Besitzt ein Generator keinen Gleichstromdurchgang (Bild 1-14a), dann kann nach einem Aufladen des Kondensators C der Gleichstrom nicht mehr fließen. Da für den Gleichstrom kein geschlossener Stromkreis mehr existiert, darf an der nichtlinearen Kennlinie kein Gleichanteil mehr entstehen, d. h. die Diodengleichspannung verschiebt sich soweit in den negativen Bereich, daß keine Gleichrichtung mehr stattfindet. Damit ist aber auch keine Frequenzumsetzung mehr möglich. Bei realen Kondensatoren mit Verlusten findet noch eine geringe Gleichrichtung statt, die die Verluste kompensiert. Für eine Mischeranwendung z. B. wäre der sich frei einstellende Arbeitspunkt U_D nicht zu gebrauchen, da durch die geringe Nichtlinearität kaum neue Mischprodukte entstehen würden.

Ist es in der Praxis aus konstruktiven Gründen nicht möglich, einen Gleichstromweg über den Generator zu realisieren, dann läßt sich lastseitig ein Gleichstromweg aufbauen, indem man zwei Dioden antiparallel zusammenschaltet (Bild 1-14b).

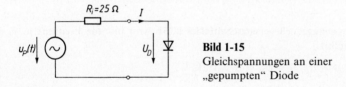

Bild 1-15
Gleichspannungen an einer „gepumpten" Diode

- **Übung 1/4:** Die in Bild 1-15 skizzierte Diode kann näherungsweise durch die Funktion $I = 0.2 \cdot \frac{A}{V} \cdot (U - 0.4 \text{ V})$ approximiert werden. Der Generator liefert die Leerlaufspannung
$u_P(t) = \hat{u}_P \cos(\omega_P t)$.
a) Wie groß ist die Pumpamplitude $\hat{u}_P$, wenn die Diodengleichspannung $U_D = -0.3$ V beträgt?
b) Was passiert, wenn zusätzlich zum Innenwiderstand R_i ein Kondensator C_i in Serie geschaltet wird?

1.1 Kennlinienapproximation

1.1.1 Ausgleichsrechnung

Bei vielen praktischen Kennlinienproblemen ist der theoretische Funktionsverlauf $I = f(U)$ mit $f(U_\mu) = f(U_\mu, a_0, a_1, a_2, ..., a_n)$ bekannt (z. B. die Kennlinie eines ohmschen Widerstandes ist eine Gerade durch den Nullpunkt; weiterhin Hyperbeln bei Leistungsbetrachtungen, Parabeln bei Steuerkennlinien, Kreise bei Verstärkungs- und Rauschproblemen [2]), unbekannt sind die Koeffizienten $a_0, a_1, a_2, ..., a_n$, die so bestimmt werden sollen, daß die Summe der quadratischen Abweichungen zwischen Meß- und Funktionswerten minimal wird (Prinzip des kleinsten quadratischen Fehlers bzw. diskrete Fehlerquadratmethode nach Gauß). Vermeidet man bei einer Kennlinienmessung systematische Fehler, dann sind die Meßwerte nur noch mit statistischen Fehlern behaftet und können der Ausgleichsrechnung unterzogen werden. Ist die Kennlinienfunktion eine Gerade, dann nennt man die Ausgleichsrechnung lineare Regression.

1.1 Kennlinienapproximation

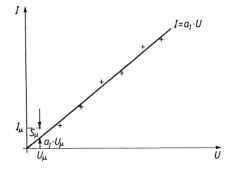

Bild 1.1.1-1
Fehlerbehaftete Meßwerte
und Ausgleichsgerade

Die Kennlinie in Bild 1.1.1-1 kann mathematisch mit der Geradengleichung

$$I = a_1 \cdot U \tag{1.1.1/1}$$

beschrieben werden. Der Koeffizient a_1 ist aus den Meßwerten zu bestimmen. Bei nur einem Wertepaar (U_μ, I_μ) erhält man genau eine Bestimmungsgleichung für die Unbekannte a_1, d. h. es handelt sich dann nicht um eine Ausgleichsrechnung, denn erst bei mindestens zwei Wertepaaren ist ein Ausgleich möglich. Falls bei unserem Problem mehrere Wertepaare ohne Meßfehler zu ermitteln wären, müßte jedes Wertepaar die Funktionsgleichung

$$I - a_1 \cdot U = 0 \tag{1.1.1/2}$$

erfüllen. Dieses ist aber in der Praxis nicht möglich, da alle Kennlinienmeßwerte mit statistischen Fehlern behaftet sind. Aus diesem Grund ergibt die Gleichungsdifferenz in (1.1.1/2) nicht genau 0. Die Abweichung von 0 nennt man den scheinbaren Fehler

$$S_\mu = I_\mu - a_1 \cdot U_\mu = I_\mu - f(U_\mu) \tag{1.1.1/3}$$

der μ-ten Messung (s. Bild 1.1.1-1). Bei der Skizze in Bild 1.1.1-1 wird vorausgesetzt, daß die U-Werte richtig gemessen wurden und statistische Fehler nur bei den I-Werten auftreten. Jedoch kann mit Hilfe der Statistik gezeigt werden, daß die Koeffizienten bei unserem Modell fast genauso bestimmt werden, als würde man Meßfehler sowohl bei den U- als auch bei den I-Werten ansetzen, da eine Vernachlässigung der U-Fehler rechnerisch auf eine Vergrößerung der I-Fehler hinausläuft. Nach der diskreten Fehlerquadratmethode nach Gauß soll die Fehlerfunktion

$$F = \sum_{\mu=1}^{n} S_\mu^2 = \sum_{\mu=1}^{n} [I_\mu - f(U_\mu)]^2 \to \min. \tag{1.1.1/4}$$

minimal werden

$$(f(U_\mu) = f(U_\mu, a_0, a_1, a_2, ..., a_n)).$$

Dieses wird nach [1] erreicht, wenn die partiellen Ableitungen nach den Koeffizienten gebildet und gleich 0 gesetzt werden:

$$\frac{\partial F}{\partial a_0} \stackrel{!}{=} 0, \quad \frac{\partial F}{\partial a_1} \stackrel{!}{=} 0, \quad \frac{\partial F}{\partial a_2} \stackrel{!}{=} 0, \quad ... \frac{\partial F}{\partial a_n} \stackrel{!}{=} 0. \tag{1.1.1/5}$$

Als Rechenkontrolle bei Computerprogrammen kann

$$\sum_{\mu=1}^{n \to \infty} S_\mu \to 0 \tag{1.1.1/6}$$

dienen. Bei endlicher Anzahl von Meßwerten in der Praxis wird eine Fehlerschranke Δ eingeführt, die das Programm bei richtiger Berechnung und Messung (ohne systematischen Fehler) erfüllen muß:

$$\sum_{\mu=1}^{n \ll \infty} S_\mu < \Delta .$$ (1.1.1/7)

- **Beispiel 1.1.1/1:** An einer Kennlinie der theoretischen Form $I = a_1 \cdot U$ wurden folgende Meßwerte gemessen:

U/V	0,1	0,2	0,3	0,4	0,5
I/mA	10	20	25	30	40

a) Ermitteln Sie den Koeffizienten a_1 für einen minimalen quadratischen Fehler.
b) Skizzieren Sie in einem Diagramm die Meßwerte $I = f(U)$ sowie die Ausgleichsgerade.

Lösung:

a) $S_\mu = I_\mu - f(U_\mu) = I_\mu - a_1 U_\mu$,

$$F = \sum_{\mu=1}^{n} [I_\mu - a_1 U_\mu]^2 \to \min,$$

$$\frac{\partial F}{\partial a_1} = \sum_{\mu=1}^{n} 2[I_\mu - a_1 U_\mu](-U_\mu) \stackrel{!}{=} 0 \Rightarrow \sum_{\mu=1}^{n} [I_\mu - a_1 U_\mu] U_\mu = 0,$$

$$\sum_{\mu=1}^{n} I_\mu U_\mu - a_1 \cdot \sum_{\mu=1}^{n} U_\mu^2 = 0 \Rightarrow a_1 = \frac{\sum_{\mu=1}^{n} I_\mu U_\mu}{\sum_{\mu=1}^{n} U_\mu^2}.$$ (1.1.1/8)

μ	U_μ/V	I_μ/mA	U_μ^2/V^2	$I_\mu U_\mu$/mA · V
1	0,1	10	0,01	1,0
2	0,2	20	0,04	4,0
3	0,3	25	0,09	7,5
4	0,4	30	0,16	12,0
5	0,5	40	0,25	20,0
$\sum_{\mu=1}^{5}$	1,5	125	0,55	44,5

$$\Rightarrow a_1 = \frac{44,5 \text{ mA} \cdot \text{V}}{0,55 \text{ V}^2} = 80,91 \text{ mS}.$$

b) $I(U = 0,5 \text{ V}) = 80,91 \text{ mS} \cdot 0,5 \text{ V} = 40,455 \text{ mA}$ (s. Bild 1.1.1-2)

- **Übung 1.1.1/1:** Folgende Kennlinienmeßwerte wurden ermittelt:

U/mV	50	100	150	200	250	300
I/mA	24	31,5	33	42	43,5	51,5

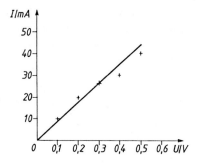

Bild 1.1.1-2
Ausgleichsgerade durch den Nullpunkt

Im betrachteten Meßbereich kann die Kennlinie mit Hilfe der Geradengleichung $I = a_0 + a_1 \cdot U$ beschrieben werden.
a) Ermitteln Sie die Koeffizienten a_0 und a_1 für einen minimalen quadratischen Fehler.
b) Berechnen Sie die Ausgleichsgerade, und tragen Sie sie zusammen mit den fehlerbehafteten Meßwerten in ein I-U-Diagramm ein.

Ist die Approximationsfunktion ein Polynom $I = a_0 + a_1 \cdot U + a_2 \cdot U^2 + \ldots + a_n \cdot U^n$, dann führt die Fehlerquadratmethode immer auf lineare Gleichungssysteme (s. Übung 1.1.1/2). Diese linearen Gleichungssysteme lassen sich relativ schnell mit einem Rechner lösen. Da die meisten Meßwerte heute rechnergesteuert aufgenommen werden [3], also ein Meßplatzrechner vorhanden ist, sollte bei bekannter theoretischer Kennlinienform die Ausgleichsrechnung immer mit durchgeführt werden, da sie eine erhebliche Fehlerminimierung bewirkt [4]. Manche Probleme, die z. B. bei Rauschmessungen auftreten, ließen sich ohne die Ausgleichsrechnung nicht lösen. So lassen sich nur aus der Messung fehlerminimierter Rauschkreise die vier Rauschparameter eines linearen Vierpols mit genügender Genauigkeit berechnen [5].

- **Beispiel 1.1.1/2:** Ein linearer Vierpol wird von einem Generator gespeist, dessen Generatorimpedanz veränderlich ist. Bei geeigneter Änderung der Generatorimpedanz verläuft die verfügbare Leistungsverstärkung und die Rauschzahl des Vierpols auf einer Kreisbahn ([2], [4], [5]).

Führen Sie bei dem in Bild 1.1.1-3 gezeichneten Kreis in allgemeiner Lage eine Fehlerminimierung durch.

Lösung:

Aus [1] Kreisgleichung:
$$(x - x_0)^2 + (y - y_0)^2 - r^2 = 0,$$

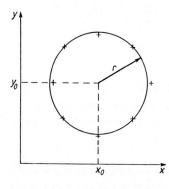

Bild 1.1.1-3
Kreis in allgemeiner Lage als Ausgleichsfunktion

analog (1.1.1/3):

$(y_\mu - y_0)^2 = r^2 - (x_\mu - x_0)^2$ für den µ-ten Meßwert.

analog (1.1.1/4):

$$F = \sum_{\mu=1}^{n} [(y_\mu - y_0)^2 - (r^2 - (x_\mu - x_0)^2)]^2 \to \min,$$

analog (1.1.1/5):

(1) $\dfrac{\partial F}{\partial x_0} = \sum_{\mu=1}^{n} 2[(y_\mu - y_0)^2 - (r^2 - (x_\mu - x_0)^2)] \, 2(x_\mu - x_0)(-1) \stackrel{!}{=} 0;$

(2) $\dfrac{\partial F}{\partial y_0} = \sum_{\mu=1}^{n} 2[(y_\mu - y_0)^2 - (r^2 - (x_\mu - x_0)^2)] \, 2(y_\mu - y_0)(-1) \stackrel{!}{=} 0;$

(3) $\dfrac{\partial F}{\partial r} = \sum_{\mu=1}^{n} 2[(y_\mu - y_0)^2 - (r^2 - (x_\mu - x_0)^2)](-2r) \stackrel{!}{=} 0;$

aus (1):

(4) $\sum_{\mu=1}^{n} [(y_\mu - y_0)^2 - (r^2 - (x_\mu - x_0)^2)](x_\mu - x_0) = 0;$

aus (2):

(5) $\sum_{\mu=1}^{n} [(y_\mu - y_0)^2 - (r^2 - (x_\mu - x_0)^2)](y_\mu - y_0) = 0;$

aus (3):

(6) $\sum_{\mu=1}^{n} [(y_\mu - y_0)^2 - (r^2 - (x_\mu - x_0)^2)] \, r = 0.$

Die drei nichtlinearen Gleichungen (4)–(6) können in geschlossener Form nicht gelöst werden. In der Praxis gibt man sich drei Startwerte y'_0, x'_0 und r' vor und sucht mit einem numerischen Gradientenverfahren die Lösungen (y_0, x_0, r). In [6] ist ein Computerprogramm für einen Meßplatzrechner angegeben. Mit 3 Punkten ist ja ein Kreis eindeutig festgelegt. Nimmt man für das Kreis-Ausgleichsverfahren 8 fehlerbehaftete Meßwerte, dann erhält man eine ausgezeichnete Fehlerminimierung [5].

■ **Übung 1.1.1/2:** Durch die folgenden Meßwerte soll eine Ausgleichskurve der Form $I = a_1 \cdot U + a_2 \cdot U^2$ gelegt werden.

U/V	0,5	1,0	1,5	2,0	2,5	3,0
I/mA	12,0	31,5	49,5	84,0	108,75	154,5

Berechnen Sie die Koeffizienten a_1, a_2, und skizzieren Sie die Funktion.

1.1.2 Linearisierung

Hat man infolge der Ausgleichsrechnung ein Computerprogramm für die Geradenkennlinie $\tilde{I} = a_0 + a_1 \cdot \tilde{U}$ zur Verfügung, dann kann man die Fehlerquadratmethode nach Gauß mit wenig Rechenaufwand benutzen, indem man die vorhandene Kennlinie linearisiert. Selbst ohne Rechner läßt sich der Ausgleich zwischen den Meßwerten grafisch mit Hilfe eines Lineals durchführen.

Weiterhin hat die Linearisierung den Vorteil, daß man bei komplizierten Kurvenverläufen (Kennlinien oder Ortskurven) sofort an der gemessenen linearisierten Funktion erkennen kann, ob eine Gerade vorliegt oder nicht, während bei einer $\sqrt{U}$-Funktion z. B. eine Abweichung nicht so einfach zu erfassen ist. Bei Abweichungen von der Geradenfunktion ist dann entweder das gewählte theoretische Modell falsch, oder es haben sich systematische Meßfehler eingeschlichen.

Für fünf häufig in der Hochfrequenztechnik vorkommende Funktionen werden die folgenden Linearisierungen durchgeführt:

a) Parabel oder Polynom 2. Grades

$$I = A_0 + A_1 U + A_2 U^2. \tag{1.1.2/1}$$

Vorgegeben wird ein Wertemeßpaar I_μ, U_μ und von (1.1.2/1) die Gleichung des Wertemeßpaares abgezogen.

$$I = A_0 + A_1 U + A_2 U^2,$$
$$-\ I_\mu = A_0 + A_1 U_\mu + A_2 U_\mu^2$$
$$I - I_\mu = A_1(U - U_\mu) + A_2(U^2 - U_\mu^2),$$
$$\frac{I - I_\mu}{U - U_\mu} = A_1 + A_2 \cdot \frac{(U^2 - U_\mu^2)}{U - U_\mu} = A_1 + A_2 \cdot \frac{(U - U_\mu)(U + U_\mu)}{U - U_\mu},$$
$$\frac{I - I_\mu}{U - U_\mu} = A_1 + A_2(U + U_\mu) = A_1 + A_2 U_\mu + A_2 U$$

$$\tilde{I} = a_0 + a_1 \tilde{U} \quad \text{mit} \quad \tilde{I} = \frac{I - I_\mu}{U - U_\mu}, \qquad a_0 = A_1 + A_2 U_\mu, \qquad a_1 = A_2, \qquad \tilde{U} = U$$
$$\tag{1.1.2/2}$$

b) Hyperbel

$$I = \frac{A_2}{A_0 + A_1 U} = \frac{1}{\dfrac{A_0}{A_2} + \dfrac{A_1}{A_2} \cdot U}. \tag{1.1.2/3}$$

Man erhält die linearisierte Funktion, indem man von (1.1.2/3) den Reziprokwert bildet.

$$\frac{1}{I} = \frac{A_0 + A_1 U}{A_2} = \frac{A_0}{A_2} + \frac{A_1}{A_2} \cdot U$$

$$\tilde{I} = a_0 + a_1 \tilde{U} \quad \text{mit} \quad \tilde{I} = \frac{1}{I}, \qquad a_0 = \frac{A_0}{A_2}, \qquad a_1 = \frac{A_1}{A_2}, \qquad \tilde{U} = U. \tag{1.1.2/4}$$

c) Wurzelfunktion

$$I = A_2 \sqrt{A_0 + A_1 U}, \tag{1.1.2/5}$$

$$I^2 = A_2^2(A_0 + A_1 U) = A_2^2 A_0 + A_1 A_2^2 U,$$

$$\tilde{I} = a_0 + a_1 \tilde{U} \quad \text{mit} \quad \tilde{I} = I^2, \qquad a_0 = A_2^2 A_0, \qquad a_1 = A_1 A_2^2, \qquad \tilde{U} = U. \tag{1.1.2/6}$$

d) *e*-Funktion

$$I = A_1 e^{A_2 U} + A_0; \tag{1.1.2/7}$$

$$I - A_0 = A_1 e^{A_2 U},$$

$$\ln(I - A_0) = \ln(A_1 e^{A_2 U}) = \ln(A_1) + \ln(e^{A_2 U}) = \ln(A_1) + A_2 U;$$

$$\tilde{I} = a_0 + a_1 \tilde{U} \quad \text{mit} \quad \tilde{I} = \ln(I - A_0), \quad a_0 = \ln(A_1), \quad a_1 = A_2, \quad \tilde{U} = U. \tag{1.1.2/8}$$

Zur Berechnung des $\tilde{I}$-Wertes in (1.1.2/8) ist die Kenntnis von A_0 erforderlich. Ansatz zur Berechnung von A_0:

$$\left.\begin{array}{l} I_1 = A_1 e^{A_2 U_1} + A_0 \\ I_2 = A_1 e^{A_2 U_2} + A_0 \\ I_3 = A_1 e^{A_2 U_3} + A_0 \end{array}\right\} \tag{1.1.2/9}$$

$$I_1 I_2 = (A_1 e^{A_2 U_1} + A_0)(A_1 e^{A_2 U_2} + A_0) = A_1^2 e^{A_2(U_1 + U_2)} + A_0 A_1 (e^{A_2 U_1} + e^{A_2 U_2}) + A_0^2; \tag{1.1.2/10}$$

$$I_3^2 = (A_1 e^{A_2 U_3} + A_0)^2 = A_1^2 e^{2 A_2 U_3} + 2 A_0 A_1 e^{A_2 U_3} + A_0^2. \tag{1.1.2/11}$$

Subtrahiert man (1.1.2/11) von (1.1.2/10) unter der Randbedingung $U_3 = (U_1 + U_2)/2$, dann ergibt sich:

$$I_1 I_2 - I_3^2 = A_0 [A_1 e^{A_2 U_1} + A_1 e^{A_2 U_2} - 2 A_1 e^{A_2 U_3}]. \tag{1.1.2/12}$$

(1.1.2/9) in (1.1.2/12) liefert:

$$I_1 I_2 - I_3^2 = A_0 [I_1 - A_0 + I_2 - A_0 - 2 I_3 + 2 A_0] \Rightarrow A_0 = \frac{I_1 I_2 - I_3^2}{I_1 + I_2 - 2 I_3} \tag{1.1.2/13}$$

mit der Randbedingung $U_3 = (U_1 + U_2)/2$. \hfill (1.1.2/14)

e) Exponentialausdruck der Form

$$I = A_1 U^{A_2} + A_0 \tag{1.1.2/15}$$

$$I - A_0 = A_1 U^{A_2};$$

$$\ln(I - A_0) = \ln(A_1 U^{A_2}) = \ln(A_1) + \ln(U^{A_2}) = \ln(A_1) + A_2 \ln(U);$$

$$\tilde{I} = a_0 + a_1 \tilde{U} \quad \text{mit} \quad \tilde{I} = \ln(I - A_0), \quad a_0 = \ln(A_1), \quad a_1 = A_2, \quad \tilde{U} = U. \tag{1.1.2/16}$$

Zur Berechnung des $\tilde{I}$-Wertes in (1.1.2/16) ist ebenfalls A_0 erforderlich. Gleicher Ansatz zur Berechnung von A_0 wie in (1.1.2/9):

$$I_1 I_2 = (A_1 U_1^{A_2} + A_0)(A_1 U_2^{A_2} + A_0) = A_1^2 (U_1 U_2)^{A_2} + A_0 A_1 (U_1^{A_2} + U_2^{A_2}) + A_0^2; \tag{1.1.2/17}$$

$$I_3^2 = (A_1 U_3^{A_2} + A_0)^2 = A_1^2 U_3^{2 A_2} + 2 A_0 A_1 U_3^{A_2} + A_0^2. \tag{1.1.2/18}$$

Subtrahiert man (1.1.2/18) von (1.1.2/17) unter der Randbedingung $U_3 = \sqrt{U_1 U_2}$, dann erhält man:

$$I_1 I_2 - I_3^2 = A_0 [A_1 U_1^{A_2} + A_1 U_2^{A_2} - 2 A_1 U_3^{A_2}]. \tag{1.1.2/19}$$

1.1 Kennlinienapproximation

Mit (1.1.2/9) in (1.1.2/19) ergibt sich:

$$I_1 I_2 - I_3^2 = A_0[I_1 - A_0 + I_2 - A_0 - 2I_3 + 2A_0] \Rightarrow A_0 = \frac{I_1 I_2 - I_3^2}{I_1 + I_2 - 2I_3} \qquad (1.1.2/20)$$

mit der Randbedingung

$$U_3 = (U_1 U_2)^{0,5} = \sqrt{U_1 U_2} \,. \qquad (1.1.2/21)$$

• **Beispiel 1.1.2/1:** Von einer Kennlinie der theoretischen Form $I = A_0 + A_1 U + A_2 U^2$ wurden folgende Meßwerte gemessen:

U/V	0,5	0,6	0,7	0,8	0,9	1,0
I/mA	1,5	5,4	12,6	22,1	34,6	50,2

a) Linearisieren Sie die Meßwerte ($\tilde{I} = a_0 + a_1 \tilde{U}$).
b) Bestimmen Sie mit Hilfe der Ausgleichsrechnung die Koeffizienten a_0 und a_1.
c) Berechnen Sie die Koeffizienten A_0, A_1 und A_2.
d) Skizzieren Sie den Funktionsverlauf der gegebenen sowie der linearisierten Funktion (Meßpunkte), und tragen Sie die jeweilige Ausgleichsfunktion ein.

Lösung:

a) $\tilde{I} = \dfrac{I - I_\mu}{U - U_\mu}$, gewählt: $U_\mu = 0,8$ V, $I_\mu = 22,1$ mA;

$$\tilde{I}_1 = \frac{1,5 - 22,1}{0,5 - 0,8} \frac{\text{mA}}{\text{V}} = 68,67 \frac{\text{mA}}{\text{V}}, \quad \tilde{I}_2 = \frac{5,4 - 22,1}{0,6 - 0,8} \frac{\text{mA}}{\text{V}} = 83,5 \frac{\text{mA}}{\text{V}};$$

$$\tilde{I}_3 = \frac{12,6 - 22,1}{0,7 - 0,8} \frac{\text{mA}}{\text{V}} = 95 \frac{\text{mA}}{\text{V}}, \quad \tilde{I}_4 \text{ nicht definiert};$$

$$\tilde{I}_5 = \frac{34,6 - 22,1}{0,9 - 0,8} \frac{\text{mA}}{\text{V}} = 125 \frac{\text{mA}}{\text{V}}, \quad \tilde{I}_6 = \frac{50,2 - 22,1}{1,0 - 0,8} \frac{\text{mA}}{\text{V}} = 140,5 \frac{\text{mA}}{\text{V}}.$$

$\tilde{U}$/V	0,5	0,6	0,7	0,9	1,0
$\tilde{I}$/mA/V	68,67	83,5	95	125	140,5

b)

μ	$\tilde{I}_\mu$/mA/V	$\tilde{U}_\mu$/V	$\tilde{U}_\mu^2$/V^2	$\tilde{I}_\mu \tilde{U}_\mu$/mA
1	68,67	0,5	0,25	34,335
2	83,5	0,6	0,36	50,1
3	95	0,7	0,49	66,5
4	125	0,9	0,81	112,5
5	140,5	1,0	1,00	140,5
$\sum_{\mu=1}^{5}$	512,67	3,7	2,91	403,935

mit (5) aus Übung 1.1.1/1:

$$a_0 = \frac{\sum_{\mu=1}^{n} \tilde{U}_\mu^2 \cdot \sum_{\mu=1}^{n} \tilde{I}_\mu - \sum_{\mu=1}^{n} \tilde{U}_\mu \cdot \sum_{\mu=1}^{n} \tilde{U}_\mu \tilde{I}_\mu}{n \cdot \sum_{\mu=1}^{n} \tilde{U}_\mu^2 - \left[\sum_{\mu=1}^{n} \tilde{U}_\mu\right]^2},$$

$$a_0 = \frac{2{,}91 \cdot 512{,}67 - 3{,}7 \cdot 403{,}935}{5 \cdot 2{,}91 - (3{,}7)^2} \frac{\text{VmA}}{\text{V}^2} = -3{,}1277 \frac{\text{mA}}{\text{V}};$$

mit (6) aus Übung 1.1.1/1:

$$a_1 = \frac{n \cdot \sum_{\mu=1}^{n} \tilde{U}_\mu \tilde{I}_\mu - \sum_{\mu=1}^{n} \tilde{U}_\mu \cdot \sum_{\mu=1}^{n} \tilde{I}_\mu}{n \cdot \sum_{\mu=1}^{n} \tilde{U}_\mu^2 - \left[\sum_{\mu=1}^{n} \tilde{U}_\mu\right]^2},$$

$$a_1 = \frac{5 \cdot 403{,}935 - 3{,}7 \cdot 512{,}67}{5 \cdot 2{,}91 - (3{,}7)^2} \frac{\text{mA}}{\text{V}^2} = 142{,}786 \frac{\text{mA}}{\text{V}^2},$$

$$\tilde{I} = -3{,}1277 \frac{\text{mA}}{\text{V}} + 142{,}786 \frac{\text{mA}}{\text{V}^2} \tilde{U};$$

c) *aus (1.1.2/2):*

$$A_2 = a_1 = 142{,}786 \frac{\text{mA}}{\text{V}^2},$$

$$A_1 = a_0 - A_2 U_\mu = -117{,}357 \frac{\text{mA}}{\text{V}};$$

aus (1.1.2/1):

$$A_0 = I_\mu - A_1 U_\mu - A_2 U_\mu^2 = 24{,}6 \text{ mA},$$

$$I = 24{,}6 \text{ mA} - 117{,}357 \cdot \frac{\text{mA}}{\text{V}} \cdot U + 142{,}786 \cdot \frac{\text{mA}}{\text{V}^2} \cdot U^2.$$

d) s. Bild 1.1.2-1

■ **Übung 1.1.2/1:** Von einer Schottkydiode mit einem Bahnwiderstand $R_B = 10\,\Omega$ wurden bei 20 °C die folgenden Werte der *I-U*-Kennlinie gemessen:

U/V	I/mA	U/V	I/mA
0,1	$33{,}14 \cdot 10^{-6}$	0,828	29,84
0,2	$8{,}29 \cdot 10^{-4}$	0,950	41,01
0,3	$19{,}94 \cdot 10^{-3}$	1,114	56,35
0,405	0,479	1,334	77,44
0,615	11,5	1,634	106,42
0,737	21,72		

1.1 Kennlinienapproximation

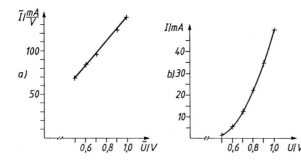

Bild 1.1.2-1
a) Meßwerte und Ausgleichsgerade der linearisierten Funktion
b) Meßwerte und Ausgleichsparabel der Ursprungsfunktion

Die Kennlinie läßt sich mit

$$I = I_S \left[e^{\frac{U - R_B I}{m U_T}} - 1 \right]$$

$I_S \triangleq$ Sättigungsstrom

$U_T = \dfrac{k \cdot T}{e} \triangleq$ Temperaturspannung

$m \triangleq$ Idealitätsfaktor

beschreiben [7].

a) Linearisieren Sie die Meßwerte, und ermitteln Sie die Ausgleichsgerade.
b) Berechnen Sie I_S sowie m, und skizzieren Sie die Kennlinienfunktion.

1.1.3 Interpolationspolynom

Die Ausgleichsrechnung in Kapitel 1.1.1 und die Linearisierung in Kapitel 1.1.2 sind nur anwendbar, wenn der analytische Ausdruck der Kennlinienfunktion vorliegt. In der Praxis treten jedoch auch solche Fälle auf, daß von einer Kennlinie nur die Meßwerte in Form einer Tabelle oder Kurve vorliegen. Dann ist es für einen Schaltungsentwurf notwendig, zu den vorliegenden Meßwerten einen analytischen Ausdruck zu finden, der näherungsweise diese Meßwerte als Funktion darstellt. Meistens nimmt man zur Annäherung an die gemessenen Werte als Approximationsfunktion ein Polynom.

Ein eindeutig bestimmbares Polynom n-ten Grades, das an n Punkten mit den Meßwerten übereinstimmt, läßt sich z. B. mit den Interpolationsgleichungen nach Lagrange, Newton, Bessel oder Stirling ermitteln. Bei besonderen Problemen kann die Abweichung zwischen Meß- und Polynomfunktionswert bei der Bessel- bzw. der Stirlingformel günstiger sein als bei der Newtonformel, jedoch ist das Newtoninterpolationspolynom auch anwendbar, wenn die Bessel- bzw. Stirlinggleichung kein sinnvolles Ergebnis mehr liefert [1].

a) Newtonsches Interpolationspolynom

Für das Polynom

$$P(U) = c_0 + c_1(U - U_1) + c_2(U - U_1)(U - U_2) + \ldots + c_{n-1}(U - U_1) \ldots (U - U_{n-1}) \quad (1.1.3/1)$$

soll an den folgenden n Stützstellen gelten:

$$I(U_\mu) \stackrel{!}{=} P(U_\mu)$$

Kurzschreibweise:

$I_\mu \stackrel{!}{=} P_\mu$

$U = U_1: I_1 = P_1 = c_0 \Rightarrow c_0 = I_1;$ (1.1.3/2)

$U = U_2: I_2 = P_2 = c_0 + c_1(U_2 - U_1) \Rightarrow c_1 = \dfrac{I_2 - c_0}{U_2 - U_1} = \dfrac{I_2 - I_1}{U_2 - U_1};$ (1.1.3/3)

$U = U_3: I_3 = P_3 = c_0 + c_1(U_3 - U_1) + c_2(U_3 - U_1)(U_3 - U_2),$

$I_3 = I_1 + \dfrac{I_2 - I_1}{U_2 - U_1} \cdot (U_3 - U_1) + c_2(U_3 - U_1)(U_3 - U_2),$

$c_2(U_3 - U_1) = \dfrac{I_3 - I_1}{U_3 - U_2} - \dfrac{I_2 - I_1}{U_2 - U_1} \cdot \dfrac{U_3 - U_1}{U_3 - U_2}$

$= \dfrac{(I_3 - I_1)(U_2 - U_1) - (I_2 - I_1)(U_3 - U_1)}{(U_3 - U_2)(U_2 - U_1)},$

$c_2(U_3 - U_1)$
$= \dfrac{I_3 U_2 - I_3 U_1 - I_1 U_2 + I_1 U_1 - I_2 U_3 + I_2 U_1 + I_1 U_3 - I_1 U_1 + I_2 U_2 - I_2 U_2}{(U_3 - U_2)(U_2 - U_1)},$

$c_2(U_3 - U_1) = \dfrac{(I_3 - I_2)(U_2 - U_1)}{(U_3 - U_2)(U_2 - U_1)} - \dfrac{(I_2 - I_1)(U_3 - U_2)}{(U_3 - U_2)(U_2 - U_1)},$

$c_2 = \dfrac{\dfrac{I_3 - I_2}{U_3 - U_2} - \dfrac{I_2 - I_1}{U_2 - U_1}}{U_3 - U_1};$ (1.1.3/4)

$U = U_4$: Analog zur Ableitung von (1.1.3/4) ergibt sich:

$c_3 = \dfrac{\dfrac{\dfrac{I_4 - I_3}{U_4 - U_3} - \dfrac{I_3 - I_2}{U_3 - U_2}}{U_4 - U_2} - \dfrac{\dfrac{I_3 - I_2}{U_3 - U_2} - \dfrac{I_2 - I_1}{U_2 - U_1}}{U_3 - U_1}}{U_4 - U_1}.$ (1.1.3/5)

Aus (1.1.3/2) bis (1.1.3/5) läßt sich die (weitere) Gesetzmäßigkeit ablesen (s. Beispiel 1.1.3/1 und Übung 1.1.3/1), mit der man auch ohne Computerunterstützung schnell eine brauchbare Approximationsfunktion erhält.

- **Beispiel 1.1.3/1:**

I/mA	37,5	67,38	118
U/V	0,5	0,75	1,0

Durch die gegebenen Meßwerte soll das Polynom $\tilde{I}(U) = A_0 + A_1 U + A_2 U^2$ gelegt werden. Ermitteln Sie die Koeffizienten A_0, A_1 und A_2 mit Hilfe des Newtonverfahrens.

1.1 Kennlinienapproximation

Lösung:

μ	U_μ/V	I_μ/mA
1	0,5	37,50
2	0,75	67,38
3	1,0	118

$$\dfrac{67{,}38 - 37{,}50}{0{,}75 - 0{,}5} = 119{,}52$$

$$\dfrac{118 - 67{,}38}{1{,}0 - 0{,}75} = 202{,}48$$

$$\dfrac{202{,}48 - 119{,}52}{1{,}0 - 0{,}5} = 165{,}92$$

$\Rightarrow c_0 = 37{,}50 \text{ mA};\quad c_1 = 119{,}52\,\dfrac{\text{mA}}{\text{V}};\quad c_2 = 165{,}92\,\dfrac{\text{mA}}{\text{V}^2}$

eingesetzt in (1.1.3/1):

$$\tilde{I}(U) = P(U) = 37{,}50 \text{ mA} + 119{,}52 \cdot \dfrac{\text{mA}}{\text{V}} \cdot (U - 0{,}5) + 165{,}92 \cdot \dfrac{\text{mA}}{\text{V}^2} \cdot (U - 0{,}5)(U - 0{,}75),$$

$$\tilde{I}(U) = 39{,}96 \text{ mA} - 87{,}88 \cdot \dfrac{\text{mA}}{\text{V}} \cdot U + 165{,}92 \cdot \dfrac{\text{mA}}{\text{V}^2} \cdot U^2,$$

$\Rightarrow A_0 = 39{,}96 \text{ mA};\quad A_1 = -87{,}88\,\dfrac{\text{mA}}{\text{V}};\quad A_2 = 165{,}92\,\dfrac{\text{mA}}{\text{V}^2}.$

- **Übung 1.1.3/1:** Gegeben sind die Meßwerte der Schottkydiodenkennlinie aus Übung 1.1.2/1. Die Kennlinie soll durch ein Newtonsches Interpolationspolynom approximiert werden.

  a) Ermitteln Sie ein Polynom 3. Grades, welches durch die folgenden Punkte gehen soll:

U_μ/V	0,1	0,3	0,615	0,828
I_μ/mA	$33{,}14 \cdot 10^{-6}$	$19{,}94 \cdot 10^{-3}$	11,5	29,84

  b) Berechnen Sie ein Polynom 6. Grades mit den folgenden Stützstellen:

U_μ/V	0,1	0,2	0,3	0,405	0,615	0,737	0,828
I_μ/mA	$33{,}14 \cdot 10^{-6}$	$8{,}29 \cdot 10^{-4}$	$19{,}94 \cdot 10^{-3}$	0,479	11,5	21,72	29,84

  c) Skizzieren Sie in einem Diagramm die gemessene Kennlinie sowie die beiden Polynomfunktionen.

b) Lagrangesche Interpolationsformel

Für das Lagrangesche Polynom gilt nach [1]:

$$P(U) = \sum_{\mu=1}^{n} I_\mu l_\mu(U); \qquad (1.1.3/6)$$

mit

$$l_\mu(U) = \dfrac{(U - U_1)(U - U_2)\ldots[U - U_\mu]\ldots(U - U_n)}{(U_\mu - U_1)(U_\mu - U_2)\ldots[U_\mu - U_\mu]\ldots(U_\mu - U_n)}. \qquad (1.1.3/7)$$

Der Term

$$\dfrac{[U - U_\mu]}{[U_\mu - U_\mu]}$$

in (1.1.3/7) ist jeweils wegzulassen, damit der Nenner nicht Null wird.

Z. B.:

$$l_1(U) = \frac{(U - U_2)(U - U_3)(U - U_4)\ldots(U - U_n)}{(U_1 - U_2)(U_1 - U_3)(U_1 - U_4)\ldots(U_1 - U_n)},$$

$$l_2(U) = \frac{(U - U_1)(U - U_3)(U - U_4)\ldots(U - U_n)}{(U_2 - U_1)(U_2 - U_3)(U_2 - U_4)\ldots(U_2 - U_n)},$$

$$l_3(U) = \frac{(U - U_1)(U - U_2)(U - U_4)\ldots(U - U_n)}{(U_3 - U_1)(U_3 - U_2)(U_3 - U_4)\ldots(U_3 - U_n)}, \qquad (1.1.3/8)$$

$$\vdots$$

$$l_n(U) = \frac{(U - U_1)(U - U_2)(U - U_3)\ldots(U - U_{n-1})}{(U_n - U_1)(U_n - U_2)(U_n - U_3)\ldots(U_n - U_{n-1})}.$$

- **Beispiel 1.1.3/2:** Mit Hilfe der Lagrangeschen Interpolationsformel soll ein Polynom 3. Grades ermittelt werden, welches durch die aufgeführten Meßpunkte gehen soll.

μ	1	2	3	4
U_μ/V	0,1	0,3	0,615	0,828
I_v/mA	$33,14 \cdot 10^{-6}$	$19,94 \cdot 10^{-3}$	11,5	29,84

Berechnen Sie das Polynom, und vergleichen Sie mit Übung 1.1.3/1a.

Lösung

Aus *(1.1.3/7) bzw. (1.1.3/8):*

(1) $l_1(U) = \dfrac{(U - 0,3)(U - 0,615)(U - 0,828)}{(0,1 - 0,3)(0,1 - 0,615)(0,1 - 0,828)} = -13,34 \dfrac{U^3}{V^3} + 23,25 \dfrac{U^2}{V^2} - 12,56 \dfrac{U}{V} + 2,04;$

(2) $l_2(U) = \dfrac{(U - 0,1)(U - 0,615)(U - 0,828)}{(0,3 - 0,1)(0,3 - 0,615)(0,3 - 0,828)} = 30,06 \dfrac{U^3}{V^3} - 46,39 \dfrac{U^2}{V^2} + 19,65 \dfrac{U}{V} - 1,53;$

(3) $l_3(U) = \dfrac{(U - 0,1)(U - 0,3)(U - 0,828)}{(0,615 - 0,1)(0,615 - 0,3)(0,615 - 0,828)}$

$= -28,94 \dfrac{U^3}{V^3} + 35,54 \dfrac{U^2}{V^2} - 10,45 \dfrac{U}{V} + 0,72;$

(4) $l_4(U) = \dfrac{(U - 0,1)(U - 0,3)(U - 0,615)}{(0,828 - 0,1)(0,828 - 0,3)(0,828 - 0,615)} = 12,21 \dfrac{U^3}{V^3} - 12,40 \dfrac{U^2}{V^2} + 3,37 \dfrac{U}{V} - 0,23;$

(1) bis (4) in (1.1.3/6):

$$\tilde{I}(U) = P(U) = I_1 l_1(U) + I_2 l_2(U) + I_3 l_3(U) + I_4 l_4(U)$$

$$= \left\{ 33,14 \cdot 10^{-6} \left[-13,34 \frac{U^3}{V^3} + 23,25 \frac{U^2}{V^2} - 12,56 \frac{U}{V} + 2,04 \right] + 19,94 \cdot 10^{-3} \left[30,06 \frac{U^3}{V^3} \right.\right.$$

$$\left. - 46,39 \frac{U^2}{V^2} + 19,65 \frac{U}{V} - 1,53 \right] + 11,5 \left[-28,94 \frac{U^3}{V^3} + 35,54 \frac{U^2}{V^2} - 10,45 \frac{U}{V} + 0,72 \right]$$

$$\left. + 29,84 \left[12,21 \frac{U^3}{V^3} - 12,40 \frac{U^2}{V^2} + 3,37 \frac{U}{V} - 0,23 \right] \right\} \text{mA},$$

(5) $\tilde{I}(U) = 32{,}25 \dfrac{\text{mA}}{\text{V}^3} U^3 + 37{,}84 \dfrac{\text{mA}}{\text{V}^2} U^2 - 19{,}23 \dfrac{\text{mA}}{\text{V}} U + 1{,}51 \text{ mA}$.

Das Polynom (5) ist identisch mit dem Polynom der Übung 1.1.3/1a.

- **Übung 1.1.3/2:**

μ	1	2	3
U_μ/V	0,3	0,615	0,828
I_μ/mA	$19{,}94 \cdot 10^{-3}$	11,5	29,84

Durch die gegebenen Meßwerte soll ein Interpolationspolynom 2. Grades gelegt werden. Ermitteln Sie das Polynom
a) mit der Lagrangeschen Interpolationsformel;
b) mit Hilfe des Newtonverfahrens.
c) Skizzieren Sie die Meßkurve sowie die Polynomapproximationsfunktion.

1.1.4 Taylorpolynom

Wird eine Kennlinie mit bekannter analytischer Funktion um einen bestimmten Arbeitspunkt (z. B. Vorspannung U_V) ausgesteuert, dann läßt sich der Aussteuerbereich durch eine Taylorreihe approximieren. Die Kennlinie muß dafür stetig sein und alle Ableitungen an der Stelle $U = U_V$ (Arbeitspunkt) besitzen. Weiterhin ist es günstig, wenn die Kennlinienkrümmung nicht zu stark ist, damit die Taylorreihe schnell konvergiert und man mit wenigen Reihengliedern auskommt, damit die Approximationsfunktion und die weitere Schaltungsberechnung nicht zu kompliziert werden. Die Taylorapproximation wird z. B. bei Kleinsignalmischern angewendet. Hierbei steuert eine Pumpspannung $u_P(t)$ großsignalmäßig eine Kennlinie aus, und die viel kleinere Signalspannung $u_S(t)$ findet in der Umgebung des zeitvariablen Arbeitspunktes $u(\omega_P t)$ lineare Verhältnisse vor, so daß die Kennlinie in der Nähe von $u(\omega_P t)$ durch eine Taylorreihe, die nach dem linearen Glied abgebrochen wird, dargestellt werden kann (s. Kapitel 2.1).
Nach [1] gilt:

$$I(U) = I(U_V) + \frac{U - U_V}{1!} \cdot I'(U_V) + \frac{(U - U_V)^2}{2!} \cdot I''(U_V) + \ldots + \frac{(U - U_V)^n}{n!} \cdot I^{(n)}(U_V)$$

$$= \sum_{\mu=1}^{n} \frac{(U - U_V)^\mu}{\mu!} \cdot I^{(\mu)}(U_V); \qquad (1.1.4/1)$$

bzw.

$$U(I) = U(I_V) + \frac{I - I_V}{1!} \cdot U'(I_V) + \frac{(I - I_V)^2}{2!} \cdot U''(I_V) + \ldots + \frac{(I - I_V)^n}{n!} \cdot U^{(n)}(I_V)$$

$$= \sum_{\mu=1}^{n} \frac{(I - I_V)^\mu}{\mu!} \cdot U^{(\mu)}(I_V). \qquad (1.1.4/2)$$

- **Beispiel 1.1.4/1:** Gegeben ist die Kennlinie

$$I = I_S \left[e^{\frac{U - R_B I}{m U_T}} - 1 \right]$$

einer Halbleiterdiode.
Ermitteln Sie für den Arbeitspunkt U_V bzw. I_V die Taylorreihe.

Lösung:

Aus Übung 1.1.2/1a, Gl. (1):

$$U = mU_T \cdot \ln\left(\frac{I}{I_S} + 1\right) + R_B I,$$

(1) $\quad U' = \dfrac{mU_T}{I_S} \cdot \dfrac{1}{\dfrac{I}{I_S} + 1} + R_B = \dfrac{mU_T}{I + I_S} + R_B,$

(2) $\quad U'' = \dfrac{-mU_T}{(I + I_S)^2},$

(3) $\quad U''' = \dfrac{2mU_T}{(I + I_S)^3},$

(4) $\quad U^{IV} = \dfrac{-6mU_T}{(I + I_S)^4}.$

(1) bis (4) in (1.1.4/2):

(5) $\quad U(I) = mU_T \cdot \ln\left(\dfrac{I_V}{I_S} + 1\right) + R_B I_V + (I - I_V) \cdot \left(\dfrac{mU_T}{I_V + I_S} + R_B\right)$

$\qquad + \dfrac{(I - I_V)^2}{2} \cdot \dfrac{-mU_T}{(I_V + I_S)^2} + \dfrac{(I - I_V)^3}{6} \cdot \dfrac{2mU_T}{(I_V + I_S)^3} + \dfrac{(I - I_V)^4}{24} \cdot \dfrac{-6mU_T}{(I_V + I_S)^4} + \ldots$

■ **Übung 1.1.4/1:** Gegeben ist die Schottkydiodenkennlinie

$$I = I_S \left[e^{\frac{U - R_B I}{mU_T}} - 1 \right]$$

mit $mU_T = 3{,}1424 \cdot 10^{-2}$ V, $I_S = 1{,}43$ nA und $R_B = 10\,\Omega$.

a) Berechnen Sie die Taylorreihe $U(I)$ für den Arbeitspunkt $I_V = 11{,}5$ mA.
b) Für einen Aussteuerbereich von 8 mA $\leq I \leq$ 15 mA sind die Kennlinienwerte mit den Taylorpolynomwerten (Polynom 1. Grades) zu vergleichen.

1.2 Aussteuerung einer nichtlinearen Kennlinie

1.2.1 Pump- bzw. Oszillatoraussteuerung (eine Frequenz)

Die prinzipielle Transistorschaltung in Bild 1.2.1-1a wird näherungsweise mit der Kennlinie des Bildes 1.2.1-1b beschrieben. Die Aussteuerung um die Vorspannung U_V in Bild 1.2.1-1b hat zur Folge, daß immer ein Strom fließt, d. h. ein Stromflußwinkel von $\Theta = \pi$ vorliegt. Mit Hilfe eines Additionstheorems läßt sich für diese einfache Parabelkennlinie das Spektrum berechnen. Wird dagegen die Vorspannung U_V bei konstanter Aussteueramplitude $\hat{u}_P$ verkleinert ($\Theta < \pi$), ist eine Berechnung nur mit der Fourieranalyse möglich (s. Beispiel 1.2.1/1).

Setzt man die Spannungsaussteuerfunktion $u = U_V + \hat{u}_P \cos(\omega_P t)$ in $i = a(u - U_S)^2$ (s. Bild 1.2.1-1b) ein, dann ergibt sich

$$i = a(U_V - U_S + \hat{u}_P \cos(\omega_P t))^2 = a[U_0^2 + 2U_0 \hat{u}_P \cos(\omega_P t) + \hat{u}_P^2 \cos^2(\omega_P t)]$$

1.2 Aussteuerung einer nichtlinearen Kennlinie

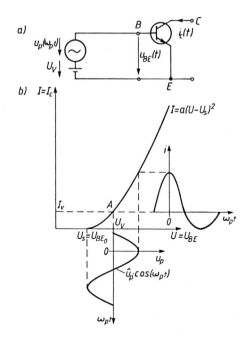

Bild 1.2.1-1
a) Aussteuerung eines Transistors
b) Spannungssteuerung ($\Theta = \pi$) an der idealisierten Transistorkennlinie

mit der Abkürzung $U_0 = U_V - U_S$. Unter Anwendung des Additionstheorems (A25) läßt sich schreiben:

$$i = a\left[U_0^2 + \frac{\hat{u}_P^2}{2}\right] + 2aU_0\hat{u}_P \cos(\omega_P t) + \frac{a}{2}\hat{u}_P^2 \cos(2\omega_P t),$$

$$i = i_0 + \hat{i}_{1P}\cos(\omega_P t) + \hat{i}_{2P}\cos(2\omega_P t) \tag{1.2.1/1}$$

mit

Gleichanteil $I = i_0 = a\left[U_0^2 + \frac{\hat{u}_P^2}{2}\right]$;

Grundwellenamplitude oder 1. Harmonische $\hat{i}_{1P} = 2aU_0\hat{u}_P$;

1. Oberwellenamplitude oder 2. Harmonische $\hat{i}_{2P} = \frac{a}{2} \cdot \hat{u}_P^2$.

Die Aussteuerung einer quadratischen Kennlinie mit $\Theta = \pi$ erzeugt nach (1.2.1/1) neben dem Gleichanteil und der Aussteuerfrequenz f_P nur eine 1. Oberwellenfrequenz von $2 \cdot f_P$. Benötigt man höhere Oberwellenfrequenzen (z. B. bei Vervielfachern), dann ist dies mit einer quadratischen Kennlinie nur für $\Theta < \pi$ möglich. Die Übertragungskennlininie eines Sperrschichtfeldeffekttransistors kann in einem großen Bereich als quadratisch angesehen werden.

- **Beispiel 1.2.1/1:** Ein Sperrschichtfeldeffekttransistor wird näherungsweise mit der in Bild 1.2.1-2 skizzierten Kennlinie beschrieben. Die Aussteuerung erfolgt mit der geraden Funktion $u(t) = U_V + \hat{u}_P \cos(\omega_P t)$. Ein Strom kann nur fließen, wenn $u(t) > U_S$ ist. Daraus ergibt sich der eingezeichnete Stromflußwinkel Θ.
  a) Ermitteln Sie unter Zuhilfenahme des Stromflußwinkels Θ die reellen Fourierkoeffizienten i_n.
  b) Berechnen Sie quantitativ die Fourierkoeffizienten i_0, i_1, i_2, i_3, i_4 für $a = 138{,}9$ mA/V², $U_S = 0{,}4$ V, $U_V = 0{,}1$ V, $\hat{u}_P = 0{,}8$ V und $f_P = 2$ MHz; skizzieren Sie das Spektrum.

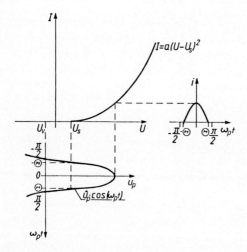

Bild 1.2.1-2
Spannungssteuerung mit $\Theta < \pi$

Lösung:

a) *Aus Bild 1.2.1-2:*

(1) $U_V + \hat{u}_P \cos(\Theta) = U_S \Rightarrow \cos(\Theta) = \dfrac{U_S - U_V}{\hat{u}_P}$,

(2) $u = U_V + \hat{u}_P \cos(\omega_P t)$,

(3) $i = a(u - U_S)^2$.

(2) in (3):

$$i = a[U_V + \hat{u}_P \cos(\omega_P t) - U_S]^2 = a\hat{u}_P^2 \left[\cos(\omega_P t) - \frac{U_S - U_V}{\hat{u}_P}\right]^2$$

mit (1):

(4) $i = a\hat{u}_P^2[\cos(\omega_P t) - \cos(\Theta)]^2 = A[\cos(x) - \cos(\Theta)]^2$

mit den Abkürzungen $A = a\hat{u}_P^2$ und $x = \omega_P t$.

(4) in (A5):

$$i_0 = \frac{A}{\pi} \cdot \int_0^{\Theta} [\cos(x) - \cos(\Theta)]^2 \, dx$$

$$= \frac{A}{\pi} \cdot \int_0^{\Theta} [\cos^2(x) - 2\cos(x)\cos(\Theta) + \cos^2(\Theta)] \, dx$$

$$= \frac{A}{\pi} \cdot \left[\frac{x}{2} + \frac{\sin(2x)}{4} - 2\cos(\Theta)\sin(x) + \cos^2(\Theta) x\right]\Bigg|_0^{\Theta}$$

$$= \frac{A}{\pi} \cdot \left[\frac{\Theta}{2} + \frac{\sin(2\Theta)}{4} - 2\cos(\Theta)\sin(\Theta) + \cos^2(\Theta)\,\Theta\right];$$

mit (A25) und (A26):

$$i_0 = \frac{A}{\pi} \cdot \left[\frac{\Theta}{2}(1 + 1 + \cos(2\Theta)) - \frac{3}{4} \cdot \sin(2\Theta)\right],$$

1.2 Aussteuerung einer nichtlinearen Kennlinie

(5) $i_0 = \dfrac{a\hat{u}_p^2}{4\pi} \cdot [2\Theta(2 + \cos(2\Theta)) - 3\sin(2\Theta)]$.

(4) in (A6):

$$i_n = \frac{2A}{\pi} \cdot \int_0^\Theta [\cos(x) - \cos(\Theta)]^2 \cos(nx)\,dx$$

$$= \frac{2A}{\pi} \cdot \int_0^\Theta [\cos^2(x) - 2\cos(x)\cos(\Theta) + \cos^2(\Theta)]\cos(nx)\,dx$$

$$= \frac{2A}{\pi} \cdot \int_0^\Theta [\underbrace{\cos^2(x)\cos(nx)}_{(A25)} - 2\cos(\Theta)\cos(x)\cos(nx) + \cos^2(\Theta)\cos(nx)]\,dx$$

$$= \frac{2A}{\pi} \cdot \left[\frac{1}{2}\cdot\int_0^\Theta \cos(nx)\,dx + \frac{1}{2}\cdot\int_0^\Theta \cos(2x)\cos(nx)\,dx - 2\cos(\Theta) \right.$$

$$\left. \cdot \int_0^\Theta \cos(x)\cos(nx)\,dx + \cos^2(\Theta)\cdot\int_0^\Theta \cos(nx)\,dx \right]$$

$$= \frac{2A}{\pi} \cdot \left[\frac{\sin(nx)}{2n} + \frac{\sin((n-2)x)}{4(n-2)} + \frac{\sin((n+2)x)}{4(n+2)} \right.$$

$$\left. - 2\cos(\Theta)\left(\frac{\sin((n-1)x)}{2(n-1)} + \frac{\sin((n+1)x)}{2(n+1)}\right) + \cos^2(\Theta)\cdot\frac{\sin(nx)}{n} \right]\Bigg|_0^\Theta$$

$$= \frac{2A}{\pi} \left[\frac{\sin(n\Theta)}{2n} + \frac{\sin((n-2)\Theta)}{4(n-2)} + \frac{\sin((n+2)\Theta)}{4(n+2)} \right.$$

$$\left. - \cos(\Theta)\left(\frac{\sin((n-1)\Theta)}{n-1} + \frac{\sin((n+1)\Theta)}{n+1}\right) + \underbrace{\cos^2(\Theta)\cdot\frac{\sin(n\Theta)}{n}}_{(A25)} \right]$$

$$= \frac{A}{2\pi}\left[\frac{2\sin(n\Theta)}{n}\left(1 + 2\left(\frac{1+\cos(2\Theta)}{2}\right)\right)\right.$$

$$\left. + \frac{\sin((n-2)\Theta)}{n-2} + \frac{\sin((n+2)\Theta)}{n+2} - 4\cos(\Theta)\left(\frac{\sin((n-1)\Theta)}{n-1} + \frac{\sin((n+1)\Theta)}{n+1}\right)\right]$$

(6) $i_n = \dfrac{a\hat{u}_p^2}{2\pi} \cdot \left\{ \dfrac{2\sin(n\Theta)}{n}\cdot[2+\cos(2\Theta)] + \dfrac{\sin((n-2)\Theta)}{n-2} + \dfrac{\sin((n+2)\Theta)}{n+2} \right.$

$$\left. - 4\cos(\Theta)\left[\frac{\sin((n-1)\Theta)}{n-1} + \frac{\sin((n+1)\Theta)}{n+1}\right]\right\}$$

Aus (6) mit L'Hospitalregel für $n = 1$:

$$i_1 = \frac{a\hat{u}_p^2}{2\pi}\left\{2\sin(\Theta)\cdot\underbrace{[2+\cos(2\Theta)]}_{(A27)} + \sin(\Theta) + \frac{\sin(3\Theta)}{3} - 4\cos(\Theta)\cdot\left[\Theta + \underbrace{\frac{\sin(2\Theta)}{2}}_{(A26)}\right]\right\}$$

(7) $i_1 = \dfrac{a\hat{u}_P^2}{2\pi} \left\{ 5\sin(\Theta) - 4\Theta\cos(\Theta) + \dfrac{\sin(3\Theta)}{3} + 2\sin(\Theta)\cos^2(\Theta) - 2\sin(\Theta)\sin^2(\Theta) \right.$

$\left. - 4\sin(\Theta)\cos^2(\Theta) \right\} = \dfrac{a\hat{u}_P^2}{6\pi} \{9\sin(\Theta) - 12\Theta\cos(\Theta) + \sin(3\Theta)\}$

aus (6) für n = 2:

$i_2 = \dfrac{a\hat{u}_P^2}{2\pi} \left\{ \sin(2\Theta)[2 + \cos(2\Theta)] + \Theta + \dfrac{\sin(4\Theta)}{4} - 4\cos(\Theta) \underbrace{\left[\sin(\Theta) + \dfrac{\sin(3\Theta)}{3}\right]}_{(A28)} \right\}$

$= \dfrac{a\hat{u}_P^2}{2\pi} \left\{ 2\sin(2\Theta) + \Theta + \dfrac{\sin(4\Theta)}{4} + \underbrace{\sin(2\Theta)\cos(2\Theta)}_{(A26)} - 4\underbrace{\cos(\Theta)\sin(\Theta)}_{(A26)} \left[2 - \dfrac{4}{3}\underbrace{\sin^2(\Theta)}_{(A29)}\right] \right\}$

$= \dfrac{a\hat{u}_P^2}{2\pi} \left\{ \sin(2\Theta)\left[\dfrac{6}{3} - \dfrac{8}{3}\right] + \Theta + \dfrac{3}{4}\sin(4\Theta) - \dfrac{4}{3}\underbrace{\sin(2\Theta)\cos(2\Theta)}_{(A26)} \right\}$

(8) $i_2 = \dfrac{a\hat{u}_P^2}{24\pi} \{12\Theta - 8\sin(2\Theta) + \sin(4\Theta)\}$

aus (6) für n = 3:

(9) $i_3 = \dfrac{a\hat{u}_P^2}{2\pi} \left\{ \dfrac{2\sin(3\Theta)}{3}[2 + \cos(2\Theta)] \right.$

$\left. + \sin(\Theta) + \dfrac{\sin(5\Theta)}{5} - 4\cos(\Theta) \cdot \left[\dfrac{\sin(2\Theta)}{2} + \dfrac{\sin(4\Theta)}{4}\right] \right\}$

$= \dfrac{a\hat{u}_P^2}{2\pi} \left\{ \dfrac{4}{3} \cdot \sin(3\Theta) + \sin(\Theta) + \dfrac{\sin(5\Theta)}{5} \right.$

$\left. + \dfrac{2}{3} \underbrace{\sin(3\Theta)\cos(2\Theta)}_{(A30)} - 2\underbrace{\cos(\Theta)\sin(2\Theta)}_{(A31)} - \underbrace{\cos(\Theta)\sin(4\Theta)}_{(A32)} \right\}$

$= \dfrac{a\hat{u}_P^2}{60\pi} \{10\sin(\Theta) - 5\sin(3\Theta) + \sin(5\Theta)\}$

aus (6) für n = 4:

$i_4 = \dfrac{a\hat{u}_P^2}{2\pi} \left\{ \dfrac{2\sin(4\Theta)}{4}[2 + \cos(2\Theta)] + \dfrac{\sin(2\Theta)}{2} + \dfrac{\sin(6\Theta)}{6} - 4\cos(\Theta)\left[\dfrac{\sin(3\Theta)}{3} + \dfrac{\sin(5\Theta)}{5}\right] \right\}$

$= \dfrac{a\hat{u}_P^2}{2\pi} \left\{ \sin(4\Theta) + \dfrac{\sin(2\Theta)}{2} + \dfrac{\sin(6\Theta)}{6} + \underbrace{\dfrac{\sin(4\Theta)\cos(2\Theta)}{2}}_{(A33)} \right.$

$\left. - \dfrac{4}{3} \cdot \underbrace{\cos(\Theta)\sin(3\Theta)}_{(A34)} - \dfrac{4}{5} \cdot \underbrace{\cos(\Theta)\sin(5\Theta)}_{(A35)} \right\}$

(10) $i_4 = \dfrac{a\hat{u}_P^2}{120\pi} \{5\sin(2\Theta) - 4\sin(4\Theta) + \sin(6\Theta)\}$

1.2 Aussteuerung einer nichtlinearen Kennlinie

b) *aus (1):*

$$\cos(\Theta) = \frac{0{,}4 - 0{,}1}{0{,}8} = 0{,}375 \Rightarrow \Theta = 67{,}96°$$

aus (5):

(11) $i_0 = \frac{138{,}9}{4\pi} \frac{mA}{V^2} (0{,}8\ V)^2 \left[\frac{2 \cdot 67{,}96° \cdot \pi}{180°} \cdot (2 + \cos(2 \cdot 67{,}96°)) - 3\sin(2 \cdot 67{,}96°) \right] = 6{,}74\ mA$

aus (7):

(12) $i_1 = \frac{138{,}9}{6\pi} \frac{mA}{V^2} (0{,}8\ V)^2 [9\sin(67{,}96°) - 12 \cdot 1{,}186 \cos(67{,}96°) + \sin(3 \cdot 67{,}96°)] = 12{,}25\ mA$

aus (8):

(13) $i_2 = \frac{138{,}9}{24\pi} \frac{mA}{V^2} (0{,}8\ V)^2 [12 \cdot 1{,}186 - 8\sin(2 \cdot 67{,}96°) + \sin(4 \cdot 67{,}96°)] = 9{,}04\ mA$

aus (9):

(14) $i_3 = \frac{138{,}9}{60\pi} \frac{mA}{V^2} (0{,}8\ V)^2 [10 \cdot \sin(67{,}96°) - 5\sin(3 \cdot 67{,}96°) + \sin(5 \cdot 67{,}96°)] = 5{,}163\ mA$

aus (10):

(15) $i_4 = \frac{138{,}9}{120\pi} \frac{mA}{V^2} (0{,}8\ V)^2 [5 \cdot \sin(2 \cdot 67{,}96°) - 4 \cdot \sin(4 \cdot 67{,}96°) + \sin(6 \cdot 67{,}96°)] = 1{,}937\ mA.$

Mit den Ergebnissen (11) bis (15) und der Beziehung $n \cdot f_P = n \cdot 2$ MHz ($n = 0, 1, 2, 3, 4$) erhält man das in Bild 1.2.1-3 dargestellte Spektrum. Dieses Spektrum läßt sich in der Praxis mit einem Spektrumanalysator (Spectrum Analyzer [8]) messen.

Das Spektrum in Bild 1.2.1-3 wurde nur bis zum willkürlichen Wert von $n \cdot f_P = 8$ MHz berechnet und gezeichnet. Natürlich sind auch bei 10 MHz, 12 MHz, 14 MHz usw. Spektrallinien vorhanden. Allgemein läßt sich sagen:

Wird eine nichtlineare Kennlinie großsignalmäßig durch ein Signal der Frequenz f_P ausgesteuert, dann entstehen neben einem Gleichanteil Vielfache der Grundfrequenz f_P.

$$n \cdot f_P \quad \text{mit} \quad n = 0, 1, 2, 3 \ldots \tag{1.2.1/2}$$

- **Übung 1.2.1/1:** Eine Halbleiterdiode wird näherungsweise mit der Kennlinie des Bildes 1.2.1-2 beschrieben ($a = 138{,}9\ \frac{mA}{V^2}$, $U_S = 0{,}4$ V). Die Aussteuerung erfolgt mit der geraden Funktion $u(t) = U_V + \hat{u}_P \cos(\omega_P t)$ mit $\hat{u}_P = 0{,}8$ V und $f_P = 5$ MHz.
Berechnen und zeichnen Sie das Spektrum des Stromes für $U_{V1} = 1{,}2$ V und $U_{V2} = 0{,}4$ V.

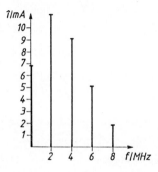

Bild 1.2.1-3
Spektrum für die Aussteuerung in Bild 1.2.1-2

Je nach Stromflußwinkel Θ und Kennlinienform kann es vorkommen, daß wie in Übung 1.2.1/1 nur die doppelte Frequenz auftritt (Bild L-13a) oder die vierfache Frequenz nicht entstehen kann (Bild L-13b). Solche Schaltungen lassen sich als Frequenzvervielfacher nutzen. Schaltet man z. B. einen Parallelschwingkreis mit der Resonanzfrequenz $f_R = 2 \cdot f_P$ zwischen C und E der Schaltung in Bild 1.2.1-1, dann erhält man eine Frequenzverdopplerschaltung, für $f_R = 3 \cdot f_P$ und $\Theta = \pi/2$ (Bild L-13b) eine Verdreifacherschaltung usw.. Der Nachteil von hohen Vervielfachungsgraden (z. B. Verzehnfacher) ist der geringe Wirkungsgrad, d. h. die Spektralamplituden werden für wachsendes n immer kleiner. Aus diesem Grund benutzt man manchmal eine Hintereinanderschaltung von Vervielfachern (z. B. zwei Verdreifacherstufen in Serie statt einer Verneunfacherschaltung). Wählt man bei Diodenberechnungen statt der idealisierten Parabelkennlinie die e-Funktion, dann erhält man als Fourierkoeffizienten die Besselfunktionen [9].

1.2.2 Pump- und Signalaussteuerung (zwei Frequenzen)

Die idealisierte Transistorschaltung des Bildes 1.2.1-1a wird jetzt mit zwei Signalen unterschiedlicher Frequenz ausgesteuert (Bild 1.2.2-1a). Als Rechenmodell wird wieder die Parabelkennlinie $I = a(U - U_S)^2$ des Bildes 1.2.1-1b gewählt. Setzt man die Aussteuerspannung

$$u = u_{BE} = U_V + \hat{u}_S \cos(\omega_S t) + \hat{u}_P \cos(\omega_P t)$$

in die Kennliniengleichung $i = a(u - U_S)^2$ ein, dann ergibt sich

$$i = a[U_0 + \hat{u}_S \cos(\omega_S t) + \hat{u}_P \cos(\omega_P t)]^2$$

mit der Abkürzung $U_0 = U_V - U_S$;

$$i = a[U_0^2 + 2U_0\hat{u}_S \cos(\omega_S t) + 2U_0\hat{u}_P \cos(\omega_P t)$$
$$+ \underbrace{2\hat{u}_S\hat{u}_P \cos(\omega_S t)\cos(\omega_P t)}_{(A36)} + \underbrace{\hat{u}_S^2 \cos^2(\omega_S t)}_{(A25)} + \underbrace{\hat{u}_P^2 \cos^2(\omega_P t)}_{(A25)}]$$

$$= a\left[U_0^2 + \frac{\hat{u}_S^2 + \hat{u}_P^2}{2}\right] + 2aU_0\hat{u}_S \cos(\omega_S t) + \frac{a\hat{u}_S^2}{2}\cos(2\omega_S t) + 2aU_0\hat{u}_P \cos(\omega_P t)$$

$$+ \frac{a\hat{u}_P^2}{2} \cdot \cos(2\omega_P t) + a\hat{u}_S\hat{u}_P \cos[(\pm\omega_S \mp \omega_P)t] + a\hat{u}_S\hat{u}_P \cos[(\omega_S + \omega_P)t];$$

$$\Rightarrow i = i_0 + \hat{i}_{1S}\cos(\omega_S t) + \hat{i}_{2S}\cos(2\omega_S t) + \hat{i}_{1P}\cos(\omega_P t) + \hat{i}_{2P}\cos(2\omega_P t)$$
$$+ \hat{i}_{\pm S \mp P}\cos[(\pm\omega_S \mp \omega_P)t] + \hat{i}_{S+P}\cos[(\omega_S + \omega_P)t] \qquad (1.2.2/1)$$

mit

$$\text{Gleichanteil } i_0 = a\left[U_0^2 + \frac{\hat{u}_S^2 + \hat{u}_P^2}{2}\right]; \qquad (1.2.2/2)$$

1. Signalharmonische $\hat{i}_{1S} = 2aU_0\hat{u}_S$; $\qquad (1.2.2/3)$

2. Signalharmonische $\hat{i}_{2S} = \dfrac{a\hat{u}_S^2}{2}$; $\qquad (1.2.2/4)$

1. Pumpharmonische $\hat{i}_{1P} = 2aU_0\hat{u}_P$; $\qquad (1.2.2/5)$

2. Pumpharmonische $\hat{i}_{2P} = \dfrac{a\hat{u}_P^2}{2}$; $\qquad (1.2.2/6)$

Summen- bzw. Differenzfrequenzamplitude $\hat{i}_{S+P} = \hat{i}_{\pm S \mp P} = a\hat{u}_S\hat{u}_P$. $\qquad (1.2.2/7)$

1.2 Aussteuerung einer nichtlinearen Kennlinie

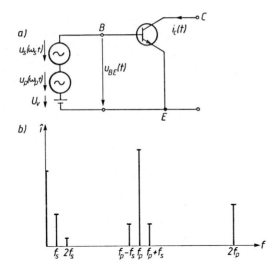

Bild 1.2.2-1
a) Aussteuerung eines Transistors mit zwei Signalen unterschiedlicher Frequenz
b) Spektrum des Stromes $i_C(t) = i(t)$

Wird eine quadratische Kennlinie durch zwei Signale unterschiedlicher Frequenz großsignalmäßig ausgesteuert, dann treten im Spektrum neben den Vielfachen der Aussteuerfrequenzen sogenannte Summen- und Differenzfrequenzanteile auf (Bild 1.2.2-1 b). In diesen Summen- und Differenzfrequenzspektralanteilen ist als Information die Amplitude $\hat{u}_S$ und die Frequenz f_S der niederfrequenten Aussteuerspannung $u_S = \hat{u}_S \cos(\omega_S t)$ enthalten. Wird am Ausgang des Transistors in Bild 1.2.2-1a ein breitbandiger Parallelschwingkreis bzw. ein Bandpaß geschaltet, der nur die Signale der Frequenzen $f_P - f_S, f_P, f_P + f_S$ zu einem Verbraucher durchläßt, dann ergibt sich für den Ausgangsstrom aus (1.2.2/1):

$$\tilde{i} = \hat{i}_{1P} \cos(\omega_P t) + \hat{i}_{\pm S \mp P} \cos[(\pm \omega_S \mp \omega_P) t] + \hat{i}_{S+P} \cos[(\omega_S + \omega_P) t]$$

$$= 2aU_0 \hat{u}_P \cos(\omega_P t) + a\hat{u}_S \hat{u}_P \cos[(\pm \omega_S \mp \omega_P) t] + a\hat{u}_S \hat{u}_P \cos[(\omega_S + \omega_P) t]$$

$$= 2aU_0 \hat{u}_P \left\{ \cos(\omega_P t) + \frac{\hat{u}_S}{U_0} \cdot \underbrace{\left[\frac{\cos[(\pm \omega_S \mp \omega_P) t] + \cos[(\omega_S + \omega_P) t]}{2} \right]}_{(A36)} \right\}$$

$$= 2aU_0 \hat{u}_P \left\{ \cos(\omega_P t) + \frac{\hat{u}_S}{U_0} \cdot [\cos(\omega_S t) \cos(\omega_P t)] \right\}$$

$$= 2aU_0 \hat{u}_P \left\{ 1 + \frac{\hat{u}_S}{U_0} \cdot \cos(\omega_S t) \right\} \cdot \cos(\omega_P t) = \hat{i}_{AM} \cos(\omega_P t); \quad (1.2.2/8)$$

mit

$$\hat{i}_{AM} = 2aU_0 \hat{u}_P \left\{ 1 + \frac{\hat{u}_S}{U_0} \cdot \cos(\omega_S t) \right\}. \quad (1.2.2/9)$$

Die im Rhythmus der Niederfrequenz f_S und der NF-Amplitude $\hat{u}_S$ schwankende HF-Amplitude $\hat{i}_{AM}$ in (1.2.2/9) beschreibt in (1.2.2/8) ein amplitudenmoduliertes Signal (s. Kapitel 3.2).

- **Übung 1.2.2/1:** Eine Halbleiterdiode wird näherungsweise mit der Kennlinie $I = a(U - U_S)^2$ beschrieben ($a = 138{,}9$ mA/V^2, $U_S = 0{,}4$ V). Die Pump- und Signalaussteuerung erfolgt mit der Funktion $u = U_V + \hat{u}_S \cos(\omega_S t) + \hat{u}_P \cos(\omega_P t)$ mit $U_V = 0{,}6$ V, $\hat{u}_S = 0{,}1$ V, $\hat{u}_P = 0{,}1$ V, $f_S = 100$ MHz und $f_P = 1$ GHz.

  Berechnen und zeichnen Sie das Spektrum des Stromes.

- **Übung 1.2.2/2:** Eine Schottkydiodenkennlinie

$$I = I_S \left[e^{\frac{U - R_B I}{mU_T}} - 1 \right]$$

  mit $mU_T = 3{,}1424 \cdot 10^{-2}$ V, $I_S = 1{,}43$ nA, $R_B = 10\,\Omega$ soll durch ein Taylorpolynom 3. Grades approximiert werden.
  a) Ermitteln Sie das Taylorpolynom $U(I)$ für den Arbeitspunkt $I_V = 2$ mA.
  b) Skizzieren Sie die Kennlinie sowie die Taylorapproximation für einen Bereich von $0{,}5$ mA $\leq I \leq 5$ mA.
  c) Die Kennlinie wird ausgesteuert um den Arbeitspunkt $I_V = 2$ mA durch zwei Signale der Form $i_P = \hat{i}_P \cos(\omega_P t)$ und $i_S = \hat{i}_S \cos(\omega_S t)$ ($f_P = 10$ GHz, $f_S = 1$ GHz).

  Berechnen und skizzieren Sie mit Hilfe des Taylorpolynoms das Spektrum $\hat{u}(f)$ für
  c1) $\hat{i}_P = \hat{i}_S = 1$ mA,
  c2) $\hat{i}_P = 1{,}9$ mA, $\quad \hat{i}_S = 0{,}1$ mA.

Wird eine nichtlineare Kennlinie durch zwei Signale unterschiedlicher Frequenz großsignalmäßig ausgesteuert, dann treten im Spektrum neben den Vielfachen der Aussteuerfrequenzen Summen- und Differenzfrequenzen auf.

Bild 1.2.2-1b zeigt das Spektrum bei einer quadratischen Kennlinie (Polynom 2. Grades); das Spektrum für ein Polynom 3. Grades ist in Bild L-16a dargestellt. Bei der Großsignalaussteuerung einer nichtlinearen Kennlinie mit zwei Signalen der Frequenzen f_S und f_P treten im allgemeinen Fall die Frequenzen

$$|\pm m \cdot f_P \pm n \cdot f_S| \quad \text{mit} \quad m, n = 0, 1, 2, 3 \ldots \tag{1.2.2/10}$$

auf. Bild 1.2.2-2 zeigt einen Ausschnitt des Spektrums für diesen allgemeinen Fall. Die allgemeine Gleichung (1.2.2/10) gibt für $n = 0$ die Pumpfrequenz f_P und ihre Oberwellen $m \cdot f_P$ ($m > 1$) an, für $m = 0$ erhält man die Signalfrequenz f_S und ihre Vielfachen $n \cdot f_S$ ($n > 1$). Wird die Aussteueramplitude $\hat{u}_S$, wie in Übung 1.2.2/2 (Teil c2), sehr klein gewählt (Kleinsignalaussteuerung), dann läßt sich mit guter Näherung in (1.2.2/10) $n = 1$ setzen und man erhält das

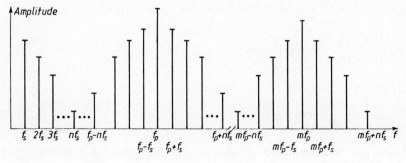

Bild 1.2.2-2 Spektrum einer nichtlinearen Kennlinie, die großsignalmäßig mit zwei Signalen der Frequenzen f_S und f_P ausgesteuert wird

1.2 Aussteuerung einer nichtlinearen Kennlinie

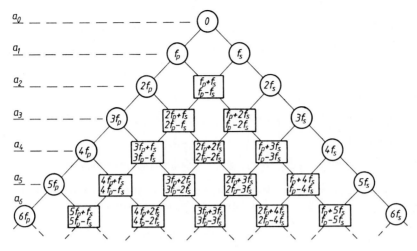

Bild 1.2.2-3 Auftretende Frequenzen im Spektrum bei der Großsignalaussteuerung einer nichtlinearen Kennlinie (approximiert mit einer Potenzreihe $y = a_0 + a_1 x + a_2 x^2 + a_3 x^3 + a_4 x^4 + a_5 x^5 + a_6 x^6 + \ldots$) mit zwei Signalen der Frequenzen f_S und f_P

in Bild L-16b skizzierte Spektrum, d. h. von der Signalfrequenz f_S können die Oberwellen vernachlässigt werden.

$$|\pm m \cdot f_P \pm f_S| \quad \text{mit} \quad m = 0, 1, 2, 3 \ldots \qquad (1.2.2/11)$$

Wird eine nichtlineare Kennlinie näherungsweise mit einer Potenzreihe beschrieben, dann lassen sich aus Bild 1.2.2-3 (nach [10]) für den gewählten Grad der Potenzreihe sofort die auftretenden Frequenzen des Spektrums ermitteln. Für eine quadratische Kennlinie (Polynom 2. Grades) treten z. B. alle Frequenzen bis zur gestrichelten Linie von a_2 auf (0 = Gleichanteil, $f_P, f_S, f_P + f_S, f_P - f_S, 2f_P, 2f_S$), für ein Polynom 3. Grades bis a_3 usw..

- **Beispiel 1.2.2/1:** Eine Kennlinie wird beschrieben durch ein Taylorpolynom 4. Grades. Ausgesteuert wird die Kennlinie mit zwei Spannungssignalen der Frequenzen f_S und f_P ($f_S \ll f_P$).
  Skizzieren Sie qualitativ das Spektrum für
  a) $\hat{u}_S < \hat{u}_P$,
  b) $\hat{u}_S \ll \hat{u}_P$ ($\hat{u}_S \triangleq$ Kleinsignalaussteuerung).

  Lösung:
  a) *Aus Bild 1.2.2-3 für a_4* ⇒ auftretende Spektralfrequenzen: $0, f_P, f_S, f_P + f_S, f_P - f_S, 2f_P, 2f_S, 2f_P + f_S, 2f_P - f_S, f_P + 2f_S, f_P - 2f_S, 3f_P, 3f_S, 3f_P + f_S, 3f_P - f_S, 2f_P + 2f_S, 2f_P - 2f_S, f_P + 3f_S, f_P - 3f_S, 4f_P, 4f_S$ ⇒ s. Bild 1.2.2-4;
  b) Kleinsignalaussteuerung mit $\hat{u}_S$ bei f_S ⇒ es gilt (1.2.2/11): $|\pm m \cdot f_P \pm f_S|$ mit $m = 0, 1, 2, 3 \ldots$
  ⇒ in Bild 1.2.2-4 entfallen alle Spektralanteile mit $n \cdot f_S$ ($n = 2, 3, 4 \ldots$) ⇒ s. Bild 1.2.2-5.

Mit Hilfe einer Potenzreihenapproximation läßt sich die Großsignalaussteuerung einer nichtlinearen Kennlinie mit zwei Signalen unterschiedlicher Frequenz mathematisch immer geschlossen lösen. Jedoch ist diese Potenzreihennäherung nur für einen Stromflußwinkel von $\Theta = \pi$ zulässig. Bei $\Theta < \pi$ ist eine Berechnung nur mit der Fourierreihe möglich. Bei zwei Aussteuersignalen unterschiedlicher Frequenz ergibt sich eine doppelte Fourierreihe [9], deren Integrale sich für reale Problemstellungen nicht mehr geschlossen lösen lassen. In diesem Fall ist man auf numerische Lösungsmethoden (mit Hilfe eines Rechners) angewiesen. Weiterhin braucht man einen Computer, wenn man die Berechnung nicht für eine einzige Signalfrequenz

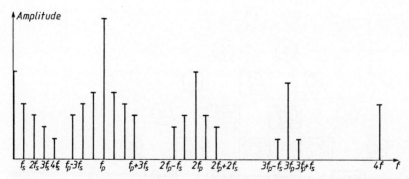

Bild 1.2.2-4 Qualitatives Spektrum des Ausgangssignals für eine nichtlineare Kennlinie (approximiert mit einer Potenzreihe 4. Grades), die mit zwei Signalen unterschiedlicher Frequenz (f_S und f_P) großsignalmäßig ausgesteuert wird

f_S, sondern für ein Signalfrequenzband durchführen muß. Sprache, Musik und Dateninformationen lassen sich ja nicht mit einer einzigen Frequenz beschreiben, sondern benötigen je nach Qualität der Übertragung ein unterschiedlich großes Frequenzband. Da eine sinnvolle Berechnung nur mit einem Großrechner möglich ist, wird die Frequenzbandtransformation nur qualitativ betrachtet. Die Signalfrequenz f_S, ihre Vielfachen $n \cdot f_S$ ($n = 2, 3, 4 \ldots$) sowie die Summen- und Differenzfrequenzen sollen jeweils die Mittenfrequenzen der Frequenzbänder darstellen:

a) $f_S \ll f_P$

Bei der Aussteuerung des Transistors in Bild 1.2.2-1a mit einem Signalfrequenzband statt einer einzigen Signalfrequenz f_S erhält man das in Bild 1.2.2-6 skizzierte Spektrum. Dem Signalfrequenzband wird eine willkürliche Form (abgeschrägtes Dach) gegeben, damit man besser erkennen kann, wie die niedrigen bzw. höheren Frequenzen des Signalfrequenzbandes in eine höhere Frequenzebene umgesetzt werden. Bei der Summenmittenfrequenz $f_P + f_S$ bleibt die ursprüngliche Dachform erhalten, d. h. die Lage zum Eingangssignalfrequenzband ist gleich geblieben. Man bezeichnet deshalb das transformierte Summenfrequenzband als Gleich- oder Regellage und, da eine Aufwärtsfrequenzumsetzung bzw. Mischung von f_S nach $f_P + f_S$ stattgefunden hat, die ganze Schaltung als Gleichlageaufwärtsmischer, wenn am Ausgang des Transistors in Bild 1.2.2-1a ein breitbandiger Parallelschwingkreis auf die Mittenfrequenz $f_P + f_S$ abgestimmt wird.

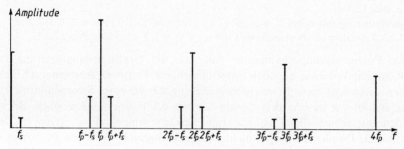

Bild 1.2.2-5 Qualitatives Spektrum des Ausgangssignales, wenn in Bild 1.2.2-4 die Aussteuerung bei f_S mit $\hat{u}_S$ als kleinsignalmäßig betrachtet werden kann

1.2 Aussteuerung einer nichtlinearen Kennlinie

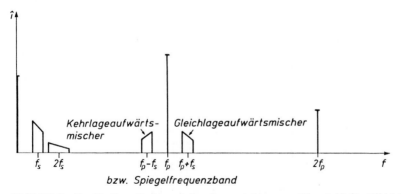

Bild 1.2.2-6 Qualitatives Spektrum des Ausgangsstromes $i(t) = i_C(t)$ für Bild 1.2.2-1a, wenn ein Pumpsignal der Frequenz f_P und ein Signalfrequenzband der Mittenfrequenz $f_S \ll f_P$ eine quadratische Kennlinie großsignalmäßig durchsteuern

Dimensioniert man dagegen den Parallelschwingkreis für eine Mittenfrequenz $f_P - f_S$, dann erscheint am Transistorausgang das Differenzfrequenzband mit der Mittenfrequenz $f_P - f_S$. Durch die Subtraktion vertauschen sich die niedrigen und höheren Frequenzen, also die Dachlage, und man spricht deshalb von Kehrlage bzw. bezeichnet die Schaltung als Kehrlageaufwärtsmischer. Kehr- und Gleichlagefrequenzband liegen spiegelbildlich zur Pumpfrequenz f_P, und bei der Betrachtung eines der beiden Frequenzbänder (Summen- oder Differenzfrequenzband) wird das andere als Spiegelfrequenzband bezeichnet (s. Bild 1.2.2-6).

b) $f_S \approx f_P$

b1) $f_S > f_P$

Der Transistor in Bild 1.2.2-1a wird mit einem Signalband ausgesteuert, dessen Mittenfrequenz f_S größer als die Pumpfrequenz f_P ist. Wird ein Parallelschwingkreis am Ausgang des Transistors auf die Mittenfrequenz $f_S - f_P$ (Differenzfrequenz) abgestimmt, dann wird das Signalband in gleicher Lage auf die niedrige Differenzfrequenzebene hinuntergemischt (Bild 1.2.2-7); man spricht von einem Gleichlageabwärtsmischer.

b2) $f_S < f_P$

Ist $f_S < f_P$ und der Parallelschwingkreis am Transistorausgang auf die Mittenfrequenz $f_P - f_S$ abgestimmt, dann wird das Signalband von der Mittenfrequenz f_S auf die Differenzfrequenz $f_P - f_S$ hinuntergemischt (Bild 1.2.2-8). Die Schaltung in Bild 1.2.2-1a arbeitet für diesen Betriebsfall als Kehrlageabwärtsmischer.

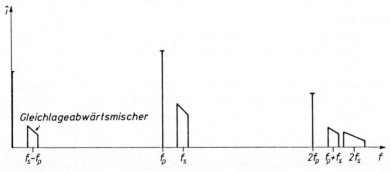

Bild 1.2.2-7 Abwärtsmischung in Gleichlage von f_S auf $f_S - f_P$

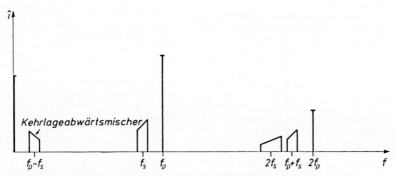

Bild 1.2.2-8 Abwärtsmischung in Kehrlage von f_S auf $f_P - f_S$

1.3 Empfänger

Empfängerschaltungen der Nachrichtentechnik [11] haben folgende Aufgaben:

a) Auswahl eines gewünschten Frequenzbandes aus einer Anzahl hochfrequenter Signale, die z. B. von verschiedenen Sendern herrühren. Man spricht von der sogenannten Selektion des Empfängers.

b) Rauscharme Verstärkung des gewünschten Frequenzbandes, damit eine große Empfindlichkeit erreicht wird. Je größer die Empfindlichkeit (Fähigkeit des Empfängers, sehr kleine Nutzsignale von Störsignalen wie z. B. Rauschen zu unterscheiden) bzw. je kleiner die Eigenrauschzahl ist, desto geringere Sendeleistungen sind erforderlich, bzw. bei konstanter Sendeleistung kann bei größerer Empfängerempfindlichkeit die Entfernung zwischen Sende- und Empfangsort vergrößert werden.

c) Demodulation (s. Kapitel 4), d. h. Wiedergewinnung des niederfrequenten (NF)-Signals aus einem modulierten Hochfrequenzsignal. Modulieren bedeutet, einer von einem Sender gelieferten hochfrequenten Schwingung ein niederfrequentes Signal aufzuprägen (s. Kapitel 3).

d) Verstärkung des NF-Signals, um z. B. die verstärkten elektr. Signale mit Hilfe eines Lautsprechers in akustische Signale umzuwandeln und damit hörbar zu machen.

Das einfachste Empfängerkonzept ist ein Detektorempfänger (quadratische Gleichrichtung an einer Diode), der jedoch hauptsächlich in der Meßtechnik bei hohen Frequenzen eingesetzt wird. Mit einer zusätzlichen HF-Verstärkerstufe erhält man daraus den Geradeausempfänger (Kapitel 1.3.1), der wegen seiner Nachteile abgelöst wurde durch den Überlagerungsempfänger.

1.3.1 Geradeausempfänger

Der einfachste Fall eines Empfängers in der Hochfrequenztechnik ist der in Bild 1.3.1-1 skizzierte Geradeausempfänger. Besitzt dieser Empfänger nur einen wirksamen Abstimmkreis (Schwingkreis) in der HF-Stufe, dann nennt man ihn Einkreis-Geradeausempfänger. Mit diesem Kreis (Filter) wird die Selektion in der HF-Stufe durchgeführt. Die Eigenschaft, daß die Verstärkung von der Empfangsantenne bis zum Demodulator auf ein und derselben Frequenz f_S (bzw. Frequenzband) erfolgt, also geradeaus, hat diesem Empfängertyp seinen Namen gegeben. Da die Selektion in der HF-Stufe erfolgt, muß das Eingangsfilter (z. B. Schwingkreis) abstimmbar sein, damit unterschiedliche Sender nacheinander empfangen werden können. Bei weit auseinanderliegenden Sendefrequenzen muß das Empfangsband in Teilbereiche aufgeteilt und der Schwingkreis umschaltbar ausgeführt werden.

1.3 Empfänger

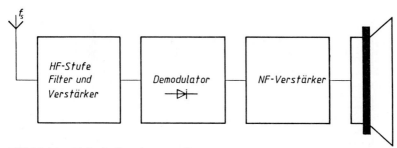

Bild 1.3.1-1 Einkreis-Geradeausempfänger

Die Selektion des Geradeausempfängers kann verbessert werden, wenn mehrere Filter, die durch Verstärker voneinander entkoppelt sind, benutzt werden. Als Nebeneffekt erzielt man damit auch noch eine größere Verstärkung. Bild 1.3.1-2 zeigt die Prinzipschaltung eines dreikreisigen (drei entkoppelte Schwingkreise) Geradeausempfängers. Mit dem Einkreis-Geradeausempfänger lassen sich nur Ortssender empfangen, während ein Mehrkreisempfänger auch für etwas fernere Sender geeignet ist.

Der Vorteil des Geradeausempfängers ist sein einfacher Aufbau. Da er keine Mischstufe besitzt, entfällt die Spiegelselektion; weiterhin können durch Oberwellenmischung keine Pfeifstörungen bei Rundfunkempfängern auftreten.

Nur noch als Festfrequenzempfänger im Lang- und Längstwellenbereich wäre ein Einsatz des Geradeausempfängers sinnvoll. Da bei höheren Frequenzen die Güten der Schwingkreise (Filter) für eine ausreichende Selektion zu klein sind, ist ein Einsatz als Festfrequenzempfänger bei höheren Frequenzen nicht möglich [12].

Bei variabler Abstimmung müßten bei der Änderung der Empfangsfrequenz sämtliche Filter nachgestimmt und beim Frequenzbereichswechsel umgeschaltet werden. Selbst mit Varaktordioden wäre der Aufwand für einen befriedigenden Frequenzgleichlauf zu hoch. Diese Gleichlaufprobleme würden die Trennschärfe weiter verschlechtern. Ein weiterer Nachteil ist die geringe Empfindlichkeit des Geradeausempfängers, d. h. weit entfernte (schwache) Sender können nicht empfangen werden. Aus diesen Gründen wurde das Geradeaus- vom Überlagerungsempfangskonzept verdrängt.

1.3.2 Überlagerungs- bzw. Superheterodynempfänger

Bild 1.3.2-1 zeigt die Prinzipschaltung eines Überlagerungsempfängers mit einfacher Frequenzüberlagerung (Einfachsuperhet). Das Signal der Frequenz f_S wird in der HF-Vorstufe aus dem Antennenempfangsfrequenzband ausgesiebt (Vorselektion) und zwecks Rauschverringerung

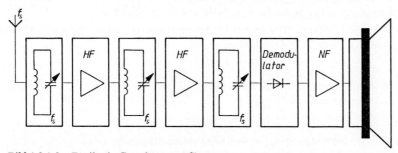

Bild 1.3.1-2 Dreikreis-Geradeausempfänger

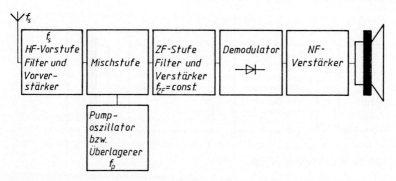

Bild 1.3.2-1 Einfachsuperhet

verstärkt, da der HF-Vorverstärker entscheidend die Empfindlichkeit des Empfängers bestimmt [13]. Weiterhin soll die HF-Vorstufe eine Entkopplung zwischen Mischstufe und Antenne bewirken, damit die Großsignalamplitude der Pumpfrequenz f_P und deren Oberwellenamplituden nicht zur Antenne gelangen und von dort abgestrahlt werden. Für die Unterdrückung der Pumpoberwellen genügt meistens das nichtreziproke Verhalten des Verstärkers, für die Pumpfrequenzamplitude wird zusätzlich ein Sperrkreis vorgesehen.

In der Mischstufe wird die Signalfrequenz f_S (bzw. Signalfrequenzband) mit der variablen Pumpfrequenz f_P auf die *feste* Zwischenfrequenz f_{ZF} gemischt. Als Mischelemente können Schottkydioden (Kapitel 2.1.1), Varaktoren (Kapitel 2.1.2) und Transistoren (Kapitel 2.1.3) verwendet werden. Durch die nichtlineare Kennlinie des Mischelementes entstehen nach Kapitel 1.2.2 Grundwellen-, Oberwellen- und Kombinationsfrequenzen. Die enthaltene Kombinationsfrequenz f_{ZF} muß aus diesem Frequenzgemisch ausgesiebt und verstärkt werden. Dies geschieht mit einem Parallelschwingkreis bzw. Bandfilter und dem nachfolgenden selektiven ZF-Verstärker.

Im Demodulator wird das der Sendeschwingung (Träger) durch die jeweilige Modulationsart (s. Kapitel 3) aufgeprägte NF-Signal zurückgewonnen und im NF-Verstärker auf die gewünschte Ausgangsleistung zur Ansteuerung z. B. der Lautsprecher verstärkt.

- **Übung 1.3.2/1:** Im Kurzwellenband soll eine Signalfrequenz f_S = 20 MHz mit einem Geradeaus- und einem Superheterodynempfänger empfangen werden. Die ZF-Frequenz des Superhets liegt bei f_{ZF} = 460 kHz. Zur einfachen Berechnung sollen beide Empfänger zwecks Senderauswahl einen Schwingkreis der Güte Q = 100 besitzen.

  Ermitteln Sie die Empfangsbandbreiten der beiden Geräte.

- **Beispiel 1.3.2/1:** Das UKW-Programm von HR1 wird vom Feldberg mit einer Frequenz f_S = 96,7 MHz abgestrahlt. Für einen Superhet-Empfänger mit einem gewünschten Empfangsbereich von 87,6 – 105,8 MHz soll die optimale Frequenz f_P des Pumposzillators ermittelt werden. Zur Verfügung stehen die Frequenzen f_{P1} = 18,2 MHz, f_{P2} = 86 MHz und f_{P3} = 107,4 MHz.

  Skizzieren Sie das jeweilige Spektrum (Pumpoberwellen sollen unberücksichtigt bleiben), und ermitteln Sie daraus die optimalen Pump- und Zwischenfrequenzen.

  Lösung:

  Die Amplitude der Empfangsfrequenz ist klein ⇒ *es gilt (1.2.2/11)* ⇒ $|\pm m \cdot f_P \pm f_S|$; da die Pumpoberwellen nicht berücksichtigt werden sollen, darf m = 1 in (1.2.2/11) gesetzt werden, ⇒

  (1) $f_{ZF} = |\pm f_P + f_S|$.

  Empfangsbereich: 87,6 – 105,8 MHz ⇒ f_{SM} = 96,7 MHz (Mittenfrequenz)
  Geforderte Änderung der Pumpfrequenz: Δf_P = (105,8 – 87,6) MHz = 18,2 MHz

1. Fall:

$f_{P1} = 18{,}2 \text{ MHz} \Rightarrow \textit{mit (1)} \; f_{ZF} = |\pm 18{,}2 \pm 96{,}7| \text{ MHz},$

$f_{ZF1} = (96{,}7 - 18{,}2) \text{ MHz} = 78{,}5 \text{ MHz},$

$f_{ZF2} = (18{,}2 + 96{,}7) \text{ MHz} = 114{,}9 \text{ MHz}.$

In Bild 1.3.2-2a ist das Spektrum skizziert.

Gleiche Annahme wie in Übung 1.3.2/1: Das Filter der ZF-Stufe besteht aus einem Schwingkreis der Güte Q. Die Bandbreite des Schwingkreises ist $\Delta f = f_R/Q = f_{ZF}/Q \Rightarrow$ je kleiner die ZF-Frequenz f_{ZF}, desto kleiner ist die Bandbreite Δf des Filters $\Rightarrow$ desto besser ist die Trennschärfe.

Da die Frequenz $f_{ZF2} = 114{,}9$ MHz größer ist als die Empfangsmittenfrequenz $f_{SM} = 96{,}7$ MHz, ist sie als ZF-Frequenz nicht geeignet. $f_{ZF1} = 78{,}5$ MHz ist zwar kleiner als $f_{SM} = 96{,}7$ MHz, jedoch ist der Unterschied zu gering, so daß eine Pumpfrequenz $f_{P1} = 18{,}2$ MHz ungeeignet ist.

2. Fall:

$f_{P2} = 86 \text{ MHz} \Rightarrow \textit{mit (1)} \; f_{ZF} = |\pm 86 \pm 96{,}7| \text{ MHz},$

$\left. \begin{array}{l} f_{ZF1} = (96{,}7 - 86) \text{ MHz} = 10{,}7 \text{ MHz} \\ f_{ZF2} = (86 + 96{,}7) \text{ MHz} = 182{,}7 \text{ MHz} \end{array} \right\}$ s. Bild 1.3.2-2b.

f_{ZF2} scheidet als ZF-Frequenz aus, während $f_{ZF1} = 10{,}7$ MHz eine sinnvolle Größe für eine ZF-Frequenz darstellt.

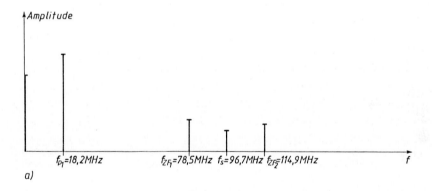

a)

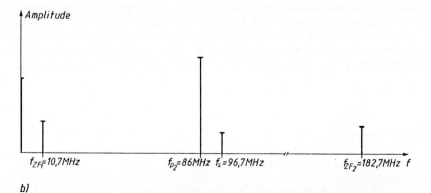

b)

Bild 1.3.2-2 Spektrum für a) niedrige Pumpfrequenz, b) hohe Pumpfrequenz

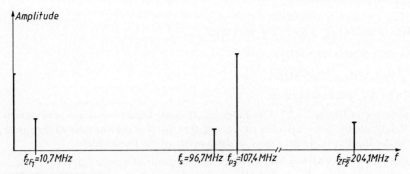

Bild 1.3.2-3 Spektrum für optimale Pumpfrequenz

3. Fall:

$f_{P3} = 107{,}4$ MHz $\Rightarrow$ *mit (1)* $f_{ZF} = |\pm 107{,}4 \pm 96{,}7|$ MHz ,

$\left. \begin{array}{l} f_{ZF1} = (107{,}4 - 96{,}7)\ \text{MHz} = 10{,}7\ \text{MHz} \\ f_{ZF2} = (107{,}4 + 96{,}7)\ \text{MHz} = 204{,}1\ \text{MHz} \end{array} \right\}$ s. Bild 1.3.2-3 .

f_{ZF2} scheidet wegen $f_{ZF2} > f_{SM}$ als ZF-Frequenz wieder aus, während man mit $f_{ZF1} = 10{,}7$ MHz die gleiche ZF-Frequenz wie im 2. Fall erhält. Betrachtet man die relative Verstimmung des Pumposzillators, so ergibt sich:

1. Fall:

$$\frac{\Delta f_P}{f_{P1}} = \frac{18{,}2\ \text{MHz}}{18{,}2\ \text{MHz}} = 100\% \ .$$

2. Fall:

$$\frac{\Delta f_P}{f_{P2}} = \frac{18{,}2\ \text{MHz}}{86\ \text{MHz}} = 21{,}16\% \ .$$

3. Fall:

$$\frac{\Delta f_P}{f_{P3}} = \frac{18{,}2\ \text{MHz}}{107{,}4\ \text{MHz}} = 16{,}95\% \Rightarrow \text{geringste Verstimmung des Oszillators} \ .$$

Prinzipiell kann die Pumpfrequenz f_P des Pumposzillators in Bild 1.3.2-1 beliebig gewählt werden. Jedoch ist es günstig, eine hohe Pumpfrequenz anzustreben, weil dann die relative Verstimmung des Pumposzillators (benötigt zur Mischung eines vorgegebenen Empfangsbandes auf die konstante Zwischenfrequenz f_{ZF}) am geringsten ist, oder anders ausgedrückt: Ein Pumposzillator ist nicht beliebig verstimmbar, und mit einer vorhandenen relativen Verstimmung läßt sich bei einer hohen Pumpfrequenz ein größerer absoluter Pumpfrequenzbereich und damit ein größerer Empfangsfrequenzbereich verwirklichen.

$$f_{ZF} = \underbrace{f_P}_{\substack{variable \\ Oszillatorfrequenz}} - \underbrace{f_S}_{\substack{variable \\ Empfangsfrequenz}} = \text{konst.} \tag{1.3.2/1}$$

Für das Filter und den Verstärker der ZF-Stufe ist eine kleine Zwischenfrequenz f_{ZF} anzustreben, da sich bei vorgegebener Güte des Filters eine kleine Bandbreite Δf und damit eine bessere Trennschärfe zwischen benachbarten Sendern realisieren läßt. Der selektive Verstärker hat bei niedriger ZF-Frequenz prinzipiell eine größere Verstärkung.

1.3 Empfänger

Für das Beispiel erhält man als optimalen Betriebsfall:

$\left. \begin{array}{l} f_P = 107{,}4 \text{ MHz} \\ f_{ZF} = 10{,}7 \text{ MHz} \end{array} \right\}$ s. Bild 1.3.2-3.

Beim einfachen Überlagerungsempfänger des Bildes 1.3.2-1 läßt sich die ZF-Frequenz nicht beliebig verkleinern, da auf Grund der sogenannten Spiegelfrequenz eine Selektion in der HF-Stufe erfolgen muß. Die Trennschärfe der Filter der HF-Stufe bestimmen die untere Grenze der ZF-Frequenz (Rauschbetrachtungen ausgeklammert).

Mit (1.2.2/11) $\Rightarrow |\pm m \cdot f_P \pm f_S|$,

$\Rightarrow f_{ZF} = f_P - f_{S1} = f_{S2} - f_P$,
$\Rightarrow f_P = f_{ZF} + f_{S1} = -f_{ZF} + f_{S2}$.

Spiegelfrequenz f_{SP} bzw. unerwünschte Empfangsfrequenz (z. B. f_{S2}):

$$f_{SP} = f_{S2} = 2f_P - f_{S1} = f_P + f_{ZF} = f_{S1} + 2f_{ZF}. \tag{1.3.2/2}$$

Die Zwischenfrequenz f_{ZF} kann auf zweierlei Weise aus einer Empfangsfrequenz f_S (f_{S1} oder f_{S2}) und der Pumpfrequenz f_P entstehen (s. Bild 1.3.2-4). Deshalb können bei einer bestimmten Oszillatoreinstellung f_P zwei Sender hörbar sein. Für eine eingestellte Pumpfrequenz f_P kann durch Mischung sowohl die Empfangsfrequenz f_{S1} als auch die davon verschiedene Empfangsfrequenz f_{S2} die Zwischenfrequenz f_{ZF} erzeugen. Wegen der spiegelbildlichen Lage der Frequenz f_{S2} im Spektrum (Bild 1.3.2-4) wird $f_{S2} = f_{SP}$ als Spiegelfrequenz bezeichnet. Durch genügende HF-Vorselektion (Filter) in der HF-Vorstufe (s. Bild 1.3.2-1), d. h. Unterdrückung von $f_{SP} = f_{S2}$ vor der Mischstufe, wird Eindeutigkeit des Empfangs erreicht. Die für die Spiegelfrequenz $f_{SP} = f_{S2}$ im Vergleich zur gewünschten Signalfrequenz f_{S1} geltende Abschwächung durch den auf f_{S1} abgestimmten Vorselektionskreis wird als Spiegelselektion bezeichnet. Nach (1.3.2/2) beträgt der Abstand zwischen Nutzfrequenz f_{S1} und Spiegelfrequenz $f_{SP} = f_{S2}$,

$$\Delta f = 2f_{ZF}, \tag{1.3.2/3}$$

d. h. die Bandfiltercharakteristik der HF-Vorstufe muß innerhalb von $2f_{ZF}$ vom Durchlaßbereich für f_{S1} in den Sperrbereich für $f_{S2} = f_{SP}$ übergehen.

■ **Übung 1.3.2/2:** Ein Überlagerungsempfänger hat im Mittelwellenbereich eine Zwischenfrequenz von $f_{ZF} = 460$ kHz. Für den Empfangsbereich soll gelten: 535 kHz $\leq f_{S1} \leq 1605$ kHz
a) Ermitteln Sie den Spiegelfrequenzbereich.
b) Empfangen werden soll HR1 auf MW mit einer Frequenz $f_{S1} = 594$ kHz. Berechnen Sie die Pumpfrequenz f_P sowie die Spiegelfrequenz f_{SP}.
c) Skizzieren Sie das Spektrum.

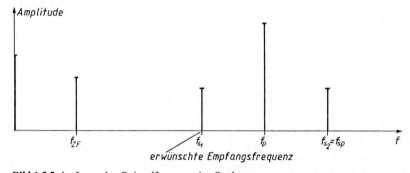

Bild 1.3.2-4 Lage der Spiegelfrequenz im Spektrum

- **Beispiel 1.3.2/2:** Erklären Sie an zwei Zahlenwertbeispielen das Auftreten von Pfeifstörungen durch Oberwellenmischung.

Lösung:

1. Durch einen starken Langwellensender der Frequenz $f_S = 233$ kHz kann durch eine Übersteuerung der Mischstufe die Oberwellenfrequenz $2f_S = 466$ kHz entstehen, die durch Mischung mit der Zwischenfrequenz $f_{ZF} = 460$ kHz die hörbare Störfrequenz $f_{Stör} = 2f_S - f_{ZF} = (466 - 460)$ kHz = 6 kHz erzeugt.
2. Der Pfeifton kann auch entstehen, wenn die Amplitude der ZF-Frequenz ($f_{ZF} = 460$ kHz) zu groß ist und an der nichtlinearen Mischstufenkennlinie die Oberwellenfrequenz $2f_{ZF} = 920$ kHz entsteht, die sich z. B. mit der Empfangsfrequenz $f_S = 925$ kHz in den hörbaren Bereich mischt:

$$f_{Stör} = f_S - 2f_{ZF} = (925 - 920) \text{ kHz} = 5 \text{ kHz}.$$

Bei der Dimensionierung eines Einfachsuperhets nach Bild 1.3.2-1 soll die ZF-Frequenz klein gewählt werden, um eine gute Trennschärfe zu erreichen. Wegen einer guten Spiegelfrequenzselektion benötigt man jedoch nach (1.3.2/3) eine große ZF-Frequenz, d. h. beim Einfachsuperhet muß ein Kompromiß zwischen befriedigender Spiegelfrequenzunterdrückung und Trennschärfe gefunden werden. Dieser Widerspruch bezüglich der Größe der ZF-Frequenz entfällt bei einer Zweifachüberlagerung. Bild 1.3.2-5 zeigt die Prinzipschaltung eines Doppelsuperhetempfängers (z. B. „Welt-Empfänger" im Kurzwellenbereich, 5 MHz $\leq f_S \leq$ 30 MHz in z. B. 8 Bereichen). Die erste Zwischenfrequenz f_{ZF1} beeinflußt die Spiegelfrequenzselektion und wird deshalb groß gewählt, d. h. der Abstand $\Delta f = 2f_{ZF1}$ nach (1.3.2/3) zwischen Nutz- und Spiegelfrequenz ist groß; dadurch wird durch Bandfilter eine gute Spiegelsignalunterdrückung erreicht. Die zweite Zwischenfrequenz f_{ZF2} übernimmt die Nahselektion (Trennschärfe) und soll deshalb klein sein (geringe Bandbreite der Filter, hohe ZF-Verstärkung bei guter Stabilität).

Die Nachteile des Überlagerungsempfängers, wie Spiegelfrequenzempfang und eventuelle Pfeifstörungen durch Oberwellenmischung (s. Beispiel 1.3.2/2), lassen sich durch eine gute HF-Vorselektion vermeiden. Der Aufbau des Überlagerungsempfängers ist aufwendiger und damit teurer als der des Geradeausempfängers. Jedoch hat der Superheterodynempfänger so große Vorteile gegenüber dem Geradeausempfänger, so daß seine Nachteile in Kauf genommen werden. Die wichtigsten Vorteile des Überlagerungsempfängers:

Die gesamte Verstärkung von der Antenne bis zum Demodulator erfolgt nicht wie beim Geradeausempfänger bei einer einzigen Frequenz, wodurch die Gefahr von Mitkopplung (Schwingneigung durch Instabilität) verringert wird. Diese Schwingneigungsgefahr läßt sich

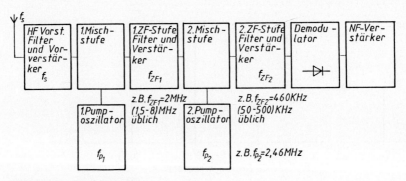

Bild 1.3.2-5 Doppelsuperhet

durch Mehrfachüberlagerung (s. Bild 1.3.2-5) weiter verringern. Die Frequenzselektion (Trennschärfe zwischen verschiedenen Sendern) kann zum größten Teil bei einer kleinen ZF-Frequenz (geringe Bandbreite der Filter) in der ZF-Stufe vorgenommen werden, die für die feste Frequenz f_{ZF} ausgelegt ist. Da man dadurch keine durchstimmbaren Filter benötigt, können die Festfilter komplizierter und daher hochwertiger aufgebaut sein. Zum Abstimmen auf die gewünschte Signalfrequenz f_S sind nur Abstimmittel für eine HF-Vorverstärkung (Empfindlichkeit) bzw. HF-Vorselektion (Spiegelunterdrückung) sowie für einen durchstimmbaren Pumposzillator erforderlich, während die ZF-Verstärkerglieder ungeändert bleiben. Damit erhält man eine bessere Empfindlichkeit und Trennschärfe als beim Geradeausempfänger.

- **Übung 1.3.2/3**: Gegeben ist ein Doppelsuperhetempfänger.
  a) Beschreiben Sie die Aufgabe der HF-Vorstufe.
  b) Nach welchen Gesichtspunkten werden die beiden Zwischenfrequenzen gewählt?

1.4 Frequenzumsetzer

Signale von Großsendern können durch Gebirgszüge abgeschattet werden, so daß in den Tälern die Feldstärken für die Empfänger nicht mehr ausreichen. Auf Bergen installierte Frequenzumsetzungseinrichtungen empfangen die Signale des Großsenders bei der Mittenfrequenz f_S, setzen sie auf eine andere Mittenfrequenz f_{ZF} um und strahlen sie verstärkt mit dem gleichen Informationsinhalt z. B. in die Täler wieder ab. Wegen der unterschiedlichen Empfangs- und Sendefrequenzen kann am gleichen Ort eine Empfangs- und Sendeantenne angebracht werden, ohne daß sich Empfangs- und Sendesignale beeinflussen. Bild 1.4-1 (nach [10]) zeigt das Prinzipschaltbild eines Frequenzumsetzers. Ein Empfangssignal der Mittenfrequenz f_S wird nach Verstärkung einer Mischstufe (z. B. Ringmodulator, s. Kapitel 2.2) zugeführt, mit der Oszillator- bzw. Pumpfrequenz f_P auf die gewünschte Ausgangsmittenfrequenz f_{ZF} gemischt, in der Endstufe verstärkt und abgestrahlt. Die einstellbaren Dämpfungsglieder dienen vor Ort dazu, die Schaltung auf die vorhandene Eingangsleistung bzw. auf die benötigte Ausgangsleistung abzustimmen. Eingangspegelschwankungen durch Schneefall bzw. Regen können kompensiert werden, wenn ein Teil der Ausgangsleistung über einen Regelverstärker die Amplitudenregelstufe des Quarzoszillators beeinflußt.

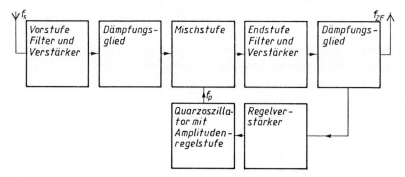

Bild 1.4-1 Prinzipschaltung eines Frequenzumsetzers

2 Mischung

Der Frequenzumsetzer in Kapitel 1.4 und der Überlagerungsempfänger in Kapitel 1.3.2 benötigen zur Frequenzumsetzung eine Mischstufe. Eine Frequenzumsetzung ist nach Kapitel 1 nur mit einer nichtlinearen Kennlinie möglich, z. B. Kennlinien von Halbleiterdioden, Bipolar- bzw. Feldeffekttransistoren. Das Spektrum eines Gleich- bzw. Kehrlageaufwärtsmischers ist in Bild 1.2.2-6 dargestellt, während Bild 1.2.2-7 das Spektrum eines Gleichlageabwärtsmischers und Bild 1.2.2-8 eine Abwärtsmischung in Kehrlage zeigt. Mit einer Mischstufe soll ein Eingangssignal der Frequenz f_S amplituden- und phasengetreu in eine andere Frequenzebene umgesetzt werden. Benötigt wird dazu ein Pumpsignal der Frequenz f_P, das die nichtlineare Kennlinie großsignalmäßig durchsteuert.

Man unterscheidet zwischen additiver und multiplikativer Mischung. Bei der additiven Mischung wird sowohl die Signal- als auch die Pumpspannung an denselben Steuereingang des nichtlinearen Bauelementes gelegt, während bei der multiplikativen Mischung Signal- und Pumpspannung zwei getrennten Steuereingängen des Mischelementes zugeführt werden.

2.1 Additive Mischung

Bei der additiven Mischung wird sowohl die Signal- als auch die Pumpspannung an denselben Steuereingang des nichtlinearen Bauelementes gelegt. Bei einem Transistor z. B. wird zur Mischung die exponentielle (nichtlineare) Abhängigkeit des Kollektorstromes von der Spannung zwischen Basis und Emitter ausgenutzt. Transistoren können im MHz-Bereich als Mischer eingesetzt werden, während man Feldeffekttransistoren bis in den GHz-Bereich verwenden kann. Bei höheren Frequenzen (>20 GHz) haben sich Schottky- und Kapazitätsdioden bewährt.

In Bild 2.1-1 ist die Spannungsaussteuerung einer nichtlinearen Kennlinie mit zwei Signalen verschiedener Frequenz (f_S und f_P, $\hat{u}_S \ll \hat{u}_P$) dargestellt. $\hat{u}_S$ wird so klein gewählt, daß die Signalspannung auf der von $\hat{u}_P$ durchgesteuerten Kennlinie lineare Verhältnisse vorfindet. Die Bedingung $\hat{u}_S \ll \hat{u}_P$ ist in der Praxis bei Empfangsmischern meistens erfüllt.

Die Steuer-, Pump- oder Oszillatorspannung $u_P(t) = \hat{u}_P \cos(\omega_P t)$ steuert um die Vorspannung U_V die Strom-Spannungskennlinie aus,

$$u(\omega_P t) = U_V + \hat{u}_P \cos(\omega_P t) \qquad (2.1/1)$$

und die viel kleinere Signalspannung $u_S(t) = \hat{u}_S \cos(\omega_S t)$ findet in der Umgebung des zeitvariablen Arbeitspunktes $u(\omega_P t)$ lineare Verhältnisse vor, so daß die Kennlinie in der Nähe von $u(\omega_P t)$ durch eine Taylorreihe, die nach dem linearen Glied abgebrochen wird, dargestellt werden kann.

Aus Bild 2.1-1:

$$\Rightarrow u(t) = u(\omega_P t) + \hat{u}_S \cos(\omega_S t),$$
$$\Rightarrow u(t) - u(\omega_P t) = \hat{u}_S \cos(\omega_S t). \qquad (2.1/2)$$

2.1 Additive Mischung

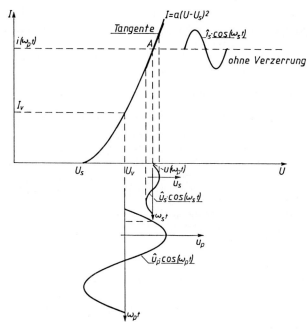

Bild 2.1-1
Mischung an einer
nichtlinearen Kennlinie
(Spannungssteuerung)

Da die Signalspannung lineare Kennlinienteile vorfindet, existieren keine Oberwellen von f_S, und es gilt (1.2.2/11).

$$|\pm m \cdot f_P \pm f_S| \quad \text{mit} \quad m = 0, 1, 2, 3 \ldots \tag{2.1/3}$$

Die Kleinsignalspannung $u_S(t)$ ist z. B. bei Empfangsmischern sehr viel kleiner als in Bild 2.1-1 aus Übersichtsgründen dargestellt, so daß die angestrebte Näherung (Tangente) sehr gut erfüllt wird. Deshalb ist es auch zulässig, die Taylorreihe nach dem linearen Glied (Tangente) abzubrechen.

Mit $I(U) \triangleq i(t)$, $I(U_V) \triangleq i(\omega_P t)$, $U \triangleq u(t)$, $U_V \triangleq u(\omega_P t)$ und $I'(U_V) \triangleq \dfrac{di}{du}(\omega_P t)$ ergibt sich aus (1.1.4/1):

$$i(t) = i(\omega_P t) + \underbrace{[u(t) - u(\omega_P t)]}_{\text{aus (2.1/2) } \hat{u}_S \cos(\omega_S t)} \cdot \underbrace{\frac{di}{du}(\omega_P t)}_{g(\omega_P t)} + \ldots$$

$$i(t) = i(\omega_P t) + \hat{u}_S \cos(\omega_S t) \cdot g(\omega_P t) + \ldots \tag{2.1/4}$$

Mit Hilfe der Großsignalaussteuerung $u_P(t)$ wird der Arbeitspunkt A in Bild 2.1-1 periodisch verändert und damit auch die Größen $i(\omega_P t)$ und $g(\omega_P t)$ in (2.1/4). Der differentielle Leitwert $g(\omega_P t)$ (Tangente in Bild 2.1-1) und der aussteuerabhängige variable Strom $i(\omega_P t)$ können deshalb jeweils mit Hilfe einer Fourierreihe dargestellt werden. Da die Aussteuerfunktion $u_P(t) = \hat{u}_P \cos(\omega_P t)$ eine gerade Funktion ist, ergibt sich nach (A7) $b_n = 0$ für die reelle Fourierreihe und man erhält nach (A1):

$$i(\omega_P t) = i_0 + \sum_{n=1}^{\infty} i_n \cos(n\omega_P t); \tag{2.1/5}$$

$$g(\omega_P t) = g_0 + \sum_{n=1}^{\infty} g_n \cos(n\omega_P t). \tag{2.1/6}$$

Die Fourierzerlegung von $i(\omega_P t)$ enthält neben einem Gleichglied i_0 (Arbeitspunktverschiebung, s. Kapitel 1) nur Vielfache der Pumpfrequenz f_P, die bei geeignet gewählter Schaltung kaum stören (Oberwellenmischung).

(2.1/5) und (2.16) in (2.1/4) $\Rightarrow$

$$i(t) = \underbrace{i_0 + \sum_{n=1}^{\infty} i_n \cos(n\omega_P t)}_{\substack{G \quad\quad P \\ \text{haben keinen Einfluß} \\ \text{auf die Kleinsignalgrößen}}} + \underbrace{\hat{u}_S g_0 \cos(\omega_S t) + \hat{u}_S \cdot \sum_{n=1}^{\infty} g_n \cos(n\omega_P t) \cos(\omega_S t)}_{\substack{S \quad\quad\quad\quad\quad\quad M \\ \Delta i(t) \\ \text{Kleinsignalgrößen}}} + \ldots$$

$\Downarrow$

Vergleich mit (2.1/4) $\Rightarrow$

$$\Delta i(t) = \underbrace{\hat{u}_S \cos(\omega_S t)}_{\Delta u(t)} \cdot g(\omega_P t) = \Delta u(t)\, g(\omega_P t) \qquad (2.1/7)$$

G: *Gleichanteil*
P: *Vielfache der Pumpfrequenz f_P*
S: *Signalfrequenz*
M: $i_{Misch}(t)$, *neu entstehende Mischfrequenzen*

$$i_{Misch}(t) = \hat{u}_S \cdot \sum_{n=1}^{\infty} g_n \underbrace{\cos(n\omega_P t)\cos(\omega_S t)}_{(A36)} = \frac{\hat{u}_S}{2} \cdot \sum_{n=1}^{\infty} g_n \{\cos[(\pm n\omega_P \mp \omega_S)t]$$
$$+ \cos[(n\omega_P + \omega_S)t]\}\,. \qquad (2.1/8)$$

Interessant für die Praxis sind die neu entstehenden Mischfrequenzen in (2.1/8). Die Amplituden $\hat{i}_{Misch}$ sind wieder Kleinsignalgrößen, so daß (2.1/7) die Summe aller Kleinsignalströme $\Delta i(t)$ beschreibt. Diese Kleinsignalströme entstehen, weil die Kennlinie in Bild 2.1-1 großsignalmäßig mit der kosinusförmigen Spannung $u_P(t)$ (Spannungssteuerung) durchgesteuert wird, so daß die Kleinsignalspannung $u_S(t)$ einen zeitvariablen differentiellen Leitwert $g(\omega_P t)$ vorfindet.

- **Übung 2.1/1:** Gegeben ist die in Bild 2.1-2 skizzierte Schaltung mit $i_P(t) = \hat{i}_P \cos(\omega_P t)$ und $i_S(t) = \hat{i}_S \cos(\omega_S t)$.
  $\hat{i}_P = 25\,\text{mA}, \quad \hat{i}_S = 3\,\text{mA}, \quad I_V = 25\,\text{mA}.$
  Der Arbeitspunkt $I_V = 25\,\text{mA}$ wurde eingestellt mit der Batteriespannung U_B bei Großsignalaussteuerung mit $\hat{i}_P = 25\,\text{mA}$. Die Diodenkennlinie wird näherungsweise beschrieben mit Hilfe der Funktion
  $I = a(U - U_S)^2$ ($a = 138{,}9\,\text{mA/V}^2$, $U_S = 0{,}4\,\text{V}$).
  a) Skizzieren Sie maßstäblich die Aussteuerung der Kennlinie.
  b) Berechnen Sie analog zu Kapitel 2.1 die analytische Funktion der Kleinsignalgröße $\Delta u(t)$ sowie der Größe $u_{Misch}(t)$ der neu entstandenen Mischfrequenzen.

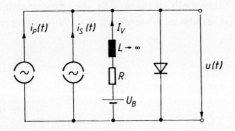

Bild 2.1-2
Stromsteuerung einer Mischdiode

2.1 Additive Mischung

Der Fall der Stromsteuerung wird in Übung 2.1/1 beschrieben. Hierbei wird die Kennlinie mit einem kosinusförmigen Strom $i_P(t)$ großsignalmäßig durchgesteuert, und der Kleinsignalstrom $i_S(t)$ findet in jedem Arbeitsmarkt A der Kennlinie lineare Verhältnisse vor, so daß die Umgebung des zeitvariablen Arbeitspunktes $A(\omega_P t)$ wieder mit einer Tangente (differentieller Widerstand $r(\omega_P t)$) approximiert werden kann. Die weitere Ableitung erfolgt analog zur Spannungssteuerung, wenn i und u bzw. $g(\omega_P t)$ und $r(\omega_P t)$ vertauscht werden.

Die Fourierkoeffizienten g_n und r_n sind unterschiedlich, d. h. ein Bauelement mit nichtlinearer Kennlinie liefert Mischprodukte, die abhängig sind von der Aussteuerform (Spannungs- bzw. Stromsteuerung). In der Praxis kann es deshalb vorkommen, daß z. B. eine Halbleiterdiode mit Stromsteuerung für eine Mischaufgabe besser geeignet ist als die Diode mit Spannungssteuerung.

Für die meisten in der Praxis vorkommenden Kennlinien werden die Fourierkoeffizienten g_n bzw. r_n mit wachsendem n schnell kleiner (z. B. $g_2 < g_1$ bzw. $r_2 < r_1$), so daß für $n = 1$ mit g_1 bzw. r_1 die größten Mischamplituden erzeugt werden. Die Mischamplituden werden maximal für $g_{1\,max}$ bzw. $r_{1\,max}$. Für eine Spannungssteuerung wird in Beispiel 2.1/1 gezeigt, wie man eine Kennlinie der Form $I = a(U - U_S)^2$ großsignalmäßig durchsteuern muß, damit g_1 maximal wird.

- **Beispiel 2.1/1:** Wie muß man die Kennlinie in Bild 2.1-1 großsignalmäßig durchsteuern, damit die Mischprodukte $i_{Misch}(\pm f_P \mp f_S, f_P + f_S)$ in (2.1/8) maximal werden?
  Wie groß ist dann $g_{1\,max}$?

Lösung:

Aus Bild 2.1-1:

(1) $I = a(U - U_S)^2 \Rightarrow i = a(u - U_S)^2$.

Um den differentiellen Leitwert $g = \dfrac{di}{du}$ zu erhalten, muß die Funktion (1) differenziert werden.

(2) $g = \dfrac{di}{du} = 2a(u - U_S) \Rightarrow$ Knickkennlinie.

Diese differenzierte Funktion muß nach Fourier zerlegt werden. Man kann sich die Arbeit einfacher machen, wenn man aus Übung 1/2 (H.-Gl. (7)) das Ergebnis für i_n übernimmt.

(3) $i_n = \dfrac{b\hat{u}_P}{n\pi} \cdot \left[\dfrac{\sin((n-1)\Theta)}{n-1} - \dfrac{\sin((n+1)\Theta)}{n+1} \right]$

gilt für die Knickkennlinienfunkion

(4) $i = b(u - U_S)$.

Vergleich (4) mit (2):

(5) $\Rightarrow b = 2a$,

$\Rightarrow$ *mit (3) und (5):*

$g_n = \dfrac{2a\hat{u}_P}{n\pi} \cdot \left[\dfrac{\sin((n-1)\Theta)}{n-1} - \dfrac{\sin((n+1)\Theta)}{n+1} \right]$;

$n = 1$ *(L'Hospital-Regel):*

(6) $g_1 = \dfrac{2a\hat{u}_P}{\pi} \cdot \left[\Theta - \dfrac{\sin(2\Theta)}{2} \right]$.

Um den optimalen Stromflußwinkel und damit den maximalen Mischleitwert $g_{1\,max}$ zu erhalten, muß eine Extremwertbestimmung (Differentiation von (6) nach dem Stromflußwinkel Θ) durchgeführt werden.

$$\frac{dg_1}{d\Theta} = \frac{2a\hat{u}_P}{\pi} \cdot \left[1 - \frac{2\cos(2\Theta_{opt})}{2}\right] \overset{!}{=} 0,$$

$$\Rightarrow 1 - \cos(2\Theta_{opt}) = 0,$$

(7) $\quad \Rightarrow \cos(2\Theta_{opt}) = 1 \Rightarrow \Theta_{opt} = \pi.$

Aus Übung 1/2 (H.-Gl. (1)):

$$\cos(\Theta) = \frac{U_S - U_V}{\hat{u}_P},$$

(8) $\quad \Rightarrow \cos(\Theta_{opt}) = \dfrac{U_S - U_{V\,opt}}{\hat{u}_P}.$

(7) in (8):

(9) $\cos(\pi) = -1 = \dfrac{U_S - U_{V\,opt}}{\hat{u}_P} \Rightarrow U_{V\,opt} = U_S + \hat{u}_P.$

Die optimale Vorspannung $U_{V\,opt}$ nach (9) entspricht der Vorspannung U_V des Bildes 2.1-1.

Aus (6) $\Rightarrow$

(10) $\quad g_{1\,max} = \dfrac{2a\hat{u}_P}{\pi} \cdot \left[\Theta_{opt} - \dfrac{\sin(2\Theta_{opt})}{2}\right].$

(7) in (10):

(11) $\quad g_{1\,max} = \dfrac{2a\hat{u}_P}{\pi} \left[\pi - \dfrac{\sin(2\pi)}{2}\right] = 2a\hat{u}_P$

$g_{1\,max}$ wird als optimaler Mischleitwert bzw. optimale Mischsteilheit bezeichnet.

- **Übung 2.1/2:** Wie muß man die in Bild 1-8 skizzierte Knickkennlinie durchsteuern, damit der Mischleitwert g_1 maximal wird?
  Wie groß ist dann $g_{1\,max}$?

Bei der parabolischen Kennlinie in Beispiel 2.1/1 ist $g_{1\,max} = 2a\hat{u}_P$, d. h. eine Funktion der Pumpamplitude $\hat{u}_P$. Je größer $\hat{u}_P$ (bis zur zulässigen Diodenhöchstspannung $\Rightarrow$ maximaler Durchlaßstrom der Diode), desto größer ist der Mischleitwert.

Bei der Knickkennlinie in Übung 2.1/2 erhält man für $\Theta_{opt} = \pi/2$ einen maximalen Mischleitwert $g_{1\,max} = 2b/\pi$, der unabhängig ($\hat{u}_P \neq 0$) von $\hat{u}_P$ ist. Rechneruntersuchungen zeigen, daß man bei einer realen Schottkydiodenkennlinie (gescherte e-Funktion) sich mit der Vorspannung U_V in die Nähe der Schleusenspannung U_S legen muß, um einen maximalen Mischleitwert $g_{1\,max}$ zu bekommen.

- **Übung 2.1/3:** Gegeben ist die in Bild 2.1-3 skizzierte Schaltung mit $u_P(t) = \hat{u}_P \cos(\omega_P t)$ und $u_S(t) = \hat{u}_S \cos(\omega_S t)$.

  $\hat{u}_P = 0{,}3\,\text{V}, \qquad \hat{u}_S = 30\,\text{mV}, \qquad f_P = 1\,\text{MHz}, \qquad f_S = 100\,\text{kHz}, \qquad U_V = 0{,}7\,\text{V}$

  Die Diodenkennlinie wird näherungsweise beschrieben mit Hilfe der Funktion $I = a(U - U_S)^2$ ($a = 138{,}9\,\text{mA/V}^2$, $U_S = 0{,}4\,\text{V}$).
  Skizzieren Sie quantitativ das Spektrum des Stromes.

2.1 Additive Mischung

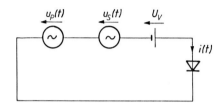

Bild 2.1-3
Prinzipschaltbild eines Mischers

Durch Mischung mit der Pumpfrequenz und deren Oberwellenfrequenzen entstehen Kombinationsfrequenzen. Stimmt man z. B. Parallelschwingkreise auf diese Kombinationsfrequenzen ab, dann liegen auch die neu entstandenen Spannungen der Kombinationsfrequenzen an der nichtlinearen Kennlinie und nehmen durch den veränderlichen differentiellen Leitwert $g(\omega_\text{P}t)$ an der Mischung teil. Der Strom i_Misch aus (2.1/8) erzeugt z. B. an einer Impedanz die Spannungen u_Misch, die je nach Beschaltung (Parallelschwingkreise) an der nichtlinearen Kennlinie liegen können. Auch diese Spannungsamplituden sind sehr viel kleiner als die Pumpspannungsamplitude $\hat{u}_\text{P}$, so daß keine Oberwellen von u_Misch auftreten. Beim Sonderfall der Gl. (2.1/7) lag nur die Kleinsignalspannung $\Delta u(t) = \hat{u}_\text{S} \cos(\omega_\text{S}t)$ an der nichtlinearen Kennlinie. Berücksichtigt man sämtliche Kleinsignalspannungen an der mit $u_\text{P}(t) = \hat{u}_\text{P} \cos(\omega_\text{P}t)$ ausgesteuerten nichtlinearen Kennlinie, dann gilt:

$$\Delta u(t) = \sum_{i=1}^{m} \hat{u}_i \cos(\omega_i t + \Phi_i) = \underbrace{\tfrac{1}{2} \cdot \sum_{i=1}^{m} [\underline{U}_i e^{j\omega_i t} + \underline{U}_i^* e^{-j\omega_i t}]}_{\text{analog (A42)}}. \quad (2.1/9)$$

Die Kleinsignalspannungen in (2.1/9) mit den Kleinsignalamplituden $\hat{u}_i$ und den beliebigen Phasenwinkeln Φ_i wurden auf eine komplexe Form gebracht, weil es günstiger ist, die folgenden Berechnungen mit Hilfe der komplexen Rechnung durchzuführen. Deshalb wird statt der reellen Fourierreihe für $g(\omega_\text{P}t)$ in (2.1/6) die komplexe Fourierreihe (A15)

$$g(\omega_\text{P}t) = \sum_{n=-\infty}^{\infty} \underline{G}_n e^{jn\omega_\text{P}t} = G_0 + \underbrace{\underline{G}_{-1}}_{\underline{G}_1^*} e^{-j\omega_\text{P}t} + \underline{G}_1 e^{j\omega_\text{P}t} + \dots \quad (2.1/10)$$

gewählt. Setzt man (2.1/9) und (2.1/10) in die allgemeine Gl. (2.1/7) ($\Delta i(t) = \Delta u(t) g(\omega_\text{P}t)$) ein, so ergibt sich:

$$\Delta i(t) = \tfrac{1}{2} \cdot \sum_{i=1}^{m} [\underline{U}_i e^{j\omega_i t} + \underline{U}_i^* e^{-j\omega_i t}] \cdot \sum_{n=-\infty}^{\infty} \underline{G}_n e^{jn\omega_\text{P}t}. \quad (2.1/11)$$

Durch Koeffizientenvergleich der Terme gleicher Frequenz in (2.1/11) erhält man die *Konversionsgleichungen*, eine Verknüpfung zwischen den Kleinsignalgrößen verschiedener Frequenz (s. Kapitel 2.1.1).

- **Übung 2.1/4:** Die Mischdiode in Bild 2.1-4 wird beschrieben mit Hilfe der Funktion

$$I = 90 \cdot \frac{\text{mA}}{\text{V}^2} \cdot (U - 0{,}7\,\text{V})^2,$$

$\hat{u}_1 = 65\,\text{mV}, \quad f_1 = 4{,}5\,\text{MHz},$
$\hat{u}_2 = 500\,\text{mV}, \quad f_2 = 9{,}5\,\text{MHz}.$

Im Aussteuerungsbereich von $\hat{u}_1$ kann die Kennlinie näherungsweise mit einer Tangente approximiert werden.
a) Berechnen Sie die differentiellen Leitwerte g_0 und g_1.
b) Skizzieren Sie quantitativ das Spektrum des Stromes.

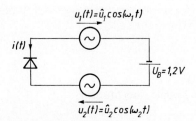

Bild 2.1-4
Prinzipschaltung eines Mischers

2.1.1 Schottkydiodenmischer

Schottkydioden besitzen einen Metallhalbleiterübergang, an dem sich eine Sperrschicht ausbildet, durch die eine ähnliche Strom-Spannungscharakteristik entsteht wie beim *pn*-Übergang normaler Halbleiterdioden. Jedoch besitzen Schottkydioden bei der Aussteuerung in Flußrichtung kaum Minoritätsträger, so daß die Schottkydiode in guter Näherung als reines Majoritätsträgerbauelement angesehen werden kann. Deshalb entfallen die bei *pn*-Dioden vorhandenen Speichereffekte, wenn die Dioden zwischen Fluß- und Sperrbereich umgeschaltet werden. Auf Grund der nicht vorhandenen Speichereffekte (keine Umladungsverzögerungen) können Schottkydioden auf Galliumarsenidbasis auch bei hohen Frequenzen (GHz-Bereich) eingesetzt werden [14].

Bei der Ersatzschaltung in Bild 2.1.1-1 ist die Schottkydiode in Serie zu vier Parallelschwingkreisen der Resonanzfrequenzen f_P, f_S, f_{SP} und f_{ZF} geschaltet. Zur Erzeugung der Pumpleistung dient der Pumpgenerator mit der Großsignaleinströmung $i'_P(t) = \hat{i}'_P \cos(\omega_P t)$. Der Pumpkreis wird als so schmalbandig angenommen, daß er für alle Pumpoberwellenfrequenzen $m \cdot f_P$ ($m = 2, 3, 4 \ldots$) einen Kurzschluß darstellt; die Schottkydiode wird dann mit einer kosinusförmigen Pumpspannung der Frequenz f_P durchgesteuert, man spricht daher auch von *Spannungssteuerung*. Die anderen drei Schwingkreise werden ebenfalls als so schmalbandig angenommen, daß nur Spannungen bei den jeweiligen Resonanzfrequenzen abfallen; für die restlichen Frequenzen sollen die Schwingkreise einen Kurzschluß darstellen. Dann liegen an der Diode außer der Gleich- und Pumpspannung die Summe von drei Kleinsignalspannungen der Frequenzen f_S, f_{SP} und f_{ZF}; Ströme anderer Kombinationsfrequenzen, welche an der nichtlinearen Kennlinie der Diode entstehen, erzeugen an keinem der vier Parallelschwingkreise Spannungsabfälle.

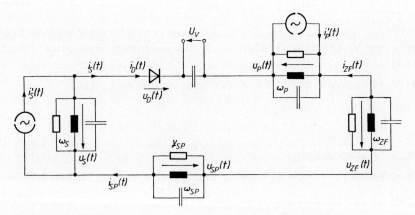

Bild 2.1.1-1 Prinzipschaltung eines Mischers (Spannungssteuerung)

2.1 Additive Mischung

Bei der Berechnung der Mischerschaltung in Bild 2.1.1-1 wird zuerst durch Maschenumlauf ($\Sigma u(t) = 0$) die Diodenspannung $u_D(t)$ bestimmt und die darin enthaltenen Kleinsignalspannungen $\Delta u(t)$ ermittelt; diese werden nach (2.1/9) in die komplexe Form überführt.

$$u_D(t) = U_V + u_P(t) + \underbrace{u_S(t) + u_{SP}(t) - u_{ZF}(t)}_{\Delta u(t) = \frac{1}{2} \cdot \sum_{i=1}^{3} [\underline{U}_i e^{j\omega_i t} + \underline{U}_i^* e^{-j\omega_i t}]}\,;$$

$$\Delta u(t) = \tfrac{1}{2} \cdot [\underline{U}_S e^{j\omega_S t} + \underline{U}_S^* e^{-j\omega_S t} + \underline{U}_{SP} e^{j\omega_{SP} t} + \underline{U}_{SP}^* e^{-j\omega_{SP} t} - \underline{U}_{ZF} e^{j\omega_{ZF} t} - \underline{U}_{ZF}^* e^{-j\omega_{ZF} t}].$$
(2.1.1/1)

Das gleiche Verfahren benutzt man zur Bestimmung der Kleinsignalströme $\Delta i(t)$, die durch die Diode fließen.

$$\Delta i(t) = \Delta i_D(t) = i_S(t) + i_{SP}(t) - i_{ZF}(t)$$
$$= \tfrac{1}{2} \cdot [\underline{I}_S e^{j\omega_S t} + \underline{I}_S^* e^{-j\omega_S t} + \underline{I}_{SP} e^{j\omega_{SP} t} + \underline{I}_{SP}^* e^{-j\omega_{SP} t} - \underline{I}_{ZF} e^{j\omega_{ZF} t} - \underline{I}_{ZF}^* e^{-j\omega_{ZF} t}].$$
(2.1.1/2)

Der Pumpgenerator in Bild 2.1.1-1 steuert die Diodenkennlinie mit einer kosinusförmigen Spannung aus, so daß ein zeitvariabler differentieller Leitwert $g(\omega_p t)$ entsteht. Dieser Leitwert wird in eine komplexe Fourierreihe entwickelt (s. (2.1/10)).

$$g(\omega_p t) = G_0 + \underline{G}_1^* e^{-j\omega_p t} + \underline{G}_1 e^{j\omega_p t} + \underline{G}_2^* e^{-j2\omega_p t} + \underline{G}_2 e^{j2\omega_p t} + \ldots \quad (2.1.1/3)$$

Die Schaltung in Bild 2.1.1-1 soll z. B. als Gleichlageabwärtsmischer arbeiten mit den Frequenzen: $f_S \triangleq$ Signal- bzw. Empfangsfrequenz, $f_P \triangleq$ Pump- bzw. Oszillatorfrequenz, $f_{SP} \triangleq$ Spiegelfrequenz, $f_{ZF} \triangleq$ Zwischenfrequenz (z. B. $f_S = 34$ GHz, $f_P = 31$ GHz, $f_{SP} = 28$ GHz, $f_{ZF} = 3$ GHz).

Aus (2.1/3):

$$\Rightarrow |\pm m \cdot f_P \pm f_S| \quad \text{mit} \quad m = 0, 1, 2, 3 \ldots$$

$$\left.\begin{array}{l} m = 0: \qquad \pm f_S \Rightarrow f_S \\ m = 1: \;\; \pm f_P \pm f_S \Rightarrow f_S - f_P = f_{ZF} \\ m = 2: \;\pm 2f_P \pm f_S \Rightarrow 2f_P - f_S = f_{SP} \end{array}\right\} \left.\begin{array}{l} f_S \;\;= f_{ZF} + f_P = 2f_P - f_{SP} \\ \circ\circ\circ \;\; \bullet\bullet\bullet\bullet\bullet \;\; \circ\circ\circ\circ\circ\circ \\ f_{ZF} = f_S - f_P \;\;= f_P - f_{SP} \\ \square\square\square \;\; \blacksquare\blacksquare\blacksquare\blacksquare \;\; \square\blacksquare\blacksquare\square \\ f_{SP} = 2f_P - f_S = f_P - f_{ZF} \\ \triangle\triangle\triangle \;\; \blacktriangle\blacktriangle\blacktriangle\blacktriangle\blacktriangle \;\; \blacktriangle\blacktriangle\blacktriangle\blacktriangle \end{array}\right\}$$
(2.1.1/4)

Die Schaltung in Bild 2.1.1-1 enthält vier Parallelschwingkreise, so daß die drei Kleinsignalströme $i_S(t)$, $i_{SP}(t)$ und $i_{ZF}(t)$ an den jeweils abgestimmten Parallelschwingkreisen die Kleinsignalspannungen $u_S(t)$, $u_{SP}(t)$ und $u_{ZF}(t)$ erzeugen. Der vierte Schwingkreis dient dazu, die Großsignalspannung $u_P(t)$ an die Diode zu legen. Da die Schwingkreise als schmalbandig angenommen werden, so daß sie für die anderen Frequenzen einen Kurzschluß darstellen, liegen jeweils die Kleinsignalspannungen $u_S(t)$, $u_{SP}(t)$, $u_{ZF}(t)$ und die Großsignalspannung $u_P(t)$ parallel zur Diode. Die Wahl der Schwingkreise bestimmt die Anzahl der sich auswirkenden Frequenzen, d. h. in (2.1/3) brauchen nur die Frequenzen betrachtet werden, die an einem Schwingkreis eine Spannung hervorrufen können. Die Gleichungen für die Frequenzen der Kleinsignalanteile wurden so umgestellt, daß in jeder Gleichung einmal die Pumpfrequenz f_P enthalten ist (s. (2.1.1/4)). Damit liegt auch die Anzahl der benötigten Fourierkoeffizienten in

(2.1.1/3) fest. Setzt man die Gleichungen (2.1.1/1), (2.1.1/2) und (2.1.1/3) in die allgemeine Gleichung (2.1/7) ($\Delta i(t) = \Delta u(t)\, g(\omega_P t)$) ein, dann erhält man eine Verknüpfung zwischen allen Kleinsignalgrößen bei den durch die Schwingkreise möglichen Frequenzen.

$$\tfrac{1}{2}[\underline{I}_S\, e^{j\omega_S t} + \underline{I}_S^*\, e^{-j\omega_S t} + \underline{I}_{SP}\, e^{j\omega_{SP} t} + \underline{I}_{SP}^*\, e^{-j\omega_{SP} t} - \underline{I}_{ZF}\, e^{j\omega_{ZF} t} - \underline{I}_{ZF}^*\, e^{-j\omega_{ZF} t}]$$

$$= \tfrac{1}{2} \cdot [\underline{U}_S\, e^{j\omega_S t} + \underline{U}_S^*\, e^{-j\omega_S t} + \underline{U}_{SP}\, e^{j\omega_{SP} t} + \underline{U}_{SP}^*\, e^{-j\omega_{SP} t} - \underline{U}_{ZF}\, e^{j\omega_{ZF} t}$$

$$- \underline{U}_{ZF}^*\, e^{-j\omega_{ZF} t}] \cdot [\underline{G}_0 + \underline{G}_1\, e^{j\omega_P t} + \underline{G}_1^*\, e^{-j\omega_P t} + \underline{G}_2\, e^{j2\omega_P t} + \underline{G}_2^*\, e^{-j2\omega_P t} + \ldots]$$

Terme gleicher Frequenz:

$$\underline{I}_S\, e^{j\omega_S t} = \underline{U}_S\, e^{j\omega_S t} \underline{G}_0 + \underline{U}_{SP}^*\, e^{-j\omega_{SP} t} \underline{G}_2\, e^{j2\omega_P t} - \underline{U}_{ZF}\, e^{j\omega_{ZF} t} \underline{G}_1\, e^{j\omega_P t}$$

$$\underline{I}_S\, e^{j\omega_S t} = \underline{G}_0 \underline{U}_S\, e^{j\omega_S t} + \underline{G}_2 \underline{U}_{SP}^*\, \underbrace{e^{j(2\omega_P - \omega_{SP})t}}_{\omega_S \text{ aus } (2.1.1/4)} - \underline{G}_1 \underline{U}_{ZF}\, \underbrace{e^{j(\omega_{ZF} + \omega_P)t}}_{\omega_S}$$

$$\underline{I}_S = \underline{G}_0 \underline{U}_S - \underline{G}_1 \underline{U}_{ZF} + \underline{G}_2 \underline{U}_{SP}^* \,. \tag{2.1.1/5}$$

$$-\underline{I}_{ZF}\, e^{j\omega_{ZF} t} = -\underline{U}_{ZF}\, e^{j\omega_{ZF} t} \underline{G}_0 + \underline{U}_S\, e^{j\omega_S t} \underline{G}_1^*\, e^{-j\omega_P t} + \underline{U}_{SP}^*\, e^{-j\omega_{SP} t} \underline{G}_1\, e^{j\omega_P t}$$

$$-\underline{I}_{ZF}\, e^{j\omega_{ZF} t} = -\underline{G}_0 \underline{U}_{ZF}\, e^{j\omega_{ZF} t} + \underline{G}_1^* \underline{U}_S\, \underbrace{e^{j(\omega_S - \omega_P)t}}_{\omega_{ZF} \text{ aus } (2.1.1/4)} + \underline{G}_1 \underline{U}_{SP}^*\, \underbrace{e^{j(\omega_P - \omega_{SP})t}}_{\omega_{ZF}}$$

$$\underline{I}_{ZF} = -\underline{G}_1^* \underline{U}_S + \underline{G}_0 \underline{U}_{ZF} - \underline{G}_1 \underline{U}_{SP}^* \,. \tag{2.1.1/6}$$

$$\underline{I}_{SP}\, e^{j\omega_{SP} t} = \underline{U}_{SP}\, e^{j\omega_{SP} t} \underline{G}_0 + \underline{U}_S^*\, e^{-j\omega_S t} \underline{G}_2\, e^{j2\omega_P t} - \underline{U}_{ZF}^*\, e^{-j\omega_{ZF} t} \underline{G}_1\, e^{j\omega_P t}$$

$$\underline{I}_{SP}\, e^{j\omega_{SP} t} = \underline{G}_0 \underline{U}_{SP}\, e^{j\omega_{SP} t} + \underline{G}_2 \underline{U}_S^*\, \underbrace{e^{j(2\omega_P - \omega_S)t}}_{\omega_{SP} \text{ aus } (2.1.1/4)} - \underline{G}_1 \underline{U}_{ZF}^*\, \underbrace{e^{j(\omega_P - \omega_{ZF})t}}_{\omega_{SP}}$$

$$\underline{I}_{SP}^* = \underline{G}_2^* \underline{U}_S - \underline{G}_1^* \underline{U}_{ZF} + \underline{G}_0 \underline{U}_{SP}^* \,. \tag{2.1.1/7}$$

Die Gln. (2.1.1/5) bis (2.1.1/7) nennt man Konversionsgleichungen, weil sie die Kleinsignalgrößen bei verschiedenen Frequenzen (f_S, f_{ZF} und f_{SP}) verknüpfen.

Hat man diese schreibintensive Ableitung verstanden, dann kann man die Konversionsgleichungen schneller nach folgendem „Kochrezept" ermitteln:

Die gewünschten Kleinsignalverknüpfungsgrößen werden in eine Zeile geschrieben, z. B. $\underline{I}_S = \underline{U}_S\, \underline{U}_{ZF}\, \underline{U}_{SP}$ (s. (2.1.1/5)) und darunter die dazugehörigen Frequenzen f_S, f_S, f_{ZF} und f_{SP}.

Aus (2.1.1/5):

$$\begin{array}{cccc}
\underline{I}_S = & \underline{G}_0 \cdot \underline{U}_S & -\ \underline{G}_1 \cdot \underline{U}_{ZF} & +\ \underline{G}_2 \cdot \underline{U}_{SP}^* \\
f_S & \underbrace{0 f_P + f_S}_{f_S} & \underbrace{1 f_P + f_{ZF}}_{f_S} & \underbrace{2 f_P - f_{SP}}_{f_S}
\end{array}$$

2.1 Additive Mischung

Aus (2.1.1/6):

$$\underbrace{\underline{I}_{ZF}}_{f_{ZF}} = \underbrace{-\underline{G}_1^* \cdot \underline{U}_S}_{\substack{-1f_P + f_S \\ f_{ZF}}} + \underbrace{\underline{G}_0 \cdot \underline{U}_{ZF}}_{\substack{0f_P + f_{ZF} \\ f_{ZF}}} - \underbrace{\underline{G}_1 \cdot \underline{U}_{SP}^*}_{\substack{1f_P - f_{SP} \\ f_{ZF}}}$$

Aus (2.1.1/7):

$$\underbrace{\underline{I}_{SP}^*}_{-f_{SP}} = \underbrace{\underline{G}_2^* \cdot \underline{U}_S}_{\substack{-2f_P + f_S \\ -f_{SP}}} - \underbrace{\underline{G}_1^* \cdot \underline{U}_{ZF}}_{\substack{-1f_P + f_{ZF} \\ -f_{SP}}} + \underbrace{\underline{G}_0 \cdot \underline{U}_{SP}^*}_{\substack{0f_P - f_{SP} \\ -f_{SP}}}$$

Da links bei $\underline{I}_S$ die Frequenz f_S steht, muß auch rechts bei den Spannungen f_S erscheinen. Weil der erste Spannungsterm $\underline{U}_S$ schon f_S beinhaltet, muß dieser Term mit einem Fourierkoeffizienten multipliziert werden, der keine Pumpfrequenz f_P enthält; dies ist das Gleichglied $\underline{G}_0(0f_P)$. Der zweite Term $\underline{U}_{ZF}$ hat f_{ZF} zur Folge. Nach (2.1.1/4) erhält man f_S, wenn zu f_{ZF} einmal die Pumpfrequenz f_P addiert wird; dies berücksichtigt der Fourierkoeffizient $\underline{G}_1(1f_P)$. Beim dritten Term $\underline{U}_{SP}$ wird $\underline{G}_2(2f_P)$ benötigt. Abgezogen werden muß die Frequenz f_{SP}; eine negative Frequenz bedeutet bei der Ableitung eine konjugiert komplexe Größe ($\underline{U}_{SP}^*$).

Ein Minuszeichen vor den Fourierkoeffizienten bedeutet, daß betrachteter Strom und entsprechende Spannung an der Diode in Gegenphase liegen. Die Spaltenelemente $\underline{U}_S$, $\underline{U}_{ZF}$ und $\underline{U}_{SP}$ müssen gleich sein, damit man die Gleichungen als Matrix schreiben kann. Deshalb wurde (2.1.1/7) konjugiert komplex erweitert, damit alle $\underline{U}_{SP}^*$-Terme gleich sind und man die Konversionsmatrix der Form

$$\begin{bmatrix} \underline{I}_S \\ \underline{I}_{ZF} \\ \underline{I}_{SP}^* \end{bmatrix} = \begin{bmatrix} \underline{G}_0 & -\underline{G}_1 & \underline{G}_2 \\ -\underline{G}_1^* & \underline{G}_0 & -\underline{G}_1 \\ \underline{G}_2^* & -\underline{G}_1^* & \underline{G}_0 \end{bmatrix} \cdot \begin{bmatrix} \underline{U}_S \\ \underline{U}_{ZF} \\ \underline{U}_{SP}^* \end{bmatrix} \qquad (2.1.1/8)$$

erhält. Die Konversionsmatrix in (2.1.1/8) beschreibt ein Dreitor. Wird ein Tor mit einer Admittanz abgeschlossen (z. B. das Spiegeltor mit $\underline{Y}_{SP}$), dann läßt sich die Dreitormatrix in eine Zweitormatrix umrechnen.

Abschluß bei f_{SP} mit $\underline{Y}_{SP}$:

$$\underline{I}_{SP} = -\underline{Y}_{SP}\underline{U}_{SP}. \qquad (2.1.1/9)$$

(2.1.1/9) in (2.1.1/7):

$$-\underline{Y}_{SP}^*\underline{U}_{SP}^* = \underline{G}_2^*\underline{U}_S - \underline{G}_1^*\underline{U}_{ZF} + \underline{G}_0\underline{U}_{SP}^*,$$

$$-\underline{U}_{SP}^*[\underline{G}_0 + \underline{Y}_{SP}^*] = \underline{G}_2^*\underline{U}_S - \underline{G}_1^*\underline{U}_{ZF} \Rightarrow \underline{U}_{SP}^* = \frac{\underline{G}_1^*\underline{U}_{ZF} - \underline{G}_2^*\underline{U}_S}{\underline{G}_0 + \underline{Y}_{SP}^*}. \qquad (2.1.1/10)$$

(2.1.1/10) in (2.1.1/5):

$$\underline{I}_S = \underline{G}_0\underline{U}_S - \underline{G}_1\underline{U}_{ZF} + \underline{G}_2\left[\frac{\underline{G}_1^*\underline{U}_{ZF} - \underline{G}_2^*\underline{U}_S}{\underline{G}_0 + \underline{Y}_{SP}^*}\right],$$

$$\underline{I}_S = \left[\underline{G}_0 - \frac{|\underline{G}_2|^2}{\underline{G}_0 + \underline{Y}_{SP}^*}\right]\underline{U}_S + \left[\frac{\underline{G}_1^*\underline{G}_2}{\underline{G}_0 + \underline{Y}_{SP}^*} - \underline{G}_1\right]\underline{U}_{ZF}. \qquad (2.1.1/11)$$

$(2.1.1/10)$ in $(2.1.1/6)$:

$$\underline{I}_{ZF} = -\underline{G}_1^* \underline{U}_S + G_0 \underline{U}_{ZF} - \underline{G}_1 \left[\frac{\underline{G}_1^* \underline{U}_{ZF} - \underline{G}_2^* \underline{U}_S}{G_0 + \underline{Y}_{SP}^*} \right],$$

$$\underline{I}_{ZF} = \left[\frac{\underline{G}_1 \underline{G}_2^*}{G_0 + \underline{Y}_{SP}^*} - \underline{G}_1^* \right] \underline{U}_S + \left[G_0 - \frac{|\underline{G}_1|^2}{G_0 + \underline{Y}_{SP}^*} \right] \underline{U}_{ZF}. \tag{2.1.1/12}$$

Aus $(2.1.1/11)$ und $(2.1.1/12)$:

$$\begin{bmatrix} \underline{I}_S \\ \underline{I}_{ZF} \end{bmatrix} = \begin{bmatrix} G_0 - \dfrac{|\underline{G}_2|^2}{G_0 + \underline{Y}_{SP}^*} & \dfrac{\underline{G}_1^* \underline{G}_2}{G_0 + \underline{Y}_{SP}^*} - \underline{G}_1 \\ \dfrac{\underline{G}_1 \underline{G}_2^*}{G_0 + \underline{Y}_{SP}^*} - \underline{G}_1^* & G_0 - \dfrac{|\underline{G}_1|^2}{G_0 + \underline{Y}_{SP}^*} \end{bmatrix} \cdot \begin{bmatrix} \underline{U}_S \\ \underline{U}_{ZF} \end{bmatrix} \tag{2.1.1/13}$$

$$\begin{bmatrix} \underline{I}_S \\ \underline{I}_{ZF} \end{bmatrix} = \begin{bmatrix} \underline{y}_{11} & \underline{y}_{12} \\ \underline{y}_{21} & \underline{y}_{22} \end{bmatrix} \begin{bmatrix} \underline{U}_S \\ \underline{U}_{ZF} \end{bmatrix} \tag{2.1.1/14}$$

Für die Zweitormatrix in (2.1.1/13) gelten die bekannten Vierpolgleichungen, so daß mit den berechneten $\underline{y}$-Parametern in (2.1.1/14) sofort die Spannungs- bzw. Stromverstärkung, die Eingangs- bzw. Ausgangsadmittanz und die Leistungsverstärkungen ermittelt werden können (s. Übung 2.1.1/1).

- **Übung 2.1.1/1:** Bild 2.1.1-2a zeigt die Prinzipschaltung eines Mischers. Die Parallelschwingkreise werden als so schmalbandig angenommen, daß nur Spannungen bei den jeweiligen Resonanzfrequenzen f_1, f_2, f_3 und f_P abfallen; für die restlichen Frequenzen sollen die Schwingkreise jeweils einen Kurzschluß darstellen. Für diese Idealisierungen gilt das in Bild 2.1.1-2b skizzierte Spektrum. Die Diodenkennlinie kann näherungsweise beschrieben werden mit Hilfe der Funktion $I = a(U - U_S)^2$, mit $a = 138{,}9$ mA/V^2, $U_S = 0{,}4$ V und $\hat{u}_P = 0{,}5$ V, $R_1 = R_2 = R_3 = 1$ kΩ, $\underline{I}_1' = 0{,}5 e^{-j60°}$ mA.
  a) Wie muß die Vorspannung U_V gewählt werden, damit der Mischleitwert g_1 maximal wird?
  b) Ermitteln Sie dafür die komplexen Fourierkoeffizienten G_0, $\underline{G}_1$ und $\underline{G}_2$.
  c) Stellen Sie die Konversionsmatrix des Dreitors in analytischer Form auf, und transformieren Sie die Matrix in eine Zweitormatrix (Eingang: Tor 1, Ausgang: Tor 3).
  d) Die Mischerschaltung in Bild 2.1.1-2a läßt sich mit der in Bild 2.1.1-2c skizzierten Ersatzschaltung beschreiben.
  d1) Bestimmen Sie die $\underline{y}$-Parameter des Zweitors.
  d2) Berechnen Sie die Ein- und Ausgangsimpedanz sowie die Strom- und Spannungsverstärkung.
  e) Wie groß sind $\underline{U}_3$ und $\underline{I}_3$?

- **Beispiel 2.1.1/1:** In Bild 2.1.1-3a ist die Schaltung eines Aufwärtsmischers skizziert. Die vier Serienschwingkreise stellen sicher, daß die Diode nur von kosinusförmigen Wechselströmen der Frequenzen f_S, f_P, f_1 und f_2 durchflossen werden kann (keine Pumpoberwellenströme ⇒ *Stromsteuerung*), weil die idealisierten Schwingkreise bei allen übrigen Frequenzen durch ihre hohen Wechselstromwiderstände sperren. Ein Leistungsumsatz ist in der Diode unter diesen Bedingungen nur bei den vier Resonanzfrequenzen möglich. An der Diode auftretende Spannungen bei anderen Frequenzen bleiben deshalb ohne Auswirkungen und brauchen nicht betrachtet zu werden.
  a) Ermitteln Sie für den Aufwärtsmischer die Konversionsmatrix der Diode bei Stromsteuerung.
  b) Berechnen Sie die Vierpolkonversionsgleichungen für den reinen Gleich- bzw. Kehrlagefall.

2.1 Additive Mischung

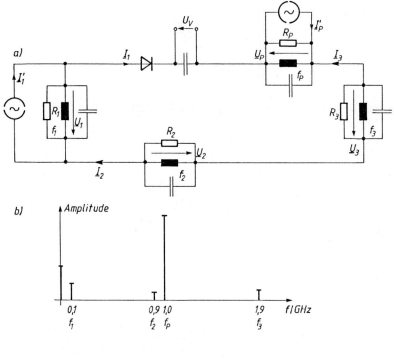

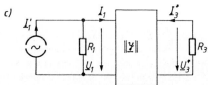

Bild 2.1.1-2 a) Spannungsgesteuerter Mischer
b) Spektrum des Mischers
c) Ersatzschaltung des Mischers

Lösung:

a) *Aus (2.1/3)* $\Rightarrow |\pm m \cdot f_P \pm f_S|$

(1) $\begin{array}{l} m=0: \quad \pm f_S \Rightarrow f_S \\ m=1: \quad \pm f_P \pm f_S \Rightarrow \begin{cases} f_P + f_S = f_2 \\ f_P - f_S = f_1 \end{cases} \end{array} \Biggr\} \begin{array}{l} f_S = f_2 - f_P = f_P - f_1 \\ f_1 = f_P - f_S = 2f_P - f_2 \\ f_2 = f_P + f_S = 2f_P - f_1 \end{array}$

$\begin{array}{l} m=2: \quad \pm 2f_P \pm f_S \\ \vdots \qquad \vdots \\ m=n: \quad \pm n f_P \pm f_S \end{array} \Biggr\}$ Wegen der Sperrwirkung der Schwingkreise können Ströme bei diesen Frequenzen nicht in der Schaltung fließen (s. Bild 2.1.1-3b).

Der Fall der Stromsteuerung wurde in Übung 2.1/1 beschrieben. Dabei wurde die Kennlinie mit einem kosinusförmigen Strom $i_P(t)$ großsignalmäßig durchgesteuert und die Umgebung des zeitvariablen Arbeitspunktes $A(\omega_P t)$ konnte mit einem differentiellen Widerstand $r(\omega_P t)$ approximiert werden.

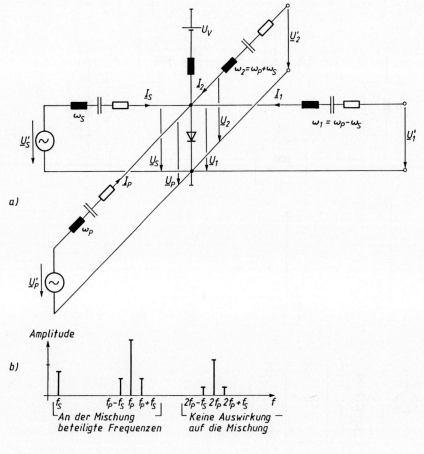

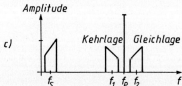

Bild 2.1.1-3 a) Aufwärtsmischer
  b) Spektrum mit den wichtigsten Spektrallinien
  c) Prinzipieller Gleich- und Kehrlagebetrieb

Aus Übung 2.1/1:

$$\Rightarrow r(\omega_\mathrm{p} t) = r_0 + \sum_{n=1}^{\infty} r_n \cos(n\omega_\mathrm{p} t)$$

Da wir hier wieder mit dem „Kochrezept" arbeiten wollen, benutzen wir analog zu (2.1.1/3) die komplexe Fourierreihe der Form

(2) $\quad r(\omega_\mathrm{p} t) = R_0 + \underline{R}_1^* e^{-j\omega_\mathrm{p} t} + \underline{R}_1 e^{j\omega_\mathrm{p} t} + \underline{R}_2^* e^{-j2\omega_\mathrm{p} t} + \underline{R}_2 e^{j2\omega_\mathrm{p} t} + \dots$.

2.1 Additive Mischung

Analog zur Ableitung der Konversionsmatrix bei Spannungssteuerung (differentieller Leitwert) muß bei der Stromsteuerung als Matrixelement der Fourierkoeffizient des differentiellen Widerstandes erscheinen.

Die Fourierkoeffizienten des differentiellen Widerstandes besitzen alle ein positives Vorzeichen, weil alle betrachteten Spannungen und Ströme an der Diode in Phase liegen (s. Bild 2.1.1-3a).
Daraus folgt mit (1) und (2):

(3) $\underline{U}_S = R_0 \cdot \underline{I}_S + \underline{R}_1^* \cdot \underline{I}_2 + \underline{R}_1 \cdot \underline{I}_1^*$

  f_S $0f_P + f_S$ $-1f_P + f_2$ $1f_P - f_1$
  $\underbrace{\quad}_{f_S}$ $\underbrace{\qquad}_{f_S}$ $\underbrace{\qquad}_{f_S}$ $\underbrace{\qquad}_{f_S}$

(4) $\underline{U}_2 = \underline{R}_1 \cdot \underline{I}_S + R_0 \cdot \underline{I}_2 + \underline{R}_2 \cdot \underline{I}_1^*$

  f_2 $1f_P + f_S$ $0f_P + f_2$ $2f_P - f_1$
  $\underbrace{\quad}_{f_2}$ $\underbrace{\qquad}_{f_2}$ $\underbrace{\qquad}_{f_2}$ $\underbrace{\qquad}_{f_2}$

(5) $\underline{U}_1^* = \underline{R}_1^* \cdot \underline{I}_S + \underline{R}_2^* \cdot \underline{I}_2 + R_0 \cdot \underline{I}_1^*$

  $-f_1$ $-f_P + f_S$ $-2f_P + f_2$ $0f_P - f_1$
  $\underbrace{\quad}_{-f_1}$ $\underbrace{\qquad}_{-f_1}$ $\underbrace{\qquad}_{-f_1}$ $\underbrace{\qquad}_{-f_1}$

Aus (3), (4) und (5) erhält man die Konversionsmatrix:

(6) $\begin{bmatrix} \underline{U}_S \\ \underline{U}_2 \\ \underline{U}_1^* \end{bmatrix} = \begin{bmatrix} R_0 & \underline{R}_1^* & \underline{R}_1 \\ \underline{R}_1 & R_0 & \underline{R}_2 \\ \underline{R}_1^* & \underline{R}_2^* & R_0 \end{bmatrix} \cdot \begin{bmatrix} \underline{I}_S \\ \underline{I}_2 \\ \underline{I}_1^* \end{bmatrix}$

b) *Gleichlagefall* (s. Bild 2.1.1-3c)
Serienschwingkreis für die Mittenfrequenz $f_1 = f_P - f_S$ fehlt $\Rightarrow \underline{I}_1 = 0 \Rightarrow \underline{U}_1$ hat keine Auswirkung mehr $\Rightarrow$ *aus (6)*

$\begin{bmatrix} \underline{U}_S \\ \underline{U}_2 \end{bmatrix} = \begin{bmatrix} R_0 & \underline{R}_1^* \\ \underline{R}_1 & R_0 \end{bmatrix} \cdot \begin{bmatrix} \underline{I}_S \\ \underline{I}_2 \end{bmatrix}$

Kehrlagefall (s. Bild 2.1.1-3c)
Serienschwingkreis für die Mittenfrequenz $f_2 = f_P + f_S$ fehlt $\Rightarrow \underline{I}_2 = 0 \Rightarrow \underline{U}_2$ hat keine Auswirkung mehr $\Rightarrow$ *aus (6)*

$\begin{bmatrix} \underline{U}_S \\ \underline{U}_1^* \end{bmatrix} = \begin{bmatrix} R_0 & \underline{R}_1 \\ \underline{R}_1^* & R_0 \end{bmatrix} \cdot \begin{bmatrix} \underline{I}_S \\ \underline{I}_1^* \end{bmatrix}$

- **Übung 2.1.1/2:** Ermitteln Sie für den in Bild 2.1.1-4 skizzierten Kehrlageabwärtsmischer ($f_{SP} = 14$ GHz, $f_P = 13$ GHz, $f_S = 12$ GHz, $f_{ZF} = 1$ GHz) die Konversionsmatrix für die prinzipielle Spaltenfolge

$\begin{bmatrix} \underline{I}_S \\ \underline{I}_{ZF} \\ \underline{I}_{SP} \end{bmatrix}$ bzw. $\begin{bmatrix} \underline{U}_S \\ \underline{U}_{ZF} \\ \underline{U}_{SP} \end{bmatrix}$.

2.1.2 Varaktormischer

Varaktor-, Kapazitäts- oder Reaktanzdioden werden wegen ihrer nichtlinearen Ladungs- Spannungscharakteristiken in Frequenzvervielfachern, Frequenzumsetzern, abstimmbaren Filtern und Oszillatoren, Mischern und parametrischen Verstärkern eingesetzt. Parametrische Schaltungen werden heutzutage in der Satelliten-, Radartechnik und der Radioastronomie verwendet

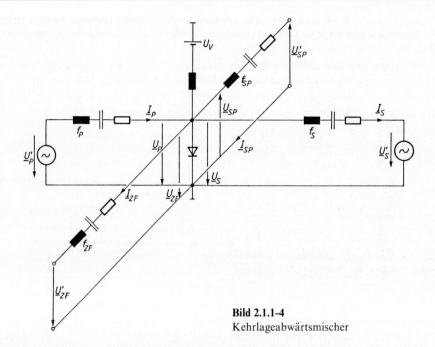

Bild 2.1.1-4
Kehrlageabwärtsmischer

[16]–[19]. Je nach Anwendungsgebiet liegen die Signalfrequenzen derartiger Schaltungen zwischen etwa 4 GHz und 150 GHz. Die dort benötigten extrem rauscharmen Vorverstärker und Abwärtsmischer lassen sich mit parametrischen Schaltungen verwirklichen, weil bei diesen Schaltungen die zur Signalverstärkung benötigte Energie einer Wechselspannungsquelle entnommen wird, so daß ein Schrotrauschen vermieden wird, das bei üblichen Halbleiter- und Röhrenverstärkern auftritt. Die Empfindlichkeit parametrischer Systeme läßt sich im Gegensatz zu diesen Verstärkern durch Kühlung erheblich vergrößern, da hier das thermische Rauschen überwiegt, welches temperaturabhängig ist; dagegen läßt sich das bei konventionellen Halbleiter- und Röhrenverstärkern überwiegende Schrotrauschen durch Kühlmaßnahmen nicht beeinflussen.

Die häufigste Form des rauscharmen Vorverstärkers im Mikrowellengebiet ist der parametrische Geradeausverstärker, der als Reflexionsverstärker (mit negativem Eingangswiderstand) betrieben wird [20]. Durch Vorschalten eines Zirkulators läßt er sich zu einem Verstärkervierpol mit positivem Ein- und Ausgangswiderstand erweitern [21]. Dieser Schaltungstyp ist besonders rauscharm, wenn er bei seiner optimalen Pumpfrequenz $f_{P,opt}$ betrieben wird [22], die weit oberhalb der zu verstärkenden Signalfrequenz liegt (z. B. Faktor 7 in [23]). Bei kryogener Kühlung, z. B. mit flüssigem Helium, wird das thermische Rauschen soweit reduziert, daß für praktische Anwendungen die erforderlichen Rauschtemperaturen auch schon für $f_P < f_{P,opt}$ erreicht werden können. Auf Grund des hohen Aufwandes und der notwendigen Zuverlässigkeit eines solchen Kühlsystems wird man jedoch versuchen, auf die kryogene Kühlung zu verzichten [24], [25], falls mit geeigneten Varaktoren und der Wahl der optimalen Pumpfrequenz die geforderte Empfindlichkeit des Verstärkers erreicht werden kann. Möchte man das thermische Rauschen des Spiegelwiderstandes reduzieren, aber nicht ein aufwendiges Kühlsystem vorsehen, dann läßt sich eine äquivalente Rauschverminderung erreichen, wenn der Spiegelkreis an eine gut abgeschirmte Hilfsantenne angeschlossen wird, die in den Zenit gerichtet ist [20].

Bis zu Frequenzen von 30 GHz stehen heute rauscharme FET-Verstärker zur Verfügung, so daß sich der Einsatz von ungekühlten parametrischen Systemen zu höheren Frequenz-

2.1 Additive Mischung

bändern verschiebt. Mögliche Anwendungen werden bei 35 GHz und 90 GHz liegen; dort hat die Atmosphäre relative Dämpfungsminima (Rauschfenster) für elektromagnetische Wellen [26]. Die dann erforderlichen optimalen Pumpfrequenzen $f_{P,opt} > 200$ GHz lassen sich nur noch mit großem technischen und finanziellen Aufwand realisieren. Diese Schwierigkeiten lassen sich mit dem in [27] vorgestellten Geradeausverstärker vermeiden, bei dem die Pumpfrequenz unterhalb der Signalfrequenz liegt. Dieser Geradeausverstärker mit niedriger Pumpfrequenz besteht aus einer Kettenschaltung eines Abwärts- und Aufwärtsmischers [28].

Die Frequenzumsetzung in einer parametrischen Schaltung kann grundsätzlich mit einer beliebigen Nichtlinearität erfolgen, so z. B. mit einer Schottkydiode (Metallhalbleiterübergang) mit gesteuertem Wirkleitwert (s. Kapitel 2.1.1). Der Nachteil solcher Dioden mit einem gesteuerten Wirkleitwert ist das vorhandene Schrotrauschen, das nicht durch Kühlung reduziert werden kann. Außerdem läßt sich auf Grund der Leistungsumsetzung im Wirkwiderstand nur eine verfügbare Leistungsverstärkung (s. Kapitel 9.4) $L_V < 1$ erzielen. Im Gegensatz dazu kann man mit realen, steuerbaren Reaktanzen, obwohl sie kleine Bahnwiderstände enthalten, verfügbare Leistungsverstärkungen $L_V > 1$ erreichen. Das thermische Rauschen, hervorgerufen durch die Bahnwiderstände, läßt sich durch Kühlung verkleinern. Für parametrische Schaltungen hat sich die Varaktordiode, ein in Sperrichtung vorgespannter pn-oder Metall-Halbleiterübergang, durchgesetzt. Die aus Si oder GaAs bestehenden Varaktoren werden als Chip-, Waver- oder Whiskerdioden eingesetzt, um parasitäre Reaktanzen so klein wie möglich zu halten. Die Berechnung der Mischeigenschaften (Konversionsmatrix) einer solchen Kapazitätsdiode wird zuerst an einer idealen Diode durchgeführt und später auf den realen Fall mit Bahnwiderstand R_j und Gehäusereaktanzen L_P, C_P erweitert (s. Kapitel 10.4).

Für Frequenzvervielfacher werden häufig Speichervaraktoren eingesetzt, deren Nichtlinearitäten stärker ausgeprägt sind, weil sie bis in Flußrichtung ausgesteuert werden. Dadurch lassen sich hohe Vervielfachungsgrade erreichen.

Für rauscharme Mischerschaltungen haben sich Sperrschichtvaraktoren durchgesetzt, die hauptsächlich im Sperrbetrieb genutzt werden. Die Sperrschichtkapazität $C_j(U)$ einer solchen Varaktor-, Kapazitäts- oder Reaktanzdiode mit der Nullpunktskapazität $C_j(0)$ berechnet sich bei der Spannung U mit

$$C_j(U) = \frac{C_j(0)}{\left(1 - \dfrac{U}{U_D}\right)^n} . \qquad (2.1.2/1)$$

$U_D =$ Diffusionsspannung,

$n =$ Exponent, der vom Dotierungsprofil abhängig ist ($n = \frac{1}{2}$ bzw. $n = \frac{1}{3}$ für einen abrupten bzw. linearen Übergang).

Bei der Ableitung der Ladungsfunktion $Q(U)$ werden die Integrationsgrenzen wie in [29] so gewählt, daß $Q(U)$ die durch äußere Spannungen verursachte Ladung ist

$$Q(U) = \int_0^U C_j(\tilde{U}) \, d\tilde{U} . \qquad (2.1.2/2)$$

Aus (2.1.2/1):

$$C_j(\tilde{U}) = \frac{C_j(0)}{\left(1 - \dfrac{\tilde{U}}{U_D}\right)^n} = C_j(0) \cdot \left[1 - \frac{\tilde{U}}{U_D}\right]^{-n} . \qquad (2.1.2/3)$$

Setzt man (2.1.2/3) in (2.1.2/2) ein, dann ergibt sich:

$$Q(U) = C_j(0) \cdot \int_0^U \left(1 - \frac{\tilde{U}}{U_D}\right)^{-n} \cdot d\tilde{U} = C_j(0) \cdot \left[\frac{1}{\frac{-1}{U_D} \cdot (1-n)} \cdot \left(1 - \frac{\tilde{U}}{U_D}\right)^{1-n}\right]\Bigg|_0^U$$

$$= \frac{-C_j(0)\, U_D}{1-n} \cdot \left[\left(1 - \frac{U}{U_D}\right)^{1-n} - 1\right] = \frac{C_j(0)\, U_D}{1-n} \cdot \left[1 - \left(1 - \frac{U}{U_D}\right)^{1-n}\right]. \qquad (2.1.2/4)$$

Die Sperrschichtkapazität $C_j(U)$ in (2.1.2/1) und die Ladung $Q(U)$ in (2.1.2/4) sind für die beiden Fälle $n = 1/2$ und $n = 1/3$ in Bild 2.1.2-1 dargestellt. Wie schon beim Schottkydioden-

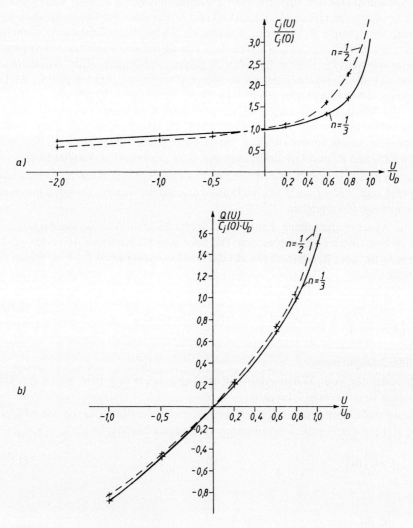

Bild 2.1.2-1 Varaktorkennlinien
    a) Normierte Sperrschichtkapazitäten
    b) Normierte Ladungen

2.1 Additive Mischung

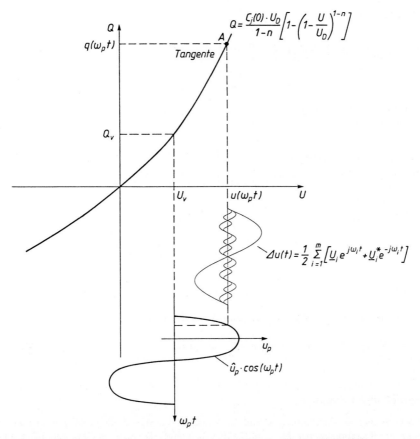

Bild 2.1.2-2 Spannungssteuerung an einer nichtlinearen Ladungskennlinie

mischer in Kapitel 2.1.1 unterscheidet man auch hier zwischen Spannungs- und Stromsteuerung.

a) Spannungssteuerung
Die $Q(U)$-Kennlinie in Bild 2.1.2-2 wird mit einer kosinusförmigen Pumpspannung der Frequenz f_P großsignalmäßig durchgesteuert (Spannungssteuerung)

$$u(\omega_P t) = U_V + \hat{u}_P \cos(\omega_P t). \tag{2.1.2/5}$$

Die viel kleineren Kleinsignalspannungen $\Delta u(t)$ finden in der Umgebung des zeitvariablen Arbeitspunktes $u(\omega_P t)$ lineare Verhältnisse vor, so daß die Kennlinie in der Nähe von $u(\omega_P t)$ durch eine Taylorreihe, die nach dem linearen Glied abgebrochen wird, dargestellt werden kann.

Aus Bild 2.1.2-2:

$$\Rightarrow u(t) = u(\omega_P t) + \Delta u(t),$$
$$\Rightarrow u(t) - u(\omega_P t) = \Delta u(t). \tag{2.1.2/6}$$

Analog zu (2.1/4):

$$\Rightarrow q(t) = \underbrace{q(\omega_\text{P} t) + [u(t) - u(\omega_\text{P} t)]}_{\text{aus (2.1.2/6) } \Delta u(t)} \cdot \underbrace{\frac{\text{d}q}{\text{d}u} (\omega_\text{P} t)}_{c(\omega_\text{P} t)} + \ldots$$

$$q(t) = q(\omega_\text{P} t) + \Delta u(t) \cdot c(\omega_\text{P} t) + \ldots \tag{2.1.2/7}$$

Analog zu (2.1/7):

$$\Rightarrow \textit{Kleinsignalgrößen} \quad \Delta q(t) = \Delta u(t) \cdot c(\omega_\text{P} t) \tag{2.1.2/8}$$

Aus (2.1/9) erhält man die komplexe Form der Kleinsignalspannungen

$$\Delta u(t) = \tfrac{1}{2} \cdot \sum_{i=1}^{m} [\underline{U}_i\, e^{j\omega_i t} + \underline{U}_i^*\, e^{-j\omega_i t}], \tag{2.1.2/9}$$

während man $c(\omega_\text{P} t)$ analog zu (2.1/10) in eine komplexe Fourierreihe entwickeln kann.

$$c(\omega_\text{P} t) = \sum_{n=-\infty}^{\infty} \underline{C}_n\, e^{jn\omega_\text{P} t} = C_0 + \underline{C}_1^*\, e^{-j\omega_\text{P} t} + \underline{C}_1\, e^{j\omega_\text{P} t} + \ldots \tag{2.1.2/10}$$

Setzt man (2.1.2/9) und (2.1.2/10) in (2.1.2/8) ein, so ergibt sich:

$$\Delta q(t) = \tfrac{1}{2} \cdot \sum_{i=1}^{m} [\underline{U}_i\, e^{j\omega_i t} + \underline{U}_i^*\, e^{-j\omega_i t}] \cdot \sum_{n=-\infty}^{\infty} \underline{C}_n\, e^{jn\omega_\text{P} t}. \tag{2.1.2/11}$$

Durch Koeffizientenvergleich der Terme gleicher Frequenz in (2.1.2/11) lassen sich die Konversionsgleichungen ermitteln.

- **Beispiel 2.1.2/1:** Bei der Ersatzschaltung in Bild 2.1.2-3 ist die Varaktordiode in Serie zu vier Parallelschwingkreisen der Resonanzfrequenzen $f_\text{P} = 82$ GHz, $f_\text{S} = 90$ GHz, $f_\text{SP} = 74$ GHz und $f_\text{ZF} = 8$ GHz geschaltet. Der Pumpkreis wird als so schmalbandig angenommen, daß er für alle Pumpoberwellenfrequenzen $m \cdot f_\text{P}$ ($m = 2, 3, 4 \ldots$) einen Kurzschluß darstellen soll; dann wird der Varaktor mit einer kosinusförmigen Pumpspannung der Frequenz f_P großsignalmäßig durchgesteuert *(Spannungssteuerung)*. Die anderen drei Schwingkreise werden ebenfalls als so schmalbandig angenommen, daß nur Spannungen bei den jeweiligen Resonanzfrequenzen abfallen; für die restlichen Frequenzen sollen die Schwingkreise einen Kurzschluß darstellen. Dann liegen an der Diode außer der Gleich- und Pumpspannung die Summe von drei Kleinsignalspannungen der Frequenzen f_S, f_SP und f_ZF; Ströme anderer Kombinationsfrequenzen, welche an der nichtlinearen $Q(U)$-Kennlinie der Kapazitätsdiode entstehen, erzeugen an keinem der vier Parallelschwingkreise Spannungsabfälle.

  Stellen Sie die Konversionsmatrix des Varaktormischers (Dreitor) auf, und transformieren Sie die Matrix in eine Zweitormatrix (Eingang bei $f_\text{S} = 90$ GHz, Ausgang bei $f_\text{ZF} = 8$ GHz).

Lösung:
Bei der Berechnung des Varaktormischers wird zuerst durch Maschenumlauf ($\sum u(t) = 0$) die Diodenspannung $u_\text{D}(t)$ bestimmt und die darin enthaltenen Kleinsignalspannungen $\Delta u(t)$ ermittelt; diese werden nach (2.1/9) in die komplexe Form überführt.

$$u_\text{D}(t) = U_\text{V} + u_\text{P}(t) + \underbrace{u_\text{S}(t) + u_\text{SP}(t) - u_\text{ZF}(t)}_{3}$$

$$\Delta u(t) = \tfrac{1}{2} \cdot \sum_{i=1}^{3} [\underline{U}_i\, e^{j\omega_i t} + \underline{U}_i^*\, e^{-j\omega_i t}];$$

(1) $\Delta u(t) = \tfrac{1}{2} \cdot [\underline{U}_\text{S}\, e^{j\omega_\text{S} t} + \underline{U}_\text{S}^*\, e^{-j\omega_\text{S} t} + \underline{U}_\text{SP}\, e^{j\omega_\text{SP} t} + \underline{U}_\text{SP}^*\, e^{-j\omega_\text{SP} t} - \underline{U}_\text{ZF}\, e^{j\omega_\text{ZF} t} - \underline{U}_\text{ZF}^*\, e^{-j\omega_\text{ZF} t}].$

2.1 Additive Mischung

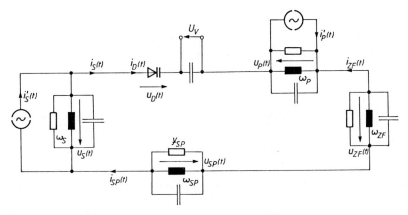

Bild 2.1.2-3 Spannungsgesteuerter Varaktormischer

Das gleiche Verfahren benutzt man zur Bestimmung der Kleinsignalladungen $\Delta q(t)$, die durch die Diode fließen. Wegen $i = \dfrac{dq}{dt}$ nimmt man als Ladungsrichtungen die Zählpfeilrichtungen der in Bild 2.1.2-3 eingezeichneten Ströme.

(2) $\Delta q(t) = \Delta q_D(t) = q_S(t) + q_{SP}(t) - q_{ZF}(t)$

$\quad = \tfrac{1}{2} \cdot [\underline{Q}_S e^{j\omega_S t} + \underline{Q}_S^* e^{-j\omega_S t} + \underline{Q}_{SP} e^{j\omega_{SP} t} + \underline{Q}_{SP}^* e^{-j\omega_{SP} t} - \underline{Q}_{ZF} e^{j\omega_{ZF} t} - \underline{Q}_{ZF}^* e^{-j\omega_{ZF} t}].$

Der Pumpgenerator in Bild 2.1.2-3 steuert die $Q(U)$-Kennlinie mit einer kosinusförmigen Spannung aus, so daß eine zeitvariable differentielle Kapazität $c(\omega_P t)$ entsteht. Diese Kapazität wird in eine komplexe Fourierreihe entwickelt (s. (2.1.2/10)).

(3) $c(\omega_P t) = \displaystyle\sum_{n=-\infty}^{\infty} \underline{C}_n e^{jn\omega_P t}.$

Setzt man (1), (2) und (3) in (2.1.2/8) ein, dann erhält man:

(4) $\tfrac{1}{2}[\underline{Q}_S e^{j\omega_S t} + \underline{Q}_S^* e^{-j\omega_S t} + \underline{Q}_{SP} e^{j\omega_{SP} t} + \underline{Q}_{SP}^* e^{-j\omega_{SP} t} - \underline{Q}_{ZF} e^{j\omega_{ZF} t} - \underline{Q}_{ZF}^* e^{j\omega_{ZF} t}]$

$\quad = \tfrac{1}{2}[\underline{U}_S e^{j\omega_S t} + \underline{U}_S^* e^{-j\omega_S t} + \underline{U}_{SP} e^{j\omega_{SP} t} + \underline{U}_{SP}^* e^{-j\omega_{SP} t} - \underline{U}_{ZF} e^{j\omega_{ZF} t} - \underline{U}_{ZF}^* e^{-j\omega_{ZF} t}] \cdot \displaystyle\sum_{n=-\infty}^{\infty} \underline{C}_n e^{j\omega_P t}.$

Die Gl. (4) besitzt den gleichen Aufbau wie die Gleichung des Schottkydiodenmischers (Bild 2.1.1-1), wenn man folgende Substitutionen wählt:

(5) $\underline{I} \Rightarrow \underline{Q}, \quad \underline{G}_n \Rightarrow \underline{C}_n$

Setzt man (5) in (2.1.1/8) ein, dann gilt:

(6) $\begin{bmatrix} \underline{Q}_S \\ \underline{Q}_{ZF} \\ \underline{Q}_{SP}^* \end{bmatrix} = \begin{bmatrix} \underline{C}_0 & -\underline{C}_1 & \underline{C}_2 \\ -\underline{C}_1^* & \underline{C}_0 & -\underline{C}_1 \\ \underline{C}_2^* & -\underline{C}_1^* & \underline{C}_0 \end{bmatrix} \begin{bmatrix} \underline{U}_S \\ \underline{U}_{ZF} \\ \underline{U}_{SP}^* \end{bmatrix}$

Auch beim Varaktormischer kann man die Konversionsgleichungen nach dem bewährten „Kochrezept" ermitteln:

Die gewünschten Kleinsignalverknüpfungsgrößen werden wieder in eine Zeile geschrieben, z. B. $\underline{Q}_S = \underline{U}_S \; \underline{U}_{ZF} \; \underline{U}_{SP}$ und darunter die dazugehörigen Frequenzen f_S, f_S, f_{ZF} und f_{SP}. Die Wahl der Schwingkreise bestimmt die Anzahl der sich auswirkenden Frequenzen, d. h. in (2.1/3) brauchen nur die Frequenzen betrachtet werden, die an einem Schwingkreis eine Spannung hervorrufen können. Die Gleichungen für die Frequenzen werden dann so umgestellt, daß in jeder Gleichung einmal die Pumpfrequenz f_P enthalten ist.

Aus (2.1/3) $\Rightarrow |\pm m \cdot f_P \pm f_S|$ mit $m = 0, 1, 2, 3 \ldots$

$$
\left.\begin{array}{l}
m = 0: \quad \pm f_S \Rightarrow f_S \\
(7) \; m = 1: \quad \pm f_P \pm f_S \Rightarrow f_S - f_P = f_{ZF} \\
m = 2: \quad \pm 2f_P \pm f_S \Rightarrow 2f_P - f_S = f_{SP}
\end{array}\right\}
\begin{array}{l}
f_S = f_{ZF} + f_P = 2f_P - f_{SP} \\
f_{ZF} = f_S - f_P = f_P - f_{SP} \\
f_{SP} = 2f_P - f_S = f_P - f_{ZF}
\end{array}
$$

(8) $\underbrace{\underline{Q}_S}_{\substack{f_S \\ f_S}} = \underbrace{C_0 \cdot \underline{U}_S}_{\substack{0f_P + f_S \\ f_S}} - \underbrace{\underline{C}_1 \cdot \underline{U}_{ZF}}_{\substack{1f_P + f_{ZF} \\ f_S}} + \underbrace{\underline{C}_2 \cdot \underline{U}_{SP}^*}_{\substack{2f_P - f_{SP} \\ f_S}}$ aus (7)

Da in (8) links bei $\underline{Q}_S$ die Frequenz f_S steht, muß auch rechts bei den Spannungen f_S erscheinen. Weil der erste Spannungsterm $\underline{U}_S$ schon f_S beinhaltet, muß dieser Term mit einem Fourierkoeffizienten multipliziert werden, der keine Pumpfrequenz f_P enthält; dies ist das Gleichglied C_0 ($0f_P$). Der zweite Term $\underline{U}_{ZF}$ hat f_{ZF} zur Folge. Nach (7) erhält man f_S, wenn zu f_{ZF} einmal die Pumpfrequenz f_P addiert wird; dies berücksichtigt der Fourierkoeffizient $\underline{C}_1$ ($1f_P$). Beim dritten Term $\underline{U}_{SP}$ wird $\underline{C}_2$ ($2f_P$) benötigt. Abgezogen werden muß nach (7) die Frequenz f_{SP}; eine negative Frequenz bedeutet bei der Ableitung eine konjugiert komplexe Größe ($\underline{U}_{SP}^*$). Das Minuszeichen vor dem Fourierkoeffizienten $\underline{C}_1$ bedeutet, daß die Ladung $q_S(t)$ bzw. $i_S(t)$ und die entsprechende Spannung $u_{ZF}(t)$ an der Diode in Gegenphase liegen. Bei den anderen beiden Fourierkoeffizienten C_0 ($q_S(t)$ bzw. $i_S(t)$ und $u_S(t)$) und $\underline{C}_2$ ($q_S(t)$ bzw. $i_S(t)$ und $u_{SP}(t)$) liegen die betrachteten Ströme und die entsprechenden Spannungen an der Varaktordiode in Phase.

Analog zu diesen Überlegungen ergeben sich die beiden anderen Konversionsgleichungen:

(9) $\underbrace{\underline{Q}_{ZF}}_{\substack{f_{ZF} \\ f_{ZF}}} = \underbrace{-\underline{C}_1^* \cdot \underline{U}_S}_{\substack{-1f_P + f_S \\ f_{ZF}}} + \underbrace{C_0 \cdot \underline{U}_{ZF}}_{\substack{0f_P + f_{ZF} \\ f_{ZF}}} - \underbrace{\underline{C}_1 \cdot \underline{U}_{SP}^*}_{\substack{1f_P - f_{SP} \\ f_{ZF}}}$ aus (7)

(10) $\underbrace{\underline{Q}_{SP}^*}_{\substack{-f_{SP} \\ -f_{SP}}} = \underbrace{\underline{C}_2^* \cdot \underline{U}_S}_{\substack{-2f_P + f_S \\ -f_{SP}}} - \underbrace{\underline{C}_1^* \cdot \underline{U}_{ZF}}_{\substack{-1f_P + f_{ZF} \\ -f_{SP}}} + \underbrace{C_0 \cdot \underline{U}_{SP}^*}_{\substack{0f_P - f_{SP} \\ -f_{SP}}}$ aus (7)

Die Spaltenelemente $\underline{U}_S$, $\underline{U}_{ZF}$ und $\underline{U}_{SP}$ müssen gleich sein, damit man die Gleichungen (8), (9) und (10) als Matrix schreiben kann. Deshalb wurde (10) konjugiert komplex erweitert, damit alle $\underline{U}_{SP}^*$-Terme gleich sind und man die Konversionsmatrix der Form (6) erhält. Für eine Berechnung mit den in [15] vorliegenden Vierpolgleichungen ist die Matrix in (6) noch nicht geeignet, weil bei den Vierpolgleichungen mit Strömen und Spannungen gearbeitet wird. Deshalb müssen noch die komplexen Ladungen der Matrix (6) in komplexe Ströme umgerechnet werden.

(11) $i = \dfrac{\mathrm{d}q}{\mathrm{d}t} \Rightarrow \underline{I} = j\omega \underline{Q} \Rightarrow \underline{Q} = \dfrac{\underline{I}}{j\omega} \Rightarrow \underline{Q}^* = \dfrac{\underline{I}^*}{-j\omega}$.

Mit (11) in (6) ergibt sich:

(12) $\begin{bmatrix} \dfrac{\underline{I}_S}{j\omega_S} \\ \dfrac{\underline{I}_{ZF}}{j\omega_{ZF}} \\ \dfrac{\underline{I}_{SP}^*}{-j\omega_{SP}} \end{bmatrix} = \begin{bmatrix} C_0 & -\underline{C}_1 & \underline{C}_2 \\ -\underline{C}_1^* & C_0 & -\underline{C}_1 \\ \underline{C}_2^* & -\underline{C}_1^* & C_0 \end{bmatrix} \cdot \begin{bmatrix} \underline{U}_S \\ \underline{U}_{ZF} \\ \underline{U}_{SP}^* \end{bmatrix} \Rightarrow$

2.1 Additive Mischung

(13) $\begin{bmatrix} \underline{I}_S \\ \underline{I}_{ZF} \\ \underline{I}_{SP}^* \end{bmatrix} = \begin{bmatrix} j\omega_S C_0 & -j\omega_S \underline{C}_1 & j\omega_S \underline{C}_2 \\ -j\omega_{ZF}\underline{C}_1^* & j\omega_{ZF} C_0 & -j\omega_{ZF}\underline{C}_1 \\ -j\omega_{SP}\underline{C}_2^* & j\omega_{SP}\underline{C}_1^* & j\omega_{SP} C_0 \end{bmatrix} \cdot \begin{bmatrix} \underline{U}_S \\ \underline{U}_{ZF} \\ \underline{U}_{SP}^* \end{bmatrix}.$

Die Konversionsmatrix in (13) beschreibt ein Dreitor. Wird ein Tor mit einer Admittanz abgeschlossen (Spiegeltor mit $\underline{Y}_{SP}$), dann läßt sich die Dreitormatrix in eine Zweitormatrix umrechnen.

Abschluß bei f_{SP} mit $\underline{Y}_{SP}$:

(14) $\underline{I}_{SP} = -\underline{Y}_{SP}\underline{U}_{SP}.$

(14) in (13), 3. Zeile:

$-\underline{Y}_{SP}^*\underline{U}_{SP}^* = -j\omega_{SP}\underline{C}_2^*\underline{U}_S + j\omega_{SP}\underline{C}_1^*\underline{U}_{ZF} - j\omega_{SP} C_0 \underline{U}_{SP}^*,$

$-\underline{U}_{SP}^*[-j\omega_{SP} C_0 + \underline{Y}_{SP}^*] = -j\omega_{SP}\underline{C}_2^*\underline{U}_S + j\omega_{SP}\underline{C}_1^*\underline{U}_{ZF},$

(15) $\underline{U}_{SP}^* = \dfrac{-j\omega_{SP}\underline{C}_1^*\underline{U}_{ZF} + j\omega_{SP}\underline{C}_2^*\underline{U}_S}{-j\omega_{SP} C_0 + \underline{Y}_{SP}^*}.$

(15) in (13), 1. Zeile:

(16) $\underline{I}_S = j\omega_S C_0 \underline{U}_S - j\omega_S \underline{C}_1 \underline{U}_{ZF} + j\omega_S \underline{C}_2 \left[\dfrac{-j\omega_{SP}\underline{C}_1^*\underline{U}_{ZF} + j\omega_{SP}\underline{C}_2^*\underline{U}_S}{-j\omega_{SP} C_0 + \underline{Y}_{SP}^*} \right]$

$= \left[j\omega_S C_0 - \dfrac{\omega_S\omega_{SP}|\underline{C}_2|^2}{-j\omega_{SP} C_0 + \underline{Y}_{SP}^*} \right] \underline{U}_S + \left[\dfrac{\omega_S\omega_{SP}\underline{C}_1^*\underline{C}_2}{-j\omega_{SP} C_0 + \underline{Y}_{SP}^*} - j\omega_S \underline{C}_1 \right] \underline{U}_{ZF}.$

(15) in (13), 2. Zeile:

$\underline{I}_{ZF} = -j\omega_{ZF}\underline{C}_1^*\underline{U}_S + j\omega_{ZF} C_0 \underline{U}_{ZF} - j\omega_{ZF}\underline{C}_1 \left[\dfrac{-j\omega_{SP}\underline{C}_1^*\underline{U}_{ZF} + j\omega_{SP}\underline{C}_2^*\underline{U}_S}{-j\omega_{SP} C_0 + \underline{Y}_{SP}^*} \right],$

(17) $\underline{I}_{ZF} = \left[-j\omega_{ZF}\underline{C}_1^* + \dfrac{\omega_{ZF}\omega_{SP}\underline{C}_1\underline{C}_2^*}{-j\omega_{SP} C_0 + \underline{Y}_{SP}^*} \right] \underline{U}_S + \left[j\omega_{ZF} C_0 - \dfrac{\omega_{ZF}\omega_{SP}|\underline{C}_1|^2}{-j\omega_{SP} C_0 + \underline{Y}_{SP}^*} \right] \underline{U}_{ZF}.$

Mit (16) und (17) erhält man die Zweitormatrix:

$\begin{bmatrix} \underline{I}_S \\ \underline{I}_{ZF} \end{bmatrix} = \begin{bmatrix} j\omega_S C_0 - \dfrac{\omega_S\omega_{SP}|\underline{C}_2|^2}{-j\omega_{SP} C_0 + \underline{Y}_{SP}^*} & \dfrac{\omega_S\omega_{SP}\underline{C}_1^*\underline{C}_2}{-j\omega_{SP} C_0 + \underline{Y}_{SP}^*} - j\omega_S \underline{C}_1 \\ -j\omega_{ZF}\underline{C}_1^* + \dfrac{\omega_{ZF}\omega_{SP}\underline{C}_1\underline{C}_2^*}{-j\omega_{SP} C_0 + \underline{Y}_{SP}^*} & j\omega_{ZF} C_0 - \dfrac{\omega_{ZF}\omega_{SP}|\underline{C}_1|^2}{-j\omega_{SP} C_0 + \underline{Y}_{SP}^*} \end{bmatrix} \cdot \begin{bmatrix} \underline{U}_S \\ \underline{U}_{ZF} \end{bmatrix}.$

Durch Koeffizientenvergleich mit der y-Matrix in (2.1.1/14) erhält man die y-Parameter des Zweitors, so daß mit den Vierpolgleichungen in [15] die Schaltungseigenschaften (Spannungs-, Strom- und Leistungsverstärkung, Ein- und Ausgangsadmittanz) berechnet werden können.

- **Übung 2.1.2/1:** Ermitteln Sie für den in Bild 2.1.2-4a skizzierten Varaktoraufwärtsmischer (Spektrum in Bild 2.1.2-4b) die Konversionsmatrix für die prinzipielle Spaltenfolge

$\begin{bmatrix} \underline{I}_S \\ \underline{I}_h \\ \underline{I}_{out} \end{bmatrix}$ bzw. $\begin{bmatrix} \underline{U}_S \\ \underline{U}_h \\ \underline{U}_{out} \end{bmatrix}.$

b) Stromsteuerung

Man spricht von einer Stromsteuerung der Varaktordiode, wenn durch äußeren Schaltungszwang verhindert wird, daß Pumpoberwellen des Sperrschichtstromes auftreten. Dieses wird

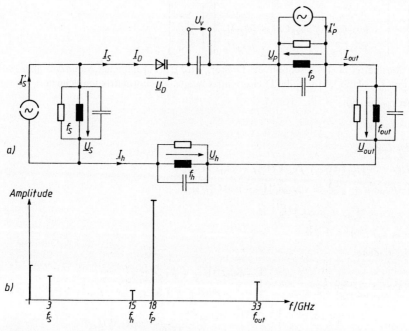

Bild 2.1.2-4 a) Varaktoraufwärtsmischer
 b) Spektrum des Mischers

schaltungstechnisch durch einen Serienschwingkreis erreicht, der für die an der Sperrschicht erzeugten Vielfachen der Pumpfrequenz einen Leerlauf darstellen soll. Dieses Serienkreisverhalten einer realen Diode läßt sich näherungsweise bei höheren Frequenzen besser realisieren als ein Parallelkreisverhalten, das für eine Spannungssteuerung erforderlich wäre [30]. Für eine Berechnung mit Serienkreisen ist es günstiger, statt der differentiellen Sperrschichtkapazität die sogenannte differentielle Elastanz $s = \dfrac{du}{dq}$ einzuführen. Analog zu (2.1.2/4) bekommt man:

$$q(u) = \frac{C_j(0)\, U_D}{1-n} \cdot \left[1 - \left(1 - \frac{u}{U_D}\right)^{1-n} \right],$$

$$\Rightarrow \left[1 - \frac{q(u)(1-n)}{C_j(0)\, U_D} \right]^{\frac{1}{1-n}} = 1 - \frac{u}{U_D},$$

$$\Rightarrow u = U_D \left\{ 1 - \left[1 - \frac{(1-n)\, q(u)}{C_j(0)\, U_D} \right]^{\frac{1}{1-n}} \right\}; \qquad (2.1.2/12)$$

$$s = \frac{du}{dq} = U_D \left\{ \frac{-1}{1-n} \cdot \left[1 - \frac{(1-n)\, q(u)}{C_j(0)\, U_D} \right]^{\frac{1}{1-n}-1} \cdot \left(\frac{-(1-n)}{C_j(0)\, U_D} \right) \right\},$$

$$s = \frac{1}{C_j(0)} \cdot \left[1 - \frac{1-n}{C_j(0)\, U_D} \cdot q(u) \right]^{\frac{1-(1-n)}{1-n}} = \frac{1}{C_j(0)} \cdot \left[1 - \frac{1-n}{C_j(0)\, U_D} \cdot q(u) \right]^{\frac{n}{1-n}}.$$

$$(2.1.2/13)$$

2.1 Additive Mischung

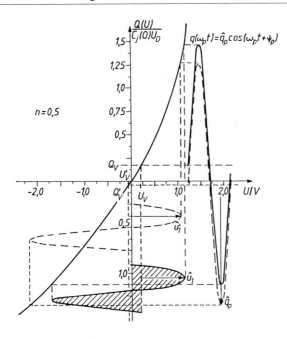

Bild 2.1.2-5
Arbeitspunktverschiebung bei einer stromgesteuerten Varaktordiode

Eine harmonische Stromaussteuerung hat eine harmonische Ladungsaussteuerung zur Folge. In Bild 2.1.2-5 wird die Ladungskennlinie $Q(U)$ mit einer harmonischen Pumpladung $q(\omega_P t) = \hat{q}_P \cos(\omega_P t + \Psi_P)$ ausgesteuert. Im Einschaltaugenblick wird die Diode um den Arbeitspunkt Q'_V mit $q(\omega_P t)$ durchgesteuert (gestrichelte Aussteuerung in Bild 2.1.2-5). Q'_V wird durch die angelegte Vorspannung U'_V erzeugt. Die harmonische Pumpaussteuerung $\hat{q}_P \cos(\omega_P t + \Psi_P)$ hat eine verzerrte Ausgangsspannung (gestrichelt gezeichnet) zur Folge. Der in der verzerrten Ausgangsspannung enthaltene Gleichanteil (arithmetischer Mittelwert der Ausgangsspannung $\neq 0$) bewirkt nach [29] so lange eine Arbeitspunktverschiebung von U'_V bis U_V bzw. von Q'_V bis Q_V, bis die neue Ausgangsspannung (durchgezogene Linie) bezogen auf die ursprüngliche, durch U'_V festgelegte Bezugsachse keinen Gleichanteil mehr enthält. Der Arbeitspunkt Q'_V wandert bis an die Stelle Q_V, wo eine Flächengleichheit (arithmetischer Mittelwert = 0) zwischen den Halbwellen der Ausgangsspannung (bezogen auf U'_V) erreicht ist. In der Praxis kann mit Hilfe eines Rechners diese Flächengleichheit und damit U_V durch ein Iterationsprogramm gefunden werden. Eine geschlossene Berechnung des neuen Arbeitspunktes Q_V bzw. U_V ist nur für den Sonderfall möglich, daß in (2.1.2/1) der Exponent den Wert $n = 0,5$ (abrupte Dotierung) annimmt.

Bei der Spannungssteuerung in Bild 2.1.2-2 bleibt der einmal durch U_V eingestellte Arbeitspunkt unabhängig von der Wechselaussteuerung erhalten. Es entsteht zwar in der verzerrten Ausgangsladung ein Gleichanteil, der jedoch keine Verschiebung bewirkt.

Für den Sonderfall $n = 0,5$ soll für die Stromsteuerung der neue Arbeitspunkt Q_V als Funktion der angelegten Vorspannung U'_V berechnet werden. Aus (2.1.2/12) ergibt sich für $n = 0,5$:

$$u = U_D \left\{ 1 - \left[1 - \frac{0,5 q(u)}{C_j(0)\, U_D} \right]^2 \right\}; \qquad (2.1.2/14)$$

$$q(u) = Q_V + \hat{q}_P \cos(\omega_P t + \Psi_P) = Q_V + \hat{q}_P \cos(x) \qquad (2.1.2/15)$$

mit der Abkürzung

$$x = \omega_P t + \Psi_P.$$

(2.1.2/15) in (2.1.2/14):

$$u = U_D \left\{1 - \left[1 - \frac{0{,}5}{C_j(0)\,U_D}(Q_V + \hat{q}_P \cos(x))\right]^2\right\} = U_D\left\{1 - 1 + \frac{Q_V + \hat{q}_P \cos(x)}{C_j(0)\,U_D}\right.$$

$$\left. - \frac{0{,}25}{(C_j(0)\,U_D)^2} \cdot \underbrace{(Q_V + \hat{q}_P \cos(x))^2}_{Q_V^2 + 2Q_V\hat{q}_P \cos(x) + \hat{q}_P^2 \underbrace{\cos^2(x)}_{\frac{1 + \cos(2x)}{2}}}\right\};$$

$$u = U_D \left\{ \frac{Q_V}{C_j(0)\,U_D} - \frac{1}{4}\cdot\left(\frac{Q_V}{C_j(0)\,U_D}\right)^2 - \frac{1}{8}\cdot\left(\frac{\hat{q}_P}{C_j(0)\,U_D}\right)^2 \right.$$

$$\left. + \left[\frac{\hat{q}_P}{C_j(0)\,U_D} - \frac{1}{2}\cdot\frac{Q_V\hat{q}_P}{(C_j(0)\,U_D)^2}\right]\cos(x) - \frac{1}{8}\cdot\left(\frac{\hat{q}_P}{C_j(0)\,U_D}\right)^2 \cos(2x)\right\}.$$

(2.1.2/16)

Da U'_V der arithmetische Mittelwert der Spannung u ist, läßt sich u in (2.1.2/16) darstellen durch einen Gleichanteil U'_V (ursprünglicher Arbeitspunkt) und einen Wechselanteil $u_\sim$.

$$u = U'_V + u_\sim. \tag{2.1.2/17}$$

Koeffizientenvergleich der Gleichglieder der beiden Gleichungen (2.1.2/16) und (2.1.2/17) liefert

$$U'_V = U_D \left\{\frac{Q_V}{C_j(0)\,U_D} - \frac{1}{4}\cdot\left(\frac{Q_V}{C_j(0)\,U_D}\right)^2 - \frac{1}{8}\cdot\left(\frac{\hat{q}_P}{C_j(0)\,U_D}\right)^2\right\}.$$

$$\Rightarrow \frac{1}{4}\cdot\left(\frac{Q_V}{C_j(0)\,U_D}\right)^2 - \frac{Q_V}{C_j(0)\,U_D} + \frac{1}{8}\cdot\left(\frac{\hat{q}_P}{C_j(0)\,U_D}\right)^2 + \frac{U'_V}{U_D} = 0,$$

$$Q_V^2 - 4C_j(0)\,U_D Q_V + \frac{\hat{q}_P^2}{2} + 4(C_j(0)\,U_D)^2 \cdot \frac{U'_V}{U_D} = 0,$$

$$Q_{V1,2} = 2C_j(0)\,U_D \pm \sqrt{4(C_j(0)\,U_D)^2 - \frac{\hat{q}_P^2}{2} - 4(C_j(0)\,U_D)^2\cdot\frac{U'_V}{U_D}},$$

$$Q_{V1,2} = 2C_j(0)\,U_D\left[1 \pm \sqrt{1 - \frac{\hat{q}_P^2}{8(C_j(0)\,U_D)^2} - \frac{U'_V}{U_D}}\right].$$

Physikalisch sinnvoll ist das Minuszeichen vor der Wurzel.

$$\frac{Q_V}{C_j(0)\,U_D} = 2\left[1 - \sqrt{1 - \frac{1}{8}\left(\frac{\hat{q}_P}{C_j(0)\,U_D}\right)^2 - \frac{U'_V}{U_D}}\right]. \tag{2.1.2/18}$$

- **Beispiel 2.1.2/2:** Eine Varaktordiode mit abruptem Dotierungsprofil ($U_D = 1{,}25$ V, $C_j(0) = 0{,}16$ pF) wird bei $f = 31$ GHz mit einem sinusförmigen Pumpstrom der Amplitude $\hat{i}_P = 50$ mA durchgesteuert. An die Diode wird eine Gleichspannung von $U'_V = -0{,}05$ V gelegt.
Berechnen Sie den durch die Stromsteuerung sich einstellenden Gleichspannungsarbeitspunkt U_V.

2.1 Additive Mischung

Lösung:

$$\underline{I}_P = j\omega_P \underline{Q}_P \Rightarrow |\underline{I}_P| = \omega_P |\underline{Q}_P| \Rightarrow \hat{i}_P = \omega_P \hat{q}_P,$$

$$\hat{q}_P = \frac{\hat{i}_P}{\omega_p} = \frac{50 \text{ mA} \cdot \text{s}}{2\pi \cdot 31 \cdot 10^9} = 2{,}567 \cdot 10^{-13} \text{ As},$$

abrupte Dotierung $\Rightarrow n = 0{,}5 \Rightarrow$ (2.1.2/18) gilt:

$$\frac{Q_V}{C_j(0)\,U_D} = 2\left[1 - \sqrt{1 - \frac{1}{8} \cdot \left[\frac{2{,}567 \cdot 10^{-13} \cdot \text{As}}{0{,}16 \cdot 10^{-12}\frac{\text{As}}{\text{V}} \cdot 1{,}25 \text{ V}}\right]^2 - \left(\frac{-0{,}05 \text{ V}}{1{,}25 \text{ V}}\right)}\right],$$

$$\frac{Q_V}{C_j(0)\,U_D} = 0{,}17344;$$

analog (2.1.2/14):

$$U_V = U_D\left\{1 - \left[1 - \frac{0{,}5 Q_V}{C_j(0)\,U_D}\right]^2\right\} = 1{,}25 \text{ V}\{1 - [1 - 0{,}5 \cdot 0{,}17344]^2\} = 0{,}2074 \text{ V}.$$

Die in Bild 2.1.2-5 skizzierte Arbeitspunktverschiebung bei Stromsteuerung entspricht dem Beispiel.

Die $Q(U)$-Kennlinie in Bild 2.1.2-6 wird mit einer kosinusförmigen Pumpladung (Stromsteuerung) der Frequenz f_P großsignalmäßig durchgesteuert.

$$q(\omega_P t) = Q_V + \hat{q}_P \cos(\omega_P t). \tag{2.1.2/19}$$

Die viel kleineren Kleinsignalladungen $\Delta q(t)$ finden in der Umgebung des zeitvariablen Arbeitspunktes $q(\omega_P t)$ lineare Verhältnisse vor, so daß die Kennlinie in der Nähe von $q(\omega_P t)$ durch eine Taylorreihe, die nach dem linearen Glied abgebrochen wird, dargestellt werden kann.

Aus Bild 2.1.2-6:

$$\Rightarrow q(t) = q(\omega_P t) + \Delta q(t),$$
$$\Rightarrow q(t) - q(\omega_P t) = \Delta q(t). \tag{2.1.2/20}$$

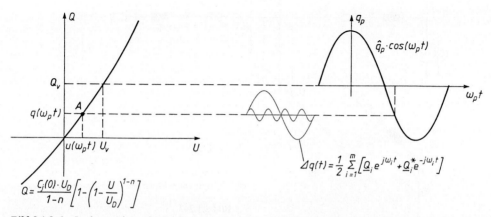

Bild 2.1.2-6 Ladungs- bzw. Stromsteuerung an einer nichtlinearen Ladungskennlinie

Analog zu (2.1.2/7):

$$\Rightarrow u(t) = \underbrace{u(\omega_p t) + [q(t) - q(\omega_p t)]}_{\text{aus (2.1.2/20) } \Delta q(t)} \cdot \underbrace{\frac{du}{dq}(\omega_p t)}_{s(\omega_p t)} + \dots$$

$$u(t) = u(\omega_p t) + \Delta q(t) \cdot s(\omega_p t) + \dots \tag{2.1.2/21}$$

Analog zu (2.1.2/8):

$$\Rightarrow \text{Kleinsignalgrößen } \Delta u(t) = \Delta q(t) \cdot s(\omega_p t) \tag{2.1.2/22}$$

Die komplexe Form der Kleinsignalladungen erhält man analog zu (2.1.2/9) mit

$$\Delta q(t) = \tfrac{1}{2} \cdot \sum_{i=1}^{m} [\underline{Q}_i \, e^{j\omega_i t} + \underline{Q}_i^* \, e^{-j\omega_i t}], \tag{2.1.2/23}$$

während man $s(\omega_p t)$ analog zu (2.1.2/10) in eine komplexe Fourierreihe entwickeln kann.

$$s(\omega_p t) = \sum_{n=-\infty}^{\infty} \underline{S}_n \, e^{jn\omega_p t} = S_0 + \underline{S}_1^* \, e^{-j\omega_p t} + \underline{S}_1 \, e^{j\omega_p t} + \dots \tag{2.1.2/24}$$

Setzt man (2.1.2/23) und (2.1.2/24) in (2.1.2/22) ein, so ergibt sich:

$$\Delta u(t) = \tfrac{1}{2} \cdot \sum_{i=1}^{m} [\underline{Q}_i \, e^{j\omega_i t} + \underline{Q}_i^* \, e^{-j\omega_i t}] \cdot \sum_{n=-\infty}^{\infty} \underline{S}_n \, e^{jn\omega_p t}. \tag{2.1.2/25}$$

Durch Koeffizientenvergleich der Terme gleicher Frequenz in (2.1.2/25) lassen sich die Konversionsgleichungen ermitteln.

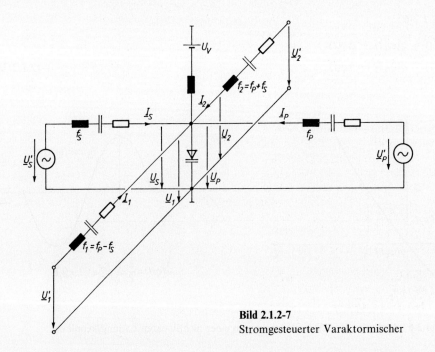

Bild 2.1.2-7
Stromgesteuerter Varaktormischer

2.1 Additive Mischung

- **Beispiel 2.1.2/3:** Bei der Ersatzschaltung in Bild 2.1.2-7 ist die Kapazitätsdiode parallel zu vier Serienschwingkreisen der Resonanzfrequenzen f_P, f_S, $f_1 = f_P - f_S$ und $f_2 = f_P + f_S$ geschaltet. Der Pumpkreis wird als so schmalbandig angenommen, daß er für alle Pumpoberwellenfrequenzen $m \cdot f_P$ ($m = 2, 3, 4 \ldots$) einen Leerlauf darstellen soll; dann wird die Kapazitätsdiode mit einem kosinusförmigen Pumpstrom der Frequenz f_P großsignalmäßig durchgesteuert *(Stromsteuerung $\hat{=}$ Ladungssteuerung)*. Die anderen drei Schwingkreise werden ebenfalls als so schmalbandig angenommen, daß nur Ströme bei den jeweiligen Resonanzfrequenzen fließen; für die restlichen Frequenzen sollen die Schwingkreise einen Leerlauf darstellen. Dann fließen durch die Diode außer der Gleich- und Pumpladung die Summe von drei Kleinsignalladungen (Ströme) der Frequenzen f_S, f_1 und f_2; Spannungen anderer Kombinationsfrequenzen, welche an der nichtlinearen $Q(U)$-Kennlinie der Kapazitätsdiode entstehen, erzeugen wegen der Sperrwirkung der Serienschwingkreise keine Ströme.

Ermitteln Sie für den Varaktormischer die Konversionsmatrix der Kapazitätsdiode bei Stromsteuerung.

Lösung:

Die Berechnung soll wieder mit dem „Kochrezept" erfolgen:

Die gewünschten Kleinsignalverknüpfungsgrößen werden wieder in eine Zeile geschrieben, z. B. $\underline{U}_S = \underline{Q}_S \; \underline{Q}_2 \; \underline{Q}_1$ und darunter die dazugehörigen Frequenzen f_S, f_S, f_2 und f_1. Die Wahl der Serienschwingkreise bestimmt die Anzahl der sich auswirkenden Frequenzen, d. h. in (2.1/3) brauchen nur die Frequenzen betrachtet zu werden, bei denen ein Strom durch die Schwingkreise fließen kann.

Aus (2.1/3) $\Rightarrow |\pm m \cdot f_P \pm f_S|$ mit $m = 0, 1, 2, 3 \ldots$

(1)
$$m = 0: \quad \pm f_S \Rightarrow f_S$$
$$m = 1: \quad \pm f_P \pm f_S \Rightarrow \begin{cases} f_P + f_S = f_2 \\ f_P - f_S = f_1 \end{cases}$$

$$\left.\begin{matrix} f_S = f_2 - f_P = f_P - f_1 \\ f_1 = f_P - f_S = 2f_P - f_2 \\ f_2 = f_P + f_S = 2f_P - f_1 \end{matrix}\right.$$

$$\left.\begin{matrix} m = 2: \; \pm 2f_P \pm f_S \\ \vdots \quad \vdots \\ m = n: \; \pm nf_P \pm f_S \end{matrix}\right\} \text{Wegen der Sperrwirkung der Schwingkreise können Ströme bei diesen Frequenzen nicht in der Schaltung fließen.}$$

(2) $\underline{U}_S = \underline{S}_0 \cdot \underline{Q}_S + \underline{S}_1^* \cdot \underline{Q}_2 + \underline{S}_1 \cdot \underline{Q}_1^*$
$\;\;\;\;\;\; f_S \;\;\;\;\; 0f_P + f_S \;\;\; -1f_P + f_2 \;\;\; 1f_P - f_1$
$\;\;\;\;\;\; \underbrace{\quad}_{f_S} \;\;\;\; \underbrace{\quad\quad}_{f_S} \;\;\;\; \underbrace{\quad\quad}_{f_S} \;\;\;\; \underbrace{\quad\quad}_{f_S} \;\; \text{aus (1)}$

Da in (2) links bei $\underline{U}_S$ die Frequenz f_S steht, muß auch rechts bei den Ladungen f_S erscheinen. Weil der erste Ladungsterm $\underline{Q}_S$ schon f_S beinhaltet, muß dieser Term mit einem Fourierkoeffizienten multipliziert werden, der keine Pumpfrequenz f_P enthält; dies ist das Gleichglied S_0 ($0f_P$). Der zweite Term $\underline{Q}_2$ hat f_2 zur Folge. Abgezogen werden muß nach (1) die Frequenz f_P; eine negative Frequenz bedeutet bei der Ableitung eine konjugiert komplexe Größe ($\underline{S}_1^* \hat{=} -1f_P$). Beim dritten Term $\underline{Q}_1$ wird $\underline{S}_1$ ($1f_P$) benötigt. Abgezogen werden muß nach (1) die Frequenz f_1; d. h. aus $\underline{Q}_1$ wird $\underline{Q}_1^*$. Alle Ströme (und damit alle Ladungen) durch die Diode und alle Spannungen an der Diode liegen in Gleichphase; dies bedeutet positive Vorzeichen der Fourierkoeffizienten.

Analog zu diesen Überlegungen ergeben sich die beiden anderen Konversionsgleichungen:

(3) $\underline{U}_2 = \underline{S}_1 \cdot \underline{Q}_S + \underline{S}_0 \cdot \underline{Q}_2 + \underline{S}_2 \cdot \underline{Q}_1^*$
$\;\;\;\;\;\; f_2 \;\;\;\;\; 1f_P + f_S \;\;\; 0f_P + f_2 \;\;\; 2f_P - f_1$
$\;\;\;\;\;\; \underbrace{\quad}_{f_2} \;\;\; \underbrace{\quad\quad}_{f_2} \;\;\; \underbrace{\quad\quad}_{f_2} \;\;\; \underbrace{\quad\quad}_{f_2} \;\; \text{aus (1)}$

(4) $\underline{U}_1^* = \underline{S}_1^* \cdot \underline{Q}_S + \underline{S}_2^* \cdot \underline{Q}_2 + S_0 \cdot \underline{Q}_1^*$
$\phantom{(4) \underline{U}_1^* =} -f_1 \quad\quad -1f_P + f_S \quad -2f_P + f_2 \quad 1f_P - f_1$
$\phantom{(4) \underline{U}_1^* =} \underbrace{}_{-f_1} \quad \underbrace{}_{-f_1} \quad \underbrace{}_{-f_1} \quad \underbrace{}_{-f_1} \quad \text{aus (1)}$

Die Spaltenelemente $\underline{Q}_S$, $\underline{Q}_2$ und $\underline{Q}_1$ müssen gleich sein, damit man die Gleichungen (2), (3) und (4) als Matrix schreiben kann. Deshalb wurde (4) konjugiert komplex erweitert, damit alle $\underline{Q}_1^*$-Terme gleich sind.

Mit $\underline{Q} = \dfrac{\underline{I}}{j\omega}$ und $\underline{Q}^* = \dfrac{\underline{I}^*}{-j\omega}$ erhält man aus (2), (3) und (4):

$$\underline{U}_S = S_0 \cdot \frac{\underline{I}_S}{j\omega_S} + \underline{S}_1^* \cdot \frac{\underline{I}_2}{j\omega_2} - \underline{S}_1 \cdot \frac{\underline{I}_1^*}{j\omega_1};$$

$$\underline{U}_2 = \underline{S}_1 \cdot \frac{\underline{I}_S}{j\omega_S} + S_0 \cdot \frac{\underline{I}_2}{j\omega_2} - \underline{S}_2 \cdot \frac{\underline{I}_1^*}{j\omega_1};$$

$$\underline{U}_1^* = \underline{S}_1^* \cdot \frac{\underline{I}_S}{j\omega_S} + \underline{S}_2^* \cdot \frac{\underline{I}_2}{j\omega_2} - S_0 \cdot \frac{\underline{I}_1^*}{j\omega_1};$$

$$\begin{bmatrix} \underline{U}_S \\ \underline{U}_2 \\ \underline{U}_1^* \end{bmatrix} = \begin{bmatrix} \dfrac{S_0}{j\omega_S} & \dfrac{\underline{S}_1^*}{j\omega_2} & \dfrac{-\underline{S}_1}{j\omega_1} \\ \dfrac{\underline{S}_1}{j\omega_S} & \dfrac{S_0}{j\omega_2} & \dfrac{-\underline{S}_2}{j\omega_1} \\ \dfrac{\underline{S}_1^*}{j\omega_S} & \dfrac{\underline{S}_2^*}{j\omega_2} & \dfrac{-S_0}{j\omega_1} \end{bmatrix} \cdot \begin{bmatrix} \underline{I}_S \\ \underline{I}_2 \\ \underline{I}_1^* \end{bmatrix}.$$

- **Übung 2.1.2/2:** a) Ermitteln Sie für den in Bild 2.1.2-8 skizzierten Varaktoraufwärtsmischer die Konversionsmatrix für die prinzipielle Spaltenfolge

$$\begin{bmatrix} \underline{U}_S \\ \underline{U}_{SP} \\ \underline{U}_{out} \end{bmatrix} \quad \text{bzw.} \quad \begin{bmatrix} \underline{I}_S \\ \underline{I}_{SP} \\ \underline{I}_{out} \end{bmatrix},$$

wenn die Verluste des Varaktors durch einen Bahnwiderstand R_j berücksichtigt werden.

b) Wie sieht die Konversionsmatrix aus, wenn der Fourierkoeffizient S_0 ($1/S_0$ ist eine mittlere Kapazität) mit in die Serienschwingkreise eingerechnet wird, so daß sich bei den jeweiligen Resonanzfrequenzen die Imaginärteile aufheben?

Eine im Sperrbetrieb benutzte Varaktordiode kann nach [21] durch die in Bild 2.1.2-9a skizzierte Ersatzschaltung beschrieben werden (R_j = Bahnwiderstand, L_P = Zuleitungsinduktivität, C_P = Gehäusekapazität). Die gepumpte $C_j(U)$-Kennlinie der Kapazitätsdiode wird durch die komplexe Fourierreihe der Elastanzfunktion beschrieben. Messungen bei 31 GHz zeigten, daß die Koeffizienten $\underline{S}_\mu$ ($\mu \geq 2$) vernachlässigt werden können ($|\underline{S}_2|$ ist z. B. um den Faktor 8 − 25, je nach Vorspannung, kleiner als der Fourierkoeffizient der Elastanz $|\underline{S}_1|$). Dadurch ist es möglich, die mit der harmonischen Pumpladung durchgesteuerte Sperrschichtkapazität nur durch die beiden Fourierkoeffizienten S_0 und $\underline{S}_1$ zu approximieren.

Die Sperrschichtkapazität $C_j(U)$ in Bild 2.1.2-9a wird mit Hilfe der Elastanz dargestellt, welche in die zwei Fourierkoeffizienten S_0 uns $\underline{S}_1$ (s. Bild 2.1.2-9b) aufgeteilt wird. $1/S_0$ ist eine mittlere Kapazität; diese hängt i. a. von der Vorspannung U_V, der Pumpamplitude $\hat{q}_P$ und der Kennlinienform der Diode ab. Der reziproke Wert von $\underline{S}_1$ hat dagegen eine andere physikalische Bedeutung als $1/S_0$. $\underline{S}_1$ beschreibt eine Leistungsumsetzung zwischen den Signalen bei den in

2.1 Additive Mischung

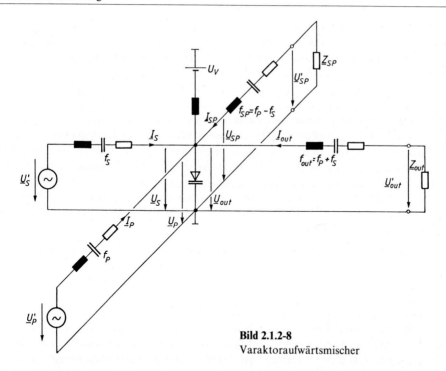

Bild 2.1.2-8
Varaktoraufwärtsmischer

(2.1/3) festgelegten Frequenzen. Je nach äußerer Beschaltung kann eine Leistungsabgabe oder -aufnahme erfolgen, also eine Ent- oder Bedämpfung der äußeren Schaltung. Dieser Sachverhalt drückt sich dann in einem positiven oder negativen Eingangswiderstand an den Klemmen 1 − 1' des Bildes 2.1.2-9b aus. Im Ersatzschaltbild läßt sich dementsprechend der Fourierkoeffizient $\underline{S}_1$ der idealen Sperrschichtelastanz bei einer bestimmten Frequenz als Generator

a)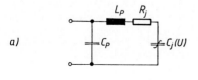

b)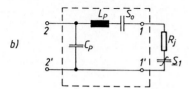

c)

Bild 2.1.2-9
a) Ersatzschaltbild der Varaktordiode
b) Ersatzschaltbild der stromgesteuerten Varaktordiode
c) Ersatzschaltbild nach b) mit verlustlosem Vierpol zur Erzielung eines vorgegebenen Filter- und Impedanztransformationsverhaltens

oder Verbraucher deuten. Die Varaktorersatzschaltung in Bild 2.1.2-9b wird in einen verlustlosen Vierpol (C_P, L_P, S_0) und einen Zweipol (R_j, $\underline{S}_1$) aufgeteilt. Der Zweipol bewirkt mit dem Fourierkoeffizienten $\underline{S}_1$ der Elastanz einen aktiven oder passiven Betrieb; der mit enthaltene Bahnwiderstand R_j beschreibt die Verluste im Halbleitermaterial. Der verlustlose Vierpol wirkt für eine auftretende Frequenz als Filterschaltung und Impedanztransformator. Durch die Technologie der Diode bedingt liegen die Größen C_P und L_P fest. Da auch S_0 nur begrenzt variabel ist, ist es notwendig, einen zusätzlichen verlustlosen Vierpol mit einer definierten Filter- und Transformationswirkung vorzuschalten. Faßt man die Kettenschaltung dieser beiden verlustlosen Vierpole zusammen, dann erhält man die in Bild 2.1.2-9c skizzierte Anordnung. Der Filter- und Impedanztransformationsvierpol enthält die zwischen den Ebenen 1 – 1' und 2 – 2' in Bild 2.1.2-9b dargestellten Reaktanzen sowie ein verlustloses Netzwerk, das zusammen mit den Diodenreaktanzen für eine gewünschte Frequenz an die Klemmen 1 – 1' den benötigten Widerstand transformiert, während für alle anderen Frequenzen an den Klemmen 1 – 1' Leerlaufverhalten herrscht.

Für die Realisierung eines parametrischen Mischers muß für jede erforderliche Frequenz ein Vierpol, wie in Bild 2.1.2-9c, an die Klemmen 1 – 1' des aktiven Zweipols geschaltet werden. Um den praktischen Schaltungsaufbau des Vierpols je nach gewählter Leitungstechnik (z. B. Hohlleiter, Finline, Microstrip- oder Koaxialleitung) frei gestalten zu können, sollte ein Dimensionierungsmodell gewählt werden, das unabhängig von der tatsächlichen Beschaltung ist. Deshalb wird zur Berechnung ein durch den Vierpol transformierter Widerstand oder Generator an die Klemmen 1 – 1' geschaltet (Bild 2.1.2-10). Ein dazwischenliegender idealer Bandpaß soll zeigen, daß diese transformierte Größe nur für eine Frequenz gilt, denn die

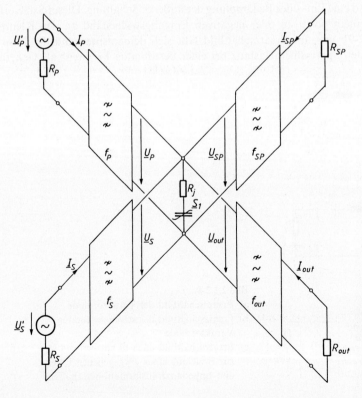

Bild 2.1.2-10
Ersatzschaltung eines stromgesteuerten Varaktormischers
mit $f_{SP} = 2f_P - f_S$
und $f_{out} = f_S - f_P$

2.1 Additive Mischung

Rechnung wird ohne Rechnerhilfe nur für den Resonanzfall durchgeführt, um überschaubare Gleichungen für eine Schaltungsdimensionierung zu erhalten. Die Berechnung liefert dann für einen bestimmten Verstärkungsfall den für jede Frequenz erforderlichen Widerstand an den Klemmen $1 - 1'$. Eine Berechnung des Breitbandverhaltens des Mischers ist nur mit einem Rechner sinnvoll.

Physikalisch gesehen sind die Widerstände ein Maß für die Leistung, die der idealen Sperrschicht $\underline{S}_1$, zusätzlich zu der im Bahnwiderstand R_j umgesetzten Leistung, bei jeder Frequenz entzogen werden muß, um eine gewünschte Signalleistungsverstärkung zu erhalten.

In der einfachen Ersatzschaltung des Mischers in Bild 2.1.2-10 ist die an der Frequenzumsetzung nicht beteiligte Größe S_0 herausgefallen. Will man prinzipiell die Matrix einer derartigen Ersatzschaltung aufstellen, dann muß man nur bei den bisher betrachteten Konversionsmatrizen die zu S_0 proportionalen Terme durch den Bahnwiderstand R_j ersetzen und die $\underline{S}_2$-Terme formal $\underline{S}_2 = 0$ setzen.

- **Beispiel 2.1.2/4**: Die in Bild 2.1.2-10 skizzierte Ersatzschaltung soll als Abwärtsmischer betrieben werden.
  a) Stellen Sie die Konversionsmatrix des Mischers für $\underline{S}_2 = 0$ auf.
  b) Transformieren Sie die Matrix in eine Zweitormatrix (Eingang bei f_S, Ausgang bei f_{out}).
  c) Berechnen Sie den analytischen Ausdruck für die
    c1) Eingangsimpedanz $\underline{Z}_{\text{in}}$,
    c2) Ausgangsimpedanz $\underline{Z}_{\text{out}}$,
    c3) verfügbare Leistungsverstärkung L_V.

Lösung:

a) Aus $(2.1/3) \Rightarrow |\pm m \cdot f_P \pm f_S|$ mit $m = 0, 1, 2, 3 \ldots$

$$\begin{array}{ll}
m = 0: & \pm f_S \Rightarrow f_S \\
(1)\quad m = 1: & \pm f_P + f_S \Rightarrow f_S - f_P = f_{\text{out}} \\
m = 2: & \pm 2f_P + f_S \Rightarrow 2f_P - f_S = f_{SP}
\end{array} \quad
\begin{array}{l}
f_S = f_{\text{out}} + f_P = 2f_P - f_{SP} \\
f_{\text{out}} = f_S - f_P = f_P - f_{SP} \\
f_{SP} = 2f_P - f_S = f_P - f_{\text{out}}
\end{array}$$

Ableitung nach dem „Kochrezept" für die idealisierte Sperrschicht mit $\tilde{S}_0 = S_0 \pm j\omega R_j$, $\underline{S}_1$, $\underline{S}_2$ ... (s. Übung 2.1.2/2).

$$(2)\quad \underbrace{\underline{U}_S}_{f_S} = \underbrace{\tilde{\underline{S}}_0 \cdot \underline{Q}_S}_{\substack{0f_P + f_S \\ f_S}} + \underbrace{\underline{S}_2 \cdot \underline{Q}_{SP}^*}_{\substack{2f_P - f_{SP} \\ f_S}} + \underbrace{\underline{S}_1 \cdot \underline{Q}_{\text{out}}}_{\substack{1f_P + f_{\text{out}} \\ f_S}} \quad \text{aus (1)}$$

$$(3)\quad \underbrace{\underline{U}_{SP}^*}_{-f_{SP}} = \underbrace{\underline{S}_2^* \cdot \underline{Q}_S}_{\substack{-2f_P + f_S \\ -f_{SP}}} + \underbrace{\tilde{\underline{S}}_0 \cdot \underline{Q}_{SP}^*}_{\substack{0f_P - f_{SP} \\ -f_{SP}}} + \underbrace{\underline{S}_1^* \cdot \underline{Q}_{\text{out}}}_{\substack{-1f_P + f_{\text{out}} \\ -f_{SP}}} \quad \text{aus (1)}$$

$$(4)\quad \underbrace{\underline{U}_{\text{out}}}_{f_{\text{out}}} = \underbrace{\underline{S}_1^* \cdot \underline{Q}_S}_{\substack{-1f_P + f_S \\ f_{\text{out}}}} + \underbrace{\underline{S}_1 \cdot \underline{Q}_{SP}^*}_{\substack{1f_P - f_{SP} \\ f_{\text{out}}}} + \underbrace{\tilde{\underline{S}}_0 \cdot \underline{Q}_{\text{out}}}_{\substack{0f_P + f_{\text{out}} \\ f_{\text{out}}}} \quad \text{aus (1)}$$

Mit (2), (3) und (4) erhält man die Matrix

$$(5)\quad \begin{bmatrix} \underline{U}_S \\ \underline{U}_{SP}^* \\ \underline{U}_{\text{out}} \end{bmatrix} = \begin{bmatrix} \tilde{\underline{S}}_0 & \underline{S}_2 & \underline{S}_1 \\ \underline{S}_2^* & \tilde{\underline{S}}_0 & \underline{S}_1^* \\ \underline{S}_1^* & \underline{S}_1 & \tilde{\underline{S}}_0 \end{bmatrix} \cdot \begin{bmatrix} \underline{Q}_S \\ \underline{Q}_{SP}^* \\ \underline{Q}_{\text{out}} \end{bmatrix}.$$

Die Matrix (5) ist identisch mit der Matrix (5) in Übung 2.1.2/2. Wird die Größe $S_0/j\omega$ in die Filter- und Impedanztransformationsvierpole eingerechnet, dann erhält man die Matrix (8) in Übung 2.1.2/2.

Aus (8) der Übung 2.1.2/2 mit $\underline{S}_2 = 0$ folgt:

(6) $$\begin{bmatrix} \underline{U}_S \\ \underline{U}_{SP}^* \\ \underline{U}_{out} \end{bmatrix} = \begin{bmatrix} R_j & 0 & \dfrac{\underline{S}_1}{j\omega_{out}} \\ 0 & R_j & \dfrac{\underline{S}_1^*}{j\omega_{out}} \\ \dfrac{\underline{S}_1^*}{j\omega_S} & \dfrac{-\underline{S}_1}{j\omega_{SP}} & R_j \end{bmatrix} \cdot \begin{bmatrix} \underline{I}_S \\ \underline{I}_{SP}^* \\ \underline{I}_{out} \end{bmatrix}$$

b) *Aus Bild 2.1.2-10* $\Rightarrow$

(7) $\underline{U}_{SP} = -\underline{I}_{SP} R_{SP}$

(7) in (6), 2. Zeile:

$$-\underline{I}_{SP}^* R_{SP} = R_j \underline{I}_{SP}^* + \frac{\underline{S}_1^*}{j\omega_{out}} \cdot \underline{I}_{out}$$

$$\Rightarrow -\underline{I}_{SP}^*(R_{SP} + R_j) = \frac{\underline{S}_1^*}{j\omega_{out}} \cdot \underline{I}_{out}$$

(8) $\Rightarrow \underline{I}_{SP}^* = \dfrac{-\underline{S}_1^* \underline{I}_{out}}{j\omega_{out}(R_{SP} + R_j)}$

(8) in (6), 3. Zeile:

(9) $\underline{U}_{out} = \dfrac{\underline{S}_1^*}{j\omega_S} \cdot \underline{I}_S + \dfrac{\underline{S}_1 \underline{S}_1^* \underline{I}_{out}}{j\omega_{SP} j\omega_{out}(R_{SP} + R_j)} + R_j \underline{I}_{out}$

$= \dfrac{\underline{S}_1^*}{j\omega_S} \cdot \underline{I}_S + \left[R_j - \dfrac{|\underline{S}_1|^2}{\omega_{SP}\omega_{out}(R_{SP} + R_j)} \right] \underline{I}_{out}$

Mit (6), 1. Zeile und (9) ergibt sich:

(10) $$\begin{bmatrix} \underline{U}_S \\ \underline{U}_{out} \end{bmatrix} = \begin{bmatrix} R_j & \dfrac{\underline{S}_1}{j\omega_{out}} \\ \dfrac{\underline{S}_1^*}{j\omega_S} & R_j - \dfrac{|\underline{S}_1|^2}{\omega_{SP}\omega_{out}(R_{SP} + R_j)} \end{bmatrix} \cdot \begin{bmatrix} \underline{I}_S \\ \underline{I}_{out} \end{bmatrix}$$

c)

(11) $\begin{bmatrix} \underline{U}_S \\ \underline{U}_{out} \end{bmatrix} = \begin{bmatrix} \underline{z}_{11} & \underline{z}_{12} \\ \underline{z}_{21} & \underline{z}_{22} \end{bmatrix} \cdot \begin{bmatrix} \underline{I}_S \\ \underline{I}_{out} \end{bmatrix}$

Vergleich (11) mit (10) liefert:

(12) $\underline{z}_{11} = R_j, \quad \underline{z}_{12} = \dfrac{\underline{S}_1}{j\omega_{out}}, \quad \underline{z}_{21} = \dfrac{\underline{S}_1^*}{j\omega_S}, \quad \underline{z}_{22} = R_j - \dfrac{|\underline{S}_1|^2}{\omega_{SP}\omega_{out}(R_{SP} + R_j)}.$

Aus [15] bekommt man für die Vierpolbeschaltung in Bild L-22 die Größen $\underline{Z}_{in}$, $\underline{Z}_{out}$ und L_V.

2.1 Additive Mischung

c1)

$$(13) \quad \underline{Z}_{in} = \frac{\underline{U}_1}{\underline{I}_1} = \frac{\underline{z}_{11} + \underline{Y}_L \det \underline{z}}{1 + \underline{z}_{22} \underline{Y}_L} \triangleq \frac{\underline{U}_S}{\underline{I}_S} = \frac{\underline{z}_{11} + \frac{\underline{z}_{11}\underline{z}_{22} - \underline{z}_{12}\underline{z}_{21}}{R_{out}}}{1 + \underline{z}_{22} \cdot \frac{1}{R_{out}}}$$

$$= \frac{\underline{z}_{11}[\underline{z}_{22} + R_{out}] - \underline{z}_{12}\underline{z}_{21}}{\underline{z}_{22} + R_{out}} = \underline{z}_{11} - \frac{\underline{z}_{12}\underline{z}_{21}}{\underline{z}_{22} + R_{out}}.$$

Setzt man (12) in (13) ein, so ergibt sich:

$$\underline{Z}_{in} = R_j - \frac{\dfrac{\underline{S}_1}{j\omega_{out}} \cdot \dfrac{\underline{S}_1^*}{j\omega_S}}{R_j - \dfrac{|\underline{S}_1|^2}{\omega_{SP}\omega_{out}(R_{SP} + R_j)} + R_{out}}$$

$$(14) \quad \underline{Z}_{in} = R_j + \frac{\dfrac{|\underline{S}_1|^2}{\omega_{out}\omega_S}}{R_j + R_{out} - \dfrac{|\underline{S}_1|^2}{\omega_{SP}\omega_{out}(R_{SP} + R_j)}}.$$

c2)

$$(15) \quad \underline{Z}_{out} = \frac{\underline{U}_2}{\underline{I}_2} = \frac{\underline{z}_{22} + \underline{Y}_S \det \underline{z}}{1 + \underline{z}_{11} \underline{Y}_S} \triangleq \frac{\underline{U}_{out}}{\underline{I}_{out}} = \frac{\underline{z}_{22} + \dfrac{1}{R_S} \cdot [\underline{z}_{11}\underline{z}_{22} - \underline{z}_{12}\underline{z}_{21}]}{1 + \underline{z}_{11} \cdot \dfrac{1}{R_S}}$$

$$= \frac{\underline{z}_{22}[\underline{z}_{11} + R_S] - \underline{z}_{12}\underline{z}_{21}}{\underline{z}_{11} + R_S} = \underline{z}_{22} - \frac{\underline{z}_{12}\underline{z}_{21}}{\underline{z}_{11} + R_S}.$$

(12) in (15) liefert:

$$\underline{Z}_{out} = R_j - \frac{|\underline{S}_1|^2}{\omega_{SP}\omega_{out}(R_{SP} + R_j)} - \frac{\dfrac{\underline{S}_1}{j\omega_{out}} \cdot \dfrac{\underline{S}_1^*}{j\omega_S}}{R_j + R_S},$$

$$(16) \quad \underline{Z}_{out} = R_j + \frac{|\underline{S}_1|^2}{\omega_{out}} \cdot \left[\frac{1}{\omega_S(R_j + R_S)} - \frac{1}{\omega_{SP}(R_j + R_{SP})} \right].$$

c3) Die verfügbare Leistungsverstärkung L_V ist definiert als

$$L_V = \frac{\text{an den Lastwiderstand maximal abgebbare Leistung}}{\text{verfügbare Leistung des Generators}}$$

und berechnet sich für Bild 2.1.2-10 mit

$$(17) \quad L_V = \frac{R_S}{\text{Re}\{\underline{Z}_{out}\}} \cdot \left| \frac{\underline{z}_{21}}{\underline{z}_{11} + R_S} \right|^2.$$

Setzt man (12) in (17) ein, so erhält man:

$$(18) \quad L_V = \frac{R_S}{\text{Re}\{\underline{Z}_{out}\}} \cdot \left| \frac{\dfrac{\underline{S}_1^*}{j\omega_S}}{R_j + R_S} \right|^2 = \frac{R_S}{\text{Re}\{\underline{Z}_{out}\}} \cdot \frac{|\underline{S}_1|^2}{\omega_S^2 (R_j + R_S)^2}.$$

Im Beispiel 2.1.2/4 wurde die Dreitormatrix des Varaktorabwärtsmischers in eine Zweitormatrix transformiert, indem formal der Spiegelfrequenzabschluß R_{SP} in die Gleichungen eingerechnet wurde. Jetzt könnte die Frage gestellt werden, weshalb man überhaupt einen Spiegelkreis vorsieht, denn eine Mischung würde auch stattfinden, wenn nur ein Eingangssignalkreis, ein Ausgangssignalkreis und ein Pumpkreis vorhanden wäre. In der Praxis verwendet man manchmal sogar zwei Hilfskreise, d. h. zur Beschreibung eine Viertormatrix, die dann in eine Zweitormatrix umgerechnet wird. Mit den Hilfskreisen kann man bei richtiger Dimensionierung das Verstärkungs- und Rauschverhalten des Mischers verbessern. Manche Mischer weisen z. B. nur dann eine Mischverstärkung auf, wenn mindestens ein Hilfskreis vorhanden ist. In Übung 2.1.2/3 wird gezeigt, daß der in Bild 2.1.2-10 skizzierte Abwärtsmischer nur dann eine verfügbare Leistungsverstärkung $L_V > 1$ besitzt, wenn er mit einem bestimmten Spiegelwiderstand abgeschlossen wird. Die Entdämpfungswirkung des Spiegelabschlusses kann so weit gehen, daß der Mischer am Ein- oder/und Ausgang schwingt, d. h. zum Oszillator wird.

■ **Übung 2.1.2/3:** Gegeben ist die in Bild 2.1.2-10 skizzierte Ersatzschaltung eines Varaktorabwärtsmischers mit $f_S = 34$ GHz, $f_P = 31$ GHz, $f_{SP} = 28$ GHz, $f_{out} = 3$ GHz, $R_{out} = R_S = R_j = 2{,}1\,\Omega$ und

$$|\underline{S}_1| = 2{,}84 \cdot \frac{1}{\text{pF}}.$$

Berechnen Sie die Eingangsimpedanz $\underline{Z}_{in}$, die Ausgangsimpedanz $\underline{Z}_{out}$ und die verfügbare Leistungsverstärkung L_V für:

a) $R_{SP} = \infty$,
b) $R_{SP} = 3\,\Omega$,
c) $R_{SP} = 0$.

2.1.3 Transistormischer

Bei Varaktormischern wird die zur Signalverstärkung benötigte Energie einer Wechselspannungsquelle entnommen, so daß ein Schrotrauschen vermieden wird, das bei Transistormischern auftritt, weil deren zur Signalverstärkung benötigte Energie aus einer Gleichspannungsquelle herrührt. Die Empfindlichkeit von Varaktormischern läßt sich im Gegensatz zu Transistormischern durch Kühlung erheblich vergrößern, da hier das thermische Rauschen überwiegt, welches temperaturabhängig ist; dagegen läßt sich das bei Transistormischern überwiegende Schrotrauschen durch Kühlmaßnahmen nicht beeinflussen.

Der große Vorteil des Transistormischers ist seine breitbandige Verstärkungseigenschaft, die nicht wie beim Varaktormischer durch irgendwelche Hilfskreise erzeugt werden muß. Durch die beim Varaktormischer notwendigen Filter- und Transformationsvierpole entstehen sehr starke Frequenzabhängigkeiten, die nur eine kleine Nutzbandbreite zulassen.

Als Nichtlinearität wirkt bei den Bipolartransistoren die Exponentialcharakteristik der Emitter-Basis-Diode und bei Feldeffekttransistoren die Parabelcharakteristik der Source-Gate-Strecke. Bipolartransistoren mit Grenzfrequenzen von $f_T = 10$ GHz werden als Mischelemente haupsächlich in Empfangsstufen (Abwärtsmischer) für den Hör- und Fernsehrundfunk eingesetzt. Die Bipolartransistoren weisen bei Geradeausbetrieb gegenüber den Feldeffekttransistoren den Vorteil der größeren Steilheit bei gleichem Arbeitspunkt auf, haben aber den Nachteil der höheren Rauschzahl und ungünstigerer Verzerrungseigenschaften [31]. Im Mischbetrieb wirkt sich die zuletzt genannte Eigenschaft jedoch positiv aus, da durch die Exponentialkennlinie ein größerer Mischgewinn zu erreichen ist. Außerdem benötigt der FET zur Erzielung maximaler Mischsteilheit etwa um den Faktor 10 größere Aussteuerungsamplituden [32].

2.1 Additive Mischung

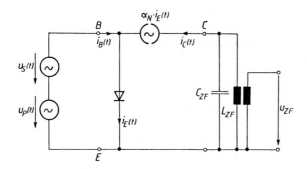

Bild 2.1.3-1
Wechselspannungsersatzschaltbild eines idealisierten Bipolartransistormischers

Bild 2.1.3-1 zeigt ein einfaches Wechselspannungsersatzschaltbild einer Transistorabwärtsmischung bei Spannungssteuerung. Unberücksichtigt bleiben der Basisbahnwiderstand R_B, die Emitter-Diffusionskapazität $C_{B'E}$ und eine endliche Stromverstärkung. Mit diesem einfachen Ersatzschaltbild wurde in [33] die Mischsteilheit von Transistormischern berechnet. Zwischen der Basis B und dem Emitter E liegen die zwei Generatoren, die die Signalspannung

$$u_S(t) = \hat{u}_S \cos(\omega_S t) = Re\{|\underline{U}_S|\, e^{j\omega_S t}\}$$

und die Pumpspannung

$$u_P(t) = \hat{u}_P \cos(\omega_P t) = Re\{|\underline{U}_P|\, e^{j\omega_P t}\}$$

liefern. Nach [33] erhält man unter Zugrundelegung der exponentiellen Kennlinie für den Emitterstrom folgende Beziehung:

$$i_E(t) = I_{ES}\, e^{u_{BE}(t)/U_T} - I_{SP} \tag{2.1.3/1}$$

mit $U_T = \dfrac{k \cdot T}{e} \triangleq$ Temperaturspannung

$I_{ES} \triangleq$ Sättigungsstrom,
$I_{SP} \triangleq$ Reststrom.

Berücksichtigt man die im Wechselspannungsersatzschaltbild 2.1.3-1 nicht eingezeichnete Vorspannung U_{BE}, so ergibt sich für die Steuerspannung $u_{BE}(t)$ folgender Ausdruck:

$$u_{BE}(t) = U_{BE} + \hat{u}_P \cos(\omega_P t) + \hat{u}_S \cos(\omega_S t) \tag{2.1.3/2}$$

(2.1.3/2) wird in (2.1.3/1) eingesetzt und eine Analyse des Stromes $i_E(t)$ vorgenommen. Nach [31] erhält man für den Gleichanteil

$$I_E = I_{ES}\, e^{U_{BE}/U_T} \cdot I_0(\hat{u}_P/U_T) \cdot I_0(\hat{u}_S/U_T) - I_{SP} \tag{2.1.3/3}$$

und für die ZF-Stromkomponente $i_{E,ZF}$ (der Sättigungsstrom I_{ES} wird vernachlässigt)

$$i_{E,ZF} = 2 I_E \cdot \frac{I_1(\hat{u}_P/U_T)}{I_0(\hat{u}_S/U_T)} \cdot \tag{2.1.3/4}$$

$I_0(x) \triangleq$ modifizierte Besselfunktion 0-ter Ordnung,
$I_1(x) \triangleq$ modifizierte Besselfunktion 1-ter Ordnung.

Die Besselfunktionen können aus [34] entnommen werden.

Berücksichtigt man den Basisbahnwiderstand R_B, dann besteht zwischen der über dem pn-Übergang wirksamen Steuerspannung $u_{B'E}(t)$ und der an den Transistorklemmen B, E angelegten Spannung $u_{BE}(t)$ nach [31] der Zusammenhang

$$u_{BE}(t) = u_{B'E}(t) + R_B i_B(t) = u_{B'E}(t) + \frac{R_B}{1+\beta} \cdot i_E(t), \qquad (2.1.3/5)$$

mit

$$\beta = \frac{\alpha_N}{1-\alpha_N}.$$

Eine weitere Berechnung würde den Rahmen des Buches sprengen und ist nur noch mit einem Rechner sinnvoll.

Benutzt man die in Bild 2.1.3-2 skizzierte idealisierte Steuerkennlinie eines Transistors, dann ergibt sich der dargestellte verzerrte Ausgangsstrom $i_C(t)$, dessen (bei Kleinsignalaussteuerung durch $u_S(t)$) enthaltene Kombinationsfrequenzen mit (2.1/3) berechnet werden können.

Idealisiert man die Kennlinie noch weiter und benutzt eine Knickgerade, dann erhält man die in Bild 2.1.3-3 skizzierte Aussteuerung. Dieses einfache Modell ist nur gültig, wenn der

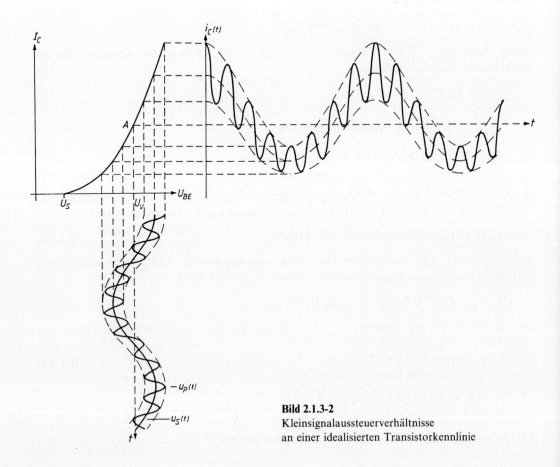

Bild 2.1.3-2
Kleinsignalaussteuerverhältnisse an einer idealisierten Transistorkennlinie

2.1 Additive Mischung

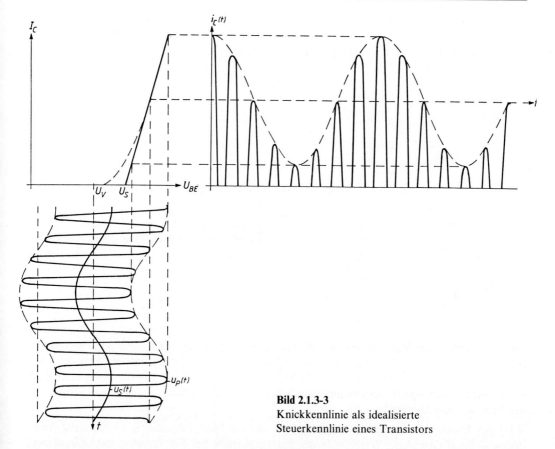

Bild 2.1.3-3
Knickkennlinie als idealisierte
Steuerkennlinie eines Transistors

Kennlinienfußpunkt U_S innerhalb der Aussteuerspannung liegt, denn nur dann ergeben sich Mischprodukte (s. Kapitel 1). Aussteuerungsspannungen wie in Bild 2.1.3-2 würden im linearen Teil der Knickkennlinie keine neuen Frequenzen erzeugen.

Bei Feldeffekttransistoren, die zunehmend eingesetzt werden, wird zur Mischung die spannungsabhängige Steilheit $S(U_{GS})$ ausgenutzt. Die Kennliniengleichung [12]

$$I_D = I_{Dss}\left\{1 - 3\cdot\frac{U_{GS}}{U_P} + 2\left(\frac{U_{GS}}{U_P}\right)^{3/2}\right\}$$

des Sperrschichtfeldeffekttransistors kann angenähert werden durch

$$I_D \approx I_{Dss}\left(1 - \frac{U_{GS}}{U_P}\right)^2. \qquad (2.1.3/6)$$

Dabei ist I_{Dss} der Drain-Sättigungsstrom bei $U_{GS} = 0\,\text{V}$ und U_P die Abschnür- oder „Pinch-Off"-Spannung. In Bild 2.1.3-4a ist der Verlauf von (2.1.3/6) skizziert. Der Mischvorgang läßt sich mit der prinzipiellen Mischersatzschaltung in Bild 2.1.3-4b erklären. Durch die Signalspannung $u_S(t)$ wird der Arbeitspunkt A auf der Kennlinie um den Ruhepunkt U_V verschoben (wegen des in Kapitel 1 behandelten Gleichanteils entsteht eine Verschiebung von U'_V nach U_V). Verbunden mit der Änderung des Drainstromes ist eine Änderung der Steilheit, d. h. die im Eingangskreis wirkende Pumpspannung $u_P(t)$ erfährt somit eine von der Signalspan-

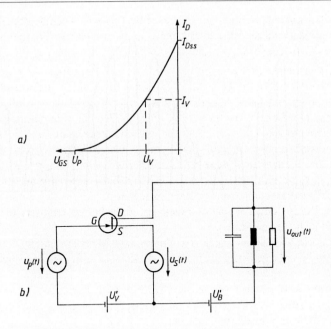

Bild 2.1.3-4
a) Steuerkennlinie eines Sperrschichtfeldeffekttransistors
b) Prinzipschaltung eines FET-Mischers

nung $u_S(t)$ abhängige Verstärkung, wodurch sich eine Mischung ergibt. Der Schwingkreis in Bild 2.1.3-4b ist auf die Ausgangsfrequenz f_{out} abgestimmt. Der Strom mit der Frequenz f_{out} erzeugt am Parallelschwingkreis durch die Spannungsresonanzerhöhung das Ausgangssignal $u_{out}(t)$; alle anderen Signale der Frequenzvielfachen und Kombinationsfrequenzen werden durch den Schwingkreis abgesenkt.

Wird der Parallelschwingkreis in Bild 2.1.3-4b auf die Pumpfrequenz f_P abgestimmt, dann bilden sich auf Grund der Bandbreite des Schwingkreises bei den Kombinationsfrequenzen $f_P - f_S$ und $f_P + f_S$ Spannungen am Parallelschwingkreis, während für die niedrige Signalfrequenz f_S und deren Oberwellenfrequenz $2f_S$ der Schwingkreis fast wie ein Kurzschluß wirkt. Auch der Strom mit der Pumpoberwellenfrequenz $2f_P$ kann am Schwingkreis keine Spannung aufbauen. Nach Kapitel 3.2 liegt dann am Schwingkreisausgang eine amplitudenmodulierte Schwingung vor. Da bei der quadratischen Kennlinie des Feldeffekttransistors nur die gewünschten Frequenzkomponenten $f_P - f_S$, f_P und $f_P + f_S$ auftreten und keine zusätzlichen (s. Übung 2.1.3/1), die zu Modulationsverzerrungen führen würden, eignet sich der Feldeffekttransistor besonders zur Erzeugung einer amplitudenmodulierten Schwingung.

Für eine quadratische Kennlinie wurden in Beispiel 1.2.1/1 die reellen Fourierkoeffizienten des Ausgangsstromes berechnet.

■ **Übung 2.1.3/1:** Eine quadratische Kennlinie der Funktion $I = a(U - U_S)^2$ mit $a = 10 \text{ mA/V}^2$ und $U_S = 1 \text{ V}$ wird im Arbeitspunkt $U_V = 2 \text{ V}$ durch eine Pumpspannung $u_P(t) = 0{,}2 \text{ V} \cdot \cos(\omega_P t)$ und eine Signalspannung $u_S(t) = 0{,}5 \text{ V} \cdot \cos(\omega_S t)$ ausgesteuert ($f_S = 2 \text{ MHz}$, $f_P = 9 \text{ MHz}$).
Zeichnen Sie das quantitative Spektrum des Stromes $i(t)$.

2.1.4 Selbstschwingende Mischstufe

Grundsätzlich unterscheidet man bei den Transistormischern zwischen fremdgesteuerten (die Pump- oder Oszillatorspannung wird von einem separaten Oszillator erzeugt und über ein Koppelglied dem Mischtransistor zugeführt) und selbstschwingenden (der Mischtransistor arbeitet gleichzeitig als Oszillator und erzeugt selbst das Pumpsignal). Fremdgesteuerte Mischstufen sind leichter zu dimensionieren und übersichtlicher als die selbstschwingenden Mischstufen. Weitere Vorteile der fremdgesteuerten Mischstufen sind [11]:

a) Die Mischverstärkung kann grundsätzlich geregelt werden. Die selbstschwingende Mischstufe kann in ihrer Verstärkung nicht geregelt werden, denn bei kleinen auftretenden Emitterströmen (z. B. beim Empfang eines starken Senders) besteht die Gefahr, daß die vom selben Transistor erzeugte Oszillatorschwingung abreißt. Bei einer fremderregten Mischstufe kann das zwar nicht passieren, jedoch würde die Pumpfrequenz verändert werden, da wegen der Stromabhängigkeit der inneren Kapazitäten des Mischtransistors der Oszillatorkreis, der mit diesen Kapazitäten gekoppelt ist, bei einer Verstärkungsregelung verstimmt wird. Günstiger ist es bei einem Empfänger in beiden Fällen, eine vorgeschaltete HF-Stufe zusammen mit der nachgeschalteten ZF-Stufe zu regeln.

b) Die Entkopplung zwischen Pump- und Zwischenfrequenz ist einfacher zu realisieren; die Oszillatorstörstrahlung läßt sich kleiner halten.

c) Es tritt keine gegenseitige Beeinflussung zwischen der Pump- und Mischamplitude durch Kennlinienübersteuerung im Mischtransistor auf; damit erhält man ein besseres Großsignalverhalten.

d) Wegen des getrennten Aufbaus ist die Frequenzkonstanz des Pumposzillators größer; seine Pumpfrequenz ist von der Größe des Eingangssignals nahezu unabhängig und auch unempfindlicher gegen Beeinflussung durch die Antenne.

Der Nachteil von fremdgesteuerten Mischstufen ist der größere Schaltungsaufwand mit zwei Transistoren. Als Anwendungsgebiet für die selbstschwingende Mischstufe läßt sich der Satellitenfunkverkehr anführen, wo diese Mischstufe platz- und kostensparend in Verbindung mit einem Isolator und einer rauscharmen FET-Vorstufe eingesetzt werden kann [31]. Ein Einsatz ohne diese Zusatzbaugruppen ist in der Radartechnik vorstellbar, wo der Pumposzillator gleichzeitig das Sendesignal erzeugt und als Mischelement arbeitet.

Bild 2.1.4-1a zeigt eine prinzipielle Wechselstromersatzschaltung einer selbstschwingenden Mischstufe [31]. Die selbstschwingende Mischstufe muß im Gegensatz zur fremdgesteuerten Mischstufe die Pumpspannung selbst erzeugen. Dazu befindet sich am Ausgang des Transistors in Bild 2.1.4-1a ein Parallelschwingkreis für die Pumpfrequenz f_P und die ZF-Auskopplung (f_{ZF}). Die Kapazität C_R realisiert die Rückkopplung zum Eingang (s. Kapitel 6). Dadurch arbeitet der Transistor als Oszillator bei der Pumpfrequenz f_P und mischt das am Eingang angelegte Signal der Frequenz f_S auf die Zwischenfrequenz f_{ZF}.

Beim Einsatz der selbstschwingenden Mischstufe sind besondere Schaltungsmaßnahmen erforderlich, um das große Pumpsignal vom Eingang (Antenne) fernzuhalten (ein Abstrahlen der im Vergleich zur Empfangsleistung sehr großen Pumpleistung würde in der Nähe liegende Empfänger übersteuern und erhebliche Störungen verursachen). Wie in Bild 2.1.4-1a skizziert, verwendet man am Eingang eine Brückenschaltung, die in einem Zweig die Nachbildung ($\underline{Z}_N$) der Basis-Emitter-Strecke enthält. Ein Brückenzweig besteht aus der Koppelwicklung L_1, der Kapazität C_1 und der Basis-Emitterdiode, während der andere Brückenzweig mit der Koppelwicklung L_2 und der Reihenschaltung von R_B und C_B, die die Basis-Emitterstrecke des Mischtransistors nachbildet, aufgebaut wird. Wenn beide Wicklungen L_1 und L_2 gleich große, um 180° gedrehte Spannungen liefern, wird die Pumpspannung an der Basis Null und eine nahezu völlige Entkopplung zwischen Signal- und Pumpkreis erreicht; dabei dient R_B zur Einstellung des Brückenminimums an der Basis.

Der Arbeitspunkt des Transistors sollte nach [31] so gewählt werden, daß die zum optimalen Mischbetrieb (Maximum der Mischsteilheit) notwendige Pumpspannung erzeugt wird. Der

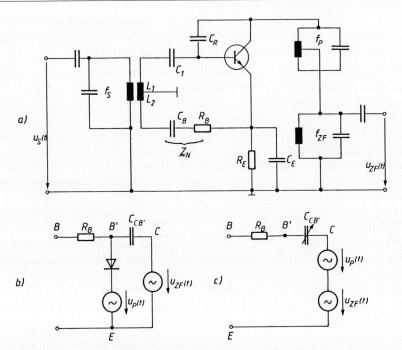

Bild 2.1.4-1 a) Wechselspannungsersatzschaltbild einer selbstschwingenden Mischstufe
b) Ersatzschaltbild für das Rückmischverhalten
c) Ersatzschaltung für die parametrische Rückmischung

Kondensator C_E in Bild 2.1.4-1a darf nicht zu groß gewählt werden, um Pendelschwingungen zu vermeiden. Dadurch muß man eine Verringerung der Mischverstärkung in Kauf nehmen. Eine Regelung der Mischstufe ist nicht möglich, da Steilheitsänderungen zum Abriß der Pumpschwingung führen würden.

Messungen haben gezeigt, daß die Mischverstärkung bei der selbstschwingenden Mischstufe geringer ausfällt als bei der fremdgesteuerten Mischstufe [35]. Hierfür sind nach [31] folgende Gründe verantwortlich:

1. Zunächst führt die erwähnte Restgegenkopplung durch C_E in Bild 2.1.4-1a zu einer Steilheitsminderung.
2. Zusätzlich führen zwei Rückmischeffekte bei der selbstschwingenden Mischstufe zur Beeinträchtigung im Mischverhalten:
   a) Rückmischung durch die Kollektor-Basis-Strecke (Sperrschichtkapazität $C_{CB'}$) und die Basis-Emitter-Strecke (differentieller Leitwert).
   b) Parametrische Rückmischung durch die Aussteuerung der nichtlinearen Kollektor-Basis-Kapazität.

Die Bilder 2.1.4-1b und 2.1.4-1c verdeutlichen diese Erscheinungen. Durch die Kapazität $C_{CB'}$ fließt ein Teil des ZF-Stromes zum Eingang, wo unter Einwirkung der Pumpspannung an der Basis-Emitter-Diode ein Strom bei der Signalfrequenz f_S entsteht. Bei tiefen Frequenzen ist die Kollektor-Basis-Kapazität nicht wirksam. Diese Art der Rückmischung liegt auch bei der fremdgesteuerten Mischstufe vor. Im Gegensatz dazu kommt die parametrische Rückmischung nur bei der selbstschwingenden Mischstufe zum Tragen, da hier am Ausgang die Pumpquelle mit der Spannung $u_P(t)$ wirkt (Bild 2.1.4-1 c). Zusammen mit der ZF-Spannung wird durch die Aussteuerung der nichtlinearen Kapazität $C_{CB'}$ ein Signalstrom bzw. eine Signalspannung am Eingang erzeugt.

Auch hier ist eine Berechnung nur mit einem Computer sinnvoll. In [31] wurde ein Programm für ein Mischermodell erstellt. Mit dem Netzwerkanalyseprogramm hat man die Möglichkeit, die Zeitfunktionen von Spannungen und Strömen an beliebigen Elementen des Mischermodells zu berechnen und zu plotten.

2.2 Multiplikative Mischung

Bei der multiplikativen Mischung werden die Signal- und die Pumpspannung zwei getrennten Steuereingängen des Mischelementes zugeführt. Am Mischerausgang entsteht

$$u_{out}(t) \sim u_S(t) \cdot u_P(t),$$

also das Produkt aus Signal- und Pumpspannung. Diese Multiplikation kann mit den folgenden Mischelementen durchgeführt werden:

1. Mehrgitterröhren,
2. Doppelgate-MOS-Feldeffekttransistoren,
3. Integrierte Schaltungen mit Bipolartransistoren,
4. Gegentaktdiodenmischern.

Mit Mehrgitterröhren (Hexoden, Heptoden, Oktoden) und Doppelgate-MOS-Feldeffekttransistoren als Mischelemente lassen sich sehr gute Entkopplungen zwischen Pump- und Signalgeneratoren erzielen. Den prinzipiellen Aufbau eines Doppelgate-MOS-Feldeffekttransistors zeigt das Bild 2.2-1a (aus [11]); das Schaltungssymbol ist in Bild 2.2-1b und eine prinzipielle Mischerschaltung in Bild 2.2-1c skizziert.

Der Drainwechselstrom errechnet sich nach [11] aus

$$i_D(t) = S_1(t) u_{G1,S}(t) + S_2(t) u_{G2,S}(t), \qquad (2.2/1)$$

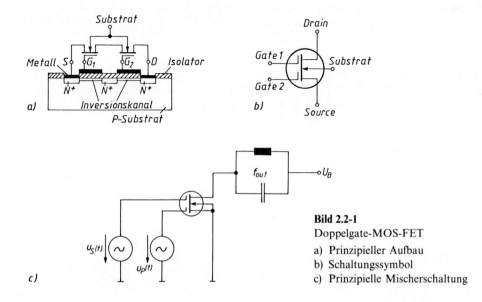

Bild 2.2-1
Doppelgate-MOS-FET
a) Prinzipieller Aufbau
b) Schaltungssymbol
c) Prinzipielle Mischerschaltung

wobei man für die Steilheiten schreiben kann

$$S_1(t) = a + b \cdot u_{G2,S}(t) \qquad (2.2/2)$$

$$S_2(t) = c + d \cdot u_{G1,S}(t), \qquad (2.2/3)$$

weil nach [7] die Steilheit im „Pinch-Off"-Bereich eine lineare Funktion der jeweiligen Steuerspannung $u_{G,S}$ ist. Setzt man (2.2/2) und (2.2/3) in (2.2/1) ein, so ergibt sich:

$$\begin{aligned} i_D(t) &= [a + b \cdot u_{G2,S}(t)] u_{G1,S}(t) + [c + d \cdot u_{G1,S}(t)] u_{G2,S}(t) \\ &= a \cdot u_{G1,S}(t) + c \cdot u_{G2,S}(t) + (b + d) u_{G1,S}(t) u_{G2,S}(t). \end{aligned} \qquad (2.2/4)$$

Die Steuerung des Drainstromes in (2.2/4) erfolgt nach einem multiplikativen Gesetz; (2.2/4) stellt eine nichtlineare Funktion dar, obwohl $S_1(t)$ und $S_2(t)$ lineare Funktionen sind. Mit

$$u_{G1,S}(t) = u_S(t) = \hat{u}_S \cos(\omega_S t)$$

und

$$u_{G2,S}(t) = u_P(t) = \hat{u}_P \cos(\omega_P t)$$

läßt sich (2.2/4) schreiben:

$$i_D(t) = a \cdot \hat{u}_S \cos(\omega_S t) + c \cdot \hat{u}_P \cos(\omega_P t) + (b + d) \hat{u}_S \hat{u}_P \underbrace{\cos(\omega_S t) \cos(\omega_P t)}_{(A36)}$$

$$= a \cdot \hat{u}_S \cos(\omega_S t) + c \cdot \hat{u}_P \cos(\omega_P t) + (b + d) \cdot \frac{\hat{u}_S \hat{u}_P}{2}$$

$$\cdot \{\cos[\pm \omega_S \mp \omega_P) t] + \cos[(\omega_S + \omega_P) t]\}. \qquad (2.2/5)$$

In (2.2/5) ist der gleiche Summen- und Differenzfrequenzterm enthalten wie bei der additiven Mischung.

Integrierte Schaltungen mit Bipolartransistoren nach dem Differenzverstärkerprinzip können auch zur multiplikativen Mischung eingesetzt werden, indem man mehrere Transistorsysteme als Differenzverstärkerstufen mit einem dritten Transistor als gemeinsamen Emitterwiderstand vorsieht. Die Transistoren T1 und T2 in Bild 2.2-2 bilden die Differenzstufe; T1 arbeitet als Emitterfolger, während T2 eine Basisschaltung darstellt. Der in der Emitterleitung liegende

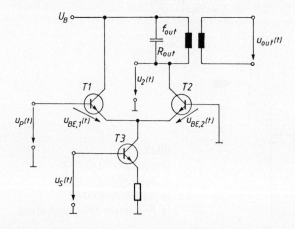

Bild 2.2-2
Multiplikative Mischung mit Bipolartransistoren

2.2 Multiplikative Mischung

Transistor T3 wirkt als gesteuerte Stromquelle. Der Parallelschwingkreis für die Ausgangsfrequenz f_{out} befindet sich in der Kollektorleitung des Transistors T2 und siebt aus $u_2(t)$ das gewünschte Ausgangssignal der Frequenz f_{out} heraus (z. B. $f_{out} = f_P - f_S$). Mit der näherungsweisen Berechnung im Beispiel 2.2/1 wird gezeigt, daß $u_2(t) \sim u_S(t) \cdot u_p(t)$ ist, d. h. die Summen- und Differenzfrequenzen von (2.2/5) enthält.

- **Beispiel 2.2/1**: Für die Schaltung in Bild 2.2-2 soll mit einer Näherungsrechnung gezeigt werden, daß $u_2(t) \sim u_S(t)\, u_P(t)$ ist, d. h. eine multiplikative Mischung stattfindet.

Lösung:

Ein Maschenumlauf in Bild 2.2-2 liefert:

$$\sum u(t) = 0 = -u_P(t) + \underbrace{u_{BE,1}(t) - u_{BE,2}(t)}_{u_D(t)}$$

(1) $u_D(t) = u_{BE,1}(t) - u_{BE,2}(t) = u_P(t)$

bzw.

(2) $U_D = U_{BE,1} - U_{BE,2}.$

Für die Transistoreingangskennlinie gilt nach [38]:

(3) $\begin{aligned} I_{B,1} &= I_{B0}\, e^{U_{BE,1}/U_T}; & I_{C,1} &= B \cdot I_{B,1} \\ I_{B,2} &= I_{B0}\, e^{U_{BE,2}/U_T}; & I_{C,2} &= B \cdot I_{B,2} \end{aligned}$

mit U_T = Temperaturspannung (s. (2.1.3/1)).

Für die Stromverhältnisse ergibt sich:

Aus (3) $\Rightarrow$

(4) $\dfrac{I_{C,1}}{I_{C,2}} = \dfrac{I_{B,1}}{I_{B,2}} = \dfrac{e^{U_{BE,1}/U_T}}{e^{U_{BE,2}/U_T}} = e^{\frac{U_{BE,1}-U_{BE,2}}{U_T}} = \underbrace{e^{U_D/U_T}}_{\text{aus (2)}}.$

(5) $I_{C,3} = I_{E,1} + I_{E,2} \approx I_{C,1} + I_{C,2},$

wenn die Basisströme vernachlässigt werden.

(6) $\dfrac{I_{C,2}}{I_{C,3}} \approx \underbrace{\dfrac{I_{C,2}}{I_{C,1} + I_{C,2}}}_{\text{aus (5)}} = \dfrac{1}{1 + \dfrac{I_{C,1}}{I_{C,2}}} = \dfrac{1}{1 + \underbrace{e^{U_D/U_T}}_{\text{aus (4)}}}$

(7) $\Delta I_C = I_{C,1} - I_{C,2} = \underbrace{\left(\dfrac{I_{C,1}}{I_{C,2}} - 1\right)}_{\text{aus (4)}} I_{C,2} = (e^{U_D/U_T} - 1) \cdot \underbrace{\dfrac{I_{C,3}}{1 + e^{U_D/U_T}}}_{\text{aus (6)}}$

Aus [1], Näherung für kleine $x \Rightarrow e^x \approx 1 + x$

(linearer Bereich) $\Rightarrow$

(8) $e^{U_D/U_T} \approx 1 + \dfrac{U_D}{U_T}$

(8) in (7) $\Rightarrow$

(9) $\Delta I_C \approx \left(1 + \dfrac{U_D}{U_T} - 1\right) \cdot \dfrac{I_{C,3}}{1 + 1 + \dfrac{U_D}{U_T}} = \dfrac{U_D}{U_T} \cdot \dfrac{I_{C,3}}{2 + \dfrac{U_D}{U_T}}.$

2. Näherung für $\dfrac{U_D}{U_T} \ll 1 \Rightarrow$

(10) $2 + \dfrac{U_D}{U_T} \approx 2$.

(10) in (9):

(11) $\Delta I_C = \dfrac{U_D}{U_T} \cdot \dfrac{I_{C,3}}{2} = \dfrac{U_D}{2U_T} \cdot S_3 \cdot U_S$

mit $I_{C,3} = S_3 U_S$ (S_3 = Steilheit von T3)

$\Delta U_2 \approx R_{out} \Delta I_C = \underbrace{\dfrac{R_{out} S_3}{2U_T}}_{konst.} \cdot U_D U_S$

$\Rightarrow u_2(t) \sim u_D(t) \cdot u_S(t) = \underbrace{u_P(t)}_{aus\ (1)} \cdot u_S(t)$

$u_2(t) \sim u_S(t) \cdot u_P(t)$ (q. e. d.)

Die Schaltung eines Gegentaktmischers zeigt Bild 2.2-3a. Mit der Ersatzschaltung in Bild 2.2-3b soll die Berechnung für das Kleinsignalverhalten durchgeführt werden. Dabei werden gleiche Dioden D1 und D2 vorausgesetzt, und die für beide Dioden gleich angenommenen Diodenkennlinien werden wie in [36] mit einem Polynom zweiten Grades approximiert.

- **Beispiel 2.2/2:** Bei der Ersatzschaltung eines Gegentaktmischers in Bild 2.2-3b wird angenommen, daß bei kleiner Aussteuerung die beiden gleichen Dioden D1 und D2 sich jeweils durch ein Polynom zweiten Grades ($i(t) = a_0 + a_1 u_D(t) + a_2 u_D^2(t)$) beschreiben lassen.
  a) Ermitteln Sie $u_{out}(t)$.
  b) Skizzieren Sie qualitativ das Spektrum $\hat{u}_{out}(f)$ für $f_S < f_P$.

Lösung:

a) Maschenumlauf für Diodenkreis D1:

(1) $\sum u(t) = 0 = u_{D1}(t) - u_P(t) - u_S(t) \Rightarrow u_{D1}(t) = u_P(t) + u_S(t)$

Maschenumlauf für Diodenkreis D2:

(2) $\sum u(t) = 0 = u_{D2}(t) - u_P(t) - u_S(t) \Rightarrow u_{D2}(t) = u_P(t) + u_S(t)$

Bei der Näherungsrechnung wird angenommen, daß die beiden Diodensteuerspannungen $u_{D1}(t)$ und $u_{D2}(t)$ die Ströme $i_1(t)$ und $i_2(t)$ zur Folge haben, die dann die Ausgangsspannungen $u_{out,1}(t)$ und $u_{out,2}(t)$ erzeugen.

(3) $i_1(t) = a_0 + a_1 u_{D1}(t) + a_2 u_{D1}^2(t)$

(4) $i_2(t) = a_0 + a_1 u_{D2}(t) + a_2 u_{D2}^2(t)$

(5) $u_{out,1}(t) = K_1 i_1(t)$

(6) $u_{out,2}(t) = K_1 i_2(t)$

(7) $u_{out}(t) = K_2 [u_{out,1}(t) - u_{out,2}(t)]$

Die beiden Konstanten K_1 und K_2 sollen das Verhalten des Übertragers beschreiben.

(5) und (6) in (7):

(8) $u_{out}(t) = K_1 K_2 [i_1(t) - i_2(t)]$

2.2 Multiplikative Mischung

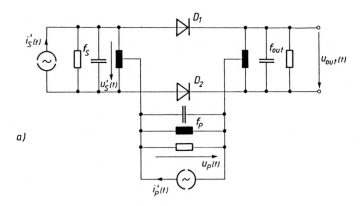

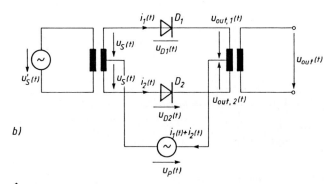

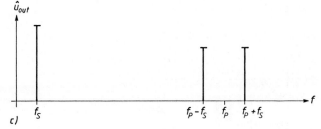

Bild 2.2-3
Gegentaktdiodenmischer
a) Prinzipieller Schaltungsaufbau
b) Ersatzschaltung
c) Spektrum für Kleinsignalaussteuerung

(3) und (4) in (8):

(9) $u_{out}(t) = K_1 K_2 \{ a_0 + \underbrace{a_1 [u_P(t) + u_S(t)]}_{\text{aus (1)}} + \underbrace{a_2 [u_P(t) + u_S(t)]^2}_{\text{aus (1)}} - a_0$

$\phantom{= K_1 K_2 \{} - \underbrace{a_1 [u_P(t) - u_S(t)]}_{\text{aus (2)}} - \underbrace{a_2 [u_P(t) - u_S(t)]^2}_{\text{aus (2)}} \}$

$= K_1 K_2 \{ 2 a_1 u_S(t) + a_2 [u_P^2(t) + 2 u_P(t) u_S(t) + u_S^2(t)] - a_2 [u_P^2(t) - 2 u_P(t) u_S(t) + u_S^2(t)] \}$

$= K_1 K_2 \{ 2 a_1 u_S(t) + 4 a_2 u_P(t) u_S(t) \}$.

Setzt man $u_S(t) = \hat{u}_S \cos(\omega_S t)$ und $u_P(t) = \hat{u}_P \cos(\omega_P t)$ in (9) ein, dann erhält man:

(10) $u_{out}(t) = 2 K_1 K_2 \{ a_1 \hat{u}_S \cos(\omega_S t) + 2 a_2 \hat{u}_P \hat{u}_S \underbrace{\cos(\omega_P t) \cos(\omega_S t)}_{(A36)} \}$

$= 2 K_1 K_2 [a_1 \hat{u}_S \cos(\omega_S t) + a_2 \hat{u}_P \hat{u}_S \cos((\omega_P - \omega_S) t) + a_2 \hat{u}_P \hat{u}_S \cos((\omega_P + \omega_S) t)]$

b) Das qualitative Spektrum für $\hat{u}_{out}(f)$ aus (10) ist in Bild 2.2-3c skizziert. Man erkennt, daß das Ausgangssignal $\hat{u}_{out}(f)$ keine Spektrallinie bei der Pumpfrequenz f_P besitzt, d. h. durch die Gegentaktanordnung heben sich die Pumpsignale am Ein- und Ausgang des Mischers auf.

Für die Ersatzschaltung in Bild 2.2-3b können die von der Pumpspannung durchgesteuerten Dioden für kleine Signale durch zwei gleiche zeitabhängige Leitwerte beschrieben werden. Faßt man diese beiden Leitwerte zu einem einzigen Leitwert zusammen, dann liegen die Verhältnisse des Kapitels 2.1.1 vor, d. h. der Gegentaktdiodenmischer kann wie der einfache Schottkydiodenmischer berechnet werden. Man bezeichnet manchmal den Schottkydiodenmischer in Kapitel 2.1.1 als Eintaktdiodenmischer.

Wird die Schaltung in Bild 2.2-3a symmetrisch aufgebaut, dann ist der Pumpkreis vom Ein- und Ausgangskreis entkoppelt. Noch günstiger sind die Betriebseigenschaften, wenn zusätzlich zu den Dioden D1 und D2 in Bild 2.2-3a zwei weitere Dioden D3 und D4 geschaltet werden (Bild 2.2-4a). Die Ersatzschaltung mit Differentialübertragern ist in Bild 2.2-4b dargestellt. Da

a)

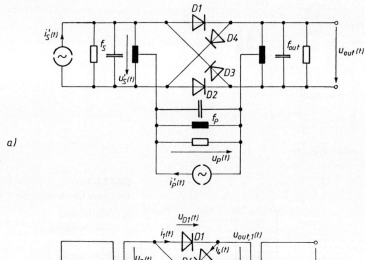

b)

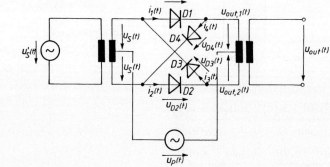

c)

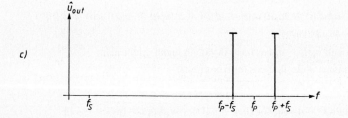

Bild 2.2-4
Ringmodulator
a) Prinzipieller Schaltungsaufbau
b) Ersatzschaltung
c) Spektrum für Kleinsignalaussteuerung

2.2 Multiplikative Mischung

die Dioden zu einem Ring zusammengeschaltet sind und die Schaltung auch für Modulationszwecke (z. B. Einseitenband-Modulation ohne Träger [37]) im Einsatz ist, bezeichnet man die Anordnung als Ringmodulator. Bei einem symmetrisch (vier gleiche Dioden, zwei gleiche Differentialübertrager) aufgebauten Ringmodulator sind alle Tore (Eingangs-, Ausgangs- und Pumptor) des Mischers gegeneinander entkoppelt. Symmetrie wird z. B. durch das Aussuchen von Dioden mit annähernd gleichen Kennlinien bzw. durch zusätzliche Abgleichwiderstände erreicht. Noch bessere Symmetrieeigenschaften lassen sich durch integrierte Schaltkreise erzielen, da man durch den monolithischen Herstellungsprozeß Halbleiterelemente mit nahezu gleichen Kennlinien realisieren kann.

Mit der Ersatzschaltung in Bild 2.2-4b soll in Übung 2.2/1 die Kleinsignalberechnung durchgeführt werden. Dabei sollen gleiche Dioden D1 bis D4 vorausgesetzt werden, und die für die vier Dioden gleich angenommenen Diodenkennlinien sollen wie in Beispiel 2.2/2 mit einem Polynom zweiten Grades approximiert werden.

■ **Übung 2.2/1:** Bei dem in Bild 2.2-4b skizzierten Ringmodulator wird angenommen, daß die vier gleichen Dioden D1 bis D4 bei kleiner Aussteuerung sich jeweils durch ein Polynom zweiten Grades ($i(t) = a_0 + a_1 u_D(t) + a_2 u_D^2(t)$) beschreiben lassen.
Ermitteln Sie analog zur Näherungsrechnung in Beispiel 2.2/2 die Ausgangsspannung $u_{out}(t)$ für $f_S < f_P$.

Das qualitative Spektrum für $\hat{u}_{out}(f)$ aus Gl. (14) der Übung 2.2/1 ist in Bild 2.2-4c skizziert. Man erkennt, daß das Ausgangssignal $\hat{u}_{out}(f)$ keine Spektrallinien bei den Frequenzen f_P und f_S besitzt. Das Ausgangstor ist vom Pump- und Eingangstor entkoppelt. Ähnliche Berechnungen wie in Übung 2.2/1 für das Eingangs- und das Pumptor würden zeigen, daß alle drei Tore voneinander entkoppelt sind.

Für kleine Signalaussteuerungen können die vier Dioden wieder durch zeitabhängige Leitwerte ersetzt werden [10]. Berücksichtigt man, daß die Kennlinien der Dioden D1 und D2 gegenphasig zu den Kennlinien der Dioden D3 und D4 von der Pumpspannung ausgesteuert werden, dann lassen sich auch für den Ringmodulator Konversionsgleichungen aufstellen, die ähnlich aufgebaut sind wie beim Eintaktdiodenmischer in Kapitel 2.1.1.

Bis jetzt wurden der Gegentaktdiodenmischer und der Ringmodulator nur bei kleinen Aussteuerungsverhältnissen betrachtet, d. h. die Kennlinie wurde durch ein Polynom zweiten Grades angenähert. Das Beispiel 2.2/2 und die Übung 2.2/1 zeigen, daß sich durch die Differenzbildung die quadratischen Glieder aufheben, d. h. die Frequenzumsetzung (Mischung) wird durch die linearen Reihenglieder bewirkt und ist deshalb verzerrungsfrei, während beim Eintaktdiodenmischer schon das quadratische Glied zu Verzerrungen führt. Würde man die Berechnungen analog zur Übung 2.2/1 für ein Polynom n-ten Grades durchführen, dann würden im Ausgangssignal keine geraden Potenzen des Polynoms enthalten sein, d. h. ein Ringmodulator kann bei gleicher vorgegebener Verzerrung des Ausgangssignals mit einer viel größeren Signalamplitude $\hat{u}_S$ betrieben werden als ein Eintaktdiodenmischer. Im Beispiel 2.1/1 wurde für eine quadratische Kennlinie der optimalen Mischleitwert $g_{1max} = 2a \cdot \hat{u}_P$ berechnet, d. h. je größer die Pumpamplitude $\hat{u}_P$ ist, desto größer ist g_{1max} und desto größer wird dadurch die Amplitude des Mischproduktes. Bei großen Pumpspannungen $u_P(t)$ in Bild 2.2-3 arbeiten die Dioden D1 und D2 im Schalterbetrieb. Wird weiterhin eine dazu kleine Eingangssignalspannung $u_S(t)$ vorausgesetzt, dann werden die beiden Dioden nur von der großen Pumpspannung mit der Frequenz $f_P = \omega_P/2\pi$ periodisch geöffnet und geschlossen. Das Schalten mit einer großen kosinusförmigen Pumpspannung $u_P(t)$ kann näherungsweise beschrieben werden durch eine rechteckförmige Schaltspannung $\hat{u}_P(t)$ (Bild 2.2.5b). Mit den nicht maßstäblich gezeichneten Spannungen in Bild 2.2-5 soll die Wirkungsweise des Gegentaktmischers in Bild 2.2-3a erklärt

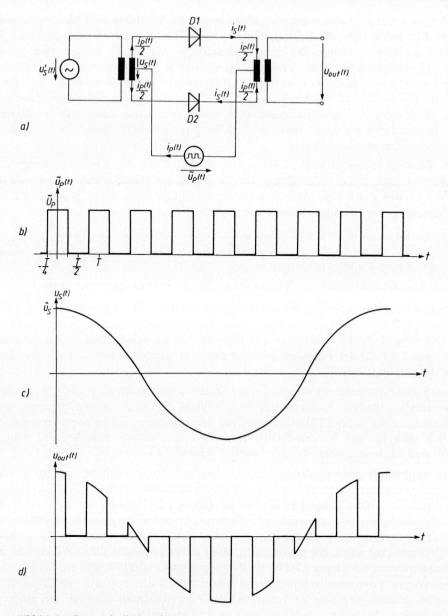

Bild 2.2-5 Gegentaktdiodenmischer
    a) Ersatzschaltung
    b) Diodenschaltspannung
    c) Eingangssignal des Mischers
    d) Ausgangssignal des Mischers

werden. Die Ersatzschaltung für das mathematische Berechnungsmodell ist in Bild 2.2-5a skizziert. Die beiden Dioden sollen von der Schaltspannung $\tilde{u}_P(t)$ geöffnet und geschlossen werden. Die beiden in Bild 2.2-5a entgegengesetzt fließenden Pumpströme $i_P(t)/2$ erzeugen im Ausgangsdifferentialübertrager zwei entgegengesetzte Spannungen, die sich zu Null addieren.

2.2 Multiplikative Mischung

Nur der bei geöffneten Dioden fließende Eingangssignalstrom $i_S(t)$ kann eine Ausgangsspannung $u_{out}(t)$ (Bild 2.2-5d) erzeugen. Mathematisch findet eine Multiplikation der Signalspannung $u_S(t)$ in Bild 2.2-5c mit der rechteckförmigen Schaltspannung $\tilde{u}_P(t)$ statt. Da bei ideal durchgeschalteten Dioden die Amplitude der Schaltspannung $\tilde{u}_P(t)$ keinen Einfluß auf die Größe der Ausgangsspannung $u_{out}(t)$ haben darf, gilt:

$$u_{out}(t) = \frac{\tilde{u}_P(t)}{\tilde{U}_P} \cdot u_S(t) \qquad (2.2/6)$$

- **Beispiel 2.2/3:** Für die Gegentaktschaltung in Bild 2.2-5a ist $u_{out}(t)$ (Bild 2.2-5d) zu berechnen und das Spektrum $\hat{u}_{out}(f)$ zu zeichnen.

Lösung:

Aus (2.2/6) $\Rightarrow$

(1) $u_{out}(t) = \dfrac{\tilde{u}_P(t)}{\tilde{U}_P} \cdot u_S(t)$,

mit

(2) $u_S(t) = \hat{u}_S \cos(\omega_S t)$.

Die rechteckförmige Schaltspannung $\tilde{u}_P(t)$ in Bild 2.2-5b wird in eine Fourierreihe entwickelt [1].

(3) $\dfrac{\tilde{u}_P(t)}{\tilde{U}_P} = \dfrac{1}{2} + \dfrac{2}{\pi}\left[\cos(\omega_P t) - \dfrac{1}{3}\cdot\cos(3\omega_P t) + \dfrac{1}{5}\cdot\cos(5\omega_P t) - \ldots\right]$

(2) und (3) in (1) eingesetzt ergibt:

$$u_{out}(t) = \hat{u}_S \left\{ \frac{\cos(\omega_S t)}{2} \right.$$
$$\left. + \frac{2}{\pi}\left[\underbrace{\cos(\omega_S t)\cos(\omega_P t)}_{(A36)} - \frac{1}{3}\underbrace{\cos(\omega_S t)\cos(3\omega_P t)}_{(A36)} + \frac{1}{5}\cdot\underbrace{\cos(\omega_S t)\cos(5\omega_P t)}_{(A36)} - \ldots\right]\right\}$$

(4) $u_{out}(t) = \hat{u}_S \left\{ \dfrac{1}{2}\cdot\cos(\omega_S t) + \dfrac{1}{\pi}[\cos((\omega_P - \omega_S)t) + \cos((\omega_P + \omega_S)t)] \right.$

$\qquad\qquad - \dfrac{1}{3\pi}\cdot[\cos((3\omega_P - \omega_S)t) + \cos((3\omega_P + \omega_S)t)]$

$\qquad\qquad \left. + \dfrac{1}{5\pi}\cdot[\cos((5\omega_P - \omega_S)t] + \cos((5\omega_P + \omega_S)t] - \ldots\right\}$.

Ein Teil des Spektrums von $u_{out}(t)$ aus (4) ist in Bild 2.2-6a skizziert. Man erkennt auch an diesem Spektrum, daß durch den Gegentaktbetrieb des Mischers keine Spektralanteile bei der Pumpfrequenz f_P und deren Oberwellenfrequenzen $n \cdot f_P$ ($n = 2, 3, 4 \ldots$) auftreten. Summen- und Differenzfrequenzanteile liegen symmetrisch zu den ungeradzahligen Vielfachen $m \cdot f_P$ ($m = 1, 3, 5 \ldots$) der Pumpfrequenz f_P. Diese Oberwellenanteile der Summen- und Differenzfrequenzen fehlten beim Spektrum in Bild 2.2-3c, das für die Kleinsignalaussteuerung abgeleitet wurde.

Man erhält das Spektrum in Bild 2.2-6b, wenn man die Ausgangsspannung $u_{out}(t)$ des Ringmodulators in Bild 2.2-7a berechnet (s. Übung 2.2/2). Bei großen Pumpspannungen $u_P(t)$ in Bild 2.2-4a arbeiten die vier Dioden im Schalterbetrieb. Das Schalten mit einer großen kosinusförmigen Pumpspannung $u_P(t)$ kann wieder näherungsweise beschrieben werden durch die in Bild 2.2-7b skizzierte Rechteckschaltspannung $\tilde{u}_P(t)$. Wird wie beim Gegentaktmischer

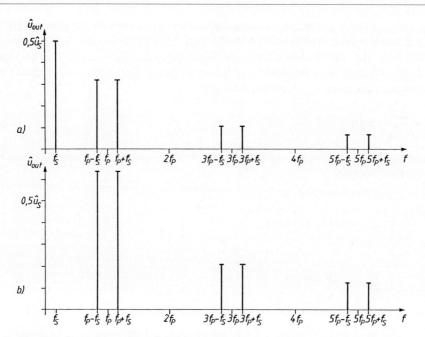

Bild 2.2-6 a) Spektrum für die Ausgangsspannung $u_{out}(t)$ in Bild 2.2-5d (Gegentaktmischer)
b) Spektrum für die Ausgangsspannung $u_{out}(t)$ in Bild 2.2-7d (Ringmodulator)

eine dazu kleine Eingangssignalspannung $u_S(t)$ (in Bild 2.2-7c nicht maßstäblich gezeichnet) vorausgesetzt, dann werden die vier Dioden nur von der großen Pumpspannung mit der Frequenz $f_P = \omega_P/2\pi$ periodisch geöffnet und geschlossen. Während der positiven Halbschwingung schaltet die Rechteckspannung $\tilde{u}_P(t)$ die Dioden D1 und D2, während ihrer negativen Halbschwingung die Dioden D3 und D4 durch. Dadurch wird die Signalspannung $u_S(t)$ in Bild 2.2-7c mit der Periode der Pumpspannung umgepolt, und es ergibt sich die in Bild 2.2-7d skizzierte Zeitfunktion der Ausgangsspannung $u_{out}(t)$. Mathematisch findet wieder eine Multiplikation der Signalspannung $u_S(t)$ in Bild 2.2-7c mit der Rechteckschaltspannung $\tilde{u}_P(t)$ (Bild 2.2-7b) statt. Da bei ideal durchgeschalteten Dioden die Amplitude der Schaltspannung $\tilde{u}_P(t)$ keinen Einfluß auf die Größe der Ausgangsspannung $u_{out}(t)$ haben darf, gilt, wie schon beim Gegentaktmischer, die Gl. (2.2/6).

■ **Übung 2.2/2:** Berechnen Sie für den in Bild 2.2-7a skizzierten Ringmodulator die Ausgangsspannung $u_{out}(t)$ (Bild 2.2-7d), wenn die vier idealen Dioden von der in Bild 2.2-7b dargestellten Rechteckspannung durchgeschaltet werden.

Neben den geringeren Verzerrungen und der Unterdrückung von Pump- und Signalanteilen hat der in Bild 2.2-4a dargestellte Ringmodulator einen weiteren Vorteil. In Kapitel 1 wurde gezeigt, daß bei der Aussteuerung einer nichtlinearen Kennlinie ein Gleichanteil entsteht, der den Arbeitspunkt verschiebt. Findet der entstehende Gleichstrom keinen geschlossenen Gleichstromweg, dann wird automatisch die Vorspannung so weit in den negativen Bereich verschoben, daß eine Frequenzumsetzung und damit Mischung nicht stattfinden kann. Diese Schwierigkeit kann beim Ringmodulator nicht auftreten, denn hier ist unabhängig vom speisenden Generator immer ein Gleichstromweg vorhanden. Bei einer Großsignalaussteuerung mit Hilfe des Pumposzillators entsteht automatisch eine Diodenvorspannung, die für den Mischbetrieb geeignet ist.

2.2 Multiplikative Mischung

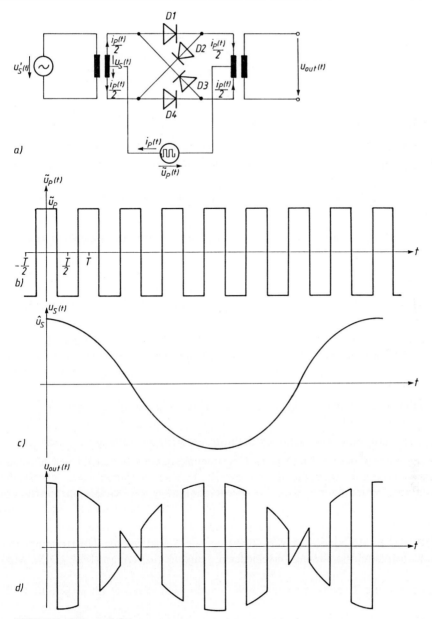

Bild 2.2-7 Ringmodulator
  a) Ersatzschaltung
  b) Diodenschaltspannung
  c) Eingangssignal
  d) Ausgangssignal

Auf die in der Prinzipschaltung vorkommenden Differentialübertrager (Nachteile: groß, schwer, teuer) kann man verzichten, wenn man integrierte Schaltungen mit Transistoren verwendet. Sie haben neben den guten Symmetrieeigenschaften den weiteren Vorteil, daß man geringere Pumpleistungen benötigt als beim Ringmodulator, der mit Dioden aufgebaut ist.

3 Modulation

3.1 Begriffe und Zweck der Modulation

Unter dem Begriff „Modulation" versteht man in verallgemeinerter Fassung die Veränderung eines Signalparameters (Amplitude, Frequenz oder Phasenwinkel) eines Trägers in Abhängigkeit von einem modulierenden Signal (NTG 0101).

Der Träger kann hierbei ein kontinuierlicher Sinusträger oder ein Pulsträger (periodische Impulsfolge) sein.

Das modulierende Signal (auch Basisband-Signal genannt) kann als analoges oder digitales Signal vorliegen.

Eine kurze Übersicht in Bild 3.1-1 zählt die wichtigsten Grundverfahren mit einigen typischen Anwendungsbeispielen auf. Erfolgt durch ein digitales modulierendes Signal eine sprunghafte Änderung eines Signal-Parameters, so spricht man von einer Umtastung (z. B. ASK, FSK, PSK).

Aus Umfangsgründen erfolgt im vorliegenden Kapitel nur eine Darstellung der Modulationsverfahren mit Sinusträger. Trotz fortschreitender Digitalisierung besitzen diese sicher auch weiterhin in der HF-Technik ihre Bedeutung, da sie mit relativ geringen Bandbreiten auskommen und in vielen Übertragungssystemen verbreitet sind.

Sie bilden daher einen sinnvollen Einstieg für die Beschäftigung mit anderen Modulationsverfahren.

Auf spezielle Literatur zu den Verfahren mit Pulsträger wird im Anhang verwiesen.

In Bild 3.1-2 ist das Blockschaltbild eines Übertragungssystems bestehend aus Modulator, Übertragungsstrecke und Demodulator dargestellt. Je nach Verfahren kann eventuell ein Trägerzusatz zur Demodulation (d. h. zur Wiedergewinnung des Signals $u_s(t)$) erforderlich sein.

Im folgenden werden 3 Gründe genannt, warum man eine Modulation durchführt:
1. Man paßt durch Modulation das zu übertragende Signal an die Übertragungsstrecke (Freiraum, Kabel) durch Benutzung verschiedener Trägerfrequenzen an (KW, UKW, Mikrowellen).
Beispielsweise sind die Reichweiten von UKW-Sendern sehr begrenzt im Gegensatz zu KW oder LW.
Allgemein sind die Ausbreitungsbedingungen, Antennenabmessungen, Kanalzahlen und erforderlichen Bandbreiten Kriterien für die gewählten Frequenzlagen.
2. Man erreicht durch Modulation die Mehrfachausnutzung von Übertragungsstrecken.
Es werden mehrere Informationssignale zu Gruppen zusammengefaßt (sog. Multiplex-Bildung).
Beispielsweise stellen unsere Rundfunk- oder Fernsehsender ein Frequenz-Multiplex dar (gleichartige Kanäle mit unterschiedlichen Trägerlagen).
3. Man kann auch eine Erhöhung der Störsicherheit erreichen (z. B. durch codierte Modulationsverfahren oder Bandspreiztechnik).

3.1 Begriffe und Zweck der Modulation

1. SINUSTRÄGER		ANWENDUNG
1.1 analoges modulierendes Signal		
Amplitudenmodulation	AM	AM-Rundfunk
(amplitude modulation)		(MW, KW, LW)
Zweiseitenband-AM o. Tr.	ZSB-AM	Stereo-Multiplex
(double sideband)	DSB	Farbfernsehtechnik
Einseitenband-AM	ESB-AM	Trägerfrequenztechnik
(single sideband)	SSB	KW-Betrieb
Restseitenband-AM	RSB-AM	Fernsehtechnik
(vestigal sideband)	VSB	(Bildsignal)
Frequenzmodulation	FM	UKW-Rundfunk
(frequency modulation)		Sprechfunk, Richtfunk
Phasenmodulation	PM	
(phase modulation)		
1.2 digitales modulierendes Signal		
Amplitudenumtastung	ASK	
(amplitude shift keying)		
Frequenzumtastung	FSK	
(frequency shift keying)		
Phasenumtastung	PSK	Satellitenfunk
(phase shift keying)		digitaler Rundfunk
2. PULSTRÄGER		
Pulsamplitudenmodulation	PAM	Zeitmultiplexverf.
(pulse amplitude modulation)		Zwischenstufe für PCM
Pulsdauermodulation	PDM	Schaltverstärker mit hohem
(pulse duration modulation)		Wirkungsgrad
Pulsfrequenzmodulation	PFM	
(pulse frequency modulation)		
Pulsphasenmodulation	PPM	breitbandige Übertragung
(pulse phase modulation)		über Lichtwellen-Leiter
Pulscodemodulation	PCM	Fernsprechtechnik
Deltamodulation	DM	Bildsignale

Bild 3.1-1 Modulations-Grundverfahren (Übersicht)

Bild 3.1-2 Modulator-Demodulator-Strecke (Blockschaltbild)

3.2 Amplituden-Modulation

3.2.1 Theoretische Grundlagen

Bei der Amplitudenmodulation soll eine Signalschwingung $u_S(t)$ die momentane Amplitude einer Trägerschwingung $u_T(t)$ im Modulator in Abhängigkeit vom modulierenden Signal verändern. Unter Annahme von kosinusförmigen Eingangsgrößen

$$u_{S1}(t) = \hat{u}_{S1} \cos(\omega_S t) \quad \text{und} \quad u_{T1}(t) = \hat{u}_{T1} \cos(\omega_T t) \tag{3.2.1/1}$$

wird im Idealfall am Ausgang des Modulators (Bild 3.2.1.-1a) als Modulationsprodukt eine in der Amplitude veränderte Schwingung $u_{AM}(t)$ der folgenden Form erwartet:

$$u_{AM}(t) = A(t) \cos(\omega_T t) \tag{3.2.1/2}$$

mit

$$\begin{aligned} A(t) &= k[\hat{u}_{T1} + \hat{u}_{S1} \cos(\omega_S t)] \\ &= \hat{u}_T + \hat{u}_S \cos(\omega_S t). \end{aligned}$$

Der Proportionalitätsfaktor k ist hierin ein Wert, der von der Steilheit der Modulatorkennlinie abhängt. Dies wird später im Kapitel 3.2.3 bei der Erzeugung der AM deutlich erkennbar. Hier sei nur kurz festgestellt, daß die Ausgangswerte $\hat{u}_T$ und $\hat{u}_S$ im Modulationsprodukt $u_{AM}(t)$ i. a. nicht mit den Eingangswerten $\hat{u}_{T1}$ und $\hat{u}_{S1}$ übereinstimmen.

Welche Eigenschaften der Modulator von Bild 3.2.1-1 hierfür besitzen muß, insbesondere wie seine Kennlinie beschaffen sein muß, wird später noch zu klären sein (s. Kapitel 3.2.3).

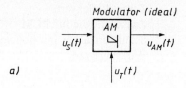

a)

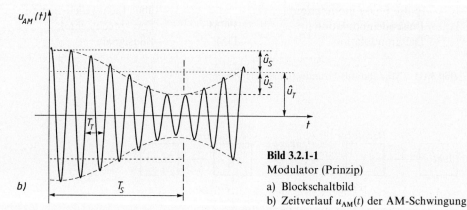

b)

Bild 3.2.1-1
Modulator (Prinzip)
a) Blockschaltbild
b) Zeitverlauf $u_{AM}(t)$ der AM-Schwingung

3.2 Amplituden-Modulation

Der Zeitverlauf der Schwingung $u_{AM}(t)$ ist in Bild 3.2.1-1b skizziert. Man erkennt, daß der Wert $\hat{u}_T$ hierbei die mittlere Amplitude von $u_{AM}(t)$ darstellt (d. h. dem unmodulierten Zustand entspricht).

Als Modulationsgrad m definiert man

$$m = \hat{u}_S/\hat{u}_T, \quad \text{wobei} \quad m = 0 \dots 1 \quad \text{beträgt}. \tag{3.2.1/3}$$

Somit ergibt sich für die modulierte Schwingung aus (3.2.1/2) mit (3.2.1/3)

$$u_{AM}(t) = \hat{u}_T[1 + m \cdot \cos(\omega_S t)] \cos(\omega_T t). \tag{3.2.1/4}$$

Durch Anwendung des Additionstheorems

$$\cos(x)\cos(y) = \tfrac{1}{2}[\cos(x-y) + \cos(x+y)]$$

mit

$$x = (\omega_T t) \quad \text{und} \quad y = (\omega_S t)$$

auf (3.2.1/4) erhält man die spektrale Darstellung der amplitudenmodulierten Schwingung

$$u_{AM}(t) = \hat{u}_T \cdot \cos(\omega_T t) + \tfrac{1}{2} \cdot m \cdot \hat{u}_T \cdot \cos(\omega_T - \omega_S) t$$
$$+ \tfrac{1}{2} \cdot m \cdot \hat{u}_T \cdot \cos(\omega_T + \omega_S) t. \tag{3.2.1/5}$$

Das sich aus (3.2.1/5) ergebende Frequenzspektrum ist in Bild 3.2.1-2a dargestellt. Typisch sind hierin die 3 Frequenzanteile:
Zur Trägerfrequenz f_T sind die untere Seitenfrequenz $(f_T - f_S)$ und die obere Seitenfrequenz $(f_T + f_S)$ neu hinzugekommen.

Das modulierende Eingangssignal des Basisbandes wurde hiermit in den Trägerfrequenzbereich umgesetzt. Zum Vergleich ist nochmals der Spektralanteil f_S am Modulatoreingang (mit Frequenznullpunkt und unterbrochener Frequenzachse) dargestellt.

Im allgemeinen Fall wird man statt einer einzelnen Signalfrequenz f_S ein ganzes Signalfrequenzband f_{S1} bis f_{S2} auf den Modulator geben. Die hierbei analog zu Bild 3.2.1-2a auftretenden

a)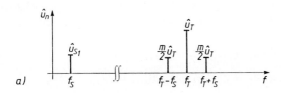

b)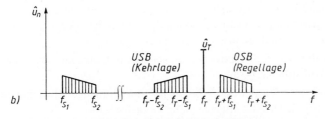

Bild 3.2.1-2 Frequenz-Spektren einer AM-Schwingung
    a) bei einer modulierenden Frequenz f_S
    b) bei modulierendem Frequenzband $f_{S1} \dots f_{S2}$

Spektralanteile sind für einen willkürlich angenommenen Frequenzgang im Basisband in Bild 3.2.1-2b dargestellt.

Oberhalb von f_T tritt das obere Seitenband in sog. Regellage (im Vergleich zum Basisband) auf.

Unterhalb von f_T tritt das untere Seitenband in sog. Kehrlage auf.

Es sei schon an dieser Stelle angemerkt, daß nicht nur aus beiden Seitenbändern, sondern aus jedem einzelnen Seitenband die vollständige Signalspannung $u_S(t)$ bei der Demodulation wiedergewonnen werden kann.

Ebenso ist aus Bild 3.2.1-2b die für die Amplitudenmodulation notwendige Bandbreite ablesbar. Sie beträgt bei $f_{S2} = f_{S\max}$

$$B = 2 \cdot f_{S\max} \,. \qquad (3.2.1/6)$$

Weitere Aussagen über die amplitudenmodulierte Schwingung lassen sich aus einer Darstellung des Zeigerdiagramms gewinnen. Hierzu ist die komplexe Schreibweise hilfreich.

Ein kosinusförmiger Zeitverlauf läßt sich allgemein darstellen als

$$u(t) = \hat{u} \cdot \cos(\omega t) = Re\{\hat{u} \exp[j\omega t]\} \,. \qquad (3.2.1/7)$$

Wendet man (3.2.1./7) auf (3.2.1/4) an, d. h. als Bezug diene wieder der Modulator aus Bild 3.2.1-1, so erhält man

$$\begin{aligned} u_{AM}(t) &= \hat{u}_T[1 + m \cdot \cos(\omega_S t)] \cos(\omega_T t) \\ &= Re\{\hat{u}_T[1 + m \cdot \cos(\omega_S t)] \exp[j\omega_T t]\} \,. \end{aligned} \qquad (3.2.1/8)$$

Aus der Euler-Beziehung läßt sich die folgende Umformung leicht herleiten

$$\cos \beta = \tfrac{1}{2}(\exp[j\beta] + \exp[-j\beta]) \,. \qquad (3.2.1/9)$$

Setzt man (3.2.1/9) in (3.2.1/8) ein mit $\beta = (\omega_S t)$, so erhält man

$$\begin{aligned} u_{AM}(t) &= Re\{\hat{u}_T \cdot \exp[j\omega_T t][1 + \tfrac{1}{2} \cdot m \cdot \exp[j\omega_S t] + \tfrac{1}{2} \cdot m \cdot \exp[-j\omega_S t]]\} \\ &= Re\{\underline{U}_{AM}\} \end{aligned} \qquad (3.2.1/10)$$

bzw. nach Ausmultiplikation

$$\begin{aligned} u_{AM}(t) &= Re\{\hat{u}_T \cdot \exp[j\omega_T t] + \tfrac{1}{2} \cdot m \cdot \hat{u}_T \cdot \exp[j(\omega_T + \omega_S)t] \\ &\quad + \tfrac{1}{2} \cdot m \cdot \hat{u}_T \cdot \exp[j(\omega_T - \omega_S)t]\} \\ &= Re\{\underline{U}_{AM}\} \,. \end{aligned} \qquad (3.2.1/11)$$

Der komplexe Zeiger $\underline{U}_{AM}$ aus (3.2.1/11) setzt sich zusammen aus 3 Einzelzeigern, die auf den Koordinatennullpunkt bezogen mit unterschiedlichen Winkelgeschwindigkeiten ω_T, $(\omega_T + \omega_S)$, $(\omega_T - \omega_S)$ links herum rotieren (im mathematisch positiven Drehsinn).

Zur Addition verschiebt man die beiden Seitenfrequenzzeiger an die Spitze des Trägerzeigers und gelangt zur Darstellung von Bild 3.2.1-3a.

Hierbei kann man sich das gesamte System der 3 Zeiger mit der Winkelgeschwindigkeit ω_T nach links rotierend denken (bei gleichzeitig stillstehender Zeitachse).

Zu einer anschaulicheren Interpretation gelangt man, wenn man den Trägerzeiger gedanklich in der Vertikalen festhält und dafür die Zeitachse rechts herum mit ω_T rotieren läßt, wie im Bild 3.2.1-3b dargestellt (Relativbewegung).

3.2 Amplituden-Modulation

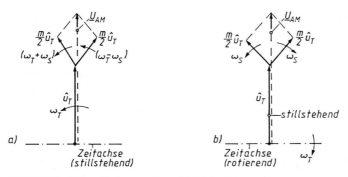

Bild 3.2.1-3 Zeigerdiagramm einer AM-Schwingung
a) bei stillstehender Zeitachse
b) bei rotierender Zeitachse

Gemäß (3.2.1/10) besteht dann das System aus einem stillstehenden Trägerzeiger, sowie 2 Seitenzeigern, von denen einer mit ω_S links herum rotiert (+Zeichen; oberer Seitenfrequenzzeiger) und der andere mit ω_S rechts herum rotiert (−Zeichen; unterer Seitenfrequenzzeiger). Letzteres ist die übliche Darstellung des Zeigerdiagramms einer AM.

Deutlich läßt sich aus Bild 3.2.1-3b erkennen, wie sich hier (Zweiseitenband-AM) der resultierende Zeiger $\underline{U}_{AM}$ zeitabhängig vom modulierenden Signal in seiner Länge ändert, dabei aber immer in Richtung des Trägers $\hat{u}_T$ zeigt.

Zur Ermittlung des Wirkleistungsumsatzes P_{AM} der AM-Schwingung in einem Ohmschen Verbraucher R greift man am einfachsten auf das Frequenzspektrum von Bild 3.2.1-2a zurück. Wie bereits bekannt, liegen 3 Wechselspannungen unterschiedlicher Frequenz vor, die entsprechend ihren Effektivwerten 3 Teilleistungen in R umsetzen. Es gilt somit

$$P_{AM} = \frac{1}{R} (u_{T\,eff}^2 + u_{OSB\,eff}^2 + u_{USB\,eff}^2) \qquad (3.2.1/12)$$

und mit

$$\hat{u}_{OSB} = \hat{u}_{USB}$$

wird

$$P_{AM} = \frac{1}{R}(u_{T\,eff}^2 + 2u_{OSB\,eff}^2) = \frac{1}{R}\left(\frac{\hat{u}_T}{\sqrt{2}}\right)^2 + \frac{2}{R}\left(\frac{1}{2} \cdot m \cdot \frac{\hat{u}_T}{\sqrt{2}}\right)^2 = \frac{\hat{u}_T^2}{2R}\left[1 + 2\cdot\frac{m^2}{4}\right].$$

$$(3.2.1/13)$$

Aus (3.2.1/13) ist entnehmbar, wie sich die Gesamtleistung P_{AM} aufteilt in Trägerleistung P_T und Leistung P_{2S} in beiden Seitenfrequenzen.
Im Einzelnen betragen die Trägerleistung

$$P_T = \frac{\hat{u}_T^2}{2R} \qquad (3.2.1/14)$$

und die Leistung in einem Seitenband

$$P_{1S} = \frac{m^2}{4} \cdot P_T. \qquad (3.2.1/15)$$

Hieraus ist erkennbar, daß im theoretisch günstigsten Fall, d. h. für einen Modulationsgrad $m = 1$

$$P_{1S\max} = \tfrac{1}{4} \cdot P_T \qquad (3.2.1/16)$$

beträgt. Es muß also bei Übertragung eines Trägers eine relativ hohe Leistung verglichen mit der eigentlichen Nutzleistung im Seitenband (in dem unsere Information steckt) aufgewendet werden.

3.2.2 Besondere Arten der AM

Mit den im Kapitel 3.1.2 dargestellten Grundlagen lassen sich im Folgenden die wichtigsten Arten der AM näher betrachten und beurteilen.

a) Zweiseitenband-AM mit Träger (ZSB-AM)

Diese Art der AM ist bereits im Kapitel 3.2.1 hinsichtlich der wichtigsten Eigenschaften behandelt worden. Es soll an dieser Stelle nur noch etwas näher auf Vor- und Nachteile der ZSB-AM eingegangen werden.

Als Nachteile wurden bereits angeführt:
Nach (3.2.1/6) die doppelte Bandbreite für beide Seitenbänder, obwohl die interessierende Information bereits in einem Seitenband allein steckt.

Nach (3.2.1/16) die relativ hohe Leistung, die für den Träger aufzuwenden ist, obwohl dieser außer dem Frequenzbezug (bzw. Phasenbezug) keine Information enthält.

Als Vorteil ist in erster Linie eine sehr einfache Demodulation, d. h. Wiedergewinnung des NF-Signals $u_S(t)$, zu nennen. Letzteres ist sicher der Grund, weshalb z. B. beim AM-Rundfunk dieses Verfahren ursprünglich gewählt wurde.

Wie aus Bild 3.2.1-1b sowie (3.2.1/4) entnehmbar, ist der Hüllkurvenverlauf streng kosinusförmig, wie das modulierende Signal, und zwar unabhängig von der Größe des Modulationsgrades m. Dadurch besteht auf der Empfängerseite die Möglichkeit, eine einfache Hüllkurvendemoduation vorzunehmen.

Das Grundprinzip hierzu ist in Bild 3.2.2-1 schematisch dargestellt:

Die Diode D läßt nur die positiven Halbwellen der AM-Schwingung durch und das nachfolgende RC-Glied glättet diese positiven Halbwellen (sog. Spitzengleichrichtung), so daß sich am Ausgang ein möglichst gutes Abbild der Hüllkurve ergibt.

Der Betrag der Hüllkurve lautet dann nach (3.2.1/4)

$$\begin{aligned}u_{HK}(t) &= \hat{u}_T[1 + m \cdot \cos(\omega_S t)] \\ &= \hat{u}_T + \hat{u}_S \cdot \cos(\omega_S t).\end{aligned} \qquad (3.2.2/1)$$

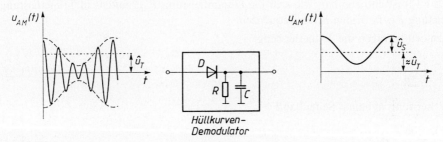

Bild 3.2.2-1 Einfache Hüllkurven-Demodulation bei ZSB-AM mit Träger (Prinzip)

3.2 Amplituden-Modulation

Aus (3.2.2/1) ist ablesbar, daß zusätzlich zum Nutzsignal $u_S(t)$ stets ein Gleichanteil auftritt, der etwa der Amplitude $\hat{u}_T$ des unmodulierten Trägers entspricht.

Dieser Gleichanteil kann im Empfänger für eine Verstärkungsregelung von Empfangsstufen ausgenutzt werden, da er Rückschlüsse auf die Empfangsfeldstärke des AM-Senders zuläßt. Genauere Betrachtungen zur Dimensionierung der oben erwähnten Demodulations-Zeitkonstanten $\tau = C \cdot R$ sowie zu weiteren Demodulatoren werden im Kapitel 4 angestellt.

Eine zahlenmäßige Betrachtung zur ZSB-AM mit Träger ist im Beispiel 3.2.2/1 durchgeführt.

- **Beispiel 3.2.2/1:** Ein AM-Sender liefert bei einer Trägerfrequenz $f_T = 500$ kHz im unmodulierten Zustand eine Trägerleistung $P_T = 400$ W an einen Ohmschen Verbraucher $R = 50\,\Omega$. Es soll eine Modulation mit $f_S = 5$ kHz und $m = 70\%$ erfolgen.
  a) Berechnen Sie die Trägeramplitude $\hat{u}_T$.
  b) Berechnen Sie den größten Spitze-Spitze-Wert u_{AMSS} des AM-Signales.
  c) Berechnen Sie die Leistung P_{1S} eines Seitenbandes.
  d) Auf welchen Wert P_{AM} steigt die Leistung infolge der Modulation an?
  e) Geben Sie die Werte des Spektrums an.

Lösung:
a) nach (3.2.1/14): $\hat{u}_T = \sqrt{2 \cdot P_T \cdot R} = \sqrt{2 \cdot 400 \cdot 50} = 200$ V.
b) nach (3.2.1/3): $\hat{u}_S = m \cdot \hat{u}_T = 0{,}7 \cdot 200$ V $= 140$ V; $u_{AMSS} = 2(\hat{u}_T + \hat{u}_S) = 2\,(200 + 140)\,V_{SS} = 680\,V_{SS}$.
c) nach (3.2.1/15): $P_{1S} = \dfrac{m^2}{4} \cdot P_T = \dfrac{0{,}7^2}{4} \cdot 400$ W $= 49$ W.
d) $P_{AM} = P_T + 2 \cdot P_{1S} = 400$ W $+ 2 \cdot 49$ W $= 498$ W.
e)

f/kHz	495	500	505
u_n/V	70	200	70

b) Zweiseitenband-AM ohne Träger (ZSB-AM)

Unterdrückt man den Träger im Modulator, so bedeutet das in (3.2.1./4) einen Abzug des Trägers $\hat{u}_T$.

Da hierdurch im modulierten Ausgangssignal $\hat{u}_T$ nicht mehr als Bezugsgröße vorliegt, ist jetzt die Angabe eines Modulationsgrades m auch nicht mehr sinnvoll.

Somit erhält man aus (3.2.1/4) den Zeitverlauf der ZSB-AM-Schwingung ohne Träger

$$u^*_{AM}(t) = m \cdot \hat{u}_T \cdot \cos(\omega_S t) \cdot \cos(\omega_T t)$$
$$= \hat{u}_S \cdot \cos(\omega_S t) \cdot \cos(\omega_T t), \tag{3.2.2/2}$$

bzw. aus (3.2.1/5)

$$u^*_{AM}(t) = \tfrac{1}{2} \cdot \hat{u}_S \cdot \cos(\omega_T - \omega_S)\,t + \tfrac{1}{2} \cdot \hat{u}_S \cdot \cos(\omega_T + \omega_S)\,t. \tag{3.2.2/3}$$

In Bild 3.2.2-2a ist schematisch die Entstehung des Hüllkurvenverlaufes von $u^*_{AM}(t)$ aus $u_{AM}(t)$ nach Trägerabzug gezeigt. Man erkennt, daß auf Grund der Trägerunterdrückung der Spitze-Spitze-Wert von $u^*_{AM}(t)$ wesentlich kleiner ist und daß man somit, auf gleiche demodulierte NF-Amplitude $\hat{u}_S$ bezogen, mit einer wesentlich kleineren Hf-Leistung auskommt.

Nachteilig ist, daß die Hüllkurve von $u^*_{AM}(t)$ nicht mehr dem kosinusförmigen Verlauf von $u_S(t)$ entspricht, d. h. eine einfache Hüllkurvendemodulation wie im Bild 3.2.2-1 ausscheidet. Es muß im Empfänger bei der Demodulation gemäß Bild 3.2.2-2b der Träger wieder zugesetzt werden, was immer mit einigem Aufwand verbunden ist.

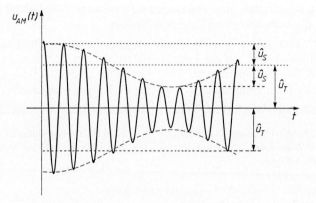

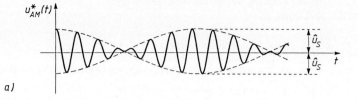

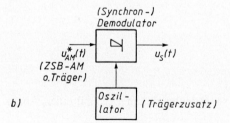

Bild 3.2.2-2 ZSB-AM mit Trägerunterdrückung
  a) Entstehung von $u^*_{AM}(t)$ durch Trägerabzug aus $u_{AM}(t)$
  b) Trägerzusatz bei der Demodulation von $u^*_{AM}(t)$

Wie genau dieser Zusatz geschehen muß (was Frequenz und Phasenlage betrifft), darüber wird im Kapitel 4 noch Näheres betrachtet. Auf eine Besonderheit bei $u^*_{AM}(t)$ sei noch hingewiesen: infolge des Trägerabzugs bei $u_{AM}(t)$ tritt beim Nulldurchgang der Hüllkurve (bzw. des NF-Signals $u_S(t)$) ein Phasensprung von 180° der momentanen Trägeramplitude im $u^*_{AM}(t)$-Verlauf auf. Dies ist besonders deutlich erkennbar im Bild 3.2.2-3 von Beispiel 3.2.2/2.

- **Beispiel 3.2.2/2:** Es sind zu berechnen und maßstäblich zu zeichnen für $\hat{u}_T = 4$ V; $m = 0{,}75$; $\omega_T = 5\omega_S$
  a) der Zeitverlauf $u_{AM}(t)$ einer ZSB-AM-Schwingung mit Träger
  b) der Zeitverlauf $u^*_{AM}(t)$ einer ZSB-AM-Schwingung mit unterdrücktem Träger
  c) das Zeigerdiagramm

nach (3.2.1/4) für ZSB-AM-Signal mit Träger

$$u_{AM}(t) = \hat{u}_T(1 + m\cos(\omega_S t)) \cdot \cos(\omega_T t)$$

nach (3.2.2/2) für ZSB-AM-Signal ohne Träger

$$u^*_{AM}(t) = \hat{u}_S \cdot \cos(\omega_S t) \cdot \cos(\omega_T t)$$

3.2 Amplituden-Modulation

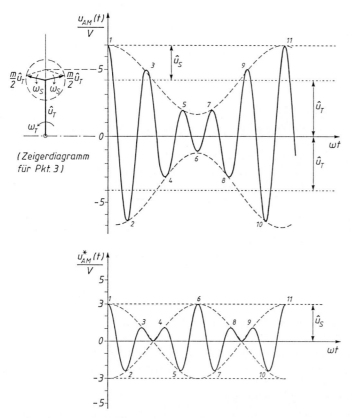

Bild 3.2.2-3 Zeitverläufe $u_{AM}(t)$ und $u^*_{AM}(t)$ (zu Bsp. 3.2.2/1)

Lösung:
Zahlungsauswertung für $\hat{u}_T = 4$ V; $m = 0{,}75$; $\hat{u}_S = m\hat{u}_T = 3$ V bzw. $\omega_T t = 5\,\omega_S t$.

$\omega_T t$ [°]	$u_{AM}(t)$ [V]	$u^*_{AM}(t)$ [V]	$\omega_S t$ [°]	
0	+7	+3	0	
180	−6,43	−2,43	36	
360	+4,93	+0,93	72	Phasen-
540	−3,07	+0,93	108	sprung
720	+1,57	−2,43	144	
900	−1,0	+3	180	
1080	+1,57	−2,43	216	
1260	−3,07	+0,93	252	Phasen-
1440	+4,93	+0,93	288	sprung
1620	−6,43	−2,43	324	
1800	+7	+3	360	

◀

Als Anwendungsbeispiele für eine ZSB-AM mit unterdrücktem Träger sind zu nennen die Rundfunk-Stereoübertragung (s. Beispiel 3.2.2/3) sowie die Quadraturmodulation in der Farbfernsehtechnik zur Übertragung der Farbinformation (s. Beispiel 3.2.2/4).

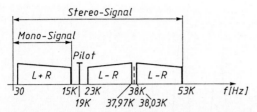

Bild 3.2.2-4 Frequenz-Schema des Stereo-Multiplex-Signales beim UKW-Rundfunk

- **Beispiel 3.2.2/3:** Für die räumliche Übertragung eines Tonsignales bildet man aus den mit 2 Mikrophonen aufgenommenen Rechts- und Links-Signalen (R und L) das Summensignal (L + R) für die Monoübertragung und das Differenzsignal (L − R) als Zusatzsignal für die Stereoübertragung.
Das Stereo-Multiplex-Signal wird im Coder wie folgt zusammengesetzt:
(L + R) im Basisband von $f_S = 30$ Hz bis 15 kHz,
(L − R) aus Basisband ($f_S = 30$ Hz bis 15 kHz) versetzt durch Hilfsträger $f_T = 38$ kHz (ZSB-AM mit Trägerunterdrückung); zusätzlicher Pilotträger bei $f_P = \frac{1}{2} f_T = 19$ kHz.
Mit dem Stereo-Multiplex-Signal wird im UKW-Sender eine Frequenzmodulation (Frequenzhub ±75 kHz) vorgenommen.
Nach der Demodulation des FM-Signales im UKW-Empfänger und anschließender Decodierung im Stereo-Decoder stehen wieder die (L + R)- und (L − R)-Signale zur Verfügung.
Aus letzteren lassen sich durch einfache Addition und Subtraktion die L- und R-Signale für die Lautsprecher zurückgewinnen.
a) Es ist das Frequenzspektrum des Stereo-Multiplexsignales (Senderseite) zu skizzieren.
b) Welche Bandbreiten ergeben sich für Monoübertragung bzw. Stereoübertragung?
c) Warum unterdrückt man den Träger f_T?
d) Wozu überträgt man den zusätzlichen Pilotträger?

Lösung:
a) s. Bild 3.2.2-4
b) $B_{MONO} = 15$ kHz; $B_{STEREO} = 53$ kHz.
c) Durch die Trägerunterdrückung (bis auf ca. 1%) wird das Spitze-Spitze-Signal für die Zusatzinformation wesentlich kleiner gehalten. (Infolge der kleineren Amplitude benötigt das Zusatzsignal einen geringeren Prozentsatz des Frequenzhubes; s. Kapitel 3.3.)
d) Der Pilotträger bei 19 kHz ist einfacher herauszufiltern (Frequenzlücke 8 kHz). Die anschließende Verdopplung liefert den erforderlichen Synchronträger zur Demodulation im Decoder. Die Herausfilterung eines Restträgers bei 38 kHz wäre kritischer (Frequenzlücke 60 Hz). ◀

- **Beispiel 3.2.2/4:** In der Fernsehtechnik wird die Farbinformation F als Zusatzsignal zur Schwarz-Weiß-Information (Helligkeitssignal Y) übertragen. Die Zusammensetzung der Signale erfolgt im sog. Farbcoder (s. Bild 3.2.2-5).
Eine Farbkamera liefert am Ausgang die 3 Farbauszüge Rot, Grün, Blau (R, G, B) einer farbigen Bildvorlage.
Hieraus wird das für die SW-Fernsehempfänger notwendige (kompatible) Helligkeitssignal Y gebildet sowie die beiden Farbdifferenzsignale (R − Y) und (B − Y) als separate Farbinformation.
Um für die beiden Zusatzsignale (R − Y) und (B − Y) mit nur einer Farbhilfsträgerfrequenz ($f_F = 4{,}43$ MHz) auszukommen, verwendet man die sog. Quadraturmodulation:
– Man spaltet den Farbhilfsträger durch ein 90°-Phasendrehglied in 2 rechtwinklige und damit entkoppelte Trägerkomponenten (sin $\omega_F t$ und cos $\omega_F t$) auf, die 2 Modulatoren (ZSB-AM mit Trägerunterdrückung) als Hilfsträger zugeführt werden.
– Die anschließende Addition der Modulationsprodukte $F_{(B-Y)}$ und $F_{(R-Y)}$ ergibt das gesamte Farbsignal

$$F = F_{(B-Y)} + jF_{(R-Y)}.$$

3.2 Amplituden-Modulation

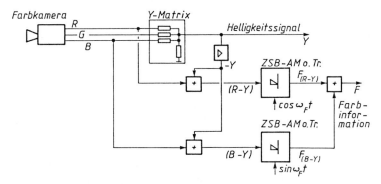

Bild 3.2.2-5 Quadratur-Modulation (ZSB-AM o. Tr.) im Farbcoder

Die Trennung der beiden Kanäle im Farbfernsehempfänger erfolgt in 2 Synchrondemodulatoren, denen die Trägerkomponenten wieder sehr genau hinsichtlich Frequenz und Phasenlagen (0° und 90°) zugesetzt werden.

Im Empfänger wird der Farbhilfsträger aus einem Quarzoszillator (4,43 MHz) abgeleitet, der seinerseits von einem mitübertragenen Farbsynchronsignal (sog. Burst) nachgezogen wird (Frequenz und Phase).

c) Einseitenband-AM (ESB-AM)

Da jedes Seitenband die volle Information enthält, ist es naheliegend, nur ein Seitenband zu übertragen. Dies bringt als Vorteil eine Verdopplung der verfügbaren Kanäle sowie eine deutlich bessere Leistungsausnutzung. Letzteres führt zu kleineren Sendeendstufen (bezogen auf gleiches NF-Signal $u_S(t)$ nach der Demodulation).

Nachteilig ist der größere Schaltungsaufwand bei Modulation und Demodulation.

Im Folgenden sei zunächst davon ausgegangen, daß der ursprüngliche Träger $\hat{u}_T$ im Modulator absichtlich nicht vollständig unterdrückt, sondern daß noch ein Trägerrest $\hat{u}_{TR}$ mit übertragen wird.

Damit erreicht man für die Demodulation den Vorteil einer einfachen Wiedergewinnung des Trägers.

Dies kann z. B. durch Begrenzung des Modulationsproduktes zur Beseitigung der Seitenbandinformation sowie anschließender schmalbandiger Herausfilterung der Trägerkomponente geschehen. Hierauf wird im Kapitel 4 noch näher eingegangen.

Nach Abwandlung von (3.2.1/5) lautet der Zeitverlauf einer ESB-AM-Schwingung mit Trägerrest $\hat{u}_{TR}$

$$u_{ESB+TR}(t) = \hat{u}_{TR} \cdot \cos(\omega_T t) + \hat{u}_{SB} \cdot \cos(\omega_T \pm \omega_S) t. \qquad (3.2.2/4)$$

In (3.2.2/4) gilt das positive Vorzeichen für die obere Seitenschwingung und das negative Vorzeichen für die untere Seitenschwingung.

Das dazugehörige Zeigerdiagramm zeigt Bild 3.2.2-6a. Deutlich erkennt man, daß der resultierende Zeiger der Hüllkurve $\hat{u}_H = \hat{u}_{ESB+TR}$ hier nicht mehr stets wie bei der ZSB-AM in Richtung der Trägerkomponente zeigt, sondern daß neben der Amplitudenmodulation noch eine Phasenmodulation auftritt. Diese ist abhängig vom Verhältnis der Seitenfrequenzamplitude $\hat{u}_{SB}$ zur Trägerrestamplitude $\hat{u}_{TR}$.

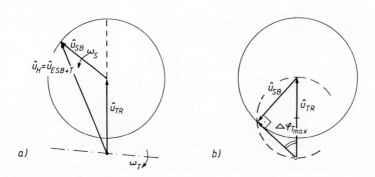

Bild 3.2.2-6 ESB-AM mit Restträger
a) Zeigerdiagramm
b) Maximale Phasen-Abweichung beim ESB-Zeiger

Die maximale Phasenabweichung $\Delta\varphi_{T_{max}}$ des ESB-AM-Zeigers läßt sich in Bild 3.2.2-6b aus dem rechtwinkligen Dreieck (Thaleskreis) entnehmen

$$\sin \Delta\varphi_{T_{max}} = \frac{\hat{u}_{SB}}{\hat{u}_{TR}} = x$$

bzw.

$$\Delta\varphi_{T_{max}} = \arcsin x \,. \tag{3.2.2/5}$$

Auf (3.2.2/5) wird im Kapitel 3.3 zur Erzeugung einer gewollten Winkelmodulation (über den Umweg einer ESB-AM) nochmals zurückgegriffen.

Unmittelbare Folge der zusätzlichen Winkelmodulation ist, daß die Hüllkurve bei ESB-AM i. a. nicht mehr der Form des modulierenden Signales ($\cos \omega_S t$) entspricht, sondern hiervon z. T. erheblich abweicht (abhängig vom Verhältnis x).

Hierzu wird im Beispiel 3.2.2/5 Näheres betrachtet.

Wollte man hier eine einfache Hüllkurvendemodulation vornehmen, so ergäbe sich insbesondere bei größeren x-Werten ein beträchtlicher Klirrfaktor.

Aus diesem Grunde verwendet man üblicherweise bei der ESB-AM mit oder ohne Restträger eine Synchrondemodulation (s. Kapitel 4). Häufig wird die ESB-AM ohne Träger z. B. zur Übertragung von Fernsprechkanälen im Frequenzmultiplex-Verfahren angewandt (s. Beispiel 3.2.2/6).

• **Beispiel 3.2.2/5:** Für eine ESB-AM mit Restträger (oberes Seitenband) ist der Betrag des Hüllkurvenzeigers aus dem Zeigerdiagramm herzuleiten und in Abhängigkeit von $x = \dfrac{\hat{u}_{OSB}}{\hat{u}_{TR}}$ auszuwerten.

Lösung:

Aus dem Zeigerdiagramm von Bild 3.2.2-6a bzw. (3.2.2/4) und (3.2.2/5) folgt:

$$u_{OSB}(t) = \hat{u}_{TR}\{\cos(\omega_T t) + x \cdot \cos(\omega_T + \omega_S)t\}$$

$$= \hat{u}_{TR} \cdot Re\,\{\exp[j\omega_T t] + x \cdot \exp[j(\omega_T + \omega_S)t]\}$$

(1) $\quad = Re\,\{\underbrace{\exp[j\omega_T t]}_{\substack{\text{rotierende}\\\text{Zeitachse}}} \cdot \underbrace{\hat{u}_{TR}[1 + x \cdot \exp[j\omega_S t]]}_{\text{Hüllkurven-Zeiger } \underline{U}_H}\}\,.$

3.2 Amplituden-Modulation

Betrag des Hüllkurvenzeigers $\underline{U}_H$:

$u_H = |\hat{u}_{TR}[1 + x \cdot \exp[j\omega_S t]]| = |\hat{u}_{TR}[1 + x \cdot \cos(\omega_S t) + jx \cdot \sin(\omega_S t)]|$,

$u_H(t) = \hat{u}_{TR} \sqrt{[1 + x \cdot \cos(\omega_S t)]^2 + [x \cdot \sin(\omega_S t)]^2}$

$\qquad = \hat{u}_{TR} \sqrt{1 + 2 \cdot x \cdot \cos(\omega_S t) + x^2 \cdot \cos^2(\omega_S t) + x^2 \cdot \sin^2(\omega_S t)}$,

mit $\cos^2 \alpha + \sin^2 \alpha = 1$,

(2) $u_H(t) = \hat{u}_{TR} \sqrt{(1 + x^2) + 2 \cdot x \cdot \cos(\omega_S t)}$.

Aus (2) ist erkennbar, daß die Hüllkurve bei ESB-AM mit Trägerrest nicht mehr den Verlauf des ursprünglich modulierenden Signales besitzt.

Nur für sehr kleine x-Werte (d. h. $\hat{u}_{SB} \ll \hat{u}_{TR}$) wäre eine Hüllkurvendemodulation noch sinnvoll.

Für $x \ll 1$ und mit der Näherung $\sqrt{1 + z} \approx 1 + \frac{1}{2} \cdot z$ wird

$u_H(t) \approx \hat{u}_{TR}[1 + x \cdot \cos(\omega_S t)]$.

Zahlenauswertung (aus (2) für angenommene $\omega_S t$-Schritte):

$\omega_S t$ [°]	$x = 0{,}375$ $\hat{u}_H/\hat{u}_{TR}$	$x = 0{,}75$ $\hat{u}_H/\hat{u}_{TR}$	$x = 1{,}0$ $\hat{u}_H/\hat{u}_{TR}$	$x = 2$ $\hat{u}_H/\hat{u}_{TR}$
0	1,375	1,750	2	3
60	1,231	1,521	1,732	2,646
120	0,875	0,901	1	1,732
150	0,700	0,513	0,518	1,24
180	0,625	0,250	0	1
240	0,875	0,901	1	1,732
300	1,231	1,521	1,732	2,646
360	1,375	1,750	2	3

Die Hüllkurvenverläufe $u_H(t)$ sind in Bild 3.2.2-7 (mit Bezug auf $\hat{u}_{TR}$ und mit x als Parameter) dargestellt. Deutlich erkennt man, wie der Hüllkurvenverlauf abhängig vom Parameter x von der Kosinusform abweicht [39]. ◄

- **Beispiel 3.2.2/6:** Für die Übertragung von Fernsprechkanälen über Koaxialkabel sind die Frequenzlagen (Umsetzlagen und Kanalzahlen) nach CCITT international genormt [41].

Als Beispiel für eine ESB-AM ohne Trägerrest sei das kleinste Bündel mit 12 Sprechkanälen im Frequenz-Multiplex-Verfahren betrachtet.

Gegeben:

12 Sprechkanäle (Basisband) jeder mit $f_S = 0{,}3 \dots 3{,}4$ kHz

1. Umsetzung (sog. Vormodulation): alle Hilfsträger $f_T = 48$ kHz; obere Seitenbänder durch steilflankige (gleiche) Kanalfilter herausgefiltert

2. Umsetzung: in die Frequenzlage $f_K = 60 \dots 108$ kHz; untere Seitenbänder der 12 Kanäle durch ein Gruppenfilter herausgefiltert

Gesucht:

a) Es ist das Blockschaltbild zu zeichnen
b) Es sind die Frequenzlagen der Umsetzungen zu skizzieren (glatte Zahlen annehmen; 4 kHz-Raster)
c) Welche Werte haben die Träger f_{T2} der 2. Umsetzung für die 12 Kanäle?

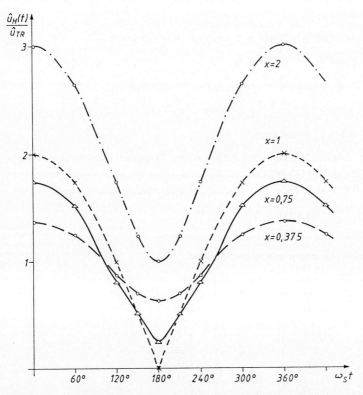

Bild 3.2.2-7 Hüllkurven-Verlauf bei ESB-AM mit Trägerrest (zu Bsp. 3.2.2/5)

Lösung:

a) und b) s. Bild 3.2.2-8
c) f_{T2} = 112 kHz für K1
   = 116 kHz für K2
   = 120 kHz für K3 bis 156 kHz für K12. ◂

d) Restseitenband-AM (RSB-AM)

In der Fernsehtechnik wird nach unserer Norm ein Basisband von sehr tiefen Frequenzen (ca. 25 Hz) bis 5 MHz mit AM übertragen. Die ZSB-AM scheidet auf Grund zu hohen Bandbreitenbedarfes aus. Die ESB-AM vermeidet man, da hier zur Abtrennung des einen Seitenbandes ein sehr steilflankiges Filter erforderlich wäre. Letzteres hätte neben dem Kostenfaktor den Nachteil, daß infolge der Laufzeit-Verzerrungen derartiger Filter insbesondere bei Schwarz-Weiß-Sprüngen stärkere Verzerrungen des Videosignales auftreten (starke Überschwinger), die sich störend als Mehrfachkanten (sog. „Plastik") auf dem Bildschirm bemerkbar machen.

Daher nimmt man im Bildsteuersender (bei f_T = 38,9 MHz, was der Bild-ZF im Fernsehempfänger entspricht) eine ZSB-AM mit Träger vor und unterdrückt mit Hilfe des sog. Restseitenbandfilters das untere Seitenband bis auf den skizzierten Rest (s. Bild 3.2.2-9a).

Im Fernsehempfänger findet dann vor der Demodulation des Bildsignales durch die sog. Nyquist-Flanke der Bild-ZF-Durchlaßkurve eine Korrektur statt (s. Bild 3.2.2-9b). Die Nyquist-Flanke soll um f_T (bei 50% des Maximalwertes) linear verlaufen.

Diese Korrektur mit der sanften Nyquist-Flanke bringt keine Verzerrungen. Sie ist deshalb möglich, weil beide Seitenbänder gleiche Nachrichteninhalte besitzen.

3.2 Amplituden-Modulation

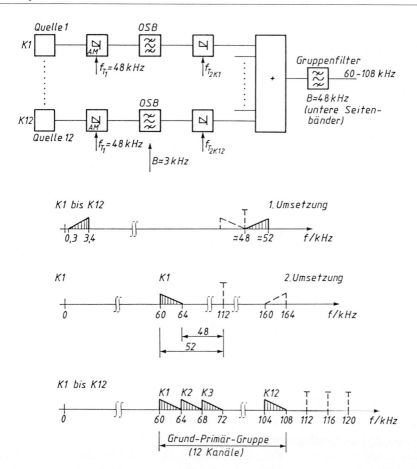

Bild 3.2.2-8 Frequenzmultiplex-Verfahren (ESB-AM o. Tr.) für 12 Sprechkanäle (zu Bsp. 3.2.2/6)

3.2.3 Entstehung der AM

Wie bereits in Bild 3.2.1-1 gezeigt, muß man zur Erzeugung einer AM-Schwingung einem Modulator eine Trägerspannung $u_T(t)$ sowie ein modulierendes Signal $u_S(t)$ zuführen.

Die Arbeitsweise des jeweiligen Modulators hängt hierbei stark von der Modulatorkennlinie sowie von der Größe der zugeführten Trägeramplitude ab.

Als typische Fälle sollen im folgenden 3 Möglichkeiten zur Erzeugung einer AM vorgeführt werden:
— die Entstehung an einer nichtlinearen (gekrümmten) Kennlinie,
— die Entstehung an einer Knick-Kennlinie sowie
— die Entstehung in einer Multiplizierer-Schaltung.

Ein am Modulatorausgang üblicherweise nachgeschalteter Bandpaß (Mittenfrequenz f_T, Bandbreite $B \approx 2f_{S\,max}$) soll alle unerwünschten Frequenzanteile des Ausgangsspektrums unterdrücken.

Als Modellmodulator wird für die beiden erstgenannten Entstehungsarten der gleiche einfache Diodenmodulator herangezogen (s. Bild 3.2.3-1). Unterschiede liegen in den Aussteuerbereichen der Modulatorkennlinie und somit vor allem in der Größe der Trägeramplitude $\hat{u}_T$ vor.

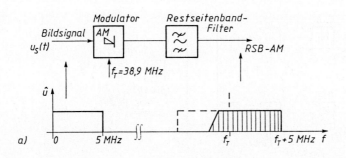

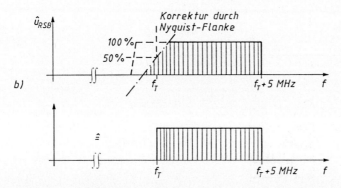

Bild 3.2.2-9 Restseitenband-AM
    a) RSB-AM-Erzeugung im Bildsender
    b) RSB-AM-Korrektur durch Nyquist-Flanke im Fernseh-Empfänger

a) Entstehung einer AM an nichtlinearer Kennlinie

Am Eingang des Diodenmodulators (Bild 3.2.3-1) werden das modulierende Signal $u_S(t)$ und der Träger $u_T(t)$ überlagert und mit Hilfe der Gleichspannung U_0 wird ein geeigneter Arbeitspunkt A im nichtlinearen (gekrümmten) Durchlaßbereich der Diodenkennlinie gewählt.

Es sind hierbei folgende Annahmen getroffen:
1. Es liege eine kleine Wechselaussteuerung vor, d. h. $\hat{u}_S, \hat{u}_T \ll U_0$.
2. Für die Spannung u an der Diode gelte bei sehr klein angenommenem Arbeitswiderstand R (zur Vermeidung einer Kennlinienscherung).

$$u(t) \approx u_1(t). \tag{3.2.3/1}$$

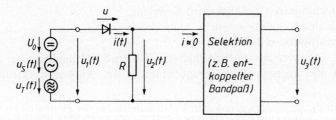

Bild 3.2.3-1 Einfacher Dioden-Modulator (Modell)

3.2 Amplituden-Modulation

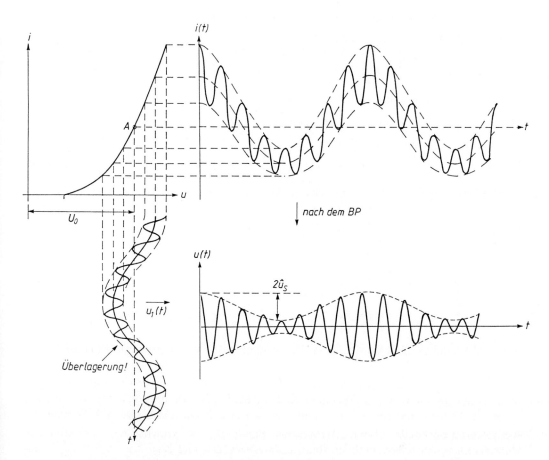

Bild 3.2.3-2 AM-Entstehung an einer unlinearen Kennlinie

3. Ein entkoppelter Bandpaß (Eingangswiderstand $\gg R$; Mittenfrequenz f_T; Bandbreite $B \approx 2f_{S\max}$) unterdrücke die unerwünschten Frequenzkomponenten.

Die hierbei auftretenden Aussteuerverhältnisse sind im Bild 3.2.3-2 dargestellt.

Deutlich ist der auf Grund der Kennlinienkrümmung verzerrte Ausgangsstrom $i(t)$ des Dioden-Modulators erkennbar.

Am Arbeitswiderstand R tritt als Spannung auf

$$u_2(t) \approx i(t)\,R\,. \tag{3.2.3/2}$$

Erst hinter dem Bandpaß, der den f_S-Anteil im $u_2(t)$-Verlauf beseitigt (und andere hier nicht dargestellte f-Komponenten), erhält man den gewohnten Verlauf $u_3(t)$ des AM-Signales.

Würde man die Kennlinie wesentlich mehr aussteuern als hier skizziert, so besteht die Gefahr einer stärker verzerrten Hüllkurve sowie eines hohen Klirrfaktors beim demodulierten Signal.

Approximiert man die Diodenkennlinie im interessierenden Aussteuerbereich durch eine Potenzreihe 2. Grades (vgl. Kapitel 1), so kann man für den Strom $i(t)$ ansetzen:

$$i(t) \approx c_0 + c_1 \cdot u + c_2 \cdot u^2\,. \tag{3.2.3/3}$$

In (3.2.3/3) ist allgemein angenommen, daß die Kennlinie einen quadratischen Anteil (Koeffizient c_2) besitzt.

Das vorliegende Eingangssignal des Modulators lautet

$$u_1(t) = U_0 + u_S(t) + u_T(t)$$
$$= U_0 + \hat{u}_S \cdot \cos(\omega_S t) + \hat{u}_T \cdot \cos(\omega_T t) \qquad (3.2.3/4)$$

Mit (3.2.3/1) und (3.2.3/4) in (3.2.3/3) eingesetzt, folgt

$$i(t) \approx c_0 + c_1[U_0 + \hat{u}_S \cdot \cos(\omega_S t) + \hat{u}_T \cdot \cos(\omega_T t)]$$
$$+ c_2[U_0 + \hat{u}_S \cdot \cos(\omega_S t) + \hat{u}_T \cdot \cos(\omega_T t)]^2 . \qquad (3.2.3/5)$$

Nach Anwendung der Additionstheoreme (A 25, A 36) auf (3.2.3/5), lassen sich tabellarisch die folgenden Frequenzanteile im Ausgangsstrom $i(t)$ feststellen:

Gleichstromanteil:	$c_0 + c_1 \cdot U_0 + c_2 \cdot U_0^2 + \frac{1}{2} \cdot c_2 \cdot (\hat{u}_S^2 + \hat{u}_T^2)$
Anteil bei ω_S:	$\hat{u}_S(c_1 + c_2 \cdot 2 \cdot U_0)$
$2\omega_S$:	$\hat{u}_S^2 \cdot \frac{1}{2} \cdot c_2$
$\omega_T - \omega_S$:	$\hat{u}_S \cdot \hat{u}_T \cdot c_2$
ω_T:	$\hat{u}_T(c_1 + c_2 \cdot 2 \cdot U_0)$
$\omega_T + \omega_S$:	$\hat{u}_S \cdot \hat{u}_T \cdot c_2$
$2\omega_T$:	$\hat{u}_T^2 \cdot \frac{1}{2} \cdot c_2$

(3.2.3/6)

Aus (3.2.3/6) und (3.2.3/2) kann man das Frequenzspektrum von $u_2(t)$ skizzieren (s. Bild 3.2.3-3a).

Man sieht, wie die Spektralanteile von den Koeffizienten der Aussteuerkennlinie abhängen. Man beachte insbesondere, daß ein quadratischer Anteil c_2 der Aussteuerkennlinie erforderlich ist, um die Seitenfrequenzen $(\omega_T - \omega_S)$ und $(\omega_T + \omega_S)$, d. h. ein AM-Signal zu bekommen.

Weiterhin sei nochmals auf den erforderlichen Bandpaß (bzw. Schwingkreis) verwiesen, zur Unterdrückung der unerwünschten Frequenzanteile ω_S, $2\omega_S$ und $2\omega_T$.

Besitzt die Aussteuerkennlinie neben dem notwendigen quadratischen Anteil (c_2) noch weitere unerwünschte Anteile höherer Ordnung, z. B. einen kubischen Anteil (c_3), so führt das zur Bildung weiterer Kombinationsfrequenzen, wie z. B. von

$$(\omega_T - 2\omega_S) \quad \text{und} \quad (\omega_T + 2\omega_S) \qquad (3.2.3/7)$$

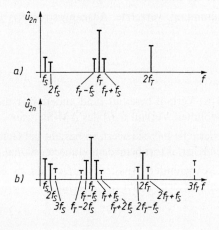

Bild 3.2.3-3
Frequenz-Spektren am Modulator-Ausgang
a) bei Modulator-Kennlinie mit quadratischem Anteil
b) bei Modulator-Kennlinie mit quadratischem und kubischem Anteil

3.2 Amplituden-Modulation

Liegt ein modulierendes Frequenzband vor, so können Frequenzanteile nach (3.2.3/7) in die Seitenbänder fallen und sind dann durch den Bandpaß nicht mehr zu unterdrücken.

Als Folge ergeben sich Verzerrungen des Modulationsproduktes. Abhilfe kann hier nur eine Verlagerung des Arbeitspunktes in den mehr quadratischen Kennlinienbereich bzw. eine geringere Aussteuerung schaffen.

- **Beispiel 3.2.3/1:** Bei dem einfachen Modellmodulator von Bild 3.2.3-1 sei angenommen, daß die Modulatorkennlinie zusätzlich einen kubischen Anteil (mit dem Koeffizienten c_3) besitze.
  a) Berechnen Sie mit Hilfe der Additionstheoreme die zusätzlichen Spektralanteile.
  b) Skizzieren Sie das gesamte Frequenzspektrum von $u_2(t)$.

  Lösung

  a) (1) analog (3.2.3/3) $i(t) = c_0 + c_1 \cdot u + c_2 \cdot u^2 + c_3 \cdot u^3$

  (2) mit $u(t) \approx u_1(t) = \underbrace{U_0}_{=a} + \underbrace{\hat{u}_S \cdot \cos(\omega_S t) + \hat{u}_T \cdot \cos(\omega_T t)}_{=b}$.

  Der zusätzlich auftretende Term läßt sich nach [1] umformen zu:

  (3) $c_3(a + b)^3 = c_3(a^3 + 3a^2b + 3ab^2 + b^3)$.

  Mit (2) in (3) erhält man

  $c_3 \cdot U_0^3 + c_3 \cdot 3 \cdot U_0^2[\hat{u}_S \cdot \cos(\omega_S t) + \hat{u}_T \cdot \cos(\omega_T t)]$
  $+ c_3 \cdot U_0[\hat{u}_S^2 \cdot \cos^2(\omega_S t) + 2 \cdot \hat{u}_S \cdot \hat{u}_T \cdot \cos(\omega_S t) \cdot \cos(\omega_T t) + \hat{u}_T^2 \cdot \cos^2(\omega_T t)]$
  $+ c_3 \cdot [\hat{u}_S^3 \cdot \cos^3(\omega_S t) + 3 \cdot \hat{u}_S^2 \cdot \cos^2(\omega_S t) \cdot \hat{u}_T \cdot \cos(\omega_T t)$
  $+ 3 \cdot \hat{u}_S \cdot \cos(\omega_S t) \cdot \hat{u}_T^2 \cdot \cos^2(\omega_T t) + \hat{u}_T^3 \cdot \cos^3(\omega_T t)]$.

  Nach Anwendung der Additionstheoreme (A25, A36, A37, A38) ergeben sich die folgenden zusätzlichen Spektralanteile auf Grund von c_3:

  bei ω_S: $\quad c_3 \cdot 3 \cdot U_0^2 \cdot \hat{u}_S + c_3 \cdot \hat{u}_S^3 \cdot \frac{3}{4} + c_3 \cdot 3 \cdot \hat{u}_S \cdot \hat{u}_T^2 \cdot \frac{1}{2}$
  ω_T: $\quad c_3 \cdot 3 \cdot U_0^2 \cdot \hat{u}_T + c_3 \cdot 3 \cdot \hat{u}_S^2 \cdot \hat{u}_T \cdot \frac{1}{2} + c_3 \cdot \hat{u}_T^3 \cdot \frac{3}{4}$
  $2\omega_S$: $\quad c_3 \cdot U_0 \cdot \hat{u}_S^2 \cdot \frac{1}{2}$
  $\omega_T - \omega_S$: $c_3 \cdot U_0 \cdot 2 \cdot \hat{u}_S \cdot \hat{u}_T \cdot \frac{1}{2}$
  $\omega_T + \omega_S$: $c_3 \cdot U_0 \cdot 2 \cdot \hat{u}_S \cdot \hat{u}_T \cdot \frac{1}{2}$
  $2\omega_T$: $\quad c_3 \cdot U_0 \cdot \hat{u}_T^2 \cdot \frac{1}{2}$
  $3\omega_S$: $\quad c_3 \cdot \hat{u}_S^3 \cdot \frac{1}{4}$
  $\omega_T - 2\omega_S$: $c_3 \cdot 3 \cdot \hat{u}_S^2 \cdot \hat{u}_T \cdot \frac{1}{4}$
  (4) $\omega_T + 2\omega_S$: $c_3 \cdot 3 \cdot \hat{u}_S^2 \cdot \hat{u}_T \cdot \frac{1}{4}$
  $2\omega_T - \omega_S$: $c_3 \cdot 3 \cdot \hat{u}_T^2 \cdot \hat{u}_S \cdot \frac{1}{4}$
  $2\omega_T + \omega_S$: $c_3 \cdot 3 \cdot \hat{u}_T^2 \cdot \hat{u}_S \cdot \frac{1}{4}$
  $3\omega_T$: $\quad c_3 \cdot \hat{u}_T^3 \cdot \frac{1}{4}$.

  Bei kubischem Kennlinienanteil sind die Spektralkomponenten nach (4) am störendsten, da sie i. a. in den Durchlaßbereich des Bandpasses fallen.

  b) s. Bild 3.2.3-3 b. Die zusätzlichen Frequenzkomponenten bei kubischem Kennlinienanteil (c_3) sind strichliert dargestellt. ◀

- **Übung 3.2.3/1:** Es soll eine ZSB-AM durchgeführt werden.
  Modulierendes Frequenzband $f_S = 100$ Hz ... 10 kHz,
  Trägerfrequenz $f_T = 500$ kHz.

  Geben Sie den Frequenzbereich von f_S an, der bei kubischem Kennlinienanteil unerwünschte Frequenzkomponenten bilden kann, die in den Frequenzbereich der Seitenbänder fallen.

- **Übung 3.2.3/2:** Bei einem nicht idealen Modulator (AM) wurden am Ausgang an $R = 50\,\Omega$ folgende Spektrallinien gemessen:

f/kHz	970	980	990	1000	1010	1020	1030
$\hat{u}_n/\text{V}$	0,9	1,5	8	0,1	8	1,5	0,9

a) Wie groß sind f_T und f_S?
b) Welche Aussagen sind über den Modulator zu machen?
c) Berechnen Sie aus obigem Spektrum die in R umgesetzte Leistung P.

b) Entstehung einer AM an Knick-Kennlinie

Ausgangspunkt sei wieder der einfache Diodenmodulator aus Bild 3.2.3-1, der jetzt jedoch (entgegen Annahme 1 von Abschnitt a)) mit ganz anderer Arbeitspunktlage A im C-Betrieb betrieben wird:
— Gleichspannung U_0 links von der Knickspannung (Schwellspannung) U_K der Diode, d. h. $U_0 < U_K$.
— Große Träger-Amplitude $\hat{u}_T$.

Da hier eine Großsignalaussteuerung vorliegt und die Diodenkennlinie vom Sperrbereich bis weit in den Durchlaßbereich durchfahren wird, ist es ausreichend, die Kennlinie durch eine Knick-Kennlinie zu approximieren.

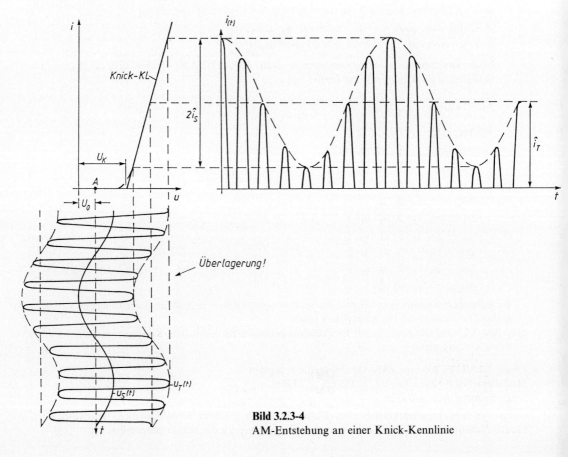

Bild 3.2.3-4
AM-Entstehung an einer Knick-Kennlinie

3.2 Amplituden-Modulation

Die hier vorliegenden Aussteuerverhältnisse sind im Bild 3.2.3-4 dargestellt.

Man erkennt, daß das am Eingang überlagerte modulierende Signal $u_S(t)$ maximal so groß werden darf, daß die Hüllkurve des Ausgangsstroms $i(t)$ unverzerrt bleibt, d. h. es muß $\hat{\imath}_S \leq \hat{\imath}_T$ sein.

Aus dem kuppenförmigen Spannungsverlauf $u_2(t)$, der nach (3.2.3/2) dem Verlauf von $i(t)$ entspricht, wird durch den nachfolgenden Bandpaß (Mittenfrequenz f_T; Bandbreite $B = 2f_{S\max}$) wieder die Grundwelle (f_T) herausgefiltert. Der $u_S(t)$ entsprechende Hüllkurvenverlauf bleibt hierbei erhalten, so daß sich wieder das gewohnte Bild der AM-Schwingung ergibt.

Im folgenden werden die Aussteuerverhältnisse noch kurz rechnerisch betrachtet (vgl. Kapitel 1).

In Bild 3.2.3-5 sind die hier vorliegenden Verhältnisse des Diodenmodulators mit Knick-Kennlinie für den vereinfachten Fall skizziert, daß $u_S(t) = 0$ sei.

Aus der Skizze ist direkt ablesbar:

$$U_K - U_0 = \hat{u}_T \cdot \cos(\Theta), \quad (3.2.3/7)$$

bzw.

$$\cos(\Theta) = (U_K - U_0)/\hat{u}_T. \quad (3.2.3/8)$$

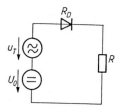

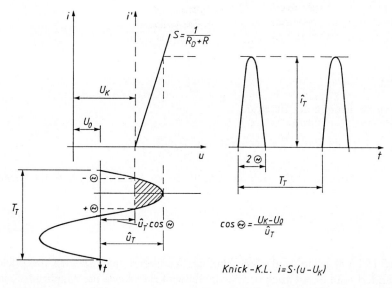

Bild 3.2.3-5 Aussteuerung einer Knick-Kennlinie mit großem Träger u_T (C-Betrieb)

Die Knickkennlinie mit der Steilheit S läßt sich für $u > U_K$ beschreiben durch

$$i = S(u - U_K) \qquad (3.2.3/9)$$

S ist die Steilheit der gescherten Knickkennlinie, was aber hier unkritisch ist, im Gegensatz zur erforderlichen gekrümmten Kennlinie des Abschnittes a) von Kapitel 3.2.3.
Es gilt

$$S = 1/R_{ges}, \quad \text{wobei} \quad R_{ges} = R_D + R;$$

bzw. für

$$R_D \ll R \quad \text{wird} \quad S \approx 1/R.$$

Das aussteuernde Eingangssignal (Träger) lautet

$$u = U_0 + \hat{u}_T \cdot \cos(\omega_T t). \qquad (3.2.3/10)$$

Setzt man (3.2.3/10) in (3.2.3/9) ein, so ergibt sich mit (3.2.3/7)

$$i = S[U_0 - U_K + \hat{u}_T \cdot \cos(\omega_T t)] = S[-\hat{u}_T \cdot \cos(\Theta) + \hat{u}_T \cdot \cos(\omega_T t)]$$
$$= S \cdot \hat{u}_T[\cos(\omega_T t) - \cos(\Theta)]$$
$$= \hat{i}_T[\cos(\omega_T t) - \cos(\Theta)] \qquad (3.2.3/11)$$

Fragt man nach dem Grundwellenanteil (d. h. nach der 1. Harmonischen) $\hat{i}_1$, so erhält man für $n = 1$ aus der Fourieranalyse nach (A3) mit (3.2.3/11) und mit $(\omega_T t) = \alpha$:

$$\hat{i}_1 = \frac{1}{\pi} \int_{-\Theta}^{+\Theta} i(\alpha) \cdot \cos(\alpha)\, d\alpha$$

$$= \frac{1}{\pi} \hat{i}_T \int_{-\Theta}^{+\Theta} [\cos(\alpha) - \cos(\Theta)] \cdot \cos(\alpha)\, d\alpha$$

$$= \frac{1}{\pi} \hat{i}_T \left\{ \int_{-\Theta}^{+\Theta} \cos^2(\alpha)\, d\alpha - \cos(\Theta) \int_{-\Theta}^{+\Theta} \cos(\alpha)\, d\alpha \right\}.$$

Nach [1] erhält man als Lösung der Integrale

$$\hat{i}_1 = \frac{1}{\pi} \hat{i}_T \left\{ [\tfrac{1}{2}\cdot\alpha + \tfrac{1}{4}\cdot\sin(2\alpha)]\big|_{-\Theta}^{+\Theta} - [\cos(\Theta)\cdot\sin(\alpha)]\big|_{-\Theta}^{+\Theta} \right\}$$

und nach Einsetzen der Grenzen ergibt sich die Amplitude der 1. Harmonischen des Stromes $i(t)$ zu

$$\hat{i}_1 = \frac{\hat{i}_T}{\pi}[\Theta - \tfrac{1}{2}\cdot\sin(2\Theta)]. \qquad (3.2.3/12)$$

Aus (3.2.3/12) und (3.2.3/8) ist folgendes entnehmbar: Verändert man statisch die Gleichspannung U_0, so ändert man damit auch den Stromflußwinkel Θ sowie die Amplitude $\hat{i}_1$ und somit auch $\hat{u}_3$ hinter dem Bandpaß.

3.2 Amplituden-Modulation

Ist gleichzeitig ein modulierendes Signal $u_S(t)$ am Eingang vorhanden, so erfolgt periodisch eine Änderung des Stromflußwinkels Θ in Abhängigkeit von $u_S(t)$, wodurch eine Amplitudenmodulation des Ausgangs-Signales entsteht.

c) Entstehung einer AM in Multiplizierer-Schaltung

Gibt man auf die Eingänge einer Multiplizierschaltung allgemein eine Trägerspannung $u_T(t)$ sowie eine Gleichspannung U_0 mit überlagerter Signalspannung $u_S(t)$, so erhält man am Ausgang das Produkt:

$$p(t) = u_T(t)\,[U_0 + u_S(t)] = \hat{u}_T \cdot \cos(\omega_T t)\,[U_0 + \hat{u}_S \cdot \cos(\omega_S t)]. \tag{3.2.3/13}$$

Wendet man auf (3.2.3/13) das Additionstheorem (A 36) an und bezieht diese auf die konstante Spannung $\hat{u}_T$, so ergeben sich folgende Spektralkomponenten im Ausgangssignal:

$$u_P^*(t) = \frac{p(t)}{\hat{u}_T} = U_0 \cdot \cos(\omega_T t) + \frac{1}{2}\cdot \hat{u}_S \cdot \cos(\omega_T - \omega_S)\,t + \frac{1}{2}\cdot \hat{u}_S \cdot \cos(\omega_T + \omega_S)\,t.$$

$$\tag{3.2.3/14}$$

In (3.2.3/14) treten also wieder die typischen Spektrallinien einer AM auf: ω_T, $(\omega_T - \omega_S)$, $(\omega_T + \omega_S)$.

Sieht man am Eingang eine Gleichspannung U_0 vor, so hängt von deren Größe ab, ob der volle Trägeranteil (ZSB-AM mit Träger) oder nur ein Trägerrest im Ausgangssignal auftritt.

Symmetriert man dagegen am Eingang, d. h. wählt man $U_0 = 0$, so verschwindet im Ausgangssignal von (3.2.3/14) der Trägeranteil, was einer ZSB-AM mit Trägerunterdrückung entspricht.

Dieses Grundprinzip der Multiplikation wird in zahlreichen IC's verwendet. Hierfür werden symmetrische Anordnungen von Differenzverstärkern eingesetzt (s. Beispiel 3.2.3/2).

Die obige Betrachtung bezog sich auf kleine Signale $u_S(t)$ und $u_T(t)$, die noch als Harmonische ansetzbar sind. Wird dagegen der Träger $u_T(t)$ in solcher Größe zugesetzt, daß er praktisch einer Rechteckspannung (Schaltspannung) $u_T^*(t)$ im Multiplizierer entspricht, so treten im Ausgangsprodukt neben den eigentlich interessierenden Spektralkomponenten noch zahlreiche Vielfache der Trägerfrequenz f_T mit Seitenfrequenzen von f_S auf (s. Übung 3.2.3/3).

Nähere Erläuterungen zur Funktionsweise realer Modulator-IC's sind in [39] zu finden.

- **Beispiel 3.2.3/2:** In Bild 3.2.3-6 ist als Grundbaustein eines Transistor-Multiplizierers eine Differenzverstärkerstufe dargestellt. Diese Anordnung kommt in vielen IC's vor, die als Modulatoren (AM) oder Mischer angeboten werden und somit recht universell einsetzbar sind.

    Auch in Kapitel 4 wird uns diese Anordnung bei der Synchrondemodulation nochmals begegnen.
    a) Zeigen Sie, daß eine Anordnung nach Bild 3.2.3-6 in der Lage ist, das Produkt aus den Eingangsgrößen $u_T(t)$ und $u_S(t)$ zu bilden (Annahme: Kleinsignalaussteuerung).
    b) Wäre es möglich, $u_T(t)$ so groß zu wählen, daß die Transistoren T1 und T2 praktisch im Schalterbetrieb arbeiten?

    Lösung:

    a) Nähert man die Eingangskennlinien von T1 und T2 durch das Exponentialgesetz für ideale Dioden, kann man schreiben

    (1) $I_{B1} = I_{BS}(\exp[U_{BE1}/U_T] - 1) \approx I_{BS} \cdot \exp[U_{BE1}/U_T]$ bzw.

    $I_{B2} = I_{BS}(\exp[U_{BE2}/U_T] - 1) \approx I_{BS} \cdot \exp[U_{BE2}/U_T]$

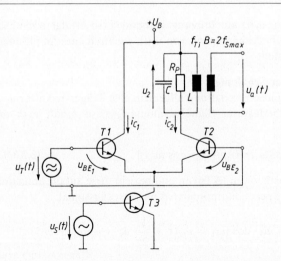

Bild 3.2.3-6
Grundprinzip eines Multiplizierers
mit Differenzverstärker-Stufe

In (1) stellt U_T die sog. Temperaturspannung dar (bei Zimmertemperatur beträgt $U_T \approx 26$ mV) und I_{BS} den Sperrsättigungsstrom der BE-Diode. Die Näherung gilt für $U_{BE} \gg U_T$.
Unter Annahme gleicher Transistoren T1 und T2 (z. B. gleiche Stromverstärkungsfaktoren $B_1 = B_2$) gilt für das Verhältnis der Kollektorströme

(2) $\dfrac{i_{C1}}{i_{C2}} = \dfrac{i_{B1}}{i_{B2}} = \dfrac{\exp[U_{BE1}/U_T]}{\exp[U_{BE2}/U_T]} = \exp[(U_{BE1} - U_{BE2})/U_T] = \exp[U_D/U_T]$.

Bezieht man auf den von Transistor T3 eingespeisten Gsesamtstrom i_{C3}, so wird

(3) $\dfrac{i_{C2}}{i_{C3}} = \dfrac{i_{C2}}{i_{C1} + i_{C2}} = \dfrac{1}{i_{C1}/i_{C2} + 1} = \dfrac{1}{\exp[U_D/U_T] + 1}$,

(4) $i_{C2} = \dfrac{1}{1 + \exp[U_D/U_T]} i_{C3}$.

Aus (4) ist entnehmbar, welcher Anteil i_{C2} vom Gesamtstrom i_{C3} in Abhängigkeit von der Differenzspannung u_D zwischen den Transistoreingängen durch T2 fließt. Die Differenzspannung $u_D = u_{BE1} - u_{BE2}$ ist im vorliegenden Fall unsere Trägerspannung $u_T(t)$.
Der eingespeiste Gesamtstrom i_{C3} ergibt sich aus der Steilheit S_3 von T3 und der Steuerspannung, hier unsere modulierende Spannung $u_S(t)$, zu

(5) $i_{C3} = S_3 \cdot u_S(t)$.

Nach [1] gelten für kleine x-Werte (d. h. $x \ll 1$) folgende Näherungen

(6) $e^x \approx 1 + x$ sowie $\dfrac{1}{2 + x} \approx \dfrac{1}{2} - \dfrac{1}{4} \cdot x$

(6) in (4) mit (5) führt zu:

$i_{C2} \approx (\tfrac{1}{2} - \tfrac{1}{4} \cdot x) S_3 \cdot u_S(t)$

(7) $\quad \approx \left[\dfrac{1}{2} - \dfrac{u_T(t)}{4 U_T}\right] S_3 \cdot u_S(t)$.

In (7) tritt somit das Produkt auf

(8) $u_T(t) \cdot u_S(t)$,

3.2 Amplituden-Modulation

d. h. analog zu (3.2.1/4) und (3.2.1/5) sind hierin als Spektralanteile folgende Frequenzen enthalten:

(9) f_S, $(f_T - f_S)$ und $(f_T + f_S)$.

Durch einen auf f_T abgestimmten Parallelschwingkreis (Verlustwiderstand R_P) läßt sich das ZSB-AM-Signal (mit unterdrücktem Träger) herausfiltern. Die Spannung beträgt dann

(10) $u_2 = -i_{C2} \cdot R_P$.

Aus (7) ist erkennbar, daß prinzipiell auch eine Vertauschung von $u_S(t)$ und $u_T(t)$ möglich ist. Dann treten folgende Spektralanteile auf

(11) f_T, $(f_T - f_S)$ und $(f_T + f_S)$.

b) Grundsätzlich ja. Bei der Ansteuerung mit einer größeren Trägerspannung $u_T(t)$ an den Basen von T1 und T2 (im Sonderfall rechteckförmige Schaltfunktion) treten mehr Harmonische auf, die durch den Ausgangsschwingkreis unterdrückt werden (vgl. Übung 3.2.3/3).

- **Übung 3.2.3/3:** Den Eingängen eines Multiplizierers wird eine Gleichspannung U_0 mit überlagerter Signalspannung $u_S(t)$ sowie eine so große Trägerspannung zugeführt, daß sie für das Ausgangssignal als rechteckförmige Spannung

$$u_T^*(t) = 4 \cdot \hat{u}_T/\pi[\cos(\omega_T t) - \tfrac{1}{3}\cos(3 \cdot \omega_T t) + \tfrac{1}{5}\cos(5 \cdot \omega_T t) - + \ldots]$$

wirkt.

a) Setzen Sie das auf u_T bezogene Produkt $p^*(t)$ an und ermitteln Sie die auftretenden Spektralanteile.
b) Was ist am Ausgang des Multiplizierers dringend erforderlich? ◀

3.2.4 Meßtechnische Aussagen

a) Statische Modulationskennlinie

Filtert man am Ausgang des Modellmodulators (s. Bild 3.2.3-1) die Grundschwingung $u_3(t)$ heraus, wobei man am Eingang nur die Gleichspannung U_0 verändert, gleichzeitig aber $u_T(t) = $ konst. und $u_S(t) = 0$ hält, so gewinnt man die statische Modulationskennlinie.

Die Darstellung $\hat{u}_3 = f(U_0)$ liefert eine Aussage, wo man zweckmäßig den Arbeitspunkt A des Modulators hinlegt (s. Bild 3.2.4-1a). Man wählt U_{0A} in der Mitte des linearen Bereiches (diesem U_0-Wert ist dann die Amplitude des unmodulierten Trägers $\hat{u}_3$ am Ausgang zugeordnet).

Aus dem Verhältnis a/b kann man grob auf den maximal erreichbaren Modulationsgrad m_{max} (ohne größere Verzerrungen) schließen.

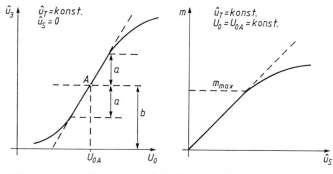

Bild 3.2.4-1 Modulations-Kennlinien bei AM
  a) statische Modulations-Kennlinie
  b) dynamische Modulations-Kennlinie

Für einfache Modulatoranordnungen ist z. B. die statische Modulationskennlinie auch theoretisch ermittelbar. Dies wird für einen Diodenmodulator (im C-Betrieb) im Beispiel 3.2.4/1 gezeigt.

- **Beispiel 3.2.4/1:** Ein Modulator (z. B. Diodenmodulator gemäß Bild 3.2.3-1) wird von einer großen Trägerspannung $\hat{u}_T$ und einer Gleichspannung U_0 angesteuert ($\hat{u}_S = 0$). Für die Berechnung im C-Betrieb ist eine Knickkennlinie (Steilheit S) zu Grunde zu legen (vgl. Bild 3.2.3-5).
    a) Berechnen Sie den Grundwellenanteil $\hat{i}_{T1}$ in Abhängigkeit vom Stromflußwinkel Θ bzw. von der Gleichspannung U_0.
    b) Berechnen Sie die Ausgangsspannung $\hat{u}_3$ in Abhängigkeit vom Stromflußwinkel Θ.
    c) Skizzieren Sie die statische Modulationskennlinie in folgender normierter Form $\hat{u}_3/\hat{u}_T = f(x)$ mit $x = -\cos \Theta$.
    d) Wo liegt der optimale Arbeitspunkt?
    e) Schätzen Sie den max. Modulationsgrad m_{max} aus der statischen Modulationskennlinie ab.
    f) Skizzieren Sie schematisch den Hüllkurvenverlauf für max. Modulationsgrad.

Lösung:

a) nach (3.2.3/12) beträgt der Grundwellenanteil

(1) $\hat{i}_{T1} = \dfrac{\hat{i}_T}{\pi} \left[\Theta - \dfrac{1}{2} \cdot \sin(2\Theta) \right]$

(2) mit $\hat{i}_T = S \cdot \hat{u}_T$

und nach (3.2.3/8) mit

(3) $\Theta = \arccos[(U_K - U_0)/\hat{u}_T]$

b) nach (3.2.3/2) bzw. aus Bild 3.2.3-1 beträgt

(4) $\hat{u}_3 \approx \hat{u}_2 \approx R \cdot \hat{i}_{T1} \approx R \cdot S \cdot \hat{u}_T \dfrac{1}{\pi} \left[\Theta - \dfrac{1}{2} \cdot \sin(2\Theta) \right]$.

Unter der Annahme, daß $R_D \ll R$ sei, gilt $S \cdot R \approx 1$ und somit folgt für die statische Modulationskennlinie unter Bezug auf $\hat{u}_T$ aus (4):

(5) $\hat{u}_3/\hat{u}_T \approx \dfrac{1}{\pi} \left[\Theta - \dfrac{1}{2} \sin(2\Theta) \right]$.

c) Wertetabelle nach (5):

Θ in Grad	$\hat{u}_3/\hat{u}_T$	$x = -\cos \Theta = -\dfrac{U_K - U_0}{\hat{u}_T}$
0	0	-1
10	0,0546	$-0,985$
20	0,109	$-0,939$
30	0,164	$-0,866$
60	0,331	$-0,5$
90	0,5	0
120	0,669	$+0,5$
150	0,836	$+0,866$
160	0,891	$+0,939$
170	0,945	$+0,985$
180	1	$+1$

3.2 Amplituden-Modulation

Es empfiehlt sich bei (5) statt der Abhängigkeit von Θ den entsprechenden Wert $x = -\cos\Theta$
$= -\dfrac{U_K - U_0}{\hat{u}_T}$ aufzutragen, da sich dann auf der x-Achse eine lineare Unterteilung und somit Abhängigkeit von der Gleichspannung U_0 ergibt.

Die statische Modulationskennlinie in obiger normierter Form $\hat{u}_3/\hat{u}_T = f(x)$ ist in Bild 3.2.4-2 dargestellt.

d) Der optimale Arbeitspunkt liegt hier bei $x = 0$ (d. h. in der Mitte des linearen Bereiches).
e) Maximaler Modulationsgrad $m_{max} = a/b \approx 0{,}35/0{,}50$, d. h. m_{max} beträgt $\approx 70\%$.
f) s. Bild 3.2.4-2.

b) Die dynamische Modulationskennlinie

Hat man den optimalen Arbeitspunkt U_{0A} aus der statischen Modulationskennlinie gefunden, kann man noch die dynamische Modulationskennlinie $m = f(\hat{u}_S)$ ermitteln (s. Bild 3.2.4-1b).

Diese liefert eine Aussage, wie der Modulationsgrad m am Modulatorausgang von der Amplitude $\hat{u}_S$ des modulierenden Signales am Eingang abhängt.

Wo die dynamische Modulationskennlinie vom linearen Verlauf abweicht, treten Verzerrungen der Hüllkurve auf. Auch hieraus ist der max. Modulationsgrad m_{max} abschätzbar.

3.2.5 Modulatorschaltungen

Im hier vorliegenden Kapitel sollen für einen Überblick einige Grundprinzipien von Modulatorschaltungen zusammengestellt werden. Wo eine ausgiebigere Betrachtung über den gesetzten Rahmen des vorliegenden Buches hinausgeht, ist an entsprechenden Stellen auf ausführlichere Behandlung in der Literatur verwiesen.

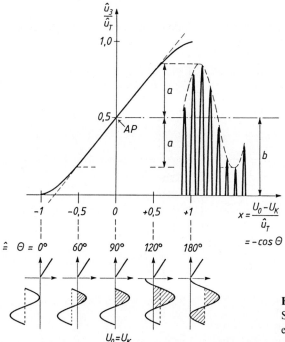

Bild 3.2.4-2
Statische Modulations-Kennlinie eines Dioden-Modulators

a) ZSB-AM ohne Trägerunterdrückung

a1) Basismodulation (Bild 3.2.5-1)

Bei der Basis-Modulation wird wie beim Diodenmodulator mit der Gleichspannung U_0 ein geeigneter Arbeitspunkt (im C-Betrieb) auf der zuvor ermittelten statischen Modulationskennlinie gewählt.

Im Rhythmus der Signalspannung $u_S(t)$ am Eingang werden wieder über den Stromflußwinkel Θ die Kuppen des Kollektorstromes periodisch geändert. Am Schwingkreis, der auf f_T abgestimmt ist, tritt die Spannung $\hat{u}_3 = \hat{\imath}_1 \cdot R_P$ auf, d. h. hier liegt das AM-Signal an. Der Widerstand R_P stellt den bei Resonanz wirksamen Verlustwiderstand des Parallelkreises dar.

Der max. Modulationsgrad m_{max} (ohne wesentliche Verzerrungen) liegt praktisch bei ca. 50 bis 60%.

a2) Kollektormodulation (Bild 3.2.5-2)

Bei der Kollektormodulation wird im Ausgangskreis durch Überlagerung von U_B und $u_S(t)$ eine periodisch veränderliche Spannung u_{CE} erzeugt und zwar in den Grenzen $u_{CE1} = U_B - \hat{u}_S$ bis $u_{CE2} = U_B + \hat{u}_S$. Dadurch wird periodisch abhängig von $u_S(t)$ die Lastgerade R_P (=Verlustwiderstand des auf f_T abgestimmten Schwingkreises) parallel verschoben.

Eingangsseitig kann für den Träger $\hat{u}_T$ mit U_0 entweder C-Betrieb (z. B. $U_0 = 0$ oder $U_0 < U_{BEK}$) bzw. B-Betrieb ($U_0 = U_{BEK}$) eingestellt werden. Hierbei muß $u_1(t)$ so groß sein, daß auch bei größter momentaner Betriebsspannung $u_{CE2} = (U_B + \hat{u}_S)$ der Punkt 1 (Transistor durchgeschaltet) noch sicher erreicht wird. Es müssen also die Kuppen von $u_1(t)$ den Transistor mindestens bis zum Wert u_{BE1} (Punkt 1) aufsteuern (vgl. Steuerkennlinie von Bild 3.2.5-1).

Den größten Wert für $\hat{u}_{CE}$ am Schwingkreis erhält man im Punkt 2, nämlich $\hat{u}_{CE} \approx (U_B + \hat{u}_S)$. Für einen Modulationsgrad $m \approx 1$, d. h. $\hat{u}_S \approx U_B$, muß der Transistor $2 \cdot \hat{u}_{CE} \approx 4 \cdot U_B$ als maximale Spannung vertragen.

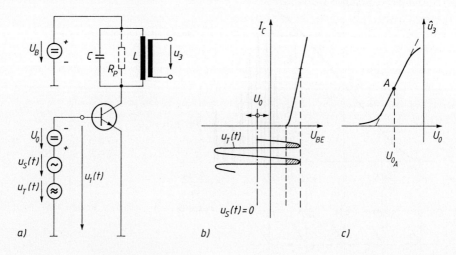

Bild 3.2.5-1 Basis-Modulation
 a) Schaltung (Prinzip)
 b) Träger-Ansteuerung im C-Betrieb
 c) Statische Modulations-Kennlinie

3.2 Amplituden-Modulation

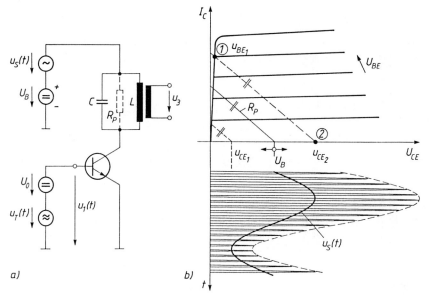

Bild 3.2.5-2 Kollektor-Modulation
a) Schaltung (Prinzip)
b) Aussteuer-Verhältnisse im Ausgangs-Kennlinienfeld

Diese Art der Modulation ergibt eine wesentlich bessere Linearität der Hüllkurve und damit Verzerrungsfreiheit bis zu hohen Modulationsgraden, allerdings ist auch eine höhere Leistung der modulierenden Quelle $u_S(t)$ aufzubringen. Berechnungen hierzu sind durchgeführt in [46].

b) ZSB-AM mit Trägerunterdrückung
b1) Gegentakt-Diodenmodulator (Bild 3.2.5-3a)

Bei jeweils positiven Trägerhalbwellen (Annahme: große Rechteckspannung) werden D_1 und D_2 leitend, so daß für diese Zeitabschnitte $u_a(t) = u_S(t)$ gilt.

Bei den negativen Trägerhalbwellen sind D_1 und D_2 gesperrt, so daß für diese Zeitabschnitte $u_a(t) = 0$ ist.

Die Modulator-Ausgangsspannung $u_a(t)$ läßt sich somit auffassen als Multiplikation von $u_S(t)$ mit einer rechteckförmigen trägerfrequenten Schaltfunktion $F_T(\omega_T t)$, die nur die Werte 0 und 1 besitzt. Die Amplitude von $\hat{u}_T$ geht hier nicht mehr ein (solange nur $\hat{u}_T$ groß genug ist, die Dioden durchzuschalten). Somit läßt sich die Ausgangsspannung $u_a(t)$ ansetzen als

$$u_a(t) = u_S(t) \cdot F_{T1}(\omega_T t). \qquad (3.2.5/1)$$

In Beispiel 3.2.5/1 ist das Frequenzspektrum zu (3.2.5/1) berechnet. Es enthält folgende Anteile:

$$\omega_S, \quad (\omega_T \pm \omega_S), \quad (3\omega_T \pm \omega_S) \quad \text{und} \quad (5\omega_T \pm \omega_S). \qquad (3.2.5/2)$$

In (3.2.5/2) ist die Trägerfrequenz ω_T selbst nicht enthalten (es liegt also eine Trägerunterdrückung vor). Die interessierenden Seitenbänder müssen wiederum mit einem Bandpaß herausgefiltert werden.

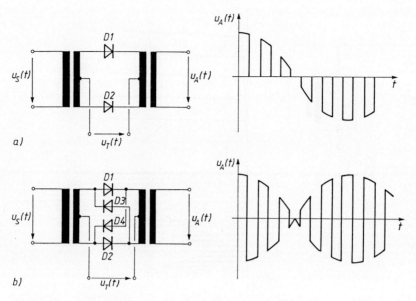

Bild 3.2.5-3 Dioden-Modulatoren mit Träger-Unterdrückung
          a) Gegentakt-Dioden-Modulator
          b) Ring-Modulator (Doppel-Gegentakt-Modulator)

- **Beispiel 3.2.5/1:** Für einen Gegentakt-Diodenmodulator nach Bild 3.2.5-3a ist
  a) die Schaltfunktion $F_T(\omega_T t)$ anzusetzen
  b) das Frequenzspektrum der Ausgangsspannung $u_a(t)$ zu berechnen.

Lösung:

a) Schaltfunktion (Rechteckverlauf) mit der Frequenz f_T und den Werten 0 oder 1. Nach [1] läßt sich für $F_T(\omega_T t)$ ansetzen:

(1) $\quad F_T(\omega_T t) = \dfrac{1}{2} + \dfrac{2}{\pi}\left[\cos(\omega_T t) - \dfrac{1}{3}\cos(3\cdot\omega_T t) + \dfrac{1}{5}\cos(5\cdot\omega_T t)\ldots\right]$

b) Die Modulatorausgangsspannung beträgt nach (3.2.5/1):

(2) $\quad u_a(t) = u_S(t) \cdot F_T(\omega_T t)$
$\quad\quad\quad = \hat{u}_S \cdot \cos(\omega_S t)\left\{\dfrac{1}{2} + \dfrac{2}{\pi}\left[\cos(\omega_T t) - \dfrac{1}{3}\cos(3\cdot\omega_T t) + \ldots\right]\right\}$

Mit Additionstheorem (A 36) folgt aus (2):

(3) $\quad u_a(t) = \dfrac{1}{2}\cdot\hat{u}_S\cdot\cos(\omega_S t) + \dfrac{2}{\pi}\hat{u}_S\cdot\dfrac{1}{2}\cdot[\cos(\omega_T-\omega_S)t + \cos(\omega_T+\omega_S)t]$

$\quad\quad\quad\quad -\dfrac{2}{\pi}\cdot\hat{u}_S\cdot\dfrac{1}{3}\cdot\dfrac{1}{2}[\cos(3\cdot\omega_T-\omega_S)t + \cos(3\cdot\omega_T+\omega_S)t]$

$\quad\quad\quad\quad +\dfrac{2}{\pi}\cdot\hat{u}_S\cdot\dfrac{1}{5}\cdot\dfrac{1}{2}[\cos(5\cdot\omega_T-\omega_S)t + \cos(5\cdot\omega_T+\omega_S)t] - \ldots$

d. h. es treten folgende Frequenzanteile auf:

$\quad\omega_S,\quad(\omega_T\pm\omega_S),\quad(3\omega_T\pm\omega_S),\quad(5\omega_T\pm\omega_S)\ldots$ ◀

3.2 Amplituden-Modulation

b2) Ringmodulator (Bild 3.2.5-3b)

Bei den jeweils positiven Trägerhalbwellen (große Rechteckspannung) werden wieder die Dioden D_1 und D_2 leitend, somit $u_a(t) = u_S(t)$, d. h. die Schaltfunktion $F_T(\omega_T t)$ besitzt die Amplitude $(+1)$.

Bei den negativen Trägerhalbwellen werden D_3 und D_4 leitend, $u_a(t) = -u_S(t)$, d. h. die Schaltfunktion $F_T(\omega_T t)$ besitzt die Amplitude (-1). Die Anordnung wirkt somit für $u_S(t)$ wie ein Umpoler.

Damit läßt sich die Ausgangsspannung $u_a(t)$ wieder ansetzen als

$$u_a(t) = u_S(t) \cdot F_{T2}(\omega_T t) \qquad (3.2.5/3)$$

In Beispiel 3.2.5/2 ist das Frequenzspektrum zu (3.2.5/3) berechnet. Es enthält folgende Frequenzanteile:

$$(\omega_T \pm \omega_S), \qquad (3\omega_T \pm \omega_S), \qquad (5\omega_T \pm \omega_S) \ldots \qquad (3.2.5/4)$$

In (3.2.5/4) sind ω_T und zusätzlich ω_S nicht enthalten. Es liegt wiederum eine Trägerunterdrückung vor.

- **Beispiel 3.2.5/2:** Für einen Ringmodulator (Doppel-Gegentaktmodulator) nach Bild 3.2.5-3b ist
  a) die Schaltfunktion $F_T(\omega_T t)$ anzusetzen,
  b) das Frequenzspektrum der Ausgangsspannung $u_a(t)$ zu berechnen.

  Lösung:

  a) Schaltfunktion (Rechteck-Verlauf) mit der Frequenz f_T und den Werten -1 und $+1$.
  Nach [1] läßt sich ansetzen:

  $$(1) \quad F_T(\omega_T t) = \frac{4}{\pi} \left[\cos(\omega_T t) - \frac{1}{3} \cos(3 \cdot \omega_T t) + \frac{1}{5} \cos(5 \cdot \omega_T t) - + \ldots \right]$$

  b) nach (3.2.5/3) gilt:

  $$(2) \quad u_a(t) = u_S(t) \cdot F_T(\omega_T t)$$
  $$= \hat{u}_S \cdot \cos(\omega_S t) \frac{4}{\pi} \left[\cos(\omega_T t) - \frac{1}{3} \cos(3 \cdot \omega_T t) + \frac{1}{5} \cos(5 \cdot \omega_T t) - + \ldots \right].$$

  Mit (A 36) folgt aus (2) für das Spektrum:

  $$(3) \quad u_a(t) = \hat{u}_S \cdot \frac{4}{\pi} \Big\{ [\cos(\omega_T - \omega_S)t + \cos(\omega_T + \omega_S)t]$$
  $$- \frac{1}{3} [\cos(3 \cdot \omega_T - \omega_S)t + \cos(3 \cdot \omega_T + \omega_S)t]$$
  $$+ \frac{1}{5} [\cos(5 \cdot \omega_T - \omega_S)t + \cos(5 \cdot \omega_T + \omega_S)t] - + \ldots \Big\}$$

  d. h. es treten folgende Frequenzanteile auf:

  $$(4) \quad (\omega_T \pm \omega_S) \qquad (3 \cdot \omega_T \pm \omega_S) \qquad (5 \cdot \omega_T \pm \omega_S) \ldots$$

c) ESB-AM

Üblich sind drei Verfahren zur Erzeugung eines ESB-AM-Signales. Diese sollen hier nur kurz betrachtet werden.

c1) Filtermethode

Man geht i. a. von einem Modulator aus, der zunächst eine ZSB-AM mit Trägerunterdrückung durchführt und unterdrückt anschließend mit einem steilflankigen Filter (Tiefpaß, Hochpaß oder Quarz-Filter) das unerwünschte Seitenband.

Zur Entschärfung des Filteraufwandes nimmt man in der Trägerfrequenztechnik gern eine Mehrfachumsetzung vor, wie bereits im Beispiel 3.2.2/6 dargestellt.

c2) Phasenmethode

Bei der Phasenmethode verwendet man zwei gleiche Modulatoren M_1 und M_2, die beide eine ZSB-AM mit Trägerunterdrückung durchführen. Dem Modulator M_1 werden hierbei das Basisbandsignal $u_S(t)$ und der Träger $u_T(t)$ direkt zugeführt, während dem Modulator M_2 sowohl $u_S(t)$ wie $u_T(t)$ jeweils um 90° gedreht zugeführt werden (s. Bild 3.2.5-4a). Bei der

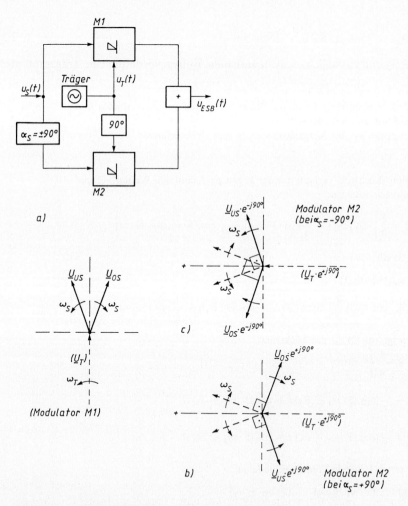

Bild 3.2.5-4 Phasen-Methode zur ESB-AM-Erzeugung
    a) Blockschaltbild
    b) Auslöschung des unteren Seitenbandes (bei $\alpha_S = +90°$)
    c) Auslöschung des oberen Seitenbandes (bei $\alpha_S = -90°$)

3.2 Amplituden-Modulation

Addition der Modulator-Ausgangsprodukte wird eines der beiden Seitenbänder kompensiert. Das läßt sich am einfachsten mit Hilfe eines Zeigerdiagramms erklären

Im Falle $\alpha_S = +90°$ (Bild 3.2.5-4b) wird nach der Addition der untere Seitenzeiger, bei $\alpha_S = -90°$ (Bild 3.2.5-4c) nach der Addition der obere Seitenzeiger kompensiert.

Ein Problem stellt allerdings hierbei der breitbandige Phasenschieber für das Basisband-Signal dar, da $\alpha_S = +90°$ bzw. $-90°$ im gesamten Frequenzbereich von $f_{S\,min}$ bis $f_{S\,max}$ des modulierenden Signales für Modulator M_2 erfüllt sein muß. Eine Realisierungsmöglichkeit mit Hilfe von aktiven Allpässen ist in [39] gezeigt.

Ein rechnerischer Nachweis für die Phasenmethode ist in Beispiel 3.2.5/3 geführt.

- **Beispiel 3.2.5/3**: Es ist rechnerisch zu zeigen, wie sich bei der Phasenmethode (Bild 3.2.5-4) in Abhängigkeit von α_S eine Auslöschung des unteren bzw. oberen Seitenbandes ergibt.

Modulator M_1:
Ausgangssignal (ZSB-AM ohne Träger) nach (3.2.2/3):

(1) $u_{M1}(t) = \frac{1}{2} \cdot \hat{u}_S [\cos(\omega_T - \omega_S)t + \cos(\omega_T + \omega_S)t]$

$= \frac{1}{2} \cdot \hat{u}_S \cdot Re\{\exp[j(\omega_T - \omega_S)t] + \exp[j(\omega_T + \omega_S)t]\}$

(2) $= \frac{1}{2} \cdot \hat{u}_S \cdot Re\{\exp[j\omega_T t] \cdot (\exp[-j\omega_S t] + \exp[+j\omega_S t])\}$

Modulator M_2:
Träger um 90° gedreht (Faktor j).
Basisband um $\alpha_S = +90°$ (Faktor $+j$)
bzw. um $\alpha_S = -90°$ (Faktor $-j$) gedreht.

Somit folgt aus (2) für das Ausgangsprodukt von M_2:

$u_{M2}(t) = \frac{1}{2} \cdot \hat{u}_S \cdot Re\{j \exp[j\omega_T t] \cdot (\exp[-j\omega_S t] + \exp[+j\omega_S t]) \cdot (\pm j)\}$

$= \frac{1}{2} \cdot \hat{u}_S \cdot Re\{\pm(-1) \cdot \{\exp[j(\omega_T - \omega_S)t] + \exp[j(\omega_T + \omega_S)t]\}$

(3) $= \mp \cdot \frac{1}{2} \cdot \hat{u}_S \cdot [\cos(\omega_T - \omega_S)t + \cos(\omega_T + \omega_S)t]$

Nach Addition der Modulator-Ausgangsprodukte erhält man mit (1) und (3) das gewünschte ESB-Signal.

(4) $u_{ESB}(t) = u_{M1}(t) + u_{M2}(t)$

Man erhält für $\alpha_S = +90°$:

(5) $u_{ESB}(t) = \hat{u}_S \cdot \cos(\omega_T + \omega_S)t$

und für $\alpha_S = -90°$:

(6) $u_{ESB}(t) = \hat{u}_S \cdot \cos(\omega_T - \omega_S)t$.

c3) *Weaver*-Methode

Die sog. „3. Methode" nach Weaver arbeitet mit 4 Modulatoren (alle ZSB-AM mit Trägerunterdrückung). Hierbei sind aber nur bei den Trägern 90° Phasenverschiebungen erforderlich. Somit kommt man für $u_S(t)$ ohne den kritischen breitbandigen Phasenschieber aus.

Die Kompensation des nicht gewünschten Seitenbandes ist ausführlich in [10] sowie [39] dargestellt.

3.2.6 Kreuzmodulation und Intermodulation

Zwei unerwünschte Effekte, die beim Vorhandensein von kubischen Anteilen der Aussteuerkennlinie auftreten, seien im vorliegenden Zusammenhang noch kurz betrachtet.

a) Kreuzmodulation

Treffen zwei Träger, wovon der eine ein erwünschter Träger $u_T(t)$ (Nutzträger) und der andere ein unerwünschter Träger $u_{ST}(t)$ (Störträger) sei, auf eine unlineare Verstärkerkennlinie (z. B.

einer Vorstufe) und besitzt diese Kennlinie einen kubischen Anteil (Koeffizient c_3), so ist im Spektrum des Ausgangsstroms unter der Frequenz f_T nach (4) von Beispiel 3.2.3/1 der folgende Kreuzmodulationsanteil i_{KM} als Zusatzterm enthalten:

$$i_{KM} = c_3 \cdot 3 \cdot \tfrac{1}{2} \cdot \hat{u}_{ST}^2 \cdot \hat{u}_T \cdot \cos(\omega_T t). \tag{3.2.6/1}$$

Der Zusatzterm aus (3.2.6/1) läßt sich folgendermaßen interpretieren:

Unser Nutzträger $u_T(t)$ bekommt durch die Amplitude des Störträgers u_{ST} (die natürlich ihrerseits auch moduliert sein kann) eine Störmodulation und zwar unabhängig von der Frequenz f_{ST} des Störers.

Abhilfe-Maßnahmen gegen die Kreuzmodulation lassen sich erreichen durch:
- möglichst quadratische Kennlinie ($c_3 \approx 0$), d. h. z. B. Verwendung von FETs in der Vorstufe;
- bestmögliche Vorselektion im Eingangskreis der Vorstufe, d. h. gute Unterdrückung des Störers $u_{ST}(t)$, damit allein $u_T(t)$ auf die Eingangs-Kennlinie gelangt.

b) Intermodulation

Ebenso aus (4) von Beispiel 3.2.3/1 ist ablesbar, daß ein weiterer Zusatzterm im Spektrum des Ausgangsstroms auftritt, wenn die Steuerkennlinie einen kubischen Anteil c_3 enthält, und zwar der sog. Intermodulationsanteil i_{IM}:

$$i_{IM} = c_3 \cdot 3 \cdot \tfrac{1}{4} \cdot \hat{u}_{ST}^2 \cdot \hat{u}_T \cdot \cos(2\omega_{ST} - \omega_T) t. \tag{3.2.6/2}$$

Dieser Anteil tritt auf, wenn der Frequenzabstand zwischen Nutzfrequenz f_T und Störfrequenz f_{ST} zu gering ist.

Als Abhilfe gegen Intermodulation ist zu nennen:
- möglichst quadratische Kennlinie anstreben ($c_3 \approx 0$);
- sorgfältige Wahl des Arbeitspunktes.

Bei einem breiteren Frequenzband (z. B. Bildsignal in der Fernsehtechnik) können leicht Intermodulationsanteile auftreten (s. Beispiel 3.2.6/1).

- **Beispiel 3.2.6/1**: Gegeben ist der Fernsehkanal 26 im UHF-Bereich. Hier liegen folgende Trägerfrequenzen vor: Bildträger f_{BT} = 511,25 MHz und Tonträger f_{TT} = 516,75 MHz. Nach Bild 3.2.2-9 wird beim Fernsehen eine RSB-AM vorgenommen.

    a) Ermitteln Sie die Seitenbandfrequenz f_{ST} des Videosignales, die mit dem Tonträger f_{TT} gerade eine solche Intermodulationsfrequenz bildet, daß sie mit der Frequenz des Bildträgers f_{BT} übereinstimmt.

    b) Was ist die Folge von f_{ST}?

    Lösung:

    a) $f_{IM} = (2 \cdot f_{ST} - f_{TT}) = f_{BT}$
    $f_{ST} = \tfrac{1}{2}(f_{BT} + f_{TT}) = \tfrac{1}{2}(511{,}25 + 516{,}75)$ MHz = 514 MHz.

    Die Seitenfrequenz f_{ST} liegt in der Mitte des oberen Seitenbandes des Video-Signales (d. h. mitten im Nutzband). Die Frequenz f_{ST} entspricht im Basisband des Videosignales $(514-511{,}25)$ MHz = 2,75 MHz; sie ist also bei einem Videosignal mit vernünftiger Auflösung noch gut vorhanden (und somit nicht ganz vermeidbar).

    b) Störung im Bild (von Kanal 26).

3.3 Winkelmodulation

Bei der Winkelmodulation wird der Momentanphasenwinkel $\varphi_{WM}(t)$ einer Trägerschwingung $u_T(t)$ in Abhängigkeit vom modulierenden Signal $u_S(t)$ verändert. Dabei ist in der Amplitude $\hat{u}_T$ keine Information enthalten.

3.3 Winkelmodulation

Somit kann man für die Zeitfunktion der winkelmodulierten Schwingung ansetzen (Annahme: kosinusförmiger Verlauf):

$$u_{WM}(t) = \hat{u}_T \cdot \cos \varphi_{WM}(t) . \tag{3.3/1}$$

Da zwischen dem Momentanphasenwinkel $\varphi_{WM}(t)$ und der Momentankreisfrequenz $\omega_{WM}(t)$ der Zusammenhang besteht

$$\omega_{WM}(t) = \frac{d\varphi_{WM}(t)}{dt} , \tag{3.3/2}$$

wird bei einer Änderung von $\varphi_{WM}(t)$ auch gleichzeitig eine Änderung von $\omega_{WM}(t)$ auftreten. Es ist also zweckmäßig, die Frequenzmodulation und die Phasenmodulation zunächst theoretisch zusammengefaßt unter dem Sammelbegriff der Winkelmodulation zu betrachten.

3.3.1 Theoretische Grundlagen

Legt man wieder für die Trägerschwingung $u_T(t)$ und für das modulierende Signal $u_S(t)$, welche dem Winkelmodulator zugeführt werden, kosinusförmige Größen zu Grunde

$$u_T(t) = \hat{u}_T \cdot \cos(\omega_T t) \quad \text{und} \quad u_S(t) = \hat{u}_S \cdot \cos(\omega_S t), \tag{3.3.1/1}$$

so kann man den Momentanphasenwinkel $\varphi_{WM}(t)$ von (3.3/1) ansetzen als Summe aus einem Phasenwinkelanteil $\varphi_T(t)$ (der auch ohne Modulation vorhanden ist) und einem Phasenwinkelanteil $\varphi_{TS}(t)$ (der vom modulierenden Signal $u_S(t)$ abhängt), d. h.

$$\varphi_{WM}(t) = \varphi_T(t) + \varphi_{TS}(t)$$
$$= \omega_T t + \Delta\varphi_T \cdot \cos(\omega_S t) . \tag{3.3.1/2}$$

Die in (3.3.1/2) auftretende maximale Phasenwinkeländerung $\Delta\varphi_T$ (gegenüber $\varphi_T(t)$) ist proportional zur Amplitude $\hat{u}_S$ des modulierenden Signales $u_S(t)$ und wird als Phasenhub bezeichnet. Der Phasenhub $\Delta\varphi_T$ stellt eine wichtige Bezugsgröße bei der Winkelmodulation dar.

Aus (3.3.1/2) und (3.3/1) erhält man für den Zeitverlauf der winkelmodulierten Schwingung

$$u_{WM}(t) = \hat{u}_T \cdot \cos[\omega_T t + \Delta\varphi_T \cdot \cos(\omega_S t)] . \tag{3.3.1/3}$$

Eine weitere wichtige Aussage bekommt man aus (3.3/2) und (3.3.1/2)

$$\omega_{WM}(t) = \frac{d\varphi_{WM}(t)}{dt} = \omega_T - \Delta\varphi_T \cdot \omega_S \cdot \sin(\omega_S t)$$
$$= \omega_T - \Delta\omega_T \cdot \sin(\omega_S t) . \tag{3.3.1/4}$$

Nach (3.3.1/4) gilt der Zusammenhang

$$\Delta\omega_T = \Delta\varphi_T \cdot \omega_S \quad \text{bzw.}$$
$$\Delta f_T = \Delta\varphi_T \cdot f_S . \tag{3.3.1/5}$$

(3.3.1/5) liefert damit den wichtigen Zusammenhang zwischen dem Frequenzhub Δf_T und dem Phasenhub $\Delta\varphi_T$. Diese Beziehung wird im folgenden noch oft herangezogen werden, wenn es um die Unterscheidung von Frequenz- und Phasenmodulation geht.

Eine recht anschauliche Interpretation der bisher betrachteten Grundzusammenhänge läßt sich durch das sog. *Pendel-Zeigerdiagramm* gewinnen (Bild 3.3.1-1).

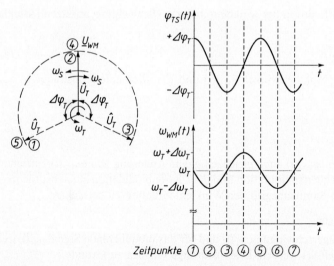

Bild 3.3.1-1 Pendelzeiger-Diagramm der Winkelmodulation und Zusammenhang mit $\varphi_{TS}(t)$ und $\omega_{WM}(t)$ zu verschiedenen Zeitpunkten t_1 bis t_7

Der Zeiger $\underline{U}_{WM}$ der winkelmodulierten Schwingung (mit der konstanten Länge $\hat{u}_T$) führt zusätzlich zu seiner Rotation mit ω_T periodische Pendelbewegungen mit ω_S durch, d. h. in Abhängigkeit vom modulierenden Signal. Hierbei wird die Pendelgeschwindigkeit durch ω_S (d. h. die Frequenz des modulierenden Signales) und die Weite des Pendelausschlages $\pm \Delta\varphi_T$ durch $\hat{u}_S$ (d. h. die Amplitude des modulierenden Signales) bestimmt. An den Umkehrpunkten (z. B. Zeitpunkte t_1, t_3) liegt der maximale Phasenhub $\Delta\varphi_T$ vor, wobei der Pendelzeiger bezogen auf ω_T kurzzeitig still steht. Deutlich erkennt man den engen Zusammenhang zwischen den Verläufen von $\varphi_{TS}(t)$ aus (3.3.1/2), $\omega_{WM}(t)$ aus (3.3.1/4) und dem Pendel-Zeigerdiagramm. Dies wird noch weiter durch die grafische Darstellung im Beispiel 3.3.1/1 verdeutlicht.

- **Beispiel 3.3.1/1:** Stellen Sie grafisch (qualitativ) die Zeitverläufe von $u_{WM}(t)$, $\omega_{WM}(t)$ und $\varphi_{WM}(t)$ dar
  a) für den unmodulierten Fall ($u_S(t) = 0$) und
  b) bei Modulation mit $u_S(t)$.

  Lösung:
  a) $u_S(t) = 0$
  $u_{WM}(t) = \hat{u}_T \cdot \cos(\omega_T t)$; $\omega_T = \text{konst.}$; $\varphi_{WM}(t) = \omega_T t$,
  b) $u_S(t)$ als modulierendes Signal
  aus (3.3.1/3) $u_{WM}(t) = \hat{u}(t) = \hat{u}_T \cdot \cos[\omega_T t + \Delta\varphi_T \cdot \cos(\omega_S t)]$
  aus (3.3.1/4) $\omega_{WM}(t) = \omega_T - \Delta\omega_T \cdot \sin(\omega_S t)$
  aus (3.3.1/2) $\varphi_{WM}(t) = \omega_T t + \Delta\varphi_T \cdot \cos(\omega_S t)$.

Die Verläufe sind im Bild 3.3.1-2 dargestellt. Deutlich ist die periodische Schwankung des Phasenwinkels erkennbar, die von $u_S(t)$ abhängt und dem zeitlich linearen Anstieg der Trägerphase $\varphi_T(t)$ des unmodulierten Zustandes überlagert ist.

3.3.2 Frequenzspektrum

Um zum Frequenzspektrum der winkelmodulierten Schwingung zu gelangen, muß der in (3.3.1/3) gewonnene Ausdruck für die Zeitfunktion zerlegt werden. Leider ist dies nicht so einfach wie bei der AM durch Anwendung von Additionstheoremen möglich. Aber ein in

3.3 Winkelmodulation

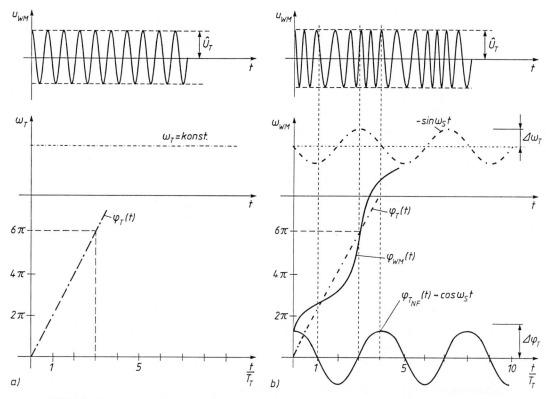

Bild 3.3.1-2 Zeitverläufe $u_{WM}(t)$, $\omega_T(t)$ und $\varphi_{WM}(t)$
a) ohne modulierendes Signal ($u_S(t) = 0$)
b) mit modulierendem Signal

solchen Fällen häufig gangbarer Weg ist wiederum gegeben durch die Anwendung der komplexen Schreibweise auf (3.3.1/3) und den Versuch, eine Interpretation durch eine Reihenentwicklung zu gewinnen.

$$\begin{aligned}
u_{WM}(t) &= \hat{u}_T \cos\left[\omega_T t + \Delta\varphi_T \cdot \cos(\omega_S t)\right] \\
&= \hat{u}_T \, Re\{\exp j[\omega_T t + \Delta\varphi_T \cdot \cos(\omega_S t)]\} \\
&= \hat{u}_T \, Re\{\exp[j\omega_T t] \cdot \exp[j\,\Delta\varphi_T \cdot \cos(\omega_S t)]\} \\
&= \hat{u}_T \, Re\{[\cos(\omega_T t) + j\sin(\omega_T t)]\exp[j\,\Delta\varphi_T \cdot \cos(\omega_S t)]\}\,. \quad (3.3.2/1)
\end{aligned}$$

Der in der Klammer von (3.3.2/1) auftretende Term $\exp[j\,\Delta\varphi_T \cdot \cos(\omega_S t)]$ läßt sich wie im Beispiel 3.3.2/1 gezeigt, durch folgende komplexe Reihe darstellen

$$\begin{aligned}
\exp[j\,\Delta\varphi_T \cdot \cos(\omega_S t)] = &[J_0(\Delta\varphi_T) - 2 \cdot J_2(\Delta\varphi_T)\cos(2\omega_S t) - 2 \cdot J_4(\Delta\varphi_T)\cos(\omega_S t) + \ldots] \\
&+ j[2 \cdot J_1(\Delta\varphi_T)\cos(\omega_S t) - 2 \cdot J_3(\Delta\varphi_T)\cos(3\omega_S t) + \ldots]\,.
\end{aligned}$$
$$(3.3.2/2)$$

In (3.3.2/2) treten die sog. Besselfunktionen erster Art und n-ter Ordnung $J_n(\Delta\varphi_T)$ auf. Für mathematisch interessierte Leser sei angemerkt, daß die Besselfunktionen (auch Zylinderfunktionen genannt, da sie bei Randwertproblemen mit Zylinderkontur auftreten), aus der Lösung der Besselschen Differential-Gleichung (lineare Differentialgleichung 2. Ordnung) folgen und nach [1] durch die folgende Potenzreihe (geschlossen) darstellbar sind

$$J_n(x) = \sum_{i=0}^{\infty} \frac{(-1)^i \left(\frac{x}{2}\right)^{n+2i}}{i!(n+i)!}.$$ (3.3.2/3)

Doch für die weitere Untersuchung des Spektrums der winkelmodulierten Schwingung werden die Besselfunktionen nur als reine Zahlenfaktoren für die Spektrallinien betrachtet.

Die Funktionswerte der Besselfunktionen, die vom Phasenhub $\Delta\varphi_T$ und der Ordnungszahl n abhängen, sind aus Diagrammen oder Tabellen entnehmbar oder mit Hilfe eines einfachen Basic-Programmes auf einem programmierbaren Taschenrechner nach (3.3.2/3) berechenbar (s. Beispiel 3.3.2/2).

Ein Diagramm der üblichen Kurvenverläufe von $J_n(x)$ ist in Bild 3.3.2-1 dargestellt. Auf Besonderheiten, die für das Frequenzspektrum von Bedeutung sind, wird nach der Herleitung des Spektrums noch näher eingegangen.

Aus (3.3.2/1) und (3.3.2/2) erhält man, wenn man ansatzgemäß nur den Realteil berücksichtigt:

$$\begin{aligned}u_{WM}(t) = \hat{u}_T[&J_0(\Delta\varphi_T) \cdot \cos(\omega_T t) - 2 \cdot J_1(\Delta\varphi_T) \cdot \sin(\omega_T t) \cdot \cos(\omega_S t) \\ &- 2 \cdot J_2(\Delta\varphi_T) \cdot \cos(\omega_T t) \cdot \cos(2\omega_S t) + 2 \cdot J_3(\Delta\varphi_T) \cdot \sin(\omega_T t) \cdot \cos(3\omega_S t) \\ &- 2 \cdot J_4(\Delta\varphi_T) \cdot \cos(\omega_T t) \cdot \cos(4\omega_S t) \ldots].\end{aligned}$$ (3.3.2/4)

Nach Anwendung der Additionstheoreme (A24) und (A36) erhält man aus (3.3.2/4) das Frequenzspektrum der winkelmodulierten Schwingung:

$$\begin{aligned}u_{WM}(t) = \hat{u}_T\{&J_0(\Delta\varphi_T) \cdot \cos(\omega_T t) \\ &- J_1(\Delta\varphi_T)[\sin(\omega_T - \omega_S)t + \sin(\omega_T + \omega_S)t] \\ &- J_2(\Delta\varphi_T)[\cos(\omega_T - 2\omega_S)t + \cos(\omega_T + 2\omega_S)t] \\ &+ J_3(\Delta\varphi_T)[\sin(\omega_T - 3\omega_S)t + \sin(\omega_T + 3\omega_S)t] \\ &- J_4(\Delta\varphi_T)[\cos(\omega_T - 4\omega_S)t + \cos(\omega_T + 4\omega_S)t] \ldots\}.\end{aligned}$$ (3.3.2/5)

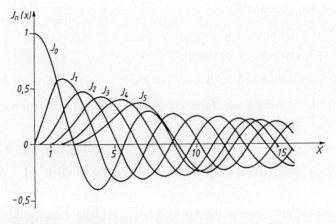

Bild 3.3.2-1 Besselfunktionen $J_n(x)$ (1. Art u. n-ter Ordn.)

3.3 Winkelmodulation

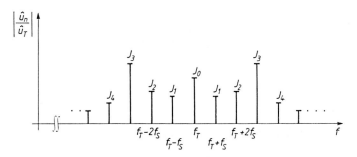

Bild 3.3.2-2 Frequenz-Spektrum der winkelmodulierten Schwingung (qualitativ)

Aus (3.3.2/5) ist erkennbar, daß das Frequenzspektrum theoretisch aus unendlich vielen diskreten Spektrallinien besteht. Diese sind symmetrisch um ω_T im Abstand $\pm\omega_S$, $\pm 2\omega_S$, $\pm 3\omega_S$, $\pm 4\omega_S$ usw. angeordnet.

Man muß also durch bestimmte Annahmen zu einer technisch sinnvollen Bandbreitenaussage kommen. Dies wird im folgenden noch gezeigt.

Qualitativ ergibt sich aus (3.3.2/5) das in Bild 3.3.2-2 dargestellte Frequenzspektrum. Hierin sind die Beträge der Spektrallinien $\hat{u}_n$ bezogen auf $\hat{u}_T$ aufgetragen.

Bei speziellen $\Delta\varphi_T$-Werten treten Nullstellen der Besselfunktionen auf (Bild 3.3.2-1), was zur Folge hat, daß hier Spektrallinienpaare einer bestimmten Ordnung Null sind.

Als Beispiele seien die jeweils ersten drei Nullstellen der folgenden Besselfunktionen genannt, auf die an späterer Stelle nochmals Bezug genommen wird:

$$J_0(x) \approx 0 \quad \text{bei} \quad x \approx 2{,}405;\ 5{,}520;\ 8{,}654;\ \ldots$$

$$J_1(x) \approx 0 \quad \text{bei} \quad x \approx 3{,}832;\ 7{,}016;\ 10{,}173;\ \ldots$$

$$J_2(x) \approx 0 \quad \text{bei} \quad x \approx 5{,}135;\ 8{,}417;\ 11{,}174;\ \ldots \tag{3.3.2/6}$$

Als weitere Besonderheiten seien erwähnt, daß auch die Trägerkomponente von $\Delta\varphi_T$ abhängig ist, und daß Spektrallinien nachfolgender höherer Ordnung nicht immer kleiner als die vorausgehenden sein müssen. Dies erklärt sich ebenfalls aus dem Verlauf der Besselfunktionen.

- **Beispiel 3.3.2/1:** Es ist der Nachweis zu führen, daß der Ausdruck $\exp[j\,\Delta\varphi_T \cdot \cos(\omega_S t)]$ aus (3.3.2/1) durch die in (3.3.2/2) angegebene komplexe Reihe darstellbar ist.

Lösung:

Allgemein gilt nach [1]

(1) $e^z = 1 + \dfrac{z}{1!} + \dfrac{z^2}{2!} + \dfrac{z^3}{3!} + \ldots \quad$ bzw.

(2) $e^{jx} = 1 + jx + \dfrac{(jx)^2}{2!} + \dfrac{(jx)^3}{3!} + \ldots$

Mit $x = \Delta\varphi_T \cos(\omega_S t)$ wird aus (2):

(3) $\exp[j\,\Delta\varphi_T \cdot \cos(\omega_S t)] = 1 + j\,\Delta\varphi_T \cdot \cos(\omega_S t) + \dfrac{1}{2!}j^2(\Delta\varphi_T)^2 \cdot \cos^2(\omega_S t)$

$\qquad\qquad\qquad + \dfrac{1}{3!}j^3(\Delta\varphi_T)^3 \cdot \cos^3(\omega_S t) + \ldots$

Mit den trigonometrischen Umformungen (A25) und (A37) wird aus (3):

(4) $\exp[j\,\Delta\varphi_T \cdot \cos(\omega_S t)] = 1 + j\,\Delta\varphi_T \cdot \cos(\omega_S t)$

$\qquad\qquad\qquad + \dfrac{1}{2!} \cdot j^2(\Delta\varphi_T)^2 \cdot \dfrac{1}{2}[1 + \cos(2 \cdot \omega_S t)]$

$\qquad\qquad\qquad + \dfrac{1}{3!} \cdot j^3(\Delta\varphi_T)^3 \cdot \dfrac{1}{4}[\cos(3 \cdot \omega_S t) + 3 \cdot \cos(\omega_S t)]$

$\qquad\qquad\qquad + \dfrac{1}{4!} \cdot j^4(\Delta\varphi_T)^4 \cdot \dfrac{1}{8}[\cos(4 \cdot \omega_S t) + 4 \cdot \cos(2 \cdot \omega_S t) + 3] + \ldots$

Ordnet man (4) nach Harmonischen von $(\omega_S t)$, so erhält man

(5) $\exp[j\,\Delta\varphi_T \cdot \cos(\omega_S t)] = \left[1 - \left(\dfrac{\Delta\varphi_T}{2}\right)^2 + \dfrac{1}{4}\left(\dfrac{\Delta\varphi_T}{2}\right)^4 - \dfrac{1}{36}\left(\dfrac{\Delta\varphi_T}{2}\right)^6 + - \ldots\right]$

$\qquad\qquad + 2j\left[\left(\dfrac{\Delta\varphi_T}{2}\right) - \dfrac{1}{2}\left(\dfrac{\Delta\varphi_T}{2}\right)^3 + \dfrac{1}{12}\left(\dfrac{\Delta\varphi_T}{2}\right)^5 - + \ldots\right]\cos(\omega_S t)$

$\qquad\qquad + 2j^2\left[\dfrac{1}{2}\left(\dfrac{\Delta\varphi_T}{2}\right)^2 - \dfrac{1}{6}\left(\dfrac{\Delta\varphi_T}{2}\right)^4 + \dfrac{1}{48}\left(\dfrac{\Delta\varphi_T}{2}\right)^6 - + \ldots\right]\cos(2 \cdot \omega_S t)$

$\qquad\qquad + 2j^3\left[\dfrac{1}{6}\left(\dfrac{\Delta\varphi_T}{2}\right)^3 - \dfrac{1}{24}\left(\dfrac{\Delta\varphi_T}{2}\right)^5 + - \ldots\right]\cos(3 \cdot \omega_S t)$

$\qquad\qquad + \ldots$.

Die eckigen Klammern in (5) stellen die oben schon bekannten Besselfunktionen 1. Art und n-ter Ordnung $J_n(x)$ dar. Der Nachweis hierzu läßt sich mit Hilfe von (3.3.2/3) leicht führen.

Für $n = 0$ gilt:

(6) $J_0(x) = \displaystyle\sum_{i=0}^{\infty} \dfrac{(-1)^i \left(\dfrac{x}{2}\right)^{2i}}{i! \cdot i!} = 1 - \left(\dfrac{x}{2}\right)^2 + \dfrac{1}{4}\left(\dfrac{x}{2}\right)^4 - \ldots$

bzw. für $n = 1$ gilt nach (3.3.2/3):

(7) $J_1(x) = \displaystyle\sum_{i=0}^{\infty} \dfrac{(-1)^i \left(\dfrac{x}{2}\right)^{1+2i}}{i!\,(1+i)!} = \left(\dfrac{x}{2}\right) - \dfrac{1}{2}\left(\dfrac{x}{2}\right)^3 + - \ldots$.

Mit (6) und (7) in (5) erhält man

(8) $\exp[j\,\Delta\varphi_T \cdot \cos(\omega_S t)] = J_0(\Delta\varphi_T) + 2 \cdot jJ_1(\Delta\varphi_T) \cdot \cos(\omega_S t)$

$\qquad\qquad\qquad - 2 \cdot J_2(\Delta\varphi_T) \cdot \cos(2 \cdot \omega_S t) - j2 \cdot J_3(\Delta\varphi_T) \cdot \cos(3 \cdot \omega_S t)$

$\qquad\qquad\qquad - 2 \cdot J_4(\Delta\varphi_T) \cdot \cos(4 \cdot \omega_S t) + \ldots$

(9) $\qquad\qquad = [J_0(\Delta\varphi_T) - 2 \cdot J_2(\Delta\varphi_T) \cdot \cos(2 \cdot \omega_S t) - 2 \cdot J_4(\Delta\varphi_T) \cdot \cos(4 \cdot \omega_S t) - \ldots]$

$\qquad\qquad\quad + j[2 \cdot J_1(\Delta\varphi_T) \cdot \cos(\omega_S t) - 2 \cdot J_3(\Delta\varphi_T) \cdot \cos(3 \cdot \omega_S t) + - \ldots]$.

Somit ist gezeigt, daß der komplexe Ausdruck $\exp[j\,\Delta\varphi_T \cdot \cos(\omega_S t)]$ durch die in (3.3.2/2) bereits angegebene komplexe Reihe aus Besselfunktion darstellbar ist.

3.3 Winkelmodulation

Da grafische Darstellungen der Besselfunktionen oft relativ ungenau und Tabellenwerte nicht immer zur Hand sind, ist im Beispiel 3.3.2/2 auf eine Möglichkeit zur Berechnung hingewiesen, was zur Ermittlung von Spektren recht hilfreich sein kann.

- **Beispiel 3.3.2/2:** Erstellen Sie ein einfaches Basic-Programm für programmierbare Taschenrechner, das basierend auf der Potenzreihe von (3.3.2/3) eine tabellarische Berechnung der Besselfunktionen 1. Art und n-ter Ordnung erlaubt.

    a) Leiten Sie aus (3.3.2/3) eine Rekursionsformel für eine Iteration her.
    b) Skizzieren Sie zunächst das dazugehörige Flußdiagramm.
    c) Schreiben Sie zu b) ein kurzes Basic-Programm.

    Lösung:

    a) Nach (3.3.2/3) lauten die 2 aufeinanderfolgenden Glieder der Potenzreihe:

    $$(1) \quad a_i = \frac{(-1)^i \left(\frac{x}{2}\right)^{n+2i}}{i!(n+i)!},$$

    $$(2) \quad a_{i-1} = \frac{(-1)^{i-1} \left(\frac{x}{2}\right)^{n+2(i-1)}}{(i-1)!(n+i-1)!}.$$

    Mit $(-1)^{i-1} = (-1)^i (-1)^{-1}$ wird der Quotient aus (1) und (2)

    $$(3) \quad \frac{a_i}{a_{i-1}} = (-1) \frac{(i-1)!(n+i-1)!}{i!(n+i)!} \cdot \frac{\left(\frac{x}{2}\right)^{n+2i}}{\left(\frac{x}{2}\right)^{n+2(i-1)}}.$$

    Mit $i! = i(i-1)!$ und $(n+i)! = (n+i)(n+i-1)!$ in (3) wird

    $$\frac{a_i}{a_{i-1}} = (-1) \frac{(n+i-1)!}{i(n+i)(n+i-1)!} \left(\frac{x}{2}\right)^{n+2i-n-2(i-1)} = (-1) \frac{1}{i(n+i)} \left(\frac{x}{2}\right)^2,$$

    $$(4) \quad \frac{a_i}{a_{i-1}} = -\frac{x^2}{4i(n+i)}.$$

    Für $i = 0$ folgt aus (1) mit $0! = 1$ das Anfangsglied der Reihe

    $$(5) \quad a_0 = \frac{1}{n!} \left(\frac{x}{2}\right)^n.$$

    Somit ist mit (4) eine einfache Rekursionsformel und mit (5) ein Bezugsterm gefunden. Hierfür läßt sich ein einfaches Basic-Programm schreiben.

    b) Eingabewerte sind das Argument x und die Ordnungszahl n der Besselfunktion. Weiterhin muß eine Stellenzahl m vorgewählt werden, wodurch eine Schranke bestimmt wird, nach der die Summation (nach i Durchläufen) abgebrochen wird.

    Vor Durchführung der Summation muß noch die n-te Fakultät in einem kleinen Unterprogramm berechnet werden.

    Ein in [152] für die Berechnung der Besselfunktionen 0-ter Ordnung angegebenes Programm ist hier auf den Fall n-ter Ordnung erweitert.

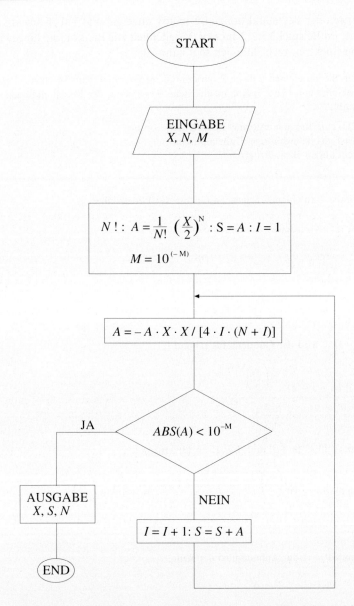

Bild 3.3.2-3 Flußdiagramm zur Berechnung der Bessel-Funktion $J_n(x)$ (zu Bsp. 3.3.2-2)

Das zugehörige Flußdiagramm ist in Bild 3.3.2-3 dargestellt.

c) 1000: PRINT "BESSELFKT N-TER ORDN"
    1010: INPUT "ARG. x = "; X
    1020: INPUT "ORDN. n = "; N
    1030: INPUT "STELLENZAHL m = "; M
    1040: M = 10^(−M)
    1050: IF X = 0 AND N = 0 LET A = 1 : GOTO 1110 :
          REM SONST FEHLERMELDUNG WEGEN 0°

3.3 Winkelmodulation

```
1060:  F = 1 : REM n!
1070:  FOR K = 1 TO N
1080:  F = F*K
1090:  NEXT K
1100:  A = ((X/2) ^ N)/F
1110:  S = A : I = 1
1120:  A = - A*X*X/(4*I*(N + 1))
1130:  IF ABS(A) < M BEEP1 : GOTO 1150
1140:  I = I + 1 : S = S + A : GOTO 1120
1150:  PRINT "x = " ; X : REM AUSGABE
1160:  PRINT "n = " ; N
1170:  PRINT "Jn(x) = " ; S
1180:  END
```

Dieses Basic-Programm benutzt nur einfache Grundbefehle und muß daher (eventuell mit geringer Modifikation) auf handelsüblichen Basic-Taschenrechnern laufen.

Wie schon weiter oben angekündigt, ist es notwendig, für technisch sinnvolle Realisierungen gewisse Vorgaben zur Festlegung der Bandbreite bei der winkelmodulierten Schwingung zu machen.

Eine Möglichkeit besteht darin, alle Spektrallinien zu berücksichtigen, deren Amplituden $\hat{u}_n \geq 0{,}1 \hat{u}_T$ sind. Dieses 10%-Kriterium führt mit (3.3.1/5) zu folgender Bandbreite:

$$B_{10\%} = 2 \cdot f_S(\Delta\varphi_T + 1) = 2 \cdot f_S\left(\frac{\Delta f_T}{f_S} + 1\right) = 2(\Delta f_T + f_S). \qquad (3.3.2/7)$$

Eine weitere Möglichkeit besteht darin, alle Spektrallinien zu erfassen, deren Amplituden $\hat{u}_n \geq 0{,}01 \hat{u}_T$ sind. Dieses 1%-Kriterium führt mit (3.3.1/5) zu folgender Bandbreite:

$$B_{1\%} = 2 \cdot f_S(\Delta\varphi_T + 2) = 2 \cdot f_S\left(\frac{\Delta f_T}{f_S} + 2\right) = 2(\Delta f_T + 2f_S). \qquad (3.3.2/8)$$

Grundsätzlich gilt, je weniger Bandbreite man für die Übertragung des Modulationsproduktes zur Verfügung stellt, umso höher ist auch der zu erwartende Klirrfaktor später beim demodulierten Signal. In [39] sind für den oft angegebenen Klirrfaktor k_3 (der 3. Harmonischen) folgende Werte genannt:

$k_3 \approx 10\%$ bei Bandbegrenzung nach (3.3.2/7) bzw.

$k_3 \approx 1\%$ bei Bandbegrenzung nach (3.3.2/8).

Wie man zu obigen Bandbreite-Beziehungen kommt, ist aus einer tabellarischen Betrachtung der Spektrallinien bei verschiedenen $\Delta\varphi_T$-Werten leicht herleitbar (s. Beispiel 3.3.2/3).

- **Beispiel 3.3.2/3:** Es ist eine Tabelle der Spektrallinien einer winkelmodulierten Schwingung für die Phasenhübe $\Delta\varphi_T = 1; 2; 5; 10$ anzulegen. Dabei sind alle Spektrallinien bis mindestens 10% von $\hat{u}_T$ zu berücksichtigen.

  a) Entnehmen Sie die Besselfunktionen einem Tabellenwerk oder berechnen Sie diese mit dem in Beispiel 3.3.2/2 angegebenen Basic-Programm.
  b) Leiten Sie aus der Tabelle eine Bandbreiten-Beziehung nach dem 10%-Kriterium ab.
  c) Zeichnen Sie die Frequenzspektren für $\Delta\varphi_T = 1; 2; 5$ untereinander in bezogener Form $|\hat{u}_n/\hat{u}_T|$ über f.

Lösung:

a) Spektrallinien $\dfrac{\hat{u}_n}{\hat{u}_T} = J_n(\Delta\varphi_T)$

$\Delta\varphi_T =$	1	2	5	10	
$J_0 =$	+0,765	+0,224	−0,178	−0,246	→ (f_T)
$J_1 =$	+0,440	+0,577	−0,328	+0,043	→ $(f_T \pm f_S)$
$J_2 =$	+0,115	+0,353	+0,047	+0,255	→ $(f_T \pm 2f_S)$
$J_3 =$	+0,019	+0,129	+0,365	+0,058	→ $(f_T \pm 3f_S)$
$J_4 =$	+0,002	+0,034	+0,391	−0,219	→ $(f_T \pm 4f_S)$
$J_5 =$		+0,007	+0,261	−0,234	→ $(f_T \pm 5f_S)$
$J_6 =$		+0,001	+0,131	−0,014	→ $(f_T \pm 6f_S)$
$J_7 =$			+0,053	+0,217	→ $(f_T \pm 7f_S)$
$J_8 =$			+0,018	+0,318	→ $(f_T \pm 8f_S)$
$J_9 =$			+0,005	+0,292	→ $(f_T \pm 9f_S)$
$J_{10} =$				+0,207	→ $(f_T \pm 10f_S)$
$J_{11} =$				+0,123	→ $(f_T \pm 11f_S)$
$J_{12} =$				+0,063	→ $(f_T \pm 12f_S)$
$J_{13} =$				+0,029	→ $(f_T \pm 13f_S)$
$J_{14} =$				+0,012	→ $(f_T \pm 14f_S)$
$J_{15} =$				+0,004	→ $(f_T \pm 15f_S)$

b) Wertet man die unter a) berechneten Spektrallinien so aus, daß man alle Spektrallinien $|\hat{u}_n/\hat{u}_T| \geq 0,1$ (10%-Kriterium) erfaßt, erhält man folgendes Ergebnis:

bei $\Delta\varphi_T = 1$ → Bandbreite $B_{10\%} = 2 \cdot 2f_S = 2 \cdot f_S(1 + 1)$;

$\Delta\varphi_T = 2$ → Bandbreite $B_{10\%} = 2 \cdot 3f_S = 2 \cdot f_S(2 + 1)$;

$\Delta\varphi_T = 5$ → Bandbreite $B_{10\%} = 2 \cdot 6f_S = 2 \cdot f_S(5 + 1)$;

$\Delta\varphi_T = 10$ → Bandbreite $B_{10\%} = 2 \cdot 11f_S = 2 \cdot f_S(10 + 1)$.

Hieraus läßt sich verallgemeinert die in (3.3.2/6) angegebene Beziehung für die Bandbreite ableiten:

$B_{10\%} = 2 \cdot f_S(\Delta\varphi_T + 1)$.

c) s. Bild 3.3.2-4.

▪ **Übung 3.3.2/1:** Berechnen Sie die Leistung P_{WM} einer winkelmodulierten Schwingung an $R = 50\,\Omega$, wenn $\hat{u}_T = 10$ V beträgt

a) für einen Phasenhub $\Delta\varphi_T = 2$,
b) für einen Phasenhub $\Delta\varphi_T = 5$.
c) Vergleichen Sie die Ergebnisse von a) und b) mit der Leistung des unmodulierten Trägers P_T.

Bei einer Winkelmodulation mit sehr kleinem Phasenhub $\Delta\varphi_T \ll 1$ ergibt sich ein Spektrum ähnlich wie bei der AM, wobei im Zeigerdiagramm die Seitenzeiger um 90° gedreht sind (s. Beispiel 3.3.2/4).

● **Beispiel 3.3.2/4:** Es soll eine Winkelmodulation bei kleinem Phasenhub ($\Delta\varphi_T \ll 1$) in Näherung betrachtet werden.

a) Berechnen Sie den Zeiger $\underline{U}_{WM}$.
b) Vergleichen Sie das Ergebnis mit dem Zeiger $\underline{U}_{AM}$.
c) Stellen Sie die Zeigerdiagramme und Spektren für a) und b) dar.

3.3 Winkelmodulation

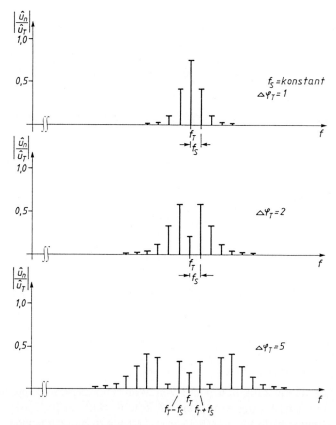

Bild 3.3.2-4 Frequenzspektren einer winkelmodulierten Schwingung für Phasenhübe $\Delta\varphi_T = 1; 2; 5$ (zu Bsp. 3.3.2/3)

Lösung:

a) Nach (3.3.2/1) war

(1) $\underline{U}_{WM} = \hat{u}_T \cdot \exp[j\omega_T t] \cdot \exp[jx]$ mit $x = \Delta\varphi_T \cdot \cos(\omega_s t)$.

Nach (2) von Beispiel 3.3.2/1 gilt für kleine x-Werte:

(2) $\exp[jx] \approx 1 + jx$.

Somit wird

(3) $\underline{U}_{WM} \approx \hat{u}_T \cdot \exp[j\omega_T t] \cdot \{1 + j\Delta\varphi_T \cdot \cos(\omega_s t) + ...\}$.

Mit $\cos\alpha = \frac{1}{2}(\exp[+j\alpha] + \exp[-j\alpha])$ in (3), erhält man für $\Delta\varphi_T \ll 1$

(4) $\underline{U}_{WM} \approx \hat{u}_T \cdot \exp[j\omega_T t] \cdot \{1 + j\frac{1}{2} \cdot \Delta\varphi_T \cdot \exp[+j\omega_s t] + j\frac{1}{2} \cdot \Delta\varphi_T \cdot \exp[-j\omega_s t]\}$.

b) Zum Vergleich sei nochmals $\underline{U}_{AM}$ aus (3.2.1/10) angeführt

(5) $\underline{U}_{AM} = \hat{u}_T \cdot \exp[j\omega_T t]\{1 + \frac{1}{2}m \cdot \exp[+j\omega_s t] + \frac{1}{2}m \cdot \exp[-j\omega_s t]\}$.

In (4) sind die beiden Seitenzeiger der WM um 90° gegenüber den Seitenzeigern der AM gedreht. Auch das Spektrum besteht nur noch aus 3 Spektrallinien, so daß die Bandbreite hier wie bei der AM nur $B \approx 2f_{S\max}$ beträgt (Bild 3.3.2-5).

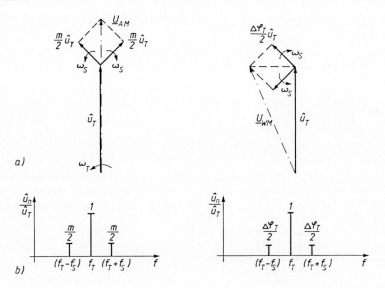

Bild 3.3.2-5 Winkelmodulation bei kleinem Phasenhub ($\Delta\varphi_T \ll 1$) im Vergleich zur AM (zu Bsp. 3.3.2/4)
a) Zeigerdiagramme
b) Spektren

3.3.3 Unterscheidung zwischen Frequenz- und Phasenmodulation

Bisher ist bei der theoretischen Betrachtung immer nur von Winkelmodulation gesprochen worden, denn es wurde schon am Anfang von Kap. 3.3 betont, daß nach (3.3/2) der Momentanphasenwinkel $\varphi_{WM}(t)$ und die Momentanfrequenz $f_{WM}(t)$ eng zusammenhängen und somit Frequenz- und Phasenmodulation gleichzeitig auftreten. Auch der Zeitverlauf $u_{WM}(t)$ und das Frequenzspektrum sind für beide Modulationsarten durch dieselbe Gleichung beschreibbar.

Dennoch unterscheidet man in der Praxis zwischen Frequenz- und Phasenmodulation und zwar dient hierbei als Kriterium, welche Größe (Frequenz oder Phase) in der Modulatorschaltung durch das modulierende Signal $u_S(t)$ direkt beeinflußt wird.

Zur Erzeugung einer Frequenzmodulation geht man typisch von einer Oszillatorschaltung aus, die im unmodulierten Zustand auf der Trägerfrequenz f_T schwingt. Die momentane Schwingfrequenz $f_{WM}(t)$ entsteht durch Einfluß des modulierenden Signales $u_S(t)$, das die Oszillatorschaltung (z. B. über Kapazitätsdioden) periodisch um die Werte $\pm\Delta f_T$ gegenüber der Trägerruhelage f_T verstimmt.

Bei der hier vorliegenden FM ist es zweckmäßig, sich auf (3.3.1/4) zu beziehen, wonach gilt

$$f_{WM}(t) = f_T - f_{TS}(t)$$
$$= f_T - \Delta f_T \cdot \sin(\omega_S t). \qquad (3.3.3/1)$$

Nach (3.3.3/1) ist bei FM der Frequenzanteil $f_{TS}(t)$ proportional zum modulierenden Signal $u_S(t)$ und der Frequenzhub Δf_T proportional zur Amplitude $\hat{u}_S$, somit ist also

$$f_{TS}(t) \sim u_S(t) \quad \text{bzw.} \quad \Delta f_T \sim \hat{u}_S. \qquad (3.3.3/2)$$

3.3 Winkelmodulation

Da man sich bei der Frequenzmodulation unter dem Begriff Phasenhub wenig vorstellen kann und die häufigsten praktischen Anwendungsfälle von der Frequenzmodulation ausgehen, spricht man in der Literatur bei der FM vom Modulationsindex M statt vom Phasenhub $\Delta\varphi_T$. Dies ist natürlich nur ein Formalismus und mit (3.3.1/5) gilt für den Modulationsindex als Rechengröße

$$M = \Delta\varphi_T = \frac{\Delta f_T}{f_S}. \qquad (3.3.3/3)$$

Zur Erzeugung einer Phasenmodulation kann man z. B. von einer ESB-AM (mit Trägerrest) ausgehen, bei der bekanntlich eine Phasenabweichung zwischen dem resultierenden Zeiger und dem Trägerrest-Zeiger auftritt (vgl. Bild 3.2.2-6). Der Hüllkurven-Zeiger pendelt hierbei periodisch gegenüber dem Trägerrest-Zeiger $\underline{U}_{TR}$ um maximal $\pm\Delta\varphi_T$ (vgl. auch das Pendel-Zeigerdiagramm von Bild 3.3.1-1).

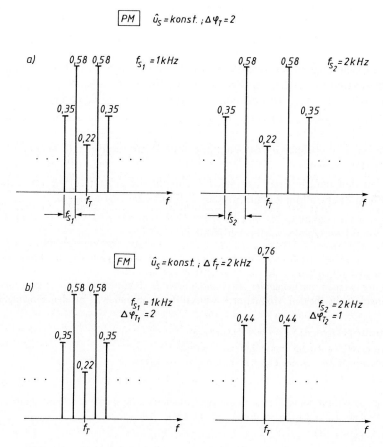

Bild 3.3.3-1 Frequenzspektren für 2 verschiedene f_S-Werte bei konstanter Lautstärke ($\hat{u}_S$ = konst.) zu Bsp. 3.3.3/1
  a) bei PM
  b) bei FM

Bei der hier vorliegenden PM ist es zweckmäßiger, von (3.3.1/2) auszugehen und die Verhältnisse primär durch diese Gleichung zu beschreiben. Es gilt hier

$$\varphi_{WM}(t) = \varphi_T + \varphi_{TS}(t)$$
$$= \varphi_T + \Delta\varphi_T \cdot \cos(\omega_S t). \qquad (3.3.3/4)$$

Bei der PM ist jetzt der Phasenanteil $\varphi_{TS}(t)$ proportional zum modulierenden Signal $u_S(t)$ und der Phasenhub $\Delta\varphi_T$ proportional zur Amplitude $\hat{u}_S$, somit ist also

$$\varphi_{TS}(t) \sim u_S(t), \qquad \Delta\varphi_T \sim \hat{u}_S. \qquad (3.3.3/5)$$

Da aber bei FM und PM der Frequenzhub Δf_T und der Phasenhub $\Delta\varphi_T$ nach (3.3.1/5) über die modulierende Frequenz f_S zusammenhängen, muß sich bei der FM, wo Δf_T (für $\hat{u}_S$ = konst.) Bezugsgröße ist, der Modulationsindex M (und damit $\Delta\varphi_T$) mit f_S ändern

$$M = \frac{1}{f_S} \Delta f_T. \qquad (3.3.3/6)$$

Bei der PM dagegen, wo $\Delta\varphi_T$ (für $\hat{u}_S$ = konst.) Bezugsgröße ist, muß sich der Frequenzhub Δf_T mit f_S ändern

$$\Delta f_T = f_S \Delta\varphi_T. \qquad (3.3.3/7)$$

Auf Grund dieser Zusammenhänge lassen sich die beiden Modulationsarten FM und PM an Hand von 2 Frequenzspektren unterscheiden. Bedingung hierfür ist: es müssen 2 Frequenz-Spektren für unterschiedliche f_S-Werte bei konstanter Eingangsamplitude $\hat{u}_S$ vorliegen.

Ändern sich in den beiden Frequenzspektren nur die Abstände nicht aber die Amplituden der jeweiligen Spektrallinien, dann muß es sich um eine PM handeln. Grund hierfür ist, daß die Spektrallinien von den Besselfunktionen $J_n(\Delta\varphi_T)$ abhängen und definitionsgemäß bei der PM $\Delta\varphi_T$ unabhängig von f_S konstant ist.

Ändern sich dagegen in den beiden Frequenzspektren sowohl die Abstände wie auch die Amplituden der jeweiligen Spektrallinien, dann muß es sich um eine FM handeln.

Die obigen wichtigen Zusammenhänge bei den Frequenzspektren von PM und FM sind im Beispiel 3.3.3/1 noch einmal mit Zahlenwerten verdeutlicht.

- **Beispiel 3.3.3/1:** Es sollen die Frequenzspektren eines Phasenmodulators M_1 und eines Frequenzmodulators M_2 miteinander verglichen werden. Die Trägerruhelage bei beiden Modulatoren ist f_T. An jeden Modulatoreingang werden nacheinander zwei modulierende Frequenzen $f_{S1} = 1$ kHz und $f_{S2} = 2f_{S1} = 2$ kHz angelegt. Bei beiden Modulatoren werden die Amplituden $\hat{u}_S$ an den Eingängen konstant gehalten.

Zeichnen Sie die Frequenzspektren $|\hat{u}_n/\hat{u}_T|$ an den Ausgängen
a) des Phasenmodulators M_1 bei einem Phasenhub $\Delta\varphi_T = \pm 2$.
b) des Frequenzmodulators M_2 bei einem Frequenzhub $\Delta f_T = \pm 2$ kHz.

Lösung:

a) Die Zahlenwerte der Besselfunktionen sind z. B. aus der Tabelle von Beispiel 3.3.2-3 entnehmbar:
   PM: $\Delta\varphi_T = 2$, bei $f_{S1} = 1$ kHz und bei $f_{S2} = 2$ kHz.

b) FM: $\Delta f_T = 2$ kHz, bei $f_{S1} = 1$ kHz → nach (3.3.3/6) $M = \Delta\varphi_T = 2$,
   bei $f_{S2} = 2$ kHz → nach (3.3.3/6) $M = \Delta\varphi_T = 1$.

Die Darstellung der Spektren erfolgt in Bild 3.3.3-1. Deutlich ist erkennbar, daß bei einer modulierenden Frequenz f_{S1} allein eine Unterscheidung zwischen PM und FM aus dem Spektrum heraus nicht möglich ist, dagegen bei 2 modulierenden Frequenzen die Trennung klar hervorgeht.

3.3 Winkelmodulation

■ **Übung 3.3.3/1:** Von zwei Winkelmodulatoren liegen auszugsweise die nachfolgend an den Modulatorausgängen gemessenen Beträge der Spektrallinien vor. Die Trägeramplituden im unmodulierten Zustand betragen bei beiden Modulatoren $\hat{u}_T = 100$ V.

Modulator M_1:

f/kHz	742	744	746	748	750	752	1. Messung
$|\hat{u}_n|$/V	36,5	4,7	32,8	17,8	32,8	4,7	
f/kHz	728	733	738	743	748	753	2. Messung
$|\hat{u}_n|$/V	39,1	36,5	4,7	32,8	17,8	32,8	

Modulator M_2:

f/kHz	447	451	455	459	463	467	671	1. Messung
$|\hat{u}_n|$/V	25,5	4,3	24,6	4,3	25,5	5,8	21,9	
f/kHz	355	375	395	415	435	455	475	2. Messung
$|\hat{u}_n|$/V	0,7	3,4	12,9	35,3	57,7	22,4	57,7	

a) Wo liegen die Trägerruhelagen von $M_1(f_{T1})$ und von $M_2(f_{T2})$?
b) Wie groß sind die Phasenhübe $\Delta\varphi_{T1}$ und $\Delta\varphi_{T2}$ sowie die Frequenzhübe Δf_{T1} uns Δf_{T2} der Spektren von M_1?
c) Wie groß sind die Phasenhübe $\Delta\varphi_{T1}$ und $\Delta\varphi_{T2}$ sowie die Frequenzhübe Δf_{T1} und Δf_{T2} der Spektren von M_2?
d) Welche Modulationsarten liegen bei M_1 und M_2 vor?

3.3.4 Erzeugung einer FM

Wie bereits im Kapitel 3.3.3 ausgeführt, geht man bei der Erzeugung einer FM i. a. von einer Oszillatorschaltung (z. B. LC-Oszillator) aus. Mit Hilfe einer Kapazitätsdioden-Schaltung, die an den frequenzbestimmenden Schwingkreis des Oszillators angekoppelt ist, wird in Abhängigkeit vom modulierenden Signal $u_S(t)$ die momentane Schwingfrequenz periodisch verändert.

In Bild 3.3.4-1a ist das Grundprinzip dargestellt. Auf mögliche Oszillatorschaltungen wird im Kapitel 6 näher eingegangen. Im Augenblick soll nur der frequenzbestimmende Parallelschwingkreis selbst (bestehend aus L_P und C_P) und die Einflußnahme auf diesen durch die Kapazitätsdiode betrachtet werden. Die Kapazitätsdiode mit der Kapazität C_D wird in Sperrichtung betrieben, da sie nur so einen Kondensator mit technisch hinreichender Güte darstellt. Die Kapazität C_1 bewirkt, daß $U_=$ nicht über L_P kurzgeschlossen wird. Die HF-Drossel L_{DR} verhindert eine hochfrequenzmäßige Bedämpfung des Schwingkreises.

In Bild 3.3.4-1b ist der Kapazitätsverlauf C_D einer Kapazitätsdiode in Abhängigkeit von der Sperrspannung U_R an der Diode dargestellt. Hierbei wird durch den Wert $U_=$ der Arbeitspunkt festgelegt und damit eine Grundkapazität C_{D0} eingestellt. Unter der Annahme, daß die Schwingfrequenz des Oszillators gleich der Resonanzfrequenz des Parallelschwingkreises ist, ergibt sich für die Oszillatorfrequenz

$$f_0(t) = \frac{1}{2\pi \sqrt{L_P(C_P + C^*)}}, \qquad (3.3.4/1)$$

mit

$$C^* = \frac{C_1 \cdot C_D}{C_1 + C_D} = C_D \frac{1}{1 + C_D/C_1}. \qquad (3.3.4/2)$$

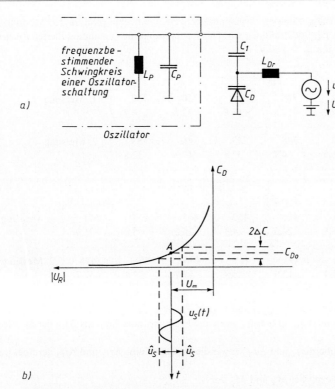

Bild 3.3.4-1 Erzeugung einer FM mit Kapazitätsdiode
    a) Prinzipschaltung
    b) Kennlinie $C_D = f(U_R)$ einer Kapazitätsdiode

Nach Bild 3.3.4-1b beträgt im unmodulierten Zustand (für $u_S(t) = 0$), wenn nur die Gleichspannung $U_=$ anliegt, $C_D = C_{D0}$. Ist ein modulierendes Signal $u_S(t)$ vorhanden, das der Gleichspannung $U_=$ überlagert ist, so wird die Kapazität C_D periodisch um C_{D0} herum verändert, d. h. es gilt

$$C_D = C_{D0} + C_{DS}(t), \qquad (3.3.4/3)$$

mit $C_{DS}(t) \sim u_s(t)$.

Über (3.3.4/3) und (3.3.4/2) wird in (3.3.4/1) auch die Schwingfrequenz f_0 des Oszillators periodisch verstimmt, d. h. im Oszillator findet eine Frequenzmodulation statt.

Allerdings lassen sich nur bei der Aussteuerung in einem kleinen Bereich annähernd lineare Verhältnisse zu Grunde legen. Diese Problematik wird näher im Beispiel 3.3.4/1 verfolgt.

Häufig verwendet man Doppelkapazitätsdioden nach Bild 3.3.4-2a. Gleichspannungsmäßig liegen diese Kapazitätsdioden parallel, während sie hochfrequenzmäßig gegeneinander geschaltet sind. Hierdurch ergibt sich eine teilweise Reduzierung der Verzerrung sowie ein weitgehender Ausgleich des Einflusses der Schwingkreisspannung $\hat{u}_T$ auf die Gesamtkapazität der Dioden. Dies ist aus den Spannungspfeilen von Bild 3.3.4-2a zu entnehmen. Wird z. B. durch die Trägerspannung C_{D1} größer, verringert sich gleichzeitig C_{D2} und umgekehrt. Dadurch bleibt die Gesamtkapazität C^* konstant, denn es gilt für die Reihenschaltung $1/C^* = 1/C_{D1} + 1/C_{D2}$.

3.3 Winkelmodulation

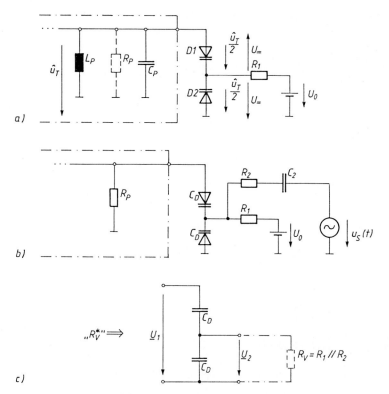

Bild 3.3.4-2 FM mit Doppelkapazitätsdiode
a) Kompensation des Einflusses von $\hat{u}_T$ auf C^*
b) Reale Ansteuerung bei der Modulation
c) Ersatzbild zur Ermittlung der Schwingkreisbedämpfung R_V^*

Wichtig ist auch, daß durch die angekoppelten Kapazitätsdioden mit ihrer Beschaltung R_1, R_2 (Bild 3.3.4-2b) die Güte des Parallelschwingkreises nur wenig verringert wird. Betrachtungen hierzu sind im Beispiel 3.3.4/2 angestellt.

- **Beispiel 3.3.4/1:** Durch Eingriff in den frequenzbestimmenden Schwingkreis der Oszillatorschaltung mittels Kapazitätsdiode nach Bild 3.3.4-1a und $C_1 = C_D$ soll eine Frequenzmodulation stattfinden.
a) Berechnen Sie die Momentanfrequenz $f_0(t)$ für kleine Aussteuerung.
b) Berechnen Sie den Frequenzhub Δf_T.

Lösung:

a) Nach (3.3.4/1) mit $C_1 = C_D$ ist

(1) $f_0(t) = \dfrac{1}{2\pi \sqrt{L_P(C_P + \frac{1}{2} \cdot C_D)}}$,

wobei unter der Annahme kleiner sinusförmiger Aussteuerung gilt:

(2) $C_D = C_{D0} + C_{DS}(t) = C_{D0} + \Delta C \cdot \sin(\omega_S t)$, mit
(3) $\Delta C = k_1 \cdot \hat{u}_S$.

Der Proportionalitätsfaktor k_1 hängt von der Steilheit der Kapazitätsdiodenkennlinie ab. Damit wird

$$(4) \quad f_0(t) = \frac{1}{2\pi \sqrt{L_P} \sqrt{(C_P + C_{D0}) + \frac{1}{2} \cdot C_{DS}(t)}}.$$

Nähert man den Wurzelausdruck nach [1] für kleine x-Werte durch

$$(5) \quad \frac{1}{\sqrt{a^2 + x}} \approx \frac{1}{a}\left(1 - \frac{1}{2a^2}x\right),$$

wobei hier

$$(6) \quad a^2 = (C_P + C_{D0}) \text{ sowie } x = \frac{1}{2} \cdot C_{DS}(t),$$

so gilt für kleine Aussteuerung:

$$f_0(t) \approx \frac{1}{2\pi \sqrt{L_P(C_P + C_{D0})}} \left\{1 - \frac{1}{4} \cdot \frac{C_{DS}(t)}{(C_P + C_{D0})}\right\}$$

$$\approx f_{T0}\left\{1 - \frac{1}{4} \cdot \frac{\Delta C}{(C_P + C_{D0})} \cdot \sin(\omega_S t)\right\}$$

$$(7) \quad \approx f_{T0}\left\{1 - \frac{1}{4} \cdot \frac{k_1}{C_P + C_{D0}} \cdot \hat{u}_S \sin(\omega_S t)\right\}$$

$$(8) \quad \approx f_{T0} - f_{T0} \cdot \frac{k_1 \cdot \hat{u}_S}{4(C_P + C_{D0})} \cdot \sin(\omega_S t).$$

b) Vergleicht man (8) mit (3.3.1/4), so läßt sich als Frequenzhub entnehmen

$$(9) \quad \Delta f_T = f_{T0} \cdot \frac{k_1 \cdot \hat{u}_S}{4(C_P + C_{D0})}.$$

Von guter Linearität bei (9) kann man ausgehen, wenn $\Delta f_T \approx \pm 1\%$ von f_{T0} beträgt; dies ist i. a. für modulierende Tonsignale $u_S(t)$ aus dem NF-Bereich ausreichend.

- **Beispiel 3.3.4/2:** Der Verlustwiderstand des Parallelschwingkreises bei Resonanz f_0 betrage $R_P = 10$ kΩ (Bild 3.3.4-2b). Der Kondensator C_2 sei als wechselmäßiger Kurzschluß auffaßbar. Die Ankoppelwiderstände betragen $R_1 = R_2 = 200$ kΩ. Die beiden Kapazitätsdioden sind als verlustlose gleich große Kapazitäten aufzufassen.
  a) Schätzen Sie den Bedämpfungseinfluß durch die Widerstände R_1 und R_2 auf den Schwingkreis ab.
  b) Um wieviel % verschlechtert sich die Güte des Schwingkreises?

Lösung:

a) Betrachtet man im wechselmäßigen Ersatzschaltbild (Bild 3.3.4-2c) die beiden Kapazitätsdioden als kapazitiven Spannungsteiler, der sich auf Grund der hochohmigen Last $R_V = R_1 \parallel R_2$ annähernd im Leerlauf befindet, so läßt sich näherungsweise ein Übersetzungsverhältnis $\ddot{u}_C$ ansetzen als

$$(1) \quad \ddot{u}_C = \frac{U_1}{U_2} \approx \frac{\frac{1}{\omega C^*}}{\frac{1}{\omega C_D}} \approx \frac{C_D}{C^*}.$$

Mit der Gesamtkapazität $C^* = \frac{1}{2} \cdot C_D$ für $C_1 = C_D$ wird

$$(2) \quad \ddot{u}_C = \frac{U_1}{U_2} \approx 2.$$

Führt man eine Wirkleistungsbilanz am Ein- und Ausgang durch, so muß die in dem gesamten Ersatzwiderstand R_V^* umgesetzte Wirkleistung P_1 gleich der an R_V auftretenden Wirkleistung P_2 sein.

$$P_1 = P_2 \rightarrow \frac{U_1^2}{R_V^*} = \frac{U_2^2}{R_V} \quad \text{bzw.}$$

(3) $\quad R_V^* = \left(\frac{U_1}{U_2}\right)^2 R_V = \ddot{u}_C^2 \cdot R_V \approx 4 \cdot R_V$.

Mit $R_V = R_1 \parallel R_2 = 200 \text{ k}\Omega \parallel 200 \text{ k}\Omega = 100 \text{ k}\Omega$ ergibt sich als zusätzliche Bedämpfung des Schwingkreises

$R_V^* \approx 400 \text{ k}\Omega$.

Der Gesamtverlustwiderstand $R_{P\,ges}$ für die Schaltung beträgt damit

(4) $\quad R_{P\,ges} = R_P \parallel R_V^* \approx 10 \text{ k}\Omega \parallel 400 \text{ k}\Omega \approx 9{,}756 \text{ k}\Omega$.

b) Da die Güte Q beim Parallelschwingkreis proportional zum Gesamtverlustwiderstand $R_{P\,ges}$ ist, beträgt somit die Abnahme der Güte ca. 2,4%. Es sind also hochohmige Widerstände R_1, R_2 erforderlich, damit die Gesamtgüte möglichst wenig verringert wird!

Als Nachteil der obigen LC-Oscillatorschaltung ist die schlechte Konstanz der Trägerruhelage zu nennen, die für hohe Anforderungen beim Einsatz in Sendern i. a. nicht ausreicht. Hier muß man auf quarzstabilisierte Oszillatorschaltungen (im Steuersender) zurückgreifen, bei denen meist nur relativ kleine Frequenzhübe realisierbar sind. Eine Möglichkeit, dennoch zu dem gewünschten größeren Frequenzhub zu kommen, ergibt die Hubvervielfachung mit Hilfe von Frequenzvervielfacherstufen im C-Betrieb (s. Kapitel 5.5).

Das grundsätzliche Prinzip der *Hubvervielfachung* ist im Beispiel 3.3.4/3 an Hand von Zahlenwerten gezeigt. Dabei ergibt sich sowohl eine Vervielfachung des Frequenzhubes Δf_T wie auch des Phasenhubes $\Delta \varphi_T$, da beide Größen nach (3.3.1/5) zueinander proportional sind.

- **Beispiel 3.3.4/3:** In einem quarzstabilisierten Oszillator bei einer Trägerruhelage $f_{T1} = 27 \text{ MHz}$ soll eine FM mit $f_S = 1 \text{ kHz}$ stattfinden. Die gewünschte Ausgangsfrequenz des Senders von $f_{T2} = 162 \text{ MHz}$ mit einem max. Frequenzhub $\Delta f_{T2} = 12 \text{ kHz}$ soll durch Frequenzvervielfachung erreicht werden.
  a) Wieviele Vervielfacherstufen werden benötigt?
  b) Mit welchem Frequenzhub Δf_{T1} muß man den Quarzoszillator ziehen?
  c) Welchen Vorteil hat man im Empfänger, wenn dort das Modulationsprodukt f_{T2} auf eine Zwischenfrequenz $f_{T3} = 2 \text{ MHz}$ umgesetzt wird?
  d) Wie groß sind die Modulationsindizes M_1 und M_2?

Lösung:

a) Im vorliegenden Fall ist ein Vervielfachungsfaktor 6 erforderlich, da $\dfrac{f_{T2}}{f_{T1}} = \dfrac{162 \text{ MHz}}{27 \text{ MHz}} = 6$.
Dies realisiert man sinnvoll durch 2 Vervielfacherstufen (Faktoren 3 und 2).

b) $\Delta f_{T1} = \dfrac{\Delta f_{T2}}{6} = 2 \text{ kHz}$.

In diesem Bereich ist ein Ziehen des Quarzes unkritisch.

c) Bei der Mischung (Differenzbildung mit der Frequenz des Empfängeroszillators!) im Tuner ergibt sich damit für das FM-Signal vor der Demodulation:
Trägerlage $f_{T3} = 2 \text{ MHz}$ und Frequenzhub $\Delta f_{T3} = \Delta f_{T2} = 12 \text{ kHz}$.
Damit erhält man, auf f_{T3} bezogen, einen recht guten Frequenzhub, was sich in einer größeren Amplitude $\hat{u}_S$ des demodulierten Signales bemerkbar macht.

d) Da nach (3.3.3/3) der Modulationsindex

$$M = \Delta\varphi_T = \frac{\Delta f_T}{f_S}$$

beträgt, ergeben sich für $f_S = 1$ kHz die folgenden Werte:

$$M_1 = \frac{2\,\text{kHz}}{1\,\text{kHz}} = 2 \text{ und } M_2 = \frac{12\,\text{kHz}}{1\text{kHz}} = 12.$$

Die Frequenzvervielfachung vergrößert also auch den Phasenhub.

Ein weiteres Verfahren, zu einem größeren Frequenzhub zu gelangen, läßt sich, wie bereits in Beispiel 3.3.4/3 erkennbar, durch Mischung erreichen. Hier führt man die FM bei relativ hoher Trägerlage durch (kleine prozentuale Änderung) und mischt das Modulationsprodukt in die gewünschte tiefere Lage. Um z. B. bei $f_T = 70$ MHz einen Frequenzhub $\Delta f_T = \pm 4$ MHz (für ein Videosignal) zu erreichen, könnte man eine FM bei $f_1 = 3070$ MHz mit $\Delta f_T = \pm 4$ MHz durchführen und dann das Modulationsprodukt mit einem Hilfsträger $f_2 = 3000$ MHz auf f_T herabmischen ($f_T = f_1 - f_2$).

Bei der FM nimmt man vor dem Modulator i. a. eine Anhebung der höheren f_S-Werte vor (sog. *Preemphasis* oder Vorverzerrung). Nach der Demodulation senkt man dann die angehobenen f_S-Werte wieder ab (sog. *Deemphasis* oder Nachverzerrung). Dies bringt eine Verbesserung des Störabstandes, da sich durch die Anhebung der meist kleinen Höhenanteile

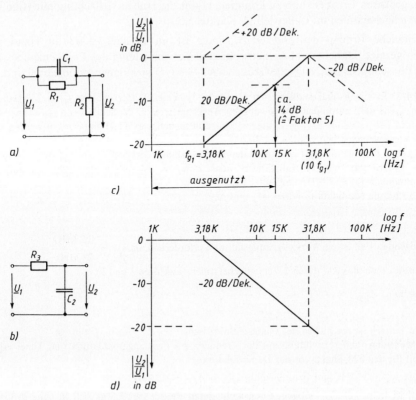

Bild 3.3.4-3 Preemphasis und Deemphasis bei FM für $\tau = 50$ µs und $R_1 = 9R_2$ (zu Bsp. 3.3.4/4)

3.3 Winkelmodulation

ein besserer Modulationsindex M ergibt, der nach [51, 39] zur Unterdrückung von Störungen (Sinusstörungen und Rauschen) bei den Höhen führt.

Beim UKW-Rundfunk ist nach CCIR für Pre- und Deemphasis eine Zeitkonstante $\tau = 50\ \mu s$ genormt, d. h. daß hier die Grenzfrequenz für die Höhenanhebung bzw. -absenkung bei $f_g = 1/(2\pi\tau) = 1/(100\pi \cdot 10^{-6}\ s) = 3{,}18\ kHz$ liegt. Bei einfachen RC-Gliedern, die einen Amplitudenanstieg bzw. -abfall von 20 dB/Dekade (= Faktor 10) besitzen, wird somit beim UKW-Rundfunk z. B. durch die Preemphasis die Amplitude $\hat{u}_S$ vor dem Modulator bei $f_{S\,max} = 15\ kHz$ etwa um den Faktor $f_{S\,max}/f_g$, d. h. um den Wert 5 gegenüber dem Bezugswert unterhalb von f_g angehoben (Beispiel 3.3.4/4).

Bei der Übertragung von Fernsehbildern nach dem MAC-Verfahren (= Multiplexed Analogue Components) über Direktsatellit werden die (zeitlich komprimierten) analogen Videosignalkomponenten nach erfolgter Preemphasis einem FM-Modulator zugeführt.

Schaltbeispiele zur Pre- und Deemphasis auch für breitbandigere Signale (Videosignale) sind in [39] dargestellt.

- **Beispiel 3.3.4/4:** Es sollen 2 Schaltungen zur Preemphasis und Deemphasis aus einfachen RC-Gliedern nach Bild 3.3.4-3 für $\tau = 50\ \mu s$ und $R_1 = 9 \cdot R_2$ untersucht werden.
  a) Berechnen Sie die komplexen Übertragungsfaktoren $\underline{U}_2/\underline{U}_1$ für die beiden Schaltungen.
  b) Entnehmen Sie aus a) die Frequenzgänge und skizzieren Sie diese schematisch in logarithmischer Darstellung (Bodediagramm).

Lösung:

a) Preemphasis (Bild 3.3.4-3a):

$$(1)\quad \frac{\underline{U}_2}{\underline{U}_1} = \frac{\underline{Z}_2}{\underline{Z}_2 + \underline{Z}_1} = \frac{R_2}{R_2 + \dfrac{R_1}{(1 + j\omega C_1 R_1)}} = \frac{R_2(1 + j\omega C_1 R_1)}{R_2(1 + j\omega C_1 R_1) + R_1}$$

$$= \frac{R_2(1 + j\omega C_1 R_1)}{R_1 + R_2 + j\omega C_1 R_1 R_2} = \frac{R_2}{R_1 + R_2} \cdot \frac{(1 + j\omega C_1 R_1)}{\left[1 + j\omega \dfrac{C_1 R_1 R_2}{R_1 + R_2}\right]}$$

$$= \frac{R_2}{R_1 + R_2} \cdot \frac{(1 + j\omega\tau_1)}{(1 + j\omega\tau_2)}$$

Grenzfrequenzen

$$(2)\quad f_{g1} = \frac{\omega_1}{2\pi} = \frac{1}{2\pi\tau_1} \quad \text{und}$$

$$(3)\quad f_{g2} = \frac{\omega_2}{2\pi} = \frac{1}{2\pi\tau_2} = \frac{1}{2\pi} \cdot \frac{R_1 + R_2}{R_2} \cdot \frac{1}{\tau_1}$$

mit $\tau_1 = 50\ \mu s \rightarrow f_{g1} = \dfrac{1}{2\pi \cdot 50 \cdot 10^{-6}} = \dfrac{1}{100\pi \cdot 10^{-6}} = 3{,}183\ kHz$ und für

$R_1 = 9 \cdot R_2 \rightarrow f_{g2} = 10 \cdot f_{g1} = 31{,}83\ kHz$.

Deemphasis (Bild 3.3.4-3b):

$$(4)\quad \frac{\underline{U}_2}{\underline{U}_1} = \frac{\underline{Z}_2}{\underline{Z}_1 + \underline{Z}_2} = \frac{\dfrac{1}{(j\omega C_2)}}{R_3 + \dfrac{1}{j\omega C_2}} = \frac{1}{1 + j\omega C_2 R_3} = \frac{1}{1 + j\omega\tau_3}.$$

Grenzfrequenz $f_{g3} = \dfrac{\omega_3}{2\pi} = \dfrac{1}{2\pi\tau_3}$,

mit $\tau_3 = 50\ \mu s \rightarrow f_{g3} = 3{,}183$ kHz.
b) Frequenzgänge (Beträge) aus (1):

$$(5)\quad \left|\dfrac{U_2}{U_1}\right| = \dfrac{R_2}{R_1 + R_2} \dfrac{\sqrt{1 + (f/f_{g1})^2}}{\sqrt{1 + (f/f_{g2})^2}}.$$

3 Anteile im Bode-Diagramm:

1. Konst. Anteil $\dfrac{R_2}{R_1 + R_2} = 0{,}1 \triangleq -20$ dB,
2. Zähler: ab $f_{g1} = 3{,}183$ kHz Anstieg mit 20 dB/Dek.,
3. Nenner: ab $f_{g2} = 10 \cdot f_{g1} = 31{,}83$ kHz Abfall mit 20 dB/Dek.

Gesamtverlauf: s. Bild 3.3.4-3c.

Anmerkung:
Grenzbetrachtung aus (5) für $f \rightarrow \infty$ mit (2) und (3)

$$\left|\dfrac{U_2}{U_1}\right| \rightarrow \dfrac{R_2}{R_1 + R_2} \cdot \dfrac{f_{g2}}{f_{g1}} = 1 \triangleq 0\ dB\,;$$

aus (4)

$$(6)\quad \left|\dfrac{U_2}{U_1}\right| = \dfrac{1}{\sqrt{1 + (f/f_{g3})^2}},$$

bei tiefen $f \rightarrow$ Faktor $1 \triangleq 0$ dB, ab $f_{g3} = 3{,}183$ kHz $\rightarrow$ Abfall mit 20 dB/Dek. (s. Bild 3.3.4-3d).

3.3.5 Erzeugung einer PM

Im Kapitel 3.3.3 wurde schon kurz dargestellt, daß man bei der Erzeugung einer Phasenmodulation meist über den Umweg einer AM geht und dann die Phasenwinkeländerungen zwischen einem um 90° gedrehten Bezugszeiger und dem resultierenden Zeiger auswertet.

Im Bild 3.3.5-1a ist das Blockschaltbild einer möglichen Ausführung dargestellt. Hier kommt eine ZSB-AM mit Trägerunterdrückung zur Anwendung. Der Träger mit der Frequenz f_T, der sich hier z. B. quarzstabil ableiten läßt, wird in zwei Komponenten (0° und 90°) aufgespalten. Am Ausgang ist meist ein Begrenzer nachgeschaltet, der die Amplitudenschwankungen von $u_A(t)$ beseitigt.

In Bild 3.3.5-1b ist das zugehörige Zeigerdiagramm dargestellt. Deutlich erkennt man, wie der Zeiger $\underline{U}_A$ periodische Phasenwinkelschwankungen um den Zeiger $\underline{U}_{T2}$ herum ausführt in Abhängigkeit von $\hat{u}_S$ und ω_S.

Der maximale Phasenhub $\Delta\varphi_T$ ergibt sich für $\underline{U}_M = 2\underline{U}_{SB}$ nach Bild 3.3.5-1b. Mit (3.2.2/3) für $|\underline{U}_{SB}| = \tfrac{1}{2} \cdot \hat{u}_S$ wird der maximale Winkel $\varphi_{T\max}$

$$\varphi_{T\max} = \arctan(\hat{u}_S/\hat{u}_{T2}). \qquad (3.3.5/1)$$

Beispielsweise für $\hat{u}_S = \hat{u}_{T2}$ erhält man

$$\varphi_{T\max} = \arctan(1) \quad \text{bzw.} \quad \varphi_{T\max} = 45°.$$

3.3 Winkelmodulation

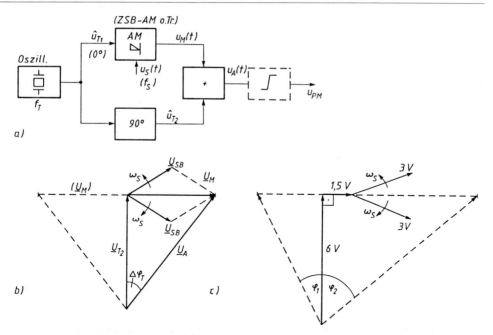

Bild 3.3.5-1 Erzeugung einer PM über eine AM (ZSB-AM mit Trägerunterdrückung)
a) Blockschaltbild
b) Zeigerdiagramm zu a)
c) Zeigerdarstellung bei ZSB-AM mit Trägerrest (zu Üb. 3.3.5/1)

D. h. im vorliegenden Fall beträgt der maximale Phasenhub, den man immer im Bogenmaß angibt

$$\Delta\varphi_T = \frac{45°}{180°}\pi = 0{,}785\ .$$

Größere Phasenhübe anzustreben, ist nicht ratsam, da hier die Linearität zwischen $\varphi_{TS}(t)$ und $u_S(t)$ nicht gewahrt ist; insbesondere bei Unsymmetrien (z. B. durch Restträger) treten deutliche Verzerrungen auf (s. Übung 3.3.5/1). Somit bliebe im vorliegenden Fall z. B. der Weg einer Hubvervielfachung (nach Beispiel 3.3.4/3).

Eine weitere Möglichkeit zur Erzeugung einer PM ergibt sich durch Vorverzerrung (Differentiation) des modulierenden Signales $u_S(t)$, das dann einem Frequenzmodulator zugeführt wird. Dieses Verfahren ist in Beispiel 3.3.5/1 dargestellt.

- **Beispiel 3.3.5/1:** Durch geeignete Vorverzerrung des Frequenzganges des modulierenden Signales $u_S(t)$ soll das Ausgangssignal eines Frequenzmodulators in eine PM umgewandelt werden.
  a) Welche Frequenzgangkorrektur ist hier erforderlich?
  b) Realisieren Sie die Korrektur durch ein einfaches RC-Glied.

Lösung:
a) Nach (3.3.3/2) und (3.3.3/6) gilt für den Frequenzmodulator nach Bild 3.3.5-2a:

(1) $\Delta f_T \sim \hat{u}_{S2}$ und

(2) $M = \Delta\varphi_T = \dfrac{\Delta f_T}{f_S} \sim \hat{u}_{S2}\dfrac{1}{f_S},$

d. h. der Modulationsindex bzw. Phasenhub nimmt mit wachsender Frequenz f_S ab. Soll das Ausgangsprodukt des Frequenzmodulators aber einer PM entsprechen, so ist hierfür ein konstanter (von f_s unabhängiger) Phasenhub $\Delta\varphi_T$ erforderlich, d. h. der in (2) auftretende Faktor $\left(\dfrac{1}{f_S}\right)$ muß durch ein Korrekturglied mit dem Faktor (f_S) aufgehoben werden.

Das entspricht einer Diffentiation des Eingangssignales $u_{S1}(t)$.

b) Eine einfache Realisierung ist durch ein CR-Glied mit Hochpaß-Charakter möglich (Bild 3.3.5-2b).

(3) $\dfrac{\underline{U}_{S2}}{\underline{U}_{S1}} = \dfrac{R}{R + \dfrac{1}{j\omega_S C}} = \dfrac{1}{1 - j\dfrac{1}{\omega_S CR}} = \dfrac{1}{1 - j\omega_g/\omega_S}$ mit $\omega_g = \dfrac{1}{CR}$

(4) Für $\dfrac{\omega_g}{\omega_S} \gg 1$ wird $\left|\dfrac{\underline{U}_{S2}}{\underline{U}_{S1}}\right| \approx \dfrac{\omega_S}{\omega_g} = \dfrac{f_S}{f_g}$.

Mit Korrektur nach (4) ergibt sich aus (2) somit ein von f_S unabhängiger Modulationsindex

(5) $M = \Delta\varphi_T \sim \hat{u}_{S2} \dfrac{1}{f_S} \sim \hat{u}_{S1} \dfrac{f_S}{f_g} \dfrac{1}{f_S} \sim \hat{u}_{S1}$,

d. h. die Gesamtanordnung entspricht einem Phasenmodulator.

In Bild 3.3.5-2c ist der Hochpaß-Charakter des CR-Gliedes schematisch dargestellt. Beispielsweise für den Sprachbereich mit $f_S = (0{,}3 \ldots 3{,}4)$ kHz und einer gewählten Grenzfrequenz $f_g = 10$ kHz, wird $f_S/f_g = 0{,}03 \ldots 0{,}34$.

Dieser Aussteuerbereich ist in Bild 3.3.5-2c durch die Strecke a gekennzeichnet. Hier gilt annähernd die obige Bedingung $f_S/f_g \ll 1$.

Die hier vorliegende Anhebung von f_S weist Ähnlichkeiten mit einer Preemphasis auf (vgl. Bild 3.3.4-3), nur im Unterschied zur FM entfällt hier bei der PM die Deemphasis nach der Demodulation.

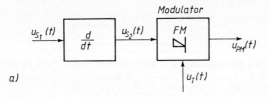

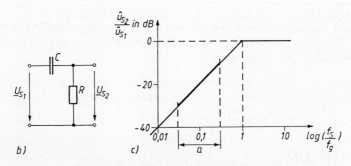

Bild 3.3.5-2 Erzeugung einer PM über eine FM
  a) Blockschaltbild
  b) Vorverzerrung durch CR-Glied
  c) Bewertungs-Frequenzgang (zu Bsp. 3.3.5/1)

3.3 Winkelmodulation

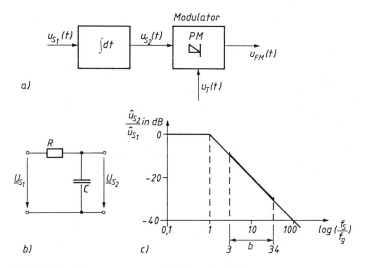

Bild 3.3.5-3 Erzeugung einer FM über eine PM
 a) Blockschaltbild
 b) Vorverzerrung durch RC-Glied
 c) Bewertungsfrequenzgang (zu Üb. 3.3.5/2)

- **Übung 3.3.5/1:** Es soll nochmals eine PM aus einer AM nach dem Prinzip von Bild 3.3.5-1a durch Addition der beiden Zeiger $\underline{U}_M$ und $\underline{U}_{T2}$ versucht werden, wobei aber jetzt eine ZSB-AM mit einem Trägerrest eingesetzt wird.

 Die Amplituden betragen hierbei für den Trägerrest $\hat{u}_{TR} = 1{,}5$ V, für die Seitenfrequenzzeiger $\hat{u}_{SB} = 3$ V und für den um 90° gedrehten Trägerzeiger $\hat{u}_{T2} = 6$ V.
 a) Wie lauten die Gleichungen für die komplexen Zeiger $\underline{U}_M$ und $\underline{U}_{T2}$?
 b) Skizzieren Sie das Zeigerdiagramm.
 c) Wie groß ist der maximale Phasenhub $\Delta\varphi_T$? Welcher Nachteil ergibt sich gegenüber Bild 3.3.5-1b?

Man kann andererseits auch eine PM in eine FM umwandeln, indem man dem Phasenmodulator über ein Integrierglied ein vorverzerrtes modulierendes Signal $u_S(t)$ zuführt. (Bild 3.3.5-3; s. auch Übung 3.3.5/2).

- **Übung 3.3.5/2:** Durch geeignete Vorverzerrung des Frequenzganges des modulierenden Signales $u_S(t)$, das auf einen Phasenmodulator gelangt, soll das Ausgangssignal dieses Phasenmodulators in eine FM umgewandelt werden (Bild 3.3.5-3).
 a) Welche Frequenzgangkorrektur ist hierfür erforderlich?
 b) Realisieren Sie diese Korrektur durch ein einfaches RC-Glied.

3.3.6 Meßtechnische Aussagen

Bei einem Frequenzmodulator nach Bild 3.3.4-2 wird man i. a. eine statische Modulationskennlinie aufnehmen, da diese erste wichtige Aussagen über seine Einsetzbarkeit liefert.

Hierfür läßt man $u_S(t) = 0$ und verändert nur die an die Kapazitätsdioden angelegte Gleichspannung U_0. Mißt man die zu den U_0-Werten gehörenden Schwingfrequenzen des Oszillators, so erhält man den in Bild 3.3.6-1a dargestellten Verlauf. Aus der statischen Modulationskennlinie $f_{OSZ} = f(U_0)$ sind folgende Aussagen entnehmbar:
1.) Die Lage des Arbeitspunktes A; d. h. die genaue Größe der Gleichspannung U_{0A} für die gewünschte Trägerruhelage f_{T0}.

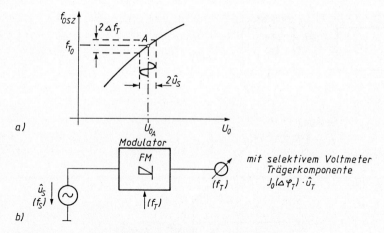

Bild 3.3.6-1 Meßtechnische Ermittlung des Frequenzhubes
a) aus statischer Modulations-Kennlinie
b) aus Spektrum

2.) Die Größe der erforderlichen modulierenden Spannung $\hat{u}_S$ für einen bestimmten gewünschten Frequenzhub $\pm \Delta f_T$.
3.) Eine Grobbeurteilung der Linearität; damit möglichst geringe Verzerrungen auftreten, muß der Frequenzhub $\pm \Delta f_T$ im linearen Bereich der Modulationskennlinie liegen.

Ebenfalls Aussagen über die Größe des im Modulator vorliegenden Frequenzhubes Δf_T lassen sich durch einfache Messung (Bild 3.3.6-1 b) aus dem Spektrum gewinnen:

a) Beispielsweise durch die selektive Messung der Trägerkomponente $J_0(\Delta\varphi_T) \cdot \hat{u}_T$ am Modulatorausgang. Bei bekanntem $\hat{u}_T$ folgt dann aus der Besselfunktion $J_0(\Delta\varphi_T)$ der Modulationsindex $M = \Delta\varphi_T$ und mit f_S der Frequenzhub $\Delta f_T = M \cdot f_S$.

b) Oder mit Hilfe der 1. Nullstelle der Besselfunktion $J_0(\Delta\varphi_T)$, die nach (3.3.2/6) bei $M_1 = \Delta\varphi_{T1} = 2{,}405$ auftritt. Wird z. B. ein Frequenzhub $\Delta f_T = 75$ kHz gewünscht, so ergibt sich für die erste Nullstelle als modulierende Frequenz $f_{S1} = \Delta f_T/M_1 = 75$ kHz/2,405 = 31,18 kHz. Stellt man diesen Wert von f_{S1} an der modulierenden Quelle ein und erhöht von Null ausgehend die Amplitude von u_S, bis die bei f_T gemessene Komponente verschwindet, hat man den gewünschten Δf_T-Wert erreicht. Bei diesem Verfahren reicht im Gegensatz zu a) ein ungeeichtes, aber möglichst empfindliches Instrument. Auch wird der $\hat{u}_T$-Wert hier nicht benötigt. Der für $\Delta f_T = 75$ kHz gefundene $\hat{u}_S$-Wert gilt dann bei der FM natürlich auch für andere f_S-Werte.

3.4 Digitale Modulationsverfahren mit Sinusträger

3.4.1 Begriffe

Wird ein Sinusträger von einem digitalen Signal moduliert, so spricht man meist von Tastung, da das Digitalsignal, welches i. a. nur 2 Zustände (0 oder 1) besitzt, damit auch einen Parameter des Sinusträgers nur zwischen 2 definierten Werten ändert.
Als mögliche Grundverfahren sind daher zu nennen:
— die ASK (*Amplitude Shift Keying* oder Amplitudenumtastung),
— die FSK (*Frequency Shift Keying* oder Frequenzumtastung) und
— die PSK (*Phase Shift Keying* oder Phasenumtastung).

3.4 Digitale Modulationsverfahren mit Sinusträger

Da vor allem die PSK (als 2-PSK und 4-PSK) für die drahtlose Übertragung von Digitalsignalen bei Mikrowellen-Funksystemen (Richtfunk, Satellitenfunk) in der HF-Technik zunehmende Bedeutung erlangt hat, soll im folgenden zunächst hierauf näher eingegangen werden.

Bei der 2-PSK (auch BPSK = Binäre PSK oder Zweiphasen-Umtastung genannt) sind den beiden logischen Zuständen „0" und „1" oder „−1" und „+1" zwei Phasenlagen 0° und 180° zugeordnet. Das ist das einfachste Verfahren einer Phasenumtastung.

Bei einer 4-PSK (auch QPSK = Quaternäre PSK oder Vierphasen-Umtastung genannt) lassen sich den 4 Kombinationen von Doppelbits (00, 01, 10, 11) vier Phasenlagen (0°, 90°, 180°, 270° oder 45°, 135°, 225°, 315°) zuordnen. Ein 4-PSK-System ist aus zwei 2-PSK-Systemen mit orthogonalen Komponenten ($\sin \omega_T t$ und $\cos \omega_T t$) zusammensetzbar.

Als weiteres wichtiges Verfahren, das aber auf den oben genannten aufbaut, ist die 16-QAM (= Quadratur-Amplituden-Modulation) zu nennen, die im Richtfunk eingesetzt wird. Sie wird auch als 16-APK (*Amplitude Phase Keying* = Amplituden-Phasen-Tastung) bezeichnet.

3.4.2 Spektrale Formung der Impulse

Digitalsignale der Signalquellen, wie TTL- oder ECL-Signale, sind in ihrer ursprünglichen Form zur Übertragung über Kabel oder Funkstrecken auf Grund ihrer steilen Rechteck-Flanken und damit ihres hohen Bandbreitenumfanges nicht geeignet. Deshalb nimmt man in der Regel beim Digitalsignal vor dem Modulator, in dem die Tastung erfolgt, eine Impulsformung mit einem Tiefpaß vor. Dies ist i. a. einfacher als ein sehr schmalbandiger, steiler Bandpaß hinter dem Modulator. Dadurch wird insbesondere bei hohen Bitraten die Gefahr reduziert, daß infolge einer zu starken Ausdehnung des Modulatorausgangsspektrums Störungen in Nachbarkanälen auftreten.

In Bild 3.4.2-1 ist das Prinzip einer Funkübertragungsstrecke (z. B. Satellitenfunk) dargestellt. Das digitale Signal aus der Quelle gelangt nach Impulsformung auf den Modulator. Dort wird die PSK bei einer Trägerfrequenz f_T = 70 MHz oder 140 MHz auf ZF-Ebene (= Zwischenfrequenz) durchgeführt und das Modulations-Produkt dann von der ZF-Lage in die RF-Ebene (= Radiofrequenz) durch Mischung umgesetzt. Sendeseitig kann die RF-Lage z. B. das 6 GHz-Band oder das 14 GHz-Band sein. Die entsprechenden empfangsseitigen Lagen sind z. B. das 4 GHz-Band bzw. 11 GHz-Band.

Im Richtfunk wird auch eine direkte Modulation der RF-Träger vorgenommen (d. h. ohne Umsetzung).

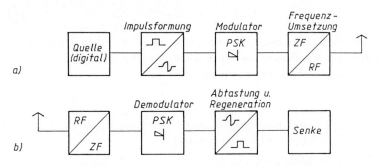

Bild 3.4.2-1 Funkübertragungsstrecke mit PSK (Satellitenfunk)
 a) Sender
 b) Empfänger

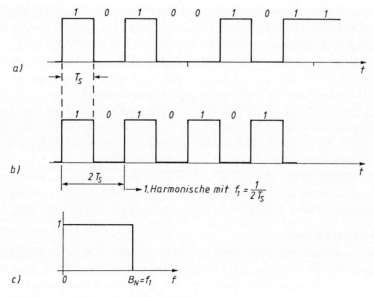

Bild 3.4.2-2 Binärsignal (Schrittweite T_S, Nyquist-Bandbreite B_N)

Nach der Demodulation des PSK-Signales erfolgt eine Abtastung und Regeneration des digitalen Signales.

Vor Behandlung der eigentlichen PSK-Modems sollen zum besseren Verständnis der Impulsformung einige Grundzusammenhänge zwischen Zeitfunktionen und zugehörigen Spektralfunktionen hier wichtiger Impulse vorangestellt werden.

Betrachtet sei zuerst ein Digitalsignal nach Bild 3.4.2-2a, das sich zwischen den Amplitudenwerten 0 und 1 ändert und eine Schrittweite T_S besitzt. Die Bittaktfrequenz zur Übertragung eines Schrittes oder eines Bits ($T_S = T_{Bit}$) beträgt

$$f_{Bit} = 1/T_S = 1/T_{Bit}.\qquad(3.4.2/1)$$

Liegen die schnellsten Wechsel (zwischen den Zuständen 0 und 1) vor (Bild 3.4.2-2b), so tritt auch die höchste Grundschwingung auf und zwar mit der Frequenz

$$f_1 = 1/(2 \cdot T_S)\qquad(3.4.2/2)$$

Zur Erkennung des schnellsten Wechsel auf der Empfangsseite reicht die Übertragung der Grundschwingung. D. h. die Bandbreite des Übertragungssystems muß mindestens f_1 sein (Bild 3.4.2.-2c). Die sog. Nyquist-Bandbreite beträgt damit

$$B_N = f_1 = 1/(2 \cdot T_S).\qquad(3.4.2/3)$$

Da Frequenzspektrum und Zeitfunktion stets in enger Beziehung stehen, sind kurz einige Zusammenhänge aus der Systemtheorie zusammengestellt.

Ein Signal mit periodischer Zeitfunktion besitzt ein Amplitudenspektrum, das theoretisch aus unendlich vielen diskreten Spektrallinien besteht (Grundwelle + Oberwellen). Dieses läßt sich mit Hilfe einer Fourieranalyse berechnen. Als Beispiel sei das Spektrum eines Rechteckpulses angeführt (Bild 3.4.2-3a).

3.4 Digitale Modulationsverfahren mit Sinusträger

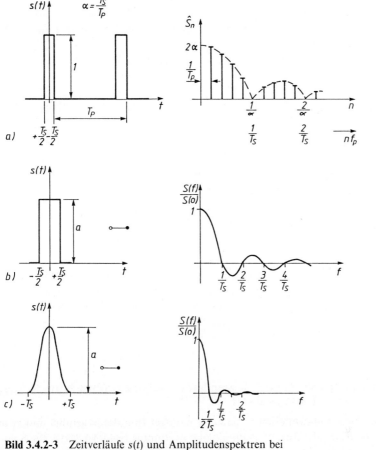

Bild 3.4.2-3 Zeitverläufe $s(t)$ und Amplitudenspektren bei
   a) Rechteckpuls (periodisches Signal)
   b) Rechteck-Impuls
   c) $\cos^2$-Impuls

Rechteckpuls: Pulsfrequenz $f_P = 1/T_P$
Tastverhältnis $\alpha = T_S/T_P$

$$\text{für } n \geq 1 \text{ gilt } \hat{s}_n = 2 \cdot \alpha \left| \frac{\sin(n\alpha\pi)}{(n\alpha\pi)} \right|. \qquad (3.4.2/4)$$

Nach (3.4.2/4) klingt das Linienspektrum mit den Amplituden $\hat{s}_n$ nach einer Spaltfunktion $si(x)/x$ ab. Hierbei treten Nullstellen auf, wenn

$$n\alpha = 1; 2; 3; \ldots \quad \text{d. h.} \quad n = 1/\alpha; 2/\alpha; 3/\alpha \ldots \qquad (3.4.2/4\text{a})$$

bzw.

$$n \cdot f_P = 1/T_S; \quad 2/T_S; \quad 3/T_S \ldots .$$

Ein einzelner (zeitlich begrenzter) Impuls hat dagegen ein kontinuierliches Amplitudenspektrum, welches i. a. mit Hilfe einer Fourier-Transformation berechenbar ist.

Das Spektrum eines Rechteckimpulses kann man sich z. B. aus dem Spektrum eines Rechteckpulses (Bild 3.4.2-3a) entstanden denken, wenn man im Grenzübergang die Periode $T_P \to \infty$ gehen läßt: dadurch geht der Abstand der Spektrallinien $\to 0$ und aus dem Linienspektrum wird ein kontinuierliches Spektrum.

Mathematisch kann man sich aus der komplexen Fourierreihe nach (A15, A16)

$$s(t) = \sum_{n=-\infty}^{+\infty} \underline{c}_n \cdot \exp[jn \cdot f_P \cdot t] \quad \text{mit} \quad \underline{c}_n = \frac{1}{T} \int_{-T/2}^{+T/2} s(t) \cdot \exp[-jn \cdot f_P \cdot t]\, dt \qquad (3.4.2/5)$$

mit

$$n \cdot f_P \to f \quad \text{und} \quad \Sigma \to \int \quad \text{sowie} \quad \underline{c}_n \cdot T \to \underline{S}(f) \qquad (3.4.2/6)$$

die Fourier-Transformation entstanden denken [41]:

$$s(t) = \int_{-\infty}^{+\infty} \underline{S}(f) \cdot \exp[j2\pi ft]\, df \quad \text{mit} \quad \underline{S}(f) = \int_{-\infty}^{+\infty} s(t) \cdot \exp[-j2\pi ft]\, dt. \qquad (3.4.2/7)$$

In (3.4.2/7) ist $s(t)$ wieder die Zeitfunktion und $\underline{S}(f)$ bezeichnet man jetzt als komplexe Spektralfunktion oder Spektraldichte. Während die Amplituden im Linienspektrum $\underline{c}_n$ in V angegeben werden, ist die Einheit der Spektraldichte $\underline{S}(f)$ nach (3.4.2/6) V s oder V/Hz. Den Zusammenhang zwischen $s(t)$ im Zeitbereich und $\underline{S}(f)$ im Frequenzbereich bei der Fourier-Transformation kennzeichnet man durch das Symbol

$$s(t) \circ \!-\!-\!-\! \bullet\, \underline{S}(f). \qquad (3.4.2/7\text{a})$$

Oft kann man sich bei der Fouriertransformation (ähnlich wie auch bei den Fourierreihen) eine eigene Berechnung ersparen, da für viele Standardverläufe die Ergebnisse aus Korrespondenztabellen entnommen werden können [41].

Als Beispiele sind die Spektralfunktionen $S(f)$ zweier häufiger Impulse angeführt und zwar für einen Rechteckimpuls (Bild 3.4.2-3b) sowie für einen $\cos^2$-Impuls (Bild 3.4.2-3c). Die Spektralfunktionen sind in normierter Darstellung aufgetragen.

Rechteck-Impuls:

$$s(t) \begin{cases} = a & \text{für} \quad -\dfrac{T_S}{2} \leq t \leq +\dfrac{T_S}{2} \\ = 0 & \text{sonst} \end{cases} \circ\!-\!-\!-\!\bullet \quad \frac{S(f)}{S(0)} = \frac{\sin(\pi \cdot f \cdot T_S)}{(\pi f T_S)}$$

$$S(0) = a \cdot T_S \qquad (3.4.2./8)$$

$\cos^2$-Impuls:

$$s(t) \begin{cases} = a \cdot \cos^2\left(\dfrac{\pi t}{T_S}\right) & \text{für} \quad -\dfrac{T_S}{2} \leq t \leq +\dfrac{T_S}{2} \\ = \dfrac{1}{2} a \left[1 + \cos\left(\dfrac{2\pi t}{T_S}\right)\right] \end{cases} \circ\!-\!-\!-\!\bullet \quad \frac{S(f)}{S(0)} = \frac{\sin(\pi f \cdot T_S)}{(\pi f \cdot T_S)} \cdot \frac{1}{[1 - (fT_S)^2]}$$

$$S(0) = a \cdot T_S \qquad (3.4.2/9)$$

Die Spektraldichten haben wieder Nullstellen bei Vielfachen von $1/T_S$ und verlaufen ebenfalls nach si-Funktionen, wobei das Amplitudenspektrum beim $\cos^2$-Impuls nach (3.4.2/9) deutlich stärker abfällt, d. h. geringere Höhenanteile aufweist.

3.4 Digitale Modulationsverfahren mit Sinusträger

Begrenzt man die theoretisch unendlich ausgedehnten Amplitudenspektren durch einen Tiefpaß mit der Grenzfrequenz f_g, so führt dies zu Signalverzerrungen. Da man natürlich bei der Übertragung mit möglichst wenig Bandbreite auskommen möchte, aber auch keine stärkeren Verzerrungen will (die bei größeren Bitraten zu Störungen führen können), empfiehlt es sich, noch einige Überlegungen zu einer möglichst günstigen Form der Bandbegrenzung des Tiefpasses anzustellen.

Gibt man auf ein ideales Tiefpaßsystem (konstanter Amplitudengang $H(f)$ bis zur Grenzfrequenz f_g und linearer Phasengang $b(f)$) einen schmalen Impuls großer Amplitude (Dirac-Impuls $\delta(t)$), so tritt nach der Systemtheorie am Ausgang als Impulsantwort ein verbreiterter Impuls auf, der einen oszillierenden Verlauf (si-Funktion) hat und dessen Maximalamplitude verzögert nach der Laufzeit t_0 eintrifft (Bild 3.4.2-4). Ein solcher Dirac-Impuls folgt aus (3.4.2/8) für $a \cdot T_S = 1$, d. h. im Grenzübergang für $T_S \to 0$ und $a = (1/T_S) \to \infty$, und besitzt die spektrale Dichte $S(f) = 1$ (enthält also theoretisch alle Frequenzanteile gleichmäßig).

Durch Vertauschen von f und t in Bild 3.4.2-3b folgt auf Grund der Symmetrie der Gleichungen der Fourier-Transformation aus (3.4.2/8) als Impulsantwort (d. h. $\tfrac{1}{2} T_S$ ersetzen durch f_g und f ersetzen durch t sowie mit $a \cdot T_S = 1$)

$$s(t) = \frac{\sin(2\pi f_g \cdot t)}{(2\pi f_g \cdot t)}. \tag{3.4.2/10}$$

In (3.4.2/10) ist die Laufzeit t_0 unberücksichtigt (versetztes Achsenkreuz). In der si-Funktion (Bild 3.4.2-4) treten Nullstellen auf bei $t = 1/(2f_g); 1/f_g \dots$.

Obwohl es sich hierbei um ein sog. nichtkausales System handelt (die Impulsantwort beginnt schon bei $t = -\infty$, während erst bei $t = 0$ der Eingangsimpuls angelegt wird), sind hieraus doch wichtige Zusammenhänge ablesbar wie z. B. das Einschwingverhalten. Der ideale Tiefpaß selbst ist nicht realisierbar.

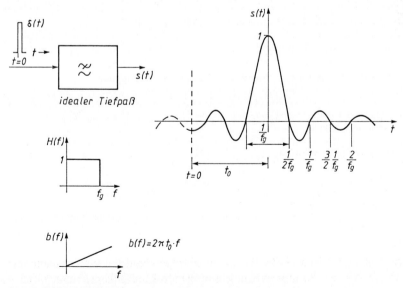

Bild 3.4.2-4 Impulsantwort $s(t)$ bei idealem Tiefpaßsystem

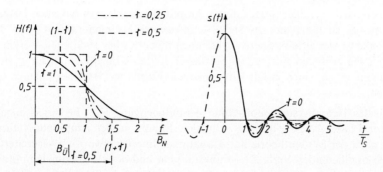

Bild 3.4.2-5 Impulsantworten bei Tiefpässen mit verschiedenen Bandbegrenzungen (Parameter Roll-Off-Faktor r)

Realisierbare Tiefpässe haben eine sanftere Bandbegrenzung als der ideale Tiefpaß. In Bild 3.4.2-5 ist der Einfluß unterschiedlicher Bandbegrenzungen $H(f)$ eines Tiefpaß-Systems auf die Impulsantwort $s(t)$ dargestellt. Dabei wird auf die Nyquistbandbreite B_N bezogen, d. h. $f_g = B_N$ gesetzt. Parameter ist hierin der sog. Roll-off-Faktor r. Man erkennt, daß bei sanfter Bandbegrenzung (größerer r-Wert) die Bandbreite $B_Ü$ steigt, aber die Überschwingamplituden gleichzeitig stark abnehmen. Zum Vergleich ist hier nochmals der ideale Tiefpaß ($r = 0$; $B_Ü = B_N$) mit eingetragen [41, 40].

Aus Bild 3.4.2-5 ist verallgemeinert für eine günstige Übertragung als Bandbreite $B_Ü$ des Tiefpasses ablesbar

$$B_Ü = (1 + r) B_N = (1 + r) \cdot 1/(2T_S). \qquad (3.4.2/11)$$

Als guter Kompromiß wird $r = 0{,}5$ angesehen (geringe Überschwinger und nicht zu früher Abfall wie bei $r = 1$). Was (3.4.2/11) in der Praxis für ein Sprachsignal bedeutet, ist mit Zahlenwerten im Beispiel 3.4/1 gezeigt.

- **Beispiel 3.4.2/1:** Bei der Digitalisierung eines Sprachsignales ($f_S = 0{,}3 \ldots 3{,}4$ kHz) wird in Zeitabständen von $t_A = 125$ μs eine Amplitudenprobe entnommen und mit 8 bit codiert.
  a) Wie groß ist die Abtastfrequenz f_A?
  b) Wie groß ist die Bittaktfrequenz (Bitrate)?
  c) Welche Bandbreite B im Basisband ist nach (3.4.2/11) bei $r = 0{,}5$ erforderlich?
  d) Um welchen Faktor ist die Bandbreite höher als bei analoger Übertragung?

Lösung:
a) $f_A = 1/t_A = 1/(125 \text{ μs}) = 8$ kHz
b) $f_{Bit} = 8 \text{ bit} \cdot 8 \text{ kHz} = 64$ kbit/s

c) nach (3.4.2/11) mit (3.4.2/1) beträgt $B_Ü = \dfrac{1}{2} \dfrac{1}{T_S} (1 + r)$

   mit $r = 0{,}5$ wird $B_Ü = \dfrac{1}{2} \cdot f_{Bit} \cdot 1{,}5 = 0{,}75 \cdot f_{Bit} = 48$ kHz

d) Faktor $B/B_S = \dfrac{48 \text{ kHz}}{3{,}4 \text{ kHz}} = 14{,}1$. Diesem Nachteil steht die höhere Störsicherheit bei der digitalen Übertragung gegenüber.

Um die Überschwinger möglichst klein zu halten und um Nullstellen-Verschiebungen zu vermeiden, ist die infolge der Bandbegrenzung auftretende Laufzeitverzerrung durch einen Entzerrer auszugleichen. Es muß also auf linearen Phasengang $b(f)$ korrigiert werden. Das

3.4 Digitale Modulationsverfahren mit Sinusträger

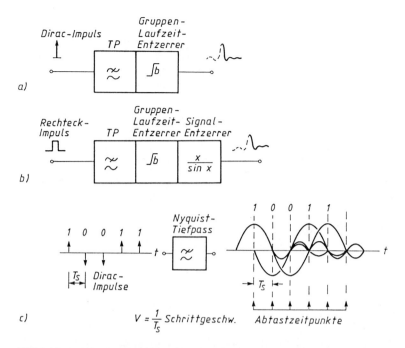

Bild 3.4.2-6 Erzeugung von Nyquist-Impulsen
a) Dirac-Impuls auf realen Tiefpass mit Laufzeitentzerrung
b) Rechteck-Impuls auf realen Tiefpass mit Laufzeitentzerrung und $x/\sin x$-Korrektur
c) Impulsantworten einer stochastischen Impulsfolge im Abstand $T_S = 1/(2B_N)$

gilt auch für die Verwendung von angenäherten Dirac-Impulsen, da die in Bild 3.4.2.-4 gemachte Annahme für $b(f)$ bei einem realen Tiefpaß nicht zutrifft (Bild 3.4.2-6a). Bei der Verwendung von Rechteck-Impulsen (die meistens vorliegen) ist zusätzlich noch eine $[x/(\sin x)]$-Signalentzerrung zur Korrektur des Spektrums gegenüber Dirac-Impulsen vorzusehen (Bild 3.4.2-6b). Somit ist schon einiger Aufwand bei der Impulsformung erforderlich, wenn man optimale Ergebnisse bei der Überlagerung vieler Impulsantworten (hohe Bitraten) erreichen will [42].

Bisher wurde nur die Impulsantwort eines Einzelimpulses betrachtet. Treffen nun schmale Impulse im Abstand $T_S = 1/(2B_N)$ auf den Tiefpaß, so stören sich die aufeinanderfolgenden Impulsantworten theoretisch nicht, da die Nulldurchgänge aufeinandertreffen und jeweils in der Mitte der Impulsantworten abgetastet wird. Dies ist für eine zufällige (stochastische) Impulsfolge aus positiven und negativen Impulsen in Bild 3.4.2-6c dargestellt [42].

Eine gute Beurteilung bei der Untersuchung eines digitalen Übertragungssystems bietet das sog. Augendiagramm [40]. In Bild 3.4.2-7a wird z. B. eine PN-Impulsfolge (= Pseudo Noise) als digitales Zufallssignal aus einem Generator verwendet (Schrittbreite T_S) und mehrere Schritte auf einem Oszilloskop übereinander geschrieben, wobei eine Triggerung mit dem Symboltakt erfolgt (vgl. auch Bild 3.4.2-6c). Bei einem digitalen Signal ohne Bandbreitenbegrenzung erhält man ein Augendiagramm nach Bild 3.4.2-7b. Bei realem Digitalsignal mit begrenzter Bandbreite ergibt sich ein Verlauf nach Bild 3.4.2-7c. Ist die Übertragung verzerrungsfrei und ohne Störungen, so sehen die Augendiagramme vor dem Modulator und hinter dem Demodulator (auf der Empfangsseite) gleich aus. Sind Störungen vorhanden, verringert sich die Öffnung des Augendiagramms in vertikaler bzw. horizontaler Richtung. Als mögliche Störungen können

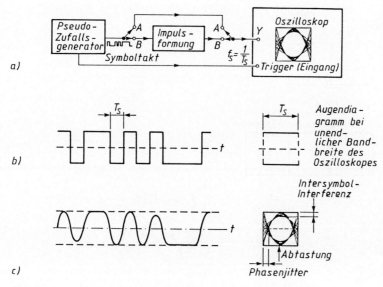

Bild 3.4.2-7 Darstellung des Augendiagramms am Oszilloskop zur Beurteilung eines digitalen Signales
a) Prinzip-Meßanordnung
b) Digitalsignal ohne Bandbreitenbegrenzung (Schalterstellung A)
c) Digitalsignal mit Bandbreitenbegrenzung (Schalterstellung B)

auftreten: z. B. Phasenjitter (Phasenschwankungen des Taktes, der aus dem übertragenen Digitalsignal abgeleitet wird; dies kann zu Bit-Fehlern führen) und Amplitudenschwankungen.

3.4.3 Die 2-PSK bei Synchrondemodulation

In Bild 3.4.3-1 sind Blockschaltbild und Signalverläufe eines 2-PSK-Modulators dargestellt [42].

Das rechteckförmige Datensignal aus einer binären Quelle gelangt nach Konvertierung (Umsetzung von der meist unipolaren in die bipolare Form) und nach Impulsformung (Bandbreitenbegrenzung) auf einen Ringmodulator. Dort erfolgt eine Modulation durch Umtastung eines Sinusträgers zwischen 0° und 180° in Abhängigkeit von der zu übertragenden Bitfolge.

Das Modulationsverfahren entspricht einer ZSB-AM mit Trägerunterdrückung, wobei das modulierende Signal ein stochastisches Binärsignal ist. Bei den Nulldurchgängen des modulierenden Signales treten die bereits bekannten Phasensprünge auf (vgl. Beispiel 3.2.2/2). Der Sendebandpaß soll die Harmonischen des Trägers und sonstige unerwünschte Mischprodukte höherer Ordnung wegfiltern.

Das 2-PSK-Signal lautet

$$s_v(t) = B_v(t) \sin(\omega_T t) \qquad (3.4.3/1)$$

wobei $B_v(t)$ die Binärfolge darstellt, durch die der Träger (Frequenz f_T) innerhalb des „Modulationsintervalles" der Zeitdauer $T_{bit} = T_S$ mit $+1$ oder -1 bewertet wird. Da bei der 2-PSK nur zwei Kennzustände auftreten, d. h. die binären Daten direkt umgetastet werden, ist die Schrittgeschwindigkeit v_S gleich der ankommenden Bitrate v_{bit} [bit/s]

$$v_S = v_{bit} = 1/(T_{bit}) = 1/(T_S). \qquad (3.4.3/2)$$

3.4 Digitale Modulationsverfahren mit Sinusträger 167

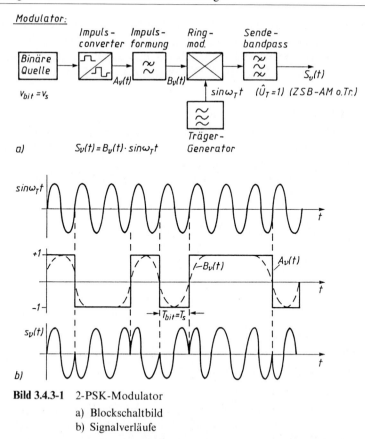

Bild 3.4.3-1 2-PSK-Modulator
 a) Blockschaltbild
 b) Signalverläufe

Die zwei Phasenzustände bei der 2-PSK lassen sich auch in einer Zeigerdarstellung veranschaulichen (Bild 3.4.3-2a). Hieraus erkennt man auch, daß das 2-PSK-Signal sehr unempfindlich gegen Störungen ist. In Bild 3.4.3-2b ist noch eine eindeutige Aussage möglich, obgleich die Störspannung $U_{Stör}$ schon in der Größenordnung des Nutzträgers ($\hat{u}_T$) liegt. Die Entscheidungsgrenze befindet sich hier also zwischen der linken und rechten Halbebene des Zustandsdiagramms.

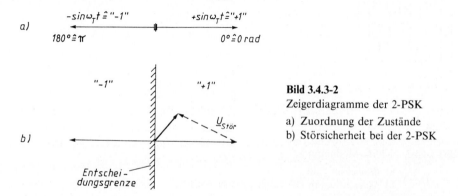

Bild 3.4.3-2
Zeigerdiagramme der 2-PSK
a) Zuordnung der Zustände
b) Störsicherheit bei der 2-PSK

Die 2-PSK wird aber wegen des großen Bandbreitenbedarfs nach (3.4.2/11) infolge der hohen Schrittgeschwindigkeit $v_S = v_{bit}$ nur selten verwendet; statt dessen setzt man eine mehrwertige PSK ein, die mit kleinerer Schrittgeschwindigkeit v_S arbeitet und damit bei gleicher Bitrate weniger Bandbreite benötigt (z. B. 4-PSK). Die 2-PSK stellt aber das Grundsystem einer Phasenumtastung für weitere Verfahren dar.

3.4.4 Die 4-PSK bei Synchrondemodulation

Die 4-PSK entsteht aus der Überlagerung zweier 2-PSK-Systeme, wobei bei dem einen 2-PSK-System als Träger $\hat{u}_T \cdot \cos(\omega_T t)$ und bei dem anderen als Träger $\hat{u}_T \cdot \sin(\omega_T t)$ verwendet wird. Hierbei handelt es sich wieder um eine „Quadratur-Amplituden-Modulation" (QAM), die auch bei der Farbfernsehtechnik, allerdings als analoge Modulation, eingesetzt wurde (vgl. Beispiel 3.2.2/4).

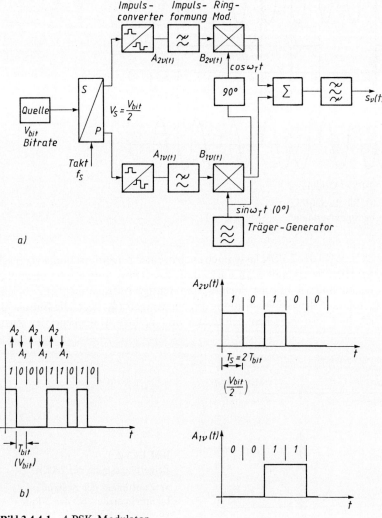

Bild 3.4.4-1 4-PSK-Modulator
  a) Blockschaltbild
  b) Aufsplittung in Dibit-Signale (schematisch)

3.4 Digitale Modulationsverfahren mit Sinusträger

Die Überlagerung beider 2-PSK-Systeme ist möglich, da die beiden Trägerkomponenten sin $(\omega_T t)$ und cos $(\omega_T t)$ um 90° gegeneinander versetzt und damit weitgehend entkoppelt sind (sog. orthogonale Systeme).

Das Blockschaltbild einer 4-PSK ist in Bild 3.4.4-1a dargestellt [42]. Man halbiert hier die erforderliche Bandbreite gegenüber der 2-PSK (bei gleicher Bitrate v_{bit}), indem man die Schrittgeschwindigkeit v_S halbiert. Dies ist möglich durch Zusammenfassen zweier Bits zu einem Doppelbit (Dibit). Damit beträgt jetzt die Zeitdauer T_{Dibit} für einen Signalschritt

$$T_{Dibit} = 2T_S = 2T_{bit}, \qquad (3.4.4/1)$$

bzw. die Schrittgeschwindigkeit v_S mit (3.4.3/2) bei der 4-PSK

$$v_S = 1/(T_{Dibit}) = 1/(2 \cdot T_{bit}) = \tfrac{1}{2} \cdot v_{bit}. \qquad (3.4.4/2)$$

Zur Erzeugung der beiden getrennten Signale $A_{1v}(t)$ und $A_{2v}(t)$ wird mit dem Datenstrom aus der Quelle (mit der Bitrate v_{bit}) eine Serien-Parallel-Wandlung vorgenommen. Hierbei wird die Bitfolge der Quelle aufgeteilt und die einzelnen Bits auf die Dauer $T_{Dibit} = 2 \cdot T_{bit}$ verlängert.

Anschließend erfolgt wiederum eine Impulskonvertierung ($A_{1v}(t)$ und $A_{2v}(t)$ als symmetrische Rechteckimpulse, auch bipolare Impulse) sowie eine Bandbegrenzung.

B_{1v}	B_{2v}	$S_v(t)$	Zeigerdiagramm
+1	+1	$+\sin\omega_T t + \cos\omega_T t$	
+1	-1	$+\sin\omega_T t - \cos\omega_T t$	
-1	+1	$-\sin\omega_T t + \cos\omega_T t$	
-1	-1	$-\sin\omega_T t - \cos\omega_T t$	

a)

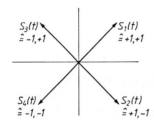

b)

Bild 3.4.4-2
Zeigerdiagramm der 4-PSK
a) Entstehung der 4 möglichen Zeigerlagen
b) Gesamt-Zustandsdiagramm

Auf Grund der 4 möglichen Dibit-Kombinationen können bei den beiden 2-PSK-Modulatoren von Bild 3.4.4-1 die in Bild 3.4.4-2a dargestellten 4 Ausgangsfunktionen $s_v(t)$ und damit die skizzierten 4 Zeigerlagen auftreten [42].

Zusammengefaßt erhält man das Zeigerdiagramm von Bild 3.4.4-2b. Zu beachten ist, daß bei der 4-PSK jeder Zeiger bzw. Phasenzustand 2 bit charakterisiert!

Die Erzeugung der Dibits mit Hilfe eines zweistufigen Schieberegisters und die damit verbundene Halbierung der Bitrate ist in Bild 3.4.4-3a erkennbar.

Die möglichen Verläufe des Ausgangssignals $s_v(t)$ sind:

$$s_1(t) = +\sin(\omega_T t) + \cos(\omega_T t) = \sqrt{2} \cdot \sin\left(\omega_T t + \frac{\pi}{4}\right),$$

$$s_2(t) = +\sin(\omega_T t) - \cos(\omega_T t) = \sqrt{2} \cdot \sin\left(\omega_T t - \frac{\pi}{4}\right),$$

$$s_3(t) = -\sin(\omega_T t) + \cos(\omega_T t) = \sqrt{2} \cdot \sin\left(\omega_T t + \frac{3\pi}{4}\right),$$

$$s_4(t) = -\sin(\omega_T t) - \cos(\omega_T t) = \sqrt{2} \cdot \sin\left(\omega_T t - \frac{3\pi}{4}\right), \tag{3.4.4/3}$$

Für (3.4.4/3) läßt sich in verallgemeinerter Form schreiben

$$s_v(t) = B_{1v} \sin(\omega_T t) + B_{2v} \cos(\omega_T t) \quad \text{mit} \quad v = 1, 2, 3, 4. \tag{3.4.4/3a}$$

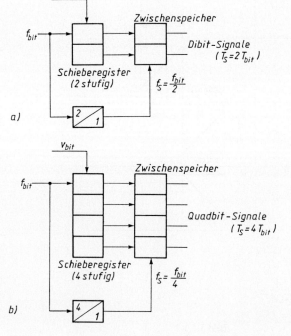

Bild 3.4.4-3 Serien-Parallel-Umsetzung mit Schieberegistern (Prinzip)
 a) Erzeugung von Dibits (für 4-PSK)
 b) Erzeugung von Quadbits (für 16-QAM)

3.4 Digitale Modulationsverfahren mit Sinusträger 171

Die 4-PSK ist das am meisten verbreitete Verfahren. Nach (3.4.4/2) läßt sich mit der 4-PSK bei vorgegebener Bandbreite die doppelte Übertragungsgeschwindigkeit (Bitrate v_{bit}) gegenüber der 2-PSK erreichen. Allerdings nimmt bei der 4-PSK der Schaltungsaufwand zu und die Unempfindlichkeit gegen Störungen ab, wie aus den schmaleren Entscheidungsbereichen des Zustandsdiagrammes erkennbar ist (Bild 3.4.4-2b).

3.4.5 16-QAM (16-APK) bei Synchrondemodulation

Eine 16-QAM läßt sich mit zwei 4-PSK-Systemen (d. h. mit 4 Modulatoren) durchführen (Bild 3.4.5-1a). Hierbei werden nach einer Serien-Parallel-Wandlung des binären Eingangs-

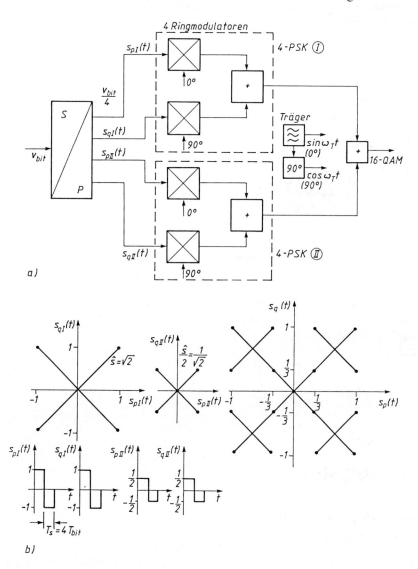

Bild 3.4.5-1 16-QAM mit zwei 4-PSK-Modulatoren
   a) Blockschaltbild
   b) Zeigerdiagramm

signales (mit der Bitrate v_{bit}) 4-bit-Worte (Quadbits) gebildet, wodurch jetzt die Schrittdauer T_S weiter verlängert wird auf

$$T_S = 4T_{bit} \tag{3.4.5/1}$$

und sich damit die Schrittgeschwindigkeit v_S wiederum (gegenüber der 4-PSK) verringert

$$v_S = \tfrac{1}{4} v_{bit}. \tag{3.4.5/2}$$

Die Erzeugung der Quadbits mit Hilfe eines vierstufigen Schieberegisters und der damit verbundenen nochmaligen Verringerung von v_S auf ein Viertel der eingangsseitigen Bitrate ist in Bild 3.4.4-3b erkennbar.

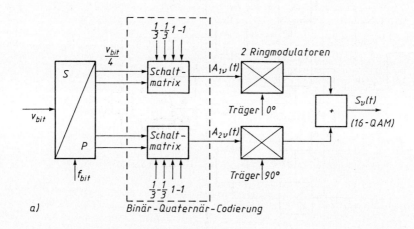

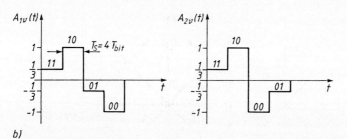

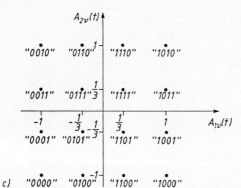

Bild 3.4.5-2
16-QAM durch 4-stufige Basisbandsignale
a) Blockschaltbild
b) Basisbandsignale
c) Zustandsdiagramm

Insgesamt entstehen bei dieser Modulation $4^2 = 16$ APK-Zustände, d. h. Kombinationen aus Amplituden- und Phasenänderungen. Dies kann man sich gut im Zeigerdiagramm veranschaulichen (Bild 3.4.5-1b). Durch Überlagerung der Quadraturkomponenten der beiden 4-PSK-Modulatoren M I und M II mit unterschiedlichen Amplituden kann man sich das Gesamtzeigerdiagramm zusammengesetzt denken. Man erkennt, daß z. B. durch die ersten 2 bits (im Modulator I) der Quadrant festgelegt wird, in dem sich der Zeiger befindet.

Eine weitere Möglichkeit zur Erzeugung einer 16-QAM, die nur 2 Modulatoren benötigt, ist in Bild 3.4.5-2 dargestellt. Hier werden die beiden Quadraturträger ($\sin \omega_T t$ und $\cos \omega_T t$) durch zwei 4-stufige Basisband-Signale moduliert. Das binäre Eingangssignal (Bitrate v_{bit}) wird nach Serien-Parallel-Wandlung in zwei 4-wertige Signale mit 4 möglichen Amplitudenstufen (z. B. mit Hilfe einer zweifachen Schaltmatrix) umgesetzt [42]. Die hierbei auftretenden Signalformen $A_{1v}(t)$ und $A_{2v}(t)$ sind in Bild 3.4.5-2b dargestellt. Auch hier entstehen 16 APK-Zustände ($2^4 = 16$) im Zeigerdiagramm (Bild 3.4.5-2c).

Zur Impulsformung (in den Bildern 3.4.5-1 und 3.4.5-2 nicht dargestellt) werden meist wie bisher Nyquistfilter verwendet und (oder) ein Bandpaß am ZF-Ausgang.

Eingesetzt wird die 16 QAM im Richtfunk, z. B. mit Bitraten von 140 Mbit/s im Weitverkehrsnetz der Deutschen Bundespost.

Das Ausgangssignal $s_v(t)$ des 16-QAM-Modulators (Bild 3.4.5-2a) läßt sich beschreiben durch:

$$s_v(t) = A_{1v}(t) \cdot \sin \omega_T t + A_{2v}(t) \cdot \cos \omega_T t$$

$$= \hat{s}_v(t) \cdot \sin [\omega_T t + \Phi_v(t)] \quad \text{mit} \quad v = 1, 2, 3, \ldots, 16, \qquad (3.4.5/3)$$

$$A_{1v}(t) = \hat{s}_v(t) \cdot \cos \Phi_v(t), \qquad (3.4.5/4)$$

$$A_{2v}(t) = \hat{s}_v(t) \cdot \sin \Phi_v(t),$$

$$s_v(t) = \sqrt{A_{1v}^2(t) + A_{2v}^2(t)}. \qquad (3.4.5/5)$$

Nach (3.4.5/2) charakterisiert jeder Zustand 4 bit (vgl. Bild 3.4.5-2b)! Durch die vektorielle Addition der Quadraturkomponenten erhält man die Signalpunkte im Zustandsdiagramm (Bild 3.4.5-2c).

3.4.6 Spektrale Eigenschaften

Die spektralen Formen der 2-PSK, 4-PSK und 16-QAM-Signale hängen im wesentlichen von der Basisband-Impulsformung (z. B. Nyquistfilter, Roll-off-Faktor) ab. In allen genannten Fällen handelt es sich um eine ZSB-AM mit Trägerunterdrückung. Bei gleicher Impulsformung ist somit auch die spektrale Gestalt des trägerseitigen Ausgangsspektrums bei den 3 genannten Verfahren gleich (Bild 3.4.6-1a und b). Unterschiede ergeben sich nur für die Bandbreiten auf Grund der unterschiedlichen Schrittgeschwindigkeiten v_S.

Zusammenfassend gilt für v_S

bei 2-PSK: $\quad v_S = v_{bit} = 1/T_S = 1/T_{bit}$,

bei 4-PSK: $\quad v_S = \frac{1}{2} \cdot v_{bit} = 1/T_S = 1/(2 \cdot T_{bit})$,

bei 16-QAM: $v_S = \frac{1}{4} \cdot v_{bit} = 1/T_S = 1/(4 \cdot T_{bit})$. $\qquad (3.4.6/1)$

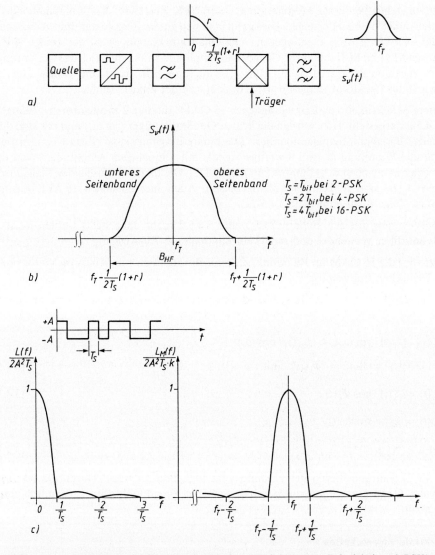

Bild 3.4.6-1 Spektral-Verläufe vor und nach dem Modulator (am Beispiel einer 2-PSK)
 a) Überblick
 b) Spektralfunktion nach der Modulation (allgemeingültiger Verlauf)
 c) Spektrale Leistungsdichte bei stochastischem Signal

Damit betragen die ausgangsseitigen HF-Bandbreiten B (vgl. Bild 3.4.6-1 b)

bei 2-PSK: $\quad B_{2\text{-PSK}} = 1/T_S \cdot (1 + r) = v_{\text{bit}} \cdot (1 + r)$,

bei 4-PSK: $\quad B_{4\text{-PSK}} = 1/T_S \cdot (1 + r) = \frac{1}{2} \cdot v_{\text{bit}} \cdot (1 + r)$,

bei 16-QAM: $B_{16\text{-QAM}} = 1/T_S \cdot (1 + r) = \frac{1}{4} \cdot v_{\text{bit}} \cdot (1 + r)$. $\quad$ (3.4.6/2)

Üblicherweise wählt man $r = 0{,}4$ bzw. $0{,}5$.

3.4 Digitale Modulationsverfahren mit Sinusträger   175

An dieser Stelle sei angemerkt, daß mit Spektralanalysatoren (selektive Empfänger) nicht das Amplitudenspektrum (=Spektralfunktion) sondern das Leistungsspektrum (=spektrale Leistungsdichte) gemessen wird. Außerdem ist bei stochastischen Signalen i. a. der Zeitverlauf $s(t)$ nicht bekannt und somit ein Amplitudenspektrum nicht angebbar.

Nach (3.4.2/7) lautet die Spektralfunktion $S_v(f)$ für $s_v(t)$ (im Modulationsintervall T_S)

$$S_v(f) = \int_{-T/2}^{+T/2} s_v(t) \cdot \exp[-j2\pi f t] \, dt, \quad [S_v(f)] = V/Hz. \quad (3.4.6/3)$$

Die spektrale Leistungsdichte $L(f)$ erhält man aus (3.4.6/3)

$$L(f) = \lim_{T_S \to \infty} \frac{1}{T_S} \cdot |S_v(f)|^2 \quad [L(f)] = V^2/Hz. \quad (3.4.6/4)$$

Als Einheit der Leistungsdichte kann man sich die Leistung pro Hz an 1 Ω vorstellen.

Beispielsweise für ein binäres Rechtecksignal (Amplituden $+A$ und $-A$) in stochastischer Folge beträgt die Leistungsdichte

$$L(f) = 2 \cdot A^2 \cdot T_S \cdot \left[\frac{\sin(\pi \cdot f \cdot T_S)}{\pi \cdot f \cdot T_S}\right]^2. \quad (3.4.6/5)$$

In Bild 3.4.6-1c sind die stochastische Rechteckimpulsfolge und die Leistungsspektren $L(f)$ vor und $L_M(f)$ nach der Modulation in normierter Form dargestellt. Das Leistungsspektrum $L_M(f)$ erscheint nach der Modulation (ZSB-AM ohne Träger) wiederum mit 2 Seitenbändern verschoben um die Trägerfrequenz f_T.

3.4.7 Beispiele zur PSK

Nach Behandlung der wichtigsten Grundlagen zur PSK und 16-QAM sind für eine Verdichtung des Stoffes noch einige charakteristische Beispiele zur digitalen Modulation aus der Praxis angefügt. Die Beispiele sind entgegen der bisherigen Darstellung erst an dieser Stelle gebracht, um besser Vergleiche zwischen den einzelnen Verfahren zu ermöglichen.

- **Beispiel 3.4.7/1:** Ein binäres Signal (PCM) mit der Bitrate f_{bit} = 2,048 Mbit/s soll über ein Koaxialkabel übertragen werden. Ermitteln Sie die Signalbandbreiten B
  a) wenn die Übertragung im Basisband mit Nyquistimpulsen (Roll-off-Faktor $r = 0,4$) erfolgt,
  b) wenn eine 2-PSK bzw. eine 4-PSK mit Nyquistimpulsen ($r = 0,4$) zum Einsatz käme,
  c) wenn $\cos^2$-Impulse verwendet werden: für Basisbandübertragung; 2-PSK; 4-PSK (Annahme: Frequenzbandbegrenzung bei der 1. Nullstelle).
  d) Welche Bandbreite muß das Koaxialkabel mindestens besitzen, damit alle genannten Verfahren verwendet werden können?

Lösung:
a) Nach (3.4.2/11) im Basisband:

$$B = \frac{1}{2 \cdot T_S}(1 + r) = \frac{1}{2} \cdot v_S \cdot (1 + r) = \frac{1}{2} \cdot 2,048 \text{ Mbit/s} \cdot 1,4 = 1,434 \text{ MHz}.$$

b) Nach (3.4.6/2) bei Modulation:

$$B_{\text{2-PSK}} = v_{bit} \cdot (1 + r) = 2,048 \text{ Mbit/s} \cdot 1,4 = 2,868 \text{ MHz}$$
$$B_{\text{4-PSK}} = \tfrac{1}{2} \cdot v_{bit} \cdot (1 + r) = 1,434 \text{ MHz}$$

c) Aus Bild 3.4.2-3c erste Nullstelle bei $f = 2/T_S$,
d. h. bei Basisband-Übertragung:

$B \approx 2/T_S = 2 \cdot v_S = 2 \cdot v_{bit} = 2 \cdot 2{,}048$ Mbit/s $= 4{,}096$ MHz ;

bei PSK: $B_{2\text{-PSK}} = 2(2/T_S) = 4 \cdot v_S = 4 \cdot v_{bit} = 8{,}192$ MHz ,

$B_{4\text{-PSK}} = 2(2/T_S) = 4 \cdot v_S = 4 \cdot \frac{1}{2} \cdot v_{bit} = 4{,}096$ MHz .

d) Den höchsten Wert, d. h. $B_{min} = 8{,}2$ MHz.

- **Beispiel 3.4.7/2:** Eine sinusförmige Trägerschwingung mit $\hat{u}_T = 10$ V, $f_T = 500$ kHz wird in einem Ringmodulator
  a) mit dem Informationssignal

  $u_S(t) = 0{,}8$ V $+ 1$ V $\cdot \cos(2\pi \cdot 1000 t) + 1$ V $\cdot \cos(2\pi \cdot 3000 t) + 1$ V $\cdot \cos(2\pi \cdot 5000 t)$

  moduliert.
  a1) Ermitteln Sie die Zeitfunktion $s(t)$ und das Amplitudenspektrum s_n des modulierten Signales.
  a2) Liegt eine Trägerunterdrückung vor?
  b) mit einer symmetrischen stochastischen Rechteckbinärfolge als Informationssignal moduliert.
  b1) Skizzieren Sie die Zeitfunktion und die Leistungsspektren vor und nach der Modulation.
  b2) Liegt eine Trägerunterdrückung vor?

Lösung:

a1) $u_T(t) = \hat{u}_T \cdot \cos(\omega_T t)$,
$u_S(t) = U_0 + \hat{u}_1 \cdot \cos(\omega_1 t) + \hat{u}_2 \cdot \cos(\omega_2 t) + \hat{u}_3 \cdot \cos(\omega_3 t)$.
Nach (3.2.5/3), wobei $u_T(t)$ wiederum als dimensionslose „Schaltfunktion" angenommen wird (vgl. Kapitel 3.2.5b),

$s(t) = u_T(t) \cdot u_S(t)$,
$s(t) = 8$ V $\cdot \cos(\omega_T t) + 10$ V $\cdot \cos(\omega_T t) \cdot [\cos(\omega_1 t) + \cos(\omega_2 t) + \cos(\omega_3 t)]$.

Mit (A36) beträgt die Zeitfunktion

$s(t) = 8$ V $\cdot \cos(\omega_T t) + 10$ V $\cdot \frac{1}{2} [\cos(\omega_T \pm \omega_1) t + \cos(\omega_T \pm \omega_2) t + \cos(\omega_T \pm \omega_3) t]$

sowie das Amplitudenspektrum

f/kHz	495	497	499	500	501	503	505
s_n/V	5	5	5	8	5	5	5

a2) keine Trägerunterdrückung, da eine Gleichkomponente im Basisband!
b1) s. Bild 3.4.6-1c
b2) Da ein symmetrisches Basisbandsignal vorliegt, erfolgt eine Trägerunterdrückung!

- **Beispiel 3.4.7/3:** In einem Nachrichtensatelliten werden die von der Erdefunkstelle ausgesandten Signale (Aufwärtsstrecke) empfangen und in die Frequenzlage der Rücksendung (Abwärtsstrecke) umgesetzt und verstärkt. Letzteres geschieht im sog. Transponder des Satelliten.
Über einen Nachrichtensatellitentransponder der Bandbreite $B = 36$ MHz sollen 110 Datensignale der Bitrate 56 kbit/s sowie 203 Datensignale der Bitrate 48 kbit/s und 90 PCM-Fernsprechsignale der Bitrate 64 kbit/s übertragen werden.
Jedes Signal wird auf einen eigenen Träger durch 4-PSK bei Nyquistimpulsformung ($r = 0{,}3$) moduliert.
  a) Wie groß ist die gesamte Signalbandbreite des Frequenzmultiplexsignales?
  b) Wieviele Signale (mit 64 kbit/s) können über die restliche Transponderbandbreite noch übertragen werden?

3.4 Digitale Modulationsverfahren mit Sinusträger

c) Warum können für eine solche Übertragung keine Rechteckimpulse verwendet werden?
d) Welche Signalbandbreite wird belegt, wenn man die geforderten 403 Daten- und PCM-Signale in einem Multiplexer zu einer Gesamtbitrate zusammenfaßt und dann auf einen Träger durch 4-PSK ($r = 0,3$) moduliert?
e) Bei welcher Methode wird der Transponder besser genutzt?

Lösung:

a) Nach (3.4.6/2) betragen die HF-Bandbreiten für die einzelnen Signale:

$B_{56} = 110 \cdot \frac{1}{2} v_{\text{bit}}(1 + r) = 110 \cdot \frac{1}{2} \cdot 56 \text{ kbit/s} \cdot 1,3 = 4,004 \text{ MHz}$,
$B_{48} = 203 \cdot \frac{1}{2} v_{\text{bit}}(1 + r) = 203 \cdot \frac{1}{2} \cdot 48 \text{ kbit/s} \cdot 1,3 = 6,334 \text{ MHz}$,
$B_{64} = 90 \cdot \frac{1}{2} v_{\text{bit}}(1 + r) = 90 \cdot \frac{1}{2} \cdot 64 \text{ kbit/s} \cdot 1,3 = 3,744 \text{ MHz}$,
$\overline{B_{\text{ges}} = 14,082 \text{ MHz}}$,
$B_{\text{rest}} = B - B_{\text{ges}} = 36 \text{ MHz} - 14,082 \text{ MHz} = 21,918 \text{ MHz}$.

b) Ein Kanal benötigt:

$(B_{64})_1 = \frac{1}{2} v_{\text{bit}}(1 + r) = \frac{1}{2} \cdot 64 \text{ kbit/s} \cdot 1,3 = 41,6 \text{ kHz}$
$\phantom{(B_{64})_1 = \frac{1}{2} v_{\text{bit}}(1 + r) } = 0,0416 \text{ MHz}$.

Noch übertragbare 64 kbit/s-Kanäle:

$n_{\text{zus}} = B_{\text{rest}}/(B_{64})_1 = 526 \text{ Kanäle}$.

c) Die spektralen Ausläufer der Spektren bei der Überlagerung der einzelnen Signale würden sich gegenseitig stören.

d) Gesamtbitrate $v_{\text{bit ges}}$:

$v_{\text{bit ges}} = 110 \cdot 56 \text{ kbit/s} + 203 \cdot 48 \text{ kbit/s} + 90 \cdot 64 \text{ kbit/s} = 21,664 \text{ Mbit/s}$.

Bandbreite B_{mux}:

$B_{\text{mux}} = \frac{1}{2} v_{\text{bit ges}}(1 + r) = \frac{1}{2} \cdot 21,664 \text{ Mbit/s} \cdot 1,3 = 14,0816 \text{ MHz}$

e) Beide Methoden haben gleichen Bandbreitenbedarf!

- **Beispiel 3.4.7/4:** Durch ein Übertragungsmedium (Funk bzw. Kabel) der Bandbreite $B = 50$ MHz soll ein Digitalsignal der Bitrate 140 Mbit/s übertragen werden.

Mit welchem Modulationsverfahren (2-PSK, 4-PSK, 16-QAM) kann die Übertragung erfolgen, wenn bei einer Impulsformung nach Nyquist der Roll-off-Faktor nicht kleiner als $r = 0,3$ gewählt werden soll, da sonst zu starke zeitliche Impulsüberschwinger auftreten?

Lösung:
Die erforderliche Bandbreite beträgt

$B = v_S(1 + r)$,

somit $B_{\text{2-PSK}} = 140 \text{ Mbit/s} \cdot 1,3 = 182 \text{ MHz}$,
$B_{\text{4-PSK}} = \frac{1}{2} \cdot 140 \text{ Mbit/s} \cdot 1,3 = 91 \text{ MHz}$,
$B_{\text{16-QAM}} = \frac{1}{4} \cdot 140 \text{ Mbit/s} \cdot 1,3 = 45,5 \text{ MHz}$,

d. h. bei der zur Verfügung stehenden Bandbreite wäre eine Übertragung mit 16-QAM möglich.

4 Demodulation

4.1 Demodulation von AM

4.1.1 Hüllkurven-Demodulator

Zur Wiedergewinnung des niederfrequenten Informationssignales $u_S(t)$ aus einem ZSB-AM-Signal (mit Träger) ist ein sog. Hüllkurven-Demodulator nach Bild 4.1.1-1a einsetzbar. Hierbei handelt es sich um eine HF-Gleichrichterschaltung aus Diode D, Arbeitswiderstand R und Ladekondensator C. Der Kondensator C wird von den jeweiligen positiven Halbwellen in etwa auf den Spitzenwert aufgeladen und soll sich in den stromlosen Pausen (D gesperrt) über R (mit der Zeitkonstanten $\tau = C \cdot R$) nur soweit entladen, daß die Spannung an C den unterschiedlichen Höhen der positiven Halbwellen folgen kann (Bild 4.1.1-1b).

Man erkennt, daß der Entladezeitkonstanten $\tau = C \cdot R$ eine wichtige Rolle bei der Wiedergewinnung von $u_S(t)$ zukommt.

Ist τ zu groß, d. h. die Entladeschräge zu flach, können mehrere Trägerkuppen übersprungen werden. Die Folge sind Demodulationsverzerrungen.

Ist τ zu klein, treten zwar keine Demodulationsverzerrungen auf, aber der Trägerrest auf dem demodulierten Signal ist relativ groß.

Da der Hüllkurven-Demodulator eine HF-Gleichrichtung (Spitzengleichrichtung) bewirkt, soll diese zunächst genauer betrachtet werden. Auf diese Weise gelangt man auch zu einer recht praktikablen Aussage über die Zeitkonstante τ.

a) HF-Gleichrichtung

Eine Diode D wird durch eine Gleichspannung U_0 vorgespannt (Bild 4.1.1-2a). Hierdurch ist der Arbeitspunkt für die Aussteuerung durch die Wechselspannung $u_T(t) = \hat{u}_T \cdot \cos(\omega_T t)$ festgelegt.

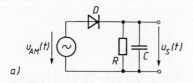

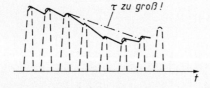

Bild 4.1.1-1
Hüllkurven-Demodulator
a) Schaltung
b) Einfluß der Zeitkonstanten $\tau = CR$

4.1 Demodulation von AM

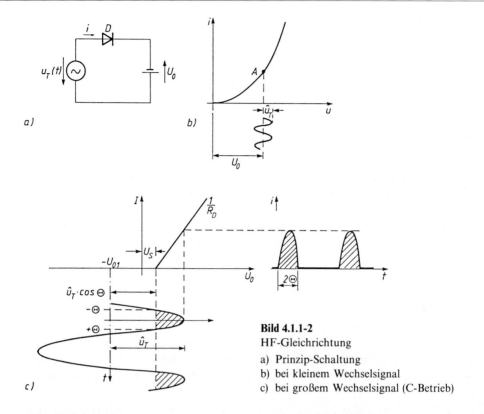

Bild 4.1.1-2
HF-Gleichrichtung
a) Prinzip-Schaltung
b) bei kleinem Wechselsignal
c) bei großem Wechselsignal (C-Betrieb)

a1) Kleine Aussteuerung

Bei kleiner Aussteuerung (Bild 4.1.1-2b) läßt sich die Diodenkennlinie in der Umgebung des Arbeitspunktes A in eine Taylorreihe entwickeln.
Setzt man für den Strom an

$$i = I_- + c_1(u - U_0) + c_2(u - U_0)^2 + \ldots \qquad (4.1.1/1)$$

und für die Eingangsspannung

$$u = U_0 + \hat{u}_T \cdot \cos(\omega_T t), \qquad (4.1.1/2)$$

dann erhält man für i mit (A25)

$$\begin{aligned} i &= I_- + c_1 \cdot \hat{u}_T \cdot \cos(\omega_T t) + c_2 \cdot \hat{u}_T^2 \cdot \cos^2(\omega_T t) \\ &= I_- + c_1 \cdot \hat{u}_T \cdot \cos(\omega_T t) + \tfrac{1}{2} \cdot c_2 \cdot \hat{u}_T^2 + \tfrac{1}{2} \cdot c_2 \cdot \hat{u}_T^2 \cdot \cos(2\omega_T t). \end{aligned} \qquad (4.1.1/3)$$

In (4.1.1/3) tritt als zusätzlicher Gleichstrom (sog. Richtstrom) bei quadratischer Gleichrichtung auf:

$$I_0 = \tfrac{1}{2} \cdot c_2 \cdot \hat{u}_T^2. \qquad (4.1.1/4)$$

a2) Große Aussteuerung

Bei großer Aussteuerung (Bild 4.1.1-2c) läßt sich die Diodenkennlinie durch eine Knick-Kennlinie annähern. Es findet nur ein Stromfluß während des Zeitabschnittes $2 \cdot \Theta$ statt (C-Betrieb). Durch Wahl der Vorspannung U_0 ist der Stromflußwinkel Θ veränderbar.

Aus Bild 4.1.1-2c ist direkt ablesbar (vgl. auch (3.2.3/8))

$\hat{u}_T \cdot \cos \Theta = U_S - U_0$ bzw.

$\Theta = \arccos [(U_S - U_0)/\hat{u}_T]$. (4.1.1/5)

Den Gleichstromanteil I_0 der Stromkuppen erhält man durch eine Fourieranalyse gemäß Kapitel 3.2.3b. Nach (A2) mit (3.2.3/11) und mit $(\omega_T t) = \alpha$ wird

$$I_0 = \frac{1}{2\pi} \int_{-\Theta}^{+\Theta} i(\alpha)\, d\alpha$$

$$= \frac{1}{2\pi} \int_{-\Theta}^{+\Theta} \hat{i}_T[\cos \alpha - \cos \Theta]\, d\alpha$$

$$= \frac{1}{2\pi} \hat{i}_T [\sin \alpha |_{-\Theta}^{+\Theta} - (\cos \Theta)\, \alpha |_{-\Theta}^{+\Theta}]$$

$$= \frac{\hat{i}_T}{\pi} [\sin \Theta - \Theta \cdot \cos \Theta]$$

$$= \frac{\hat{u}_T}{\pi R_D} [\sin \Theta - \Theta \cdot \cos \Theta].$$ (4.1.1/6)

Trägt man für eine reale HF-Gleichrichterschaltung nach Bild 4.1.1-3a den Zusammenhang zwischen Gleichstrom I_0 und Vorspannung U_0 in einem Diagramm auf (Parameter $\hat{u}_T$), so

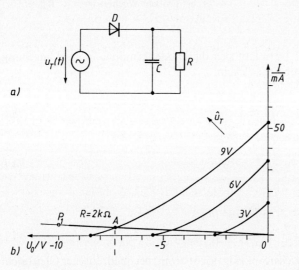

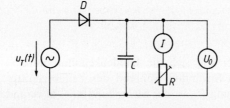

Bild 4.1.1-3
Richtkennlinien
a) HF-Gleichrichterschaltung
b) Richtkennlinienfeld (zu Bsp. 4/1)
c) Meßtechnische Ermittlung der Richtkennlinien

erhält man das sog. Richtkennlinienfeld (Bild 4.1.1-3b). Hierin stellt sich der Widerstand R als Gleichstromlastgerade dar und legt den Arbeitspunkt A im Richtkennlinienfeld fest. Die Zahlenwerte im Bild 4.1.1-3b stammen aus Beispiel 4.1.1/1.

- **Beispiel 4.1.1/1:** Gegeben ist eine HF-Gleichrichterschaltung nach Bild 4.1.1-3a mit der Eingangsspannung $u_T(t) = \hat{u}_T \cdot \cos(\omega_T t)$. Die Diode ist durch eine Knick-Kennlinie anzunähern ($U_S = 0{,}5$ V; $R_D = 50\,\Omega$).
  a) Berechnen und zeichnen Sie die Richtkennlinie für $\hat{u}_T = 9$ V; 6 V; 3 V im Bereich $-(\hat{u}_T - U_S) < U_0 \leq 0$.
  b) Tragen Sie die Lastgerade für $R = 2\,\text{k}\Omega$ ein.
  c) Wie groß wird etwa die Ausgangsspannung U_R für $R = 2\,\text{k}\Omega$ bei einer Wechselspannung $\hat{u}_T = 9$ V?

Lösung:

a) nach (4.1.1/6) und (4.1.1/5)

$-U_0/\text{V}$	8,5	6	4	2	0	bei $\hat{u}_T = 9$ V
Θ	0	43,8	60	73,9	86,8	
I_0/mA	0	8	19,6	34,5	52,4	
$-U_0/\text{V}$	5,5	4	2	0		bei $\hat{u}_T = 6$ V
Θ	0	41,4	65,4	85,2		
I_0/mA	0	4,6	16,6	33,3		
$-U_0/\text{V}$	2,5	2	1	0		bei $\hat{u}_T = 3$ V
Θ	0	33,6	60	80,4		
I_0/mA	0	1,2	6,5	14,4		

b) $U = R \cdot I$; bei Annahme von $I = 5$ mA folgt als Hilfspunkt P_1 mit $I = 5$ mA und $U = 2\,\text{k}\Omega \cdot 5$ mA $= 10$ V.

c) Für $\hat{u}_T = 9$ V ergibt sich bei $R = 2\,\text{k}\Omega$ im Schnittpunkt mit der 9 V-Richtkennlinie als Arbeitspunkt A der Wert

$$U_R = -(U_0)_A \approx 7{,}3\text{ V} \quad \text{(s. Bild 4.1.1-3b)}.$$

Es sei nur am Rande angemerkt, daß ein derartiges Richtkennlinienfeld leicht meßtechnisch aufgenommen werden kann (Bild 4.1.1-3c). Bei $\hat{u}_T$ als Parameter wird der Widerstand R verändert und dabei die zugehörigen Gleichwerte I und U gemessen.

b) Abschätzung für die Demodulationszeitkonstante τ

Bisher wurde nur die Gleichrichtung einer unmodulierten Wechselspannung im Richtkennlinienfeld betrachtet. Jetzt soll an die Gleichrichterschaltung ein AM-Signal angelegt werden (Bild 4.1.1-4a). Die hierbei vorliegenden Aussteuerverhältnisse sind in Bild 4.1.1-4b dargestellt. Der Widerstand R stellt sich wie bisher als Gleichstromlastgerade dar. Diese legt den Arbeitspunkt A fest. Die hierbei auftretende Gleichspannung U_0 entspricht ungefähr dem Wert des unmodulierten Trägers $\hat{u}_T$. Der hierzu gehörende Gleichstromwert ist I_0. Entsprechend dem Hüllkurvenverlauf des AM-Signales ändern sich jetzt aber periodisch die Momentanwerte der Richtspannung $u_S(t)$ sowie des Richtstromes $i_S(t)$. Beide Größen sind (für die Signalfrequenz f_S) durch die Wechsellastgerade $|Z_S|$ im Arbeitspunkt A verknüpft.

Die Grenze, daß der Richtstrom $i(t)$ nicht verzerrt wird, ist nach Bild 4.1.1-4b gegeben durch die Bedingung

$$\hat{i}_S \leq I_0. \tag{4.1.1/7}$$

Würde man $|\underline{Z}_S|$ steiler, d. h. niederohmiger als hier gezeichnet (d. h. C größer) wählen, so träten auf jeden Fall Verzerrungen bei $i_s(t)$ auf. Somit muß gelten:

$$\frac{\hat{u}_S}{|\underline{Z}_S|} \leq \frac{\hat{u}_T}{R}, \qquad \frac{\hat{u}_S \cdot R}{\hat{u}_T \cdot |\underline{Z}_S|} \leq 1.$$

Mit $\underline{Y}_S = \dfrac{1}{\underline{Z}_S} = 1/R + j\omega_S C$ bzw. $\dfrac{1}{|\underline{Z}_S|} = \sqrt{(1/R)^2 + (\omega_S C)^2}$ und dem Modulationsgrad $m = \hat{u}_S/\hat{u}_T$ erhält man nach Quadrieren der obigen Ungleichung

$$m^2 \cdot R^2 \cdot \frac{1}{|\underline{Z}_S|^2} \leq 1, \qquad m^2 \cdot R^2[(1/R)^2 + (\omega_S C)^2] \leq 1, \qquad (\omega_S CR)^2 \leq (1 - m^2)/m^2.$$

Damit ergibt sich die folgende recht gute Abschätzung für die Zeitkonstante τ

$$\tau = C \cdot R \leq \frac{\sqrt{1 - m^2}}{m \cdot \omega_S}. \tag{4.1.1/8}$$

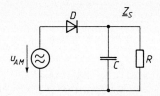

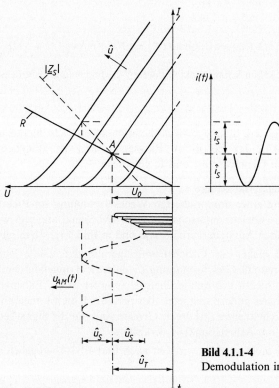

Bild 4.1.1-4
Demodulation im Richtkennlinienfeld

4.1 Demodulation von AM

Nach (4.1.1/8) muß die Zeitkonstante τ umso kleiner sein, je größer der Modulationsgrad m und je höher die Basisbandfrequenz f_S ist. Dies ist nochmals mit Zahlenwerten im Beispiel 4.1.1/2 gezeigt.

- **Beispiel 4.1.1/2:** Ein ZSB-AM-Signal soll mit einem Hüllkurvendemodulator nach Bild 4.1.1-4 demoduliert werden. Hierbei sind folgende Werte gegeben: $m = 10 \ldots 60\%$; $f_S = 300\,\text{Hz} \ldots 4\,\text{kHz}$; $f_T = 460\,\text{kHz}$; $R = 10\,\text{k}\Omega$.
  Wie groß ist der Glättungskondensator zu wählen?

  Lösung:

  In (4.1.1/8) sind die ungünstigsten Werte einzusetzen, d. h. $m = 0{,}6$ und $f_S = 4\,\text{kHz}$.

  $$C \leq \frac{1}{R} \cdot \frac{\sqrt{1-m^2}}{m \cdot 2\pi \cdot f_S} = \frac{\sqrt{1-0{,}6^2}}{10^4 \cdot 0{,}6 \cdot 2\pi \cdot 4 \cdot 10^3} = 5{,}3 \cdot 10^{-9}\,\text{F}$$

  Somit ist $C \leq 5{,}3\,\text{nF}$ zu wählen!

c) Betrieb einer HF-Gleichrichter-Schaltung am Schwingkreis

Will man eine Gleichrichterschaltung an einem Paralellschwingkreis (z. B. eines Selektivverstärkers) betreiben, so wird der Schwingkreis durch den Eingangswiderstand R_x der Gleichrichterschaltung bedämpft und durch die Eingangskapazität C_x etwas verstimmt (Bild 4.1.1-5a). C_x kann dabei in die Resonanzabstimmung (durch Verringern von C_p) eingestimmt werden.

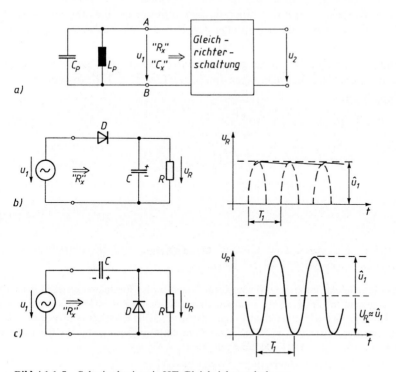

Bild 4.1.1-5 Schwingkreis mit HF-Gleichrichterschaltung
  a) Belastung (R_x) und Verstimmung (C_x)
  b) Reihengleichrichter-Schaltung
  c) Parallelgleichrichter-Schaltung

Da es sich bei der Diode um ein unlineares Bauteil handelt, ermittelt man die Ersatzgröße R_x zweckmäßig aus einer Leistungsbilanz der Gleichrichterschaltung. Hierbei nimmt man die Diode D als ideal ($R_D \to 0$; $R_S \to \infty$) und den Kondensator C als verlustlos an. Somit muß die an R_x gelieferte Wirkleistung P_1 gleich der am Ausgang in R umgesetzten Wirkleistung P_2 sein. Hieraus kann man auf R_x schließen.

c1) Reihengleichrichterschaltung

In Bild 4.1.1-5b ist die bereits bekannte HF-Gleichrichterschaltung nochmals mit ihrem idealisierten Spannungsverlauf $u_R(t)$ dargestellt. Die Leistungsbilanz liefert hier mit $U_R \approx \hat{u}_1$

$$P_1 = P_2, \quad \frac{\hat{u}_1^2}{2R_x} = \frac{\hat{u}_1^2}{R}.$$

Damit bedämpft diese Gleichrichterschaltung den Schwingkreis zusätzlich mit

$$R_x \approx \tfrac{1}{2} \cdot R. \tag{4.1.1/9}$$

c2) Parallelgleichrichterschaltung

In Bild 4.1.1-5c sind Schaltung und Ausgangsspannungsverlauf $u_R(t)$ einer weiteren Gleichrichteranordnung dargestellt.

Durch die negative Halbwelle der Eingangsspannung u_1 wird der Kondensator C über die Diode D auf $U_C \approx \hat{u}_1$ mit der eingezeichneten Polarität aufgeladen. Wenn die Zeitkonstante $\tau = C \cdot R$ groß ist, entlädt sich C bei gesperrter Diode D (während der positiven Halbwelle von u_1) kaum, d. h. als Mittelwert an R tritt (über die niederohmige Quelle) die Gleichspannung $U_R = U_C \approx \hat{u}_1$ auf. Zu U_R überlagert sich infolge des geringen Wechselwiderstandes von C ($X_C \to 0$) die Eingangsspannung u_1 (Bild 4.1.1-5c).

Um den Wechselanteil der Ausgangsspannung u_R zu beseitigen, kann man die Schaltung durch ein Tiefpaßglied mit hinreichend niedriger Grenzfrequenz ($f_g \ll f_1 = 1/T_1$) erweitern.

Eine Leistungsbilanz liefert

$$P_1 = P_2 = P_{2-} + P_{2\sim},$$
$$\frac{\hat{u}_1^2}{2R_x} = \frac{\hat{u}_1^2}{R} + \frac{\hat{u}_1^2}{2R} = \frac{3\hat{u}_1^2}{2R}.$$

Damit wird ein Schwingkreis bei dieser Gleichrichterschaltung zusätzlich bedämpft mit

$$R_x \approx \frac{R}{3}. \tag{4.1.1/10}$$

Welche Auswirkungen sich durch eine Gleichrichterschaltung auf die Betriebsgüte eines Schwingkreises ergeben, ist in Beispiel 4.1.1/3 betrachtet.

- **Beispiel 4.1.1/3:** Ein Parallelschwingkreis wird von einem Transistor bei Resonanz betrieben (Bild 4.1.1-6a). Auf der Ausgangsseite ist die skizzierte Demodulationsschaltung ($R = 80\,\text{k}\Omega$) transformatorisch angekoppelt. Der Transistor kann im Ersatzbild als einfache Stromquelle aufgefaßt werden (Kurzschlußstrom $I_k = 2\,\text{mA}$; Innenwiderstand $R_i = 50\,\text{k}\Omega$). Der Parallelschwingkreis habe bei Resonanz den Kennwiderstand $X_k = 1/(w_0 C_p) = 1\,\text{k}\Omega$ und die Kreisgüte $Q_k = 90$.
    a) Geben Sie hierzu ein einfaches wechselmäßiges Ersatzschaltbild an.
    b) Berechnen Sie die Betriebsgüte Q_B des Schwingkreises bei einem Übersetzungsverhältnis $\ddot{u} = n_1/n_2 = 1$.
    c) Berechnen Sie die Betriebsgüte Q_B des Schwingkreises bei einem Übersetzungsverhältnis $\ddot{u} = n_1/n_2 = 3$.

4.1 Demodulation von AM

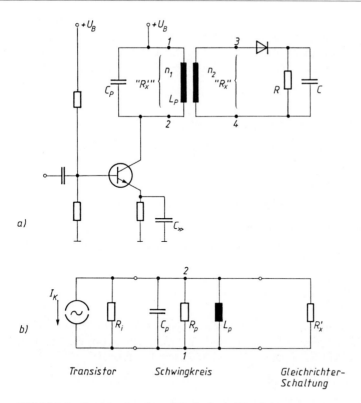

Bild 4.1.1-6 Betriebsgüte eines Schwingkreis-Verstärkers
a) Schaltung
b) Ersatzbild (wechselmäßig)

Lösung:

a) R_p = Verlustwiderstand des Schwingkreises.
In die Klemmen 3–4 gesehen, beträgt der Ersatzwiderstand der Gleichrichterschaltung nach (4.1.1/9):
$R_x = \frac{1}{2} \cdot R$.
In die Klemmen 1–2 gesehen, ist der Bedämpfungswiderstand:

$$R'_x = ü^2 \cdot R_x.$$

Damit läßt sich das Ersatzbild zeichnen (Bild 4.1.1-6b).

b) $R_p = X_k \cdot Q_k = 90 \cdot 1 \text{ k}\Omega = 90 \text{ k}\Omega$,
$R_x = \frac{1}{2} \cdot R = \frac{1}{2} \cdot 80 \text{ k}\Omega = 40 \text{ k}\Omega$.

Aus der Leistungsbilanz des Übertragers erhält man

$$P_1 = P_2, \quad \text{d. h.} \quad \frac{\hat{u}_1^2}{2R'_x} = \frac{\hat{u}_2^2}{2R_x},$$

$$R'_x = \left(\frac{\hat{u}_1}{\hat{u}_2}\right)^2 \cdot R_x = \left(\frac{n_1}{n_2}\right)^2 \cdot R_x = ü^2 \cdot R_x.$$

Gesamt-Verluste: $1/R_{p\,ges} = 1/R_i + 1/R_p + 1/R'_x$,

bei $\ddot{u} = 1 \to R'_x = R_x = 40 \text{ k}\Omega$,

$$1/R_{p\,ges} = 1/50 \text{ k}\Omega + 1/90 \text{ k}\Omega + 1/40 \text{ k}\Omega$$
$$= 56{,}11 \text{ μS},$$
$$R_{p\,ges} = 17{,}8 \text{ k}\Omega.$$

Bei $\ddot{u} = 1$ ergibt sich eine Betriebsgüte Q_B des Schwingkreises von

$$Q_B = R_{p\,ges}/X_k = 17{,}8.$$

c) bei $\ddot{u} = 3 \to R'_x = \ddot{u}^2 \cdot R_x = 9 \cdot 40 \text{ k}\Omega = 360 \text{ k}\Omega$,

$$1/R_{p\,ges} = 1/50 \text{ k}\Omega + 1/90 \text{ k}\Omega + 1/360 \text{ k}\Omega$$
$$= 33{,}89 \text{ μS},$$
$$R_{p\,ges} = 29{,}5 \text{ k}\Omega.$$

Bei $\ddot{u} = 3$ erhöht sich die Betriebsgüte auf $Q_B = 29{,}5$.

4.1.2 Produktdemodulator (Synchrondemodulator)

In Bild 4.1.2-1a ist das Prinzip eines Produktdemodulators dargestellt. Die modulierte Schwingung $u_{AM}(t)$ wird mit der in einem lokalen Oszillator erzeugten „synchronen" Schwingung (d. h. $f_E = f_T = $ Trägerfrequenz des AM-Signales) $u_E(t) = \hat{u}_E \cdot \cos(\omega_T t)$ multipliziert. Als Multiplizierer kann z. B. der bereits aus Kapitel 3.2.5 bekannte Ringmodulator M verwendet werden oder eine IC-Schaltung [39].

Die folgende spektrale Betrachtung zeigt die Vielseitigkeit eines solchen Produktdemodulators. Um alle Arten von AM gleichzeitig zu erfassen, sind im Ansatz von $u_{AM}(t)$ die Faktoren a, b, c mitgeführt. D. h., für die AM-Schwingung ist verallgemeinert angesetzt:

$$u_{AM}(t) = a \cdot \hat{u}_T \cdot \cos(\omega_T t) + b \cdot \tfrac{1}{2} \cdot \hat{u}_S \cdot \cos(\omega_T - \omega_S)t + c \cdot \tfrac{1}{2} \cdot \hat{u}_S \cdot \cos(\omega_T + \omega_S)t.$$

Bildet man das Produkt

$$u_{AM}(t) \cdot u_E(t)$$
$$= [a \cdot \hat{u}_T \cdot \cos(\omega_T t) + b \cdot \tfrac{1}{2} \hat{u}_S \cdot \cos(\omega_T - \omega_S)t + c \cdot \tfrac{1}{2} \cdot \hat{u}_S \cdot \cos(\omega_T + \omega_S)t]$$
$$\times \hat{u}_E \cdot \cos(\omega_T t) = \hat{u}_E[a \cdot \hat{u}_T \cdot \cos^2(\omega_T t) + b \cdot \tfrac{1}{2} \cdot \hat{u}_S \cdot \cos(\omega_T t) \cdot \cos(\omega_T - \omega_S)t$$
$$+ c \cdot \tfrac{1}{2} \cdot \hat{u}_S \cdot \cos(\omega_T t) \cdot \cos(\omega_T + \omega_S)t, \qquad (4.1.2/1)$$

so wird mit (A25) und (A36)

$$u_{AM}(t) \cdot u_E(t) = \hat{u}_E \cdot a \cdot \hat{u}_T \cdot \tfrac{1}{2}[1 + \cos(2\omega_T t)]$$
$$+ \hat{u}_E \cdot b \cdot \hat{u}_S \cdot \tfrac{1}{4}[\cos(-\omega_S t) + \cos(2\omega_T - \omega_S)t]$$
$$+ \hat{u}_E \cdot c \cdot \hat{u}_S \cdot \tfrac{1}{4}[\cos(\omega_S t) + \cos(2\omega_T + \omega_S)t]. \qquad (4.1.2/2)$$

Nach Einsatz eines Tiefpasses sowie eines Kondensators C_k zur Trennung der Gleichkomponente verbleibt am Ausgang als demoduliertes Signal

$$u_S^*(t) = \tfrac{1}{4} \cdot \hat{u}_E \cdot \hat{u}_S [b \cdot \cos(\omega_S t) + c \cdot \cos(\omega_S t)]. \qquad (4.1.2/3)$$

Aus (4.1.2/1) und (4.1.2/3) ist der universelle Einsatz eines Produktdemodulators für sämtliche Arten von AM erkennbar:

ZSB-AM mit vollem Träger $\to a = 1$ und $b = c = 1$,
ZSB-AM ohne Träger $\to a = 0$ und $b = c = 1$,
ESB-AM ohne Träger $\to a = 0$ und $b = 1$; $c = 0$ oder
$\qquad\qquad\qquad\qquad\qquad a = 0$ und $b = 0$; $c = 1$

sowie ESB-AM mit Restträger (a zwischen 0 und 1).

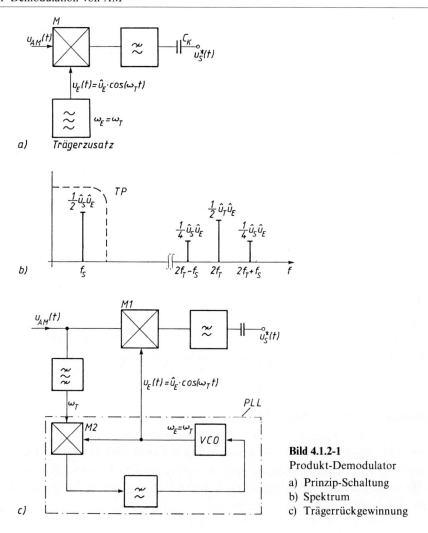

Bild 4.1.2-1
Produkt-Demodulator
a) Prinzip-Schaltung
b) Spektrum
c) Trägerrückgewinnung

Für eine ZSB-AM mit vollem Träger (also $a = 1$ und $b = c = 1$) ist in Bild 4.1.2-1b zur Verdeutlichung nochmals das Spektrum nach (4.1.2/2) aufgetragen.

Verwendet man im Demodulator als Trägerzusatz eine Schwingung $u_E(t)$, die zwar die gleiche Frequenz $f_E = f_T$ hat, jedoch eine Phasenverschiebung $\varphi(t)$ gegenüber der Trägerschwingung $u_T(t)$ des AM-Signals besitzt, d. h.

$$u_E(t) = \hat{u}_E \cdot \cos\left[\omega_T t + \varphi(t)\right], \tag{4.1.2/4}$$

so entsteht im demodulierten Signal ebenfalls dieser Phasenfehler, der sich bei der Demodulation analoger Signale aber nicht störend auswirkt. Dagegen bei digitalen Signalen muß der Trägerzusatz für die Demodulation sowohl frequenzrichtig als auch phasenrichtig erfolgen!

Wenn das Empfangssignal den Träger enthält (z. B. ZSB-AM mit Träger oder ESB-AM mit Restträger), kann der Zusatzträger für die Demodulation $u_E(t)$ auch aus dem Empfangssignal $u_{AM}(t)$ abgeleitet werden (Bild 4.1.2-1c). An dieser Stelle sei nur kurz das Prinzip gezeigt.

Hierbei filtert man die Trägerkomponente $u_T^*(t)$ mit einem Schwingkreis (oder Bandpaß) grob heraus. Es sei

$$u_T^*(t) = \hat{u}_T^* \cdot \cos[\omega_T t + \varphi(t)]. \tag{4.1.2/5}$$

In einem spannungsgesteuerten Oszillator (VCO = Voltage controlled oscillator) wird die Schwingung $u_E(t)$ erzeugt, d. h.

$$u_E(t) = \hat{u}_E \cdot \cos(\omega_T t). \tag{4.1.2/6}$$

Bei den Ansätzen ist wiederum angenommen, daß die Frequenzen bereits übereinstimmen ($\omega_E = \omega_T$) und nur noch eine Phasenabweichung $\varphi(t)$ zwischen $u_T^*(t)$ und $u_E(t)$ bestehe. Die beiden Spannungen werden dann im Ringmodulator M2 miteinander multipliziert

$$u_T^*(t) \cdot u_E(t) = \hat{u}_T^* \cdot \hat{u}_E \cdot \cos[\omega_T t + \varphi(t)] \cdot \cos(\omega_T t).$$

Mit (A36) erhält man

$$u_T^*(t) \cdot u_E(t) = \tfrac{1}{2} \cdot \hat{u}_T^* \cdot \hat{u}_E \{\cos \varphi(t) + \cos[2\omega_T t + \varphi(t)]\}. \tag{4.1.2/7}$$

Der skizzierte Tiefpaß läßt nur die Gleichkomponente

$$\tfrac{1}{2} \cdot \hat{u}_T^* \cdot \hat{u}_E \cdot \cos \varphi(t) \tag{4.1.2/8}$$

durch, die den VCO nachregelt. Somit wird im Ringmodulator M2 ein Phasenvergleich durchgeführt. Die Zusatzeinheit aus Ringmodulator M2, VCO und Tiefpaß stellt zusammen einen Phasenregelkreis dar, der dafür sorgt, daß der aufbereitete Träger $u_E(t)$ in Frequenz und Phase stets mit $u_{AM}(t)$ übereinstimmt. Auf den hier beschriebenen Phasenregelkreis (PLL = Phase locked loop) wird im Kapitel 6 noch näher eingegangen.

4.2 Demodulation von FM und PM

Bei der Demodulation von winkelmodulierten Signalen betrachtet man in der Regel nur die Demodulation von FM-Signalen, da dies sicher die wichtigste Anwendung ist (Bild 4.2-1a).

Liegt ein PM-Signal vor, so läßt sich dieses ebenfalls mit einem FM-Demodulator demodulieren, wobei aber das demodulierte Signal nach Bild 4.2-1b mit einem Integrierglied zu korrigieren ist (vgl. Kapitel 3.3.5).

Grundsätzlich unterscheidet man drei verschiedene Methoden der FM-Demodulation.

4.2.1 Umwandlung der FM in eine AM

Eine Grundmöglichkeit der Demodulation eines FM-Signales besteht nach Bild 4.2.1-1 darin, ein FM-Signal in ein AM-Signal umzuwandeln und dieses AM-Signal anschließend zu demodulieren.

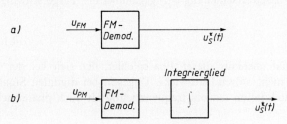

Bild 4.2-1 Demodulation winkelmodulierter Signale
    a) Demodulation von FM
    b) Demodulation von PM mit FM-Demodulator

4.2 Demodulation von FM und PM

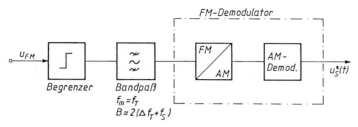

Bild 4.2.1-1 Demodulation der FM durch Umwandlung in AM

Zunächst beseitigt meist ein Begrenzer etwa vorhandene Amplitudenschwankungen des FM-Signales $u_{FM}(t)$, da diese einen unerwünschten Anteil im demodulierten Signal $u_S(t)$ ergäben. Solche Amplitudenschwankungen können z. B. auftreten durch Frequenzgänge in vorausgehenden Stufen, bei veränderlichen Empfangsfeldstärken sowie bei FM-Aufzeichnung (Video-Recorder) infolge schwankenden Band-Kopf-Kontaktes.

Anschließend werden alle Oberwellen beseitigt und die Bandbreite auf das erforderliche Mindestmaß (z. B. $B = 2(\Delta f_T + f_S)$ nach (3.3.2/7)) eingeschränkt.

Als FM/AM-Wandler seien hier nur einige einfache Möglichkeiten betrachtet.

a) Spule als FM/AM-Wandler

Bereits eine Spule ist prinzipiell als einfacher FM/AM-Wandler einsetzbar, da bei eingeprägtem Strom $\underline{I}_{FM}$ die Spannung $\underline{U}_L$ an der Spule L der Momentanfrequenz f proportional ist.
Nach Bild 4.2.1-2a ist

$$\underline{U}_{AM} = \underline{U}_L = j\omega L \cdot \underline{I}_{FM}. \tag{4.2.1/1}$$

Hält man $|\underline{I}_{FM}|$ konstant (Konstantstromquelle), dann ändert sich der Betrag

$$U_{AM} = L \cdot I_{FM} \cdot \omega \sim \omega \tag{4.2.1/2}$$

linear mit der Momentanfrequenz f.
Die Diskriminatorkennlinie der Spule, d. h. die Abhängigkeit $U(f)$, ist hier eine Gerade (Bild 4.2.1-2a). Der FM-Strom $i_{FM}(t)$ geht damit in eine AM-Schwingung $u_{AM}(t)$ über (Bild 4.2.1-2b), die anschließend noch demoduliert werden muß (z. B. durch Hüllkurven-Demodulation). Der entstehende Modulationsgrad m ist hierbei proportional zum Frequenzhub Δf_T. Das jetzt entstandene AM-Signal enthält statt einer konstanten Trägerfrequenz f_T die Momentanfrequenz f des FM-Signales, was aber für die nachfolgende Demodulation ohne Bedeutung ist.

Bei realen Spulen weicht die Diskriminatorkennlinie auf Grund der Spulenverluste und Spulenkapazitäten sehr schnell von der Linearität ab. Daher wird eine Spule als FM/AM-Wandler kaum benutzt.

b) Flanken-Diskriminator

Eine weitere einfache FM/AM-Wandlung kann man an der Flanke eines Parallelschwingkreises (unterhalb oder oberhalb der Resonanzfrequenz f_0) erreichen (Bild 4.2.1-2c).

Auch hier ist eine Konstantstrom-Ansteuerung für $i_{FM}(t)$ erforderlich. Für kleine Frequenzhübe Δf_T ist dieser Diskriminator wegen seiner steilen und geraden Flanke geeignet. Bei größeren Frequenzhüben ergeben sich auf Grund der nichtlinearen Diskriminatorkennlinie Verzerrungen der Hüllkurve des AM-Signales und damit Klirrfaktor [48, 36].
Im Beispiel 4.2.1/1 ist das Verhalten eines Flankendiskriminators näher untersucht.

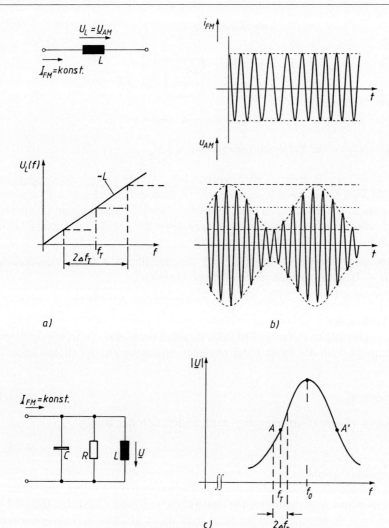

Bild 4.2.1-2 Einfachste FM/AM-Wandler
    a) Diskriminator-Kennlinie einer Spule
    b) Umsetzung von $i_{FM}(t)$ in $u_{AM}(t)$
    c) Flanken-Diskriminator (Schwingkreis)

- **Beispiel 4.2.1/1:** Ein FM-Signal soll an der Flanke eines Parallelschwingkreises in ein AM-Signal umgewandelt werden (Bild 4.2.1-2c). Hierbei sind folgende Werte gegeben: Trägerruhelage $f_T = 5{,}5$ MHz und Schwingkreisgüte $Q_K = 50$ (Betriebsgüte).
  a) Ermitteln Sie die Verstimmung v (gegenüber der Resonanzfrequenz f_0) für den Arbeitspunkt A auf der Flanke (im Wendepunkt der Resonanzkurve).
  b) Ermitteln Sie die Resonanzfrequenz f_0 des Kreises.
  c) Ist der vorliegende Flanken-Diskriminator für einen maximalen Frequenzhub $\Delta f_T = 50$ kHz geeignet?

Lösung:

a) Der Leitwert des Schwingkreises (Bild 4.2.1-2c) ist

(1) $\underline{Y} = 1/R_P + \mathrm{j}(\omega C - 1/(\omega L))$.

4.2 Demodulation von FM und PM

Mit dem Kennwiderstand

(2) $X_K = \omega_0 L = 1/(\omega_0 C) = \sqrt{(L/C)}$

und der Kreisgüte $Q_K = R_P/X_K$ wird aus (1)

(3) $\underline{Y} = 1/X_K[X_K/R_P + j(X_K\omega C - X_K/(\omega L))]$
$= 1/X_K[1/Q_K + j(\omega/\omega_0 - \omega_0/\omega)]$.

In (3) stellt die Verstimmung

$v = (\omega/\omega_0 - \omega_0/\omega)$

einen Bezug auf die Resonanzkreisfrequenz $\omega = \omega_0$ her; hier ist $v = 0$; v kann positiv oder negativ sein. Durch die Verwendung der Verstimmung v läßt sich eine normierte Darstellung erreichen. Somit wird

(5) $\underline{Y} = 1/X_K[1/Q_K + jv]$.

Mit $\underline{U} = \underline{I} \cdot \underline{Z} = \underline{I} \cdot 1/\underline{Y}$ und (5) erhält man

(6) $\underline{U} = \dfrac{\underline{I} \cdot X_K}{\left[\dfrac{1}{Q_K} + jv\right]}$ bzw. $|\underline{U}| = \dfrac{I \cdot X_K}{\sqrt{\left(\dfrac{1}{Q_K}\right)^2 + v^2}}$.

Zur Ermittlung der v-Werte im Wendepunkt ist die Nullstelle der 2. Ableitung von (6) zu suchen, d. h.

(7) $\dfrac{d^2 F(v)}{dv^2} = 0$ mit $F(v) = \left(\dfrac{1}{Q_K^2} + v^2\right)^{-1/2}$

$\dfrac{dF(v)}{dv} = -\dfrac{1}{2}\left(\dfrac{1}{Q_K^2} + v^2\right)^{-3/2} \cdot 2v$

$\dfrac{d^2 F(v)}{dv^2} = -\dfrac{1}{2}\left\{-\dfrac{1}{2} \cdot 3\left(\dfrac{1}{Q_K^2} + v^2\right)^{-5/2} \cdot 2v \cdot 2v + \left(\dfrac{1}{Q_K^2} + v^2\right)^{-3/2} \cdot 2\right\}$

$= -\left(\dfrac{1}{Q_K^2} + v^2\right)^{-3/2} \cdot \left[-3 \cdot v^2 \cdot \left(\dfrac{1}{Q_K^2} + v^2\right)^{-1} + 1\right]$.

Eine Nullstelle kann auftreten, wenn

$\dfrac{3 \cdot v_{1,2}^2}{\dfrac{1}{Q_K^2} + v_{1,2}^2} = 1$, $3v_{1,2}^2 = \dfrac{1}{Q_K^2} + v_{1,2}^2$,

(8) $2v_{1,2}^2 = \dfrac{1}{Q_K^2}$, $v_{1,2} = \pm \dfrac{1}{\sqrt{2}} \cdot \dfrac{1}{Q_K}$.

b) Die Resonanzfrequenz f_0 erhält man aus (4)

$v = \omega/\omega_0 - \omega_0/\omega$,

$v \cdot \omega_0 \cdot \omega = \omega^2 - \omega_0^2$,

$\omega_0^2 + v \cdot \omega \cdot \omega_0 - \omega^2 = 0$,

(9) $\omega_0 = -\dfrac{\omega \cdot v}{2}(^+_-)\sqrt{\left(\dfrac{\omega \cdot v}{2}\right)^2 + \omega^2}$.

Da aus (9) nur positive f_0-Werte interessieren, wird mit $\omega = 2\pi f$

(10) $f_0 = f[+\sqrt{1 + 0{,}25v^2} - 0{,}5v]$.

Bei $Q_K = 50$ beträgt die Verstimmung im Arbeitspunkt

(11) $v_A = \pm \dfrac{1}{\sqrt{2}} \cdot \dfrac{1}{50} = \pm 1{,}4142 \cdot 10^{-2}$.

Will man $f = f_T = 5{,}5$ MHz auf die untere Flanke legen (Arbeitspunkt A in Bild 4.2.1-2c), so gilt $v = v_A = -1{,}4142 \cdot 10^{-2}$ und die Resonanzfrequenz beträgt nach (10)

$f_0 = 1{,}007096 \cdot 5{,}5$ MHz $= 5{,}539$ MHz.

c) Da der Abstand zwischen Resonanzfrequenz f_0 und Trägerruhelage f_T nur ca. 39 kHz beträgt, kann ein Frequenzhub Δf_T von ± 50 kHz nicht verarbeitet werden.

D. h. man muß mit Δf_T hier wesentlich kleiner bleiben, um noch im linearen Bereich der Kennlinie zu arbeiten, sonst tritt ein erheblicher Klirrfaktor auf.

c) Gegentakt-Flankendiskriminator

In Bild 4.2.1-3a ist das Prinzip ersichtlich. Zwei Schwingkreise (Resonanzfrequenzen f_{01} und f_{02}) sind symmetrisch zur Trägerruhelage f_T versetzt. Beide Schwingkreise werden wieder mit i_{FM} = konst. (z. B. durch 2 gleichartige Transistoren) angesteuert. Durch Gegeneinander-

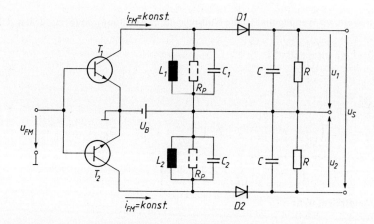

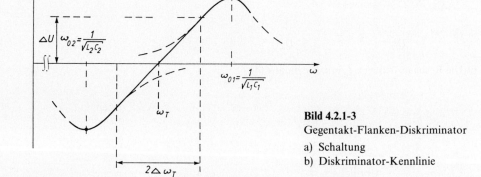

Bild 4.2.1-3
Gegentakt-Flanken-Diskriminator
a) Schaltung
b) Diskriminator-Kennlinie

schalten der Richtspannungen ist am Ausgang bereits das demodulierte Signal abnehmbar und zwar

$$u_S(t) = u_1 - u_2. \qquad (4.2.1/3)$$

Bei punktweiser Änderung der Momentanfrequenz f am Eingang läßt sich durch Messung der zugehörigen Gleichspannungswerte am Ausgang statisch die Diskriminator-Kennlinie ermitteln. Für $f = f_T$ beträgt $U_- = 0$, für $f > f_T$ ergibt sich ein positiver und für $f < f_T$ ein negativer Gleichspannungswert U_-. Insgesamt erhält man die Diskriminator-Kennlinie nach Bild 4.2.1-3b, die bereits die typische S-Charakteristik vieler anderer Diskriminatoren zeigt. Der Verlauf der Kennlinie ist insgesamt linearer, symmetrischer und für größere Frequenzhübe geeignet, als die bisher betrachteten Arten.

Als weitere Diskriminatoren (Abwandlungen dieser Gruppe), die zu ähnlichen Kennlinien führen wie im Bild 4.2.1-3b, sind noch der Phasendiskriminator (Riegger-Kreis) sowie der Ratiodetektor zu nennen.

Diese bringen als Vorteile noch bessere Linearität und damit die Verarbeitung etwas größerer Frequenzhübe. Ausgiebige Betrachtungen hierüber sind der einschlägigen Literatur zu entnehmen [47, 36].

4.2.2 Umwandlung von FM in eine Pulsmodulation

Das Prinzip eines Koinzidenz-Demodulators ist in Bild 4.2.2-1a dargestellt. Am Eingang sei zunächst ein Funktionsgenerator (unmoduliert) mit der Spannung $u_T = \hat{u}_T \cdot \sin(\omega_T t)$ angenommen, die nach dem Begrenzerverstärker als Rechteckspannung $u_1(t)$ vorliegt. Ein geeignetes Phasenschiebenetzwerk wird so ausgelegt, daß bei $f = f_T$ (d. h. der Trägerruhelage) die Spannung u_2 um $\varphi = 90°$ gegenüber u_1 verschoben ist. Im nachfolgenden UND-Gatter wird die Koinzidenz zwischen u_1 und u_2 ausgewertet und nach Glättung der Ausgangsimpulse u_3 (durch ein RC-Glied) ergibt sich bei $f = f_T$ eine bestimmte mittlere Gleichspannung $U_D = U_0$ (Bild 4.2.2-1b). Zur Vereinfachung ist in Bild 4.2.2-1b auch u_2 als Rechteckspannung angenommen.

Ändert man f am Eingang punktweise um f_T herum zu größeren oder kleineren Werten, so ändert sich auch der Phasenwinkel von u_2 und damit die Impulsbreite von u_3 sowie die Ausgangsgleichspannung U_D. In Bild 4.2.2-1b ist schematisch angedeutet, wie sich der Mittelwert U_D in Abhängigkeit von φ verschiebt. Die zugehörige Diskriminator-Kennlinie des Koinzidenz-Demodulators erhält man durch Betrachtung eines einfachen Phasenschiebe-Netzwerkes nach Bild 4.2.2-2a. Für den skizzierten Reihenschwingkreis (mit dem Verlustwiderstand R_r bzw. der Kreisgüte Q_K) gilt

$$\frac{\underline{U}_2}{\underline{U}_1} = \frac{j\omega L}{R_r + j(\omega L - 1/(\omega C))}. \qquad (4.2.2/1)$$

Bei Resonanz, d. h. $\omega = \omega_0 = 1/\sqrt{L \cdot C}$, wird aus (4.2.2/1)

$$\left.\frac{\underline{U}_2}{\underline{U}_1}\right|_{\omega_0} = j\frac{\omega_0 L}{R_r} = jQ_K. \qquad (4.2.2/2)$$

Aus (4.2.2/2) ist erkennbar, daß bei der Resonanzfrequenz f_0 die Phasenbedingung $\varphi = 90°$ zwischen $\underline{U}_2$ und $\underline{U}_1$ erfüllt ist. Wählt man die Trägerruhelage gleich der Resonanzfrequenz, also

$$\omega_T = \omega_0 = 1/\sqrt{LC}, \qquad (4.2.2/3)$$

so liegt man in der Mitte des Aussteuerbereiches der Diskriminator-Kennlinie.

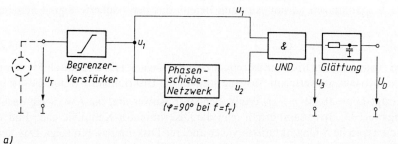

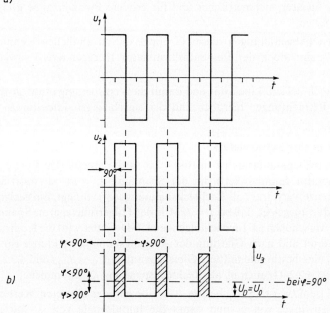

Bild 4.2.2-1 Koinzidenz-Demodulator
a) Blockschaltbild (Prinzip)
b) Impulsverlauf (Schema)

Auch der Abgleich des Koinzidenz-Demodulators ist sehr einfach. Man muß nach (4.2.2/2) nur bei $f = f_T$ auf Resonanz (Spannungs-Maximum an L) abstimmen, dann liegt $\varphi = 90°$ vor. Der Phasenverlauf ist aus (4.2.2/1) entnehmbar

$$\varphi(\omega) = \varphi_{\text{Zähler}} - \varphi_{\text{Nenner}}$$

$$= 90° - \arctan \frac{\left(\omega L - \dfrac{1}{\omega C}\right)}{R_r}. \qquad (4.2.2/4)$$

Eine Normierung läßt sich erreichen durch folgende Umformung

$$\varphi(\omega) = 90° - \arctan \frac{\omega L}{R_r} \cdot \frac{\omega_0}{\omega_0} \left[1 - \frac{1}{\omega^2 LC}\right]$$

$$= 90° - \arctan Q_K \cdot \frac{\omega}{\omega_0} \left[1 - \left(\frac{\omega_0}{\omega}\right)^2\right].$$

4.2 Demodulation von FM und PM

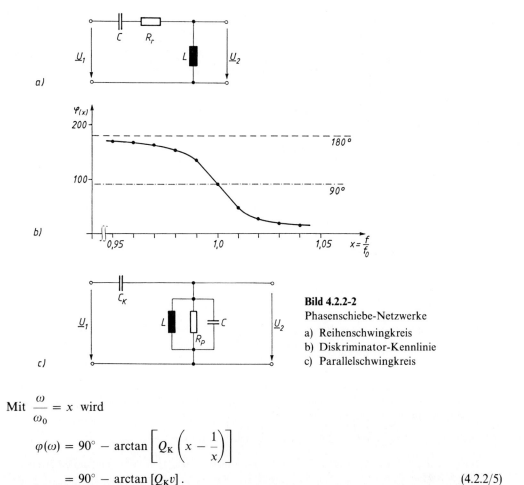

Bild 4.2.2-2
Phasenschiebe-Netzwerke
a) Reihenschwingkreis
b) Diskriminator-Kennlinie
c) Parallelschwingkreis

Mit $\dfrac{\omega}{\omega_0} = x$ wird

$$\varphi(\omega) = 90° - \arctan\left[Q_K\left(x - \frac{1}{x}\right)\right]$$

$$= 90° - \arctan[Q_K v]. \qquad (4.2.2/5)$$

In Bild 4.2.2-2b ist der Phasenverlauf nach (4.2.2/5) für eine Kreisgüte $Q_K = 50$ aufgetragen; dieser entspricht dem Verlauf der Diskriminator-Kennlinie. Ausgenutzt werden kann wiederum nur sinnvoll der lineare Bereich, d. h. abgeschätzt ca. $\pm 1\%$ von f_T. Bei der 2. Ton-ZF im Fernsehempfänger, wo der FM-Träger $f_T = 5{,}5$ MHz und der maximale Frequenzhub ± 50 kHz beträgt, ist daher der Koinzidenz-Demodulator gut einsetzbar.

Den Vorgang, der oben statisch beschrieben wurde, muß man sich beim Anlegen eines FM-Signales $u_{FM}(t)$ entsprechend dynamisch vorstellen. Das Ausgangssignal des Diskriminators $u_D(t)$ wird in diesem Falle eine Gleichspannung mit überlagertem Wechselsignal $u_S(t)$ sein.

Abschließend sei noch darauf hingewiesen, daß derartige Koinzidenz-Demodulatoren nach Bild 4.2.2-1a in zahlreichen IC's (z. B. TBA 120) enthalten sind. Hier müssen nur noch ein Phasenschiebenetzwerk sowie eine Glättung extern angeschlossen werden. Ein weiteres Phasenschiebenetzwerk, das in der Praxis viel verwendet wird, ist in Beispiel 4.2.2/1 betrachtet.

- **Beispiel 4.2.2/1:** Häufig wird bei Koinzidenz-Demodulatoren ein Parallelschwingkreis nach Bild 4.2.2-2c als Phasenschiebenetzwerk verwendet.
  a) Berechnen Sie den Phasengang $\varphi(\omega)$ in normierter Form.
  b) Vergleichen Sie das Ergebnis von a) mit dem Phasenverlauf aus (4.2.2/5).

Lösung:

a) (1) $\dfrac{\underline{U}_2}{\underline{U}_1} = \dfrac{\underline{Z}_P}{\dfrac{1}{j\omega C_K} + \underline{Z}_P} \cdot \dfrac{\underline{Y}_P}{\underline{Y}_P} = \dfrac{1}{-j\dfrac{1}{\omega C_K} \cdot \underline{Y}_P + 1}$.

(2) Mit $\underline{Y}_P = 1/R_P + j\omega C + 1/(j\omega L)$:

(3) $\dfrac{\underline{U}_2}{\underline{U}_1} = \dfrac{1}{1 - j\dfrac{1}{\omega C_K}\left[\dfrac{1}{R_P} + j\omega C + \dfrac{1}{j\omega L}\right]}$

$= \dfrac{1}{1 - \dfrac{1}{\omega^2 L \cdot C_K} + \dfrac{C}{C_K} - j\dfrac{1}{\omega C_K \cdot R_P}}$.

$\varphi(\omega) = \varphi_{\text{Zähler}} - \varphi_{\text{Nenner}}$,

(4) $\varphi(\omega) = 0 - \arctan \dfrac{-\dfrac{1}{\omega C_K \cdot R_P}}{1 + \dfrac{C}{C_K} - \dfrac{1}{\omega^2 L \cdot C_K}}$,

(5) $= \arctan \dfrac{1}{\omega C_K \cdot R_P \left(1 + \dfrac{C}{C_K}\right) - \dfrac{\omega C_K \cdot R_P}{\omega^2 L \cdot C_K} \cdot \dfrac{C}{C}}$.

Aus (5) wird nach einigen Erweiterungen und mit $\omega_0^2 = 1/(LC)$

$\varphi(\omega) = \arctan \dfrac{1}{C\dfrac{\omega_0}{\omega_0} \cdot \omega R_P \left[\dfrac{C_K}{C}\left(1 + \dfrac{C}{C_K}\right) - \left(\dfrac{\omega_0}{\omega}\right)^2\right]}$.

Mit $Q_K = R_P/(\omega_0 L) = R_P \cdot \omega_0 C$ und $x = \omega/\omega_0$ sowie mit $\arctan(1/y) = 90° - \arctan y$ erhält man

(6) $\varphi(\omega) = \arctan \dfrac{1}{Q_K\left(\dfrac{\omega}{\omega_0}\right)\left[1 + \dfrac{C_K}{C} - \left(\dfrac{\omega_0}{\omega}\right)^2\right]}$,

$\varphi(x) = \arctan \dfrac{1}{Q_K \cdot x \cdot \left[1 + \dfrac{C_K}{C} - \dfrac{1}{x^2}\right]}$.

Damit wird der Phasengang in normierter Form

(7) $\varphi(x) = 90° - \arctan\{Q_K[x(1 + C_K/C) - 1/x]\}$.

b) Eine kleine Kapazität C_K ist oft im IC bereits integriert. Als externe Bauelemente sind dann nur noch L und C anzuschließen. Wählt man den Schwingkreiskondensator $C \gg C_K$, so geht (7) über in (4.2.2/5) und es ergibt sich wieder ein Phasenverlauf nach Bild 4.2.2-2b (bei $Q_K = 50$). Hält man diese Bedingung ein, so bleibt für $f = f_T$ die Mitte des Aussteuerbereiches (bei $\varphi \approx 90°$) erhalten und das integrierte C_K geht hier nicht in die Resonanzbedingung ein (im Gegensatz zum Reihenschwingkreis nach Bild 4.2.2-2a). Die Abstimmung erfolgt wieder auf maximale Spannung am Parallelschwingkreis.

Weitere Varianten dieser Kategorie sind der Nulldurchgangs-Diskriminator sowie der Zähldiskriminator [39].

4.2.3 FM-Demodulator mit PLL-Schaltung

In Bild 4.2.3-1 ist der Grundaufbau einer Phasenregelschleife zur Demodulation eines FM-Eingangssignales dargestellt. Das Prinzip besteht darin, daß die Schwingfrequenz eines spannungsgesteuerten Oszillators (VCO = Voltage Controlled Oscillator) von der eingangsseitigen Momentanfrequenz (also dem FM-Signal) nachgeführt wird. Die dabei in der Regelschleife hinter dem Tiefpaß entstehende Nachstimmspannung (bzw. Regelabweichung) ergibt die gewünschte Nachrichtenspannung $u_S(t)$.

Bildet man in einem Multiplizierer (z. B. Ringmodulator) das Produkt aus dem FM-Eingangssignal

$$u_1(t) = \hat{u}_1 \cdot \sin[\omega_T t + \varphi_1(t)], \tag{4.2.3/1}$$

wobei nach (3.3.1/3)

$$\varphi_1(t) = \Delta\varphi_T \cdot \cos(\omega_S t)$$

gilt, und dem VCO-Signal

$$u_2(t) = \hat{u}_2 \cdot \cos[\omega_T t + \varphi_2(t)], \tag{4.2.3/2}$$

wobei der frequenzmäßig bereits eingerastete Zustand ($\omega_{VCO} = \omega_T$) angenommen ist, dann wird mit (A24)

$$\begin{aligned}u_3(t) &= u_1(t) \cdot u_2(t) \\ &= \tfrac{1}{2} \cdot \hat{u}_1 \cdot \hat{u}_2 \cdot \{\sin[\omega_T t + \varphi_1(t) - \omega_T t - \varphi_2(t)] \\ &\quad + \sin[\omega_T t + \varphi_1(t) + \omega_T t + \varphi_2(t)]\} \\ &= \tfrac{1}{2} \cdot \hat{u}_1 \cdot \hat{u}_2 \cdot \{\sin[\varphi_1(t) - \varphi_2(t)] \\ &\quad + \sin[2\omega_T t + \varphi_1(t) + \varphi_2(t)]\}.\end{aligned} \tag{4.2.3/3}$$
$$\tag{4.2.3/4}$$

Hinter dem Tiefpaß ergibt sich als Nachstimmsignal

$$u_3^*(t) = \tfrac{1}{2} \cdot \hat{u}_1 \cdot \hat{u}_2 \cdot \sin[\varphi_1(t) - \varphi_2(t)].$$

Bei kleinen Abweichungen erhält man mit der Näherung $\sin x \approx x$

$$u_3^*(t) \approx \tfrac{1}{2} \cdot \hat{u}_1 \cdot \hat{u}_2 \cdot [\varphi_1(t) - \varphi_2(t)]. \tag{4.2.3/5}$$

Hier wird der analoge Phasendiskriminator (PD bzw. Multiplizierer in Bild 4.2.3-1) im linearen Kennlinienbereich betrieben, daher auch die Bezeichnung als linearer PLL.

Ist das Eingangssignal $u(t)$ unmoduliert, so ist die Regelabweichung eine Konstante, d. h. eine Gleichspannung.

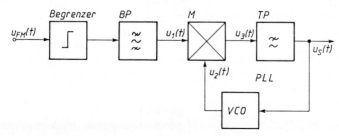

Bild 4.2.3-1 PLL-Schleife als FM-Demodulator

Liegt eine frequenzmodulierte Spannung $u_1(t)$ an, wird $u_2(t)$ im VCO laufend verändert, d. h. frequenzmoduliert, da die PLL versucht, die Differenz $\varphi_1(t) - \varphi_2(t)$ in (4.2.3/5) zu Null zu machen. Die Nachregelspannung $u_3^*(t)$ entspricht dabei dem gewünschten Informationssignal $u_S(t)$.

Näheres hierüber ist in [49, 50] zu finden.

4.3 Demodulation der 2-PSK

In Bild 4.3-1 ist der Aufbau eines 2-PSK-Demodulators dargestellt [42]. Durch einen Eingangsbandpaß wird das Empfangssigal $s_v(t)$ auf den für die Nutzinformation notwendigen Frequenzbereich beschränkt (zur Verbesserung des Störabstandes) und dann einem Synchrondemodulator (z. B. Ringmodulator) zugeführt. Der für die Demodulation erforderliche frequenz- und phasenrichtige Träger $\sin(\omega_T t)$ wird aus dem Empfangssignal abgeleitet. Bei einem 2-PSK-Signal nach (3.4.3/1)

$$s_v(t) = B_v(t) \cdot \sin(\omega_T t)$$

mit den Bewertungsfaktoren $B_v(t) = +1$ bzw. -1 ergibt sich bei Produktbildung im Ringmodulator mit (A29)

$$\begin{aligned} s_v(t) \cdot \sin(\omega_T t) &= [B_v(t) \cdot \sin(\omega_T t)] \cdot \sin(\omega_T t) \\ &= B_v(t) \cdot \sin^2(\omega_T t) \\ &= B_v(t) \cdot \tfrac{1}{2}[1 - \cos(2\omega_T t)]. \end{aligned} \quad (4.3/1)$$

Hinter dem Tiefpaß ist die Komponente mit doppelter Trägerfrequenz entfernt und es bleibt als demodulierte Binärfolge im Basisband der Anteil

$$s(t) = \tfrac{1}{2} \cdot B_v(t). \quad (4.3/1\mathrm{a})$$

Diese Bitfolge wird anschließend im Entscheider in der Bitmitte mit dem ebenfalls aus dem Empfangssignal abgeleiteten Bittakt abgetastet und in die ursprüngliche Bitfolge $A_v(t)$ umgesetzt, d. h. regeneriert (vgl. Bild 3.4.3-1).

4.3.1 Trägerableitung bei der 2-PSK

Da bei der 2-PSK im Ringmodulator infolge der symmetrischen Basisbandsignale ($B_v(t) = +1$ bzw. -1) bei der Modulation eine Trägerunterdrückung statt fand, ist zur Wiedergewinnung des Trägers aus dem Empfangssignal ein unlinearer Prozeß erforderlich. Dies kann z. B. bei

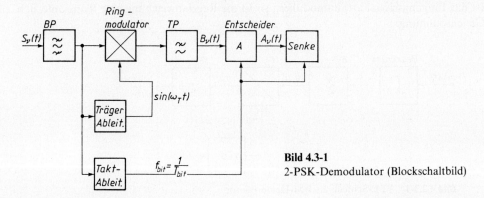

Bild 4.3-1
2-PSK-Demodulator (Blockschaltbild)

4.3 Demodulation der 2-PSK

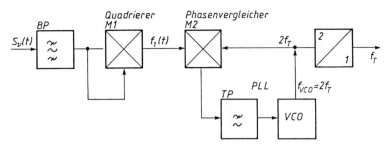

Bild 4.3.1-1 Trägerableitung durch Quadrierung (2-PSK)

der 2-PSK nach Bild 4.3.1-1 einfach durch Quadrierung (d. h. Frequenzverdopplung) des Empfangssignales geschehen, wodurch die 180°-Phasensprünge herausfallen [40, 42]. Mathematisch ergibt sich

$$f_1(t) = [s_v(t)]^2 = [B_v(t) \cdot \sin(\omega_T t)]^2$$
$$= B_v^2(t) \cdot \sin^2(\omega_T t)$$
$$= B_v^2(t) \cdot \tfrac{1}{2} \cdot [1 - \cos(2\omega_T t)]. \qquad (4.3.1/1)$$

In (4.3.1/1) ist also eine Komponente der doppelten Trägerfrequenz (als durchgehende Schwingung!) enthalten.

Da aber das 2-PSK-Signal $s_v(t)$ i. a. durch Rauschen und Jitter (Phasenrauschen) gestört ist, erfährt auch die Komponente doppelter Frequenz in $f_1(t)$ praktisch durch das stochastische Signal eine Frequenzmodulation und zwar

$$f_1^*(t) = B_v^2(t) \cdot \tfrac{1}{2} \cdot \cos[2\omega_T t + \psi(t)], \qquad (4.3.1/2)$$

wobei $\psi(t)$ die Phasenrauschstörung darstellt.

Zur Unterdrückung dieses Phasenrauschens kann man wiederum einen PLL-Kreis einsetzen (Bild 4.3.1-1). Dabei wirkt der Regelkreis wie ein Tiefpaßfilter (Tracking-Filter, Nachführ-Filter). Die im VCO erzeugte Schwingung

$$f_2(t) = \hat{u}_{VCO} \cdot \cos[2\omega_T t + \psi(t)] \qquad (4.3.1/3)$$

folgt den langsamen Phasenänderungen von $f_1^*(t)$. Die schnellen stochastischen Änderungen werden ausgefiltert.

Nach Teilung der Frequenz der VCO-Schwingung durch den Faktor 2 steht ein störbefreiter Synchronträger für die Demodulation zur Verfügung.

Weitere Methoden der Trägerrückgewinnung werden im Kapitel 4.4 behandelt.

4.3.2 Bittaktableitung bei der 2-PSK

Das Bittaktsignal läßt sich entweder direkt aus dem Empfangssignal $s_v(t)$ oder aus dem bereits demodulierten Signal $B_v(t)$ ableiten [42].

In Bild 4.3.2-1a ist die Ableitung aus dem Empfangssignal $s_v(t)$ dargestellt. Die Hüllkurve von $s_v(t)$ enthält als zusätzliche Komponente die Bittaktfrequenz, d. h. $s_v(t)$ ist durch den Bittakt amplitudenmoduliert. Daher kann man aus dem durch Demodulation gewonnenen Hüllkurven-Verlauf mit einem Selektiv-Verstärker die Bittaktfrequenz herausfiltern. Zur Störbefreiung wird wieder ein PLL-Kreis eingesetzt und anschließend aus der sinusförmigen Schwingung durch einen Schmitt-Trigger ein rechteckförmiges Bittaktsignal gewonnen.

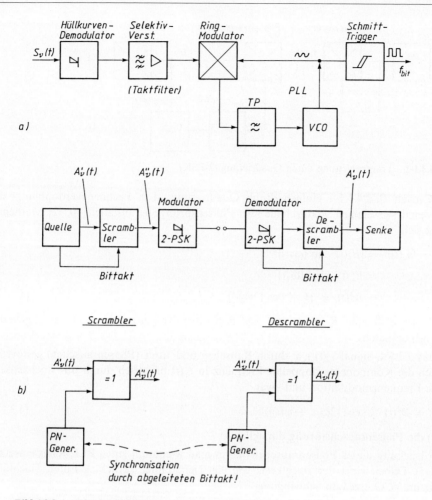

Bild 4.3.2-1 Bittakt-Ableitung
 a) Ableitung aus Hüllkurve
 b) Scrambler und Descrambler bei Ableitung aus demoduliertem Signal

Bei einer Ableitung des Bittaktes aus dem demodulierten Basisbandsignal $\frac{1}{2}B_v(t)$ müssen die digitalen Binärsignale in einem sog. Scrambler verwürfelt sein. Hierfür wird im Modulator das Informationssignal $A'_v(t)$ der Quelle vor der Modulation mit einer binären PN-Folge (Pseudo-Noise-Folge) aus einem PN-Generator in einem EX-OR-Gatter (Exclusiv-Oder) verknüpft (Bild 4.3.2-1b). Die PN-Folge wird dabei so gewählt, daß sie möglichst viele Signalübergänge von 0 nach 1 bzw. von 1 nach 0 enthält. Durch diese Verknüpfung wird zusätzliche Taktinformation eingefügt. Hinter dem Demodulator muß die Verwürfelung im sog. Descrambler natürlich wieder rückgängig gemacht werden und zwar mit der gleichen PN-Folge in EX-OR-Verknüpfung. Derartige PN-Folgen lassen sich mit Hilfe von rückgekoppelten Schieberegistern erzeugen [40]. Zusätzlich zu obigem bewirkt das Verwürfeln auch noch eine Energieverwischung im Spektrum. Da PN-Folgen ein kontinuierliches Spektrum besitzen, werden eventuell vorhandene unerwünschte Spektrallinien, die benachbarte Signale stören könnten, entfernt.

4.3 Demodulation der 2-PSK

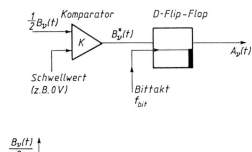

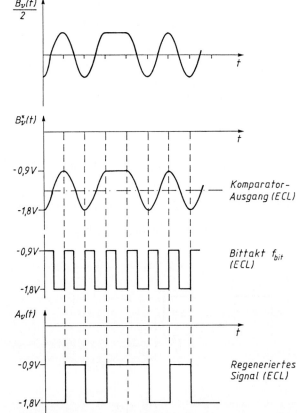

Bild 4.3.3-1
Signalregenerierung im Entscheider
a) Prinzip-Schaltung
b) Signalverläufe (ECL-Logik)

Bei beiden Verfahren (also Herleitung aus $s_v(t)$ bzw. aus $B_v(t)$) sind die Prinzipschaltungen von der Bittaktableitung und der Trägerableitung recht ähnlich (vgl. Bilder 4.3.1-1 und 4.3.2-1 a).

4.3.3 Regenerierung des demodulierten Signales

Zur Signalregenerierung wird das demodulierte Binärsignal $\frac{1}{2} \cdot B_v(t)$ im Amplitudenentscheider in Bitmitte abgetastet und in einen bestimmten Logikpegelbereich (z. B. ECL) umgesetzt. Ein derartiger Entscheider kann nach Bild 4.3.3-1 durch einen Komparator und ein D-Flip-Flop realisiert werden [42]. Dadurch erscheint das regenerierte Signal $A_v(t)$ infolge der Bitmitten-Abtastung am Ausgang um ein halbes Bit verzögert.

4.4 Demodulation der 4-PSK

Aus dem Empfangssignal $s_v(t)$ erfolgt wiederum wie im 2-PSK-Demodulator eine Träger- und eine Taktableitung (Bild 4.4-1). Der rückgewonnene Träger wird in die Quadratur-Komponenten $\sin(\omega_T t)$ und $\cos(\omega_T t)$ aufgespalten, die dann den Ringmodulatoren M1 und M2 für die Demodulation zugeführt werden [42, 40]. In den beiden Ringmodulatoren erfolgt wieder eine Multiplikation der Quadratur-Träger mit dem Empfangssignal $s_v(t)$.

Im Ringmodulator M1 erhält man also mit (A29) und (A26):

$$\begin{aligned}s_v(t) \cdot \sin(\omega_T t) &= [B_{1v}(t) \cdot \sin(\omega_T t) + B_{2v}(t) \cdot \cos(\omega_T t)]\sin(\omega_T t) \\ &= B_{1v}(t) \cdot \sin^2(\omega_T t) + B_{2v}(t) \cdot \cos(\omega_T t) \cdot \sin(\omega_T t) \\ &= \tfrac{1}{2} \cdot B_{1v}(t)[1 - \cos(2\omega_T t)] + \tfrac{1}{2} \cdot B_{2v}(t) \cdot \sin(2\omega_T t).\end{aligned} \qquad (4.4/1)$$

Im Ringmodulator M2 erhält man mit (A25):

$$\begin{aligned}s_v(t) \cdot \cos(\omega_T t) &= [B_{1v}(t) \cdot \sin(\omega_T t) + B_{2v}(t) \cdot \cos(\omega_T t)]\cos(\omega_T t) \\ &= B_{1v}(t) \cdot \sin(\omega_T t) \cdot \cos(\omega_T t) + B_{2v}(t) \cdot \cos^2(\omega_T t) \\ &= \tfrac{1}{2} \cdot B_{1v}(t) \cdot \sin(2\omega_T t) + \tfrac{1}{2} \cdot B_{2v}(t)[1 + \cos(2\omega_T t)].\end{aligned} \qquad (4.4/2)$$

Hinter den Tiefpässen (Bild 4.4-1) bleiben aus (4.4/1) und (4.4/2) nur die binären Basisbandsignale

$$\tfrac{1}{2} B_{1v}(t) \quad \text{und} \quad \tfrac{1}{2} B_{2v}(t), \qquad (4.4/2\mathrm{a})$$

die in den beiden Amplitudenentscheidern wiederum in Bitmitte abgetastet und regeneriert werden (vgl. Bild 4.3.3-1).

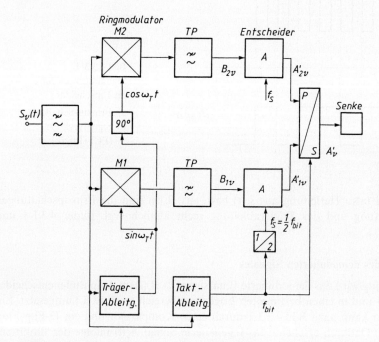

Bild 4.4-1 4-PSK-Demodulator (Blockschaltbild)

4.4 Demodulation der 4-PSK

Die regenerierten Signale $A_{1v}(t)$ und $A_{2v}(t)$ müssen anschließend durch Parallel-Serien-Umsetzung wieder in einen seriellen Bitstrom rückgewandelt werden. Diese P/S-Umsetzung kann z. B. durch ein handelsübliches Multiplexer-IC erfolgen.

Im Beispiel 4.4/1 ist untersucht, wie sich ein Phasenfehler $\varepsilon(t)$, hervorgerufen durch ein Störgeräusch auf der Übertragungsstrecke, auswirkt.

- **Beispiel 4.4/1:** Durch Störgeräusche auf der Übertragungsstrecke trete ein Phasenfehler $\varepsilon(t)$ auf. Das gestörte 4-PSK-Signal laute

$$s_v(t) = B_{1v}(t) \cdot \sin[\omega_T t + \varepsilon(t)] + B_{2v}(t) \cdot \cos[\omega_T t + \varepsilon(t)].$$

Ermitteln Sie die Basisbandsignale, wenn bei der Demodulation im Ringmodulator als abgeleitete Quadraturträger
a) $\sin(\omega_T t)$ und $\cos(\omega_T t)$ zugesetzt werden.
b) $\sin[\omega_T t + \varepsilon(t)]$ und $\cos[\omega_T t + \varepsilon(t)]$ zugesetzt werden.

Lösung:

a) Bei der Produktbildung im Modulator M1 erhält man mit (A40) und (A41) analog zu (4.4/1):

(1) $s_v(t) \cdot \sin(\omega_T t) = \{B_{1v}(t) \cdot \sin[\omega_T t + \varepsilon(t)] + B_{2v}(t) \cdot \cos[\omega_T t + \varepsilon(t)]\} \sin(\omega_T t)$

$\qquad = B_{1v}(t) [\sin(\omega_T t) \cdot \cos \varepsilon(t) + \cos(\omega_T t) \cdot \sin \varepsilon(t)] \cdot \sin(\omega_T t)$

$\qquad + B_{2v}(t) [\cos(\omega_T t) \cdot \cos \varepsilon(t) - \sin(\omega_T t) \cdot \sin \varepsilon(t)] \cdot \sin(\omega_T t)$

$\qquad = \frac{1}{2} B_{1v}(t) \cdot \cos \varepsilon(t) [1 - \cos(2\omega_T t)] + \frac{1}{2} B_{1v}(t) \cdot \sin \varepsilon(t) \cdot \sin(2\omega_T t)$

$\qquad + \frac{1}{2} B_{2v}(t) \cdot \cos \varepsilon(t) \cdot \sin(2\omega_T t) - \frac{1}{2} B_{2v}(t) \cdot \cos \varepsilon(t) \cdot \sin(2\omega_T t)$

$\qquad - \frac{1}{2} B_{2v}(t) \cdot \sin \varepsilon(t) [1 - \cos(2\omega_T t)].$

Hinter dem Tiefpaß (Bild 4.4-1) verbleibt als Basisbandsignal

(2) $\frac{1}{2} \cdot B_{1v}(t) \cdot \cos \varepsilon(t) - \frac{1}{2} B_{2v}(t) \cdot \sin \varepsilon(t).$

Entsprechende Anteile erhält man am Ausgang von Modulator M2 analog zu (4.4/2):

(3) $s_v(t) \cdot \cos(\omega_T t) = \{B_{1v}(t) \cdot \sin[\omega_T t + \varepsilon(t)] + B_{2v}(t) \cdot \cos[\omega_T t + \varepsilon(t)]\} \cdot \cos(\omega_T t)$

$\qquad = B_{1v}(t) [\sin(\omega_T t) \cdot \cos \varepsilon(t) + \cos(\omega_T t) \cdot \sin \varepsilon(t)] \cdot \cos(\omega_T t)$

$\qquad + B_{2v}(t) [\cos(\omega_T t) \cdot \cos \varepsilon(t) - \sin(\omega_T t) \cdot \sin \varepsilon(t)] \cdot \cos(\omega_T t)$

$\qquad = \frac{1}{2} B_{1v}(t) \cdot \cos \varepsilon(t) \cdot \sin(2\omega_T t) + \frac{1}{2} B_{1v}(t) \cdot \sin \varepsilon(t) \cdot [1 + \cos(2\omega_T t)]$

$\qquad + \frac{1}{2} B_{2v}(t) \cdot \cos \varepsilon(t) [1 + \cos(2\omega_T t)] - \frac{1}{2} \cdot B_{2v}(t) \cdot \sin \varepsilon(t) \cdot \sin(2\omega_T t).$

Hinter dem Bandpaß bleibt dann als demoduliertes Signal im Basisband

(4) $\frac{1}{2} \cdot B_{1v}(t) \cdot \sin \varepsilon(t) + \frac{1}{2} \cdot B_{2v}(t) \cdot \cos \varepsilon(t).$

Aus (3) und (4) ist im Vergleich mit (4.4/1) und (4.4/2) erkennbar, daß die beiden gewünschten Basisbandsignale $B_{1v}(t)$ und $B_{2v}(t)$ jetzt nicht mehr einwandfrei aufspaltbar sind, somit also durch die Störgrößen verzerrt werden.

b) Am Ausgang von M1 liegt jetzt an:

(5) $s_v(t) \cdot \sin[\omega_T t + \varepsilon(t)]$

$\qquad = \{B_{1v}(t) \cdot \sin[\omega_T t + \varepsilon(t)] + B_{2v}(t) \cdot \cos[\omega_T t + \varepsilon(t)]\} \cdot \sin[\omega_T t + \varepsilon(t)]$

(6) $\qquad = \frac{1}{2} \cdot B_{1v}(t) \{1 - \cos[2(\omega_T t + \varepsilon(t))]\} + \frac{1}{2} \cdot B_{2v}(t) \cdot \sin[2(\omega_T t + \varepsilon(t)].$

Am Ausgang von M2 erhält man

(7) $s_v(t) \cdot \cos[\omega_T t + \varepsilon(t)]$

$\qquad = \{B_{1v}(t) \cdot \sin[\omega_T t + \varepsilon(t)] + B_{2v}(t) \cdot \cos[\omega_T t + \varepsilon(t)]\} \cdot \cos[\omega_T t + \varepsilon(t)]$

(8) $\qquad = \frac{1}{2} B_{1v}(t) \cdot \sin\{2[\omega_T t + \varepsilon(t)]\} + \frac{1}{2} B_{2v}(t) \{1 + \cos[2(\omega_T t + \varepsilon(t))]\}.$

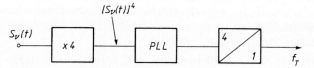

Bild 4.4.1-1 Trägerableitung durch Frequenzvervierfachung (4-PSK)

Hinter den Tiefpässen der Synchron-Demodulatoren bleiben von (6) und (8) im Basisband wieder getrennt übrig

(9) $\frac{1}{2} B_{1v}(t)$ und $\frac{1}{2} B_{2v}(t)$.

Aus (9) ist erkennbar, daß durch Einsatz geeigneter Phasenregelschleifen (PLL-Kreise) die Basisbandsignale wieder einwandfrei (und unverzerrt) trotz Störung $\varepsilon(t)$ rückgewinnbar sind.

4.4.1 Trägerableitung bei der 4-PSK

Die zur Demodulation der 4-PSK erforderlichen Quadraturträger lassen sich aus dem Empfangssignal durch eine Frequenzvervierfachung ableiten [42]. Das Prinzip ist in Bild 4.4.1-1 dargestellt.

Man kann mit handelsüblichen Frequenzvervielfachern aus dem Eingangssignal $s_v(t)$ den Ausdruck $[s_v(t)]^4$ bilden. Setzt man hierbei gemäß (3.4.4/3) bzw. (3.4.5/3) für das eingangsseitige 4-PSK-Signal an:

$$s_v(t) = \hat{B}_v \cdot \sin[\omega_T t + \Phi_v(t)] \quad \text{mit} \quad v = 1, 2, 3, 4, \tag{4.4.1/1}$$

so gewinnt man hieraus bei doppelter Quadrierung mit (A29) und (A25):

$$\{s_v(t)\}^4 = \{\hat{B}_v \cdot \sin[\omega_T t + \Phi_v(t)]\}^4 \tag{4.4.1/2}$$
$$= \hat{B}_v^4 \cdot \tfrac{1}{4} \cdot \{1 - \cos[2\omega_T t + 2\Phi_v(t)]\}^2$$
$$= \tfrac{1}{4} \cdot \hat{B}_v^4 \cdot \{1 - 2\cos[2\omega_T t + 2\Phi_v(t)] + \cos^2[2\omega_T t + 2\Phi_v(t)]\}$$
$$= \tfrac{1}{4} \cdot \hat{B}_v^4 \cdot \{1 - 2\cos[2\omega_T t + 2\Phi_v(t)\}$$
$$+ \tfrac{1}{4} \cdot \hat{B}_v^4 \cdot \tfrac{1}{2} \cdot \{1 + \cos[4\omega_T t + 4\Phi_v(t)]\}. \tag{4.4.1/3}$$

In (4.4.1/3) ist somit eine Komponente der vierfachen Trägerfrequenz ($4f_T$) enthalten. Durch Einsatz einer PLL-Schaltung und Frequenzteilung durch den Faktor 4 läßt sich wieder ein störbereinigter Träger f_T gewinnen, der dann noch in die Quadratur-Komponenten für die Synchron-Demodulatoren aufgespalten werden muß.

Als weiteres Verfahren zur Trägerrückgewinnung ist die sog. *Costas-Loop-Schaltung* zu nennen, deren Prinzip in Bild 4.4.1-2a gezeigt ist [42, 40]. Die Anordnung besteht aus einem 4-PSK-Demodulator (Ringmodulatoren M1 und M2) sowie einer PLL-Regelschleife (strichliert dargestellt), die über die beiden Quadratur-Kanäle (mit den Spannungen u_5 und u_6) sowie den Ringmodulator M3 geschlossen ist. Beim Auftreten von Frequenz- bzw. Phasenabweichungen zwischen dem eingangsseitigen 4-PSK-Signal $s_v(t)$ und den aus der VCO-Schwingung abgeleiteten Quadraturträgern $u_1(t)$ und $u_2(t)$ entsteht eine Spannung $u_7(t)$, die den VCO nachregelt. Eine rechnerische Betrachtung des Regelvorganges für ein 4-PSK-Signal ist in Beispiel 4.4.1/1 durchgeführt.

- **Beispiel 4.4.1/1:** In Bild 4.4.1-2a liege eingangsseitig ein 4-PSK-Signal $s_v(t) = B_{1v} \cdot \sin(\omega_T t + \varphi_1) + B_{2v} \cdot \cos(\omega_T t + \varphi_2)$ an, wobei φ_1 und φ_2 die angenommenen Phasenabweichungen seien. Der VCO befinde sich frequenzmäßig im eingerasteten Zustand (d. h. $f_{VCO} = f_T$) und besitze den Nullphasenwinkel φ_0.
Wie lauten bei obigen Annahmen die im Bild 4.4.1-2a eingetragenen Spannungen $u_1(t)$, $u_2(t)$, $u_3(t)$, $u_4(t)$, $u_5(t)$, $u_6(t)$ und $u_7(t)$?

4.4 Demodulation der 4-PSK

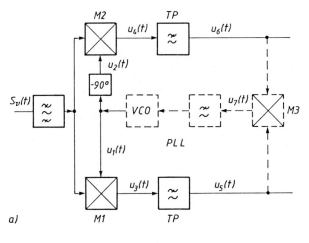

a)

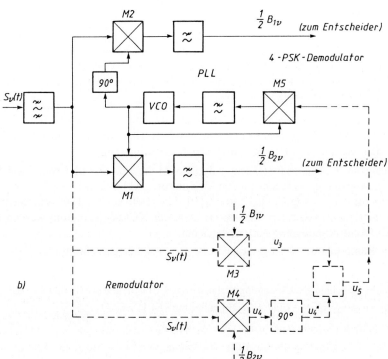

b)

Bild 4.4.1-2 Weitere Verfahren zur Trägerableitung bei 4-PSK
  a) Costas Loop
  b) Remodulation

Lösung:

Der VCO liefert für die beiden Ringmodulatoren M1 und M2 als Quadratur-Komponenten

(1) $u_1(t) = \hat{u}_1 \cdot \cos(\omega_T t + \varphi_0)$ und
$u_2(t) = \hat{u}_2 \cdot \sin(\omega_T t + \varphi_0)$.

Bei der Produktbildung treten an den Ausgängen von M1 und M2 mit (A24) und (A36) auf:

(2) $u_3(t) = s_v(t) \cdot u_1(t) = [B_{1v} \cdot \sin(\omega_T t + \varphi_1) + B_{2v} \cdot \cos(\omega_T t + \varphi_2)] \cdot \hat{u}_1 \cdot \cos(\omega_T t + \varphi_0)$
$= \tfrac{1}{2} B_{1v} \cdot \hat{u}_1 [\sin(\varphi_1 - \varphi_0) + \sin(2\omega_T t + \varphi_1 + \varphi_0)]$
$+ \tfrac{1}{2} B_{2v} \cdot \hat{u}_1 [\cos(\varphi_2 - \varphi_0) + \cos(2\omega_T t + \varphi_2 + \varphi_0)]$

sowie mit (A39, A24):

(3) $u_4(t) = s_v(t) \cdot u_2(t) = [B_{1v} \cdot \sin(\omega_T t + \varphi_1) + B_{2v} \cdot \cos(\omega_T t + \varphi_2)] \cdot \hat{u}_2 \cdot \sin(\omega_T t + \varphi_0)$
$= \tfrac{1}{2} B_{1v} \cdot \hat{u}_2 [\cos(\varphi_1 - \varphi_0) - \cos(2\omega_T t + \varphi_1 + \varphi_0)]$
$+ \tfrac{1}{2} B_{2v} \cdot \hat{u}_2 [\sin(\varphi_0 - \varphi_2) + \sin(2\omega_T t + \varphi_0 + \varphi_2)]$.

Hinter den Tiefpässen bleiben von (2) und (3):

(4) $u_5(t) = \tfrac{1}{2} \cdot \hat{u}_1 [B_{1v} \cdot \sin(\varphi_1 - \varphi_0) + B_{2v} \cdot \cos(\varphi_2 - \varphi_0)]$,
$u_6(t) = \tfrac{1}{2} \cdot \hat{u}_2 [B_{1v} \cdot \cos(\varphi_1 - \varphi_0) - B_{2v} \cdot \sin(\varphi_2 - \varphi_0)]$.

Die Spannung $u_7(t)$ am Ausgang von M3

(5) $u_7(t) = u_5(t) \cdot u_6(t)$

liefert nach Tiefpaß-Filterung die Regelspannung für den VCO. Der Ringmodulator M3 arbeitet hier (bei $f_{VCO} = f_T$) nach (4) als Phasenvergleicher. Bei Phasenabweichungen im Eingangssignal $s(t)$ werden die VCO-Schwingung und damit auch die Quadraturträger $u_1(t)$ und $u_2(t)$ entsprechend nachgeregelt.

Im eingerasteten Zustand des PLL-Kreises (bei ungestörter Übertragung) stimmen somit Frequenz und Phase von Träger- und VCO-Schwingung überein.

Ein weiteres Verfahren stellt die sog. *Remodulation* dar [42, 40]. In Bild 4.4.1-2b ist kurz das Prinzip skizziert. Die Anordnung besteht aus einem 4-PSK-Demodulator, einer PLL-Regelschleife und aus dem eigentlichen Remodulator (strichliert dargestellt).

Mit den demodulierten Signalen $\tfrac{1}{2} B_{1v}(t)$ und $\tfrac{1}{2} B_{2v}(t)$ wird die Phasenumtastung des 4-PSK-Signales $s_v(t)$ wieder rückgängig gemacht (in den Modulatoren M3 und M4). Nach Subtraktion der beiden Modulatorausgangssignale $u_3(t)$ und $u_4^*(t)$ steuert die entstandene (durchgehende) Trägerspannung $u_5(t)$ den skizzierten PLL-Kreis. Aus der VCO-Schwingung werden dann wieder die beiden Quadratur-Komponenten abgeleitet.

Die Wirkung der Remodulation wird genauer in Beispiel 4.4.1/2 betrachtet.

- **Beispiel 4.4.1/2:** Zeigen Sie unter Annahme eines 4-PSK-Eingangssignales $s_v(t)$ die Wirkung der Remodulation durch Berechnung der Spannungsverläufe $u_3(t), u_4(t), u_4^*(t)$ und $u_5(t)$ in Bild 4.4.1-2b.

Das Produkt am Ausgang von M3 (Bild 4.4.1-2b) lautet mit (3.4.4/3a):

(1) $u_3(t) = s_v(t) \cdot \tfrac{1}{2} B_{1v} = [B_{1v} \cdot \sin(\omega_T t) + B_{2v} \cdot \cos(\omega_T t)] \cdot \tfrac{1}{2} B_{1v}$
$= \tfrac{1}{2} B_{1v}^2 \cdot \sin(\omega_T t) + \tfrac{1}{2} B_{1v} \cdot B_{2v} \cdot \cos(\omega_T t)$.

Am Ausgang von M4 beträgt die Spannung

(2) $u_4(t) = s_v(t) \cdot \tfrac{1}{2} B_{2v} = [B_{1v} \cdot \sin(\omega_T t) + B_{2v} \cdot \cos(\omega_T t)] \cdot \tfrac{1}{2} B_{2v}$
$= \tfrac{1}{2} B_{1v} \cdot B_{2v} \cdot \sin(\omega_T t) + \tfrac{1}{2} B_{2v}^2 \cdot \cos(\omega_T t)$.

Nach der 90°-Phasendrehung wird mit

$\sin(90° + \alpha) = \cos \alpha$ und $\cos(90° + \alpha) = -\sin \alpha$:

(3) $u_4^* = \tfrac{1}{2} B_{1v} \cdot B_{2v} \cdot \cos(\omega_t t) - \tfrac{1}{2} B_{2v}^2 \cdot \sin(\omega_T t)$.

Als Differenzspannung $u_5(t)$ erhält man aus (1) und (3)

(4) $u_5(t) = u_3(t) - u_4^*(t) = \tfrac{1}{2}(B_{1v}^2 + B_{2v}^2) \sin(\omega_T t)$.

4.4 Demodulation der 4-PSK

Da $B_{1\nu} = \pm 1$ und $B_{2\nu} = \pm 1$ betragen, wird $B_{1\nu}^2 = B_{2\nu}^2 = 1$. Somit entsteht nach der Remodulation wieder ein durchgehender Träger (ohne Phasenumtastung), und zwar

(5) $u_5(t) = \sin(\omega_T t)$.

Dieser Träger steuert dann zur Störbefreiung den skizzierten PLL-Kreis.

4.4.2 Bittaktableitung bei der 4-PSK

Wie bei der 2-PSK ist grundsätzlich auch bei der 4-PSK die Bittaktableitung aus der Signalhüllkurve oder aus den beiden Basisbandsignalen $\frac{1}{2} B_{1\nu}(t)$ und $\frac{1}{2} B_{2\nu}(t)$ möglich.

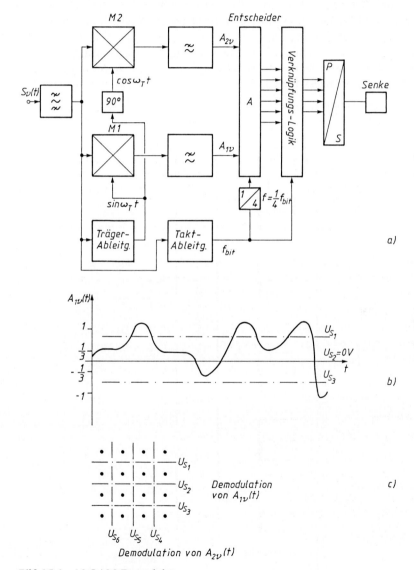

Bild 4.5-1 16-QAM-Demodulator
    a) Blockschaltbild
    b) Entscheidungsschwellen für 4stufiges Signal $A_{1\nu}(t)$
    c) Zustandsdiagramm (nach Demodulation)

4.5 Demodulation der 16-QAM

Die Demodulation der 16-QAM-Signale kann wie bei der 4-PSK mit Produkt-Demodulatoren (z. B. Ringmodulatoren) erfolgen.

Zur Trägerableitung für die Demodulation sind hierbei die Verfahren *Costas Loop* oder *Remodulation* einsetzbar.

Für die Bittaktableitung kann man die bei der 4-PSK-Demodulation behandelten Verfahren ebenfalls anwenden.

Bild 4.5-1a zeigt das Blockschaltbild eines 16-QAM-Demodulators [42]. Mehr Aufwand als bisher ist hier beim Amplituden-Entscheider und damit bei der Regeneration erforderlich, da bei der 16-QAM ja 2 vierstufige Signale $B_{1v}(t)$ und $B_{2v}(t)$ vorliegen (vgl. Bild 3.4.5-2b). Zur Erreichung der eindeutigen Entscheidung bei einem k-stufigen Basisbandsignal sind $2(k-1)$ Komparatoren notwendig, d. h. bei $k = 4$ also 6 Komparatoren. Die Anordnung der Entscheidungsschwellen für ein vierstufiges Signal (z. B. $A_{1v}(t)$) ist in Bild 4.5-1b dargestellt. Deutlich

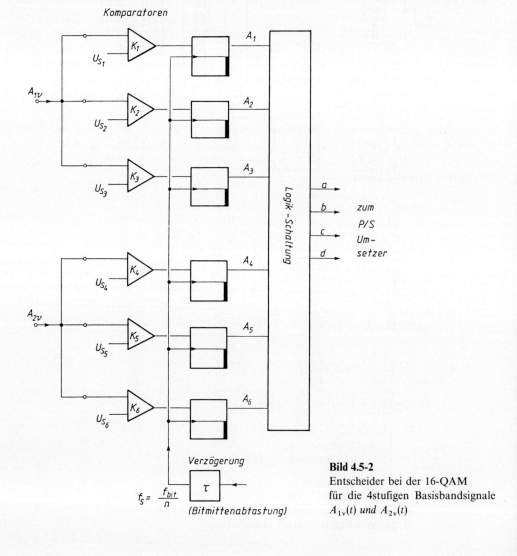

Bild 4.5-2
Entscheider bei der 16-QAM
für die 4stufigen Basisbandsignale
$A_{1v}(t)$ und $A_{2v}(t)$

erkennt man, daß mit 3 Schwellen (d. h. 3 Komparatoren) 4 Stufen eindeutig auswertbar sind. Für die Signale $A_{1v}(t)$ und $A_{2v}(t)$ läßt sich bei den 6 Schwellwerten wieder ein symmetrisches Zustandsdiagramm angeben (Bild 4.5-1c).

Einen möglichen Entscheider für die beiden Signale $A_{1v}(t)$ und $A_{2v}(t)$ zeigt Bild 4.5-2 [42]. Aus der Funktion des Entscheiders heraus (vgl. Bild 4.5-1b,c) kann man eine Wahrheitstabelle für die logische Schaltung und damit für das Ausgangssignal entwickeln. Hierfür muß man zunächst vorausgehend feststellen, welche Flip-Flop-Ausgänge bei den möglichen Werten von $A_{1v}(t)$ und $A_{2v}(t)$ auf logisch „1" liegen. Letzteres tritt immer dann ein, wenn $A_{1v}(t)$ oder $A_{2v}(t)$ eine Schwelle überschreiten.

4.6 Phasendifferenz-Codierung

Bei der Trägerableitung aus dem Trägerrest oder einem mitübertragenen Pilotsignal treten keine Phasenunsicherheiten auf, da es sich hierbei um kohärente Verfahren handelt.

Die bisher bei der 2-PSK und 4-PSK betrachteten Trägerableitverfahren (Kap. 4.2.1 und Kap. 4.4.1) sind hinsichtlich der Trägerphase nicht eindeutig. Hierbei sind folgende Phasenunsicherheiten möglich: der abgeleitete Träger kann sowohl $\sin(\omega_T t)$ als auch $-\sin(\omega_T t)$ sein (bei den Methoden der Frequenzverdopplung, Costas Loop und Remodulation) und es können bei der Methode der Frequenz-Vervierfachung die Phasenlagen $\sin(\omega_T t)$, $-\sin(\omega_T t)$, $\cos(\omega_T t)$ oder $-\cos(\omega_T t)$ entstehen. Hierdurch können die Signale $B_{1v}(t)$ und $B_{2v}(t)$ an den Demodulator-Ausgängen z. B. mit falschen Vorzeichen oder vertauscht auftreten.

Zur Beseitigung dieser Phasenunsicherheiten nimmt man vor dem Modulator eine Phasendifferenz-Codierung und nach dem Demodulator eine Phasendifferenz-Decodierung vor (Bild 4.6-1). Der Grundgedanke besteht darin, statt des Absolutwertes der Phase die Differenz aufeinanderfolgender Schritte zu übertragen.

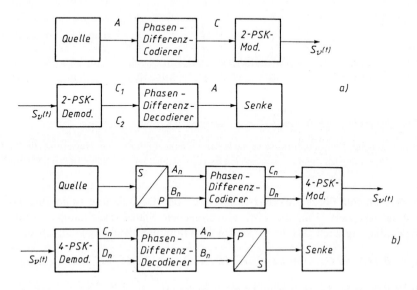

Bild 4.6-1 Phasendifferenz-Codierung und -Decodierung
 a) bei der 2-PSK
 b) bei der 4-PSK

Im Phasendifferenz-Codierer behält man beim Anliegen einer logischen „1" die Trägerphase des vorausgegangenen Schrittes bei und ändert sie um 180° beim Anliegen einer logischen „0".

Im Phasendifferenz-Decodierer gewinnt man das Digitalsignal durch die Auswertung der Phasendifferenz zweier aufeinanderfolgender Schritte zurück. Hierbei wird die Differenz zwischen dem soeben demodulierten Bit und dem vorangegangenen (um T_{bit} verzögerten) Bit gebildet.

In Beispiel 4.6/1 ist das Prinzip der Phasendifferenz-Methode an Hand einer Bitfolge für ein 2-PSK-Signal näher betrachtet.

- **Beispiel 4.6/1:** Für die 2-PSK-Bitfolge $A = 1\ 0\ 1\ 1\ 0\ 0\ 1\ 0$ soll nach obigem Grundgedanken eine Phasendifferenz-Codierung sowie -Decodierung vorgenommen werden. Gesucht sind bei der Prinzipanordnung nach Bild 4.6-1a in tabellarischer Form
  a) das codierte Signal C für den 2-PSK-Modulator,
  b) die im 2-PSK-Demodulator rückgewonnenen Signale C_1 und C_2 bei einer 180°-Phasen-Unsicherheit des zugesetzten Synchronträgers,
  c) die um 1 bit (T_{bit}) verzögerten Signale C_1^* und C_2^*,
  d) die Differenzsignale $C_1 - C_1^*$ und $C_2 - C_2^*$,
  e) die negierten Signale $\overline{C_1 - C_1^*}$ und $\overline{C_2 - C_2^*}$.

		1	0	1	1	0	0	1	0	
$A =$										
$\ddot{A} =$ Änderung bei $C \to C =$	(1)	$\ddot{A}$ 1	0	0	0	$\ddot{A}$ 1	$\ddot{A}$ 0	0	$\ddot{A}$ 1	zu a)
$\varphi_T = 0°\quad C_1$	(1)	1	0	0	0	1	0	0	1	zu b)
C_1^*		(1)	0	0	0	1	0	0		zu c)
$\varphi_T = 180°\quad C_2$	(0)	0	1	1	1	0	1	1	0	zu b)
C_2^*		(0)	0	1	1	1	0	1	1	zu c)
$\|C_1 - C_1^*\|$		0	1	0	0	1	1	0	1	zu d)
$\|C_2 - C_2^*\|$		0	1	0	0	1	1	0	1	
$\overline{\|C_1 - C_1^*\|}$ $= \overline{C_2 - C_2^*}$ $= A!$		1	0	1	1	0	0	1	0	zu e)

Man erkennt, daß auf der Demodulationsseite nach der Differenzbildung und Negierung die binäre Signalfolge A trotz Phasenunsicherheit des zugesetzten Synchronträgers wieder eindeutig rückgewinnbar ist.

Für ein 4-PSK-System mit Phasendifferenz-Codierung und -Decodierung ist in Bild 4.6-1b das Blockschaltbild skizziert. Für die dort eingetragenen Signalbezeichnungen sind bei Phasendifferenz-Codierung nach [42] die folgenden Verknüpfungsgleichungen angebbar:

$$C_n = \overline{(A_n \oplus B_n)}\,(A_n \oplus C_{n-1}) + (A_n \oplus B_n)(B_n \oplus D_{n-1}),$$
$$D_n = \overline{(A_n \oplus B_n)}\,(B_n \oplus D_{n-1}) + (A_n \oplus B_n)(A_n \oplus C_{n-1}). \qquad (4.6/1)$$

Hierin bedeuten $\oplus$ EX-OR (Exklusiv-Oder)-Verknüpfungen. C_{n-1} sowie D_{n-1} stellen die um 1 bit (T_{bit}) verzögerten Signale C_n und D_n dar.

4.6 Phasendifferenz-Codierung

Die zugehörigen Verknüpfungsgleichungen für die Phasendifferenz-Decodierung im Demodulator lauten

$$A_n = \overline{(C_n \oplus D_n)}(C_n \oplus D_{n-1}) + (C_n \oplus D_n)(D_n \oplus D_{n-1}),$$
$$B_n = \overline{(C_n \oplus D_n)}(D_n \oplus D_{n-1}) + (C_n \oplus D_n)(C_n \oplus C_{n-1}). \qquad (4.6/2)$$

Durch die Verknüpfungsgleichungen erfolgt ähnlich wie bei der 2-PSK eine nachträgliche Korrektur der fehlerhaft demodulierten Bitmuster. Somit werden Phasenunsicherheiten der Synchronträger ausgeglichen.

Nähere Ausführungen über weitere PSK-Verfahren, die hierbei auftretenden Schrittfehlerwahrscheinlichkeiten sowie die dabei realisierbaren Störabstände sind in [43] zu finden.

5 HF-Verstärker

5.1 Vorbetrachtung: Einfache Schwingkreise

In der Hochfrequenztechnik hat man häufig mit der Selektion schmaler Frequenzbänder zu tun. Daher empfiehlt sich zunächst die etwas genauere Betrachtung von einfachen Schwingkreisen (Reihenschwingkreis und Parallelschwingkreis).

5.1.1 Einfacher verlustbehafteter Reihenschwingkreis

Der Reihenschwingkreis setzt sich zusammen aus einer verlustbehafteten Spule (Induktivität L, Verlustwiderstand R_L) und einem verlustbehafteten Kondensator (Kapazität C, Verlustwiderstand R_C). Aus Einfachhheitsgründen nimmt man R_L und R_C in Reihe an. Die Ersatzschaltung des Reihenschwingkreises ist in Bild 5.1.1-1 dargestellt. Die Impedanz des Kreises lautet

$$\underline{Z}_r = R_r + j\left(\omega L - \frac{1}{\omega C}\right). \tag{5.1.1/1}$$

Bei der Resonanzfrequenz $f_0 = \omega_0/(2\pi)$, wird der Imaginärteil Null, d. h. bei

$$\omega_0 = \frac{1}{\sqrt{LC}} \tag{5.1.1/2}$$

ist die Impedanz reell und minimal, also

$$\underline{Z}_r|_{\omega_0} = R_r. \tag{5.1.1/3}$$

Als Kennwiderstand des Kreises definiert man mit (5.1.1/2)

$$X_K = \omega_0 L = \frac{1}{\omega_0 C} = \sqrt{\frac{L}{C}}. \tag{5.1.1/4}$$

Dieser Kennwiderstand X_K ist eine wichtige Bezugsgröße des Schwingkreises. Der Verlustwiderstand R_r des Reihenkreises setzt sich zusammen aus

$$\begin{aligned}R_r &= R_L + R_C \\ &= \omega_0 L \cdot \tan \delta_L + \frac{1}{\omega_0 C} \cdot \tan \delta_C \\ &= X_K(\tan \delta_L + \tan \delta_C) = X_K \cdot \tan \delta_K.\end{aligned} \tag{5.1.1/5}$$

Nach (5.1.1/5) setzt sich der Verlustfaktor des Kreises aus den Einzelverlustfaktoren bzw. Einzelgüten von Spule und Kondensator wie folgt zusammen:

$$\tan \delta_K = \tan \delta_L + \tan \delta_C$$

bzw.

$$\frac{1}{Q_K} = \frac{1}{Q_L} + \frac{1}{Q_C}. \tag{5.1.1/6}$$

5.1 Vorbetrachtung: Einfache Schwingkreise

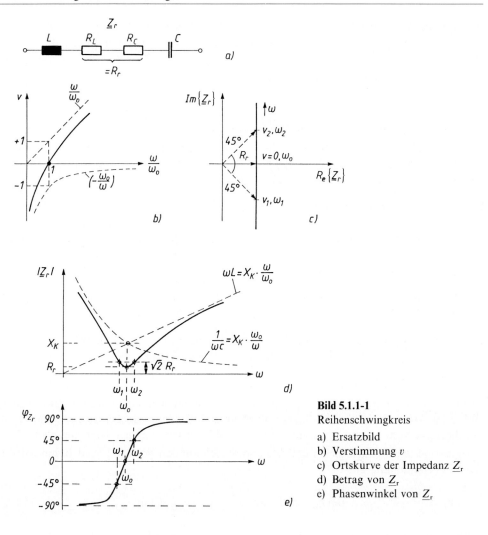

Bild 5.1.1-1
Reihenschwingkreis
a) Ersatzbild
b) Verstimmung v
c) Ortskurve der Impedanz $\underline{Z}_r$
d) Betrag von $\underline{Z}_r$
e) Phasenwinkel von $\underline{Z}_r$

Die Kreisgüte selbst beträgt dann

$$Q_K = \frac{1}{\tan \delta_K}. \tag{5.1.1/6a}$$

Da in der Regel $\tan \delta_C \ll \tan \delta_L$ ist, wird in der Praxis die Kreisgüte Q_K meistens durch die Spulengüte bestimmt, d. h. es gilt dann mit hinreichender Näherung $Q_K \approx Q_L$.
Aus (5.1.1/5) und (5.1.1/6a) folgt für den Verlustwiderstand des Reihenkreises

$$R_r = \frac{X_K}{Q_K}. \tag{5.1.1/7}$$

Je höher die Kreisgüte Q_K (bzw. die Spulengüte Q_L) ist, umso kleiner ist der Reihenverlustwiderstand R_r des Ersatzbildes, wobei der Kennwiderstand X_K den Bezugswert darstellt.

Häufig führt man eine Normierung für $\underline{Z}_r$ durch, indem man auf ω_0 bezieht. Aus (5.1.1/1) erhält man durch Erweiterung mit X_K sowie mit (5.1.1/7), (5.1.1/6a) und (5.1.1/4):

$$\begin{aligned}\underline{Z}_r &= R_r + j\left(\omega L - \frac{1}{\omega C}\right) \\ &= X_K\left(\frac{R_r}{X_K} + j\left(\frac{\omega L}{X_K} - \frac{1}{\omega C X_K}\right)\right) \\ &= X_K\left(\tan\delta_K + j\left(\frac{\omega}{\omega_0} - \frac{\omega_0}{\omega}\right)\right) \\ &= X_K[\tan\delta_K + jv]\,.\end{aligned}$$
(5.1.1/8)

Die Größe v in (5.1.1/8) bezeichnet man als (relative) Verstimmung

$$v = \frac{\omega}{\omega_0} - \frac{\omega_0}{\omega}\,.$$
(5.1.1/8a)

Der Verlauf der Verstimmung v zwischen den Grenzkurven ω/ω_0 (= Gerade) und $|-\omega_0/\omega|$ (= Hyperbel) ist in Bild 5.1.1-1b dargestellt. Bei Resonanz, also $\omega = \omega_0$ ist die Verstimmung $v = 0$. Mit (5.1.1/5) und (5.1.1/6a) erhält man aus (5.1.1/8)

$$\begin{aligned}\underline{Z}_r &= R_r\left(1 + j\frac{v}{\tan\delta_K}\right) \\ &= R_r(1 + jQ_K v)\,.\end{aligned}$$
(5.1.1/9)

Die Ortskurve von $\underline{Z}_r$ nach (5.1.1/9) zeigt Bild 5.1.1-1c. Sie stellt eine Parallele zur imaginären Achse im Abstand R_r dar. Als markante Punkte sind hervorzuheben ω_0, ω_1 und ω_2. Die zugehörigen Werte v_1 und v_2 bezeichnet man als 45°-Verstimmungen. Hier sind nach (5.1.1/9) Imaginärteil und Realteil gleich und $|\underline{Z}_r|$ ändert sich auf den Wert $\sqrt{2}\,R_r$, d. h. um 3 dB. Für die 45°-Verstimmung gilt

$$v_1 = \frac{\omega_1}{\omega_0} - \frac{\omega_0}{\omega_1} = -\tan\delta_K \quad \text{und} \quad v_2 = \frac{\omega_2}{\omega_0} - \frac{\omega_0}{\omega_2} = +\tan\delta_K$$
(5.1.1/10)

also

$$\frac{\omega_1}{\omega_0} - \frac{\omega_0}{\omega_1} = \frac{\omega_0}{\omega_2} - \frac{\omega_2}{\omega_0}\,.$$
(5.1.1/10a)

(5.1.1/10a) stellt eine Gleichung der Form $a - 1/a = b - 1/b$ dar. Als einfache Lösung bietet sich an, daß $a = b$ ist, also

$$\frac{\omega_1}{\omega_0} = \frac{\omega_0}{\omega_2}$$
(5.1.1/11)

bzw.

$$\omega_0 = \sqrt{(\omega_1\omega_2)}\,.$$
(5.1.1/11a)

Mit (5.1.1/11) erhält man aus (5.1.1/10):

$$\tan\delta_K = \frac{\omega_2}{\omega_0} - \frac{\omega_0}{\omega_2} = \frac{\omega_2}{\omega_0} - \frac{\omega_1}{\omega_0} = \frac{\omega_2 - \omega_1}{\omega_0}\,.$$
(5.1.1/12)

Als Bandbreite $B = f_2 - f_1$ definiert man die Änderung von $|\underline{Z}_r|$ um 3 dB. Aus (5.1.1/12) folgt

$$B = f_2 - f_1 = f_0 \cdot \tan \delta_K = \frac{f_0}{Q_K}. \qquad (5.1.1/13)$$

Aussagekräftiger als die (absolute) Bandbreite B ist die sog. relative Bandbreite B/f_0. Die relative Bandbreite ist nach (5.1.1/13) gleich dem Verlustfaktor des Kreises, also

$$\frac{B}{f_0} = \tan \delta_K = \frac{1}{Q_K}. \qquad (5.1.1/13\text{a})$$

Aus (5.1.1/13a) erkennt man, daß die Forderung einer bestimmten Bandbreite B umso schwerer zu erfüllen ist, je höher der Wert der Resonanzfrequenz f_0 ist. Beispielsweise $B = 10$ kHz erfordert bei $f_0 = 460$ kHz eine Kreisgüte von 46 bei $f_0 = 1000$ kHz dagegen bereits eine Güte $Q_K = 100$.

In Bild 5.1.1-1d sind der Betrag der Impedanz $\underline{Z}_r$ und der Phasenverlauf $\varphi_Z(\omega)$ dargestellt. Die Verläufe sind für einige charakteristische Punkte direkt aus der Ortskurve (Bild 5.1.1-1c) ableitbar oder aus (5.1.1/8)

$$|\underline{Z}_r| = \sqrt{R_r^2 + \left(\omega L - \frac{1}{\omega C}\right)^2}$$

$$= \sqrt{R_r^2 + X_L^2 \left(\frac{\omega}{\omega_0} - \frac{\omega_0}{\omega}\right)^2}. \qquad (5.1.1/14)$$

Bei tiefen Frequenzen, d. h. bei $\omega/\omega_0 \ll 1$, ergibt sich aus (5.1.1/14) als Grenzverlauf eine Hyperbel

$$|\underline{Z}_r| \approx X_L \frac{\omega_0}{\omega}, \qquad (5.1.1/14\text{a})$$

bei höheren Frequenzen, d. h. bei $\omega/\omega_0 \gg 1$, ist der Grenzverlauf eine Gerade

$$|\underline{Z}_r| \approx X_L \frac{\omega}{\omega_0}. \qquad (5.1.1/14\text{b})$$

Den Phasenverlauf $\varphi(\omega)$ erhält man ebenfalls aus (5.1.1/8)

$$\varphi_{Z_r}(\omega) = \arctan\left(\frac{\text{Im}\{\underline{Z}_r\}}{\text{Re}\{\underline{Z}_r\}}\right)$$

$$= \arctan\left(\frac{v}{\tan \delta_K}\right) = \arctan(Q_K \cdot v). \qquad (5.1.1/15)$$

Die Ortskurve des Leitwertes $\underline{Y}_r = 1/\underline{Z}_r$ ergibt nach der Ortskurventheorie als Inversion einer Geraden (nicht durch Null) einen Kreis durch Null. Diese Ortskurve ist beim Reihenschwingkreis von geringer Bedeutung und soll daher im Augenblick nicht betrachtet werden.

5.1.2 Einfacher verlustbehafteter Parallelschwingkreis

Beim Parallelschwingkreis nimmt man aus Gründen der Einfachheit alle Elemente parallel an, das gilt auch rein formal für die Verlustleitwerte G_L der Spule und G_C beim Kondensator.

Bild 5.1.2-1a zeigt das Ersatzbild. Für den Leitwert gilt

$$\underline{Y}_p = G_p + j\left(\omega C - \frac{1}{\omega L}\right) \quad (5.1.2/1)$$

mit dem Verlustleitwert des Kreises

$$G_p = G_L + G_C. \quad (5.1.2/1a)$$

Bei der Resonanzkreisfrequenz

$$\omega_0 = \frac{1}{\sqrt{LC}} \quad (5.1.2/2)$$

wird der Imaginärteil in (5.1.2/1) wieder Null und der Leitwert reell und minimal

$$\underline{Y}_p|_{\omega_0} = G_p = \frac{1}{R_p}, \quad (5.1.2/3)$$

wobei $R_p = 1/G_p$ den Verlustwiderstand des Kreises darstellt. Bezieht man wieder auf den Kennwiderstand des Kreises

$$X_K = \omega_0 L = \frac{1}{\omega_0 C} = \sqrt{\frac{L}{C}}, \quad (5.1.2/4)$$

so gilt mit (5.1.2/1a) für die Verluste

$$\begin{aligned}G_p &= \frac{1}{\omega_0 L}\tan\delta_L + \omega_0 C \cdot \tan\delta_C \\ &= \frac{1}{X_K}\tan\delta_K = \frac{1}{X_K Q_K}\end{aligned} \quad (5.1.2/5)$$

bzw. mit (5.1.2/3) beträgt der Verlustwiderstand des Parallelschwingkreises

$$R_p = X_K \cdot Q_K. \quad (5.1.2/6)$$

Je höher die Kreisgüte bzw. die Spulengüte (da meistens $Q_K \approx Q_L$ gilt) ist, umso hochohmiger ist der Verlustwiderstand R_p im Ersatzbild.

Bei normierter Darstellung, d. h. bei Bezug auf ω_0, erhält man aus (5.1.2/1) mit (5.1.2/5)

$$\begin{aligned}\underline{Y}_p &= G_p + j\left(\omega C - \frac{1}{\omega L}\right) \\ &= \frac{1}{X_K}\left(X_K G_p + j\left(X_K \omega C - \frac{X_K}{\omega L}\right)\right) \\ &= \frac{1}{X_K}\left(\tan\delta_K + j\left(\frac{\omega}{\omega_0} - \frac{\omega_0}{\omega}\right)\right) \\ &= \frac{1}{X_K}(\tan\delta_K + jv) \\ &= G_p\left(1 + j\frac{v}{\tan\delta_K}\right) \\ &= G_p(1 + jQ_K v).\end{aligned} \quad (5.1.2/7)$$

5.1 Vorbetrachtung: Einfache Schwingkreise

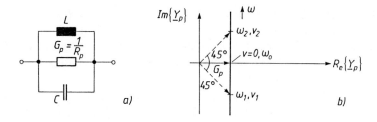

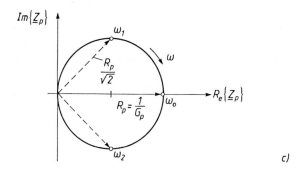

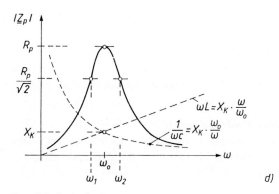

Bild 5.1.2-1 Parallelschwingkreis
a) Ersatzbild
b) Ortskurve der Admittanz $\underline{Y}_p$
c) Ortskurve der Impedanz $\underline{Z}_p$
d) Betrag von $\underline{Z}_p$

Der Verlauf der Ortskurve von $\underline{Y}_p$ nach (5.1.2/7) ist in Bild 5.1.2-1 b dargestellt. Vergleicht man (5.1.2/7) mit (5.1.1/9), so erkennt man sofort, daß sich für $\underline{Y}_p$ beim Parallelschwingkreis der gleiche Ortskurvenverlauf ergeben muß wie für $\underline{Z}_r$ beim Reihenschwingkreis (sog. duales Verhalten). Auch hier gilt analog zu (5.1.1/13a) für die relative Bandbreite

$$\frac{B}{f_0} = \tan \delta_K = \frac{1}{Q_K}. \tag{5.1.2/8}$$

Häufig interessiert beim Parallelschwingkreis auch die Ortskurve der Impedanz $\underline{Z}_p = 1/\underline{Y}_p$. Wie bereits oben festgestellt, muß sich nach der Ortskurventheorie ein Kreis ergeben, was durch Inversion einiger charakteristischer Punkte leicht nachprüfbar ist. Die Inversion eines Zeigers $\underline{Y} = G\,e^{j\varphi}$ ergibt bekanntlich $\underline{Z} = 1/\underline{Y} = (1/G)\,e^{-j\varphi} = R\,e^{-j\varphi}$ (d. h. den Reziprokwert des Betrages und die Spiegelung des Winkels). Den Ortskurvenverlauf von $\underline{Z}_p$ zeigt Bild 5.1.2-1c. Der Kreis-Durchmesser ist $R_p = 1/G_p$, der Durchlaufsinn der Ortskurve in Richtung steigender Frequenzen ist wieder durch den Pfeil angedeutet.

In Bild 5.1.2-1d ist noch der Betrag der Impedanz $\underline{Z}_p$ dargestellt. Der Verlauf ist bei der Betrachtung eines Selektivverstärkers zur Hervorhebung eines gewünschten Frequenzbandes von besonderem Interesse. Speist man nämlich den Parallelschwingkreis mit $\underline{I} \approx$ konst., so entspricht wegen $\underline{U} = \underline{Z}_p \cdot \underline{I}$ der Verlauf der Spannungskurve dem $\underline{Z}_p$-Verlauf. Aus (5.1.2/7) folgt

$$|\underline{Z}_p| = \frac{1}{|\underline{Y}_p|} = \frac{1}{\left|G_p + j\left(\omega C - \dfrac{1}{\omega L}\right)\right|}$$

$$= \frac{1}{\sqrt{G_p^2 + \left(\omega C - \dfrac{1}{\omega L}\right)^2}}\,. \qquad (5.1.2/9)$$

Für $\omega = \omega_0$ ist $|\underline{Z}_p| = 1/G_p = R_p$ und als Grenzverläufe erhält man aus (5.1.2/9):

für tiefe Frequenzen ($\omega \ll \omega_0$) $\quad |\underline{Z}_p| \approx \omega L \approx X_L \omega/\omega_0 \quad$ (Gerade)

und für hohe Frequenzen ($\omega \gg \omega_0$) $\quad |\underline{Z}_p| \approx 1/(\omega C) \approx X_L \omega_0/\omega \quad$ (Hyperbel).

5.1.3 Generator-Einfluß auf den Schwingkreis

Jeder Schwingkreis wird im Betrieb von einer Quelle gespeist, die einen endlichen Innenwiderstand R_i besitzt. Hierbei ist die Größe des Innenwiderstandes R_i von starkem Einfluß auf den Schwingkreis. Es hängt dabei vom Anwendungszweck ab, ob man besser eine hochohmige oder niederohmige Speisung verwendet. Dies sei an einigen typischen Fällen gezeigt.

a) Hervorheben eines schmalen Frequenzbereiches

Betreibt man einen Reihenschwingkreis an einer Quelle mit dem Innenwiderstand R_i (Bild 5.1.3-1a), so fließt im Resonanzfall bei $\omega = \omega_0$ der maximale Strom

$$I = \frac{U_0}{R_i + R_r} \qquad (5.1.3/1)$$

und die Spannung an der Spule L beträgt mit (5.1.3/1)

$$\underline{U}_L|_{\omega_0} = j\omega_0 L \cdot I = j\frac{X_L}{R_i + R_r} \cdot U_0\,. \qquad (5.1.3/2)$$

In (5.1.3/2) ist also bei Betrieb des Schwingkreises an der Quelle zum Kreisverlustwiderstand R_r noch der Innenwiderstand R_i hinzugekommen, wodurch sich in Analogie zu (5.1.1/7) als sog. *Betriebsgüte* Q_B ergibt

$$Q_B = \frac{X_L}{R_i + R_r}\,. \qquad (5.1.3/3)$$

Die Betriebsgüte Q_B ist also immer kleiner als die Kreisgüte Q_K. Damit Q_B nicht zu sehr verschlechtert wird, sollte hier R_i möglichst klein sein. Mit (5.1.3/3) folgt aus (5.1.3/2)

$$\underline{U}_L|_{\omega_0} = jQ_B U_0\,. \qquad (5.1.3/4)$$

5.1 Vorbetrachtung: Einfache Schwingkreise

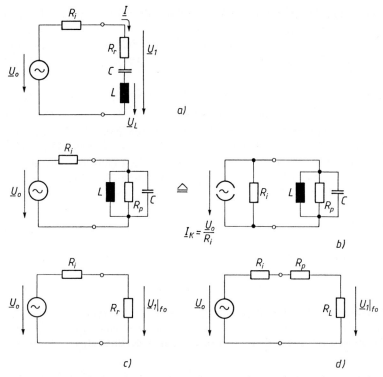

Bild 5.1.3-1 Einfluß des Innenwiderstandes der Quelle auf einen Schwingkreis
    a) Reihenschwingkreis
    b) Parallelschwingkreis
    c) Saugkreis bei Resonanz
    d) Sperrkreis bei Resonanz

Am Reihenkreis tritt also auf Grund der *Resonanzüberhöhung* an der Spule (oder auch am Kondensator) eine Spannung auf, die um den Faktor Q_B größer ist als die Eingangsspannung U_0. Dies läßt sich zur Hervorhebung eines Frequenzbandes ausnutzen (sofern man hochohmig genug an der Spule abgreift). Zusätzlich tritt bei ω_0 gegenüber U_0 eine Phasendrehung von 90° auf.

Betreibt man einen Parallelschwingkreis an einer Quelle mit dem Innenwiderstand R_i, so ist aus Bild 5.1.3-1b direkt erkennbar, daß dieser Innenwiderstand wechselmäßig parallel zu dem Kreisverlustwiderstand R_p liegt, d. h.

$$R_{p\,ges} = R_i \parallel R_p. \tag{5.1.3/5}$$

In Analogie zu (5.1.2/6) folgt damit für die Betriebsgüte des Parallelschwingkreises

$$Q_B = \frac{R_{p\,ges}}{X_K}. \tag{5.1.3/6}$$

Wegen $R_{p\,ges} < R_p$ ist die Betriebsgüte $Q_B < Q_K$. Daher ist zur Hervorhebung (z. B. Verstärkung) eines bestimmten Frequenzbandes für ein gutes Spannungsmaximum eine Quelle mit hohem R_i wünschenswert. Als *Betriebsbandbreite* ergibt sich dann in Analogie zu (5.1.2/8)

$$B_B = \frac{f_0}{Q_B}. \qquad (5.1.3/7)$$

Durch R_i wird der Schwingkreis zusätzlich bedämpft und die Bandbreite damit vergrößert.

b) Unterdrückung eines schmalen Frequenzbereiches

Will man eine bestimmte Frequenz f_0 (bzw. ein schmales Frequenzband um f_0) unterdrücken, so kann man z. B. einen Reihenschwingkreis als sog. *Saugkreis* verwenden. Hierbei stimmt man den Reihenkreis auf diese Frequenz f_0 ab, so daß bei Resonanz ein Spannungsteiler zwischen R_i und R_r entsteht (Bild 5.1.3-1c). Die Ausgangsspannung U_1 wird dann für f_0 stark abgesenkt auf

$$U_1|_{f_0} = U_0 \cdot \frac{R_r}{R_i + R_r}. \qquad (5.1.3/8)$$

Die Unterdrückung der unerwünschten Frequenz f_0 wird nach (5.1.3/8) umso besser sein, je hochohmiger R_i gegenüber R_r ist. D. h. für diesen Anwendungsfall ist entgegen a) ein hoher R_i-Wert zu fordern.

Eine weitere Möglichkeit, die unerwünschte Frequenz f_0 zu unterdrücken, ist durch die Verwendung eines Parallelschwingkreises als *Sperrkreis* gegeben. Bei Resonanzfrequenz f_0 gilt das in Bild 5.1.3-1d dargestellte Ersatzbild. Die Spannung an dem Lastwiderstand R_L bei Resonanz lautet

$$U_1|_{f_0} = U_0 \cdot \frac{R_L}{(R_i + R_L) + R_p}. \qquad (5.1.3/9)$$

Nimmt man idealisiert an, daß bei Frequenzen weitab von f_0 der Betrag der Impedanz $|\underline{Z}_p|$ zu vernachlässigen ist, erhält man als Bezugswert

$$U_1|_{f \ll f_0} \approx U_0 \cdot \frac{R_L}{R_i + R_L}. \qquad (5.1.3/10)$$

Der Quotient dieser beiden Spannungswerte ergibt den Faktor x der Absenkung durch den Sperrkreis

$$x = \frac{U_1|_{f \ll f_0}}{U_1|_{f_0}} \approx \frac{(R_i + R_L) + R_p}{R_i + R_L} \approx 1 + \frac{R_p}{R_i + R_L}. \qquad (5.1.3/11)$$

Eine gute Absenkwirkung erreicht man nach (5.1.3/11), wenn bei vorgegebenem R_L der Verlustwiderstand R_p möglichst groß und R_i möglichst klein ist.

Die nachfolgenden Beispiele sollen nochmals diese Grundzusammenhänge an Hand einiger Zahlenwerte veranschaulichen.

- **Beispiel 5.1.3/1**: Ein Parallelschwingkreis soll aus einem Kondensator mit $C = 100$ pF (tan $\delta_C = 6 \cdot 10^{-4}$) und einer Spule mit $L = 100$ µH (tan $\delta_L = 1{,}2 \cdot 10^{-2}$) aufgebaut werden. Der Schwingkreis liegt im Kollektor eines Transistors, der eine Stromquelle mit dem Innenwiderstand $R_i = 30$ kΩ darstellt (vgl. Bild 5.1.3-1b).
  a) Wo liegt die Resonanzfrequenz f_0 des Kreises?
  b) Berechnen Sie den Kennwiderstand X_K und den Verlustwiderstand R_p des Kreises.
  c) Berechnen Sie die Güten Q_L, Q_C, Q_K und die Bandbreite B_K des Kreises.
  d) Berechnen Sie die Betriebsgüte Q_B und die Betriebsbandbreite B_B.

5.1 Vorbetrachtung: Einfache Schwingkreise

Lösung:

a) Nach (5.1.2/2) liegt die Resonanzfrequenz bei

$$f_0 = 1/[2\pi \sqrt{LC}] = 1/[2\pi \sqrt{10^2 \cdot 10^{-6} \cdot 10^2 \cdot 10^{-12}}] = 1{,}59 \text{ MHz}.$$

b) Nach (5.1.2/4) ist der Kennwiderstand des Kreises

$$X_K = \sqrt{L/C} = \sqrt{10^{-4}/10^{-10}} = 1 \text{ k}\Omega.$$

c) Spulengüte $Q_L = 1/\tan \delta_L = 1/(1{,}2 \cdot 10^{-2}) \approx 83$

Kondensatorgüte $Q_C = 1/\tan \delta_C = 1/(6 \cdot 10^{-4}) \approx 1667 \gg Q_L$

Gesamtverlustfaktor $\tan \delta_K = \tan \delta_L + \tan \delta_C$
$= 1{,}2 \cdot 10^{-2} + 6 \cdot 10^{-4} \approx 1{,}26 \cdot 10^{-2}$

Kreisgüte $Q_K = 1/\tan \delta_K = 79{,}4$.

d) Kreisverlustwiderstand nach (5.1.2/6)

$$R_p = Q_K \cdot X_K = 79{,}4 \cdot 1 \text{ k}\Omega = 79{,}4 \text{ k}\Omega$$

Kreisbandbreite nach (5.1.2/8)

$$B_K = f_0/Q_K = 1590 \text{ kHz}/79{,}4 = 20 \text{ kHz}.$$

e) Gesamtverlustwiderstand nach (5.1.3/5)

$$R_{p\,ges} = R_i \parallel R_p = 30 \text{ k}\Omega \parallel 79{,}4 \text{ k}\Omega = 21{,}8 \text{ k}\Omega$$

Betriebsgüte nach (5.1.3/6)

$$Q_B = R_{p\,ges}/X_K = 21{,}8 \text{ k}\Omega/1 \text{ k}\Omega = 21{,}8$$

Betriebsbandbreite nach (5.1.3/7)

$$B_B = f_0/Q_B = 1590 \text{ kHz}/21{,}8 = 72{,}9 \text{ kHz}.$$

Durch den Innenwiderstand der Quelle ist somit im vorliegenden Fall die Güte des Kreises unter Betriebsbedingungen erheblich schlechter geworden.

- **Beispiel 5.1.3/2:** Eine niederohmige Quelle mit der Leerlaufspannung $\hat{u}_0 = 10$ mV und dem Innenwiderstand $R_i = 40\ \Omega$ speist einen Reihenschwingkreis mit dem Kennwiderstand $X_K = 1$ kΩ und der Kreisgüte $Q_K \approx Q_L \approx 100$ (Bild 5.1.3-1a).
  a) Wie groß ist der Verlustwiderstand R_r des Kreises?
  b) Wie groß ist die Spannung $\underline{U}_1$ am Schwingkreis (bei Resonanz)?
  c) Wie groß ist die Spannung $\underline{U}_L$ an der Spule (bei Resonanz)?

Lösung:

a) Nach (5.1.1/7) $R_r = X_K/Q_K = 1000\ \Omega/100 = 10\ \Omega$.

b) Nach (5.1.3/8) $\hat{u}_1 = \hat{u}_0 \cdot R_r/(R_i + R_r) = 10$ mV $\cdot\ 10/50 = 2$ mV.

c) $\hat{u}_L = Q_K \cdot \hat{u}_1 = 100 \cdot 2$ mV $= 200$ mV,

oder nach (5.1.3/3) $Q_B = X_K/(R_i + R_r) = 1000\ \Omega/(40 + 10)\ \Omega = 20$

nach (5.1.3/4) $\hat{u}_L = \hat{u}_0 \cdot Q_B = 10$ mV $\cdot\ 20 = 200$ mV.

Die Resonanzüberhöhung der Spannung ist also auf Grund des Innenwiderstandes R_i stark verringert.

- **Beispiel 5.1.3/3:** Durch einen Saugkreis soll die Spannung bei der Frequenz $f_1 = 500$ kHz am Ausgang eines Verstärkers um ca. 46 dB abgesenkt werden. Der Ausgangswiderstand des Verstärkers beträgt $R_i = 2{,}5$ kΩ. Es kann von einer Kreisgüte $Q_K \approx Q_L \approx 150$ ausgegangen werden (die mindestens erreicht wird).

a) Berechnen Sie den erforderlichen Verlustwiderstand R_r des Reihenkreises.
b) Berechnen Sie L.
c) Berechnen Sie C.

Lösung:

Für den Resonanzfall $f_0 = f_1$ gilt wieder Bild 5.1.3-1c. Die Absenkung um 46 dB = 20 dB + 20 dB + 6 dB entspricht dem Faktor $x = 10 \cdot 10 \cdot 2 = 200$.

a) Nach (5.1.3/8) gilt

$$x = \hat{u}_0/\hat{u}_1|_{f_0} = (R_i + R_r)/R_r = R_i/R_r + 1$$

bzw.

$$R_r = R_i/(x - 1) = 2500\,\Omega/199 \approx 12{,}56\,\Omega.$$

b) Nach (5.1.1/7) und (5.1.1/4) gilt

$$R_r = X_K/Q_K = \omega_0 L/Q_K$$

bzw.

$$L = \frac{R_r \cdot Q_K}{\omega_0} = (12{,}56 \cdot 150)/(2\pi \cdot 500 \cdot 10^3)\,\text{H}$$

$$= 599{,}7\,\mu\text{H}.$$

c) Nach (5.1.1/2) ist

$$C = 1/(\omega_0^2 L)$$
$$= 1/[(2\pi \cdot 500 \cdot 10^3)^2 \cdot 599{,}7 \cdot 10^{-6}]$$
$$= 168{,}9\,\text{pF}.$$

- **Beispiel 5.1.3/4:** Der ausgangsseitig in einen Verstärker hineingesehene Innenwiderstand beträgt $R_i = 2{,}5$ kΩ. Der Verstärkerausgang wird durch den Eingangswiderstand einer 2. Verstärkerstufe mit $R_L = R_{ein} = 1{,}2$ kΩ belastet. Zwischen 1. und 2. Verstärkerstufe wird ein Sperrkreis mit $L = 341$ μH und $C = 33$ pF eingesetzt.

a) Auf welche Frequenz f_1 ist der Sperrkreis abgestimmt?
b) Geben Sie das Ersatzbild für den Resonanzfall an.
c) Wie groß ist die Absenkung x in dB bei f_1, wenn die Kreisgüte $Q_K \approx Q_L \approx 80$ beträgt.

Lösung:

a) Abstimmung auf $f_1 = f_0 = 1/[2\pi\sqrt{LC}] = 1{,}5$ MHz.
b) Ersatzschaltung s. Bild 5.1.3-1d.
c) Nach (5.1.2/4) $X_K = \sqrt{L/C} = 3214{,}5\,\Omega$

nach (5.1.2/6) $R_p = Q_K \cdot X_K = 80 \cdot 3214{,}5\,\Omega = 257{,}16$ kΩ

nach (5.1.3/11) $x = 1 + R_p/(R_i + R_L)$
$$= 1 + 257{,}16\,\text{k}\Omega/(2{,}5 + 1{,}2)\,\text{k}\Omega$$
$$= 1 + 69{,}5 = 70{,}5$$

bzw.

x in dB $\to 20\log 70{,}5 \approx 37$ dB.

Die Frequenz $f_1 = 1{,}5$ MHz wird also um ca. 37 dB abgesenkt. Allerdings erfolgt die Absenkung nicht sehr schmalbandig.

5.1.4 Transformation von Last und Quelle am Parallelschwingkreis

In Schaltungen sieht man häufig, daß zur Verringerung der Bedämpfung durch den Innenwiderstand R_i der Quelle oder durch den Lastwiderstand R_L die Spule eines Parallelschwingkreises

5.1 Vorbetrachtung: Einfache Schwingkreise

nach Art eines Spartransformators angezapft ist. Unter der vereinfachenden Annahme eines idealen Übertragers (Bild 5.1.4-1) mit dem Übersetzungsverhältnis

$$\ddot{u} = \frac{n_1}{n_2} > 1, \quad (5.1.4/1)$$

beträgt die Spannung

$$\underline{U}_1 = \ddot{u} \cdot \underline{U}_2 \quad (5.1.4/2)$$

und der Strom auf Grund des Durchflutungsgesetzes $\underline{I}_1 n_1 = \underline{I}_2 n_2$:

$$\underline{I}_1 = \frac{n_2}{n_1} \cdot \underline{I}_2 = \frac{1}{\ddot{u}} \cdot \underline{I}_2. \quad (5.1.4/3)$$

Damit beträgt der transformierte Widerstand mit (5.1.4/2) und (5.1.4/3)

$$\underline{Z}'_2 = \frac{\underline{U}_1}{\underline{I}_1} = \ddot{u}^2 \frac{\underline{U}_2}{\underline{I}_2} = \ddot{u}^2 \cdot \underline{Z}_2. \quad (5.1.4/4)$$

D. h. ein reller Anteil $R'_2 = Re\{\underline{Z}_2\}$ wird auf $R'_2 = \ddot{u}^2 \cdot R_2$ transformiert und bedämpft dadurch den Schwingkreis weniger. Ein meist zusätzlich vorhandener Blindanteil wird ebenfalls transformiert und führt zu einer Verstimmung des Kreises, wie Beispiel 5.1.4/1 zeigt. Dieser Blindanteil wird aber in der Praxis beim Abgleich in die Resonanz mit „eingestimmt".

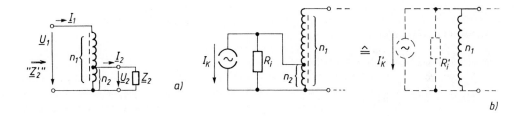

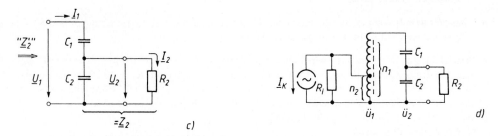

Bild 5.1.4-1 Transformation am Parallelschwingkreis
 a) Transformatorische Anzapfung einer Spule
 b) Stromquelle an Anzapfung
 c) Kapazitiver Teiler
 d) Parallelschwingkreis mit zweifacher Übersetzung (zu Bsp. 5.1.4/2)

Legt man eine Quelle mit dem Kurzschlußstrom I_K und dem Innenwidertand R_i an eine Anzapfung der Spule (Bild 5.1.4-1b), so gilt analog zu (5.1.4/3) und (5.1.4/4)

$$\underline{I}'_K = \frac{1}{\ddot{u}} \cdot \underline{I}_K \quad \text{und} \quad R'_i = \ddot{u}^2 \cdot R_i. \tag{5.1.4/5}$$

Diese Transformation wird häufig bei Selektivverstärkern (z. B. im ZF-Bereich) angewendet, solange die Induktivität L und der zu transformierende Widerstand nicht zu klein werden. Insbesondere bei der Transformation niederohmiger Widerstände (50 Ω) verwendet man andere Arten der Anpassung (s. Kapitel 5.2).

In ähnlicher Weise wie mit der Spulenanzapfung ist auch durch einen kapazitiven Teiler eine einfache Widerstandstransformation zur Verringerung der Bedämpfung möglich (Bild 5.1.4-1c). Hierbei soll ein reell angenommener Widerstand R_2 parallel zum Schwingkreis als R'_2 transformiert werden. Mit $R_2 \gg 1/(\omega C_1)$ gilt für den transformierten Widerstand

$$R'_2 = Re\{\underline{Z}'_2\} \approx \left(1 + \frac{C_2}{C_1}\right)^2 \cdot R_2. \tag{5.1.4/6}$$

Die Herleitung dieser Beziehung erfolgt in Übung 5.1.4/1.

In Beispiel 5.1.4/2 ist nochmals gezeigt, wie sich durch entsprechende Anzapfungen die Betriebsgüte verbessert.

- **Beispiel 5.1.4/1:** Die Spule eines Parallelschwingkreises ist bei $n_2 = (1/5)\, n_1$ angezapft und mit der Eingangsimpedanz eines Verstärkers (2,5 kΩ ∥ 25 pF) entsprechend Bild 5.1.4-1a belastet.
  a) Wie groß ist R'_2?
  b) Wie groß ist C'_2?

  Lösung:

  a) Nach (5.1.4/4) ist $\underline{Z}'_2 = \ddot{u}^2 \cdot \underline{Z}_2$ bzw.

  (1) $\underline{Y}'_2 = (1/\ddot{u}^2) \cdot \underline{Y}_2 = (1/\ddot{u}^2)(1/R_2 + j\omega C_2)$
  $= 1/R'_2 + j\omega C'_2$, also

  (2) $R'_2 = \ddot{u}^2 R_2$ und $C'_2 = C_2/\ddot{u}^2$.

  Mit $\ddot{u} = n_1/n_2 = 5 \rightarrow R'_2 = 25 \cdot 2{,}5\,\text{kΩ} = 62{,}5\,\text{kΩ}$.
  b) Die Kapazität C'_2 wird verringert auf $C'_2 = 25\,\text{pF}/25 = 1\,\text{pF}$ und macht sich damit weniger verstimmend bemerkbar.

- **Übung 5.1.4/1:** Berechnen Sie an Hand einer Leistungsbilanz für Ein- und Ausgang in Bild 5.1.4-1c das Übersetzungsverhältnis für den kapazitiven Teiler.

- **Beispiel 5.1.4/2:** Der Parallelschwingkreis von Beispiel 5.1.3/1 mit $L = 100\,\mu\text{H}$, $C = 100\,\text{pF}$, $Q_K = 80$, dem Generatorwiderstand $R_i = 30\,\text{kΩ}$ und einem Lastwiderstand $R_2 = 10\,\text{kΩ}$ soll eine Betriebsbandbreite von $B_{ges} = 50\,\text{kHz}$ erreichen ($f_0 = 1{,}59\,\text{MHz}$). Dies soll durch Anzapfungen des Schwingkreises nach Bild 5.1.4-1d geschehen. Das Übersetzungsverhältnis der Spule ist $\ddot{u}_1 = n_1/n_2 = 1{,}5$.
  a) Wie groß muß die Betriebsgüte Q_B sein?
  b) Wie groß muß $\ddot{u}_2$ sein?
  c) Berechnen Sie C_1 und C_2.

  Lösung:

  a) Nach (5.1.2/8) muß die Betriebsgüte sein

  (1) $Q_B = f_0/B_{ges} = 1{,}59\,\text{MHz}/50\,\text{kHz} = 31{,}8$.

b) Eine Verlustfaktorbilanz liefert

(2) $\tan \delta_{\text{ges}} = 1/Q_B = 1/Q_K + X_K/R'_i + X_K/R'_2$.

Mit $R'_i = \ddot{u}_1^2 \cdot R_i = 2{,}25 \cdot R_i = 67{,}5 \text{ k}\Omega$; $Q_K = 80$; $X_K = \sqrt{L/C}$ folgt aus (2):

(3) $R'_2 = \ddot{u}_2^2 \cdot R_2 = X_K/(1/Q_B - 1/Q_K - X_K/R'_i)$
$= 1 \text{ k}\Omega/(1/31{,}8 - 1/80 - 1/67{,}5) \approx 242 \text{ k}\Omega$, d. h.

(4) $\ddot{u}_2 = \sqrt{R'_2/R_2} = 4{,}92$.

c) Aus (5.1.4/6) mit $C = C_1 C_2/(C_1 + C_2)$ wird

$R'_2 = (1 + C_2/C_1)^2 \cdot R_2 = [(C_1 + C_2)/C_1]^2 \cdot R_2 = (C_2/C)^2 \cdot R_2$,

$C_2 = \sqrt{R'_2/R_2}\, C = \ddot{u}_2 \cdot C = 4{,}92 \cdot 100 \text{ pF} = 492 \text{ pF}$,

$C_1 = 1/(1/C - 1/C_2) = 125{,}5 \text{ pF}$.

5.2 Netzwerke zur Anpassung

In der Hochfrequenztechnik tritt häufig das Problem auf, einen Lastkreis mit einer Quelle reflexionsfrei zu verbinden. Als Beispiele seien genannt: Anpassung einer Last (Antenne) an den Senderausgang; bei höheren Frequenzen Anpassung eines Verstärkers eingangsseitig an die Quelle, ausgangsseitig an die Last; Anpassung an Koaxialkabel; Verbindung von Kabeln mit unterschiedlichen Wellenwiderständen.

Daher sollen zunächst die allgemeinen Anpassungsbedingungen kurz betrachtet werden.

5.2.1 Anpassung zwischen Generator und Last

In Bild 5.2.1-1 ist eine komplexe Last $\underline{Z}_L$ an eine Quelle mit dem komplexen Innenwiderstand $\underline{Z}_i$ angeschlossen. Zur Vereinfachung sind nur Reihenelemente angenommen. Mit

$$\underline{Z}_i = R_i + jX_i \quad \text{und} \quad \underline{Z}_L = R_L + jX_L \qquad (5.2.1/1)$$

wird der Strom

$$\underline{I} = \frac{U_0}{\underline{Z}_i + \underline{Z}_L} = \frac{U_0}{(R_i + R_L) + j(X_i + X_L)} . \qquad (5.2.1/2)$$

Die in R_L umgesetzte Wirkleistung beträgt damit

$$P = |\underline{I}|^2 \cdot R_L = \frac{|\underline{U}_0|^2 \cdot R_L}{(R_i + R_L)^2 + (X_i + X_L)^2} . \qquad (5.2.1/3)$$

Die maximale Wirkleistung findet man aus der Nullstelle der 1. Ableitung von (5.2.1/3)

$$\frac{dP}{dR_L} = \frac{|\underline{U}_0|^2 \cdot [(R_i + R_L)^2 + (X_i + X_L)^2] - |\underline{U}_0|^2 \cdot R_L \cdot 2 \cdot (R_i + R_L)}{[(R_i + R_L)^2 + (X_i + X_L)^2]^2} ,$$

$$R_i^2 + 2R_i R_L + R_L^2 - 2R_L^2 - 2R_i R_L + (X_i + X_L)^2 = 0 ,$$

$$R_i^2 - R_L^2 + (X_i + X_L)^2 = 0 . \qquad (5.2.1/4)$$

Aus (5.2.1/4) sind als Bedingungen für maximale Wirkleistung P im Lastwiderstand R_L entnehmbar

$$R_L = R_i \quad \text{und} \quad X_L = -X_i . \qquad (5.2.1/5)$$

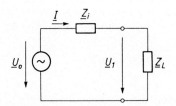

Bild 5.2.1-1
Anpassung bei komplexer Last $\underline{Z}_L$ und komplexem Innenwiderstand $\underline{Z}_i$

In diesem Fall beträgt die max. Wirkleistung in R_L aus (5.2.1/3)

$$P = \frac{|\underline{U}_0|^2}{4R_i}.$$

Eine Wirkleistungsanpassung liegt also vor, wenn die Lastimpedanz $\underline{Z}_L$ dem konjugiert komplexen Wert der Generatorimpedanz $\underline{Z}_i$ entspricht, d. h.

$$\underline{Z}_L = \underline{Z}_i^*. \tag{5.2.1/5a}$$

Da diese Bedingung i. a. nicht erfüllt ist, muß in den oben aufgeführten Fällen die Lastimpedanz durch besondere Anpassungsnetzwerke an die Quelle angepaßt werden.

Anpassungsschaltungen lassen sich mit konzentrierten Elementen (z. B. 2 oder 3 Blindelementen) oder aus verteilten Elementen (verlustlose Leitungsstücke) realisieren. Hierbei geht man in der Regel beim Entwurf von konzentrierten Elementen aus, die man rechnerisch bzw. mit Hilfe des Smith-Diagramms ermittelt (letzteres ist im Kapitel 8.4 ausführlich gezeigt). Werden die Blindelemente für diskrete Ausführung zu klein, kann man sie in die entsprechenden verteilten Elemente umrechnen. Umrechnungsbeziehungen hierzu sind in [51] angegeben.

5.2.2 Transformation mit 2 Blindelementen (L-Transformation)

In Bild 5.2.2-1a soll eine einfache Resonanztransformation mit 2 Blindelementen durchgeführt werden. Hierbei soll der reelle Widerstand R_L bei der Frequenz f_0 nach R_i transformiert (d. h. angepaßt werden). Die Transformation geschieht durch ein L-Glied mit den (verlustlos

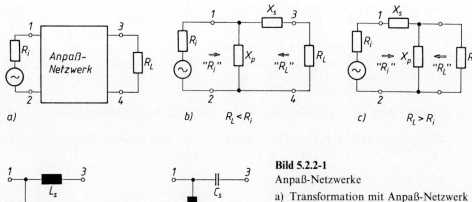

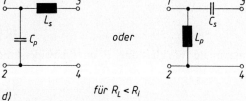

Bild 5.2.2-1
Anpaß-Netzwerke
a) Transformation mit Anpaß-Netzwerk
b) Transformation mit 2 Blindelementen ($R_L < R_i$)
c) Transformation mit 2 Blindelementen ($R_L > R_i$)
d) Ausführungen für $R_L < R_i$

5.2 Netzwerke zur Anpassung

angenommenen) Blindwiderständen X_S und X_P nach Bild 5.2.2-1b, wenn $R_L < R_i$ ist bzw. nach Bild 5.2.2-1c, wenn $R_L > R_i$ ist. Das Blindelement X_P liegt dabei immer parallel zum hochohmigen Widerstand (R_L oder R_i).

Im Bild 5.2.2-1b beträgt die in die Klemmen 3–4 hineingesehene Impedanz

$$\underline{Z}_{34} = \frac{R_i \cdot jX_P}{R_i + jX_P} + jX_S \tag{5.2.2/1}$$

$$= \frac{R_i \cdot jX_P(R_i - jX_P)}{R_i^2 + X_P^2} + jX_S$$

$$= \frac{R_i X_P^2}{R_i^2 + X_P^2} + j\left(\frac{R_i^2 X_P}{R_i^2 + X_P^2} + X_S\right). \tag{5.2.2/2}$$

In (5.2.2/2) läßt sich durch Wahl von X_P der Realteil von $\underline{Z}_{34}$ gleich R_L wählen und der Blindanteil durch Reaktanzen mit entgegengesetztem Vorzeichen kompensieren. D. h. aus

$$\frac{R_i X_P^2}{R_i^2 + X_P^2} = R_L \quad \text{und} \quad X_S = -\frac{R_i^2 X_P}{R_i^2 + X_P^2} = -\frac{R_i R_L}{X_P}, \tag{5.2.2/3}$$

$$X_P^2 = \frac{R_L}{R_i}(R_i^2 + X_P^2), \quad X_P^2\left(1 - \frac{R_L}{R_i}\right) = R_L R_i, \quad X_P^2 = \frac{R_i^2 R_L}{R_i - R_L}. \tag{5.2.2/4}$$

Eliminiert man X_P in (5.2.2/4) mit (5.2.2/3)

$$\frac{R_i^2 R_L^2}{X_S^2} = \frac{R_i^2 R_L}{R_i - R_L}, \tag{5.2.2/5}$$

so erhält man aus (5.2.2/5) und (5.2.2/3) die Transformationselemente für $R_L < R_i$ (Bild 5.2.2-1b)

$$X_S = \pm\sqrt{R_L(R_i - R_L)} \quad \text{und} \quad X_P = -\frac{R_L R_i}{X_S}. \tag{5.2.2/6}$$

Wird X_S als Induktivität ausgeführt, so gilt das positive Vorzeichen der Wurzel und X_P muß danach eine Kapazität sein. Bild 5.2.2-1d zeigt für $R_L < R_i$ die beiden möglichen L-Anpaß-Netzwerke. Es sei nochmals darauf hingewiesen, daß durch diese Transformation je nach Aufgabenstellung R_i auf R_L (z. B. einen Verstärkereingang) oder R_L auf R_i (z. B. einen Verstärkerausgang) angepaßt werden kann.

In der Regel sind aber die Ein- bzw. Ausgangsimpedanzen von Leistungsverstärkern bei höheren Frequenzen komplex. Dann ist zuerst der Imaginärteil durch ein geeignetes Blindelement zu kompensieren und anschließend der Realteil mit der L-Transformation anzupassen.

Eine einfache Anpassung zwischen einem Meßsender und dem Eingangswiderstand eines Kleinleistungstransistors zeigt Beispiel 5.2.2/1.

Bei der L-Transformation nach Bild 5.2.2-1c für $R_L > R_i$ kann man aus der Ersatzschaltung durch „Hineinsehen" in die Klemmen 1–2 erkennen, daß diese gleiche Ergebnisse liefern wird wie die vorherige Schaltung (beim Hineinsehen in die Klemmen 3–4 von Bild 5.2.2-1b). Lediglich R_i und R_L sind in (5.2.2/6) zu vertauschen, d. h. für $R_L > R_i$ lauten die Transformationselemente

$$X_S = \pm\sqrt{R_i(R_L - R_i)} \quad \text{und} \quad X_P = -\frac{R_L R_i}{X_S}. \tag{5.2.2/7}$$

- **Beispiel 5.2.2/1:** Zur Messung der Verstärkung bei einem Kleinleistungstransistor im C-Betrieb soll ein Meßsender mit $R_i = 50\,\Omega$ an den Eingangswiderstand $R_e \approx 23\,\Omega$ durch eine L-Transformation bei $f_0 = 150$ MHz nach Bild 5.2.2-1b angepaßt werden. Berechnen Sie hierfür C_P und L_S.

Lösung:

Nach (5.2.2/6) ist $X_S = \omega_0 L_S = \sqrt{R_e(R_i - R_e)} = 24{,}9\,\Omega$

bzw. $L_S = X_S/(2\pi f_0) = 26{,}4$ nH

und $|X_P| = 1/(\omega_0 C_P) = R_e R_i/X_S = 46{,}1\,\Omega$

bzw. $C_P = 1/(2\pi f_0 X_P) = 23$ pF.

Da der Transistor im Eingang auch noch einen kapazitiven Blindanteil besitzt, der für optimale Anpassung durch eine induktive Komponente kompensiert werden muß, führt man zweckmäßigerweise den Kondensator C_P als Trimmer aus.

Zur Anpassung mit obiger L-Transformation ist kritisch anzumerken, daß diese streng genommen nur bei der Frequenz genau erreicht wird, bei der die jeweiligen L- und C-Werte nach (5.2.2/6) und (5.2.2/7) berechnet werden. Im Gegensatz dazu ist die direkte Anpassung zwischen R_i und R_L frequenzunabhängig. Der Resonanzcharakter dieser Anpaß-Schaltung bewirkt, daß die Bandbreite, innerhalb der man noch von Anpassung sprechen kann, umso kleiner wird, je mehr R_L von R_i abweicht und je enger man die Vorgabe für das Stehwellenverhältnis VSWR (s. Kapitel 8.4) wählt. Nach [51] beträgt die Bandbreite bei $R_L = 8 \cdot R_i$ und einem VSWR-Wert von 1,5 ca. 17%. Dies ist sicherlich keine Breitband-Anpassung (wie mit einem Übertrager), aber für viele Anwendungsfälle ausreichend.

5.2.3 Transformation mit 3 Blindwiderständen

Oft verwendet man zur Resonanztransformation auch Vierpole aus π- oder T-Gliedern. Da grundsätzlich 2 Blindelemente zur Resonanztransformation ausreichen, ergibt sich als zusätzlicher Freiheitsgrad, daß man über einen Blindwiderstand unabhängig vom Anpassungverhältnis verfügen kann.

Bild 5.2.3-1 zeigt zwei mögliche Ausführungen. Hiervon wird insbesondere die π-Schaltung als sog. Collins-Filter häufig verwendet (Bild 5.2.3-1a). Auch hier soll verallgemeinert wiederum ein Widerstand R_2 auf die Eingangsseite als R_1 zur Anpassung transformiert werden. Der Eingangsleitwert $\underline{Y}_{12}$ (in die Klemmen $1-2$ hineingesehen) beträgt

$$\underline{Y}_{12} = \frac{\underline{I}_1}{\underline{U}_1} = j\omega C_1 + \cfrac{1}{j\omega L + \cfrac{1}{G_2 + j\omega C_2}} \qquad (5.2.3/1)$$

$$= j\omega C_1 + \frac{G_2 + j\omega C_2}{j\omega L(G_2 + j\omega C_2) + 1}$$

$$= j\omega C_1 + \frac{G_2 + j\omega C_2}{(1 - \omega^2 L C_2) + j\omega L G_2}$$

$$= j\omega C_1 + \frac{(G_2 + j\omega C_2)[(1 - \omega^2 L C_2) - j\omega L G_2]}{(1 - \omega^2 L C_2)^2 + (\omega L G_2)^2}$$

$$= \frac{G_2}{(1 - \omega^2 L C_2)^2 + (\omega L G_2)^2} + j\left\{\omega C_1 + \frac{\omega C_2(1 - \omega^2 L C_2) - \omega L G_2^2}{(1 - \omega^2 L C_2)^2 + (\omega L G_2)^2}\right\}. \qquad (5.2.3/2)$$

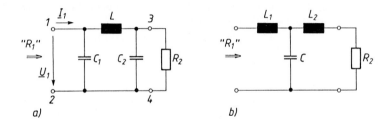

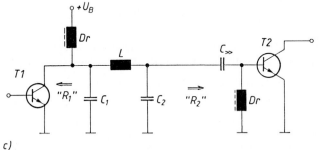

Bild 5.2.3-1
Transformation mit 3 Blindelementen
a) π-Schaltung (Collins-Filter)
b) T-Schaltung
c) Transformation mit Collins-Filter (zu Bsp. 5.2.3/1)

Im Anpassungsfall muß für die Frequenz f wie im Kapitel 5.2.2 gelten

$$\text{Re}\{\underline{Y}_{12}\} = G_1 = 1/R_1 \quad \text{und} \quad \text{Im}\{\underline{Y}_{12}\} = 0. \tag{5.2.3/3}$$

Aus (5.2.3/3) und (5.2.3/2) mit den Abkürzungen $x = C_1/C_2$ und $t = R_2/R_1$ erhält man die in [51] angegebenen Dimensionierungsbeziehungen

$$\omega C_2 = \sqrt{\frac{1-t}{\frac{x^2}{t} - 1}} \cdot G_2,$$

$$\omega C_1 = x \cdot \omega C_2,$$

$$\omega L = \frac{\sqrt{(1-t)\left(\frac{x^2}{t} - 1\right)}}{|x - t|} \cdot R_2. \tag{5.2.3/4}$$

In (5.2.3/4) ist bei bekannten Werten von R_1, R_2 und f (Mittenfrequenz der Anpassung) als Freiheitsgrad das Kapazitätsverhältnis x wählbar. Danach sind C_1, C_2 und L berechenbar. Die Elemente aus (5.2.3/4) werden reell

für $t = R_2/R_1 < 1$ und $x = C_1/C_2 > \sqrt{t}$

bzw.

für $t = R_2/R_1 > 1$ und $x = C_1/C_2 < \sqrt{t}$. (5.2.3/5)

Als Sonderfall kann auch ein symmetrisches Collins-Filter mit $x = 1$ verwendet werden. Hierfür erhält man aus (5.2.3/4) die folgenden einfachen Beziehungen

$$\omega L = \frac{\sqrt{\frac{(1-t)(1-t)}{t}}}{|1-t|} \cdot R_2 = \sqrt{\frac{1}{t}} \cdot R_2 = \sqrt{R_1 R_2},$$

$$\omega C = \sqrt{\frac{1-t}{1-t}} \cdot \sqrt{t} \cdot \frac{1}{R_2} = \frac{1}{\sqrt{R_1 \cdot R_2}},$$

also

$$\omega L = \frac{1}{\omega C} = \sqrt{R_1 R_2}. \tag{5.2.3/6}$$

Hierbei sollte allerdings nach [51] das Verhältnis der zu transformierenden Widerstände $t = R_2/R_1 > 4$ sein, da sich sonst eine schlechte Bandbreite für die Anpassung ergibt.

Die Anpassung zwischen einer Treiberstufe und dem Eingangswiderstand einer Endstufe mit einem Collins-Filter ist in Beispiel 5.2.3/1 gezeigt.

- **Beispiel 5.2.3/1:** Zwischen eine Treiberstufe mit dem kollektorseitigen Ausgangswiderstand $R_1 = 600\,\Omega$ soll ein Collins-Filter nach Bild 5.2.3-1c zur Resonanztransformation auf den Eingangswiderstand einer HF-Endstufe mit $R_2 = 30\,\Omega$ bei $f_0 = 200$ MHz geschaltet werden. Berechnen Sie die Elemente C_1, C_2 und L des π-Filters.

Lösung:

Die in Bild 5.2.3-1c eingezeichneten HF-Drosseln dienen zur gleichspannungsmäßigen Versorgung der beiden Transistoren und sollen gleichzeitig ein Abfließen der HF-Ströme gegen Masse verhindern. Der Endstufen-Transistor T2 arbeitet im C-Betrieb. Nach (5.2.3/5) ist das Widerstandsverhältnis

(1) $t = R_2/R_1 = 30\,\Omega/600\,\Omega = 1/20 = 0{,}05$.

Für reelle Elemente ist zu wählen

(2) $x = C_1/C_2 > \sqrt{t} = \sqrt{0{,}05} = 0{,}223$.

Wählt man z. B. $x = 0{,}25 = 1/4$, erhält man aus (5.2.3/4)

$$\omega C_2 = \sqrt{(1-t)/(x^2/t - 1)} \cdot (1/R_2)$$
$$= \sqrt{0{,}95/(20/16 - 1)} \cdot (1/R_2) = \sqrt{3{,}8} \cdot (1/R_2)$$
$$= 64{,}98 \text{ mS},$$

(3) $C_2 = 51{,}7$ pF,

(4) $C_1 = (1/4) \cdot C_2 = 12{,}9$ pF,

$$\omega L = \{\sqrt{(1-t)(x^2/t - 1)}/|x - t|\} R_2$$
$$= \{\sqrt{0{,}95(20/16 - 1)}/0{,}20\} R_2$$
$$= \sqrt{0{,}2375} \cdot 5 R_2 = 73{,}10\,\Omega,$$

(5) $L = 58{,}2$ nH.

Die T-Schaltung stellt die zur π-Schaltung duale Ausführung dar und zeigt somit gleiches Verhalten. Sie wird aber auf Grund der 2 Spulen weniger verwendet.

In Beispiel 5.2.3/2 ist noch gezeigt, daß die L-Transformation einen Sonderfall das Collins-Filters für $C_1 = 0$ darstellt.

5.2 Netzwerke zur Anpassung

- **Beispiel 5.2.3/2:** Zeigen Sie, daß man für $C_1 = 0$ (Bild 5.2.3-1a) die Transformationsbeziehung der L-Transformation aus (5.2.2/6) erhält.

Für $C_1 = 0$ gilt $x = 0$ und somit aus (5.2.3/4) mit $t = R_2/R_1$

(1) $|X_S| = \omega L = \{\sqrt{(1-t)(-1)}/|-t|\} R_2$
$= \sqrt{t-1} \cdot R_2/t = \sqrt{R_2/R_1 - 1} \cdot R_1$
$= \sqrt{R_1(R_2 - R_1)}$

und

$\omega C_2 = \sqrt{t-1} \cdot 1/R_2$

(2) $|X_P| = 1/(\omega C_2) = R_2/(\sqrt{R_2/R_1 - 1})$
$= R_2 R_1/(\sqrt{R_1(R_2 - R_1)})$.

Mit $R_1 = R_i$ und $R_2 = R_L$ gelten bei $x = 0$ und $t = R_2/R_1 = R_L/R_i > 1$ die in (5.2.2/7) angegebenen L-Transformationen. Entsprechendes läßt sich auch für $C_2 = 0$, d. h. $x \to \infty$ und $t = R_2/R_1 < 1$ zeigen.

5.2.4 Transformation mit λ/4-Leitung

In Bild 5.2.4-1a ist eine verlustlose Leitung der Länge $\lambda/4$ und dem (reellen) Wellenwiderstand Z_L betrachtet, die von einem Generator mit dem Innenwiderstand R_i gespeist und mit $\underline{Z}_2$ abgeschlossen ist. Wie im Kapitel 8 hergeleitet, gilt nach (8.4.1/7) bei $l = \lambda/4$ für die Eingangsimpedanz $\underline{Z}_1$ der Leitung

$$\underline{Z}_1 = \frac{Z_L^2}{\underline{Z}_2}. \qquad (5.2.4/1)$$

D. h., eine solche $\lambda/4$-Leitung transformiert eine Lastimpedanz $\underline{Z}_2$ in eine Impedanz $\underline{Z}_1$ mit reziprokem Wert, sie wird daher als $\lambda/4$-Transformator bezeichnet.

Bei reellem Abschlußwiderstand $\underline{Z}_2 = R_2$ wird nach (5.2.4/1) auch der Eingangswiderstand der Leitung reell und mit $\underline{Z}_1 = R_1$ gilt

$$\sqrt{R_1 R_2} = Z_L. \qquad (5.2.4/2)$$

Eine $\lambda/4$-Leitung ist also zur Anpassung an den Innenwiderstand eines Generators verwendbar, wenn man $R_1 = R_i$ wählt (durch Z_L erreichbar bei vorgegebenem R_2). Allerdings ist die Transformationsbedingung exakt nur bei einer Frequenz (bei der $\lambda/4$ vorliegt) erfüllt.

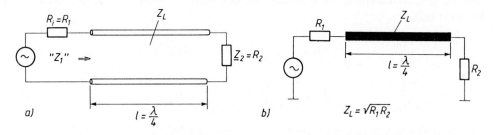

Bild 5.2.4-1 Transformation mit λ/4-Leitungen
    a) mit Doppelleitung (allgemein)
    b) mit Streifenleiter

Oft werden zur Anpassung auch $\lambda/4$-Streifenleitungen verwendet (Bild 5.2.4-1 b).

Die Übertragungseigenschaften (Bandbreite) eines $\lambda/4$-Transformators lassen sich durch Hintereinanderschalten mehrerer $\lambda/4$-Transformatoren verbessern (sog. $\lambda/4$-Stufentransformatoren).

Eine weitere Möglichkeit der Verbesserung besteht in der Verwendung von kompensierten $\lambda/4$-Transformatoren mit Stichleitungen [51].

Transformationsbeispiele unter Verwendung des Smith-Diagramms sind im Kapitel 8 zu finden.

5.3 Transistor-Ersatzschaltbilder

Zur Gewinnung einfacher Ersatzschaltbilder für die Berechnung von Verstärkerschaltungen im Kleinsignalbetrieb benötigt man Parameter, die die wechselmäßigen Eigenschaften des Verstärkerelementes beschreiben.

Unter Kleinsignalbetrieb versteht man, daß das Verstärkerelement mit Wechselamplituden ausgesteuert wird, die klein gegenüber den im gewählten Arbeitspunkt vorhandenen Gleichwerten bleiben. Dann ist mit linearen Aussteuerverhältnissen zu rechnen.

Für tiefe Frequenzen bis maximal einige MHz werden meist die sog. h-Parameter als reelle Kenngrößen verwendet. Da diese Parameter für HF-Verstärker wenig geeignet sind, werden sie auch im folgenden nicht betrachtet.

In der Hochfrequenz-Technik werden dagegen oft die Y-Parameter bis in den VHF/UHF-Bereich verwendet. Diese werden daher im Kapitel 5.3.1 näher betrachtet.

Für Frequenzen ab ca. 40 MHz bis weit in den GHz-Bereich sind heute vielfach auch die S-Parameter angegeben, auf die im Kapitel 5.3.3 eingegangen wird.

5.3.1 Y-Parameter

Die Y-Parameter sind Leitwert-Parameter. Für tiefe Frequenzen sind sie reell und sehr einfach aus den Kennlinien-Abhängigkeiten eines Transistors herleitbar.

Der Basisstrom I_B eines Transistors hängt hauptsächlich von der Basis-Emitterspannung U_{BE} und zusätzlich noch etwas von der Kollektor-Emitterspannung U_{CE} ab. Ähnlich verhält es sich beim Kollektorstrom I_C. Beide Ströme (I_B und I_C) sind also Funktionen von zwei Variablen, d. h.

$$I_B = f_1(U_{BE}, U_{CE}) \quad \text{und} \quad I_C = f_2(U_{BE}, U_{CE}). \tag{5.3.1/1}$$

Betrachtet man eine Änderung von I_B und I_C, so muß man beide Abhängigkeiten durch Bildung des vollständigen Differentials berücksichtigen, indem man jeweils eine Variable konstant hält

$$\Delta I_B = \left.\frac{\partial I_B}{\partial U_{BE}}\right|_{U_{CE}=\text{konst.}} \cdot \Delta U_{BE} + \left.\frac{\partial I_B}{\partial U_{CE}}\right|_{U_{BE}=\text{konst.}} \cdot \Delta U_{CE},$$

$$\Delta I_C = \left.\frac{\partial I_C}{\partial U_{BE}}\right|_{U_{CE}=\text{konst.}} \cdot \Delta U_{BE} + \left.\frac{\partial I_C}{\partial U_{CE}}\right|_{U_{BE}=\text{konst.}} \cdot \Delta U_{CE}. \tag{5.3.1/2}$$

Aus (5.3.1/2) erhält man beim Übergang zu Wechselgrößen

$$i_B = y_{11e}u_{BE} + y_{12e}u_{CE},$$
$$i_C = y_{21e}u_{BE} + y_{22e}u_{CE}. \tag{5.3.1/3}$$

5.3 Transistor-Ersatzschaltbilder

Das Verstärkerelement wird also nach (5.3.1/3) durch 2 Vierpolgleichungen mit 4 Kennwerten (aktiver Vierpol) in seinen Wechseleigenschaften beschrieben (Bild 5.3.1-1a). Hierin bedeuten

$$y_{11e} = \left.\frac{\partial I_B}{\partial U_{BE}}\right|_{U_{CE}=\text{konst.}} = \text{Eingangsleitwert},$$

$$y_{12e} = \left.\frac{\partial I_B}{\partial U_{CE}}\right|_{U_{BE}=\text{konst.}} = \text{Rückwärtssteilheit},$$

$$y_{21e} = \left.\frac{\partial I_C}{\partial U_{BE}}\right|_{U_{CE}=\text{konst.}} = \text{Vorwärtssteilheit},$$

$$y_{22e} = \left.\frac{\partial I_C}{\partial U_{CE}}\right|_{U_{BE}=\text{konst.}} = \text{Ausgangsleitwert}. \qquad (5.3.1/4)$$

Die Y-Parameter in (5.3.1/4) sind entweder bei wechselmäßigem Kurzschluß am Ausgang ($u_{CE} = 0$ bzw. $U_{CE} = $ konst.) oder bei wechselmäßigem Kurzschluß am Eingang ($u_{BE} = 0$ bzw.

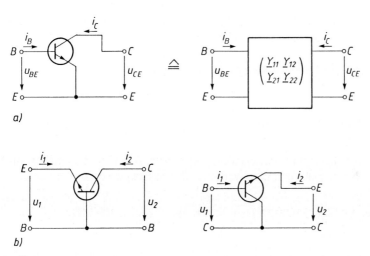

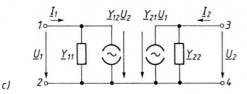

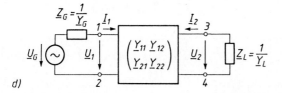

Bild 5.3.1-1
Y-Parameter
a) Emitter-Schaltung
b) Basis- und Kollektor-Schaltung (vereinheitlichte Darstellung)
c) Ersatzbild mit Y-Parametern
d) Transistor-Vierpol unter Betriebsbedingungen

U_{BE} = konst.) definiert. Zusätzlich besagt der Index „e", daß es sich um die Parameter der Emitter-Schaltung handelt. Hier ist der Emitter (wechselmäßig) gemeinsamer Bezugspunkt zwischen Ein- und Ausgang des Transistor-Vierpols.

Bei der Basis-Schaltung ist die Basis gemeinsamer Bezugspunkt, bei der Kollektor-Schaltung der Kollektor. Das grobe Prinzip ist in Bild 5.3.1-1 b dargestellt.

Zur Vereinheitlichung der Beschreibung des Transistor-Vierpols setzt man die Zählpfeile, wie im Bild 5.3.1-1 b dargestellt, wobei der Index 1 für die Eingangswechselgrößen und der Index 2 für die Ausgangswechselgrößen gilt. Damit wird aus (5.3.1/3) mit komplexen Größen in verallgemeinerter Form

$$\underline{I}_1 = \underline{Y}_{11}\underline{U}_1 + \underline{Y}_{12}\underline{U}_2 ,$$
$$\underline{I}_2 = \underline{Y}_{21}\underline{U}_1 + \underline{Y}_{22}\underline{U}_2 . \tag{5.3.1/5}$$

Diese Gleichungen sind durch das in Bild 5.3.1-1c dargestellte Y-Ersatzbild beschrieben. Es besteht aus den beiden Leitwerten $\underline{Y}_{11}$ und $\underline{Y}_{22}$ sowie aus zwei Stromquellen, von denen ($\underline{Y}_{12}\underline{U}_2$) die Rückwirkungsquelle symbolisiert.

Die Y-Parameter sind vom Arbeitspunkt des Transistors, von der Betriebsfrequenz und der Grundschaltungsart (Emitter-Schaltung oder Basis-Schaltung), in welcher der Transistor betrieben wird, abhängig. Vom Halbleiter-Hersteller werden die Y-Parameter entweder angegeben
— in Komponenten- bzw. in Exponentialform,

z. B. $\underline{Y}_{11} = g_{11} + jb_{11},$ $\underline{Y}_{12} = g_{12} + jb_{12} = Y_{12}\,e^{j\varphi_{12}},$

$\underline{Y}_{22} = g_{22} + jb_{22},$ $\underline{Y}_{21} = g_{21} + jb_{21} = Y_{21}\,e^{j\varphi_{21}},$ (5.3.1/6)

wobei $b_{nm} = \omega C_{nm}$ gilt,
— oder g_{nm} und b_{nm} in Diagrammform über der Frequenz (z. B. mit I_C, U_{CE} als Parameter)
— oder $Im\{\underline{Y}_{nm}\}$ über $Re\{\underline{Y}_{nm}\}$ als Ortskurvenverläufe (mit der Frequenz f als Parameter).

In dieser Form sind Parameterangaben für bipolare Transistoren (NPN, PNP) wie auch für unipolare Transistoren (J-FET, MOS-FET) zu finden, meist bis ca. 400 MHz.

Sind die Parameter einer Grundschaltung (z. B. der Emitter-Schaltung) bekannt, so lassen sich diese in die entsprechenden Parameter der beiden anderen Grundschaltungen umrechnen. Auszugsweise sind einige Umrechnungsbeziehungen von der Emitter-Schaltung in die Basis- bzw. Kollektor-Schaltung angegeben:

$\underline{Y}_{11b} = \underline{Y}_{11e} + \underline{Y}_{12e} + \underline{Y}_{21e} + \underline{Y}_{22e}$ $\approx \underline{Y}_{11e} + \underline{Y}_{21e}$	$\underline{Y}_{11c} = \underline{Y}_{11e}$
$\underline{Y}_{12b} = -(\underline{Y}_{12e} + \underline{Y}_{22e})$	$\underline{Y}_{12c} = -(\underline{Y}_{11e} + \underline{Y}_{12e})$
$\underline{Y}_{21b} = -(\underline{Y}_{21e} + \underline{Y}_{22e})$ $\approx -\underline{Y}_{21e}$	$\underline{Y}_{21c} = -(\underline{Y}_{11e} + \underline{Y}_{21e})$
$\underline{Y}_{22b} = \underline{Y}_{22e}$	$\underline{Y}_{22c} = \underline{Y}_{11e} + \underline{Y}_{12e} + \underline{Y}_{21e} + \underline{Y}_{22e}$ $\approx \underline{Y}_{11e} + \underline{Y}_{21e}$

(5.3.1/7)

Aus (5.3.1/7) lassen sich einige Eigenschaften der Basis- und Kollektor-Schaltung interpretieren. Die Parameter $\underline{Y}_{11b}$ und $\underline{Y}_{22c}$ sind gleich. Da i. a. $\underline{Y}_{11e} \ll \underline{Y}_{21e}$ ist, gilt näherungsweise $\underline{Y}_{11b} = \underline{Y}_{22c} \approx \underline{Y}_{21e}$. D. h. die Eingangsimpedanz der Basis-Schaltung und die Ausgangsimpedanz der Kollektor-Schaltung sind etwa gleich dem Kehrwert der Vorwärts-Steilheit $\underline{Y}_{21e}$ und damit klein gegenüber der Eingangsimpedanz der Emitter-Schaltung.

Die allgemeine Verwendung des Y-Ersatzbildes bei einer Verstärker-Schaltung (Bild 5.3.1-1d), die aus einer Quelle mit der Impedanz $\underline{Z}_G$ und mit einer Lastimpedanz $\underline{Z}_L$ betrieben wird, also das sog. Betriebsverhalten, ist im Kapitel 5.4.1 näher betrachtet.

5.3.2 π-Ersatzbilder

Während das bisher betrachtete Ersatzbild mit Y-Parametern ein rein formales war, stellt das Funktionsersatzbild nach Giacoletto (Bild 5.3.2-1a) ein physikalisches Ersatzbild dar. Es enthält arbeitspunktabhängige Widerstände sowie Kapazitäten, die selbst jedoch frequenzunabhängig sind. Der Transistor wird dabei durch Hinzunahme von $r_{BB'}$ in einen „inneren" Transistor (B', E, C) und einen „äußeren" Transistor (B, E, C) aufgeteilt.

Hierin bedeuten

$r_{BB'}$ = Basisbahnwiderstand (das ist der Widerstand der grenzschichtfreien Basiszone)
$r_{B'E}$ und $C_{B'E}$ = Widerstand und Kapazität der Basis-Emittergrenzschicht
$r_{B'C}$ und $C_{B'C}$ = Widerstand und Kapazität der Basis-Kollektor-Sperrschicht
r_{CE} und C_{CE} = Kollektor-Emitter-Widerstand und Kapazität (ohne physikalische Bedeutung)
$S_i = \beta/r_{B'E}$ ist die sog. innere Steilheit, wobei β den Stromverstärkungsfaktor der Emitter-Schaltung darstellt.

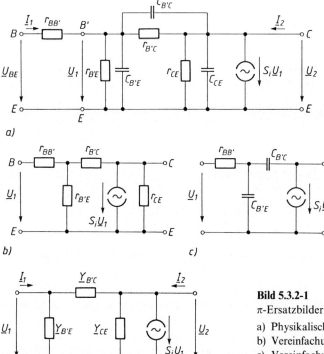

Bild 5.3.2-1
π-Ersatzbilder
a) Physikalisches Ersatzbild nach Giacoletto
b) Vereinfachung von a) bei tiefen Frequenzen
c) Vereinfachung von a) bei hohen Frequenzen
d) Allgemeines π-Ersatzbild

Der frequenzmäßige Gültigkeitsbereich des Ersatzbildes ist nach [153] bis ca. $0{,}1 \cdot f_T$, solange die Steilheit S_i noch als etwa frequenzunabhängig und reell ansehbar ist. D. h. bei HF-Transistoren mit Transitfrequenzen von $f_T \approx 500$ MHz ... 5 GHz also ca. 50 ... 500 MHz.

Die Transitfrequenz f_T wird vom Transistor-Hersteller angegeben. Sie bezeichnet die Frequenz, bei der der Stromverstärkungsfaktor β (der Emitter-Schaltung) auf den Wert 1 abgefallen ist.

Mit steigender Frequenz f sinken die Stromverstärkungsfaktoren infolge der Laufzeit τ der Ladungsträger in der Basiszone und zusätzlich treten Phasendrehungen auf.

Die Grenzfrequenzen f_β (der Emitter-Schaltung) bzw. f_α (der Basis-Schaltung) definiert man durch die 3-dB-Abfälle der Stromverstärkungsfaktoren β gegenüber β_0 bzw. α gegenüber α_0 bei tiefen Frequenzen. Hierfür gilt der Zusammenhang

$$f_\alpha \approx f_T \approx \beta_0 \cdot f_\beta \,. \tag{5.3.2/1}$$

Das Giacoletto-Ersatzbild nach Bild 5.3.2-1a eignet sich zwar für die Berechnung von Frequenzgängen, ist aber doch recht unhandlich. Daher wird es meist nur in stark vereinfachter Form für Sonderfälle verwendet. Bezieht man beispielsweise auf die Zeitkonstanten $\tau_{B'E} = r_{B'E} \cdot C_{B'E}$ und $\tau_{B'C} = r_{B'C} \cdot C_{B'C}$, so lassen sich die vereinfachten Ersatzbilder nach Bild 5.3.2-1b für tiefe Frequenzen ($\omega \ll 1/\tau_{B'E}, 1/\tau_{B'C}$) und nach Bild 5.3.2-1c für hohe Frequenzen ($\omega \gg 1/\tau_{B'E}, 1/\tau_{B'C}$) angeben [51]. Bei tiefen Frequenzen sind somit die Kapazitäten vernachlässigbar, während sie bei höheren Frequenzen den hauptsächlichen Einfluß haben.

Darüberhinaus wird häufig noch insbesondere bei kleineren Eingangsströmen der Basisbahnwiderstand vernachlässigt. Vernachlässigt man in Bild 5.3.2-1a $r_{BB'}$, so kann man für die verbleibende π-Schaltung (Bild 5.3.2-1d) ansetzen

$$\underline{I}_1 = \underline{U}_1 \underline{Y}_{B'E} + (\underline{U}_1 - \underline{U}_2)\, \underline{Y}_{B'C}$$
$$= (\underline{Y}_{B'E} + \underline{Y}_{B'C})\, \underline{U}_1 + (-\underline{Y}_{B'C})\, \underline{U}_2 \,, \tag{5.3.2/2}$$

$$\underline{I}_2 = S_i \underline{U}_1 + \underline{Y}_{CE} \underline{U}_2 + \underline{Y}_{B'C}(\underline{U}_2 - \underline{U}_1)$$
$$= (S_i - \underline{Y}_{B'C})\, \underline{U}_1 + (\underline{Y}_{CE} + \underline{Y}_{B'C})\, \underline{U}_2 \,. \tag{5.3.2/3}$$

Bei Vergleich mit den Vierpol-Gleichungen (5.3.1/5) sind folgende Zusammenhänge mit den Y-Parametern entnehmbar

$$\underline{Y}_{11e} = (\underline{Y}_{B'E} + \underline{Y}_{B'C}), \qquad \underline{Y}_{12e} = -\underline{Y}_{B'C},$$
$$\underline{Y}_{21e} = S_i - \underline{Y}_{B'C}, \qquad \underline{Y}_{22e} = (\underline{Y}_{CE} + \underline{Y}_{B'C}) \tag{5.3.2/4}$$

bzw.

$$\underline{Y}_{B'E} = \underline{Y}_{11e} + \underline{Y}_{12e}, \qquad \underline{Y}_{B'C} = -\underline{Y}_{12e},$$
$$\underline{Y}_{CE} = \underline{Y}_{22e} + \underline{Y}_{12e}, \qquad S_i = \underline{Y}_{21e} - \underline{Y}_{12e} \,. \tag{5.3.2/5}$$

Nach (5.3.2/5) sind also die Elemente des Giacoletto-Ersatzbildes aus den Y-Parametern ermittelbar. Die π-Ersatzschaltung von Bild 5.3.2-1d wird z. B. für die allgemeine Betrachtung des aktiven Teils eines Oszillator-Vierpols mit Y-Parametern herangezogen (vgl. Kapitel 6.3.4).

Das vereinfachte Kleinsignal-Ersatzbild eines FET's (Feldeffekttransistors) in Source-Schaltung, das nach [51] bis ca. $f_T/3$ verwendbar ist, zeigt Bild 5.3.2-2a. Die überwiegend kapazitive Eingangsimpedanz wird beim FET durch die Kanalkapazität C_{GS} zwischen Gate und Source bestimmt, wobei r_{GS} die Verluste (Bahnwiderstand) darstellt. Auch die Rückwirkung zwischen Ausgang und Eingang ist praktisch rein kapazitiv und wird durch die Ersatzkapazität C_{GD} dargestellt. Durch Hinzunahme weiterer Bahnwiderstände (sowie äußerer Induktivitäten und

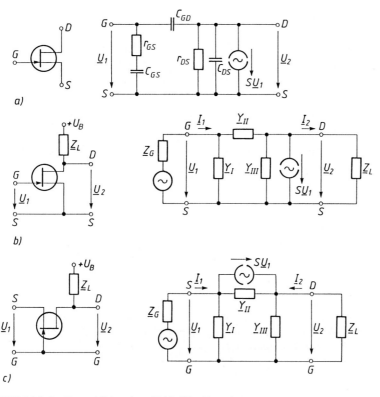

Bild 5.3.2-2 Ersatzbilder eines Feldeffekt-Transistors
a) Kleinsignal-Ersatzbild (in Source-Schaltung)
b) Ersatzbild zur Berechnung des Betriebsverhaltens eines FET's (in Source-Schaltung)
c) Ersatzbild für Gate-Schaltung (aus b) durch Umzeichnen gewonnen)

Kapazitäten) ist der Anwendungsbereich des Ersatzbildes frequenzmäßig nach oben erweiterbar, allerdings ist dann das Ersatzbild recht unhandlich und mehr als Modell für Simulationen auf dem Rechner geeignet.

Betriebsparameter-Berechnungen für die 3 Grundschaltungen eines FET's an Hand von Bild 5.3.2-2b sind in [51] zu finden. Durch Umzeichnen des Ersatzbildes auf die jeweilige Bezugselektrode läßt sich relativ einfach wieder eine π-Anordnung zur Berechnung gewinnen. Als Beispiel ist das Ersatzbild von der Source-Schaltung auf die Gate-Schaltung umgezeichnet (Bild 5.3.2-2c).

Da die Parameter arbeitspunktabhängig sind, muß ein stabiler Arbeitspunkt eingestellt werden. Eine gute Stabilisierung hinsichtlich möglicher Exemplarstreuungen sowie Temperaturschwankungen erreicht man z. B. mit einer Stromgegenkopplung, die i. a. durch einen parallel liegenden Kondensator $C_\gg$ wechselmäßig aufgehoben wird. Bild 5.3.2-3a zeigt die häufigste Arbeitspunkt-Einstellung bei einem bipolaren Transistor. Der Arbeitspunkt sei gegeben durch die Gleichwerte I_C, U_{CE}, I_B, U_{BE}. Unter der Annahme $I_q = n \cdot I_B$ folgt

$$R_2 = \frac{U_{R2}}{I_q} = \frac{U_B - U_{BE} - U_{RE}}{I_q}, \quad R_1 = \frac{U_{R1}}{I_q - I_B} = \frac{U_{BE} + U_{RE}}{(n-1)I_B},$$

$$R_C = \frac{U_{RC}}{I_C} = \frac{U_B - U_{CE} - U_{RE}}{I_C}, \quad R_E = \frac{U_{RE}}{I_E} \approx \frac{U_{RE}}{I_C}. \qquad (5.3.2/6)$$

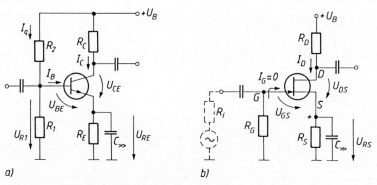

Bild 5.3.2-3 Arbeitspunkteinstellung
  a) beim bipolaren Transistor
  b) beim FET

Wählt man den Faktor $n \approx 5 \ldots 20$, dann ist $U_{R1} \approx$ konst. (eingeprägte Spannung). Steigt I_C bzw. I_E auf Grund einer Temperaturerhöhung an, wird U_{RE} größer und U_{BE} nimmt ab, wenn $U_{R1} \approx$ konst. ist. Durch die Abnahme von U_{BE} wird auch I_C wieder kleiner, d. h. der Arbeitspunkt stabilisiert sich.

Beim JFET (MOSFET) ist eine Vorspannung U_{GS} entgegengesetzter Polarität wie die Betriebsspannung erforderlich. Daher erzeugt man sich U_{GS} als Spannungsabfall am Source-Widerstand R_S. Die gegebenen Werte im Arbeitspunkt seien I_D, U_{DS} und U_{GS}. Dann folgt nach Bild 5.3.2-3b aus dem eingangsseitigen Umlauf

$$U_{RS} + I_G R_G + U_{GS} = 0. \tag{5.3.2/7}$$

Da näherungsweise der Gatestrom $I_G \approx 0$ ist (leistungslose Steuerung), wird

$$R_S = \frac{U_{RS}}{I_D} \approx \frac{|U_{GS}|}{I_D}$$

und

$$R_D = \frac{U_{RD}}{I_D} = \frac{U_B - U_{DS} - U_{RS}}{I_D}. \tag{5.3.2/8}$$

Den Gate-Ableitwiderstand R_G wird man i. a. nur so groß wählen, daß er die steuernde Quelle nicht belastet, also z. B. $R_G \approx 10 \cdot R_i$. Dann kann sich auch keine Arbeitspunktverschiebung durch den Gate-Reststrom (z. B. ca. $10 \cdot$ nA) ergeben.

Beim MOS-FET kann die Spannung U_{GS} positiv oder negativ sein (je nach Arbeitspunktlage). Wenn U_{GS} die gleiche Polarität wie U_B hat, ist U_{GS} natürlich mit einem Spannungsteiler von U_B ableitbar.

5.3.3 S-Parameter

Bei höheren Frequenzen ($f > 100$ MHz) bereitet die Messung aller Vierpol-Parameter, die bei eingangs- oder ausgangsseitigem Leerlauf bzw. Kurzschluß bestimmt werden, Probleme (z. B. h-Parameter, Z-Parameter, Y-Parameter). Bei Leerlauf tritt immer eine störende Kapazität auf, ein Kurzschluß hat meist eine Induktivität zur Folge. Zusätzlich würde der notwendige Meßkopf für die Strom- und Spannungsmessungen mit den unvermeidlichen Impedanzen keine zuverlässigen Meßwerte liefern. Infolge der nicht mehr idealen Kurzschluß-

5.3 Transistor-Ersatzschaltbilder

oder Leerlaufbedingungen besteht bei höheren Frequenzen auf Grund der Rückwirkung bei aktiven Elementen erhöhte Schwingneigung.

Daher beschreibt man den Transistor hier besser durch seine Streu-Parameter. Zur Ermittlung dieser S-Parameter wird der Transistor-Vierpol ein- und ausgangsseitig mit einem frei wählbaren Bezugswiderstand Z_0 (i. a. 50 Ω) abgeschlossen. D. h. der zu messende Vierpol (Zweitor) wird in ein 50 Ω-Leitungssystem mit einem Lastwiderstand von 50 Ω eingebunden.

Der HF-Transistor wird zur Messung der S-Parameter in einen geeigneten Meßadapter gelegt, in dem eine möglichst reflexionsfreie HF-Zuführung z. B. über Streifenleitungen (50 Ω-Strip lines) sowie die Stromversorgung erfolgt. Dann werden mit Hilfe von Vektorvoltmetern oder Netzwerkanalysatoren über Richtkoppler (Viertore) am Eingangstor 1 und am Ausgangstor 2 die ein- und auslaufenden Leistungswellen gemessen (Bild 5.3.3-1a). Beim Richtkoppler (z. B. Streifenleiter-Richtkoppler) sind die Tore $A-D$ sowie $B-C$ voneinander entkoppelt. Ein Teil der hinlaufenden Welle wird am Tor C, ein Teil der rücklaufenden Welle wird am Tor D ausgekoppelt [44]. Die Messung erfolgt dabei nach Betrag und Phase.

Wie bei den bisherigen Vierpol-Gleichungen läßt sich der Transistor auch mit den S-Parametern durch zwei entsprechende Gleichungen mit vier S-Parametern beschreiben

$$\underline{b}_1 = \underline{S}_{11}\underline{a}_1 + \underline{S}_{12}\underline{a}_2,$$
$$\underline{b}_2 = \underline{S}_{21}\underline{a}_1 + \underline{S}_{22}\underline{a}_2. \tag{5.3.3/1}$$

Nach Bild 5.3.3-1a bzw. 1b bezeichnet man die zum Transistor-Zweitor hinlaufenden Leistungswellen mit $\underline{a}$ und die vom Transistor-Zweitor rücklaufenden Leistungswellen mit $\underline{b}$. D. h. $\underline{b}_1$ ist die am Eingangstor reflektierte Welle und $\underline{a}_1$ die aufs Eingangstor zulaufende Welle. Im Hinblick auf die Lastimpedanz $\underline{Z}_a = Z_0$ ist aber am Ausgang $\underline{b}_2$ die in Richtung zur Last

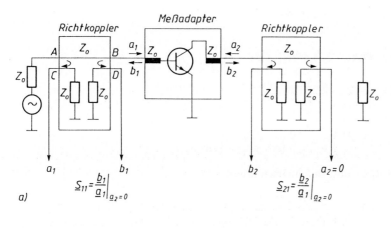

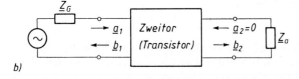

Bild 5.3.3-1 Streu-Parameter
    a) Messung der S-Parameter (hier $\underline{S}_{11}$ und $\underline{S}_{21}$)
    b) Schematisierte Darstellung zu a)

hinlaufende Welle und $\underline{a}_2$ die von der Last rücklaufende Welle. Es vertauschen sich hier also die Begriffe (vgl. Kapitel 9). Da das Ausgangstor mit $\underline{Z}_a = Z_0$ abgeschlossen ist, ist hier auch die rücklaufende Welle $\underline{a}_2 = 0$.

Aus (5.3.3/1) läßt sich definieren (vgl. Bild 5.3.3-1a):

$$\underline{S}_{11} = \underline{b}_1/\underline{a}_1|_{a_2=0} = \text{Eingangsreflexionsfaktor}, \qquad (5.3.3/2)$$

$$\underline{S}_{21} = \underline{b}_2/\underline{a}_1|_{a_2=0} = \text{Vorwärtsübertragungsfaktor}. \qquad (5.3.3/3)$$

Durch Umdrehen des Transistor-Adapters (Vertauschen von Ein- und Ausgang) und bei Abschluß des Eingangstors mit Z_0 ist $\underline{a}_1 = 0$. Hierbei sind die restlichen Parameter meßbar. Aus (5.3.3/1) sind somit definierbar:

$$\underline{S}_{22} = \underline{b}_2/\underline{a}_2|_{a_1=0} = \text{Ausgangsreflexionsfaktor}, \qquad (5.3.3/4)$$

$$\underline{S}_{12} = \underline{b}_1/\underline{a}_2|_{a_1=0} = \text{Rückwärtsübertragungsfaktor}. \qquad (5.3.3/5)$$

Die praktische Bedeutung der S-Parameter läßt sich aus dem Reflexionsfaktor $\underline{r}$ erkennen, der auftritt, wenn ein Zweitor nicht mit seinem Wellenwiderstand Z_0, sondern mit $\underline{Z}$ abgeschlossen ist. Nach (9/14) gilt für den Reflexionsfaktor allgemein

$$\underline{r} = \frac{\underline{Z} - Z_0}{\underline{Z} + Z_0}. \qquad (5.3.3/6)$$

Für den Eingangsreflexionsfaktor gilt dann beispielsweise mit der Eingangsimpedanz $\underline{Z}_1 = R_1 + jX_1$ aus (5.3.3/2) und (5.3.3/6)

$$\underline{S}_{11} = |\underline{S}_{11}| e^{j\varphi_{11}} = \underline{r}_1 = \frac{\underline{Z}_1 - Z_0}{\underline{Z}_1 + Z_0}. \qquad (5.3.3/7)$$

Durch Umformung von (5.3.3/7) erhält man

$$\underline{Z}_1 = R_1 + jX_1 = Z_0 \frac{1 + \underline{S}_{11}}{1 - \underline{S}_{11}}$$

$$= Z_0 \frac{1 + |\underline{S}_{11}|(\cos\varphi_{11} + j\sin\varphi_{11})}{1 - |\underline{S}_{11}|(\cos\varphi_{11} + j\sin\varphi_{11})}. \qquad (5.3.3/8)$$

Nach Zerlegung in Real- und Imaginärteil ergibt sich

$$\left.\begin{array}{l} R_1 = Re\{\underline{Z}_1\} = Z_0 \dfrac{1 - |\underline{S}_{11}|^2}{1 + |\underline{S}_{11}|^2 - |\underline{S}_{11}|\cos\varphi_{11}} \\[2mm] \text{und} \\[2mm] X_1 = Im\{\underline{Z}_1\} = Z_0 \dfrac{2|\underline{S}_{11}|\sin\varphi_{11}}{1 + |\underline{S}_{11}|^2 - 2|\underline{S}_{11}|\cos\varphi_{11}} \end{array}\right\} \qquad (5.3.3/8a)$$

Mit (5.3.3/8a) ist also gezeigt, daß man bei Bezug auf Z_0 und Kenntnis von $\underline{S}_{11}$ die Eingangsimpedanz $\underline{Z}_1$ rechnerisch bestimmen kann. Entsprechendes gilt auch bei $\underline{S}_{22}$ für die Ausgangsimpedanz $\underline{Z}_2 = R_2 + jX_2$ des Transistor-Zweitors. Analog zu (5.3.3/7) ist

$$\underline{S}_{22} = |\underline{S}_{22}| e^{j\varphi_{22}} = \underline{r}_2 = \frac{\underline{Z}_2 - Z_0}{\underline{Z}_2 + Z_0} \qquad (5.3.3/9)$$

5.3 Transistor-Ersatzschaltbilder

bzw.

$$\underline{Z}_2 = R_2 + jX_2 = Z_0 \frac{1 + \underline{S}_{22}}{1 - \underline{S}_{22}} \tag{5.3.3/9a}$$

Also aus $\underline{S}_{22}$ kann man auf die Ausgangsimpedanz $\underline{Z}_2$ schließen.

Hiermit sollte nur der grundsätzliche Zusammenhang zwischen $\underline{S}_{11}$ und $\underline{Z}_1$ sowie zwischen $\underline{S}_{22}$ und $\underline{Z}_2$ gezeigt werden. Einer rechnerischen Auswertung von z. B. $\underline{Z}_1$ und $\underline{Z}_2$ wird man in der Regel eine grafische Darstellung im Smith-Diagramm vorziehen. Das Smith-Diagramm ist im Kapitel 7 hergeleitet und dort mit ausführlichen Beispielen behandelt. Daher werden in diesem Kapitel nur die momentan benötigten wichtigsten Beziehungen zusammengestellt.

Nach (9/13) gilt der allgemeine Zusammenhang

$$\underline{r} = \frac{\underline{U}_r}{\underline{U}_h} = \frac{\underline{b} \cdot Z_0}{\underline{a} \cdot Z_0} = \frac{\underline{b}}{\underline{a}}. \tag{5.3.3/10}$$

Somit stellt $|\underline{r}|^2$ ein Leistungsverhältnis dar. D. h. die Wirkleistungsverstärkung des Transistors (vorwärts) bei einem Generatorwiderstand Z_0 und einem Lastwiderstand Z_0 ist mit (5.3.3/3)

$$V_{\text{Pvor}} = |\underline{S}_{21}|^2 \quad \text{bzw.} \quad V_{\text{Pvor}}/\text{dB} = 10 \log |\underline{S}_{21}|^2. \tag{5.3.3/11}$$

Für die Rückwärts-Leistungsverstärkung gilt entsprechend

$$V_{\text{Prück}} = |\underline{S}_{12}|^2 \quad \text{bzw.} \quad V_{\text{Prück}}/\text{dB} = 10 \log |\underline{S}_{12}|^2. \tag{5.3.3/12}$$

Vom Halbleiter-Hersteller werden die S-Parameter für verschiedene Arbeitspunkte an Hand von Tabellen in Exponentialform geliefert oder häufig auch direkt im Smith-Diagramm angegeben. Hierbei ist aus den Verläufen besonders übersichtlich die Frequenzabhängigkeit zu erkennen.

Beispiel 5.3.3/1 zeigt ein kleines Zahlenbeispiel zu den komplexen S-Parametern und deren Bedeutung.

- **Beispiel 5.3.3/1:** Für einen GaAs-FET im Arbeitspunkt $I_D = 10$ mA und $U_{DS} = 4$ V sind die folgenden S-Parameter bekannt:

    $\underline{S}_{11} = 0{,}60 \, e^{-j119°}, \quad \underline{S}_{12} = 0{,}11 \, e^{j16°}, \quad \underline{S}_{21} = 2{,}11 \, e^{j63°}, \quad \underline{S}_{22} = 0{,}51 \, e^{-j72°}.$

    Ermitteln Sie für $R_{\text{Generator}} = R_{\text{Last}} = Z_0 = 50 \, \Omega$ rechnerisch
    a) die Eingangsimpedanz $\underline{Z}_1$,
    b) die Ausgangsimpedanz $\underline{Z}_2$,
    c) die Vorwärts-Leistungsverstärkung V_{Pvor},
    d) die Rückwärts-Leistungsverstärkung $V_{\text{Prück}}$.

    Lösung:

    a) Nach (5.3.3/8) ist die Eingangsimpedanz

    $\underline{Z}_1 = Z_0(1 + \underline{S}_{11})/(1 - \underline{S}_{11})$
    $= 50 \, \Omega \, (1 + 0{,}60 \, e^{-j119°})/(1 - 0{,}60 \, e^{-j119°})$
    $= (16{,}48 - j27{,}03) \, \Omega.$

    b) Nach (5.3.3/9a) ist die Ausgangsimpedanz

    $\underline{Z}_2 = Z_0(1 + \underline{S}_{22})/(1 - \underline{S}_{22})$
    $= 50 \, \Omega \, (1 + 0{,}51 \, e^{-j72°})/(1 - 0{,}51 \, e^{-j72°})$
    $= (39{,}15 - j51{,}33) \, \Omega.$

c) Nach (5.3.3/11) ist die Vorwärts-Leistungsverstärkung

$$V_{\text{Pvor}} = 10 \log |\underline{S}_{21}|^2 = 10 \log (2{,}11)^2 \approx 6{,}5 \text{ dB}.$$

d) Nach (5.3.3/12) ist die Rückwärts-Leistungsverstärkung

$$V_{\text{Prück}} = 10 \log |\underline{S}_{12}|^2 = 10 \log (0{,}11)^2 \approx -19{,}2 \text{ dB}.$$

Das Betriebsverhalten des Transistor-Vierpols und die zur Erreichung der maximalen Wirkleistungsverstärkung notwendigen Anpassungen am Ein- und Ausgang sind in Kapitel 5.4.4 betrachtet.

5.4 Kleinsignal-Verstärker

5.4.1 Betriebsverhalten eines Transistor-Vierpols

Steuert man den verallgemeinerten Transistor-Vierpol am Eingang aus einem Generator mit der Impedanz $\underline{Z}_G$ an und schließt den Ausgang mit der Lastimpedanz $\underline{Z}_L$ ab (Bild 5.4.1-1a), so läßt sich hieraus das Betriebsverhalten des Transistor-Vierpols herleiten.

Das Betriebsverhalten wird durch die folgenden 4 Gleichungen dargestellt. Dabei beschreiben die ersten beiden Gleichungen nach (5.3.1/5) das wechselmäßige Verhalten des Transistor-Vierpols selbst und die beiden anderen Gleichungen die äußere Beschaltung

(a) $\underline{I}_1 = \underline{Y}_{11}\underline{U}_1 + \underline{Y}_{12}\underline{U}_2$,

(b) $\underline{I}_2 = \underline{Y}_{21}\underline{U}_1 + \underline{Y}_{22}\underline{U}_2$,

(c) $\underline{I}_2 = -\underline{U}_2/\underline{Z}_L = -\underline{Y}_L\underline{U}_2$,

(d) $\underline{U}_1 = \underline{U}_G - \underline{I}_1\underline{Z}_G$. (5.4.1/1)

Aus (b) und (c) erhält man die Spannungsverstärkung $\underline{V}_u$

$$-\underline{Y}_L\underline{U}_2 = \underline{Y}_{21}\underline{U}_1 + \underline{Y}_{22}\underline{U}_2, \qquad \underline{V}_u = \frac{\underline{U}_2}{\underline{U}_1} = -\frac{\underline{Y}_{21}}{\underline{Y}_{22} + \underline{Y}_L}. \qquad (5.4.1/2)$$

Aus (a) mit (5.4.1/2) ergibt sich die Stromverstärkung $\underline{V}_i$

$$\underline{I} = \underline{Y}_{11}\frac{\underline{U}_2}{\underline{V}_u} + \underline{Y}_{12}\underline{U}_2$$

$$= \left(\frac{\underline{Y}_{11}}{\underline{V}_u} + \underline{Y}_{12}\right)\underline{U}_2 = \left(\frac{\underline{Y}_{11}}{\underline{V}_u} + \underline{Y}_{12}\right)\left(-\frac{\underline{I}_2}{\underline{Y}_L}\right),$$

$$\underline{V}_i = \frac{\underline{I}_2}{\underline{I}_1} = -\frac{\underline{Y}_L\underline{V}_u}{\underline{Y}_{11} + \underline{Y}_{12}\underline{V}_u} \qquad (5.4.1/3)$$

Aus (a) mit (5.4.1./2) erhält man die Eingangsadmittanz

$$\underline{Y}_{\text{in}} = \frac{1}{\underline{Z}_{\text{in}}} = \frac{\underline{I}_1}{\underline{U}_1} = \underline{Y}_{11} + \underline{Y}_{12}\underline{V}_u$$

$$= \underline{Y}_{11} - \frac{\underline{Y}_{12}\underline{Y}_{21}}{\underline{Y}_{22} + \underline{Y}_L}. \qquad (5.4.1/4)$$

Die Ausgangsadmittanz $\underline{Y}_{\text{out}}$ erhält man aus Bild 5.4.1-1a, indem man in die Ausgangsklemmen 3−4 hineinsieht ($\underline{Z}_L$ entfernt) und bei $\underline{U}_G = 0$ die Eingangsklemmen 1−2 mit $\underline{Z}_G$ abschließt

5.4 Kleinsignal-Verstärker

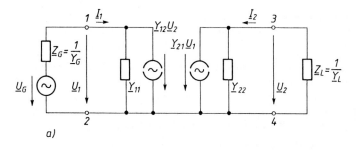

a)

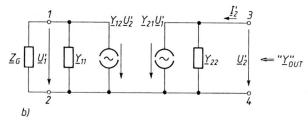

b)

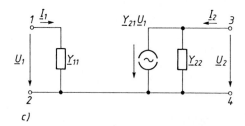

c)

Bild 5.4.1-1
Berechnung des Betriebsverhaltens eines Transistor-Vierpols
a) Ersatzbild
b) Ermittlung der Ausgangsadmittanz $\underline{Y}_{\text{out}}$
c) Rückwirkungsfreies Y-Ersatzbild ($\underline{Y}_{12} \approx 0$)

(Bild 5.4.1-1 b). Auf Grund des symmetrischen Ersatzbild-Aufbaus erhält man in Analogie zu (5.4.1/4) und (5.4.1/2), wenn man $\underline{Y}_{11}$ durch $\underline{Y}_{22}$, $\underline{Y}_{21}$ durch $\underline{Y}_{12}$ und $\underline{Y}_L$ durch $\underline{Y}_G$ ersetzt, für die Ausgangsadmittanz

$$\underline{Y}_{\text{out}} = \frac{I'_2}{\underline{U}'_2} = \underline{Y}_{22} + \underline{Y}_{21}\underline{V}_{\text{ur}}$$

mit

$$\underline{V}_{\text{ur}} = -\frac{\underline{Y}_{12}}{\underline{Y}_{11} + \underline{Y}_G},$$

d. h.

$$\underline{Y}_{\text{out}} = \underline{Y}_{22} - \frac{\underline{Y}_{12}\underline{Y}_{21}}{\underline{Y}_{11} + \underline{Y}_G}. \tag{5.4.1/5}$$

Die beim Verstärker-Vierpol nach Bild 5.4.1-1 a auftretende Leistungsverstärkung definiert man als Quotient der Wirkleistungen am Ein- und Ausgang

$$V_P = \frac{P_2}{P_1} = \frac{|\underline{U}_2|^2 \cdot Re\{\underline{Y}_L\}}{|\underline{U}_1|^2 \cdot Re\{\underline{Y}_{\text{in}}\}} \tag{5.4.1/6}$$

$$= |\underline{V}_u|^2 \cdot \frac{Re\{\underline{Y}_L\}}{Re\{\underline{Y}_{\text{in}}\}} \tag{5.4.1./6a}$$

Auf Grund der Rückwirkung $\underline{Y}_{12}$ hängt die Eingangsimpedanz $\underline{Z}_{in} = 1/\underline{Y}_{in}$ nach (5.4.1/4) von der Lastimpedanz $\underline{Z}_L$ und die Ausgangsimpedanz $\underline{Z}_{out} = 1/\underline{Y}_{out}$ nach (5.4.1/5) von der Generatorimpedanz $\underline{Z}_G$ ab.

Diese Rückwirkung $\underline{Y}_{12}$ kann bei einer gewünschten Frequenz durch Neutralisation zu Null gemacht werden, indem man vom Ausgang eine geeignete Rückführung ableitet, welche die Rückwirkungsquelle $(\underline{Y}_{12}\underline{U}_2)$ kompensiert. Diese Neutralisation gilt dann in etwa auch für ein schmales Frequenzband. Eine Breitband-Neutralisation ist aufwendig, da sie den Ortskurvenverlauf von $\underline{Y}_{12}$ berücksichtigen muß. Doch i. a. ist bei heutigen Transistoren mit Grenzfrequenzen bis in den GHz-Bereich keine Neutralisation erforderlich.

Bleibt man weit genug unterhalb der Grenzfrequenz, ist häufig näherungsweise die Rückwirkung vernachlässigbar, was zu einer starken Vereinfachung des Ersatzbildes führt (Bild 5.4.1-1c). Dann folgt mit $\underline{Y}_{12} \approx 0$ aus (5.4.1/4) und (5.4.1/5)

$$\underline{Y}_{in} \approx \underline{Y}_{11} \quad \text{und} \quad \underline{Y}_{out} \approx \underline{Y}_{22}. \tag{5.4.1/7}$$

5.4.2 Einstufiger Selektivverstärker

Zur Verstärkung eines schmalen Frequenzbandes kann man einen Selektivverstärker nach Bild 5.4.2-1a verwenden. Durch die geringe Bandbreite des Parallelschwingkreises unterdrückt man Frequenzanteile, die außerhalb des gewünschten Frequenzbandes liegen und verbessert damit den Störabstand.

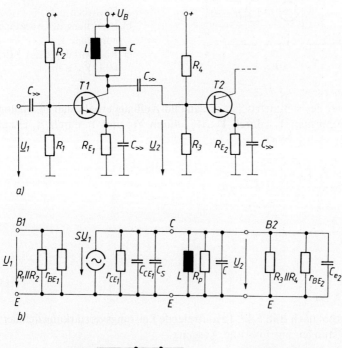

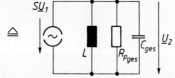

Bild 5.4.2-1
Einstufiger Selektivverstärker
a) Schaltung
b) Ersatzbild
c) zusammengefaßtes Ersatzbild

5.4 Kleinsignal-Verstärker

Bei Vernachlässigung der Rückwirkung ($\underline{Y}_{12} \approx 0$; d. h. $r_{B'C} \to \infty$; $C_{B'C} \to 0$ in Bild 5.3.2-1a; zusätzlich $r_{BB'}$ vernachlässigt) erhält man das Ersatzbild des Selektivverstärkers (Bild 5.4.2-1b).

Hierin bedeuten: r_{BE1} = Eingangswiderstand von T1; r_{CE1} = Ausgangswiderstand von T1; S = Steilheit von T1; C_{CE} = Ausgangskapazität von T1; C_S = Schaltkapazität (durch Schaltungsaufbau); r_{BE2} = Eingangswiderstand von T2 und C_{e2} = Eingangskapazität von T2; R_P = Verlustwiderstand des Schwingkreises.

Dieses Ersatzbild läßt sich zusammenfassen zu der in Bild 5.4.2-1c dargestellten Ersatzschaltung, wobei gilt

$$G_{Pges} = \frac{1}{R_{Pges}} = \frac{1}{R_P} + \frac{1}{r_{CE1}} + \frac{1}{R_3} + \frac{1}{R_4} + \frac{1}{r_{BE2}},$$

$$C_{ges} = C + C_{CE1} + C_S + C_{e2}. \tag{5.4.2/1}$$

Zum Verlustwiderstand R_P des Schwingkreises liegen also r_{CE}, R_3, R_4 und r_{BE2} parallel. Durch diese zusätzliche Bedämpfung wird die Kreisgüte Q_K auf die Betriebsgüte Q_B verringert.

Die wirksame Schwingkreiskapazität C_{ges} setzt sich aus der Kapazität des Schwingkreiskondensators C sowie den zusätzlichen Kapazitäten C_{CE_1}, C_S und C_{e2} zusammen.

Aus Bild 5.4.2-1c ist für die Spannungsverstärkung $\underline{V}_u$ entnehmbar

$$\underline{U}_2 = -S\underline{U}_1\underline{Z}_{Pges} = -S\underline{U}_1 \cdot \frac{1}{\underline{Y}_{Pges}}, \qquad \underline{V}_u = \frac{\underline{U}_2}{\underline{U}_1} = \frac{-S}{\underline{Y}_{Pges}}, \tag{5.4.2/2}$$

wobei

$$\underline{Y}_{Pges} = G_{Pges} + j\left(\omega C_{ges} - \frac{1}{\omega L}\right) \tag{5.4.2/3}$$

bzw. mit der Normierung nach (5.1.2/7)

$$\underline{Y}_{Pges} = G_{Pges}(1 + jQ_B v) = \frac{1}{X_{Kges}} \cdot (\tan \delta_{ges} + jv). \tag{5.4.2/3a}$$

Damit wird die Spannungsverstärkung

$$\underline{V}_u = \frac{\underline{U}_2}{\underline{U}_1} = -\frac{SR_{Pges}}{1 + jQ_B v} = -\frac{SX_{Kges}}{\tan \delta_{ges} + jv}, \tag{5.4.2/4}$$

mit dem Kennwiderstand des Kreises

$$X_{Kges} = \sqrt{\frac{L}{C_{ges}}}, \tag{5.4.2/5}$$

mit der Betriebsgüte

$$Q_B = \frac{1}{\tan \delta_{ges}} = \frac{R_{Pges}}{X_{Kges}} \tag{5.4.2/6}$$

und der Resonanzkreisfrequenz

$$\omega_0 = \frac{1}{\sqrt{LC_{ges}}}. \tag{5.4.2/7}$$

Die Betriebsbandbreite B definiert man ebenfalls wieder über einen 3-dB-Abfall gegenüber der Maximal-Verstärkung bei Resonanz. Analog zu (5.1.2/8) beträgt die Betriebsbandbreite

$$B = \frac{f_0}{Q_B}.\qquad(5.4.2/8)$$

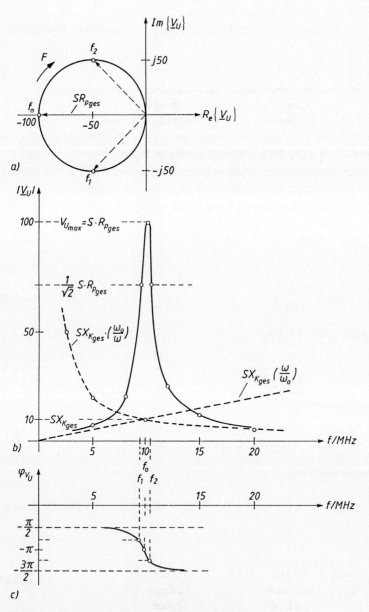

Bild 5.4.2-2 Selektivverstärker (zu Bsp. 5.4.2/1)
  a) Ortskurve der Spannungsverstärkung $\underline{V}_u$
  b) Resonanzkurve $|\underline{V}_u|$ in Abhängigkeit von f
  c) Phasenverlauf $\varphi(f)$

5.4 Kleinsignal-Verstärker

Weitere Zusammenhänge hinsichtlich der Ortskurve von $\underline{V}_u$ sowie von $|\underline{V}_u|$ sind sehr ähnlich den Verläufen aus Kapitel 5.1.2 und werden in Beispiel 5.4.2/1 näher betrachtet.

- **Beispiel 5.4.2/1:** Gegeben ist ein einstufiger Selektivverstärker mit $S = 40$ mS, $R_{Pges} = 2{,}5$ kΩ und einer Betriebsgüte $Q_B = 10$ (aus zeichnerischen Gründen so niedrig gewählt). Die Resonanzfrequenz beträgt $f_0 = 10$ MHz. Es ist etwa maßstäblich zu skizzieren:
  a) die Ortskurve von $\underline{V}_u$,
  b) der Verlauf $|\underline{V}_u|$,
  c) die Grenzverläufe der $|\underline{V}_u|$-Kurve für $f \ll f_0$ und $f \gg f_0$,
  d) der Phasenverlauf $\varphi_{V_u}(f)$.

Lösung:

a) Die Ortskurve ist analog zu Kapitel 5.1.2 ebenfalls ein Kreis, wobei hier allerdings in (5.4.2/4) infolge des Faktors $(-S)$ eine Maßstabsänderung sowie eine Drehung aller Punkte der Ortskurve um $180°$ gegenüber Bild 5.1.2-1c erfolgt.
Der Kreisdurchmesser ist bei $v = 0$ (bzw. f_0):

(1) $V_{u\,max} = SR_{Pges} = 40$ mS $2{,}5$ k$\Omega = 100$.

Der Durchlaufsinn der Ortskurve erfolgt wieder von ω_1 über ω_0 nach ω_2 (Bild 5.4.2-2a).

b) Der 3-dB-Abfall gegenüber $V_{u\,max} = 100$ legt die Bandbreite $B = f_2 - f_1$ fest. Nach (5.4.2/8) ist

(2) $B = f_0/Q_B = 10$ MHz$/10 = 1$ MHz.

Bei $V_{u\,max}/\sqrt{2} = 70{,}7$ liegen die Grenzfrequenzen vor:

(3) $f_1 \approx f_0 - 0{,}5$ MHz $= 9{,}5$ MHz und $f_2 \approx f_0 + 0{,}5$ MHz $= 10{,}5$ MHz.

Der Kennwiderstand des Kreises ist nach (5.4.2/6)

$X_{Kges} = R_{Pges}/Q_B = 2{,}5$ k$\Omega/10 = 250$ Ω.

Aus (5.4.2/4) ist

(4) $|\underline{V}_u| = SR_{Pges}/\sqrt{1 + (Q_B v)^2} = 100/\sqrt{1 + 100v^2}$.

c) Aus (5.4.2/4)

(5) $|\underline{V}_u| = SX_{Kges}/\sqrt{\tan^2 \delta_{ges} + (\omega/\omega_0 - \omega_0/\omega)^2}$.

für $f \ll f_0$:

(6) $|\underline{V}_u| \approx SX_{Kges}/(\omega_0/\omega) \approx SX_{Kges}(\omega/\omega_0) \rightarrow$ also eine Gerade

für $f \gg f_0$:

(7) $|\underline{V}_u| \approx SX_{Kges}/(\omega/\omega_0) \approx SX_{Kges}(\omega_0/\omega) \rightarrow$ also eine Hyperbel.

Mit $SX_{Kges} = 40$ mS $\cdot 0{,}25$ k$\Omega = 10$ verläuft die Resonanzkurve gegen folgende Grenzkurven:

(8) für $f \ll f_0$ gegen $10(f/f_0)$ und für $f \gg f_0$ gegen $10(f_0/f)$.

Die Spannungs-Resonanzkurve $|\underline{V}_u|$ ist in Bild 5.4.2-2b dargestellt.

d) Der Phasenverlauf φ_{V_u} ist wieder eine arctan-Kurve; die Winkel folgen direkt aus der Ortskurve (Bild 5.4.2-2c).

Nach (5.4.2/4) tritt die maximale Verstärkung bei $f = f_0$ bzw. $v = 0$ auf, und zwar ist

$V_{u\,max} = |\underline{V}_u|_{f_0} = SR_{Pges}$. (5.4.2/9)

Bildet man das Verstärkungs-Bandbreite-Produkt aus (5.4.2/9) und (5.4.2/8)

$$V_{u\,max}B = SR_{P\,ges}\frac{f_0}{Q_B} = SX_{K\,ges}Q_B\frac{f_0}{Q_B} = S\frac{1}{\omega_0 C_{ges}}f_0$$

$$V_{u\,max}B = \frac{S}{2\pi C_{ges}}.$$ (5.4.2/10)

Geht man von einer vorgegebenen Bandbreite B aus, so läßt sich ein möglichst großer $V_{u\,max}$-Wert nach (5.4.2/10) durch eine große Transistor-Steilheit S sowie einen kleinen C_{ges}-Wert erreichen. Nach (5.4.2/1) wäre die untere Grenze $C_{ges\,min} = C_{CE_1} + C_S + C_{e2}$, d. h. die Schwingkreiskapazität C selbst wäre Null. Hierdurch gewinnen aber die Exemplarstreuungen des Transistors größeren Einfluß. Daher wird man in der Praxis zwar C klein (und damit L bzw. den Kennwiderstand X_K groß) wählen, hierbei aber einen Kompromiß zwischen $V_{u\,max}$ und der Konstanz der Resonanzfrequenz f_0 eingehen.

Wie aus Beispiel 5.4.2/1 ersichtlich, ist die Unterdrückung eines „fernen" Senders (außerhalb der gewünschten Bandbreite B) sehr gering. D. h. die sog. Fernabselektion eines Einzelkreis-Verstärkers ist für viele Fälle zur guten Trennung von Frequenzbändern nicht ausreichend.

Verbesserungen ergeben sich durch steilere Flankenverläufe. Diese lassen sich z. B. durch mehrstufige Selektivverstärker, Bandfilter-Verstärker, keramische Filter, Quarz-Filter u. a. erreichen.

5.4.3 Mehrkreisverstärker

Verbesserte Trenneigenschaften z. B. benachbarter Rundfunkkanäle erhält man u. a. durch zweikreisige Bandfilter. Diese bestehen aus zwei Parallelschwingkreisen und einer Koppelreaktanz.

Bild 5.4.3-1a zeigt ein kapazitiv spannungsgekoppeltes Bandfilter. Hier ist die Koppelreaktanz eine kleine Kapazität C_{12}. Das Ersatzschaltbild hierfür ist in Bild 5.4.3-1b angegeben. Dieses wiederum läßt sich umwandeln in Bild 5.4.3-1c.

Für Bild 5.4.3-1c läßt sich nach [51] als Übertragungsfaktor herleiten

$$\underline{A} = \frac{\underline{U}_2}{\underline{U}_0} = \frac{jk_n}{1 + k_n^2 - V^2 + 2jV}.$$ (5.4.3/1)

Hierbei sind folgende Annahmen getroffen: $L_1 = L_2 = L$; $C_1 = C_2 = C$; gleiche Kurzschlußresonanzfrequenzen $\omega_{K1} = \omega_{K2} = \omega_m$ (bei jeweiligem Kurzschluß des zweiten Kreises); $Q_1 = Q_2 = Q$ (d. h. gleiche Betriebsgüten); $R_1 = R_2 = R$ (d. h. gleiche Gesamtverluste der Kreise).

In (5.4.3/1) bedeutet k_n die „normierte" Kopplung

$$k_n = |B_{12}|\sqrt{R_1 R_2} = |B_{12}|R$$ (5.4.3/2)

und V die normierte Verstimmung

$$V = Qv = Q\left(\frac{\omega}{\omega_m} - \frac{\omega_m}{\omega}\right).$$ (5.4.3/3)

Der Betrag des Übertragungsfaktors aus (5.4.3/1) ist

$$|\underline{A}| = \left|\frac{\underline{U}_2}{\underline{U}_0}\right| = \frac{k_n}{\sqrt{(1 + k_n^2 - V^2)^2 + 4V^2}}.$$ (5.4.3/4)

5.4 Kleinsignal-Verstärker

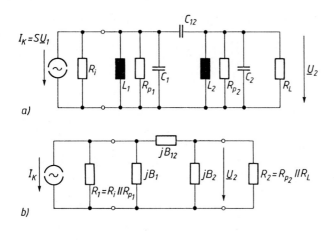

a)

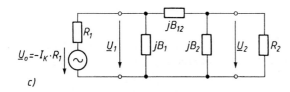

b)

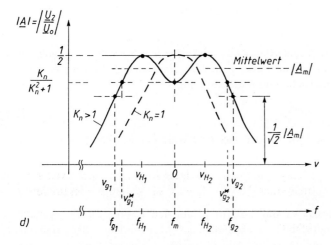

c)

d)

Bild 5.4.3-1 Zweikreisiges Koppelfilter
    a) Grundanordnung ($C_{12} \ll C_1, C_2$)
    b) modifiziertes Ersatzbild zu a)
    c) modifiziertes Ersatzbild zu b)
    d) Übertragungsfaktor $|\underline{A}|$ des Koppelfilters

Die normierte Kopplung k_n wird näherungsweise innerhalb des Durchlaßbereichs des Bandfilters als konstant (also frequenzunabhängig) angenommen, da sich f gegenüber der Mittenfrequenz f_m nur relativ wenig ändert.

Extremwerte des Übertragungsfaktores $|\underline{U}_2/\underline{U}_0|$ lassen sich aus der Nullstelle der 1. Ableitung gewinnen, also aus

$$d(|\underline{A}|)/dv = 0.$$

Ein Minimum tritt auf bei $v = 0$, d. h. $\omega = \omega_m$: hier ist

$$|\underline{A}|_{\omega_m} = \frac{k_n}{k_n^2 + 1}.\qquad(5.4.3/5)$$

Ein Maximum tritt auf bei

$$v_{H1,2} = \pm\frac{1}{Q}\sqrt{k_n^2 - 1}.\qquad(5.4.3/6)$$

Hier ist der Übertragungsfaktor

$$|\underline{A}|_{\omega_H} = \tfrac{1}{2}.\qquad(5.4.3/6a)$$

Aus (5.4.3/6) lassen sich 3 Fälle für k_n unterscheiden:

$k_n < 1 \rightarrow$ „unterkritische Kopplung", d. h. keine Lösung für v_H (dieser Fall interessiert nicht)

$k_n = 1 \rightarrow$ „kritische Kopplung", d. h. $v_H = 0$; keine Höckerausbildung (Durchlaßkurve mit flachem Dach)

$k_n > 1 \rightarrow$ „überkritische Kopplung": hier ergibt sich eine Bandfilter-Durchlaßkurve mit Höckern.

Der Verlauf des Übertragungsfaktors $|\underline{A}|$ in Abhängigkeit vom normierten Koppelfaktor k_n ist in Bild 5.4.3-1d dargestellt. Bei überkritischer Kopplung sind nach [51] noch zwei Kennwerte definierbar. Die sog. „mathematische Grenzverstimmung"

$$V_g^* = \pm\sqrt{2}\, V_H,\qquad(5.4.3/7)$$

bei welcher der Übertragungsfaktor $|\underline{A}|$ den gleichen Wert hat wie bei $V = 0$ und die sog. „praktische Grenzverstimmung"

$$V_g = \pm\sqrt{2}\, k_n,\qquad(5.4.3/8)$$

bei welcher der Übertragungsfaktor um 3 dB (d. h. um den Faktor $1/\sqrt{2}$) gegenüber dem Mittelwert $|\underline{A}_m|$ des Übertragungsfaktors abgefallen ist. $|\underline{A}_m|$ wird aus dem Kurvenverlauf zwischen Höcker und Sattel gebildet (Bild 5.4.3-1d).

Die Bandbreite des Bandfilters definiert man über $B = f_{g2} - f_{g1}$. Hierzu gelangt man aus (5.4.3/8) mit $f_m = \sqrt{f_{g1}f_{g2}}$ analog zu (5.1.1/11a). Die Verstimmungsdifferenz beträgt dann

$$V_g = V_{g2} - V_{g1} = 2\cdot\sqrt{2}\, k_n = Q\left[\frac{f_{g2}}{f_m} - \frac{f_m}{f_{g2}} - \left(\frac{f_{g1}}{f_m} - \frac{f_m}{f_{g1}}\right)\right]\qquad(5.4.3/9)$$

$$= Q\left[\frac{f_{g2} - f_{g1}}{f_m} + f_m\left(\frac{1}{f_{g1}} - \frac{1}{f_{g2}}\right)\right] = Q\left[\frac{f_{g2} - f_{g1}}{f_m} + f_m\frac{f_{g2} - f_{g1}}{f_{g1}f_{g2}}\right] = Q\cdot 2\frac{B}{f_m}.$$

$$(5.4.3/9a)$$

5.4 Kleinsignal-Verstärker

Aus (5.4.3/9) und (5.4.3/9a) wird die Bandbreite

$$B = \Delta f_g = \sqrt{2}\, k_n \frac{f_m}{Q}. \tag{5.4.3/10}$$

Analog zu (5.4.3/10) mit (5.4.3/6) folgt der Höckerabstand

$$\Delta f_H \approx \frac{f_m}{Q} \sqrt{k_n^2 - 1}. \tag{5.4.3/11}$$

Steuert man das Bandfilter durch einen Transistor mit der Steilheit S an, so gilt nach Bild 5.4.3-1c mit $R_1 = R_2 = R$

$$\underline{U}_0 = -\underline{I}_K R_1 = -S\underline{U}_1 R_1 = -S\underline{U}_1 R. \tag{5.4.3/12}$$

Damit wird die Spannungsverstärkung des Bandfilters aus (5.4.3/4)

$$|\underline{V}_u| = \left|\frac{\underline{U}_2}{\underline{U}_1}\right| = \frac{SR\, k_n}{\sqrt{(1 + k_n^2 - V^2)^2 + 4V^2}}. \tag{5.4.3/13}$$

Die Vorteile des Bandfilter-Verstärkers liegen in einer besseren Fernabselektion (Grenzkurvenverlauf hier z. B. mit $1/\omega^2$ statt mit $1/\omega$ wie beim Einzelkreis-Verstärker) sowie einer größeren Bandbreite.

Bei kritischer Kopplung, also $k_n = 1$, beträgt die Maximalverstärkung (bei $V = 0$) nur die Hälfte eines einfachen Selektivverstärkers und zwar

$$V_{u\,max}|_{k_n = 1} = \tfrac{1}{2} SR. \tag{5.4.3/14}$$

Die normierte Kopplung k_n wählt man i. a. nicht sehr groß (ca. 1 ... 2,5; vgl. Bild 5.4.3-1d), da bei großer Einsattlung zu starke Laufzeitverzerrungen auftreten [51].

In den nachfolgenden Beispielen sind zur Veranschaulichung der Vorgehensweise bei der Berechnung noch zwei häufige Filtertypen betrachtet.

- **Beispiel 5.4.3/1:** Für das symmetrische kapazitiv gekoppelte Bandfilter nach Bild 5.4.3-2a sind zu ermitteln
  a) die Kurzschluß-Resonanzkreisfrequenzen ω_{K1}, ω_{K2},
  b) die Betriebsgüten Q_1, Q_2,
  c) der Koppelfaktor k,
  d) der normierte Koppelfaktor k_n.

  Lösung:

  a) Bei Kurzschluß an den Klemmen 3–4 (bzw. bei Kurzschluß an den Klemmen 1–2 und Speisung am Ausgang) folgen als Resonanzkreisfrequenzen

  (1) $\omega_m = \omega_{K1} = \omega_{K2} = 1/\sqrt{L(C + C_{12})}$.

  b) Die Betriebsgüten der beiden Kreise sind:

  (2) $Q = Q_1 = Q_2 = R/X_K = R \cdot B_K = R \cdot \omega_m (C + C_{12})$.

  c) Als Koppelfaktoren definiert man in ähnlicher Weise wie bei den Kurzschlußresonanzfrequenzen:

  (3) $k = C_{12}/(C + C_{12})$.

d) Nach (5.4.3/2) lautet der normierte Koppelfaktor:

(4) $k_n = |B_{12}| R = \omega_m C_{12} R = \omega_m C_{12} Q X_K$
$= Q \omega_m C_{12}/[\omega_m(C + C_{12})] = kQ$ bzw.

(5) $k = (1/Q) k_n = k_n \tan \delta$.

Aus (4) erhält man eine recht einfache Aussage zur überschlägigen Dimensionierung. Will man ein Bandfilter mit kritischer Kopplung, d. h. $k_n = 1$, so muß man nach (5) den Koppelfaktor

$k = C_{12}/(C + C_{12}) \approx C_{12}/C = 1/Q = \tan \delta$

gleich dem Verlustfaktor eines Kreises (im Betrieb) wählen, also

(6) $C_{12} \approx C \tan \delta$.

Will man dagegen ein überkritisches Bandfilter mit z. B. $k_n = 2$, so ist zu wählen

(7) $C_{12} \approx C \cdot 2 \tan \delta$.

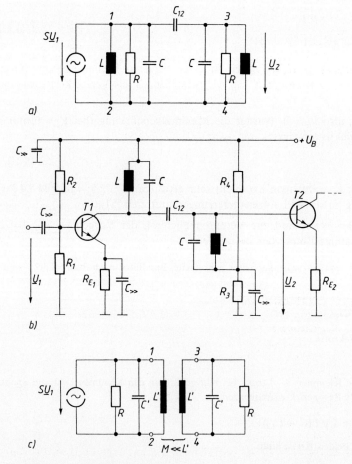

Bild 5.4.3-2 Häufigste Bandfilter-Arten
    a) kapazitiv spannungsgekoppeltes Filter (Ersatzbild)
    b) kapazitiv spannungsgekoppeltes Filter (Schaltungsausführung)
    c) transformatorisch gekoppeltes Filter

5.4 Kleinsignal-Verstärker

- **Beispiel 5.4.3/2:** Dimensionieren Sie das kapazitiv gekoppelte Bandfilter nach Bild 5.4.3-2a für die Grenzfrequenzen $f_{g1} = 9{,}5$ MHz und $f_{g2} = 10{,}5$ MHz bei kritischer Kopplung ($k_n = 1$) sowie bei überkritischer Kopplung ($k_n = 2$). Der Gesamtverlustwiderstand eines Kreises beträgt $R = 1$ kΩ und die Transistor-Steilheit $S = 40$ mS.
  a) Berechnen Sie die Bandbreite B und die Mittenfrequenz f_m.
  b) Berechnen Sie die Induktivität L.
  c) Berechnen Sie die Koppelkapazität C_{12}.
  d) Berechnen Sie die Kapazität C.
  e) Berechnen Sie die Verstärkung $V_{u\,max}$.

Lösung:

a) Die Bandbreite des Filters ist

$$B = f_{g2} - f_{g1} = (10{,}5 - 9{,}5)\,\text{MHz} = 1\,\text{MHz}\,.$$

Das geometrische Mittel aus den Grenzfrequenzen beträgt

$$f_m = \sqrt{f_{g1} f_{g2}} = \sqrt{9{,}5 \cdot 10{,}5}\,\text{MHz} = 9{,}987\,\text{MHz}\,.$$

Dieser Wert weicht zwar etwas vom arithmetischen Mittelwert (10 MHz) ab, läßt sich aber bei nicht allzu großen Bandbreiten mit in der Praxis ausreichender Genauigkeit als Mittenfrequenz auffassen.
In den meisten Fällen wird man daher statt der Grenzfrequenzen die Mittenfrequenz des Filters sowie die gewünschte Bandbreite B vorgeben.

b) Für den Kennwiderstand X_K des Parallelschwingkreises mit der Betriebsgüte Q gilt:

(1) $X_K = \omega_m L = R/Q$.

Nach (5.4.3/10) lautet der Zusammenhang zwischen Güte und Bandbreite:

(2) $B = \sqrt{2} \cdot k_n \cdot f_m / Q$.

Aus (1) und (2) folgt:

(3) $X_K = R \cdot B / (\sqrt{2} \cdot k_n \cdot f_m) = 10^3 \cdot 10^6 / (\sqrt{2} \cdot 9{,}987 \cdot 10^6 \cdot k_n)$.

Für $k_n = 1$ beträgt $X_K = 70{,}8\,\Omega$ und damit $L = 1{,}12\,\mu\text{H}$.
Für $k_n = 2$ beträgt $X_K = 35{,}4\,\Omega$ und damit $L = 0{,}564\,\mu\text{H}$.

c) Aus (5.4.3/2) folgt:

(4) $|B_{12}| = \omega_m \cdot C_{12} = k_n / R$.

Für $k_n = 1$ beträgt $C_{12} = 15{,}9$ pF und
für $k_n = 2$ beträgt $C_{12} = 31{,}8$ pF.

d) Aus der Kurzschluß-Resonanzfrequenz

(5) $\omega_m = 1/\sqrt{L(C + C_{12})}$

erhält man:

(6) $C = 1/(\omega_m L)^2 - C_{12}$.

Für $k_n = 1$ beträgt $C = 209$ pF und
für $k_n = 2$ beträgt $C = 418$ pF.

Hieraus erkennt man auch den Nachteil der kapazitiven Kopplung. Läßt man L und C konstant und verändert nur C_{12}, um die gewünschte Bandbreite des Filters abzugleichen, so verschiebt sich nach (5) die Mittenfrequenz des Filters.

e) Nach (5.4.3/13) beträgt bei $V = 0$ die Spannungsverstärkung

(7) $V_u|_{v=0} = S \cdot R \cdot k_n / (1 + k_n^2)$.

Aus (5.4.3/6) und (5.4.3/13) folgt für die Höcker-Verstärkung

(8) $V_u|_{vh} = S \cdot R \cdot k_n / \sqrt{4 + 4(k_n^2 - 1)} = 0{,}5 \cdot S \cdot R$.

Nach (5.4.3/8) und (5.4.3/13) beträgt die Grenzverstärkung

$V_u|_{vg} = S \cdot R \cdot k_n / \sqrt{(1 - k_n^2)^2 + 8k_n^2}$.

Für $k_n = 1$ beträgt hier $V_u|_{v=0} = 20$ und $V_u|_{vg} = 14{,}1$.
Für $k_n = 2$ beträgt $V_u|_{v=0} = 16$; $V_u|_{vh} = 20$ und $V_u|_{vg} = 11{,}9$.

- **Beispiel 5.4.3/3:** Gegeben ist das symmetrische transformatorisch gekoppelte Bandfilter nach Bild 5.4.3-2c mit seiner Ersatz-Schaltung nach Bild 5.4.3-3a.
  a) Bestimmen Sie die Kurzschluß-Resonanzkreisfrequenzen.
  b) Bestimmen Sie den Koppelfaktor k.
  c) Berechnen Sie die Ersatzgrößen für Bild 5.4.3-3a:
  d) Dimensionieren Sie zahlenmäßig ein transformatorisch gekoppeltes Bandfilter für $f_{g1} = 9{,}5$ MHz; $f_{g2} = 10{,}5$ MHz; $R = 1$ kΩ und $k_n = 1$ (kritische Kopplung).

Lösung:

a) Aus der Ersatzschaltung für das transformatorisch gekoppelte Bandfilter (Bild 5.4.3-3a) bei Kurzschluß an den Klemmen 3−4 erhält man die Kurzschlußresonanzfrequenzen mit $M \ll (L' - M)$

(1) $\omega_m = \omega_{K1} = \omega_{K2} \approx 1/\sqrt{[(L' - M) + M] C'} \approx 1/\sqrt{L'C'}$.

Aus (1) erkennt man, daß sich hier die Mittenfrequenz nicht verschiebt, wenn man die Gegeninduktivität M und damit den Koppelfaktor ändert.

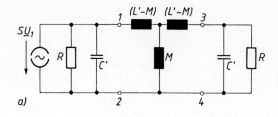

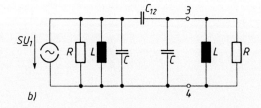

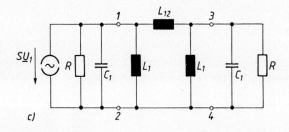

Bild 5.4.3-3
Zusammenhang der Bandfilter-Ersatzbildelemente
a) bei transformatorischer Kopplung
b) bei kapazitiver Kopplung
c) bei induktiver Kopplung

b) Den Koppelfaktor definiert man (Bild 5.4.3-3a):

(2) $k \approx M/[(L' - M) + M] \approx M/L'$.

c) Den Zusammenhang von L' und M erhält man auf folgende Weise. Realisiert man das Koppelelement nach (5.4.3/2) statt durch eine kleine Kapazität C_{12} durch eine „große" Induktivität L_{12}, so gilt:

$|B_{12}| = 1/(\omega_m L_{12}) = k_n/R$ bzw.

(3) $L_{12} = R/(\omega_m k_n)$.

Aus dem Vergleich der Ersatzschaltungen (Bild 5.4.3-3b und 3c) muß (für gleiche Kurzschlußresonanzfrequenzen) bei Kurzschluß an den Klemmen 3−4 gelten:

(4) $1/[L(C + C_{12})] = (1/L_1 + 1/L_{12})(1/C_1)$.

Aus (4) folgt:

(5) $1/L_1 = 1/L - 1/L_{12}$ und

(6) $C_1 = C + C_{12}$.

Durch eine Dreieck-Stern-Umwandlung (Bilder 5.4.3-3c und 3a) ergibt sich nach [51] der Zusammenhang:

(7) $M = L_1 L_1/(2L_1 + L_{12})$ und

(8) $L' - M = L_1 L_{12}/(2L_1 + L_{12})$.

Zusätzlich gilt:

(9) $C' = C_1$.

d) Aus (3) bis (9) folgen als Zahlenwerte

$L_{12} = 15,9\ \mu H$; $L_1 = 1,21\ \mu H$; $C_1 = 225\ pF$;
$M = 80,2\ nH$; $L' = 1,13\ \mu H$; $C' = 225\ pF$.

5.4.4 Verstärker-Berechnung mit S-Parametern

Zur Messung bzw. Definition der S-Parameter (Kapitel 5.3.3) wurde der Transistor-Vierpol in ein Leitungssystem mit dem Wellenwiderstand Z_0 ($= 50\ \Omega$) eingebettet und dabei mit dem Generatorwiderstand $\underline{Z}_G = Z_0$ und dem Lastwiderstand $\underline{Z}_A = Z_0$ betrieben.

Nach (5.3.3/2) war der Eingangsreflexionsfaktor am Tor 1 des Transistor-Vierpols

$$\underline{r}_1 = \left.\frac{\underline{b}_1}{\underline{a}_1}\right|_{a_2=0} = \underline{S}_{11},$$

wenn Tor 2 mit $\underline{Z}_a = Z_0$ abgeschlossen wurde.

Stimmt nun am Tor 2 $\underline{Z}_a$ nicht genau mit Z_0 überein, so läßt sich als Reflexionsfaktor der Last definieren

$$\underline{r}_L = \frac{\underline{a}_2}{\underline{b}_2} = \frac{\underline{Z}_a - Z_0}{\underline{Z}_a + Z_0}. \tag{5.4.4/1}$$

Mit (5.4.4/1) in (5.3.3/1) folgt

$$\underline{b}_1 = \underline{S}_{11}\underline{a}_1 + \underline{S}_{12}\underline{r}_L\underline{b}_2, \tag{5.4.4/2}$$
$$\underline{b}_2 = \underline{S}_{21}\underline{a}_1 + \underline{S}_{22}\underline{r}_L\underline{b}_2,$$
$$\underline{b}_2(1 - \underline{S}_{22}\underline{r}_L) = \underline{S}_{21}\underline{a}_1,$$
$$\underline{b}_2 = \frac{\underline{S}_{21}\underline{a}_1}{1 - \underline{S}_{22}\underline{r}_L}. \tag{5.4.4/3}$$

(5.4.4/3) in (5.4.4/2) ergibt jetzt unter Betriebsbedingungen (mit dem Lastreflexionsfaktor $\underline{r}_L$) auf Grund des Rückwärtsübertragungsfaktors $\underline{S}_{12}$ einen neuen Eingangsreflexionsfaktor

$$\underline{r}_{in} = \underline{S}'_{11} = \frac{\underline{b}_1}{\underline{a}_1} = \underline{S}_{11} + \frac{\underline{S}_{12}\underline{S}_{21}\underline{r}_L}{1 - \underline{S}_{22}\underline{r}_L} \tag{5.4.4/4}$$

und damit nach (5.3.3/8) eine neue Eingangsimpedanz $\underline{Z}_{in}$. Dieser Lasteinfluß auf die Eingangsimpedanz ist vergleichbar mit dem für die Y-Parameter in (5.4.1/4) gefundenem Ausdruck. Auch dort wird auf Grund der Rückwirkung $\underline{Y}_{12}$ die Eingangsimpedanz $\underline{Z}_1$ durch die Last verändert.

Ebenso ist von den Y-Parametern nach (5.4.1/5) her bekannt, daß die Ausgangsimpedanz $\underline{Z}_2$ auf Grund der Rückwirkung $\underline{Y}_{12}$ von der Generatorimpedanz $\underline{Z}_G$ abhängt. Entsprechendes gilt auch bei den S-Parametern. Weicht die Generatorimpedanz $\underline{Z}_G$ von Z_0 ab, so tritt als Reflexionsfaktor des Generators auf

$$\underline{r}_G = \frac{\underline{a}_1}{\underline{b}_1} = \frac{\underline{Z}_G - Z_0}{\underline{Z}_G + Z_0}. \tag{5.4.4/5}$$

Mit (5.4.4/5) in (5.3.3/1) folgt

$$\underline{b}_1 = \underline{S}_{11}\underline{r}_G\underline{b}_1 + \underline{S}_{12}\underline{a}_2 \quad \text{bzw.} \quad \underline{b}_1 = \frac{\underline{S}_{12}\underline{a}_2}{1 - \underline{S}_{11}\underline{r}_G} \tag{5.4.4/6}$$

$$\underline{b}_2 = \underline{S}_{21}\underline{r}_G\underline{b}_1 + \underline{S}_{22}\underline{a}_2. \tag{5.4.4/7}$$

(5.4.4/7) in (5.4.4/6) ergibt als neuen Ausgangsreflexionsfaktor

$$\underline{r}_{out} = \underline{S}'_{22} = \frac{\underline{b}_2}{\underline{a}_2} = \underline{S}_{22} + \frac{\underline{S}_{12}\underline{S}_{21}\underline{r}_G}{1 - \underline{S}_{11}\underline{r}_G}. \tag{5.4.4/8}$$

Bei Vernachlässigung der Rückwirkung ($\underline{S}_{12} \approx 0$) werden die Reflexionsfaktoren nach (5.4.4/4) und (5.4.4/8) wieder

$$\underline{S}'_{11} \approx \underline{S}_{11} \quad \text{und} \quad \underline{S}'_{22} \approx \underline{S}_{22}.$$

Für die Anwendung eines Transistors in einer Verstärkerschaltung interessiert besonders die erreichbare Wirkleistungsverstärkung. Die Übertragungs-Leistungsverstärkung, auch Übertragungsgewinn G_T genannt, ist nach (9.4/10) und (9.4/13)

$$\begin{aligned} G_T = P_a/P_v &= \frac{\text{von der Last aufgenommene Leistung}}{\text{verfügbare Leistung der Quelle}} \\ &= \frac{|\underline{S}_{21}|^2 \cdot (1 - |\underline{r}_G|^2)(1 - |\underline{r}_a|^2)}{|1 - \underline{S}_{11}\underline{r}_G - \underline{r}_a[\underline{S}_{22} - \underline{r}_G(\underline{S}_{11}\underline{S}_{22} - \underline{S}_{12}\underline{S}_{21})]|^2} \\ &= \frac{|\underline{S}_{21}|^2 \cdot (1 - |\underline{r}_G|^2)(1 - |\underline{r}_a|^2)}{|1 - \underline{S}_{11}\underline{r}_G - \underline{S}_{22}\underline{r}_a + \underline{S}_{11}\underline{S}_{22}\underline{r}_G\underline{r}_a - \underline{S}_{12}\underline{S}_{21}\underline{r}_G\underline{r}_a|^2} \\ &= \frac{(1 - |\underline{r}_G|^2) \cdot |\underline{S}_{21}|^2 \cdot (1 - |\underline{r}_a|^2)}{|(1 - \underline{S}_{11}\underline{r}_G)(1 - \underline{S}_{22}\underline{r}_a) - \underline{S}_{12}\underline{S}_{21}\underline{r}_G\underline{r}_a|^2}. \end{aligned} \tag{5.4.4/9}$$

Die Zahl G_T gibt an, welchen Gewinn (bzw. Vorteil) der aktive Verstärker-Vierpol hinsichtlich der Leistungsübertragung bringt im Vergleich zu einer passiven Netzwerk-Ausführung (also ohne Verstärker), wenn Quelle und Last verlustlos angepaßt sind.

5.4 Kleinsignal-Verstärker

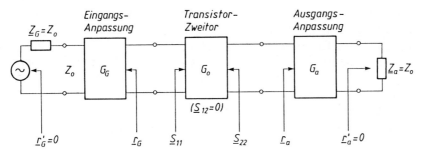

Bild 5.4.4-1 Transistor-Zweitor mit Anpassungs-Netzwerken ($\underline{S}_{12} = 0$)

Bei kleiner Rückwirkung bzw. zur überschlägigen Berechnung kann man $\underline{S}_{12}$ in (5.4.4/9) näherungsweise vernachlässigen. Dann erhält man den sog. unilateralen Übertragungsgewinn

$$G_{Tu} = \frac{1 - |\underline{r}_G|^2}{(1 - \underline{S}_{11}\underline{r}_G)^2} \cdot |\underline{S}_{21}|^2 \cdot \frac{1 - |\underline{r}_a|^2}{(1 - \underline{S}_{22}\underline{r}_a)^2} \quad (5.4.4/10)$$

$$= G_G \cdot G_0 \cdot G_a. \quad (5.4.4/10a)$$

Durch Vernachlässigung von $\underline{S}_{12}$ ergibt sich eine starke Vereinfachung für den Schaltungsentwurf. Wie bereits oben festgestellt, ist mit $\underline{S}_{12} \approx 0$ beim Transistor-Vierpol der Eingangsreflexionsfaktor $\underline{r}_{in} \approx \underline{S}_{11}$, also unabhängig vom Lastreflexionsfaktor $\underline{r}_a$ und der Ausgangsreflexionsfaktor $\underline{r}_{out} \approx \underline{S}_{22}$, also unabhängig vom Reflexionsfaktor $\underline{r}_G$ des Generators.

Damit setzt sich G_{Tu} übersichtlich aus 3 Gewinnbeiträgen zusammen (Bild 5.4.4-1):
1.) der Anpassungsgewinn G_G des Generators,
2.) der Gewinn G_0 durch den aktiven Vierpol in einem System mit Z_0 ($= 50\,\Omega$), wenn $\underline{Z}_G = Z_0$ (d. h. $\underline{r}_G = 0$) und $\underline{Z}_a = Z_0$ (d. h. $\underline{r}_a = 0$),
3.) der Anpassungsgewinn G_a der Last.

Bei vorliegendem $\underline{S}_{11}$ hängt G_G nach (5.4.4/10) nur vom Reflexionsfaktor $\underline{r}_G$ des Generators ab, der durch ein geeignetes eingangsseitiges Anpassungsnetzwerk zu optimieren ist.

Entsprechendes gilt bei gegebenem $\underline{S}_{22}$ für den Faktor G_a, der durch ein ausgangsseitiges Anpassungsnetzwerk zu optimieren ist.

Der Übertragungsgewinn G_{Tu} wird maximal, wenn gleichzeitig am Tor 1 und am Tor 2 Leistungsanpassung vorgenommen wird (Bild 5.4.4-1), d. h.

$$\underline{r}_G = \underline{r}_{in}^* \approx \underline{S}_{11}^* \quad \text{und} \quad \underline{r}_a = \underline{r}_{out}^* \approx \underline{S}_{22}^*. \quad (5.4.4/11)$$

Dann folgt aus (5.4.4/10) und (5.4.4/11) mit

$$\frac{1 - |\underline{S}_{11}^*|^2}{(1 - \underline{S}_{11}\underline{S}_{11}^*)^2} = \frac{1 - |\underline{S}_{11}|^2}{(1 - |\underline{S}_{11}|^2)^2} = \frac{1}{1 - |\underline{S}_{11}|^2}$$

der maximale unilaterale Gewinn

$$G_{Tu\,max} = \frac{1}{1 - |\underline{S}_{11}|^2} |\underline{S}_{21}|^2 \frac{1}{1 - |\underline{S}_{22}|^2} \quad (5.4.4/12)$$

$$= G_{G\,max} \cdot G_0 \cdot G_{a\,max}. \quad (5.4.4/12a)$$

Nach [51] liegen bei $\underline{S}_{12} = 0$ alle r_G-Werte, die einen konstanten Verstärkungsfaktor G_G (zwischen 0 und $G_{G\,max}$) ergeben, im Smith-Diagramm auf einem Kreis in der Eingangsimpedanz-Ebene.

Ebenso liegen alle $\underline{r}_a$-Werte, die einen konstanten Verstärkungsfaktor G_a (zwischen 0 und $G_{a\,max}$) ergeben, im Smith-Diagramm auf einem Kreis in der Ausgangsimpedanz-Ebene. Somit kann man aus dieser Schar von Kreisen konstanter Verstärkungen G_G und G_a den Einfluß der Anpassungen am Ein- und Ausgang auf den Gewinn G_{Tu} im Smith-Diagramm entnehmen.

Zu beachtende Kriterien hinsichtlich der Stabilität einer Verstärkerschaltung sind ausführlich in [51] dargestellt. Hiernach ist nur dann das Zweitor bedingungslos stabil, wenn die sog. Rollett-Konstante $k \geq 1$ ist, d. h.

$$k = \frac{1 + |\Delta|^2 - |\underline{S}_{11}|^2 - |\underline{S}_{22}|^2}{2|\underline{S}_{12}||\underline{S}_{21}|} \geq 1 \qquad (5.4.4/13)$$

mit $\Delta = \underline{S}_{11}\underline{S}_{22} - \underline{S}_{12}\underline{S}_{21}$.

Dann ist eine gleichzeitige Anpassung am Ein- und Ausgang (bei beliebigen passiven Abschlüssen) möglich, ohne daß ein Schwingen auftritt.

In Beispiel 5.4.4/1 ist für einen rückwirkungsfrei angenommenen Transistor der Gewinn $G_{Tu\,max}$ in dB berechnet.

Beispiel 5.4.4/2 zeigt das grundsätzliche Vorgehen beim Entwurf eines einfachen Anpassungsnetzwerkes.

- **Beispiel 5.4.4/1:** Für einen GaAs-FET (AP: $I_D = 10$ mA; $U_{DS} = 4$ V) liegen bei $f = 5$ GHz folgende Parameter vor:

$\underline{S}_{11} = 0{,}60\,e^{-j119°}$; $\underline{S}_{21} = 2{,}11\,e^{+j63°}$; $\underline{S}_{22} = 0{,}51\,e^{-j72°}$;

$\underline{S}_{12} \approx 0$ (d. h. vernachlässigt).

Lösung:

Nach (5.4.4/12) ist

$$G_{Tu\,max} = \frac{1}{1 - 0{,}60^2} \cdot 2{,}11^2 \cdot \frac{1}{1 - 0{,}51^2}$$

$= 1{,}56 \cdot 4{,}45 \cdot 1{,}35 = (1{,}94 + 6{,}48 + 1{,}31)\,\text{dB} = 9{,}7\,\text{dB}$.

- **Beispiel 5.4.4/2:** Für den GaAs-FET aus Beispiel 5.4.4/1 (im AP: $I_D = 10$ mA; $U_{DS} = 4$ V). ist bei $f = 5$ GHz eine Leistungsanpassung unter Vernachlässigung von $\underline{S}_{12}$ vorzunehmen.

$\underline{S}_{11} = 0{,}60\,e^{-j119°}$; $\underline{S}_{21} = 2{,}11\,e^{+j63°}$; $\underline{S}_{22} = 0{,}51\,e^{-j72°}$;   ($\underline{S}_{12} = 0{,}11\,e^{+j16°}$).

a) Überprüfen Sie an Hand der Rollett-Konstante k die Stabilität des Zweitors.
b) Berechnen Sie die konjugiert komplexe Ausgangs-Impedanz $\underline{Z}^*_{out}$ des Verstärker-Vierpols.
c) Berechnen Sie die konjugiert komplexe Eingangs-Impedanz $\underline{Z}^*_{in}$ des Verstärker-Vierpols.
d) Ermitteln Sie $\underline{Z}^*_{out}$ und $\underline{Z}^*_{in}$ vergleichsweise aus dem Smith-Diagramm.
e) Führen Sie eine ausgangsseitige Anpassung mit Hilfe einer parallelgeschalteten Stichleitung durch.
f) Nehmen Sie eine Anpassung an $\underline{Z}_a = 50\,\Omega$ vor.
g) Skizzieren Sie eine einfache Verstärker-Schaltung.

Lösung:

a) Nach (5.4.4/13) soll $k \geq 1$ sein.

Mit $\Delta = \underline{S}_{11}\underline{S}_{22} - \underline{S}_{12}\underline{S}_{21}$
$= 0{,}60\,e^{-j119°} \cdot 0{,}51\,e^{-j72°} - 0{,}11\,e^{+j16°} \cdot 2{,}11\,e^{+j63°} = 0{,}3841\,e^{-j153{,}8°}$

wird

(1) $k = (1 + |\Delta|^2 - |\underline{S}_{11}|^2 - |\underline{S}_{22}|^2)/(2|\underline{S}_{12}||\underline{S}_{21}|)$
$= 0{,}5274/0{,}4642 = 1{,}136 > 1$.

D. h. das Zweitor ist stabil.

5.4 Kleinsignal-Verstärker

b) bei $\underline{S}_{22} = 0{,}51\,e^{-j72°}$ ist der konjugiert komplexe Wert $\underline{S}_{22}^* = 0{,}51\,e^{+j72°} = \underline{r}_{out}$. Diesem Reflexionsfaktor entspricht nach (5.3.3/9a) die Impedanz

(2) $\underline{Z}_{out}^* = Z_0(1 + \underline{S}_{22}^*)/(1 - \underline{S}_{22}^*)$
  $= 50\,\Omega\,(1 + 0{,}51\,e^{+j72°})/(1 - 0{,}51\,e^{+j72°})$
  $= (39{,}15 + j51{,}33)\,\Omega$

bzw. die Admittanz

(3) $\underline{Y}_{out}^* = 1/\underline{Z}_{out}^* = (9{,}39 - j12{,}32)\,mS$.

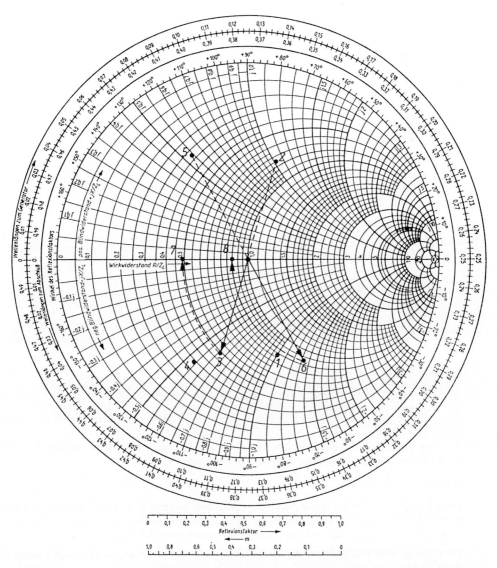

Bild 5.4.4-2 Ein- und ausgangsseitige Anpassung des Transistor-Zweitors im Smith-Diagramm (zu Bsp. 5.4.4/2)

c) Bei $\underline{S}_{11} = 0{,}60\,e^{-j119°}$ ist $\underline{S}_{11}^* = 0{,}60\,e^{+j119°}$.
Diesem Reflexionsfaktor entspricht die Impedanz

(4) $\underline{Z}_{in}^* = Z_0(1 + \underline{S}_{11}^*)/(1 - \underline{S}_{11}^*)$

$= 50\,\Omega\,(1 + 0{,}60\,e^{+j119°})/(1 - 0{,}60\,e^{+j119°})$

$= (16{,}48 + j27{,}03)\,\Omega$

bzw. die Admittanz

(5) $\underline{Y}_{in}^* = 1/\underline{Z}_{in}^* = (16{,}45 - j26{,}97)\,\text{mS}$.

d) Darstellung im Smith-Diagramm (Bild 5.4.4-2):

(6) $\underline{S}_{22} = 0{,}51\,e^{-j72°} \rightarrow$ Punkt 1 eingetragen,

$\underline{S}_{22}^* \rightarrow$ Punkt 2: hier ist abgelesen (normiert)

$\underline{z}_{out}^* = 0{,}75 + j1{,}02$

bzw. auf 50 Ω umgerechnet

(7) $\underline{Z}_{out}^* = 50\,\Omega\,(0{,}75 + j1{,}02) = (37{,}5 + j51)\,\Omega$,

Punkt 3: abgelesen (normiert)

(8) $\underline{y}_{out}^* = 0{,}49 - j0{,}62$

bzw. umgerechnet

(9) $\underline{Y}_{out}^* = 20\,\text{mS}\,(0{,}49 - j0{,}62) = (9{,}8 - j12{,}4)\,\text{mS}$,

$\underline{S}_{11} = 0{,}60\,e^{-j119°}$ eingetragen,

$\underline{S}_{11}^* \rightarrow$ Punkt 5: abgelesen (normiert)

(10) $\underline{z}_{in}^* = 0{,}33 + j0{,}46$

bzw. umgerechnet

(11) $\underline{Z}_{in}^* = 50\,\Omega\,(0{,}33 + j0{,}46) = (16{,}5 + j23)\,\Omega$

oder Punkt 6: abgelesen (normiert)

(12) $\underline{y}_{in}^* = 0{,}85 - j1{,}34$

bzw. umgerechnet

(13) $\underline{Y}_{in}^* = 20\,\text{mS}\,(0{,}85 - j1{,}34) = (17 - j26{,}8)\,\text{mS}$.

Die grafische Lösung im Smith-Diagramm ergibt eine recht gute Übereinstimmung mit den gerechneten Werten.

e) Zur ausgangsseitigen Anpassung ist der Blindanteil von $\underline{Y}_{out}^*$ nachzubilden, um den Blindanteil von $\underline{Y}_{out}$ zu kompensieren, hier also der induktive Blindleitwert

(14) $jB = -j12{,}4\,\text{mS}$.

Diese Kompensation kann durch eine leerlaufende oder kurzgeschlossene Stichleitung geschehen. Hierbei handelt es sich um kurze, annähernd verlustlose Leitungsstücke (z. B. Streifenleiter), die am Ende im Leerlauf (d. h. offen) oder im Kurzschluß betrieben werden (Bild 5.4.4-3a).

Der eingangsseitige Blindleitwert einer am Ende kurzgeschlossenen Stichleitung mit dem Wellenwiderstand Z_L ist

(15) $jB = -j(1/Z_L) \cdot \cot(2\pi l/\lambda)$.

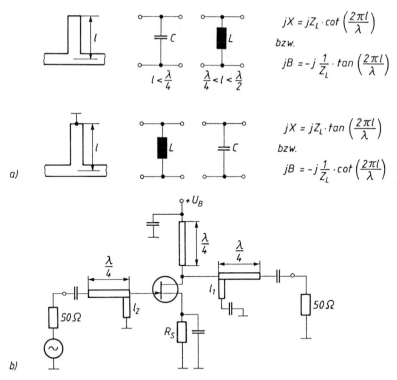

Bild 5.4.4-3 Verstärker-Entwurf bei $f = 5$ GHz (zu Bsp. 5.4.4/2)
a) Stichleitungen im Leerlauf bzw. Kurzschluß
b) Verstärkerausführung mit Streifenleitern

Gibt man sich einen Wellenwiderstand Z_L (z. B. die Breite der Stichleitung) vor, so läßt sich die Länge der Stichleitung berechnen. Mit $\cot \alpha = 1/\tan \alpha$ erhält man aus (15):

(16) $\alpha = (2\pi l/\lambda) = \arctan [1/(Z_L |B|)] = 58{,}2°$ bzw.

(16a) $l = \lambda \alpha/(2\pi)$ oder

(16b) $l = \lambda \alpha/(360°)$,

wobei in (16a) α im Bogenmaß (RAD) oder in (16b) α in Grad (DEG) einzusetzen ist.
Setzt man f in MHz ein, so erhält man die Wellenlänge λ in m aus

(17) $\lambda = 300/f$.

Aus (17) und (16b) mit (14) und $Z_L = 50\,\Omega$ wird die Wellenlänge $\lambda = 300/5000$ m = 60 mm und damit beträgt die Länge der Stichleitung

(18) $l_1 = 60$ mm $\cdot 58{,}2°/360° = 9{,}7$ mm.

Nach der Kompensation des Blindanteils durch die Stichleitung gelangt man im Smith-Diagramm von Punkt 3 in den Punkt 7, wo man als reellen Leitwert (normiert) abliest bzw. aus (8) entnimmt

(19) $g_{out} = Re\{y^*_{out}\} = 0{,}49$.

Dies entspricht einem Ausgangswiderstand

(20) $R_{out} = 50\,\Omega \cdot 1/g_{out} = 50\,\Omega \cdot 1/0{,}49 = 102{,}04\,\Omega$.

f) Abschließend ist ausgangsseitig noch der reelle Wert von R_{out} an den 50 Ω-Abschluß R_a (der Zuleitung) anzupassen. Dies kann nach (5.2.4/2) durch Transformation mit einer $\lambda/4$-Leitung geschehen, die einen Wellenwiderstand

(21) $Z_L = \sqrt{R_{out} R_a} = \sqrt{102{,}04 \cdot 50}\,\Omega = 71{,}43\,\Omega$

besitzt. Die Länge dieser Leitung beträgt

(22) $l = \lambda/4 = 60\,\text{mm}/4 = 15\,\text{mm}$.

g) Eingangsseitig muß nach (13) und (16) durch eine Stichleitung in den Punkt 8 kompensiert werden. Dies soll ebenfalls durch eine am Ende kurzgeschlossene Stichleitung geschehen. Mit $Z_L = 50\,\Omega$ und $B = 26{,}8$ mS erhält man nach (16) eine Länge

(23) $l_2 = 6{,}1\,\text{mm}$.

Entsprechend ist der Realteil des Eingangswiderstandes

(24) $R_{in} = 50\,\Omega \cdot 1/g_{in} = 50\,\Omega \cdot 1/0{,}85 = 58{,}82\,\Omega$.

Durch eine $\lambda/4$-Leitung ist R_{in} an den Generator mit $Z_G = 50\,\Omega$ anzupassen. Hierfür ist als Wellenwiderstand erforderlich

(25) $Z_L = \sqrt{58{,}82 \cdot 50}\,\Omega = 54{,}23\,\Omega$.

Eine prinzipielle Schaltung zeigt Bild 5.4.4-3b.

Die Betriebsspannung ist hier ebenfalls über eine $\lambda/4$-Leitung angelegt, so daß der Kollektor nicht belastet wird. Die Vorspannung U_{GS} wird durch gleitende Arbeitspunkteinstellung an R_S erzeugt.

5.5 Großsignalverstärker

Die bei kleiner Aussteuerung (im A-Betrieb) definierten Parameter wie h-Parameter, Y-Parameter, S-Parameter u. a. gelten bei Großsignalverstärkern nicht, da hier im Hinblick auf möglichst große Leistungen die Kennlinien in weitem Bereich ausgesteuert werden. Deshalb sind die z. B. bei tiefen Frequenzen als Steigungen im Arbeitspunkt definierten Parameter (vgl. 5.3.1/2) nicht mehr zutreffend.

Bei Großsignalverstärkern richtet man sich daher nach den zulässigen Grenzwerten der Aussteuerung (z. B. beim Transistor nach P_{tot}, $U_{CE\,max}$, $I_{C\,max}$ u. a.).

Breitbandige Endverstärker, die hauptsächlich im NF-Bereich bis ca. 100 kHz eingesetzt werden, sollen i. a. eine möglichst hohe Ausgangsleistung bei geringstem Klirrfaktor liefern, wobei der Wirkungsgrad nicht vorrangig ist.

Bei schmalbandigen Sendeverstärkern (für Frequenzen oberhalb 100 kHz) sind vor allem gefordert: hohe Ausgangsleistung und ein hoher Wirkungsgrad. Die Verzerrungen sind hierbei nicht primär wichtig. Ein Sendeverstärker hat außer dem Träger nur noch die Seitenbänder des Modulationsspektrums zu verstärken.

Für einen Überblick werden im folgenden die wichtigsten Betriebsarten für Großsignalaussteuerung sowie einige grundsätzliche Anwendungen betrachtet.

5.5.1 Betriebsarten und Wirkungsgrade bei Großsignalbetrieb

Unter Zugrundelegung einer idealisierten Steuerkennlinie eines bipolaren Transistors (Knick-Kennlinie) sind in Bild 5.5.1-1 die Arbeitspunktlagen mit zugehörigen Aussteuerverhältnissen für A-, B- und C-Betrieb dargestellt.

5.5 Großsignalverstärker

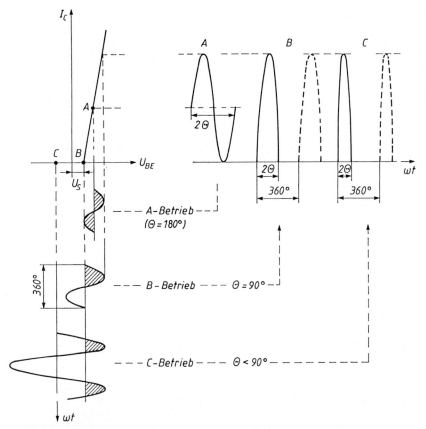

Bild 5.5.1-1 Betriebsarten bei Großsignal-Verstärkung mit den hierbei auftretenden Stromflußwinkeln Θ

Beim A-Betrieb (als Großsignal-Betrieb) liegt der Arbeitspunkt A in der Mitte des linearen Kennlinienteils: der Ruhestrom I_C in A ist hoch, woraus eine hohe konstante Verlustleistung sowie ein theoretisch maximaler Wirkungsgrad von 50% folgen. Reale Wirkungrade liegen bei ca. 20 ... 40% auf Grund eingeschränkter Aussteuerbarkeit (wegen zu großen Klirrfaktors). Strom fließt während einer vollen Periode ($2\Theta = 360°$), also beträgt der Stromflußwinkel $\Theta = 180°$ beim A-Betrieb.

Beim B-Betrieb liegt der Arbeitspunkt B im Kennlinienknick: der Ruhestrom I_C in B ist Null. Die Verlustleistung ist aussteuerungsabhängig (und geringer); der theoretisch maximale Wirkungsgrad beträgt 78,5%. Es fließt während einer halben Periode ($2\Theta = 180°$) Strom, d. h. beim B-Betrieb ist $\Theta = 90°$. Da hier nur eine Halbwelle verstärkt wird, ist ein 2. Transistor (i. a. im Gegentakt-Betrieb) erforderlich, der die andere Halbwelle verstärkt, so daß zusammengesetzt wieder eine vollständige Sinus-Spannung entsteht.

Beim C-Betrieb liegt der Arbeitspunkt C entweder bei negativem U_{BE} (wie im Bild 5.5.1-1 dargestellt) oder bei $U_{BE} = 0$ oder bei positiven U_{BE}-Werten (zwischen 0 und $+U_S$). Auch hier fließt kein Ruhestrom. Bei Aussteuerung tritt ein Stromfluß von weniger als eine halbe Periode ($2\Theta < 180°$) auf, d. h. beim C-Betrieb ist $\Theta < 90°$. Der Wirkungsgrad liegt je nach Θ-Wert bei ca. 70 ... 85%. Allerdings ist auf Grund der Stromkuppen als Lastwiderstand ein Schwingkreis erforderlich, der wiederum eine Sinus-Spannung herausfiltert.

5.5.2 A-Betrieb bei Großsignal-Aussteuerung

Im folgenden sollen nur kurz einige Grundschaltungen und deren Wirkungsgrad betrachtet werden. In Bild 5.5.2-1a ist eine Verstärkerschaltung im A-Betrieb betrachtet, deren Arbeitspunkt durch U_{CE} und I_C festgelegt wird. Die Restspannung des Transistors sei vernachlässigt. Die maximale Aussteuerbarkeit ergibt sich, wenn $U_B = 2U_{CE}$ gewählt wird, also der Arbeitspunkt in der Mitte des Kennlinienfeldes liegt (Bild 5.5.2-1a). Dann beträgt die Verlustleistung

$$P_V = U_{CE}I_C \qquad (5.5.2/1)$$

und die Wechselleistung bei sinusförmiger (idealisierter) Grenz-Aussteuerung mit $\hat{u}_{CE} \approx U_{CE}$ und $\hat{\imath}_C \approx I_C$

$$P_\sim = \tfrac{1}{2} \hat{u}_{CE}\hat{\imath}_C = \tfrac{1}{2} U_{CE}I_C \,. \qquad (5.5.2/2)$$

Damit beträgt der (theoretisch) maximale Kollektorwirkungsgrad

$$\eta_{max} = \frac{P_\sim}{P_V} = \frac{1}{2} = 50\% \,. \qquad (5.5.2/3)$$

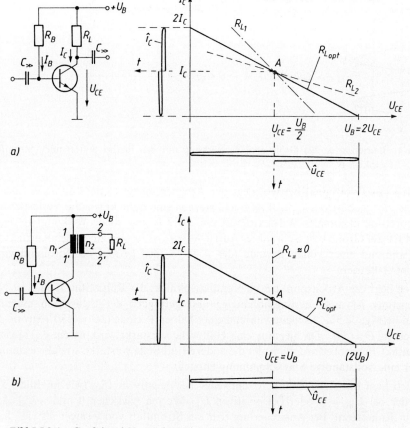

Bild 5.5.2-1 Großsignal-Verstärkung im A-Betrieb ($U_{CE\,rest}$ vernachlässigt)
  a) bei $R_{L\sim} = R_{L=} = R_L$
  b) bei verlustlosem Übertrager ($R_{L=} \approx 0$, $R_{L\sim} = R_L'$)

5.5 Großsignalverstärker

Der hierfür erforderliche Lastwiderstand $R_L = R_{L\,opt}$ beträgt (aus Bild 5.5.2-1 b)

$$R_{L\,opt} = \frac{2\hat{u}_{CE}}{2\hat{\imath}_C} = \frac{U_{CE}}{I_C}. \qquad (5.5.2/4)$$

Aus Bild 5.5.2-1a ist erkennbar, daß die Lastgeraden R_{L1} (mit $U'_B < 2U_{CE}$) oder R_{L2} (mit $U'_B > 2U_{CE}$) bei gleicher Verlustleistung P_V infolge ungünstigerer Aussteuerverhältnisse eine kleinere Wechselleistung und damit einen geringeren Wirkungsgrad η ergeben.

Der Basisstrom im Arbeitspunkt A ist

$$I_B = \frac{U_B - U_{BE}}{R_B}. \qquad (5.5.2/5)$$

Als weiteren A-Betrieb zeigt Bild 5.5.2-1 b eine Verstärker-Schaltung mit einem Ausgangsübertrager (Ann.: verlustlos, d. h. $R_{L=} \approx 0$). Der Arbeitspunkt A des Verstärkers liegt bei $U_{CE} \approx U_B$ und I_C. Der Kollektorstrom in A wird wieder durch den eingestellten Basisstrom I_B festgelegt. Die maximale Aussteuerbarkeit im vorliegenden Fall ist im Bild 5.5.2-1 b skizziert. Hierbei gilt idealisiert

$$\hat{\imath}_C \approx I_C \quad \text{und} \quad \hat{u}_{CE} \approx U_B. \qquad (5.5.2/6)$$

Die kollektorseitige Wechsellastgerade $R'_{L\,opt}$ erhält man aus Bild 5.5.2-1 b

$$R'_{L\,opt} = \frac{\hat{u}_{CE}}{\hat{\imath}_C} = \frac{U_B}{I_C}. \qquad (5.5.2/7)$$

Der auf die Kollektorseite transformierte Lastwiderstand R'_L ergibt sich allgemein aus der Leistungsbilanz

$$P_1 = P_2 \quad \text{bzw.} \quad \frac{U_1^2}{R'_L} = \frac{U_2^2}{R_L},$$

$$R'_L = \left(\frac{U_1}{U_2}\right)^2 \cdot R_L = \left(\frac{n_1}{n_2}\right)^2 \cdot R_L = \ddot{u}^2 R_L. \qquad (5.5.2/8)$$

Mit der Verlustleistung P_V und der Wechselleistung $P_\sim$, also mit

$$P_V = U_{CE} I_C = U_B I_C \quad \text{und} \quad P_\sim = \tfrac{1}{2} \hat{u}_{CE} \hat{\imath}_C = \tfrac{1}{2} U_B I_C, \qquad (5.5.2/9)$$

erhält man als Wirkungsgrad ebenfalls

$$\eta_{max} = \frac{P_\sim}{P_V} = \frac{1}{2} = 50\%. \qquad (5.5.2/10)$$

Bei der vorliegenden transformatorischen Kopplung haben sich $P_\sim$ und P_V erhöht, so daß auch hier der Wirkungsgrad der gleiche bleibt.

Weitere Varianten von A-Verstärkern sind in Beispiel 5.5.2/1 sowie in Übung 5.5.2/1 betrachtet.

- **Beispiel 5.5.2/1:** Ein Großsignalverstärker im A-Betrieb nach Bild 5.5.2-2a soll über eine Drossel $L_\gg$ ($R_{L=} \approx 0$) gleichstrommäßig gespeist und mit der Last R_L betrieben werden. Bei $I_{CA} = 100$ mA beträgt $U_{CE\,rest\,A} = 1$ V. Die Betriebsspannung ist $U_B = 12$ V.
  a) Skizzieren Sie schematisch die Aussteuerverhältnisse für maximalen Wirkungsgrad.
  b) Bestimmen Sie r_{grenz}.
  c) Berechnen Sie R_L für optimale Aussteuerung.
  d) Wie groß ist die Wechselleistung in R_L?
  e) Wie groß ist der Wirkungsgrad η?

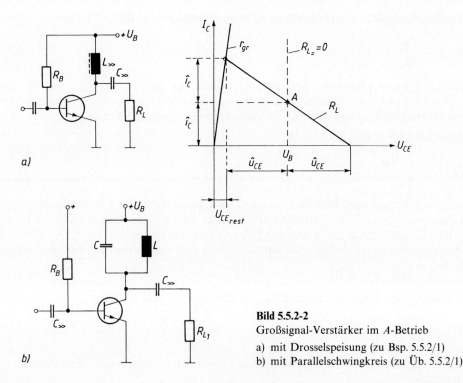

Bild 5.5.2-2
Großsignal-Verstärker im A-Betrieb
a) mit Drosselspeisung (zu Bsp. 5.5.2/1)
b) mit Parallelschwingkreis (zu Üb. 5.5.2/1)

Lösung:

a) Die Aussteuerverhältnisse sind in Bild 5.5.2-2a dargestellt: die theoretisch max. Aussteuerung (ohne Berücksichtigung der Verzerrungen) ist gegeben durch

$\hat{\imath}_C \approx I_C$ und $\hat{u}_{CE} \approx U_B - U_{CE\,rest}$.

b) Eine Aussteuerung ist nur möglich bis maximal an die Gerade $r_{grenz} = U_{CE\,rest\,A}/I_{CA} = 10\,\Omega$.

c) Nach Bild 5.5.2-2a ist

$\hat{u}_{CE} = U_B - U_{CE\,rest} = U_B - 2I_{CA}r_{grenz} = 12\,\text{V} - 2\,\text{V} = 10\,\text{V}$.

Der Betrag der Lastimpedanz lautet, da R_L und $L_{\gg}$ wechselmäßig parallel liegen

$|\underline{Z}_P| = 1/\sqrt{[1/R_L]^2 + [1/(\omega L)]^2}$

$= R_L/\sqrt{1 + [R_L/(\omega L)]^2} \approx R_L$,

wenn $|\omega L| \gg R_L$.

Mit $\hat{\imath}_C \approx I_C$ wird

$R_L = \hat{u}_{CE}/\hat{\imath}_C = \hat{u}_{CE}/I_C = 10\,\text{V}/0{,}1\,\text{A} = 100\,\Omega$.

d) Die Wechselleistung beträgt (Ann.: Sinus-Verläufe)

$P_\sim = \tfrac{1}{2}\hat{u}_{CE}\hat{\imath}_C = \tfrac{1}{2}\cdot 10\,\text{V}\cdot 0{,}1\,\text{A} = 0{,}5\,\text{W}$.

e) Mit der Verlustleistung

$P_V = U_{CE}I_C = U_B I_C = 12\,\text{V}\cdot 0{,}1\,\text{A} = 1{,}2\,\text{W}$

ergibt sich ein Wirkungsgrad

$\eta = P_\sim/P_V = 0{,}5\,\text{W}/1{,}2\,\text{W} = 0{,}4166 = 41{,}7\,\%$.

5.5 Großsignalverstärker

■ **Übung 5.5.2/1:** Es soll ein Verstärker bei großer Aussteuerung im A-Betrieb nach Bild 5.5.2-2b betrieben werden, wobei die gleichen Aussteuerverhältnisse wie im Bild 5.5.2-2a gewünscht sind. Der Kennwiderstand des Kreises betrage $X_K = 100\,\Omega$ und die Kreisgüte $Q_K = 20$. $U_B = 12\,\text{V}$; $I_{CA} = 100\,\text{mA}$; $U_{CE\,rest\,A} = 1\,\text{V}$.
a) Wie groß sind R_P und R_{L1}?
b) Sind die hier vorliegenden Betriebsverhältnisse günstig?

Bei HF-Leistungsverstärkerstufen im A-Betrieb wird man i. a. ein- und ausgangsseitig eine Leistungsanpassung vornehmen (vgl. Kapitel 5.2), um max. Leistungsverstärkung zu erreichen. Die Ein- und Ausgangsimpedanzen von HF-Leistungstransistoren, die sehr niederohmig sind (Größenordnung ca. 1 … 10 Ω mit kapazitivem Blindanteil, müssen nach der Kompensation des Blindanteils i. a. auf 50 Ω transformiert werden. Sollen bei Mobilanlagen (mit z. B. 12 V-Bordnetz) Leistungen von ca. 50 W erzeugt werden, sind hierfür hohe Ströme und damit sehr niederohmige Lastwiderstände erforderlich. Daher muß hier ein sehr sorgfältiger Aufbau erfolgen, weil bereits kurze Zuleitungsdrähte eine unerwünschte Reaktanz bedeuten (1 cm bei 30 MHz ca. 1 Ω!).

5.5.3 B-Verstärker

Für den B-Betrieb sind die prinzipiellen Aussteuerverhältnisse in Bild 5.5.3-1 unter idealisierten Annahmen (Steuerkennlinie als Knick-Kennlinie, $U_{CE\,rest}$ vernachlässigt) für einen (der beiden) Transistoren dargestellt. Der Arbeitspunkt B liegt am Knick der Steuerkennlinie (vgl. Bild 5.5.1-1), d. h. der Ruhestrom I_C (ohne Aussteuerung) ist Null. Damit liegt der Arbeitspunkt B im Ausgangskennlinienfeld bei $U_{CE} \approx U_B$. Es wird nur eine Halbwelle verstärkt.

Mit der Steilheit S der Steuerkennlinie ist die Amplitude des Halbwellenstromes (durch einen Transistor)

$$\hat{\imath}_C = S \cdot \hat{u}_{BE}. \qquad (5.5.3/1)$$

Der Gleichanteil des Verlaufes $i_C(t)$, der dem arithmetischen Mittelwert entspricht, lautet

$$I_C = \hat{\imath}_C/\pi \approx 0{,}318\,\hat{\imath}_C. \qquad (5.5.3/2)$$

Bei max. Aussteuerung gilt (Bild 5.5.3-1a)

$$\hat{\imath}_C = \frac{\hat{u}_{CE}}{R_L} = \frac{U_{CE}}{R_L}. \qquad (5.5.3/3)$$

Aus (5.5.3/2) erkennt man, daß sich der Gleichstromanteil durch den Verstärker in Abhängigkeit von der Aussteuerung ändert (im Gegensatz zum A-Verstärker) und somit auch die Verlustleistung nicht konstant ist. Die Verlustleistung beträgt mit (5.5.3/2) und (5.5.3/3)

$$P_V = U_{CE}I_C = \frac{U_{CE}^2}{\pi R_L}. \qquad (5.5.3/4)$$

Die in R_L umgesetzte Wechselleistung ist nur die Hälfte der Leistung einer vollständigen Kosinus-Spannung, d. h.

$$P_\sim = \frac{1}{2}\left(\frac{1}{2}\hat{u}_{CE}\hat{\imath}_C\right) = \frac{1}{4}U_{CE}\frac{U_{CE}}{R_L} = \frac{U_{CE}^2}{4R_L}. \qquad (5.5.3/5)$$

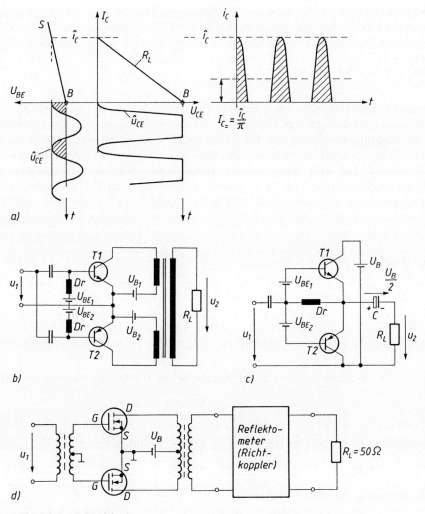

Bild 5.5.3-1 *B*-Betrieb
   a) Prinzip-Verläufe bei max. Aussteuerung ($U_{CE\,rest}$ vernachlässigt)
   b) komplementäre Gegentakt-Endstufe mit Übertragern
   c) Eisenloser Gegentakt-Betrieb (Prinzip)
   d) HF-Ausführung mit zwei gleichen N-Kanal-Leistungs-MOS-FET's

Somit beträgt der Wirkungsgrad bei max. Aussteuerung im *B*-Betrieb mit (5.5.3/4) und (5.5.3/5)

$$\eta_{max} = \frac{P_\sim}{P_V} = \frac{\pi}{4} = 78{,}5\%\,. \tag{5.5.3/6}$$

Da beim *B*-Betrieb von einem Transistor nur eine Halbwelle verstärkt wird ($\Theta = 90°$), ist für einen sinnvollen Linearverstärker ein zweiter (oft komplementärer) Transistor erforderlich, der die andere Halbwelle verstärkt. Anschließend müssen beide Halbwellen-Verläufe auf einen gemeinsamen Lastwiderstand addiert werden.

Eine Prinzip-Anordnung zum *B*-Betrieb im NF-Bereich zeigt Bild 5.5.3-1b. Hier wird über die beiden komplementären Transistoren T1 und T2 je eine Halbwelle verstärkt und über den Ausgangsübertrager auf R_L zusammenaddiert. Die Vorspannungen U_{BE1} und U_{BE2} setzen den Arbeitspunkt an den Kennlinienknick (*B*-Betrieb mit Ruhestrom $I_C = 0$) oder in den schwach leitenden Bereich (*AB*-Betrieb mit geringem Ruhestrom) zur Verbesserung der Übernahme-Verzerrungen. Hierbei ist auf sorgfältige Arbeitspunktstabilisierung zu achten.

Eine eisenlose Endstufen-Ausführung ebenfalls für den NF-Bereich zeigt Bild 5.5.3-1c. Die beiden Transistoren arbeiten hier in Kollektor-Schaltung. Die Spannungsverstärkung ist damit (im Gegensatz zu Bild 5.5.3-1b) etwas kleiner als 1. Auf Grund der symmetrischen Anordnung lädt sich der große Kondensator *C* auf den Wert $U_B/2$ auf. Bei positiver Halbwelle fließt der Wechselstrom über T1, *C* und R_L. Bei negativer Halbwelle bildet der Kondensator *C* die Betriebsspannungs-Versorgung und der Stromkreis ist über T2, *C* und R_L geschlossen. Auch im Hinblick auf eine niedrige untere Grenzfrequenz muß *C* sehr groß sein.

Bild 5.5.3-1d zeigt eine äquivalente Prinzip-Schaltung einer Leistungsendstufe im KW-Bereich mit zwei N-Kanal-HF-Leistungs-MOS-FET's (vom gleichen Typ). Die beiden MOS-FET's arbeiten gleichstrommäßig parallel; durch den in der Mitte angezapften Eingangs-Übertrager erfolgt die Gegentakt-Ansteuerung. In [45] wurde mit 2 MRF 150 (Motorola) eine HF-Ausgangsleistung von 300 W an 50 Ω ($f = 3 \ldots 30$ MHz; $U_B = 50$ V) mit zahlreichen Schutzschaltungen entwickelt. So wurde z. B. zum Erkennen von stärkeren ausgangsseitigen Fehlanpassungen zum Schutz der Endstufentransistoren ein Reflektometer (Richtkoppler) eingebaut.

5.5.4 *C*-Verstärker

Obgleich der *C*-Betrieb bereits in anderen Kapiteln definiert bzw. verwendet wurde, sollen auf Grund der Bedeutung für Sendeverstärker hier nochmals die wichtigsten Gesichtspunkte zusammengestellt werden.

Zunächst seien nochmals kurz die Ansteuer-Spannung und die hierbei unter Zugrundelegung einer Knick-Kennlinie auftretenden Stromkuppen definiert (Bild 5.5.4-1a). Den Stromflußwinkel Θ erhält man aus

$$U_0 + \hat{u} \cdot \cos \Theta = U_S, \quad \cos \Theta = (U_S - U_0)/\hat{u} \qquad (5.5.4/1)$$

bzw.

$$\Theta = \arccos\left[(U_S - U_0)/\hat{u}\right]. \qquad (5.5.4/1a)$$

Die durch eine Knick-Kennlinie approximierte Steuerkennlinie führt nur im Abschnitt $-\Theta \leq \omega t \leq +\Theta$ zu einem kuppenförmigen Strom mit $\Theta < 90°$

$$i_C = S(u_1 - U_S). \qquad (5.5.4/2)$$

Bei der Eingangsspannung

$$u_1 = U_0 + \hat{u} \cdot \cos(\omega t) \qquad (5.5.4/3)$$

erhält man aus (5.5.4/2) mit (5.5.4/1)

$$\begin{aligned} i_C &= S[U_0 + \hat{u} \cdot \cos(\omega t) - U_S] \\ &= S\hat{u}\left[\cos(\omega t) - \frac{U_S - U_0}{\hat{u}}\right] \\ &= S\hat{u}[\cos(\omega t) - \cos \Theta]. \end{aligned} \qquad (5.5.4/4)$$

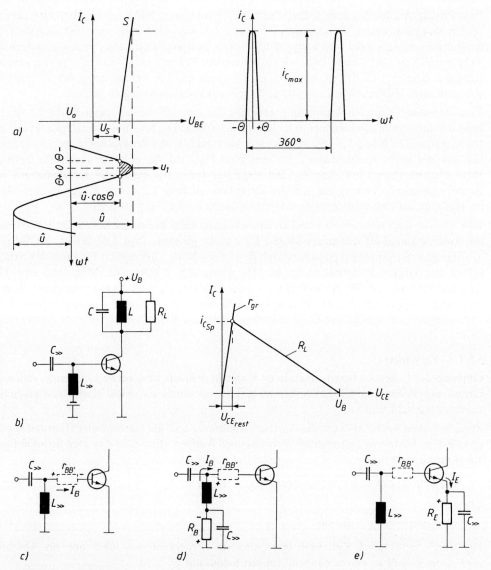

Bild 5.5.4-1 C-Betrieb
a) Ansteuerung im C-Betrieb (Knick-Kennlinie)
b) C-Verstärker (Prinzip)
c) Θ-Einstellung an $r_{BB'}$
d) Θ-Einstellung durch R_B
e) Θ-Einstellung durch R_E

Bezieht man auf $i_{C\max}$ bei $\omega t = 0$ (Bild 5.5.4-1a), so wird mit

$$i_{C\max} = S\hat{u}[1 - \cos \Theta] \tag{5.5.4/5}$$

das Verhältnis

$$\frac{i_C}{i_{C\max}} = \frac{\cos(\omega t) - \cos \Theta}{1 - \cos \Theta}. \tag{5.5.4/6}$$

5.5 Großsignalverstärker

Eine Fourier-Analyse des periodischen Stromkuppen-Verlaufes nach (5.5.4/6) liefert den beim C-Verstärker auftretenden Gleichstromanteil $I_{C=}$, den Anteil der Grundwelle (1. Harmonische) $\hat{i}_{C1}$ sowie der weiteren Harmonischen $\hat{i}_{Cn}$. Nach (A2) erhält man für den Gleichstromanteil mit (5.5.4/6)

$$I_{C=} = \frac{1}{2\pi} \int_{-\Theta}^{+\Theta} i_C \, d(\omega t)$$

$$= i_{C\max} \frac{1}{2\pi} \int_{-\Theta}^{+\Theta} \left[\frac{\cos(\omega t) - \cos\Theta}{1 - \cos\Theta} \right] d(\omega t) \qquad (5.5.4/7)$$

$$= i_{C\max} \cdot f_0(\Theta). \qquad (5.5.4/7\text{a})$$

Die 1. Harmonische lautet nach (A3)

$$\hat{i}_{C1} = \frac{1}{\pi} \int_{-\Theta}^{+\Theta} i_C \cdot \cos(\omega t) \, d(\omega t)$$

$$= i_{C\max} \frac{1}{\pi} \int_{-\Theta}^{+\Theta} \left[\frac{\cos(\omega t) - \cos\Theta}{1 - \cos\Theta} \right] \cos(\omega t) \, d(\omega t) \qquad (5.5.4/8)$$

$$= i_{C\max} \cdot f_1(\Theta). \qquad (5.5.4/8\text{a})$$

Die n-te Harmonische beträgt

$$\hat{i}_{Cn} = \frac{1}{\pi} \int_{-\Theta}^{+\Theta} i_C \cdot \cos(n\omega t) \, d(\omega t)$$

$$= i_{C\max} \frac{1}{\pi} \int_{-\Theta}^{+\Theta} \left[\frac{\cos(\omega t) - \cos\Theta}{1 - \cos\Theta} \right] \cos(n\omega t) \, d(\omega t) \qquad (5.5.4/9)$$

$$= i_{C\max} \cdot f_n(\Theta). \qquad (5.5.4/9\text{a})$$

Die vom Stromflußwinkel Θ abhängigen Fourierkoeffizienten $f_0, f_1 \ldots f_n$ lassen sich bei der hier angenommenen Knick-Kennlinie in geschlossener Form berechnen. Mit $(\omega t) = \alpha$ wird nach (5.5.4/7)

$$f_0(\Theta) = \frac{1}{2\pi} \cdot \frac{1}{(1 - \cos\Theta)} \int_{-\Theta}^{+\Theta} (\cos\alpha - \cos\Theta) \, d\alpha = \frac{1}{2\pi} \cdot \frac{\sin\alpha - \alpha \cdot \cos\Theta}{1 - \cos\Theta} \Big|_{-\Theta}^{+\Theta}$$

$$f_0(\Theta) = \frac{1}{\pi} \cdot \frac{\sin\Theta - \Theta \cdot \cos\Theta}{1 - \cos\Theta}. \qquad (5.5.4/10)$$

Aus (5.5.4/8) wird nach [1] mit (A25, A26)

$$f_1(\Theta) = \frac{1}{\pi} \cdot \frac{1}{(1 - \cos \Theta)} \int_{-\Theta}^{+\Theta} [\cos^2 \alpha - \cos \Theta \cdot \cos \alpha] \, d\alpha$$

$$= \frac{1}{\pi} \cdot \frac{\frac{1}{2}[\alpha + \frac{1}{2}\sin(2\alpha)] - \cos \Theta \cdot \sin \alpha}{1 - \cos \Theta} \Big|_{-\Theta}^{+\Theta}$$

$$f_1(\Theta) = \frac{1}{\pi} \cdot \frac{\Theta - \cos \Theta \cdot \sin \Theta}{1 - \cos \Theta}. \tag{5.5.4/11}$$

Die Anteile der weiteren Harmonischen ($n > 1$) sind dann interessant, wenn man eine Frequenzvervielfachung im C-Betrieb vornehmen will. Aus (5.5.4/9) wird nach [1]

$$f_n(\Theta) = \frac{1}{\pi} \cdot \frac{1}{(1 - \cos \Theta)} \int_{-\Theta}^{+\Theta} [\cos \alpha - \cos \Theta] \cos(n\alpha) \, d\alpha$$

$$= \frac{1}{\pi(1 - \cos \Theta)} \left[\frac{\sin(n-1)\alpha}{2(n-1)} + \frac{\sin(n+1)\alpha}{2(n+1)} - \frac{1}{n} \cos \Theta \sin(n\alpha) \right]_{-\Theta}^{+\Theta}$$

$$f_n(\Theta) = \frac{1}{\pi(1 - \cos \Theta)} \left[\frac{\sin(n-1)\Theta}{(n-1)} + \frac{\sin(n+1)\Theta}{(n+1)} - \frac{2}{n} \cos \Theta \sin(n\Theta) \right]. \tag{5.5.4/12}$$

Die Fourier-Koeffizienten $f_0(\Theta)$ und $f_n(\Theta)$ sind für $n = 1 \ldots 3$ in Bild 5.5.4-2 dargestellt. Aus den Kurvenverläufen ist zu erkennen, daß die n-te Harmonische eine etwa maximale Amplitude hat bei einem Stromflußwinkel

$$\Theta_0 \approx \frac{120°}{n}. \tag{5.5.4/13}$$

Bild 5.5.4-1b zeigt die Prinzip-Skizze eines C-Verstärkers, dessen Schwingkreis auf die Grundwelle abgestimmt ist. Bei hinreichender Güte des Schwingkreises sind kaum Oberwellen vorhanden. Daher liegt am Schwingkreis eine sinusförmige Spannung an und zwar auf Grund der Restspannung mit der maximalen Amplitude

$$\hat{u}_{CE} = U_B - U_{CE\,rest}. \tag{5.5.4/14}$$

Wählt man $i_{C\max} = i_{C\,sp}$, also gleich dem maximal zulässigen Spitzenstrom des Transistors, so ergibt sich nach Bild 5.5.4-1 für die Gleichleistung mit (5.5.4/7a)

$$P_= = I_{C=} U_B = i_{C\,sp} \cdot f_0(\Theta) \cdot U_B \tag{5.5.4/15}$$

sowie für die Wechselleistung der Grundwelle mit (5.5.4/8a)

$$P_{1\sim} = \tfrac{1}{2} \cdot \hat{i}_{C1} \cdot \hat{u}_{CE} = \tfrac{1}{2} \cdot i_{C\,sp} \cdot f_1(\Theta) \cdot \hat{u}_{CE}. \tag{5.5.4/16}$$

Den (bei Resonanz) wirksamen Lastwiderstand R_L kann man dann aus der Leistung $P_{1\sim}$ und der Spannung $\hat{u}_{CE}$ bestimmen

$$R_L = \frac{\hat{u}_{CE}^2}{2P_{1\sim}} = \frac{\hat{u}_{CE}}{\hat{i}_{C1}}. \tag{5.5.4/17}$$

5.5 Großsignalverstärker

Diesen Lastwiderstand R_L transformiert man dann mit Hilfe eines L- oder π-Gliedes auf den eigentlichen (meist niederohmigen) Verbraucherwiderstand R_2.

Beim C-Verstärker erfolgt keine Leistungsanpassung an den Ausgangswiderstand R_i des Transistors wie beim A-Verstärker. Beim C-Verstärker muß daher $R_L > R_i$ sein, da sonst der Transistor durch Überlastung zerstört werden kann [51].

Der Wirkungsgrad η eines C-Verstärkers läßt sich für die 1. Harmonische mit (5.5.4/15) und (5.5.4/16) bestimmen zu

$$\eta = \frac{P_{1\sim}}{P_{=}} = \frac{1}{2} \cdot \frac{f_1(\Theta)}{f_0(\Theta)} \cdot \frac{U_B - U_{CE\,rest}}{U_B} \qquad (5.5.4/18)$$

bzw. mit (5.5.4/10) und (5.5.4/11) sowie mit $U_B \gg U_{CE\,rest}$

$$\eta \approx \frac{1}{2} \cdot \frac{f_1(\Theta)}{f_0(\Theta)} \approx \frac{1}{2} \cdot \frac{\Theta - \cos\Theta \cdot \sin\Theta}{\sin\Theta - \Theta \cdot \cos\Theta}. \qquad (5.5.4/19)$$

Die Abhängigkeit des Wirkungsgrades η vom Stromflußwinkel Θ nach (5.5.4/19) ist in Bild 5.5.4-2a als Diagramm aufgetragen. Mit kleinerem Stromflußwinkel Θ nimmt η zwar zu (theoretisch geht $\eta \to 1$ für $\Theta \to 0$), aber mit sinkendem Gleichanteil nimmt auch die Wechselstromamplitude ($\sim f_1(\Theta)$) und damit nach (5.5.4/17) die Wechselleistung ab, was sicher nicht wünschenswert ist. Die tatsächlichen Wirkungsgrade liegen natürlich unter den idealisierten Werten.

Bei der in Bild 5.5.4-1b dargestellten Prinzip-Schaltung wird der C-Betrieb durch eine negative Vorspannung eingestellt, die i. a. nicht verfügbar ist. Daher verwendet man häufig eine automatische Vorspannungserzeugung. Dies kann durch einen Spannungsabfall am Bahnwiderstand $r_{BB'}$ geschehen, der über die Drossel die Basis negativ vorspannt gegenüber dem Emitter (Bild 5.5.4-1c). Da $r_{BB'}$ relativ klein und den Exemplarstreuungen unterworfen ist, verwendet man besser einen zusätzlichen Basiswiderstand R_B (Bild 5.5.4-1d). Als Nachteil ist hierbei zu nennen, daß $U_{CE\,max}$ durch R_B verringert wird. Eine dritte Möglichkeit (und i. a. die vorteilhafteste) zeigt Bild 5.5.4-1e. Hier nutzt man den Spannungsabfall an R_E aus, der die Basis über die Drossel $L_{\gg}$ ($R_{=} \approx 0$) negativ gegen den Emitter vorspannt.

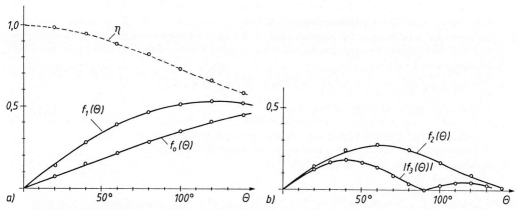

Bild 5.5.4-2 Abhängigkeit der Fourier-Koeffizienten von Θ
a) $f_0(\Theta)$, $f_1(\Theta)$ und Wirkungsgrad η
b) $f_2(\Theta)$, $f_3(\Theta)$

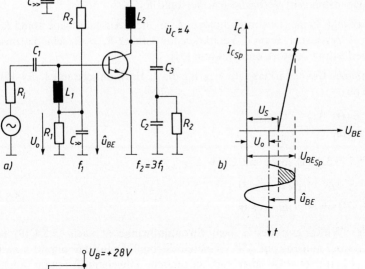
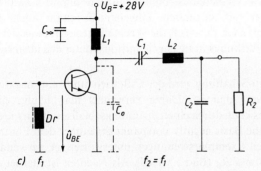

Bild 5.5.4-3
C-Verstärker-Ausführungen
a) Frequenzverdreifacher im C-Betrieb bei $f_1 = 10$ MHz; $f_2 = 30$ MHz (zu Bsp. 5.5.4/1)
b) Ansteuer-Verhältnisse zu a)
c) C-Verstärker bei $f = 150$ MHz (zu Bsp. 5.5.4/2 und Bsp. 5.5.4/3)

Das Beispiel 5.5.4/1 zeigt, wie man grundsätzlich eine Frequenzvervielfachung im C-Betrieb (Bild 5.4.4-3a) durchführen kann.

- **Beispiel 5.5.4/1:** Die in Bild 5.5.4-3a skizzierte Schaltung soll als Frequenz-Verdreifacherstufe im C-Betrieb arbeiten (Eingangsfrequenz $f_1 = 10$ MHz, Ausgangsfrequenz $f_2 = 3 \cdot f_1 = 30$ MHz). Der Parallelschwingkreis des Kollektors ist über einen kapazitiven Teiler mit R_2 (Eingangswiderstand einer nachfolgenden Stufe) belastet. Um eingangsseitig mit möglichst kleiner Ansteuerspannung $\hat{u}_{BE}$ auszukommen, soll mit positiver Vorspannung U_0 gearbeitet werden. Die Schaltung ist nach den Grenzwerten des Transistors auszulegen.
Daten des Transistors: $I_{Csp} = 65$ mA; $U_{BEsp} = 0,85$ V; $U_{CErest} = 0,5$ V; $U_S = 0,7$ V; $U_B = 20$ V; $R_2 = 200\,\Omega$; $Q_K \approx Q_L = 30$; $\ddot{u}_C = 4$.
a) Skizzieren Sie die Ansteuer-Verhältnisse.
b) Wählen Sie einen günstigen Stromflußwinkel Θ für die 3. Harmonische und berechnen Sie die hierfür erforderlichen Werte der Gleichspannung U_0 und der Eingangswechselspannung $\hat{u}_{BE}$.
c) Ermitteln Sie den resultierenden Lastwiderstand R_L im Kollektorkreis.
d) Berechnen Sie den Kollektorwirkungsgrad η.
e) Berechnen Sie L_2.
f) Berechnen Sie C_{ges}, C_2 und C_3.

Lösung:

a) s. Bild 5.4.4-3b. Da nur eine relativ kleine Eingangsspannung $\hat{u}_{BE}$ zur Verfügung steht, wird hier mit einer geringen positiven Vorspannung U_0 der C-Betrieb eingestellt.

5.5 Großsignalverstärker

b) Aus dem Diagramm von Bild 5.5.4-2b ist entnehmbar, daß für die 3. Harmonische bei $\Theta = 40°$ ein günstiger Stromflußwinkel vorliegt. Nach Bild 5.5.4-3b bzw. mit (5.5.4/1) gilt

(1) $U_0 + \hat{u}_{BE} \cos \Theta = U_S$ und

(2) $\hat{u}_{BE} = U_{BEsp} - U_0$.

Aus (1) und (2) folgt für die Vorspannung

$$U_0(1 - \cos \Theta) = U_S - U_{BEsp} \cdot \cos \Theta$$
$$U_0 = (U_S - U_{BEsp} \cdot \cos \Theta)/(1 - \cos \Theta)$$

(3) $\quad = (0{,}7 - 0{,}85 \cdot \cos 40°)/(1 - \cos 40°) = 208 \text{ mV}$

bzw. aus (2) für die Wechselamplitude

(4) $\hat{u}_{BE} = U_{BEsp} - U_0 = 850 \text{ mV} - 208 \text{ mV} = 642 \text{ mV}$.

c) Für die Grenzaussteuerung wird nach (5.5.4/14)

(5) $\hat{u}_{CE} \approx U_B - U_{CErest} = 20 \text{ V} - 0{,}5 \text{ V} = 19{,}5 \text{ V}$.

Bei $\Theta = 40°$ betragen die Stromanteile nach (5.5.4/7a) und (5.5.4/9a)

(6) $I_{C=} = I_{Csp} \cdot f_0(40°) = 65 \text{ mA} \cdot 0{,}146 = 9{,}49 \text{ mA}$

(7) $\hat{i}_{C3} = I_{Csp} \cdot f_3(40°) = 65 \text{ mA} \cdot 0{,}184 = 11{,}96 \text{ mA}$.

Damit beträgt der erforderliche Lastwiderstand bei der 3. Harmonischen nach (5.5.4/17)

(8) $R_L = \hat{u}_{CE}/\hat{i}_{C3} = 19{,}5 \text{ V}/11{,}96 \text{ mA} \approx 1{,}63 \text{ k}\Omega$.

d) Die Gleichleistung ist nach (5.5.4/14) mit (6)

(9) $P_= = U_B I_{C=} = 20 \text{ V} \cdot 9{,}49 \text{ mA} = 191 \text{ mW}$

und die Wechselleistung nach (5.5.4/16) mit (5) und (7)

(10) $P_{3\sim} = \frac{1}{2} \hat{u}_{CE} \hat{i}_{C3} = \frac{1}{2} \cdot 19{,}5 \text{ V} \cdot 11{,}96 \text{ mA} = 116 \text{ mW}$.

Daraus ergibt sich als (theoretischer) Wirkungsgrad

(11) $\eta = P_{3\sim}/P_= = 116 \text{ mW}/191 \text{ mW} = 0{,}61 = 61\%$.

e) Der Gesamt-Lastwiderstand R_L nach (8) setzt sich zusammen aus dem Kreisverlustwiderstand R_{PK} und dem transformierten Verbraucherwiderstand R'_2, also

(12) $R_L = R_{PK} \| R'_2$.

Nach (5.1.4/6) mit

(13) $R'_2 \approx \ddot{u}_C^2 R_2 = 16 \cdot 200 \, \Omega = 3{,}2 \text{ k}\Omega$,

verbleibt für den Kreisverlustwiderstand mit (8) und (13):

(14) $R_{PK} = 1/(1/R_L - 1/R'_2) = 1/(1/1{,}63 \text{ k}\Omega - 1/3{,}2 \text{ k}\Omega) \approx 3{,}32 \text{ k}\Omega$.

Nach (5.1.2/6) ist

$$R_{PK} = X_K Q_K = \omega_2 L_2 Q_K$$

und somit die Induktivität

(15) $L_2 = R_{PK}/(2\pi f_2 Q_K) = 3{,}32 \text{ k}\Omega/(2\pi \cdot 30 \cdot 10^6 \cdot 30) \approx 587 \text{ nH}$.

f) Nach (5.1.2/2) gilt

$\omega_2^2 = 1/(L_2 C_{ges})$, also

(16) $C_{ges} = 1/(\omega_2^2 L_2) = 1/[(2\pi \cdot 30 \cdot 10^6)^2 \cdot 587 \cdot 10^{-9}] \approx 48 \text{ pF}$.

Aus Bild 5.5.4-3a mit $\ddot{u}_C \approx [1/(\omega C_{ges})]/[1/(\omega C_2)] \approx C_2/C_{ges}$ wird

(17) $C_2 \approx \ddot{u}_C C_{ges} = 4 \cdot 48 \text{ pF} = 192 \text{ pF}$.

Da $1/C_{ges} = 1/C_2 + 1/C_3$, erhält man

(18) $C_3 \approx 1/(1/C_{ges} - 1/C_2) = 1/(1/48 \text{ pF} - 1/192 \text{ pF}) \approx 64 \text{ pF}$.

Bei höheren Frequenzen sowie bei größeren Leistungen sind die Ausgangswiderstände der Leistungstransistoren recht niederohmig (einige Ohm), so daß bei Verwendung eines Parallelschwingkreises der Kollektor des Transistors nur mit hohem Übersetzungsverhältnis $\ddot{u}$ (zur Widerstandstransformation) angeschaltet werden könnte. Dadurch wird der Wirkungsgrad der Stufe stark verschlechtert. Günstigere Verhältnisse erreicht man, indem man statt des Parallelschwingkreises einen Reihenschwingkreis im Ausgang verwendet und die erforderliche Transformation im Reihenschwingkreis vornimmt [46].

Beispiel 5.5.4/2 zeigt bei $f = 150$ MHz einen Leistungsverstärker im C-Betrieb, der ausgangsseitig mit einem Reihenschwingkreis betrieben wird (Bild 5.5.4-3c).

Die Anpassung des Abschlußwiderstandes R_2 an den kollektorseitigen Lastwiderstand R_L wird in Beispiel 5.5.4/3 betrachtet.

- **Beispiel 5.5.4/2:** Ein HF-Leistungstransistor soll nach Bild 5.5.4-3c bei $f = 150$ MHz im C-Betrieb nach seinen Grenzdaten ausgelegt werden. Die Basis-Emitter-Strecke wird hier ohne Vorspannung (d. h. mit $U_0 = 0$) betrieben. Die Betriebsspannung ist $U_B = 28$ V.
  Die Daten des Transistors sind: $U_{CEmax} = 65$ V; $i_{Cmax} = I_{Csp} = 2$ A bei $U_{BEsp} = 1,25$ V; $U_S = 0,65$ V; $U_{CErest} = 0,8$ V; $P_{tot} = 36$ W; $R_{thJC} = 6,5$ K/W; $f_T = 650$ MHz
  a) Wie groß muß die Eingangsspannung $\hat{u}_{BE}$ für Vollaussteuerung sein?
  b) Wie groß ist hier der Stromflußwinkel Θ?
  c) Berechnen Sie die Ströme $\hat{i}_C$ und $I_{C=}$.
  d) Berechnen Sie den erforderlichen kollektorseitigen Lastwiderstand R_L.
  e) Wie groß sind die Leistungen $P_{1\sim}$ und $P_=$ sowie der (theoretische) Wirkungsgrad η?
  f) Wie groß ist die Leistungsverstärkung V_P, wenn die Eingangssteuerleistung $P_{e\sim} = 1,6$ W beträgt?

  Lösung:
  a) Aus Bild 5.5.4-3b erkennt man, daß für $U_0 = 0$ bei Vollaussteuerung als Eingangsspannung erforderlich ist

  $\hat{u}_{BE} = U_{BEsp} = 1,2$ V.

  b) Nach (5.5.4/1) mit $U_0 = 0$ ist

  $\cos \Theta = U_S/\hat{u}_{BE} = 0,65 \text{ V}/1,25 \text{ V} = 0,52$, d. h. $\Theta = 58,7°$.

  c) Nach (5.5.4/10) und (5.5.4/11) bzw. aus dem Diagramm von Bild 5.5.4-2 folgt für $\Theta = 58,7° \to f_1(\Theta) = 0,384$ und $f_0(\Theta) = 0,213$. Nach (5.5.4/8a) und (5.5.4/7a) betragen dann

  $\hat{i}_{C1} = I_{Csp} f_1(\Theta) = 2 \text{ A} \cdot 0,384 = 0,768 \text{ A}$,

  $I_{C=} = I_{Csp} f_0(\Theta) = 2 \text{ A} \cdot 0,213 = 0,426 \text{ A}$.

  d) Der kollektorseitige Lastwiderstand ist nach (5.5.4/17) mit (5.5.4/14) bei

  $\hat{u}_{CE} = U_B - U_{CErest} = 28 \text{ V} - 0,8 \text{ V} = 27,3 \text{ V}$,

  $R_L = \hat{u}_{CE}/\hat{i}_{C1} = 27,3 \text{ V}/0,768 \text{ A} = 35,5 \, \Omega$.

5.5 Großsignalverstärker

e) Die Leistungen betragen nach (5.5.4/16) und (5.5.4/15)

$P_{1\sim} = \frac{1}{2} \hat{i}_{C_1} \hat{u}_{CE} = \frac{1}{2} \cdot 0{,}768 \cdot 27{,}3 \text{ V} \approx 10{,}48 \text{ W}$,

$P_= = I_{C=} U_B = 0{,}426 \text{ A} \cdot 28 \text{ V} \approx 11{,}93 \text{ W}$

und damit der (theor.) Wirkungsgrad

$\eta_{th} = P_{1\sim}/P_= = 10{,}48 \text{ W}/11{,}93 \text{ W} = 0{,}878 = 87{,}8 \%$.

Der tatsächliche Wirkungsgrad liegt i. a. einige Prozent unter η_{th} und folgt aus dem gemessenen Kollektor-Gleichstrom.

f) Als Leistungsverstärkung erhält man

$V_P = P_{1\sim}/P_{e\sim} = 10{,}48 \text{ W}/1{,}6 \text{ W} = 6{,}55 \triangleq 10 \log 6{,}55 \approx 8{,}2 \text{ dB}$.

- **Beispiel 5.5.4/3**: Beim C-Verstärker nach Bild 5.5.4-3c ist eine ausgangsseitige Anpassung zwischen dem Abschlußwiderstand R_2 und dem kollektorseitigen Lastwiderstand R_L vorzunehmen. Es wird eine niedrige Betriebsgüte $Q_B = 7$ angesetzt ($Q_B \ll$ Kreisgüte Q_K). Die Transistor-Ausgangskapazität beträgt $C_0 = 20$ pF. $R_L = 35{,}5 \, \Omega$ und $R_2 = 50 \, \Omega$ (aus Beispiel 5.5.4/2).
a) Berechnen Sie zunächst C_1.
b) Berechnen Sie L_1 so, daß die Transistor-Ausgangskapazität C_0 kompensiert wird.
c) Berechnen Sie C_2 so, daß R_2 auf R_L transformiert wird.
d) Berechnen Sie L_2 aus der Resonanzbedingung des Reihenschwingkreises (C_1, L_2, C_2).

Lösung:

a) Wählt man

(1) $X_{C1} = 1/(\omega C_1) = Q_B R_L = 7 \cdot 35{,}5 \, \Omega = 248{,}5 \, \Omega$,

so folgt mit $\omega = 2\pi f = 2\pi \cdot 150 \cdot 10^6 = 9{,}42 \cdot 10^8 \text{ s}^{-1}$ die Kapazität

(2) $C_1 = 1/(\omega X_{C1}) = 1/(9{,}42 \cdot 10^8 \cdot 248{,}5) = 4{,}3 \text{ pF}$.

b) Über die Induktivität L_1 erfolgt die Gleichstromversorgung des Transistors. Gleichzeitig ist L_1 zur Kompensation der Transistor-Ausgangskapazität einsetzbar (Parallelschwingkreis). Schätzt man den Einfluß des Reihenkreises durch C_1 ab ($C_2 \gg C_1$), so gilt bei Resonanz des Parallelkreises

$1/(\omega L_1) \approx \omega(C_0 + C_1)$

bzw.

$1/X_{L1} \approx 1/X_{C0} + 1/X_{C1}$,

(3) $X_{L1} \approx 1/(1/X_{C0} + 1/X_{C1}) = X_{C1}/(X_{C1}/X_{C0} + 1)$

$= 248{,}5 \, \Omega/(248{,}5/53{,}05 + 1) = 43{,}72 \, \Omega$,

(3a) $L_1 = X_{L1}/\omega = 43{,}72/(9{,}42 \cdot 10^8) = 46{,}4 \text{ nH}$.

c) Zunächst ist die Parallelschaltung aus R_2 und C_2 in eine äquivalente Reihenschaltung mit den Elementen R'_2 und C'_2 umzuwandeln.
Die Impedanzen beider Schaltungen lauten

(4) $Z = R'_2 - jX'_{C2} = \dfrac{1}{\dfrac{1}{R_2} + j\dfrac{1}{X_{C2}}} = \dfrac{\dfrac{1}{R_2} - j\dfrac{1}{X_{C2}}}{\left(\dfrac{1}{R_2}\right)^2 + \left(\dfrac{1}{X_{C2}}\right)^2}$.

Für die Transformation auf R_L (Bild 5.5.4-3c) gilt mit (4)

$$R_L \approx R'_2 = \frac{\dfrac{1}{R_2}}{\left(\dfrac{1}{R_2}\right)^2 + \left(\dfrac{1}{X_{C2}}\right)^2} = \frac{R_2}{1 + \left(\dfrac{R_2}{X_{C2}}\right)^2},$$

$R_2/R_L = 1 + (R_2/X_{C2})^2$,

(5) $X_{C2} \approx R_2/\sqrt{R_2/R_L - 1}$

$\approx 50\,\Omega/\sqrt{50/35{,}5 - 1} \approx 78{,}2\,\Omega$,

(5a) $C_2 \approx 1/(\omega X_{C2}) \approx 1/(9{,}42 \cdot 10^8 \cdot 78{,}2) = 13{,}5\,\text{pF}$.

d) Bei Resonanz des Reihenkreises gilt mit (4)

$\omega L_2 \approx 1/(\omega C_1) + 1/(\omega C'_2)$

bzw.

$$X_{L2} \approx X_{C1} + X'_{C2} = X_{C1} + \frac{\dfrac{1}{X_{C2}}}{\left(\dfrac{1}{R_2}\right)^2 + \left(\dfrac{1}{X_{C2}}\right)^2}$$

$$= X_{C1}\left\{1 + \frac{1}{X_{C1}} \cdot \frac{R_2^2 \cdot \dfrac{1}{X_{C2}}}{1 + \left(\dfrac{R_2}{X_{C2}}\right)^2}\right\}$$

$$= X_{C1}\left\{1 + \frac{1}{X_{C1}} R_2^2 \frac{1}{X_{C2}} \cdot \frac{R_L}{R_2}\right\},$$

(6) $X_{L2} = X_{C1}\{1 + R_2/(Q_B X_{C2})\}$

$= 248{,}5\,\Omega\{1 + 50/(7 \cdot 78{,}2)\} \approx 271{,}2\,\Omega$,

(6a) $L_2 = X_{L2}/\omega = 287{,}7\,\text{nH}$.

6 Oszillatoren

Zur Erzeugung von ungedämpften sinusförmigen Schwingungen kann man Zweipol- bzw. Vierpol-Oszillatoren einsetzen.

Bei den Zweipol-Oszillatoren wird durch Einbeziehung eines aktiven Zweipols mit negativem Widerstandsbereich (z. B. Tunneldioden u. a.) die Entdämpfung eines Schwingkreises herbeigeführt.

Bei den Vierpol-Oszillatoren wird i. a. durch geeignete äußere Rückkopplung des Wechselsignales vom Ausgang eines Verstärker-Vierpols auf den Eingang eine Schwingung angeregt.

Beurteilungskriterien von Oszillator-Schaltungen sind in erster Linie die Frequenzstabilität sowie ein möglichst geringer Oberwellengehalt der Ausgangsschwingung. Bei höheren Anforderungen hinsichtlich der Frequenzstabilität ist meist ein Schwingquarz einzusetzen.

Zur Erzeugung eines Frequenzrasters (für ein Frequenz-Multiplex) werden heute i. a. PLL-Kreise eingesetzt.

6.1 Grundprinzip eines Zweipol-Oszillators

Zunächst sei kurz ein Reihenschwingkreis bestehend aus den Elementen R, L, C betrachtet, der im Zeitpunkt $t = 0$ an eine Quelle mit der Gleichspannung U_0 gelegt wird und dann sich selbst überlassen bleibt (Bild 6.1-1 a).

Der Umlauf liefert für $t \geq 0$ (Ann.: $u_C(0) = 0$)

$$iR + u_L + u_C = u_1. \qquad (6.1/1)$$

Mit $u_L = L\, di/dt$ sowie $i = i_C = C\, du_C/dt$ in (6.1/1) erhält man die Differentialgleichung

$$LC\frac{d^2 u_C}{dt^2} + CR\frac{du_C}{dt} + u_C = u_1. \qquad (6.1/2)$$

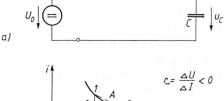

Bild 6.1-1
Reihenschwingkreis
a) Einschalten einer Gleichspannung beim verlustbehafteten Schwingkreis
b) Entdämpfung durch negativen differentiellen Widerstand

Aus dem homogenen Differentialgleichungsanteil erhält man mit dem Lösungsansatz $u = u_0 \cdot e^{\lambda t}$ als charakteristische Gleichung

$$LC\lambda^2 + CR\lambda + 1 = 0$$

und damit als Lösung der quadratischen Gleichung

$$\lambda_{1,2} = -\frac{R}{2L} \pm \sqrt{\left(\frac{R}{2L}\right)^2 - \frac{1}{LC}}. \tag{6.1/3}$$

Bei positivem Radikand (d. h. beim Vorliegen einer stärkeren Dämpfung) besteht in (6.1/3) für $\left(\frac{R}{2L}\right)^2 > \frac{1}{LC}$ der flüchtige Anteil aus zwei abklingenden Exponentialfunktionen. Hierfür lautet der Gesamt-Lösungsansatz nach [1]

$$u_C(t) = U_0 - u_1 \cdot e^{-|\lambda_1|t} - u_2 \cdot e^{-|\lambda_2|t}. \tag{6.1/4}$$

Im Zeitpunkt $t = 0$ ist $u_C(t)$ noch Null, für $t \to \infty$ dagegen wird die Spannung $u_C(t) = U_0$.

Bei negativem Radikand (beim Vorliegen einer schwachen Dämpfung), d. h. für $\frac{1}{LC} > \left(\frac{R}{2L}\right)^2$ in (6.1/3) gilt

$$\lambda_{1,2} = -\frac{R}{2L} \pm j\sqrt{\frac{1}{LC} - \left(\frac{R}{2L}\right)^2} = -\alpha \pm j\omega \tag{6.1/5}$$

und der Lösungsansatz lautet nach [1]

$$u_C(t) = U_0 - e^{-\alpha t}[u_1 \cos(\omega t) + u_2 \sin(\omega t)]. \tag{6.1/6}$$

Beim normalen Reihenschwingkreis ist auf Grund der geringen Verluste der Widerstand R zwar klein, aber sicher positiv. Beim Schließen des Schalters (Bild 6.1-1a) tritt als Ausgleichsvorgang eine gedämpfte Schwingung auf, die nach einiger Zeit abgeklungen ist. Im stationären (eingeschwungenen) Zustand (theoretisch $t \to \infty$) ist dann als Spannung am Kondensator nur noch die Gleichspannung U_0 vorhanden.

Interessant dagegen ist der Fall, daß man eine Entdämpfung des Schwingkreises erreicht und zwar durch Einbringen eines negativen Zusatzwiderstandes. Dadurch ließen sich die Gesamtverluste gerade zu Null machen. Für den Sonderfall $R_{ges} = 0$ und damit auch $\alpha = 0$ bekäme man beim Einschalten einer Gleichspannung U_0 nach (6.1/6) eine ungedämpfte Schwingung mit der Frequenz

$$f_0 = \frac{1}{2\pi\sqrt{LC}}. \tag{6.1/6a}$$

Für eine Entdämpfung eignen sich Bauelemente, die negative Widerstandsbereiche aufweisen. D. h. hierbei liegen i-u-Kennlinien vor, bei denen z. B. mit wachsender Spannung der Strom abnimmt (Bild 6.1-1b). Der differentielle (negative) Widerstand r_n im Arbeitspunkt A läßt sich dann durch folgenden Differenzen-Quotient annähern

$$r_n \approx \frac{\Delta U}{\Delta I} = \frac{U_2 - U_1}{I_2 - I_1} < 0. \tag{6.1/7}$$

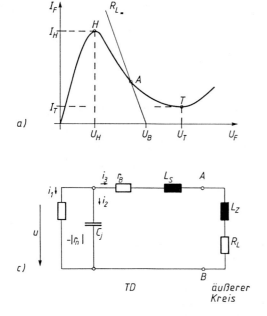
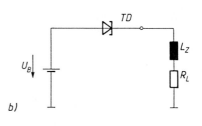

Bild 6.1-2
Zweipol-Oszillator mit Tunneldiode
a) Kennlinie einer Tunneldiode
b) Einfacher Tunneldioden-Oszillator
c) Ersatzschaltbild zu b)

Eine solche Kennlinie besitzen z. B. Tunneldioden (Bild 6.1-2a). Im Verlauf zwischen dem Höckerpunkt H und dem Talpunkt T tritt ein negativer Widerstandsbereich auf. Hier muß somit auch der Arbeitspunkt A gewählt werden.

Eine einfache Schwingschaltung ergibt sich, wenn man eine Tunneldiode mit einem äußeren Kreis, bestehend aus einer Zusatzinduktivität L_Z und einem Lastwiderstand R_L, in Reihe an eine kleine Betriebsspannung U_B legt (Bild 6.1-2b). Für einen stabilen Arbeitspunkt A muß die Gleichstrom-Lastgerade R_{L_-} so gewählt werden, wie im Bild 6.1-2a dargestellt, d. h. U_B muß zwischen U_H und U_T liegen. Das wechselmäßige Ersatzbild für die Tunneldiode im Arbeitspunkt A mit der äußeren Beschaltung ist im Bild 6.1-2c angegeben. Die hier enthaltenen Ersatzgrößen sind in erster Linie der negative differentielle Widerstand $-|r_n|$ der Tunneldiode sowie die Kapazität C_j der Grenzschicht des pn-Übergangs. Zusätzlich kann man noch den Bahnwiderstand r_B der Diode sowie die Zuleitungsinduktivität L_S berücksichtigen. Aus dem Ersatzbild ist ersichtlich, daß C_j die erforderliche Schwingkreiskapazität darstellt.

Um eine Aussage über die Schwingfrequenz f_0 des Tunneldioden-Oszillators zu erhalten, setzt man wiederum die Differentialgleichung z. B. für u in der Ersatz-Schaltung (Bild 6.1-2c) an und entnimmt ω_0 aus der charakteristischen Gleichung. Mit den Abkürzungen $R = r_B + R_L$ und $L = L_S + L_Z$ erhält man mit Hilfe des Operators p und den dort eingetragenen Zählpfeilen

$$i_3 = \frac{u}{R + pL} = -u\left(-\frac{1}{|r_n|} + pC_j\right),$$

$$\left(-\frac{1}{|r_n|} + pC_j\right)(R + pL) + 1 = 0,$$

$$LC_j p^2 + \left[RC_j - \frac{L}{|r_n|}\right] p + \left(1 - \frac{R}{|r_n|}\right) = 0. \qquad (6.1/8)$$

Als Lösung der quadratischen Gleichung (6.1/8) für den Schwingungsfall erhält man mit den Abkürzungen $a = LC_j$, $b = \left[RC_j - \dfrac{L}{|r_n|} \right]$ und $c = \left(1 - \dfrac{R}{|r_n|} \right)$ in Analogie zu (6.1/5)

$$p_{1,2} = -\frac{b}{2a} \pm j \sqrt{\frac{c}{a} - \left(\frac{b}{2a}\right)^2}$$

$$= -\frac{1}{2LC_j}\left(RC_j - \frac{L}{|r_n|}\right) \pm j \sqrt{\frac{1}{LC_j}\left(1 - \frac{R}{|r_n|}\right) - \frac{1}{4(LC_j)^2}\left(RC_j - \frac{L}{|r_n|}\right)^2}$$

$$= -\alpha \pm j\omega_0. \qquad (6.1/9)$$

Nach (6.1/9) tritt nur bei positivem Radikand eine Schwingung auf. Hierfür ist zu fordern, daß $(1 - R/|r_n|) > 0$, d. h.

$$R < |r_n|. \qquad (6.1/10)$$

Andererseits ist für ein Anschwingen aus (6.1/9) entnehmbar, daß $(RC_j - L/|r_n|) < 0$ sein muß, d. h.

$$R < L/(|r_n| C_j). \qquad (6.1/11)$$

Die Aussage über R nach (6.1/10) wird in [51] als Gleichstrom-Stabilitätsbedingung bezeichnet. Die Gleichstrom-Lastgerade R muß in jedem Fall steiler verlaufen als die Flanke der fallenden Tunneldioden-Kennlinie zwischen H und T, sonst ergibt sich kein stabiler Arbeitspunkt (Bild 6.1-2a).

Die Aussage über R nach (6.1/11) ist in [51] als Wechselstrom-Stabilitätsbedingung bezeichnet. Beim Nichterfüllen dieser Bedingung würde statt einer dauerhaften Schwingung lediglich eine gedämpfte Schwingung auftreten.

Nach dem Anschwingen (zunächst $\alpha < 0$) wird auf Grund der Kennlinien-Krümmung die Entdämpfung abnehmen, d. h. r_n kleiner werden, so daß sich im stationären Zustand eine ungedämpfte Schwingung ($\alpha \approx 0$) entsprechend (6.1/9) einstellt.

Dann lautet die Schwingfrequenz des Tunneldioden-Oszillators (Bild 6.1/2b) aus (6.1/9) mit (6.1/11)

$$f_0 \approx \frac{1}{2\pi \sqrt{LC_j}} \sqrt{1 - \frac{R}{|r_n|}} \approx \frac{1}{2\pi \sqrt{LC_j}} \sqrt{1 - \frac{L}{|r_n|^2 C_j}}. \qquad (6.1/12)$$

Aus (6.1/9) ist ersichtlich, wie die Frequenz der erzeugten Schwingung eines Tunneldioden-Oszillators durch die äußere Beschaltung beeinflußt wird. Der Tunneldioden-Oszillator wurde hier als Beispiel eines einfachen Zweipol-Oszillators vorgestellt, da er rechnerisch einfach verfolgbar ist und dabei interessante Grundzusammenhänge aufzeigt.

Eine Schaltung für einen einfachen frequenzmodulierten Tunneldioden-Oszillator ist in Beispiel 6.1/1 betrachtet.

Tunneldioden sind zwar bis in den GHz-Bereich einsetzbar, allerdings ist auf Grund der niedrigen Betriebsspannung die Leistung auf einige mW begrenzt, was die Anwendung sehr einschränkt. Eine Oszillator-Schaltung, bei der eine Tunneldiode im GHz-Bereich in einem koaxialen Resonator eingesetzt wird und dessen Abstimmung mit einem Kurzschluß-Schieber erfolgt, ist in [51] dargestellt.

6.1 Grundprinzip eines Zweipol-Oszillators

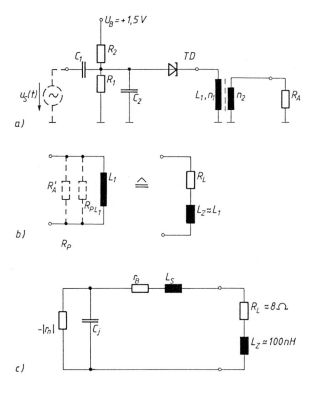

Bild 6.1-3

Tunneldioden-Oszillator zu Bsp. 6.1/1

a) Schaltung
b) Ermittlung des transformierten Reihenlastwiderstandes R_L
c) Ersatzschaltbild des Oszillators
d) Tunneldioden-Oszillator mit Parallel-Schwingkreis (zu Üb. 6.1/1c)

- **Beispiel 6.1/1:** Ein einfacher Tunneldioden-Oszillator wird nach Bild 6.1/3a bei $U_B = 1,5$ V betrieben und über C_1 durch ein NF-Signal $u_S(t)$ in der Frequenz moduliert. Mit dem Teiler R_1, R_2 soll der Arbeitspunkt auf $U_A = 150$ mV und $I_A = 0,4$ mA eingestellt werden. Der Kondensator C_2 dient zum wechselmäßigen Kurzschluß des Teilers (bei Schwingfrequenz). Am Ausgang ist eine Last $R_A = 50\,\Omega$ angekoppelt. Das Übersetzungsverhältnis betrage $ü = n_1/n_2 = 4$. Es sei $L_Z \approx L_1 \approx 100$ nH und als Betriebsgüte von L_1 sei vereinfachend $Q_B \approx 10$ angenommen. Die Verluste von L_1 selbst seien dabei zu vernachlässigen (d. h. Ann.: $Q_B \ll Q_{L1}$).
Die Ersatzgrößen im Arbeitspunkt sind: $|r_n| = 100\,\Omega$, $C_j = 10$ pF; $L_S = 5$ nH; $r_B = 1\,\Omega$.
a) Berechnen Sie überschlägig die Widerstände R_1, R_2.
b) Geben Sie das wechselmäßige Ersatzbild mit den Ersatzgrößen nach Bild 6.1-2c an.
c) Berechnen Sie die Schwingfrequenz f_0 der Schaltung.
d) Wie groß ist die maximale Schwingfrequenz $f_{0\,max}$ der Schaltung?
e) Wie groß ist der max. Frequenzhub Δf_T, wenn sich bei max. Amplitude von $u_S(t)$ die Kapazität der Tunneldiode um $\pm 1\%$ ändert?

Lösung:

a) Um die Bedingung für die Gleichstrom-Lastgerade sicher zu erfüllen, ist der Teiler R_1, R_2 hinreichend niederohmig zu wählen.
Mit der Annahme $I_{R1} \approx 5I_A$ wird

(1) $R_1 \approx U_A/(5I_A) \approx 150\,\text{mV}/2\,\text{mA} = 75\,\Omega$,

(2) $R_2 \approx (U_B - U_A)/(6I_A) \approx 1{,}35\,\text{V}/2{,}4\,\text{mA} \approx 562\,\Omega$.

Der Innenwiderstand der Gleichstrom-Lastgeraden

(3) $R_i = R_1 \parallel R_2 = (R_1 R_2)/(R_1 + R_2) \approx 66\,\Omega$

ist $<|r_n| = 100\,\Omega$, d. h. die Gleichstrom-Stabilitätsbedingung ist sicher erfüllt.

b) Da C_2 einen wechselmäßigen Kurzschluß darstellen soll, fällt R_i im wechselmäßigen Ersatzbild heraus. Der Lastwiderstand R_L (vgl. Bild 6.1-2b) im Reihenkreis läßt sich folgendermaßen abschätzen:
Der auf die Primärseite parallel zu L_1 transformierte Widerstand R'_A lautet

(4) $R'_A = \ddot{u}^2 R_A = 16 \cdot 50\,\Omega = 800\,\Omega$.

Die Gesamtverluste parallel zu L_1 betragen unter der Annahme, daß die Spulenverluste $R_{PL1} \gg R'_A$ sind (wegen $Q_{L1} \gg Q_B$)

(5) $R_P = \omega_0 L_1 Q_B = R'_A \parallel R_{PL1} \approx R'_A$.

Bei der Umwandlung in einen Reihenverlustwiderstand wird

(6) $R_L \approx (\omega_0 L_1)/Q_B \approx R_P/Q_B^2 \approx 800\,\Omega/100 \approx 8\,\Omega$.

c) Nach (6.1/12) mit

(7) $R = r_B + R_L = 1\,\Omega + 8\,\Omega = 9\,\Omega$

und

(8) $L = L_S + L_Z = 5\,\text{nH} + 100\,\text{nH} = 105\,\text{nH}$

sowie $C_j = 10\,\text{pF}$ wird

(9) $f_0 \approx \dfrac{1}{2\pi\sqrt{LC_j}}\sqrt{1 - R/|r_n|}$

$\approx 155{,}319 \cdot 0{,}9539 \approx 148{,}2\,\text{MHz}$.

d) Die (theoretisch) max. Schwingfrequenz der Schaltung tritt auf bei $R_L = 0$ und $L_Z = 0$. Dann ist

(10) $L = L_S = 5\,\text{nH}$, $R = r_B = 1\,\Omega$ und damit

(11) $f_{0\,\text{max}} \approx 711{,}762 \cdot 0{,}9949 \approx 708{,}2\,\text{MHz}$.

e) Bei 1% Änderung erhält man mit

(12) $C_{j1} = 10{,}1\,\text{pF}$, $C_{j2} = 9{,}9\,\text{pF}$ und $L = 105\,\text{nH}$,

$f_{01} = 154{,}548 \cdot 0{,}9539 \approx 147{,}42\,\text{MHz}$

und $f_{02} = 156{,}102 \cdot 0{,}9539 \approx 148{,}90\,\text{MHz}$.

Somit beträgt der Frequenzhub

(13) $\Delta f_T \approx \pm \tfrac{1}{2}(f_{02} - f_{01}) \approx \pm 740\,\text{kHz}$.

- **Übung 6.1/1:** Gegeben ist das Tunneldioden-Ersatzbild nach Bild 6.1-2.
  a) Berechnen Sie die Eingangsimpedanz $\underline{Z}_D$ aus dem Tunneldioden-Ersatzbild (ohne R_L und L_Z).
  b) Entnehmen Sie als Diodengrenzfrequenz f_g den Wert, bei dem der Realteil von $\underline{Z}_D$ zu Null wird.
  c) Skizzieren Sie eine Oszillator-Schaltung mit Tunneldiode und Parallelschwingkreis.

Höhere Ausgangsleistungen bei Zweipol-Oszillatoren im Mikrowellenbereich lassen sich mit Gunn-Elementen, Impatt-Dioden und Laufzeit-Röhren erreichen [44, 51].

Die Impatt-Diode z. B. wird im Sperrbereich bis kurz vor den Avalanche-Effekt vorgespannt. Eine überlagerte Wechselspannung u (mit der Frequenz f) löst Stoßionisationslawinen aus. Infolge der endlichen Laufzeit t_D der Ladungsträger durch die Driftzone (abhängig von der Driftzonenweite w und der Sättigungsdriftgeschwindigkeit v_S) tritt eine Phasenverschiebung $\varphi = 2\pi f \cdot t_D$ im äußeren Kreis zwischen u (als Ursache) und Strom i auf, wodurch in einem bestimmten Frequenzbereich ein negativer Realteil der Diodenimpedanz entstehen kann. D. h. die Impatt-Diode ist ebenfalls zur Entdämpfung in Resonatoren bei Mikrowellen-Oszillatoren einsetzbar und da die Durchbruchsspannungen bei ca. 10 V ... 100 V liegen, sind auch wesentlich höhere Wechselleistungen als bei der Tunneldiode zu erwarten. Als Leistungen sind hiermit momentan erreichbar bis ca. 10 W bei 10 GHz, einige Watt bei 50 GHz und ca. 0,1 W bei 100 GHz.

Für Zweipol-Oszillatoren mit Leistungen (Dauerleistungen) bis in den kW-Bereich und bei Frequenzen bis zu mehreren 100 GHz werden Laufzeit-Röhren (z. B. Magnetrons und Gyrotrons) verwendet [51].

6.2 Grundprinzip eines Vierpol-Oszillators

Vor der Darstellung einzelner Transistor-Oszillatoren sei zunächst die allgemeine Betrachtung eines Vierpol-Oszillators vorangestellt. Hiernach kann man sich einen Vierpol-Oszillator aus einem Verstärker-Vierpol (aktiv) und einem Rückkopplungs-Vierpol (passiv) zusammengesetzt denken (Bild 6.2-1a).

Hierbei beträgt die Verstärkung $\underline{V}$ des Verstärker-Vierpols

$$\underline{V} = \frac{\underline{U}_2}{\underline{U}_1} \qquad (6.2/1)$$

und der Rückkopplungsfaktor $\underline{K}$ des Rückkopplungs-Vierpols

$$\underline{K} = \frac{\underline{U}_3}{\underline{U}_2}. \qquad (6.2/2)$$

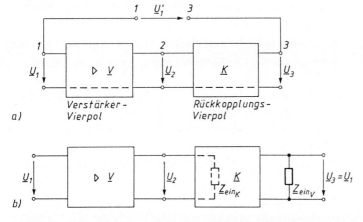

Bild 6.2-1 Allgemeine Darstellung eines Vierpol-Oszillators
    a) Kettenschaltung aus Verstärker-Vierpol und Rückkoppel-Vierpol
    b) Nachbildung der Belastungs-Einflüsse (offene Kette)

Ein Umlauf in der Anordnung nach Bild 6.2-1a mit (6.2/2) ergibt

$$\underline{U}'_1 = \underline{U}_1 - \underline{U}_3 = \underline{U}_1 - \underline{K}\underline{U}_2 \,. \tag{6.2/3}$$

Wenn nach (6.2/3) $\underline{U}'_1 = 0$ ist, d. h. die rückgeführte Spannung $\underline{U}_3$ in Betrag und Phase mit der gedachten Eingangsspannung $\underline{U}_1$ übereinstimmt, dürfen die Klemmen 1–3 verbunden werden. In diesem Falle wird ein stationärer Zustand aufrechterhalten. Es tritt also eine Ausgangswechselspannung $\underline{U}_2$ auf, ohne daß eine externe Eingangswechselspannung $\underline{U}_1$ angelegt wurde. Somit ist durch die vorliegende Rückkopplung auf den Eingang ein Oszillator entstanden. Betrachtet man das Verhältnis

$$\frac{\underline{U}_3}{\underline{U}_1} = \frac{\underline{U}_3}{\underline{U}_2} \cdot \frac{\underline{U}_2}{\underline{U}_1} = \underline{K} \cdot \underline{V} \,, \tag{6.2/4}$$

so gilt bei Verbindung der Punkte 1 und 3 mit $\underline{U}'_1 = 0$ bzw. $\underline{U}_1 = \underline{U}_3$ die für eine Schwingschaltung wichtige Beziehung

$$\underline{K} \cdot \underline{V} = 1 \,. \tag{6.2/5}$$

Die Schwingbedingung (6.2/5) stellt eine komplexe Gleichung dar, sie enthält also eine Betrags- und Phasen-Aussage. Mit $\underline{K} = |\underline{K}|\,e^{j\varphi_K}$ und $\underline{V} = |\underline{V}|\,e^{j\varphi_V}$ in (6.2/5) wird

$$|\underline{K}| \cdot |\underline{V}|\,e^{j(\varphi_K + \varphi_V)} = 1 \,,$$

d. h. die notwendige Amplituden- sowie Phasenbedingung lautet

$$|\underline{K}| \cdot |\underline{V}| = 1 \tag{6.2/6}$$

und

$$\varphi_K + \varphi_V = 0 \quad (\text{bzw. } 360°) \,.$$

Diese beiden Gleichungen sind die Grundbeziehungen für das Verständnis eines Vierpol-Oszillators. Liegt z. B. bei einem Verstärker (Emitter-Schaltung) eine Phasendrehung von $\varphi_V = 180°$ vor, so muß der Rückkopplungs-Vierpol ebenfalls $\varphi_K = 180°$ drehen, um eine Gleichphasigkeit am Verstärker-Eingang (also 360° bzw. 0°) zu erreichen. Der Betrag des Rückkoppelfaktors müßte nach (6.2/6) $|\underline{K}| = 1/|\underline{V}|$ sein. In der Regel wird man aber $|\underline{K}|$ etwas größer als $1/|\underline{V}|$ wählen, um beim Einschalten der Gleichspannung ein sicheres Anschwingen des Oszillators aus dem Rauschen heraus zu gewährleisten.

Schematisiert lassen sich folgende Schritte für die Analyse eines Vierpol-Oszillators angeben:

1.) Man trenne den Rückkopplungskreis der Oszillator-Schaltung an geeigneter Stelle auf (d. h. man öffne die Kette).

2.) Man berücksichtige hierbei die Belastungsverhältnisse der Vierpole dadurch, daß man sie entsprechend Bild 6.2-1b näherungsweise nachbilde. Hierbei ist der Verstärker-Ausgang mit der Eingangsimpedanz $\underline{Z}_{\text{ein}K}$ des Rückkoppel-Vierpols und der Ausgang des Rückkoppel-Vierpols mit der Eingangsimpedanz $\underline{Z}_{\text{ein}V}$ des Verstärkers belastet.

3.) Man berechne $\underline{V} = \underline{U}_2/\underline{U}_1$ und $\underline{K} = \underline{U}_3/\underline{U}_2$ der offenen Kette. Hierbei gelten folgende Abhängigkeiten:

$$\underline{V} = f\,(\text{Verstärker-}VP\text{-Parametern},\,\underline{Z}_{\text{ein}K})\,, \tag{6.2/7}$$

$$\underline{K} = f\,(\text{Rückkoppel-}VP\text{-Parametern},\,\underline{Z}_{\text{ein}V})\,.$$

4.) Man gewinne aus der Schwingbedingung (6.2/6) die gewünschten Aussagen über $|\underline{K}|$, φ und die Schwingfrequenz f_0 der Schaltung [153].

6.3 Einige Grundtypen von Vierpol-Oszillatoren

6.3.1 RC-Oszillatoren

In tieferen Frequenzbereichen bis zu einigen MHz verwendet man oft *RC*-Oszillatoren, da hier Spulen meist relativ groß und teuer sind. Insbesondere bei Einsatz von Operationsverstärkern und Brückenschaltungen lassen sich auch hier relativ stabile Oszillatoren erreichen.

a) Oszillator mit *RC*-Phasenschieber-Kette

In Bild 6.3.1-1a ist eine einfache Grundschaltung betrachtet. Der Verstärker-Vierpol ist hier eine Emitter-Schaltung. Bei Annahme einer Phasendrehung von 180° zwischen Basis und Kollektor ist nach (6.2/6) auch beim Rückkopplungs-Vierpol eine Phasendrehung von 180° erforderlich. Um diese Phasendrehung zu erreichen, werden bei der *RC*-Phasenschieber-Kette 3 Glieder benötigt (auf Grund der gegenseitigen Belastung der *RC*-Glieder!). Der Widerstand R_E soll nur eine gleichstrommäßige Arbeitspunkt-Stabilisierung bewirken. Zur Vereinfachung seien folgende Annahmen getroffen:

Die Ein- und Ausgangsimpedanzen des Verstärkers seien reell,

also

$$\underline{Z}_{einV} = R_{ein} = R_1 \| R_2 \| R_{1T}$$

und

$$\underline{Z}_{ausV} = R_{aus} = R_{2T} \| R_C, \qquad (6.3.1/1)$$

wobei $R_{1T} \approx 1/Y_{11}$ den Transistor-Eingangswiderstand und $R_{2T} \approx 1/Y_{22}$ den Transistor-Ausgangswiderstand bei Vernachlässigung der Transistor-Rückwirkung (Y_{12}) darstellt.

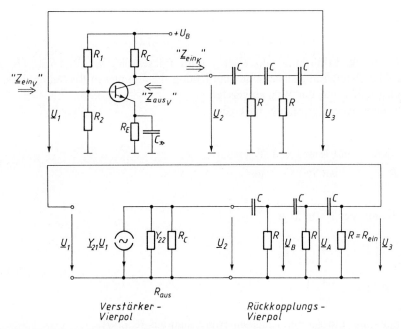

Bild 6.3.1-1 Oszillator mit *RC*-Phasenschieber-Kette
  a) Schaltung
  b) Ersatzschaltbild

Um 3 gleiche CR-Glieder zu erhalten, wählt man

$$R = R_{ein}. \tag{6.3.1/2}$$

Damit die Belastung des Verstärker-Ausgangswiderstandes R_{aus} durch die Eingangsimpedanz $\underline{Z}_{einK}$ des Rückkoppel-Vierpols gering bleibt, ist zu fordern

$$R_{aus} \ll \underline{Z}_{einK}. \tag{6.3.1/3}$$

Zu einer Abschätzung von $\underline{Z}_{einK}$ kann man durch folgende Überlegung gelangen: bei $\omega \to 0$ geht $\underline{Z}_{einK} \to \infty$, während bei $\omega \to \infty$ der kleinste Wert von $\underline{Z}_{einK}$, nämlich $\underline{Z}_{einK} = R \parallel R \parallel R = R/3$ auftritt. Man liegt also nach (6.3.1/3) auf der sicheren Seite, wenn man R hochohmig genug wählt, also

$$R \gg 3R_{aus}. \tag{6.3.1/4}$$

Sollte sich diese Bedingung ungenügend realisieren lassen, könnte man notfalls zwischen Verstärkerausgang und Phasenschieber-Kette einen Emitterfolger als Impedanzwandler dazwischenschalten.

Nach obigen Vorüberlegungen läßt sich der Oszillator mit Hilfe der vereinfachten Ersatzschaltung nach Bild 6.3.1-1b berechnen. Für die Spannung $\underline{U}_2$ gilt mit (6.3.1/3)

$$\underline{U}_2 = -Y_{21}\underline{U}_1(R_{aus} \parallel \underline{Z}_{einK}) \approx -Y_{21}\underline{U}_1 R_{aus}$$

bzw. für die Verstärkung

$$\underline{V} = \frac{\underline{U}_2}{\underline{U}_1} \approx -V_0 \tag{6.3.1/5}$$

mit

$$V_0 \approx Y_{21} R_{aus}. \tag{6.3.1/5a}$$

Einige Mühe ist für die Ermittlung von $\underline{U}_2/\underline{U}_3$ beim Phasenschieber (Bild 6.3.1/1b) aufzuwenden. Obwohl die Herleitung sicher eine gute Übung zur komplexen Rechnung darstellt, ist doch aus Platzgründen nur der Weg aufgezeigt.

Man beginnt am unbelasteten Ausgang. Hier gilt

$$\frac{\underline{U}_A}{\underline{U}_3} = \frac{R + \dfrac{1}{j\omega C}}{R} = \frac{j\omega CR + 1}{j\omega CR} = \frac{1 + j\omega\tau}{j\omega\tau} \tag{6.3.1/6}$$

mit $\tau = CR$.

Als nächster Abschnitt der Kette folgt

$$\frac{\underline{U}_B}{\underline{U}_A} = \frac{\dfrac{1}{j\omega C} + \left[R \parallel \left(R + \dfrac{1}{j\omega C}\right)\right]}{R \parallel \left(R + \dfrac{1}{j\omega C}\right)}. \tag{6.3.1/7}$$

Nach Ausmultiplikation und Zusammenfassen erhält man aus (6.3.1/7)

$$\frac{\underline{U}_B}{\underline{U}_A} = \frac{j3\omega CR + 1 + (j\omega CR)^2}{j\omega CR(1 + j\omega CR)} = \frac{[1 - (\omega\tau)^2 + j3\omega\tau]}{j\omega\tau(1 + j\omega\tau)}. \tag{6.3.1/7a}$$

6.3 Einige Grundtypen von Vierpol-Oszillatoren

Als dritter Schritt in der Kette folgt

$$\frac{\underline{U}_2}{\underline{U}_B} = \frac{\frac{1}{j\omega C} + R \parallel \left\{\frac{1}{j\omega C} + \left[R \parallel \left(R + \frac{1}{j\omega C}\right)\right]\right\}}{R \parallel \left\{\frac{1}{j\omega C} + \left[R \parallel \left(R + \frac{1}{j\omega C}\right)\right]\right\}}. \quad (6.3.1/8)$$

Die Umformung von (6.3.1/8) liefert

$$\frac{\underline{U}_2}{\underline{U}_B} = \frac{1 - 6(\omega\tau)^2 + j5\omega\tau - j\omega\tau(\omega\tau)^2}{j\omega\tau[1 - (\omega\tau)^2 + j3\omega\tau]}. \quad (6.3.1/8\,\mathrm{a})$$

Das Gesamt-Verhältnis $\underline{U}_2/\underline{U}_3 = 1/\underline{K}$ wird dann mit (6.3.1/6), (6.3.1/7a) und (6.3.1/8a)

$$\frac{\underline{U}_2}{\underline{U}_3} = \frac{\underline{U}_2}{\underline{U}_B} \cdot \frac{\underline{U}_B}{\underline{U}_A} \cdot \frac{\underline{U}_A}{\underline{U}_3}$$

$$= \frac{1}{j\omega\tau}[1 - 6(\omega\tau)^2 + j5\omega\tau - j\omega\tau(\omega\tau)^2]\frac{1}{j\omega\tau} \cdot \frac{1}{j\omega\tau}$$

$$= 1 - \frac{5}{(\omega\tau)^2} + j\frac{1}{\omega\tau}\left[\frac{1}{(\omega\tau)^2} - 6\right]. \quad (6.3.1/9)$$

Aus der Schwingbedingung (6.2/5) erhält man mit

$$\underline{V} = \frac{1}{\underline{K}} = \frac{\underline{U}_2}{\underline{U}_3}$$

$$-V_0 = \left[1 - \frac{5}{(\omega\tau)^2}\right] + j\frac{1}{\omega\tau}\left[\frac{1}{(\omega\tau)^2} - 6\right]. \quad (6.3.1/10)$$

Die komplexe Gleichung (6.3.1/10) ist zu erfüllen, wenn der Imaginärteil Null wird, d. h.

$$\frac{1}{(\omega_0\tau)^2} - 6 = 0. \quad (6.3.1/10\,\mathrm{a})$$

Hieraus folgt mit $\tau = CR$ die Schwingfrequenz f_0 des Oszillators

$$f_0 = \frac{1}{2\pi\sqrt{6}\cdot CR}. \quad (6.3.1/11)$$

Aus dem Realteil gewinnt man bei f_0 eine Amplitudenaussage, und zwar wird mit (6.3.1/10a)

$$-V_0 = 1 - 5\frac{1}{(\omega_0\tau)^2} = 1 - 30 = -29,$$

d. h. zum Anschwingen muß die Verstärkung mindestens betragen

$$V_0 = 29. \quad (6.3.1/12)$$

Im Beispiel 6.3.1/1 ist eine derartige Oszillator-Schaltung mit Transistor für eine gewünschte Frequenz f_0 zahlenmäßig (überschlägig) dimensioniert.

Abschließend sei noch angemerkt, daß der gleiche Oszillator natürlich auch mit einem invertierenden Operationsverstärker (statt des Transistors) aufbaubar ist, wobei die Bedingungen nach (6.3.1/1) und (6.3.1/4) auf Grund der idealeren Verhältnisse beim Operationsverstärker einfacher zu realisieren sind.

- **Beispiel 6.3.1/1:** Es ist ein *RC*-Oszillator nach Bild 6.3.1-1a für $f_0 = 100$ kHz überschlägig zu dimensionieren.

  Gegeben sind: Betriebsspannung $U_B = 12$ V,
  Arbeitspunkt: $I_C = 2$ mA; $U_{CE} = 5$ V; $I_B = 6$ µA; $U_{BE} = 0{,}62$ V,
  h-Parameter in Arbeitspunkt:
  $h_{11} = 4{,}5$ kΩ; $h_{21} = 330$; $h_{22} = 30$ µS.

Lösung:

Umrechnung der h-Parameter auf Y-Parameter (s. Kapitel 5):

(1) $Y_{11} = 1/h_{11} \approx 0{,}22$ mS; $Y_{22} = h_{22} \approx 30$ µS;

(2) $Y_{21} = \dfrac{\Delta I_C}{\Delta U_{BE}} = \dfrac{\Delta I_C}{\Delta I_B} \dfrac{\Delta I_B}{\Delta U_{BE}} = \dfrac{h_{21}}{h_{11}} \approx 73{,}3$ mS.

Um (6.3.1/12) sicher zu erfüllen, wird $V_0 \approx 35$ gewählt. Dann folgt aus (6.3.1/5a) und (6.3.1/1)

(3) $R_{aus} = V_0/Y_{21} \approx 35/(73{,}3 \text{ mS}) \approx 477$ Ω,

(4) $1/R_C = 1/R_{aus} - Y_{22} \approx 1/R_{aus}$,

d. h. gewählt wird $R_C = 470$ Ω.

Nach (6.3.1/1) und (6.3.1/2) gilt mit $R_{1T} \approx h_{11} \approx 4{,}5$ kΩ

(5) $R = R_{ein} = R_1 \parallel R_2 \parallel R_{1T}$.

Mit

$I_E \approx I_C$ wird

$R_E \approx \dfrac{U_B - I_C R_C - U_{CE}}{I_C}$

$\approx \dfrac{12 \text{ V} - 0{,}94 \text{ V} - 5 \text{ V}}{2 \text{ mA}} \approx 3$ kΩ

$U_{R2} = U_{BE} + I_E R_E \approx 0{,}62 \text{ V} + 2 \text{ mA} \cdot 3 \text{ kΩ} = 6{,}62$ V

$I_q = 20 I_B = 120$ µA

$R_2 = U_{R2}/I_q \approx 55$ kΩ

$R_1 = \dfrac{U_B - U_{R2}}{I_q + I_B} \approx 43$ kΩ.

Somit wird nach (5)

$R \approx R_1 \parallel R_2 \parallel h_{11} \approx 3793$ Ω.

Gewählt wird $R = 3{,}3$ kΩ (da R_{1T} immer etwas $< h_{11}$). Damit ist die Forderung (6.3.1/4), d. h. $R \gg 3 R_{aus}$ etwa erfüllt.

6.3 Einige Grundtypen von Vierpol-Oszillatoren

Nach (6.3.1/11) ist für $f_0 = 100\,\text{kHz}$ als Kapazität erforderlich

$$C = \frac{1}{2\pi\sqrt{6}\,R f_0}$$

$$= \frac{1}{2\pi\sqrt{6}\cdot 3{,}3\cdot 10^3 \cdot 100\cdot 10^3} \approx 197\,\text{pF}\,.$$

Von der Steilheit des Phasenverlaufes $\varphi(\omega)$ des frequenzbestimmenden Netzwerkes in der Gegend der Schwingfrequenz hängt in hohem Maße die Frequenzstabilität eines Oszillators ab. Tritt nämlich beim Verstärker infolge einer Störung eine Phasenänderung $\Delta\varphi_V$ auf, so muß diese auf Grund der Schwingbedingung (6.2/6) in der geschlossenen Schleife durch eine Phasenänderung $\Delta\varphi_K = -\Delta\varphi_V$ des Rückkoppel-Vierpols ausgeglichen werden. Die hierdurch bedingte Frequenzänderung ist dann geringer, d. h. der Oszillator stabiler, wenn die Phasensteilheit groß ist. Bessere Phasensteilheiten als bei dem bisher betrachteten Oszillator erhält man im unteren Frequenzbereich durch Verwendung einer Brückenschaltung als frequenzbestimmendes Netzwerk.

b) Wien-Brücken-Oszillator

Die Prinzip-Schaltung eines Wien-Brücken-Oszillators ist in Bild 6.3.1-2a dargestellt. Für den nichtinvertierenden Verstärker (z. B. einen Operationsverstärker) sind folgende Annahmen getroffen:
- die Leerlaufspannungs-Verstärkung V_0 sei positiv und reell,
- Eingangswiderstand R_{ein} und Ausgangswiderstand R_{aus} seien ebenfalls reell;
- R_{ein} sei unabhängig von der Last am Ausgang des Verstärkers.

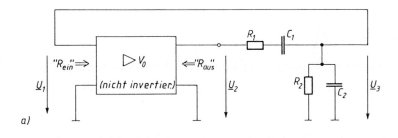

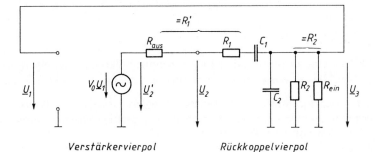

Bild 6.3.1-2 Wien-Brücken-Oszillator
    a) Schaltung
    b) Ersatzschaltung

Mit diesen Annahmen läßt sich die in Bild 6.3.1-2b dargestellte Ersatzschaltung angeben. Als Widerstände lassen sich zusammenfassen

$$R'_1 = R_1 + R_{aus} \quad \text{und} \quad R'_2 = R_2 \parallel R_{ein}. \tag{6.3.1/13}$$

Für den Rückkopplungs-Vierpol ist ansetzbar

$$\frac{1}{\underline{K}} = \frac{\underline{U}'_2}{\underline{U}_3} = \frac{R'_1 + \dfrac{1}{j\omega C_1} + \dfrac{1}{\dfrac{1}{R'_2} + j\omega C_2}}{\dfrac{1}{\dfrac{1}{R'_2} + j\omega C_2}}$$

$$= \left(R'_1 + \frac{1}{j\omega C_1}\right)\left(\frac{1}{R'_2} + j\omega C_2\right) + 1$$

$$= \frac{R'_1}{R'_2} + \frac{C_2}{C_1} + j\left(\omega C_2 R'_1 - \frac{1}{\omega C_1 R'_2}\right) + 1$$

$$= \left(1 + \frac{R'_1}{R'_2} + \frac{C_2}{C_1}\right) + j\left(\omega C_2 R'_1 - \frac{1}{\omega C_1 R'_2}\right). \tag{6.3.1/14}$$

Aus der Anschwingbedingung (6.2/5) erhält man mit $\underline{V} = \underline{U}'_2/\underline{U}_1 = V_0$ wiederum

$$\underline{V} = \frac{1}{\underline{K}},$$

$$V_0 = \left(1 + \frac{R'_1}{R'_2} + \frac{C_2}{C_1}\right) + j\left(\omega C_2 R'_1 - \frac{1}{\omega C_1 R'_2}\right). \tag{6.3.1/15}$$

Zur Erfüllung der komplexen Gleichung (6.3.1/15) muß als Amplitudenbedingung gelten

$$V_0 = 1 + \frac{R'_1}{R'_2} + \frac{C_2}{C_1}. \tag{6.3.1/16}$$

Der Imaginärteil von (6.3.1/15) muß bei $\omega = \omega_0$ verschwinden. Hieraus erhält man die Schwingfrequenz f_0 des Oszillators

$$f_0 = \frac{1}{2\pi \sqrt{C_1 R'_1 C_2 R'_2}}. \tag{6.3.1/17}$$

In Beispiel 6.3.1/2 ist eine in der Praxis häufiger benutzte Variante mit einem Operationsverstärker betrachtet, die als Wien-Robinson-Oszillator bekannt ist (Bild 6.3.1-3a).

- **Beispiel 6.3.1/2:** Es ist ein Wien-Robinson-Oszillator (nach Bild 6.3.1-3a) für $f_0 = 100$ kHz zu berechnen. Dabei ist für den nicht invertierenden Verstärker ein idealer Operationsverstärker anzunehmen.
  a) Berechnen Sie die Verstärkung V des Verstärker-Vierpols.
  b) Dimensionieren Sie die Bauteile.

  Lösung:
  a) Um eine Mitkopplung zu erreichen, wird auf den nicht invertierenden Eingang des Operationsverstärkers rückgekoppelt.

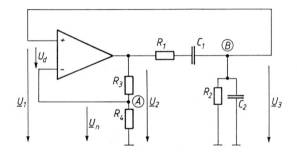

a)

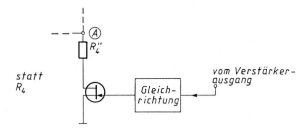

b)

Bild 6.3.1-3 Wien-Robinson-Oszillator (zu Bsp. 6.3.1/2)
  a) Schaltung
  b) Amplitudenstabilisierung

Bei Annahme eines idealen Operationsverstärkers:

(1) Leerlauf-Verstärkung $V_1 \to \infty$; $u_d = u_a/V_1 \to 0$; $R_{ein} \to \infty$; $R_{aus} \to 0$

folgt aus Bild 6.3.1-3a bei $u_d \approx 0$

(2) $\underline{U}_1 = \underline{U}_n = \underline{U}_2 \dfrac{R_4}{R_3 + R_4}$.

Damit beträgt die Spannungs-Verstärkung des Verstärker-Vierpols

(3) $\underline{V} = \dfrac{\underline{U}_2}{\underline{U}_1} = \dfrac{R_3 + R_4}{R_4} = 1 + \dfrac{R_3}{R_4}$.

b) Bei idealem Operationsverstärker wird aus (6.3.1/13) mit (1):

(4) $R'_1 \approx R_1$ und $R'_2 \approx R_2$.

Aus (6.3.1/17) erhält man mit $C_1 = C_2 = C$ und $R_1 = R_2 = R$ für die Schwingfrequenz

(5) $f_0 = \dfrac{1}{2\pi CR}$.

Nach (6.3.1/16) wird dann die Verstärkung

(6) $V_0 \approx 3$

und der Rückkoppelfaktor $k \approx 1/3$.
Wählt man z. B. $C = 1$ nF, so beträgt nach (5) für $f_0 = 100$ kHz

(7) $R = \dfrac{1}{2\pi C f_0} \approx 1{,}59$ kΩ.

Aus (6) und (3) folgt

(8) $R_3 = 2R_4$.

Wählt man $R_4 = 10\,\text{k}\Omega$, müßte $R_3 \approx 20\,\text{k}\Omega$ betragen.

Hierzu ist allerdings anzumerken, daß bei obiger Dimensionierung für die Frequenz f_0 die Differenzspannung u_d am Verstärkereingang Null wird. Sie ist nämlich gleich der Spannung zwischen den Punkten $A-B$ und bei f_0 ist $\underline{U}_n = \underline{U}_3 = 1/3\underline{U}_a$. (Die Anordnung aus der Wien-Brücke sowie den Teilern R_3, R_4 mit der Brückenspannung $\underline{U}_{AB}$ wird in der Literatur als Wien-Robinson-Brücke bezeichnet.)

Daher empfiehlt es sich, die Wien-Robinson-Brücke etwas zu verstimmen. Und zwar auch im Hinblick auf die Anschwingbedingung ($\underline{K} \cdot \underline{V} > 1$) wählt man $|\underline{V}|$ etwas größer als $1/|\underline{K}|$, d. h. hier etwas größer als 3. Dies kann man z. B. dadurch erreichen, daß man nach (3) einen Widerstand R_4 verwendet, der etwas kleiner als der berechnete Wert von R_4 ist, was aber praktisch nur recht instabil zu realisieren ist.

Eine gute Amplitudenstabilisierung läßt sich nach [38, 51] dadurch erreichen, daß man keinen festen Wert R_4 verwendet, sondern diesen durch die Reihenschaltung aus einem FET und einem Widerstand ersetzt. Leitet man nun vom Verstärker-Ausgang durch Gleichrichtung der Ausgangsspannung eine Regelspannung ab, so kann man hiermit den Widerstand des FETs (und somit die Verstärkung) verändern (Bild 6.3.1-3 b).

6.3.2 *LC*-Oszillatoren

Ein *LC*-Oszillator besteht praktisch aus einem Selektivverstärker, von dessen Ausgang mit Hilfe eines geeigneten passiven Vierpols Signalanteile auf den Verstärker-Eingang im Sinne einer Mitkopplung rückgekoppelt werden.

Diese Rückkopplung kann z. B. transformatorisch oder durch induktive bzw. kapazitive Teilung erfolgen. Nachstehend werden die wichtigsten *LC*-Oszillator-Schaltungen betrachtet.

Um zu einer möglichst anschaulichen Darstellung der verschiedenen Oszillator-Grundtypen zu kommen, wird zunächst bewußt auf die verallgemeinerte Darstellung mit π-Ersatzbild und komplexen Y-Parametern verzichtet und statt dessen sehr einfache Ersatzbilder angenommen. Dies ist natürlich nur für tiefere Frequenzbereiche zulässig, wo die Blindanteile noch relativ gering sind und die Schwingfrequenz f_0 sehr klein gegenüber der Transitfrequenz f_T des Transistors ist.

a) Meißner-Schaltung

Die Meißner-Schaltung ist eine der ältesten Oszillator-Schaltungen. Den recht einfachen Aufbau zeigt Bild 6.3.2-1 a. Vom Ausgang des Selektivverstärkers wird durch einen Umkehrübertrager die notwendige Mitkopplung am Verstärker-Eingang erreicht. Die Punkte an den Wicklungen kennzeichnen die (gleiche) Phasenlage (z. B. Punkt = Wicklungsanfang).

Bild 6.3.2-1 b zeigt das wechselmäßige Ersatzschaltbild der Meißner-Schaltung. Vereinfachend sind Rückwirkungsfreiheit des Transistors ($\underline{Y}_{12} \approx 0$), ein Kleinsignal-Ersatzbild mit reellen Parametern, sowie ein idealisierter Übertrager mit dem Übersetzungsverhältnis $\ddot{u} = n_1/n_2 > 1$ angenommen.

Die Ersatzgrößen in Bild 6.3.2-1 b haben folgenden Zusammenhang mit den Y-Parametern (vgl. Kapitel 5):

$$r_{BE} = \frac{1}{Y_{11}}; \quad r_{CE} = \frac{1}{Y_{22}} \quad \text{und die Steilheit} \quad S = Y_{21}.$$

Die Ausgangsspannung lautet

$$\underline{U}_2 = -S\underline{U}_1 \underline{Z}_{p\,ges} = -S\underline{U}_1 \frac{1}{\underline{Y}_{p\,ges}} \tag{6.3.2/1}$$

6.3 Einige Grundtypen von Vierpol-Oszillatoren

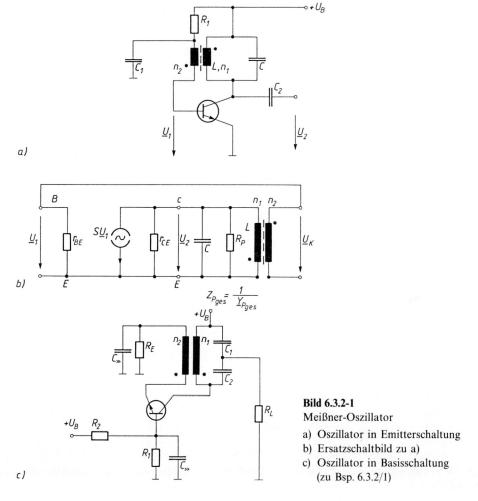

Bild 6.3.2-1
Meißner-Oszillator
a) Oszillator in Emitterschaltung
b) Ersatzschaltbild zu a)
c) Oszillator in Basisschaltung
(zu Bsp. 6.3.2/1)

und damit die Verstärkung

$$\underline{V} = \frac{\underline{U}_2}{\underline{U}_1} = \frac{-S}{\underline{Y}_{p\,ges}}. \qquad (6.3.2/1a)$$

Der Eingangswiderstand r_{BE} wird auf die Kollektorseite hochtransformiert und bedämpft dabei mit dem Wert r'_{BE} den Schwingkreis. Als Übersetzungsverhältnis wurde definiert

$$\ddot{u} = \frac{n_1}{n_2} > 1, \qquad (6.3.2/2)$$

somit lautet

$$r'_{BE} = \ddot{u}^2 r_{BE}. \qquad (6.3.2/2a)$$

Der Gesamtleitwert auf der Kollektorseite beträgt dann

$$\underline{Y}_{p\,ges} = \frac{1}{r_{CE}} + \frac{1}{r'_{BE}} + \frac{1}{R_p} + j\left(\omega C - \frac{1}{\omega L}\right), \qquad (6.3.2/3)$$

wobei R_p den Verlustwiderstand des Parallelschwingkreises mit der Güte Q darstellt. Hierbei gilt

$$R_p = Q(\omega_0 L). \qquad (6.3.2/3a)$$

Mit der rückgekoppelten Spannung (unter Beachtung der Punkte gleicher Phase)

$$\underline{U}_K = -\frac{n_2}{n_1}\underline{U}_2 = -\frac{1}{\ddot{u}}\underline{U}_2 \qquad (6.3.2/4)$$

erhält man den Rückkoppelfaktor

$$\underline{K} = \frac{\underline{U}_K}{\underline{U}_2} = -\frac{1}{\ddot{u}}. \qquad (6.3.2/4a)$$

Aus der Schwingbedingung folgt mit (6.3.2/4a), (6.3.2/1a) und mit (6.3.2/3)

$$\underline{K} = \frac{1}{\underline{V}}$$

$$-\frac{1}{\ddot{u}} = -\frac{\underline{Y}_{\text{pges}}}{S} = -\frac{1}{S}\left[\frac{1}{r_{CE}} + \frac{1}{r'_{BE}} + \frac{1}{R_p} + j\left(\omega_0 C - \frac{1}{\omega_0 L}\right)\right]. \qquad (6.3.2/5)$$

Ein Vergleich der Realteile in (6.3.2/5) liefert wiederum die Amplitudenbedingung

$$\frac{1}{\ddot{u}} = \frac{1}{S}\left(\frac{1}{r_{CE}} + \frac{1}{r'_{BE}} + \frac{1}{R_p}\right). \qquad (6.3.2/6)$$

Mit der vereinfachenden Annahme $r'_{BE} \gg r_{CE}$ (bei $\ddot{u}^2 \gg 1$) ist zum Anschwingen das Übersetzungsverhältnis $\ddot{u}$ etwas größer als die Verstärkung $V_0 \approx S(r_{CE} \| R_p)$ bei Resonanzfrequenz f_0 zu wählen, d. h.

$$\ddot{u} = \frac{n_1}{n_2} \geq \frac{S}{\dfrac{1}{r_{CE}} + \dfrac{1}{R_p}} = V_0. \qquad (6.3.2/7)$$

Da nach (6.3.2/5) der Imaginärteil in der Schwingbedingung Null sein muß, folgt hieraus, daß die Schwingfrequenz des Oszillators gleich der Resonanzfrequenz des Selektivverstärkers ist, also

$$f_0 = \frac{1}{2\pi\sqrt{LC}}. \qquad (6.3.2/8)$$

Der Meißner-Oszillator schwingt also auf der Resonanzfrequenz f_0. Nach dem Einschalten der Betriebsspannung U_B soll der Oszillator sicher anschwingen; hierfür ist $\ddot{u}$ etwas größer als V_0 zu wählen. Ein exponentieller Anstieg der Schwingamplitude erfolgt solange, bis auf Grund von Unlinearitäten (z. B. geringe Abflachung der Steuerkennlinie) die Steilheit S und damit die Verstärkung V_0 abnimmt. Dann schwingt der Oszillator mit konstanter Amplitude und es gilt $\underline{K} \cdot \underline{V} = 1$.

Besser sind sicher schaltungsmäßig vorgesehene Maßnahmen für eine Amplituden-Stabilisierung. So sollte man auf jeden Fall eine gleichstrommäßige Gegenkopplung zur Arbeitspunktstabilisierung vorsehen, eventuell auch eine geringe wechselmäßige Stromgegenkopplung zur Verringerung von Verstärkung und Klirrfaktor.

Auch ein zu großes Übersetzungsverhältnis $\ddot{u}$ sollte man vermeiden, da sich dies ungünstig auf den Klirrfaktor der Oszillatorschwingung auswirkt.

Eine andere Ausführung eines Meißner-Oszillators in Basis-Schaltung ist kurz in Beispiel 6.3.2/1 betrachtet.

6.3 Einige Grundtypen von Vierpol-Oszillatoren

- **Beispiel 6.3.2/1:** Ein Meißner-Oszillator soll in Basis-Schaltung betrieben werden und am Ausgang mit $R_L = 50\,\Omega$ belastet werden.
  a) Skizzieren Sie die Schaltung.
  b) Wie muß der Rückkoppelfaktor nach der Amplitudenbedingung für die vorliegende Schaltung lauten?

Lösung:

a) Den Meißner-Oszillator in Basis-Schaltung zeigt Bild 6.3.2-1c. Da die Basis-Schaltung das Eingangssignal bei tieferen Frequenzen nicht invertiert, muß hier im Gegensatz zu Bild 6.3.2-1a kein Umkehrübertrager verwendet werden.

Damit der Parallelschwingkreis durch den niederohmigen Lastwiderstand nicht zu sehr bedämpft wird, ist z. B. ein kapazitiver Teiler C_1, C_2 erforderlich.

b) Analog zu (6.3.2/4a) und (6.3.2/6) erhält man für die Amplitudenbedingung

(1) $K = 1/\ddot{u} = n_2/n_1 = (1/S) \cdot (1/r_{CB} + 1/r'_{EB} + 1/R_{PK} + 1/R'_L)$.

In (1) sind die Kreisverluste

(2) $R_{PK} = \omega_0 L Q_K \approx \omega_0 L Q_L$

und der transformierte Lastwiderstand

(3) $R'_L \approx R_L (1 + C_1/C_2)^2$.

Der Widerstand r'_{EB} ist der übersetzte niederohmige Eingangswiderstand der Basis-Schaltung und r_{CB} der hochohmige Ausgangswiderstand.

b) Hartley-Oszillator

Beim Hartley-Oszillator wird der Schwingkreis eines Resonanz-Verstärkers induktiv angezapft (induktive Dreipunkt-Schaltung). Bild 6.3.2-2a zeigt eine Ausführung in Basis-Schaltung. Die abgegriffene Teilspannung wird als Rückkoppel-Signal dem Verstärker-Eingang (hier Emitter) zugeführt.

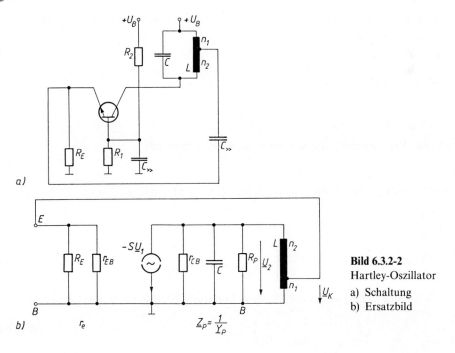

Bild 6.3.2-2
Hartley-Oszillator
a) Schaltung
b) Ersatzbild

In Bild 6.3.2-2b ist das wechselmäßige Ersatzschaltbild des Hartley-Oszillators dargestellt, hier mit den Parametern der Basis-Schaltung. Auf Grund des höheren Eingangsstromes ist der Eingangswiderstand der Basis-Schaltung wesentlich niederohmiger als bei der Emitter-Schaltung. Den nicht invertierenden Charakter der Basis-Schaltung berücksichtigt man bei tieferen Frequenzen durch das negative Vorzeichen der reellen Steilheit, bei höheren Frequenzen rechnet man dann allgemein mit einer komplexen Steilheit (vgl. Kapitel. 6.3.2d).

Für die Ersatzgrößen in Bild 6.3.2-2b gilt mit dem Stromverstärkungsfaktor $\beta \gg 1$

$$r_{EB} = \frac{1}{Y_{11b}} \approx \frac{r_{BE}}{\beta}; \quad Y_{21b} = -Y_{21e} = -S \tag{6.3.2/9}$$

und

$$r_{CB} = \frac{1}{Y_{22b}} \gg r_{CE}.$$

Der Rückkoppelfaktor $\underline{K}$ beträgt

$$\underline{K} = \frac{\underline{U}_K}{\underline{U}_2} = \frac{n_1}{n_1 + n_2} = \frac{1}{\ddot{u}}. \tag{6.3.2/10}$$

Die Ausgangsspannung $\underline{U}_2$ lautet

$$\underline{U}_2 = -(Y_{21b}\underline{U}_1)\underline{Z}_p = +S\underline{U}_1 \frac{1}{\underline{Y}_p} \tag{6.3.2/11}$$

und damit die Verstärkung der Basisschaltung

$$\underline{V} = \frac{\underline{U}_2}{\underline{U}_1} = +\frac{S}{\underline{Y}_p}. \tag{6.3.2/11a}$$

Der Schwingkreis wird wieder durch den transformierten Eingangswiderstand r'_e belastet. Mit $r_e = R_E \parallel r_{EB}$ und $R_E \gg r_{EB}$ wird

$$r'_e = \ddot{u}^2 r_e \approx \ddot{u}^2 r_{EB}. \tag{6.3.2/12}$$

Der Lastleitwert $\underline{Y}_p$ der Schaltung lautet

$$\underline{Y}_p = \frac{1}{r_{CB}} + \frac{1}{\ddot{u}^2 r_{EB}} + \frac{1}{R_p} + j\left(\omega C - \frac{1}{\omega L}\right), \tag{6.3.2/13}$$

wobei für den Verlustwiderstand des Schwingkreises wieder gilt

$$R_p = Q\omega_0 L. \tag{6.3.2/13a}$$

Aus der Schwingbedingung folgt mit (6.3.2/10), (6.3.2/11a) sowie (6.3.2/13)

$$\underline{K} = \frac{1}{\underline{V}}$$

$$\frac{1}{\ddot{u}} = \frac{\underline{Y}_p}{S} = \frac{1}{S}\left\{\left[\frac{1}{r_{CB}} + \frac{1}{\ddot{u}^2 r_{EB}} + \frac{1}{R_p}\right] + j\left(\omega_0 C - \frac{1}{\omega_0 L}\right)\right\}. \tag{6.3.2/14}$$

Für das Anschwingen ist nach (6.3.2/14) als Amplituden-Bedingung zu wählen

$$\frac{1}{\ddot{u}} = \frac{n_1}{n_1 + n_2} \geq \frac{1}{S}\left(\frac{1}{r_{CB}} + \frac{1}{\ddot{u}^2 r_{EB}} + \frac{1}{R_p}\right). \tag{6.3.2/15}$$

6.3 Einige Grundtypen von Vierpol-Oszillatoren

Als Schwingfrequenz folgt aus dem Imaginärteil von (6.3.2/14)

$$f_0 = \frac{1}{2\pi} \cdot \frac{1}{\sqrt{LC}}. \tag{6.3.2/16}$$

Eine zahlenmäßige Dimensionierung für einen Hartley-Oszillator ist in Beispiel 6.3.2/2 vorgenommen.

- **Beispiel 6.3.2/2:** Ein Hartley-Oszillator nach Bild 6.3.2-2 soll bei $f_0 = 1$ MHz betrieben werden. Der Transistor in Basis-Schaltung habe unter Vernachlässigung der Blindanteile den Eingangswiderstand $r_{EB} \approx 33\,\Omega$, den Ausgangswiderstand $r_{CB} \approx 100\,\text{k}\Omega$ und die Steilheit $S \approx 30$ mS. Als Übersetzungsverhältnis sei $ü = 10$ angenommen.
  a) Ermitteln Sie R_P.
  b) Ermitteln Sie L und C.

Lösung:

a) Nach (6.3.2/15) gilt

(1) $S/ü \geq (1/r_{CB} + 1/(ü^2 r_{EB}) + 1/R_P)$,

$1/R_P \leq S/ü - 1/(ü^2 r_{EB}) - 1/r_{CB} \leq 3\,\text{mS} - 0{,}3\,\text{mS} - 10\,\mu\text{S}$,

(2) $R_P \geq 1000/2{,}7\,\Omega \approx 370\,\Omega$.

b) Nimmt man an, daß der Oszillator durch eine nachfolgende Stufe noch mit $R_L = 500\,\Omega$ belastet wird, so muß gelten

(3) $1/R_P = 1/R_{PK} + 1/R_L$

d. h. die Kreisverluste müssen damit betragen

(3a) $R_{PK} = 1/(1/R_P - 1/R_L) \approx 1/(2{,}7\,\text{mS} - 2\,\text{mS})$,

$R_{PK} \approx 1423\,\Omega$.

Unter der in der Praxis meist zulässigen Annahme, daß die Kreisverluste durch die Spulenverluste bedingt sind, gilt mit der Spulengüte Q_L wieder

(4) $R_{PK} \approx R_{PL} = \omega_0 L Q_L$.

Bei einer angenommenen Mindest-Spulengüte $Q_L \approx 80$, die bei der vorliegenden Frequenz leicht realisierbar ist, beträgt die Induktivität

(5) $L \approx 1/(\omega_0 Q_L) R_{PK}$

(5a) $\approx 1423/(2\pi \cdot 10^6 \cdot 80)\,H \approx 2{,}83\,\mu\text{H}$.

Damit erhält man für die Kapazität nach (6.3.2/16)

(6) $C = \dfrac{1}{(2\pi f_0)^2 L}$

(6a) $= \dfrac{1}{(2\pi \cdot 10^6)^2 \cdot 2{,}83 \cdot 10^{-6}} \approx 8{,}9\,\text{nF}$.

Ist die tatsächlich erreichte Güte $Q_L > 80$, liegt man auf der sicheren Seite, da dann R_{PK} bzw. R_P größer sind. Das hier für das Gleichheitszeichen der Amplitudenbedingung nach (2) errechnete L/C-Verhältnis ist sicher nicht sonderlich günstig. Durch Ansatz eines höheren R_P-Wertes (anstatt $R_P = 370\,\Omega$) könnte man in einem zweiten Rechengang zu einem größeren L-Wert und damit kleineren C-Wert kommen.

Z. B.: $R_P = 450\,\Omega$ ergibt $R_{PK} = 4{,}5\,\text{k}\Omega$; $L = 8{,}95\,\mu\text{H}$ und $C = 2{,}83\,\text{nF}$.

c) Colpitts-Oszillator

Beim Colpitts-Oszillator wird aus dem Schwingkreis eines Selektiv-Verstärkers kapazitiv ein Rückkoppelsignal ausgekoppelt und auf den Verstärker-Eingang rückgeführt (kapazitive Dreipunkt-Schaltung). Bild 6.3.2-3a zeigt eine typische Ausführung in Emitter-Schaltung und Bild 6.3.2-3b das dazugehörige wechselmäßige Ersatzbild. Die Kondensatoren $C_\gg$ sind wieder als wechselmäßige Kurzschlüsse aufzufassen und daher im Ersatzbild nicht enthalten. Sie verhindern zwischen Kollektor und Basis einen gleichspannungsmäßigen Kurzschluß durch L und heben die wechselmäßige Strom-Gegenkopplung durch R_E auf (nur Arbeitspunkt-Stabilisierung).

Zur rückgekoppelten Spannung (Bild 6.3.2-3b) gelangt man, wenn man den kapazitiven Teiler C_2, C_1 als nahezu „unbelastet" auffaßt. Dann gilt für das Spannungs-Verhältnis

$$\frac{|\underline{U}_{C1}|}{|\underline{U}_{C2}|} \approx \frac{\frac{1}{\omega C_1}}{\frac{1}{\omega C_2}} \approx \frac{C_2}{C_1}. \tag{6.3.2/17}$$

Die erforderliche Phasenumkehr von 180° wird dadurch erreicht, daß die Verbindung zwischen C_2 und C_1 an Masse gelegt ist (Punkt 2). Der Rückkoppelfaktor $\underline{K}$ beträgt somit

$$\underline{K} = \frac{\underline{U}_K}{\underline{U}_2} = -\frac{\underline{U}_{C1}}{\underline{U}_{C2}} \approx -\frac{C_2}{C_1}. \tag{6.3.2/17a}$$

Auch im vorliegenden Fall ist aus dem Ersatzbild erkennbar, daß die Schwingfrequenz wieder mit der Resonanzfrequenz übereinstimmen muß. Dies führt auf schnellstem Wege zur Schwingfrequenz des Colpitts-Oszillators

$$f_0 = \frac{1}{2\pi} \cdot \frac{1}{\sqrt{LC_{\text{ges}}}}, \tag{6.3.2/18}$$

wobei

$$C_{\text{ges}} = \frac{C_1 C_2}{C_1 + C_2}.$$

Die Amplitudenbedingung erhält man dann aus $\underline{K}$ (reell) und der Verstärkung V_0 bei f_0 (d. h. dem Realteil von $\underline{V}$). Die Berechnung von V_0 kann man mit dem etwas umgezeichneten Ersatzbild (Bild 6.3.2-3c) vornehmen, das die Transformation bezüglich der Klemmen $C-E$ bei Resonanz berücksichtigt (vgl. Bild 6.3.2-3b). Hierin bedeutet R'_p den transformierten Verlustwiderstand R_p des Schwingkreises, wobei gilt

$$\frac{R'_p}{R_p} \approx \left(\frac{U_{C2}}{U_p}\right)^2 \approx \left[\frac{\frac{1}{\omega C_2}}{\frac{1}{\omega C_{\text{ges}}}}\right]^2 = \left(\frac{C_{\text{ges}}}{C_2}\right)^2 = \left(\frac{C_1}{C_1 + C_2}\right)^2 = \frac{1}{\ddot{u}_1^2}$$

bzw.

$$R'_p \approx \left(\frac{C_1}{C_1 + C_2}\right)^2 \cdot R_p \quad \text{mit} \quad R_p = Q\omega_0 L \tag{6.3.2/19}$$

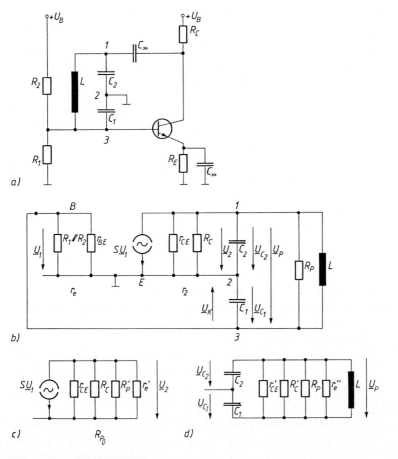

Bild 6.3.2-3 Colpitts-Oszillator
a) Schaltung
b) Ersatzbild zu a)
c) Ersatzbild zur Berechnung von V_0
d) Ersatzbild zur Berechnung der Betriebsgüte des Schwingkreises (zu Üb. 6.3.2/1)

und

$$\frac{r'_e}{r_e} \approx \left(\frac{U_{C2}}{U_{C1}}\right)^2 \approx \left[\frac{\frac{1}{\omega C_2}}{\frac{1}{\omega C_1}}\right]^2 = \left(\frac{C_1}{C_2}\right)^2$$

bzw.

$$r'_e \approx \left(\frac{C_1}{C_2}\right)^2 \cdot r_e \quad \text{mit} \quad r_e = R_1 \parallel R_2 \parallel r_{BE}. \tag{6.3.2/20}$$

Damit ist die Verstärkung bei f_0 (Bild 6.3.2-3c)

$$V_0 = \left.\frac{U_2}{U_1}\right|_{f_0} = -SR_{p0} = -\frac{S}{G_{p0}} \tag{6.3.2/21}$$

mit

$$G_{p0} = \frac{1}{r_{CE}} + \frac{1}{R_C} + \frac{1}{R'_p} + \frac{1}{r'_e}. \tag{6.3.2/21a}$$

Zur Erfüllung der Anschwingbedingung muß mit (6.3.2/17a) und (6.3.2/21) gelten

$$K > \frac{1}{V_0},$$

d. h.

$$\frac{C_2}{C_1} > \frac{G_{p0}}{S} = \frac{1}{S}\left(\frac{1}{r_{CE}} + \frac{1}{R_C} + \frac{1}{R'_p} + \frac{1}{r'_e}\right) \tag{6.3.2/22}$$

mit

$$\frac{1}{R'_p} = \left(1 + \frac{C_2}{C_1}\right)^2 \cdot \frac{1}{R_p} \quad \text{und} \quad \frac{1}{r'_e} = \left(\frac{C_2}{C_1}\right)^2 \cdot \frac{1}{r_e}.$$

Eine zahlenmäßig überschlägige Dimensionierung eines Colpitts-Oszillators nach obigen Berechnungen ist in Beispiel 6.3.2/3 durchgeführt. Die Bedämpfung des Schwingkreises beim Colpitts-Oszillator sowie die hier vorliegende Betriebsgüte Q_B ist in Übung 6.3.2/1 untersucht.

Ersetzt man die Spule L durch einen Reihenschwingkreis, dessen Reaktanz-Summe bei f_0 induktiv ist, erhält man einen *Clapp-Oszillator*, der eine recht gute Frequenzstabilität besitzt. Näheres hierzu ist in Beispiel 6.3.2/4 betrachtet.

Bei freischwingenden LC-Oszillatoren läßt sich eine Frequenzkonstanz von $f/f_0 \approx (0,1 \ldots 1) \times 10^{-3}$ erreichen. Ein sorgfältiger Oszillator-Aufbau (z. B. Arbeitspunktstabilisierung, gute Schirmung, lose Lastankopplung) wirkt sich hierbei günstig auf eine optimale Stabilität der Schwingfrequenz aus.

In Übung 6.3.2/2 sind Einflußgrößen auf die Frequenzstabilität eines Oszillators betrachtet.

Im Falle höherer Anforderungen hinsichtlich der Frequenzstabilität sind in Oszillator-Schaltungen Quarze als Resonatoren mit wesentlich besseren Gütewerten ($Q \approx 10^4 \ldots 10^6$) als bei üblichen LC-Kreisen ($Q \approx 30 \ldots 300$) einzusetzen [51, 12].

- **Beispiel 6.3.2/3:** Für einen Colpitts-Oszillator nach Bild 6.3.2-3a mit $f_0 = 1$ MHz, $R_C = 1$ kΩ, $S = 25$ mS, $r_{CE} = 20$ kΩ und $r_e = 2{,}5$ kΩ sind überschlägig gesucht:
  a) der mindest erforderliche Rückkoppelfaktor k,
  b) die Kapazitätswerte C_1 und C_2,
  c) die Induktivität L.

Lösung:

a) Nach (6.3.2/22) soll mit (6.3.2/19) und (6.3.2/20) gelten

(1) $k = C_2/C_1 > 1/S(1/r_{CE} + 1/R_C + 1/R'_P + 1/r'_e)$

$$> 1/S\left[1/r_{CE} + 1/R_C + \frac{1}{R_p}(1 + C_2/C_1)^2 + \frac{1}{r_e}(C_2/C_1)^2\right].$$

Wählt man $C_1 \gg C_2$, so kann man die quadratischen Terme in (1) näherungsweise vernachlässigen und erhält dann

(2) $k = C_2/C_1 > 1/S[1/r_{CE} + 1/R_C + 1/R_P]$.

Da sowohl $r_{CE} \gg R_C$ wie auch i. a. $R_P \gg R_C$ sind, läßt sich weiter nähern

(3) $k = C_2/C_1 > 1/(SR_C) \approx 1/25 = 0{,}04$.

b) Wählt man z. B. $C_1 = 1000$ pF und $C_2 = 100$ pF, so ist die Bedingung (3) sicher erfüllt.
c) Nach (6.3.2/18a) und (6.3.2/18) ist

$$C_{ges} = \frac{C_1 C_2}{C_1 + C_2} \approx 90{,}0 \text{ pF}$$

und somit die Induktivität

$$L = \frac{1}{\omega_0^2 C_{ges}} \approx 278{,}7 \text{ µH}.$$

Beim Auftreten eines Klirrfaktors der Ausgangsspannung wird man zunächst den Rückkoppelfaktor k in der Schaltung verringern bzw. eventuell eine geringe wechselmäßige Strom-Gegenkopplung einfügen.

- **Übung 6.3.2/1:** Skizzieren Sie für den in Bild 6.3.2-3a dargestellten Colpitts-Oszillator ausgehend von der Ersatzschaltung (Bild 6.3.2-3b) alle Bedämpfungselemente parallel zum Schwingkreis.
  a) Definieren Sie die eingetragenen Bedämpfungswiderstände.
  b) Ermitteln Sie die Betriebsgüte Q_B sowie die Betriebsbandbreite B des Schwingkreises.

- **Übung 6.3.2/2:** Nennen und diskutieren Sie Einflußgrößen auf die Frequenzstabilität einer Oszillator-Schaltung.

- **Beispiel 6.3.2/4:** In Bild 6.3.2-4a ist ein Clapp-Oszillator in Basis-Schaltung skizziert. Dieser läßt sich gedanklich auf einen Colpitts-Oszillator zurückführen.
  a) Gehen Sie zunächst von einem Colpitts-Oszillator in Basis-Schaltung aus mit den Blindelementen C_1', C_2' und L. Skizzieren Sie hierfür das wechselmäßige Prinzipbild und geben Sie die Schwingfrequenz f_0' an. Welche Nachteile besitzt die Schaltung?

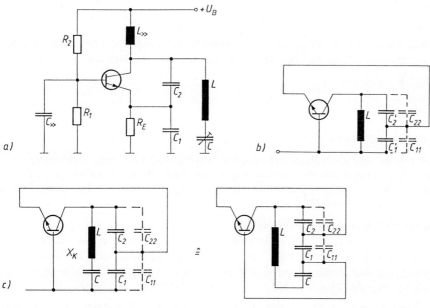

Bild 6.3.2-4 Clapp-Oszillator
    a) Schaltung
    b) Colpitts-Oszillator in Basisschaltung (Prinzip)
    c) Rückführung des Clapp-Oszillators auf Colpitts-Oszillator

b) Versuchen Sie durch Umzeichnen des wechselmäßigen Prinzipbildes den Vorteil des Clapp-Oszillators gegenüber dem Colpitts-Oszillator zu erkennen.
Berechnen Sie den komplexen Gesamtleitwert $\underline{Y}$ bei verlustlosen Blindelementen. Wie groß ist die Schwingfrequenz f_0 des Clapp-Oszillators?

Lösung:

a) Das wechselmäßige Prinzipbild des Colpitts-Oszillators in Basis-Schaltung ist in Bild 6.3.2-4b dargestellt. Die Basis ist wechselmäßig durch $C_{\flat}$ auf Massepotential. Die Schwingfrequenz der Schaltung lautet

(1) $f_0 = \dfrac{1}{2\pi \sqrt{LC_{\text{ges}}}}$, mit

(2) $C_{\text{ges}} = C_1 C_2 / (C_1 + C_2)$ und

(3) $C_1 = C_1' + C_{11}$ sowie $C_2 = C_2' + C_{22}$.

Insbesondere wenn für C_1' und C_2' kleinere Werte erforderlich sind (bei höheren Frequenzen), werden sich die Transistorkapazitäten C_{11} und C_{22} nachteilig auswirken, da sie bei Änderungen (z. B. infolge Arbeitspunktverschiebungen) voll in die Schwingfrequenz f_0 des Colpitts-Oszillators eingehen.

b) Ersetzt man die Spule beim Colpitts-Oszillator durch den skizzierten Reihenkreis, so muß dieser etwas oberhalb seiner Resonanzfrequenz betrieben werden, da hier die Impedanz den nach der Schwingbedingung (Imaginärteil) benötigten induktiven Charakter hat.

Bei Vernachlässigung der Verluste muß für den Leitwert beim Clapp-Oszillator (Bild 6.3.2-4c) gelten

(4) $\underline{Y} = \dfrac{1}{\mathrm{j}(X_L - X_C)} + \dfrac{1}{-\mathrm{j}(X_{C1} + X_{C2})}$.

Bei Resonanz bzw. bei der Schwingfrequenz f_0 erhält man aus der Nullstelle von (4) die Bedingung

(5) $X_L - X_C = X_{C1} + X_{C2}$,

$\omega_0 L - 1/(\omega_0 C) = 1/(\omega_0 C_1) + 1/(\omega_0 C_2)$.

In (5) muß $\omega_0 L > 1/(\omega_0 C)$ sein, damit der Serienkreis das gewünschte induktive Verhalten zeigt.

Für die Schwingfrequenz des Clapp-Oszillators läßt sich aus (5) entnehmen

(6) $\omega_0^2 L = 1/C + 1/C_1 + 1/C_2$,

$f_0 = \dfrac{1}{2\pi \sqrt{LC_{\text{ges}}}}$ mit

(7) $1/C_{\text{ges}} = 1/C + 1/C_1 + 1/C_2$.

Dieses Ergebnis ist auch direkt durch Umzeichnen aus Bild 6.3.2-4c ablesbar. Wählt man jetzt $C_1 \gg C$ und $C_2 \gg C$, dann haben die Transistorkapazitäten einen wesentlich geringeren Einfluß auf die Schwingfrequenz, denn f_0 wird jetzt überwiegend von $C_{\text{ges}} \approx C$ bestimmt. Der Clapp-Oszillator ist daher recht frequenzstabil [48].

d) Oszillator für UKW- bis UHF-Bereich

Bild 6.3.2-5a zeigt einen Oszillator in Basis-Schaltung, der häufig im UKW-Bereich bis hinauf in den UHF-Bereich angewandt wird. Ohne den Kondensator C_r stellt die Schaltung einen Selektivverstärker dar, dessen Parallelschwingkreis bei f_0 in Resonanz betrieben wird. Die wechselmäßige Prinzip-Schaltung hierfür ist in Bild 6.3.2-5b dargestellt [48, 47].

In diesem Frequenzbereich treten schon stärkere innere Phasendrehungen beim Transistor auf. Als Folge ist der Ausgangsstrom $\underline{I}_2$ nicht mehr in Phase mit der Eingangsspannung $\underline{U}_1$, sondern um φ_{21} gegen $\underline{U}_1$ gedreht. Man rechnet daher mit einer komplexen Steilheit [48]

$\underline{S} = \underline{Y}_{21} = Y_{21} \cdot \mathrm{e}^{\mathrm{j}\varphi_{21}}$. (6.3.2/23)

6.3 Einige Grundtypen von Vierpol-Oszillatoren

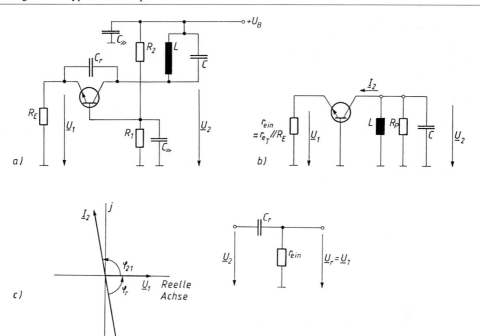

Bild 6.3.2-5 UKW-Oszillator
a) Schaltung
b) Selektivverstärker in Basisschaltung (ohne C_r)
c) Externer Phasenschieber zum Ausgleich der Steilheitsphase

Bei einer angenommenen Eingangsspannung $\underline{U}_1$ und Resonanz des Ausgangskreises gilt für die Ausgangsspannung

$$\underline{U}_2 \approx -\underline{I}_2 R_p \qquad (6.3.2/24)$$

mit

$$\underline{I}_2 = \underline{Y}_{21}\underline{U}_1 = Y_{21} \cdot e^{j\varphi_{21}} \cdot \underline{U}_1 . \qquad (6.3.2/25)$$

Das Zeigerdiagramm von Bild 6.3.2-5c veranschaulicht die nach (6.3.2/24) und (6.3.2/25) vorliegenden Verhältnisse.

Zur Erfüllung der Schwingbedingung muß über einen äußeren Phasenschieber (C_r und r_{ein}) die Phase um φ_r weiter gedreht werden (Bild 6.3.2-5c), so daß die rückgeführte Spannung $\underline{U}_r$ wieder gleichphasig mit $\underline{U}_1$ wird. Vereinfachend ist hier $r_{\text{ein}} \approx R_E \parallel r_{eT}$ reell angenommen.

In Beispiel 6.3.2/5 ist eine überschlägige Dimensionierung von C_r für einen Transistor bei $f_0 = 150$ MHz vorgenommen.

- **Beispiel 6.3.2/5:** Ein Oszillator nach Bild 6.3.2-5 ist überschlägig für $f_0 = 150$ MHz zu dimensionieren.
  Gegeben sind: $L = 100$ nH; $\quad Q_K \approx Q_L = 50$; $\quad R_E = 1$ kΩ;
  $\underline{Y}_{11b} \approx 20$ mS; $\quad \underline{Y}_{21b} \approx 45 \cdot e^{j120°}$ mS;
  $\underline{Y}_{22b} \approx (0{,}1 + j0{,}75)$ mS.

a) Berechnen Sie C bei f_0.
b) Berechnen Sie den Rückkoppelfaktor K allgemein aus der Schaltung.
c) Berechnen Sie C_r für f_0 aus der Phasenbeziehung der Anschwingbedingung.

Lösung:

a) Bei Vernachlässigung der Rückwirkung gilt

$$(1) \quad \underline{Y}_p \approx \underline{Y}_{22b} + j\left(\omega C - \frac{1}{\omega L}\right)$$

$$\approx g_{22b} + 1/R_p + j\left[\omega(C + C_{22b}) - \frac{1}{\omega L}\right], \quad \text{d. h.}$$

$$(2) \quad C \approx \frac{1}{\omega_0^2 L} - C_{22b},$$

$$(3) \quad C \approx \frac{1}{(2\pi f_0)^2 L} - \frac{b_{22}}{2\pi f_0} \approx 11{,}3\,\text{pF} - 1{,}2\,\text{pF} \approx 10\,\text{pF}.$$

b) Aus Bild 6.3.2-5c ist ablesbar

$$(4) \quad \underline{K} \approx \frac{\underline{U}_r}{\underline{U}_2} = \frac{r_{\text{ein}}}{r_{\text{ein}} - j\dfrac{1}{\omega C_r}} = \frac{1}{1 - j\dfrac{1}{\omega C_r r_{\text{ein}}}} = \frac{1}{\sqrt{1 + \left(\dfrac{1}{\omega C_r r_{\text{ein}}}\right)^2} \cdot e^{-j\varphi_K}} = |\underline{K}|\,e^{+j\varphi_K} \quad \text{mit}$$

$$(5) \quad = \arctan\left(\frac{1}{\omega C_r r_{\text{ein}}}\right) \quad \text{und}$$

$$(6) \quad r_{\text{ein}} \approx R_E \,\|\, \frac{1}{Y_{11b}} \approx 1/Y_{11b}, \quad \text{da} \quad R_E \gg (1/Y_{11b}).$$

c) Der Phasenwinkel ist nach Zeigerdiagramm

$$(7) \quad \varphi_K = 180° - \varphi_{21} = 60°.$$

Aus (5) mit (6) und (7) folgt

$$(8) \quad C_r \approx \frac{1}{\omega r_{\text{ein}} \tan \varphi_K} \approx 12{,}2\,\text{pF}.$$

6.3.3 Quarz-Oszillatoren

Bei einem Schwingquarz wird der reziproke Piezo-Effekt ausgenutzt, d. h. eine angelegte Wechselspannung regt den Quarz zu mechanischen Schwingungen an.

Abhängig von der Schnittführung (bezogen auf die Kristallachsen) sowie von der Form (Scheiben oder Stäbe) sind Schwinger mit unterschiedlichen Eigenschaften herstellbar. So werden z. B. bei tieferen Frequenzen (<100 kHz) überwiegend Biegeschwinger als Grundwellenquarze verwendet, d. h. der Quarz wird in der Oszillator-Schaltung in seiner Grundschwingung angeregt.

Im Anwendungsbereich zwischen ca. 300 kHz und 25 MHz werden Quarze meist als Dickenscherschwinger hergestellt und dabei als Grundwellenquarze betrieben.

Für Anwendungsbereiche oberhalb 25 MHz verwendet man Dickenscherschwinger als Oberwellenquarze. Hier wird der Quarz durch geeignete Anregung in der Oszillator-Schaltung bei einer ungeraden Oberwelle (3., 5. oder 7. Harmonische) betrieben. Grundwellenquarze für höhere Frequenzen stellt man i. a. nicht her, da im Hinblick auf die mechanische Stabilität

6.3 Einige Grundtypen von Vierpol-Oszillatoren

die Dicke des Quarzscheibchens nicht beliebig zu verringern ist. Näheres über besondere Quarzschnitte sowie deren Frequenzstabilität bei Temperaturänderungen sind in [51] dargestellt.

a) Quarz-Ersatzschaltbild

Da bei der Anregung eines Quarzes frequenzmäßig sehr selektive mechanische Resonanzen auftreten, entspricht der Schwingquarz somit einem Resonanzkreis mit sehr hoher Güte Q. Das elektrische Ersatzschaltbild hierfür zeigt Bild 6.3.3-1a. Die Ersatzschaltung besteht aus einem Reihenschwingkreis mit einer großen Induktivität L_1, einer sehr kleinen Kapazität C_1 und dem Verlustwiderstand R_1 (dynamische Ersatzgrößen), sowie aus der hierzu parallelen Kapazität C_0 ($C_0 \gg C_1$), die durch die Anregungselektroden bzw. die Halterung bedingt ist (statische Ersatzgröße).

Um eine Aussage über das elektrische Verhalten eines Quarzes in der Umgebung der zu erwartenden Resonanzstellen (Reihenresonanz, Parallelresonanz) zu erhalten, setzt man im Ersatzbild (Bild 6.3.3-1a) den Gesamt-Leitwert an

$$\underline{Y}_{12} = \frac{1}{R_1 + j\left(\omega L_1 - \dfrac{1}{\omega C_1}\right)} + j\omega C_0 \tag{6.3.3/1}$$

$$= \frac{R_1 - j\left(\omega L_1 - \dfrac{1}{\omega C_1}\right)}{R_1^2 + \left(\omega L_1 - \dfrac{1}{\omega C_1}\right)^2} + j\omega C_0$$

$$= \frac{R_1}{R_1^2 + \left(\omega L_1 - \dfrac{1}{\omega C_1}\right)^2} + j\left\{\omega C_0 - \frac{\omega L_1 - \dfrac{1}{\omega C_1}}{R_1^2 + \left(\omega L_1 - \dfrac{1}{\omega C_1}\right)^2}\right\}. \tag{6.3.3/2}$$

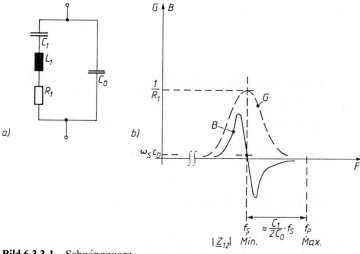

Bild 6.3.3-1 Schwingquarz
    a) Elektrisches Ersatzbild
    b) Verlauf von $G = \text{Re}\{\underline{Y}_{12}\}$ und $B = \text{Im}\{\underline{Y}_{12}\}$

Zur Ermittlung der Resonanzfrequenzen sind in (6.3.3/2) die Nullstellen des Im $\{\underline{Y}_{12}\}$ zu suchen. Beim Ausmultiplizieren des Imaginärteiles ergibt sich eine biquadratische Gleichung. Deren Lösung lautet

$$\omega_0^2 = \frac{1}{L_1 C_1} + \frac{1}{2L_1 C_0} - \frac{R_1^2}{2L_1^2}$$

$$\pm \sqrt{\left(\frac{1}{L_1 C_1} + \frac{1}{2L_1 C_0} - \frac{R_1^2}{2L_1^2}\right)^2 - \frac{1}{C_1^2 L_1^2} - \frac{1}{C_0 C_1 L_1^2}}. \qquad (6.3.3/3)$$

Nach etwas Umformung wird aus (6.3.3/3)

$$\omega_0^2 = \frac{1}{L_1 C_1} + \frac{1}{2L_1 C_0} - \frac{R_1^2}{2L_1^2} \pm \frac{1}{2L_1 C_0} \sqrt{1 + \frac{R_1^4 C_0}{L_1^2} - \frac{4R_1^2 C_0^2}{L_1 C_1} - \frac{2R_1^2 C_0}{L_1}}. \qquad (6.3.3/3\text{a})$$

Da i. a. L_1 sehr groß und R_1 sowie C_0 klein sind, ist der Ausdruck $\dfrac{R_1^4 C_0}{L_1^2} \ll 1$ und somit vernachlässigbar. Mit der Näherung $\sqrt{1 + x} \approx 1 + \frac{1}{2} x$ erhält man aus (6.3.3/3a)

$$\omega_0^2 \approx \frac{1}{L_1 C_1} + \frac{1}{2L_1 C_0} - \frac{R_1^2}{2L_1^2} \pm \frac{1}{2L_1 C_0} \left(1 - \frac{2R_1^2 C_0^2}{L_1 C_1} - \frac{R_1^2 C_0}{L_1}\right). \qquad (6.3.3/3\text{b})$$

Das positive Vorzeichen von (6.3.3/3b) führt auf die Parallelresonanz

$$\omega_p^2 = \omega_{0+} \approx \frac{1}{L_1 C_1} + \frac{1}{2L_1 C_0} - \frac{R_1^2}{2L_1^2} + \frac{1}{2L_1 C_0} - \frac{R_1^2 C_0}{L_1^2 C_1} - \frac{R_1^2}{2L_1^2}$$

$$\approx \frac{1}{L_1 C_1} + \frac{1}{L_1 C_0} - \frac{R_1^2}{L_1^2} - \frac{R_1^2 C_0}{L_1^2 C_1}$$

$$\approx \frac{1}{L_1 C_1 C_0} (C_0 + C_1) - \frac{R_1^2}{L_1^2 C_1} (C_1 + C_0)$$

$$\approx \frac{C_1 + C_0}{C_1 C_0} \cdot \frac{1}{L_1} \left(1 - \frac{R_1^2 C_0}{L_1}\right). \qquad (6.3.3/4)$$

Beim verlustlosen Quarz ($R_1 = 0$) erhält man aus (6.3.3/4)

$$\omega_{p0}^2 \approx \frac{C_1 + C_0}{C_1 C_0} \cdot \frac{1}{L_1} = \frac{1}{L_1 C_1} \left(1 + \frac{C_1}{C_0}\right). \qquad (6.3.3/4\text{a})$$

Das negative Vorzeichen von (6.3.3/3b) liefert die Serienresonanz

$$\omega_s^2 = \omega_{0-} \approx \frac{1}{L_1 C_1} + \underline{\frac{1}{2L_1 C_0}} - \overset{***}{\frac{R_1^2}{2L_1^2}} - \underline{\frac{1}{2L_1 C_0}} + \frac{R_1^2 C_0}{L_1^2 C_1} + \overset{***}{\frac{R_1^2}{2L_1^2}},$$

wobei sich die gekennzeichneten Terme herausheben. Es bleibt

$$\omega_s^2 \approx \frac{1}{L_1 C_1} + \frac{R_1^2 C_0}{L_1^2 C_1} \approx \frac{1}{L_1 C_1} \left(1 + \frac{R_1^2 C_0}{L_1}\right). \qquad (6.3.3/5)$$

6.3 Einige Grundtypen von Vierpol-Oszillatoren

Beim verlustlosen Quarz ($R_1 = 0$) erhält man aus (6.3.3/5)

$$\omega_{s0}^2 \approx \frac{1}{L_1 C_1}. \tag{6.3.3/5a}$$

Bezieht man auf die Resonanzfrequenzen des verlustlosen Quarzes, also (6.3.3/4) auf (6.3.3/4a) sowie (6.3.3/5) auf (6.3.3/5a), so wird

$$\omega_P = \omega_{P0}\sqrt{1 - \frac{R_1^2 C_0}{L_1}} \approx \omega_{P0}\left(1 - \frac{1}{2}\frac{R_1^2 C_0}{L_1}\right) \tag{6.3.3/6}$$

mit

$$\omega_{P0} \approx \frac{1}{\sqrt{L_1 C_1}}\sqrt{1 + \frac{C_1}{C_0}} \tag{6.3.3/6a}$$

und

$$\omega_S = \omega_{S0}\sqrt{1 + \frac{R_1^2 C_0}{L_1}} \approx \omega_{S0}\left(1 + \frac{1}{2}\frac{R_1^2 C_0}{L_1}\right) \tag{6.3.3/7}$$

mit

$$\omega_{S0} \approx \frac{1}{\sqrt{L_1 C_1}}. \tag{6.3.3/7a}$$

Die Güten des Quarzes lassen sich angeben, wenn man wie üblich ein Blindelement des Reihenkreises (z. B. L_1) bei Resonanz auf den Verlustwiderstand R_1 bezieht.

$$Q_s = \frac{1}{\tan\delta_s} = \frac{\omega_S L_1}{R_1} \approx \frac{\omega_{S0} L_1}{R_1} \approx \frac{1}{R_1}\cdot\sqrt{\frac{L_1}{C_1}} \tag{6.3.3/8}$$

bzw.

$$Q_P = \frac{1}{\tan\delta_p} = \frac{\omega_P L_1}{R_1} \approx \frac{\omega_{P0} L_1}{R_1} \approx \frac{1}{R_1}\cdot\sqrt{\frac{L_1}{C_1}}\cdot\sqrt{1 + C_1/C_0}.$$

In (6.3.3/8) ist der Kennwiderstand des Quarzes aus den dynamischen Ersatzgrößen (also das L/C-Verhältnis) sehr groß gegenüber dem Verlustwiderstand R_1 und damit die Güte sehr groß. In Bild 6.3.3-1b sind die Verläufe von $G = \mathrm{Re}\{\underline{Y}_{12}\}$ und $B = \mathrm{Im}\{\underline{Y}_{12}\}$ nach (6.3.3/2) qualitativ aufgetragen sowie der Betrag der Impedanz $\underline{Z}_{12} = 1/\underline{Y}_{12}$. Man erkennt hieraus, daß der Quarz bei f_S niederohmig ist, d. h. einem Reihenschwingkreis mit dem Verlustwiderstand R_1 und der hohen Güte Q_S entspricht (bis auf den kleinen Blindanteil $j\omega_S C_0$). Bei f_P ist der Quarz hochohmig, entspricht also einem Parallelschwingkreis mit dem Verlustwiderstand R_P [51].

Zwischen f_S und f_P hat $\underline{Y}_{12}$ einen negativen und somit $\underline{Z}_{12} = 1/\underline{Y}_{12}$ einen positiven Blindanteil. Der Quarz entspricht also in diesem Bereich einer Impedanz mit induktivem Charakter. Somit läßt sich z. B. im Colpitts-Oszillator die Spule L durch einen Quarz ersetzen, der in obigem Frequenzbereich schwingt.

Zur Veranschaulichung der Größenverhältnisse sind für einen Quarz mit seinen Ersatzgrößen (nach Herstellerangabe) nochmals die wichtigsten Kenngrößen verfolgt (Beispiel 6.3.3/1).

- **Beispiel 6.3.3/1:** Vom Hersteller liegen über einen Grundton-Quarz die folgenden Ersatzgrößen vor:

$L_1 = 37{,}2\,\text{mH}$; $C_1 = 16\,\text{fF} = 0{,}016\,\text{pF}$; $R_1 = 38\,\Omega$;

$C_0 = 5\,\text{pF} + 30\,\text{pF} = 35\,\text{pF}$ (hiervon 30 pF Lastkapazität).

a) Wie groß sind f_{S0} und f_{P0} beim Quarz ohne Berücksichtigung der Verluste?
b) Wie groß sind f_S und f_P bei R_1?
c) Wie groß ist der absolute und prozentuale Abstand zwischen f_P und f_S?
d) Wie groß sind die Güten Q_S und Q_P?

Lösung:

a) Nach (6.3.3/5a) und (6.3.3/6a) gilt für den verlustlosen Quarz (also bei $R_1 = 0$)

$$f_{S0} \approx \frac{1}{2\pi\sqrt{L_1 C_1}} \approx 6{,}523620\,\text{MHz},$$

$$f_{P0} \approx \frac{1}{2\pi\sqrt{L_1 C_1}}\sqrt{(1 + C_1/C_0)} \approx 6{,}525111\,\text{MHz}.$$

b) Nach (6.3.3/5) und (6.3.3/6) bei $R_1 = 38\,\Omega$:

$$f_S \approx f_{S0}\sqrt{1 + \frac{R_1^2 C_0}{L_1}} \approx 6{,}523624\,\text{MHz},$$

$$f_P \approx f_{P0}\sqrt{1 - \frac{R_1^2 C_0}{L_1}} \approx 6{,}525106\,\text{MHz}.$$

c) Der Frequenzabstand beträgt absolut

$$f = f_P - f_S \approx 1482\,\text{Hz}$$

und prozentual

$$\frac{f_P - f_S}{f_S}100\% \approx 2{,}272\%.$$

d) Nach (6.3.3/8) betragen die Güten

$$Q_S \approx \frac{1}{R_1}\sqrt{L_1/C_1} \approx 40126$$

und

$$Q_P \approx Q_S\sqrt{1 + C_1/C_0} \approx 40135.$$

Oft ist man daran interessiert, die Schwingfrequenz eines Quarzes geringfügig zu verändern. Dieses „Ziehen" des Quarzes läßt sich durch eine Reihen- oder Parallel-Schaltung von Kapazitäten bzw. Induktivitäten erreichen (Bild 6.3.3-2). Nachteilig ist hierbei, daß die Güte des gezogenen Quarzes durch die wesentlich höheren Verlustfaktoren der Zusatz-Reaktanzen abnimmt. Ist ein Ziehen erforderlich, bevorzugt man daher i. a. kleine Kapazitäten, da diese geringere Verlustfaktoren besitzen als Spulen. Besser ist es allerdings, die im Oszillator (z. B. bei kapazitiver Dreipunkt-Schaltung) zu erwartende kapazitive Last gleich dem Quarz-Hersteller mitzuteilen. Durch Berücksichtigung dieser Angabe beim Schleifen des Quarzes ist später kaum noch ein Ziehen erforderlich. Erfolgt keine eigene Mitteilung, wird meistens vom Hersteller ersatzweise eine Lastkapazität angenommen (z. B. $C_L = 30\,\text{pF}$).

6.3 Einige Grundtypen von Vierpol-Oszillatoren

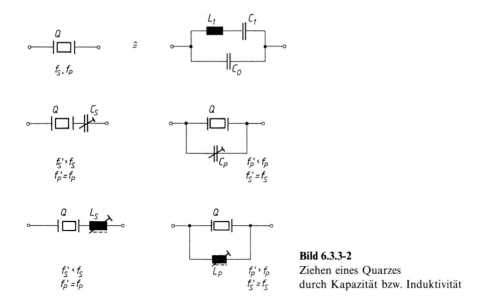

Bild 6.3.3-2
Ziehen eines Quarzes
durch Kapazität bzw. Induktivität

In Beispiel 6.3.3./2 ist gezeigt, welchen Einfluß Zusatzkapazitäten auf die Resonanzfrequenzen f_S und f_P eines Quarzes haben und wann diese sinnvoll einzusetzen sind.

- **Beispiel 6.3.3/2:** Ein verlustloser Quarz ($R_1 = 0$) soll in seinen Resonanzfrequenzen etwas gezogen werden gemäß Bild 6.3.3-2
  a) durch eine Serienkapazität C_S,
  b) durch eine Parallelkapazität C_P.
  Berechnen Sie die Wirkungen auf die Serienresonanz- bzw. Parallelresonanzfrequenz.

Lösung:

a) Ziehen mit Serienkapazität C_S (Bild 6.3.3-2):

$$(1) \quad \underline{Z} = \frac{1}{\frac{1}{j\omega L_1 + \frac{1}{j\omega C_1}} + j\omega C_0} + \frac{1}{j\omega C_S}$$

$$= \frac{j\left(\omega L_1 - \frac{1}{\omega C_1}\right)}{1 - \omega^2 L_1 C_0 + \frac{C_0}{C_1}} - j\frac{1}{\omega C_S}$$

$$= j\left[\frac{\omega L_1 - \frac{1}{\omega C_1}}{1 + \frac{C_0}{C_1} - \omega^2 L_1 C_0} - \frac{1}{\omega C_S}\right]$$

$$(2) \quad = j\frac{\omega^2 L_1 C_S - \frac{C_S}{C_1} - 1 - \frac{C_0}{C_1} + \omega^2 L_1 C_0}{\left(1 + \frac{C_0}{C_1} - \omega^2 L_1 C_0\right)\omega C_S}.$$

Aus der Nullstelle des Zählers von (2) erhält man die neue, gezogene Serienresonanzfrequenz f'_{S0}
$(\omega'_{S0})^2 L_1(C_S + C_0) - (1 + C_S/C_1 + C_0/C_1) = 0$,

$$(\omega'_{S0})^2 = \frac{1}{L_1 C_1} \cdot \frac{C_1 + C_S + C_0}{C_S + C_0},$$

(3) $f'_{S0} = \dfrac{1}{2\pi\sqrt{L_1 C_1}} \sqrt{1 + \dfrac{C_1}{C_S + C_0}}$

(3a) $\quad = f_{S0}\sqrt{1 + \dfrac{C_1}{C_0 + C_S}}$

$\quad \approx f_{S0}\left[1 + \dfrac{1}{2}\dfrac{C_1}{C_0 + C_S}\right].$

Aus der Nullstelle des Nenners von (2) erhält man die neue Parallelresonanzfrequenz f'_{P0}

$1 + C_0/C_1 - (\omega'_{P0})^2 L_1 C_0 = 0 \quad | \cdot C_1/C_0$,
$C_1/C_0 + 1 - (\omega'_{P0})^2 L_1 C_1 = 0$,

$$f'_{P0} = \frac{1}{2\pi\sqrt{L_1 C_1}} \sqrt{1 + C_1/C_0}.$$

Mit (6.3.3/5a) und (6.3.3/6a) gilt

(4) $f'_{P0} = f_{S0}\sqrt{1 + C_1/C_0} = f_{P0}$.

Nach (3) wird durch eine Serienkapazität C_S nur f_S beeinflußt. Die folgenden Grenzfälle sind aus (3) und (4) erkennbar: für $C_S \to \infty$ schwingt der Quarz auf seiner ursprünglichen Reihenresonanzfrequenz f_{S0} und für $C_S \to 0$ auf seiner Parallelresonanzfrequenz f_{P0}, bei Verwendung eines Trimmers C_S also zwischen f_{S0} und f_{P0}. Durch C_S wird die Reihenresonanzfrequenz also erhöht.

Die relative Frequenzänderung ist dann näherungsweise nach (3a)

$\Delta f_S/f_{S0} = (f'_{S0} - f_{S0})/f_{S0}$

(5) $\quad = f'_{S0}/f_{S0} - 1 = \dfrac{1}{2}\dfrac{C_1}{C_0 + C_S}.$

b) Ziehen mit Parallelkapazität C_P (Bild 6.3.3-2)

(6) $\underline{Z} = \dfrac{1}{\dfrac{1}{j\left(\omega L_1 - \dfrac{1}{\omega C_1}\right)} + j\omega(C_0 + C_P)}$

(7) $\quad = \dfrac{j\left(\omega L_1 - \dfrac{1}{\omega C_1}\right)}{1 + \dfrac{C_0 + C_P}{C_1} - \omega^2 L_1(C_0 + C_P)}.$

Die Nullstelle des Nenners ergibt die veränderte Parallelresonanzfrequenz f''_{P0}

(8) $1 + (C_0 + C_P)/C_1 = (\omega''_{P0})^2 L_1(C_0 + C_P) \quad | \cdot C_1/(C_0 + C_P)$

$\quad C_1/(C_0 + C_P) + 1 = (\omega''_{P0})^2 L_1 C_1$

$\quad f''_{P0} = \dfrac{1}{2\pi\sqrt{L_1 C_1}} \sqrt{1 + C_1/(C_0 + C_P)}$

$\quad = f_{S0}\sqrt{1 + C_1/(C_0 + C_P)}.$

6.3 Einige Grundtypen von Vierpol-Oszillatoren

Die Nullstelle des Zählers ergibt als Reihenresonanzfrequenz f''_{S0}

(9) $\quad f''_{S0} = \dfrac{1}{2\pi \sqrt{L_1 C_1}} = f_{S0}$.

Aus (8) ist erkennbar, daß die Vergrößerung des Kapazitätswertes bei einem Trimmer C_P die Parallelresonanzfrequenz verringert (in Richtung f_{S0}).

b) Pierce-Oszillator im Grundton-Betrieb

Ersetzt man bei der kapazitiven Dreipunkt-Schaltung (Colpitts-Oszillator, vgl. Bild 6.3.2-3) die Spule L durch einen Quarz, so erhält man den Pierce-Oszillator, dessen Schaltung in Bild 6.3.3-3a dargestellt ist. Die zugehörige wechselmäßige Ersatzschaltung zeigt Bild 6.3.3-3b. Zur Unterscheidung von den übrigen Bauelementen sind die dynamischen Ersatzgrößen des (verlustlos angenommenen) Quarzes mit dem Index Q versehen.

Die Schwingfrequenz des Quarzes erhält man wiederum aus der Resonanzbedingung, d. h. aus dem Verschwinden des gesamten Blindanteils. Mit der Last- oder Bürdenkapazität C_L für den Quarz

$$C_L = \dfrac{C_1^* \cdot C_2^*}{C_1^* + C_2^*} . \qquad (6.3.3/9)$$

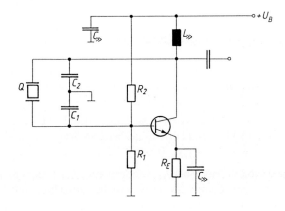

a)

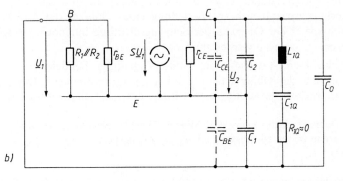

b)

Bild 6.3.3-3 Pierce-Oszillator in Emitterschaltung
    a) Schaltung
    b) Ersatzschaltbild

wobei

$$C_1^* = C_1 + C_{BE} \quad \text{und} \quad C_2^* = C_2 + C_{CE},\qquad(6.3.3/9\text{a})$$

beträgt der Gesamt-Blindanteil

$$jB_{ges}(\omega) = j\omega(C_0 + C_L) + \cfrac{1}{j\omega L_{1Q} - j\cfrac{1}{\omega C_{1Q}}}.\qquad(6.3.3/10)$$

Bei Resonanz gilt

$$\omega_0(C_0 + C_L) = \cfrac{1}{\omega_0 L_{1Q} - \cfrac{1}{\omega_0 C_{1Q}}}$$

$$\omega_0^2 L_{1Q}(C_0 + C_L) - \frac{C_0 + C_L}{C_{1Q}} = 1 \quad \bigg| \cdot \frac{C_{1Q}}{C_0 + C_L}$$

$$\omega_0^2 L_{1Q} C_{1Q} - 1 = \frac{C_{1Q}}{C_0 + C_L}.$$

Damit beträgt die Schwingfrequenz f_0 des Pierce-Oszillators

$$f_0 = \frac{1}{2\pi \sqrt{L_{1Q} C_{1Q}}} \sqrt{1 + \frac{C_{1Q}}{C_0 + C_L}}.\qquad(6.3.3/11)$$

Wie zu erwarten war, wird die Schwingfrequenz des Oszillators durch die Lastkapazität C_L beeinflußt. Die Beziehung für f_0 aus (6.3.3/11) entspricht hierbei dem Wert von f''_{P0} beim Ziehen eines Quarzes durch Parallelkapazität $C_P = C_L$ (s. Bsp. 6.3.3/2 Gl. (8)).

Der Oszillator schwingt also weder bei f_{S0} noch bei f_{P0}, sondern auf einer Frequenz f_0 zwischen diesen beiden Werten. Hier stellt der Quarz die erforderliche Impedanz mit induktivem Charakter dar. Man spricht auch davon, daß der Oszillator auf seiner (gezogenen) Parallelresonanz schwingt; das wird verständlich, wenn man (6.3.3/11) mit (6.3.3/6a) vergleicht. Wie schon oben angemerkt, empfiehlt sich bei Bestellung eines Quarzes die Angabe der Lastkapazität C_L, wodurch später der Quarz in der Schwingschaltung nur noch geringfügig auf die gewünschte Frequenz f_0 gezogen werden muß.

Bei dem eben betrachteten Pierce-Oszillator in Emitter-Schaltung handelt es sich um einen Grundton-Oszillator, d. h. der Quarz schwingt auf seiner Grundfrequenz. Der gleiche Oszillator läßt sich auch in Basis- oder Kollektor-Schaltung aufbauen (Beispiel 6.3.3/3).

- **Beispiel 6.3.3/3:** Es ist ein Quarz-Oszillator für $f_0 = 10$ MHz in Kollektor-Schaltung nach Bild 6.3.3-4a überschlägig zu dimensionieren. Er soll am Ausgang mit $R_L = 50\,\Omega$ belastet werden.
  Die Betriebsspannung beträgt $U_B = 12$ V.
  Der Arbeitspunkt sei: $U_{CE} = 6$ V; $I_C = 2$ mA; $I_B = 15\,\mu$A; $U_{BE} = 0{,}65$ V
  a) Zeichnen Sie das wechselmäßige Ersatzbild.
  b) Berechnen Sie überschlägig C_2 (Ann.: $C_1 = 470$ pF).
  c) Dimensionieren Sie überschlägig die restlichen Kapazitäten und Widerstände.
  d) Berechnen Sie allgemein die Schwingfrequenz f_0 des Oszillators.

6.3 Einige Grundtypen von Vierpol-Oszillatoren

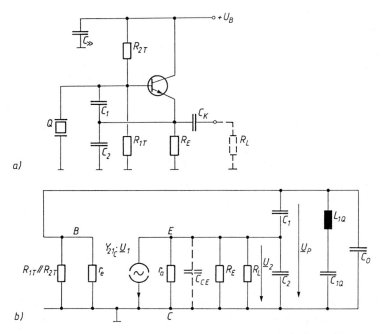

Bild 6.3.3-4 Pierce-Oszillator in Kollektor-Schaltung (zu Bsp. 6.3.3/3)
 a) Schaltung
 b) Ersatzschaltbild

Lösung:

a) s. Bild 6.3.3-4b. Es ist angenommen, daß ein Transistor gewählt wird, dessen Transitfrequenz $f_T \gg f_0$ ist. Dadurch ist auf eine Berücksichtigung der Transistorkapazitäten näherungsweise zu verzichten. Wie im Kapitel 5 dargestellt, besitzt die Kollektor-Schaltung auf Grund der starken Stromgegenkopplung einen hochohmigen Eingangswiderstand r_e und einen niederohmigen Ausgangswiderstand r_a. Auf eine ausführlichere Berechnung der Kollektor-Schaltung wird an dieser Stelle bewußt verzichtet.

b) Zur Erklärung der Schaltung diene die folgende Überlegung. Die Kollektor-Schaltung ist ein nicht invertierender Verstärker, d. h. die Verstärkung $\underline{V}$ ist positiv und <1 angenommen. Dann muß der Rückkoppelfaktor $\underline{k}$ ebenfalls positiv, aber >1 sein, um die Schwingbedingung zu erfüllen. Dies soll überschlägig kontrolliert werden unter der vereinfachenden Annahme eines „unbelasteten" kapazitiven Teilers.

Der Rückkoppelfaktor $|\underline{K}|$ ist mit $\underline{U}_1 = \underline{U}_P$:

(1) $K = \left|\dfrac{U_1}{U_2}\right| = \left|\dfrac{U_P}{U_2}\right| \approx \dfrac{\frac{1}{\omega C_{ges}}}{\frac{1}{\omega C_2}} \approx \dfrac{C_2}{C_{ges}}.$

Mit

(2) $C_{ges} \approx \dfrac{1}{\frac{1}{C_1} + \frac{1}{C_2}}$ wird

(3) $k \approx C_2(1/C_1 + 1/C_2) = C_2/C_1 + 1$ bzw.

(4) $C_2 \approx (k-1) C_1$.

Aus der Überlegung, daß $|\underline{V}|$ der Kollektor-Schaltung bei f_0 sicher $>0,8$ ist, kann man für den Betrag des Rückkoppelfaktors den Wert $k \approx 1/0,8 = 1,25$ abschätzen, woraus man mit (4) erhält

$C_2 \approx 0,25 \cdot 470 \text{ pF} \approx 117,5 \text{ pF}$.

(Anm.: Es ist bei dieser Schaltung nicht sonderlich kritisch, ob man für C_2 nach der Normreihe 100 pF oder 150 pF wählt).

c) Unter der Annahme $I_C \approx I_E$ folgt für die Widerstände

$R_E = (U_B - U_{CE})/I_E \approx 6 \text{ V}/2 \text{ mA} \approx 3 \text{ k}\Omega$,

$R_{1T} = (I_E R_E + U_{BE})/(10 I_B) \approx (6 \text{ V} + 0,65 \text{ V})/150 \text{ µA} \approx 44,3 \text{ k}\Omega$,

$R_{2T} = (U_B - U_{BE} - I_E R_E)/(11 I_B) \approx (12 \text{ V} - 6,65 \text{ V})/165 \text{ µA} \approx 32,4 \text{ k}\Omega$

(nach Normreihe gewählt: $R_{1T} = 47 \text{ k}\Omega$, $R_{2T} = 33 \text{ k}\Omega$ und $R_E = 3,3 \text{ k}\Omega$).

Um C_K etwa als „Kurzschluß" zu dimensionieren, sei angenommen

(5) $X_{CK} = 1/(\omega C_K) \leq R_L/10$

d. h. $C_K \geq 10/(R_L 2\pi f) = 10/(50 \cdot 2\pi \cdot 10 \cdot 10^6) \approx 3,18 \cdot 10^{-9}$ F (z. B. wird gewählt: $C_K = 5$ nF).

Auch für den Kurzschluß-Kondensator $C_\gg$ wählt man eine Vorgabe, wie z. B.

(6) $X_{C\gg} = 1/(\omega_0 C_\gg) \leq 1 \, \Omega$.

Mit $f_0 = 10$ MHz erhält man $C_\gg \geq 15,9$ nF (z. B. wäre nach Normreihe 25 nF wählbar).

d) Aus dem Vergleich der Ersatzschaltungen (Bilder 6.3.3-4 und 6.3.3-3) erhält man für die Schwingfrequenz f_0 wieder gemäß (6.3.3/11) und (6.3.3/9)

(7) $f_0 = \dfrac{1}{2\pi \sqrt{L_{1Q} C_{1Q}}} \sqrt{1 + \dfrac{C_{1Q}}{C_0 + C_L}}$.

wobei $C_L \approx C_1 C_2/(C_1 + C_2) \approx 470 \text{ pF} \cdot 100 \text{ pF}/(470 + 100) \text{ pF}$

$\approx 82,4 \text{ pF}$.

Ein Ziehen des Quarzes wäre sowohl durch eine Reihenkapazität C_S wie auch durch eine Parallelkapazität C_P möglich. Dies müßte aber dann in die Auslegung des Teilers mit einbezogen werden.

c) Quarz-Oberton-Oszillatoren

Wird der Quarz bei einer ungeraden Harmonischen, im sog. Oberton-Betrieb, angeregt, so ist die dynamische Kapazität C_{1Q} viel kleiner als bei Grundton-Betrieb und trotz größeren Verlustwiderstandes R_{1Q} die Güte Q nach (6.3.3/8) i. a. höher als bei Grundton-Betrieb.

Bild 6.3.3-5a zeigt als Beispiel die Schaltung eines Quarz-Oszillators, der bei $f_0 = 50$ MHz im 3. Oberton betrieben wird [51]. Der Parallelschwingkreis wird hierbei auf die 3. Harmonische ($f_0 = 50$ MHz) abgestimmt. Der Quarz Q schwingt in Serienresonanz (niederohmig und $\approx$ reell) und bewirkt dadurch, daß bei Schwingfrequenz f_0 der Verstärker praktisch in Basis-Schaltung arbeitet. Durch die innere Kapazität C_{CE} (sowie die Steilheitsphase) erfolgt die zur Rückkopplung notwendige Phasendrehung zwischen Ausgang und Eingang. D. h. bei f_0 ist die Schaltung vergleichbar mit der Oszillator-Schaltung von Bild 6.3.2-4. Schwingbedingung und Schwingsicherheit (Betrag und Phase) sind durch L und C_2 einstellbar (C_2 ist hier kein wechselmäßiger Kurzschluß!).

Ein weiterer oft benutzter Oszillator in Basisschaltung mit Oberton-Quarzen (5., 7., 9. Harmonische) für den Frequenzbereich von ca. 70 ... 200 MHz ist in Bild 6.3.3-5b dargestellt. Hier wird der Quarz ebenfalls in seiner Serienresonanz betrieben und liegt mit seinem niederohmigen reellen Widerstand im Rückkopplungszweig der kapazitiven Dreipunkt-Schaltung. Durch

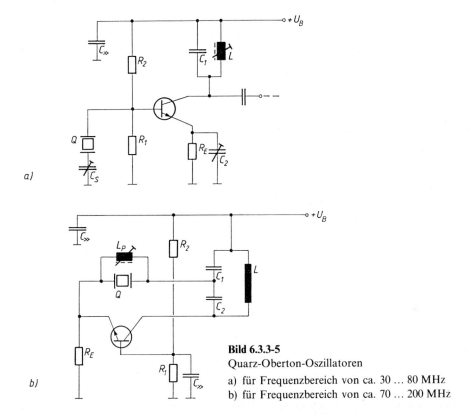

Bild 6.3.3-5
Quarz-Oberton-Oszillatoren
a) für Frequenzbereich von ca. 30 ... 80 MHz
b) für Frequenzbereich von ca. 70 ... 200 MHz

Kompensation der statischen Kapazität C_0 mit einer Zusatzinduktivität $L_P = 1/(\omega_0^2 C_0)$ wird erreicht, daß die Schwingfrequenz des Oszillators f_0 exakt mit der Serienresonanzfrequenz des Quarzes übereinstimmt. Die Kompensation mit L_p sowie der Schaltungsaufbau müssen sehr sorgfältig erfolgen, damit nicht eine ungewollte Frequenz angeregt wird. Der Parallelschwingkreis ist auf die Frequenz des Oberton-Quarzes ausgelegt. Die restliche Dimensionierung erfolgt ähnlich wie bei einem Colpitts-Oszillator im Grundton-Betrieb.

6.3.4 Allgemeine Analyse eines Oszillators mit Y-Parametern

Eine weitere Möglichkeit der Analyse von Oszillator-Schaltungen besteht in der Verwendung von π-Ersatzbildern mit komplexen Parametern, z. B. Y-Parametern, wie im Kapitel 5 vorgestellt. Diese sind dann sinnvoll bis in den VHF/UHF-Bereich einsetzbar. Auch hier denkt man sich die Oszillator-Schaltung aus einem aktiven Verstärker-Vierpol und einem passiven Rückkoppel-Vierpol zusammengesetzt (Bild 6.3.4-1a).

Dabei lauten die Parameter des Verstärker-Vierpols nach (5.3.2/5)

$$\underline{Y}_{1V} = \underline{Y}_{11} + \underline{Y}_{12},$$
$$\underline{Y}_{2V} = -\underline{Y}_{12},$$
$$\underline{Y}_{3V} = \underline{Y}_{22} + \underline{Y}_{12},$$
$$\underline{S} = \underline{Y}_{21} - \underline{Y}_{12} \approx \underline{Y}_{21} \qquad (6.3.4/1)$$

sowie die Parameter des Rückkoppel-Vierpols

$$\underline{Y}_{1K}, \quad \underline{Y}_{2K}, \quad \underline{Y}_{3K}. \qquad (6.3.4/2)$$

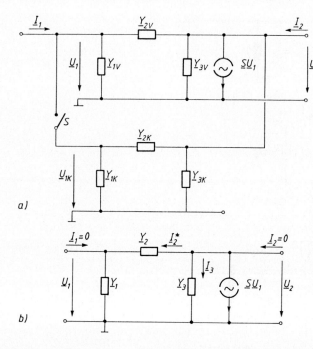

Bild 6.3.4-1
Oszillator-Analyse
mit Y-Parametern
a) Verstärker- und Rückkopplungs-Vierpol mit komplexen Y-Parametern
b) Allgemeines Oszillator-Ersatzbild mit komplexen Y-Parametern

Durch Zusammenfassen der Parameter beider Vierpole erhält man das in Bild 6.3.4-1 b dargestellte allgemeine Ersatzbild einer Oszillator-Schaltung. Bei geschlossenem Schalter S lauten die resultierenden Parameter des Oszillator-Vierpols

$$\underline{Y}_1 = \underline{Y}_{1V} + \underline{Y}_{1K} = G_1 + jB_1 ,$$

$$\underline{Y}_2 = \underline{Y}_{2V} + \underline{Y}_{2K} = G_2 + jB_2 ,$$

$$\underline{Y}_3 = \underline{Y}_{3V} + \underline{Y}_{3K} = G_3 + jB_3 ,$$

$$\underline{S} = \underline{Y}_{21} - \underline{Y}_{12} . \qquad (6.3.4/3)$$

Bei geschlossenem Schalter S muß also statt des externen Eingangsstromes $\underline{I}_1$ vom Rückkoppel-Vierpol ein so großer Strom in den Eingang eingespeist werden, daß gerade wieder die Spannung $\underline{U}_1$ am Eingang erzeugt wird (d. h. $\underline{U}'_1 = \underline{U}_1$). Dann wird der für den Eingang benötigte Strom durch Rückkopplung geliefert, d. h. die Schaltung schwingt.

In Bild 6.3.4-1 b sind somit die äußeren Ströme $\underline{I}_1 = \underline{I}_2 = 0$, wobei aber endliche Spannungen $\underline{U}_1$ und $\underline{U}_2$ anliegen. Es sei nochmals hervorgehoben: $\underline{I}_1$ ist Null, weil keine externe Eingangsquelle mehr benötigt wird und $\underline{I}_2$ ist Null, weil die Lastimpedanz des Verstärkers durch den Rückkoppel-Vierpol ($\underline{Y}_{3K}, \underline{Y}_{1K}, \underline{Y}_{2K}$) gebildet wird und somit kein zusätzlicher äußerer Stromkreis mehr vorhanden ist [51, 12].

Durch Ansatz des 1. Kirchhoff in Bild 6.3.4-1 b erhält man

$$\underline{I}_2^* + \underline{I}_3 + \underline{S}\underline{U}_1 = 0 , \qquad (6.3.4/4)$$

$$\underline{U}_1 \underline{Y}_1 + \underline{U}_2 \underline{Y}_3 + \underline{S}\underline{U}_1 = 0 , \qquad (6.3.4/5)$$

$$\underline{U}_2 = \underline{I}_2^* \left(\frac{1}{\underline{Y}_1} + \frac{1}{\underline{Y}_2} \right) = \underline{U}_1 \underline{Y}_1 \left(\frac{1}{\underline{Y}_1} + \frac{1}{\underline{Y}_2} \right) . \qquad (6.3.4/6)$$

6.3 Einige Grundtypen von Vierpol-Oszillatoren

(6.3.4/6) in (6.3.4/5) ergibt

$$\underline{U}_1 \underline{Y}_1 + \underline{U}_1 \underline{Y}_1 \underline{Y}_3 \left(\frac{1}{\underline{Y}_1} + \frac{1}{\underline{Y}_2} \right) + \underline{S}\underline{U}_1 = 0,$$

$$\underline{Y}_1 + \underline{Y}_3 + \frac{\underline{Y}_1 \underline{Y}_3}{\underline{Y}_2} + \underline{S} = 0,$$

$$\underline{Y}_1 \underline{Y}_2 + \underline{Y}_2 \underline{Y}_3 + \underline{Y}_1 \underline{Y}_3 + \underline{S}\underline{Y}_2 = 0. \qquad (6.3.4/7)$$

(6.3.4/7) stellt die allgemeine Schwingbedingung für eine Oszillator-Schaltung mit komplexen Y-Parametern dar. Mit (6.3.4/3) in (6.3.4/7) bekommt man bei der Schwingbedingung wieder einen Ausdruck aus Real- und Imaginärteil, wobei jeder für sich Null werden muß. Bei der vereinfachenden Annahme einer reellen Steilheit S erhält man

$$\left. \begin{array}{l} (G_1 + jB_1)(G_2 + jB_2) + (G_2 + jB_2)(G_3 + jB_3) + (G_1 + jB_1)(G_3 + jB_3) \\ \quad + S(G_2 + jB_2) = 0, \\ [G_1 G_2 + G_2 G_3 + G_1 G_3 + SG_2 - B_1 B_2 - B_2 B_3 - B_1 B_3] \\ \quad + j[G_1 B_2 + B_1 G_2 + G_2 B_3 + B_2 G_3 + G_1 B_3 + B_1 G_3 + SB_2] = 0 \end{array} \right\} \qquad (6.3.4/8)$$

Die Bedingung nach (6.3.4/8) erlaubt durch Berücksichtigung der Blindanteile des Transistors sicherlich eine genauere Analyse aller bisher betrachteten Oszillator-Schaltungen insbesondere bei höheren Frequenzen. Sie bietet sich an für eine Auswertung auf dem Rechner mittels Programm. Sie ist aber leider wenig anschaulich für ein schnelles Erkennen der Einflußgrößen, es sei denn, man nimmt auch hier stark vereinfachende Annahmen vor.

Wie man mit Vernachlässigungen zur Vereinfachung praktisch vorgehen kann, ist im Beispiel 6.3.4/1 gezeigt.

- **Beispiel 6.3.4/1:** Es sind für einen Colpitts-Oszillator unter Berücksichtigung der komplexen Y-Parameter des Transistors bei $f_0 = 35$ MHz nach der im Kapitel 6.3.4 behandelten Methode die Ersatzgrößen für die Schwingbedingung zu ermitteln.

  $\underline{Y}_{11} = (0{,}95 + j4{,}6)$ mS bzw. $C_{11} = 21$ pF; $\underline{Y}_{12} = 140\,e^{-j90°}$ µS;

  $\underline{Y}_{22} = (5{,}5 + j330)$ µS bzw. $C_{22} = 1{,}5$ pF; $\underline{Y}_{21} = 34\,e^{-j16°}$ mS;

  im Arbeitspunkt: $U_{CE} = 10$ V; $I_C = 1$ mA; $U_B = 15$ V.

  a) Zeichnen Sie das Ersatzbild der Schaltung gemäß Bild 6.3.4-1a.
  b) Bestimmen Sie G_1, G_2, G_3 sowie B_1, B_2, B_3 und S.
  c) Berechnen Sie aus der Schwingbedingung durch geeignete Vernachlässigungen L und C_2/C_1.
  d) Berechnen Sie überschlägig im vorliegenden Arbeitspunkt R_C, R_E, V_U, C_1, C_2 und L.

  Lösung:
  a) Die Schaltung des Colpitts-Oszillators (Bild 6.3.4-2) ist lediglich etwas umgezeichnet, ansonsten identisch mit der von Bild 6.3.2-3a. Das Ersatzschaltbild ist unter Vernachlässigung der strichliert gezeichneten Widerstände R_1 und R_2 in Bild 6.3.4-2b dargestellt.
  b) Für den Verstärker-Vierpol gilt

  (1) $\underline{Y}_{1V} = \underline{Y}_{11} + \underline{Y}_{12} = (0{,}95 + j4{,}46)$ mS,

  (2) $\underline{Y}_{2V} = -\underline{Y}_{12} = -140\,e^{-j90°}$ µS $= +j140$ µS,

  (3) $\underline{Y}_{3V} = \underline{Y}_{22} + \underline{Y}_{12} = (5{,}5 + j190)$ µS,

  (4) $\underline{S} = \underline{Y}_{21} - \underline{Y}_{12} = (32{,}7 - j9{,}2)$ mS $= 33{,}96\,e^{-j15{,}8°}$ mS.

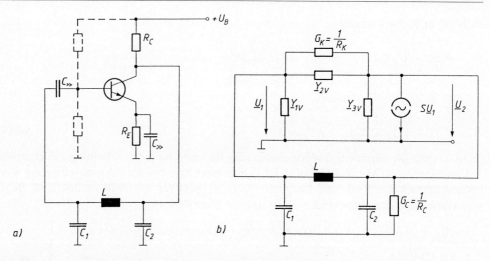

Bild 6.3.4-2 Colpitts-Oszillator mit $\underline{Y}$-Parametern (zu Bsp. 6.3.4/1)
a) Schaltung
b) π-Ersatzbilder von Verstärker- und Rückkoppel-Vierpol

Die Parameter des Rückkopplungs-Vierpols sind

(5) $\underline{Y}_{1K} = j\omega C_1$,

(6) $\underline{Y}_{2K} = G_K - j/(\omega L)$,

(7) $\underline{Y}_{3K} = G_C + j\omega C_2$.

Damit lauten die Parameter des gesamten Oszillator-Vierpols nach Bild 6.3.4-1b

(8) $\underline{Y}_1 = \underline{Y}_{1V} + \underline{Y}_{1K} = (g_{11} + g_{12}) + j(b_{11} + b_{12} + \omega C_1)$

(9) $\underline{Y}_2 = \underline{Y}_{2V} + \underline{Y}_{2K} = (-g_{12} + G_K) - j(b_{12} + 1/(\omega L))$

(10) $\underline{Y}_3 = \underline{Y}_{3V} + \underline{Y}_{3K} = (g_{22} + g_{12} + G_C) + j(b_{22} + b_{12} + \omega C_2)$.

Die einzelnen Real- und Imaginärteile sind somit

(11) $G_1 = g_{11} + g_{12} \approx g_{11} \approx 0{,}95 \text{ mS}$,

$G_2 = -g_{12} + G_K \approx G_K$,

$G_3 = g_{22} + g_{12} + G_C = g_{22} + G_C \approx 0{,}0055 \text{ mS} + G_C$;

(12) $B_1 = b_{11} + b_{12} + \omega_0 C_1 \approx 4{,}46 \text{ mS} + \omega_0 C_1$,

$B_2 = -b_{12} - 1/(\omega_0 L) \approx 0{,}14 \text{ mS} - 1/(\omega_0 L)$,

$B_3 = b_{22} + b_{12} + \omega_0 C_2 \approx 0{,}19 \text{ mS} + \omega_0 C_2$,

Auf eine zahlenmäßige Auswertung der wenig übersichtlichen Beziehungen durch Einsetzen von (11) und (12) in (6.3.4/8) soll im folgenden verzichtet werden, nachdem der grundsätzliche Weg beschrieben ist.

Statt dessen wird unter c) gezeigt, daß man durch Vernachlässigungen in (11) und (12) wieder auf die bereits bekannten Beziehungen von (6.3.2/18) und (6.3.2/22) kommt.

c) Vernachlässigt man näherungsweise die Realteile G_1 und G_2, da diese nach (11) und (12) klein sind gegenüber B_1 und B_2, so folgt aus (6.3.4/8) mit $G_1 \approx 0$ und $G_2 \approx 0$ für den Realteil

(13) $B_1 B_2 + B_2 B_3 + B_1 B_3 = 0$

sowie für den Imaginärteil

(14) $B_2G_3 + B_1G_3 + SB_2 = 0$.

Wählt man weiter $C_1 \gg C_{11}$, $C_2 \gg C_{22}$ und $1/(\omega_0 L) \gg b_{12}$, so folgt aus (12)

(15) $B_1 \approx \omega_0 C_1$, $\quad B_3 \approx \omega_0 C_2$ sowie $B_2 \approx -1/(\omega_0 L)$.

Mit (15) erhält man aus (13)

$$B_2(B_1 + B_3) + B_1 B_3 = 0,$$

$$-\frac{1}{\omega_0 L}(\omega_0 C_1 + \omega_0 C_2) + \omega_0^2 C_1 C_2 = 0,$$

$$\omega_0^2 C_1 C_2 = (C_1 + C_2)/L,$$

(16) $\omega_0 = \dfrac{1}{\sqrt{LC_{ges}}}$ mit $C_{ges} = C_1 C_2/(C_1 + C_2)$ bzw.

(16a) $L = 1/(\omega_0^2 C_{ges})$.

Aus (14) folgt mit (15)

$$G_3(B_1 + B_2) = -SB_2,$$

$$-\frac{G_3}{S}\left(\frac{B_1}{B_2} + 1\right) = 1,$$

$$-\frac{G_3}{S}(-\omega_0^2 L C_1 + 1) = 1$$

bzw. mit (16)

$$\frac{G_3}{S}\left(\frac{C_1 + C_2}{C_2} - 1\right) = 1,$$

$$\frac{G_3}{S}\left(\frac{C_1}{C_2}\right) = 1,$$

d. h. der Rückkoppelfaktor beträgt

(17) $k = C_2/C_1 = G_3/S \approx 1/(SR_C) \approx 1/V_U$.

Mit obigen vereinfachenden Annahmen ergeben sich also wieder die bereits bekannten Beziehungen für f_0 und für k.

d) Zahlenmäßig überschlägig ergibt sich für den vorliegenden Arbeitspunkt mit $R_E = 1\,\text{k}\Omega$ (Annahme)

$R_C \approx (U_B - U_{CE} - I_C R_E)/I_C$

$\approx (15\,\text{V} - 10\,\text{V} - 1\,\text{V})/1\,\text{mA} \approx 4\,\text{k}\Omega$.

Teilt man R_C auf in $R_{C1} + R_{C2}$ und schließt R_{C2} wechselmäßig kurz, so kann man eine gewünschte (geringere) Verstärkung einstellen. Z. B. mit $R_{C1} = 470\,\Omega$ beträgt die Verstärkung

$V_U \approx SR_{C1} \approx 16$.

Wählt man $k \approx 0,1$ (d. h. $k > 1/V_U \approx 0,06$), erhält man mit $C_1 = 220\,\text{pF}$ ($C_1 \gg C_{11} = 21\,\text{pF}$)

$C_2 = k \cdot C_1 \approx 22\,\text{pF}$ ($C_2 \gg C_{22} = 1,5\,\text{pF}$ ist erfüllt).

Damit beträgt $C_{ges} = C_1 C_2/(C_1 + C_2) \approx 20\,\text{pF}$ und $L = 1/(\omega_0^2 C_{ges}) \approx 1,03\,\mu\text{H}$.

In diesem Zusammenhang seien nochmals *die wichtigsten Möglichkeiten* zusammengefaßt, ausgehend von einer oder zwei Oszillatorfrequenzen *zu neuen Trägerfrequenzen* (höheren oder niedrigeren) *zu gelangen*:

a) durch *Mischung* von 2 Frequenzen f_1, f_2 und Herausfiltern der Summe $(f_1 + f_2)$ bzw. der Differenz $(f_1 - f_2)$, wie im Kapitel 1 dargestellt.

b) durch *Vervielfachung* einer Frequenz f_1 *im C-Betrieb*. Hier wird z. B. eine Transistorstufe im C-Betrieb mit f_1 angesteuert und dann im Kollektor-Schwingkreis eine Harmonische herausgefiltert, z. B. $3f_1$, $5f_1$, $7f_1$ (s. Kapitel 5). Es können dabei zum Erreichen eines höheren Faktors auch Vervielfacherstufen hintereinander geschaltet werden.

c) durch *digitale Frequenzteilung* einer Frequenz f_1 durch den Faktor n. Dann erhält man auf einfache Weise als neue Frequenz $f_2 = f_1/n$.

d) durch *Frequenzvervielfachung mit PLL-Schaltungen*, sog. PLL-Synthesizer. Hier lassen sich durch Einsatz eines digitalen programmierbaren Frequenzteilers im Rückführzweig eines PLL-Kreises neue Frequenzen erzeugen.

Zu d) werden die wichtigsten Grundzusammenhänge im Kapitel 6.4 betrachtet.

6.4 PLL-Raster-Oszillator

6.4.1 PLL-Grundkreis (linearer PLL)

Zunächst ist nochmals kurz die einfachste Grundanordnung einer Phasenregelschleife *(Phase locked loop)* in Bild 6.4.1-1a dargestellt. Hierbei wird ein spannungsgesteuerter Oszillator *(voltage controlled oscillator)* auf eine von außen zugeführte Eingangsfrequenz f_1 synchronisiert. Dies geschieht durch einen Frequenz- bzw. Phasenvergleich im Phasendetektor (PD) und eine hieraus abgeleitete Regelspannung, die über ein Schleifenfilter mit Tiefpaß-Charakter dem VCO zugeführt wird.

Wie bereits an anderer Stelle gezeigt, muß diese Nachführung auch dann erfolgen, wenn sich das Eingangssignal durch Frequenzmodulation oder Rauschen in gewissem Bereich ändert.

Ein einfaches Beispiel für einen VCO mit sinusförmigem Ausgangssignal zeigt Bild 6.4.1-1b. Hier ist bei einem Meißner-Oszillator eine Kapazitätsdioden-Schaltung an den frequenzbestimmenden Schwingkreis angekoppelt. Durch die Regelspannung u_R wird die Diodenkapazität C_D und damit nach (6.3.2/8) die Schwingfrequenz f_{VCO} verändert, d. h. der VCO wird in seiner Frequenz und Phase gezogen. Ein Ziehen des VCO ist allerdings nur soweit möglich, als dies durch die Schwingbedingungen zugelassen wird.

Für eine Betrachtung des Regelvorganges sei zunächst als Phasenvergleicher (PD) wieder ein Multiplizierer angenommen. Der VCO sei durch die Regelspannung u_R um seine Ruhefrequenz f_0 abstimmbar, also

$$\omega = \omega_0 + k_0 u_R . \qquad (6.4.1/1)$$

Der Abstimmbereich (bzw. Ziehbereich) ist vom jeweiligen VCO abhängig (z. B. bei LC-Oszillatoren und Frequenzen oberhalb 60 MHz einige ± 10 kHz; bei Quarz-Oszillatoren nur ca. ± 1 kHz).

Mit dem Eingangssignal

$$u_1 = \hat{u}_1 \cdot \sin(\omega t + \Theta_1) \qquad (6.4.1/2)$$

und dem VCO-Ausgangssignal

$$u_2 = \hat{u}_2 \cdot \cos(\omega t + \Theta_2) \qquad (6.4.1/3)$$

lautet das Ausgangssignal hinter dem Multiplizierer (mit der Konstanten k)

$$u_M(t) = k u_1(t) u_2(t) . \qquad (6.4.1/4)$$

6.4 PLL-Raster-Oszillator

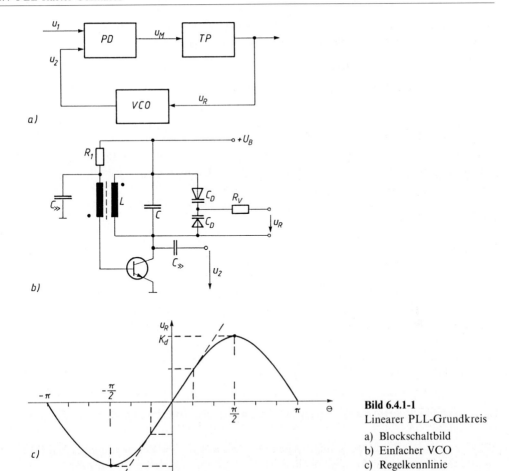

Bild 6.4.1-1
Linearer PLL-Grundkreis
a) Blockschaltbild
b) Einfacher VCO
c) Regelkennlinie

Mit der Umformung nach (A24) lautet

$$u_M(t) = \tfrac{1}{2} k\, \hat{u}_1\, \hat{u}_2 \left[\sin(\Theta_1 - \Theta_2) + \sin(2\omega t + \Theta_1 + \Theta_2)\right]. \tag{6.4.1/5}$$

Hinter dem Tiefpaß verbleibt als Regelspannungsanteil für den VCO

$$\begin{aligned} u_R(t) &= \tfrac{1}{2} k\, \hat{u}_1\, \hat{u}_2 \cdot \sin(\Theta_1 - \Theta_2) \\ &= k_d \cdot \sin \Theta. \end{aligned} \tag{6.4.1/6}$$

Die hierin auftretende Konstante $k_d = \tfrac{1}{2} k\, \hat{u}_1 \hat{u}_2$ wird in [49] als Verstärkungsfaktor des PD und $\Theta = \Theta_1 - \Theta_2$ als Phasenfehler bezeichnet. Die aus (6.4.1/6) folgende Regelkennlinie des obigen PLL-Kreises ist in Bild 6.4.1-1c dargestellt. Das vorliegende Ergebnis läßt sich folgendermaßen interpretieren:

a) *Annahme:* $\Theta_1 = \Theta_2$

Dann ist der Phasenfehler $\Theta = 0$, nach (6.4.1/6) die Regelspannung $u_R(t) = 0$ und nach (6.4.1/1) die VCO-Kreisfrequenz $\omega = \omega_0$. Der VCO ist also dem Eingangssignal in Frequenz und Phase gefolgt, wenn man von der konstanten Phasenverschiebung von 90° absieht, die zwischen den angenommenen Sinus- und Kosinus-Verläufen besteht. Hier gilt

$$u_1(t) = \hat{u}_1 \sin(\omega t + \Theta_1),$$
$$u_2(t) = \hat{u}_2 \cos(\omega t + \Theta_1),$$
$$u_R(t) = 0.$$
(6.4.1/7)

b) *Annahme:* $\Theta_1 > \Theta_2$

Dann ist der Phasenfehler $\Theta > 0$. Solange $\Theta \leq 30°$ ist, d. h. im linearen Bereich der Kennlinie, gilt $\sin \Theta \approx \Theta$. Nach (6.4.1/6) beträgt dann die Regelspannung $u_R \approx k_d \Theta$ und nach (6.4.1/1) die Kreisfrequenz des VCO $\omega = \omega_0 + k_0 k_d \Theta$. Durch die Erhöhung der Kreisfrequenz um $\Delta \omega = \omega - \omega_0$ wird nach der Zeit t (d. h. durch Integration über die Zeit t) die VCO-Phase um $\Delta \Theta$ erhöht, also

$$\Delta \Theta = \int_0^t \Delta \omega \, dt = \int_0^t (\omega - \omega_0) \, dt = k_0 k_d \int_0^t \Theta \, dt.$$
(6.4.1/8)

Durch die Erhöhung der VCO-Phase Θ_2 auf $\Theta_2 + \Delta \Theta$ wird die Phasendifferenz zwischen $u_1(t)$ und $u_2(t)$ verringert, also auch die Regelspannung $u_R(t)$ kleiner. Hier gilt

$$u_1(t) = \hat{u}_1 \sin(\omega t + \Theta_1),$$
$$u_2(t) = \hat{u}_2 \cos[\omega t + (\Theta_2 + \Delta \Theta)],$$
$$u_R(t) = k_d \sin[\Theta_1 - (\Theta_2 + \Delta \Theta)].$$
(6.4.1/9)

Bei erneuten Regelvorgängen wird u_R weiter reduziert, bis wie im Fall a) $u_R = 0$ erreicht ist. Entsprechende Regel-Abläufe lassen sich auch für negative Phasenfehler (also $\Theta_1 < \Theta_2$) verfolgen.

Für Θ zwischen 30° und 90° erfolgt wegen der Unlinearität der Regelkennlinie (Bild 6.4.1-1c) die Ausregelung langsamer, aber bis hier ist der PLL im „eingerasteten Zustand".

Bei $\Theta > 90°$ ist der *„Haltebereich"* überschritten und es erfolgt keine Korrektur mehr, d. h. der PLL „rastet aus".

Der Frequenzbereich, in dem der PLL (nach dem Ausrasten) erneut auf das Eingangssignal synchronisieren kann, wird als *„Fangbereich"* bezeichnet.

Das genauere regelungstechnische Verhalten läßt sich mit Hilfe der Laplace-Transformation für ein PLL-System (Bild 6.4.1-2a) durch die Übertragungsfunktion $H(p)$ mathematisch beschreiben. Da nach (6.4.1/8) und (6.4.1/1) die geänderte Phase Θ_2 als zeitliches Integral der Frequenzänderung und damit der Regelspannung folgt, gilt

$$\Theta_2(t) = k_0 \int_0^t u_R(t) \, dt$$
(6.4.1/10)

bzw. nach der Transformation

$$\Theta_2(p) = \frac{1}{p} k_0 u_R(p).$$
(6.4.1/10a)

Für die Regelspannung ist aus Bild 6.4.1-2a ablesbar

$$u_R(p) = F(p) u_d(p) = F(p) k_d [\Theta_1(p) - \Theta_2(p)].$$

6.4 PLL-Raster-Oszillator

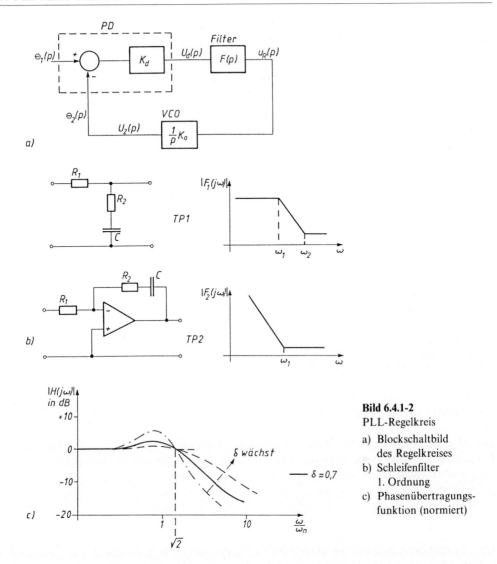

Bild 6.4.1-2
PLL-Regelkreis
a) Blockschaltbild des Regelkreises
b) Schleifenfilter 1. Ordnung
c) Phasenübertragungsfunktion (normiert)

Damit folgt aus (6.4.1/10a)

$$\Theta_2(p)\,[p + k_0 k_d F(p)] = k_0 k_d F(p)\,\Theta_1(p)$$

bzw. für die (Phasen-)Übertragungsfunktion

$$H(p) = \frac{\Theta_2(p)}{\Theta_1(p)} = \frac{v_R \cdot F(p)}{p + v_R \cdot F(p)}, \qquad (6.4.1/11)$$

worin $v_R = k_0 k_d$ die Schleifenverstärkung des PLL darstellt. Durch die Übertragungsfunktion $H(p)$ wird das Verhalten des Regelkreises bei einer Störung Θ_1 am Eingang beschrieben. Eine Charakterisierung des PLLs erfolgt nach der Ordnung n des Nennerpolynoms von $H(p)$:

Bei einem PLL 1. Ordnung tritt der Operator p im Nenner von $H(p)$ in der 1. Potenz auf, d. h. es ist $n = 1$. Dieser PLL besitzt kein Schleifenfilter (also $F(p) = 1$) und ist daher bei stark verrauschten Signalen sehr ungünstig. Seine praktische Bedeutung ist gering.

Bei einem PLL 2. Ordnung, dem weitaus wichtigeren Typ, tritt der Operator p in der 2. Potenz auf (also $n = 2$). Dieser PLL besitzt als Schleifenfilter einen Tiefpaß 1. Ordnung (passiv oder aktiv). Bild 6.4.1-2b zeigt als Beispiele den passiven Tiefpaß TP1 mit der Übertragungsfunktion

$$F_1(p) = \frac{1 + pT_2}{1 + p(T_1 + T_2)} \qquad (6.4.1/12)$$

sowie den aktiven Tiefpaß TP2 mit der Übertragungsfunktion (bei Annahme eines idealen Operationsverstärkers)

$$F_2(p) = \frac{1 + pT_2}{pT_1}, \qquad (6.4.1/13)$$

mit

$$T_1 = CR_1 \quad \text{und} \quad T_2 = CR_2.$$

Die Frequenzgänge der Schleifenfilter sind in Beispiel 6.4.1/1 hergeleitet.

Durch Einsetzen von z. B. $F_2(p)$ aus (6.4.1/13) in (6.4.1/11) erhält man die Übertragungsfunktion des vorliegenden PLLs 2. Ordnung

$$H(p) = \frac{v_R(1 + pT_2)}{p^2 T_1 + p v_R T_R + v_R}. \qquad (6.4.1/14)$$

Die (Phasen-)Übertragungsfunktion $H(j\omega)$ aus (6.4.1/14) zeigt bei Normierung auf die Resonanzkreisfrequenz ω_n und mit der Dämpfung δ als Parameter den in Bild 6.4.1-2c dargestellten qualitativen Verlauf. Nach [49] betragen hierbei

$$\omega_n = \sqrt{\frac{v_R}{T_1}} \quad \text{und} \quad \delta = \frac{1}{2} T_2 \omega_n. \qquad (6.4.1/15)$$

Im Frequenzbereich zwischen 0 und ca. ω_n zeigt der PLL 2. Ordnung das gewünschte Tiefpaßverhalten für eingangsseitige Phasenstörungen, wobei als Parameter die Dämpfung δ auftritt. In [49] ist gezeigt, daß bei $\delta = 1/\sqrt{2} \approx 0{,}707$ ein optimales Einschwingen auftritt. Die Parameter $v_R = k_0 k_d$, ω_n und δ sind weitgehend unabhängig einstellbar (beim hier betrachteten aktiven Filter).

Der PLL 2. Ordnung hat einen besseren Halte- und Fangbereich als der PLL 1. Ordnung. Nachteilig ist seine längere Einschwingzeit (Einrastdauer) τ, da seine Bandbreite B geringer ist.

Umfassendere theoretische Betrachtungen hierzu sind in [49, 50] zu finden.

- **Beispiel 6.4.1/1:** Kontrollieren Sie die in Bild 6.4.1-2b dargestellten Frequenzgänge $F(j\omega)$ sowie Knickfrequenzen im Bode-Diagramm
  a) für das passive Schleifenfilter TP1
  b) für das aktive Schleifenfilter TP2.

6.4 PLL-Raster-Oszillator

Lösung:

a) Für den Spannungsteiler des passiven Filters TP1 nach Bild 6.4.1-2b gilt

(1) $F_1(p) = \dfrac{u_a}{u_e} = \dfrac{R_2 + \dfrac{1}{pC}}{R_1 + R_2 + \dfrac{1}{pC}} = \dfrac{R_2\left(1 + \dfrac{1}{pCR_2}\right)}{(R_1 + R_2)\left[1 + \dfrac{1}{pC(R_1 + R_2)}\right]}$

$= \dfrac{pCR_2 + 1}{pC(R_1 + R_2) + 1} = \dfrac{1 + pT_2}{1 + p(T_1 + T_2)}$, wobei

(2) $T_1 = CR_1$ und $T_2 = CR_2$.

Mit $p = j\omega$ sowie $\omega_1 = 1/(T_1 + T_2)$ und $\omega_2 = 1/T_2$ wird

(3) $|F_1(j\omega)| = \dfrac{\left|1 + j\dfrac{\omega}{\omega_2}\right|}{\left|1 + j\dfrac{\omega}{\omega_1}\right|}$.

Verlauf im Bode-Diagramm aus (3):

Bei tiefen $\omega(\omega \ll \omega_1) \to 0\,\text{dB}$,

zwischen ω_1 und ω_2 $\to -20\,\text{dB/Dekade}$,

bei hohen $\omega(\omega \gg \omega_2) \to \omega_1/\omega_2 = T_2/(T_1 + T_2)$
$= R_2/(R_1 + R_2)$

b) Da bei Annahme eines idealen Operationsverstärkers mit $V_0 \to \infty$ der Minus-Eingang virtuell auf Masse liegt, gilt in Bild 6.4.1-2b

(4) $F_2(p) = \dfrac{-u_a}{u_e} = \dfrac{R_2 + \dfrac{1}{pC}}{R_1} = \dfrac{pCR_2 + 1}{pCR_1}$

(5) $= \dfrac{1 + pT_2}{pT_1}$, wobei

(6) $T_1 = CR_1$ und $T_2 = CR_2$.

Durch Umformung von (4) erhält man

(7) $F_2(p) = \dfrac{R_2}{R_1}\left(1 + \dfrac{1}{pCR_2}\right) = \dfrac{R_2}{R_1} \cdot \dfrac{pCR_2 + 1}{pCR_2}$

$= \dfrac{R_2}{R_1} \cdot \dfrac{1 + pT_2}{pT_2}$.

Mit $p = j\omega$ und $\omega_1 = 1/T_2$ wird

(8) $|F_2(j\omega)| = \dfrac{R_2}{R_1} \cdot \dfrac{\left|1 + j\dfrac{\omega}{\omega_1}\right|}{\dfrac{\omega}{\omega_1}}$.

Verlauf im Bode-Diagramm aus (8):

Knick bei $\to \omega = \omega_1 = 1/T_2$,

bei tiefen $\omega(\omega \ll \omega_1) \to -20\,\text{dB/Dekade}$,

bei hohen $\omega(\omega \gg \omega_1) \to R_2/R_1$.

6.4.2 Digitaler PLL

Für den Einsatz in Frequenz-Synthesizer-Schaltungen durch sog. indirekte Synthese verwendet man häufig PLL's mit digitaler Phasenregelschleife (Bild 6.4.2-1a).

Das sinusförmig angenommene Ausgangssignal $s_3(t)$ des VCO wird im Schmitt-Trigger in eine rechteckförmige Spannung umgewandelt und im Frequenzteiler durch den Faktor n geteilt. Häufig werden beim digitalen PLL als VCO's auch Multivibratoren (in IC's integriert) mit rechteckförmigen Ausgangssignalen verwendet, die einen besseren Abstimmbereich, aber einen schlechteren Signal/Rausch-Abstand besitzen.

Im PD wird der Phasenvergleich mit den Binärsignalen $s_1(t)$ und $s_2(t)$ durchgeführt. Während beim analogen PLL als Phasendetektor ein Multiplizierer benutzt wurde, kann man hier als PD z. B. ein EX-OR-Gatter verwenden. Die prinzipiellen Signalläufe beim Phasenvergleich zeigt Bild 6.4.2-1b. Die Breite der schmalen Impulse $\varepsilon(t)$ entspricht der Phasendifferenz zwischen $s_1(t)$ und $s_2(t)$. Um aus dem gepulsten Signal $\varepsilon(t)$ den Mittelwert zu bilden, führt man es einem Integrator *(charge pump)* zu. Man verwendet dann fast ausschließlich ein aktives Schleifenfilter entsprechend TP2 von Bild 6.4.1-2b.

Der hier vorliegende digitale PLL ist also wiederum ein System 2. Ordnung. Ausgiebige theoretische Betrachtungen hierüber sind ebenfalls in [49, 50] zu finden.

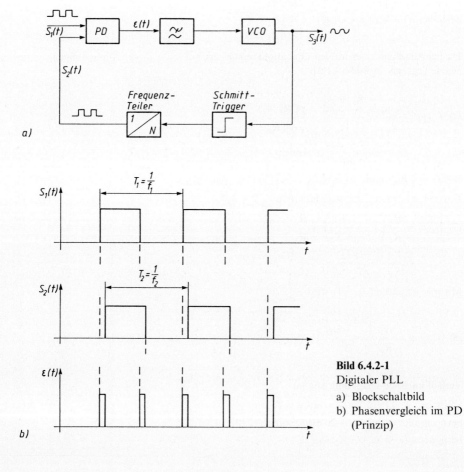

Bild 6.4.2-1
Digitaler PLL
a) Blockschaltbild
b) Phasenvergleich im PD (Prinzip)

6.4.3 PLL-Frequenz-Synthesizer

Die in Bild 6.4.3-1 betrachtete Grundschaltung ist sehr wenig flexibel. Hiermit können nur Frequenzen erzeugt werden, die einem ganzzahligen Vielfachen der Eingangsfrequenz entsprechen.

Für die Sinusfrequenzen f_{2S} und f_{1S} sowie für die digitalen Taktfrequenzen f_{2T} und f_{1T} (Bild 6.4.3-1a) gilt

$$\frac{f_{2S}}{f_{1S}} = \frac{f_{2T}}{f_{1T}} = N$$

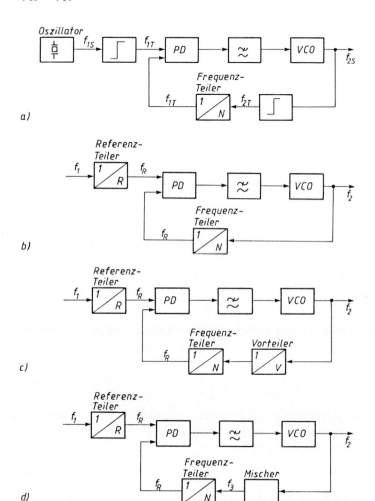

Bild 6.4.3-1 PLL-Frequenzsynthese (Grundmöglichkeiten)
    a) für eine feste Frequenz
    b) mit Referenzteiler
    c) mit Referenzteiler und Vorteiler
    d) mit Referenzteiler und Mischer

bzw. allgemein

$$f_2 = N \cdot f_1 .\tag{6.4.3/1}$$

Diese Schaltung ist zum Erzeugen einer einzelnen neuen Frequenz verwendbar. Wird z. B. die feste Ausgangsfrequenz $f_{2S} = 240$ MHz gewünscht, so kann man diese durch einen Frequenzteiler mit dem Faktor $N = 8$ (in ECL-Technik) an eine Quarz-Oszillatorfrequenz $f_{1S} = 30$ MHz stabil anbinden.

Wird dagegen ein Frequenz-Raster mit dem Rasterabstand Δf benötigt, so kann man z. B. die Quarzfrequenz f_1 mit Hilfe eines Referenzteilers (Faktor R) auf die dem gewünschten Rasterabstand entsprechende Referenzfrequenz $f_R = \Delta f$ herunterteilen (Bild 6.4.3-1b). Dann gilt für die Ausgangsfrequenz

$$f_2 = N \cdot f_R \tag{6.4.3/2}$$

mit dem Rasterabstand

$$\Delta f = f_R = \frac{f_1}{R} .\tag{6.4.3/2a}$$

Bei höheren Ausgangsfrequenzen muß man oft vor dem eigentlichen programmierbaren Frequenzteiler (mit dem Faktor N) noch einen Vorteiler *(Prescaler)* mit dem Faktor V einsetzen (Bild 6.4.3-1c). In diesem Fall gilt

$$f_2 = N V f_R .\tag{6.4.3/3}$$

Nachteilig hierbei ist, daß sich durch den Vorteiler nicht mehr alle Frequenzen im ursprünglichen Rasterabstand $\Delta f = f_R$ einstellen lassen, sondern jetzt nur noch im neuen Rasterabstand

$$\Delta f' = V f_R = V \frac{f_1}{R} .\tag{6.4.3/3a}$$

Um die gleiche Ausgangsfrequenz f_2 trotz Vorteiler im ursprünglichen Raster Δf zu bekommen, muß man die Referenzfrequenz entsprechend verringern, d. h. auf

$$f'_R = \frac{\Delta f}{V} .\tag{6.4.3/3b}$$

Hierdurch ist allerdings ein Schleifenfilter mit geringerer Grenzfrequenz erforderlich, wodurch wiederum die Regelgeschwindigkeit der Schleife reduziert wird. Als Faustformel für die Einstellzeit t_R der Regelschleife gilt nach [49, 50]

$$t_R \approx (25 \ldots 100) \, T_R ,\tag{6.4.3/4}$$

wobei $T_R = 1/f_R$ die Periodendauer der Referenzfrequenz f_R darstellt.

In diesem Zusammenhang sei erwähnt, daß viele hochwertige KW-Empfänger mit PLL-Synthesizer bei manueller Abstimmung in der Feinheit der Abstimmschritte umschaltbar sind:

Beispielsweise 5 kHz-Schritte in Stellung „FAST" und 1 kHz- oder sogar 100 Hz-Schritte in Stellung „SLOW". Um das feinere Frequenzraster zu erhalten, müssen nach (6.4.3/3 bzw. 3a) z. B. sowohl R als auch N erhöht werden (für dieselbe Ausgangsfrequenz f_2).

Eine weitere Möglichkeit besteht im Herabmischen der Ausgangsfrequenz f_2 auf f_3 durch einen Hilfsträger f_H, wie im Bild 6.4.3-1 d dargestellt. Bei der Ausgangsfrequenz

$$f_2 = Nf_R + f_H \qquad (6.4.3/5)$$

kann der PLL auch ohne Bandpaß hinter dem Mischer nur auf die jeweilige Differenzfrequenz $f_3 = f_2 - f_H$ einrasten, also auf

$$f_3 = Nf_R. \qquad (6.4.3/5a)$$

Als wichtige Beurteilungskriterien für PLL-Synthesizer sind folgende Punkte zu nennen:
— der einstellbare Frequenzbereich, der von den IC-Familien (CMOS, T T L, ECL) und vom VCO abhängt. Bei größeren Durchstimmbereichen muß der VCO in der Regel umschaltbar für einzelne Bänder ausgelegt werden;
— das Frequenzraster, das durch den Kanalabstand innerhalb des Frequenzbandes bzw. durch die Feinheit der gewünschten Abstimmschritte festgelegt wird;
— das Störspektrum, das sich aus diskreten Störlinien und Rauschen zusammensetzt. Neben einem geringen Klirrfaktor des Ausgangssignals ist auch ein möglichst hoher Signal/Rauschabstand erforderlich, damit das Informationssignal störungsfrei übertragen werden kann;
— die Frequenzinkonstanz, d. h. welche Langzeitänderungen die Frequenz durch Temperaturschwankungen, Spannungsänderungen und Alterung erfährt; die Kurzzeitänderungen machen sich dagegen in Phasenrauschen bemerkbar;
— die Einstellgeschwindigkeit, mit der sich die neue Frequenz bei Veränderungen des Faktors N einstellt.

Näheres über spezielle Synthesizer-Ausführungen ist in [49, 50] zu finden.

Daß sich auch gebrochene Vielfache einer Bezugsfrequenz realisieren lassen, ist an einfachen Zahlenwerten in Beispiel 6.4.3-1 gezeigt.

• **Beispiel 6.4.3/1:** Von der Frequenz $f_1 = 60$ MHz eines Quarz-Oszillators wird mit $R = 14$ und $N = 18$ ein neuer Mischträger f_2 aufbereitet (Bild 6.4.3-1 b).
a) Wie groß ist die Referenzfrequenz f_R?
b) Wie groß ist der Vervielfachungsfaktor?
c) Wie groß ist die Ausgangsfrequenz f_2?

Lösung:
a) $f_R = f_1/R = 60$ MHz$/14 = 4{,}285714 ...$ MHz
b) $N/R = 18/14 = 1{,}285714 ...$
c) $f_2 = f_1 N/R = 60$ MHz $18/14 = 77{,}142857 ...$ MHz

In Beispiel 6.4.3/2 ist der Grundaufbau eines PLL-Frequenz-Synthesizers zur Abstimmung eines Farbfernsehempfängers im VHF- und UHF-Bereich betrachtet.

• **Beispiel 6.4.3/2:** Zum Einstellen der einzelnen Kanäle im VHF- bzw. UHF-Bereich muß der Oszillator (VCO) im Tuner eines Farbfernsehempfängers in weitem Frequenzbereich durchgestimmt werden. Dies wird durch einen PLL-Frequenzsynthesizer mit integrierten Bausteinen realisiert. Das recht interessante Grundkonzept soll im folgenden vorgestellt werden (Bild 6.4.3-2).
Abstimmbereich des VCO: $f_2 = 85 ... 927$ MHz
Frequenz-Raster: $\Delta f = 125$ kHz
Vorteiler-Verhältnis: $V = 64$
a) Wie groß sind die Teiler-Verhältnisse N_{max} und N_{min}?
b) Wie groß muß die Referenzfrequenz f_R sein?

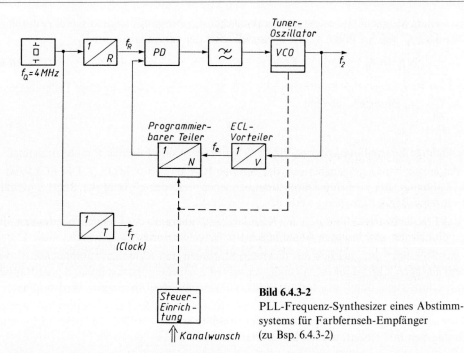

Bild 6.4.3-2
PLL-Frequenz-Synthesizer eines Abstimmsystems für Farbfernseh-Empfänger
(zu Bsp. 6.4.3-2)

c) Welche Referenzteiler-Verhältnisse sind bei den Quarzfrequenzen $f_Q = 4$ MHz bzw. $f_Q = 3$ MHz erforderlich?

d) Überprüfen Sie kurz, ob der Abstimmbereich des Oszillators für alle Fernsehkanäle ausreicht.

Lösung:

a) Die Teiler-Verhältnisse des programmierbaren Teilers sind

$N_{max} = f_{2\,max}/\Delta f = 927000$ kHz$/125$ kHz $= 7416$

$N_{min} = f_{2\,min}/\Delta f = 85000$ kHz$/125$ kHz $= 680$.

Zur Realisierung dieser Teilerverhältnisse verwendet man einen 13-Bit-Synchronteiler, der parallel binär programmierbar ist und dessen Eingangsfrequenz f_e maximal ca. 15 MHz betragen darf. Daher ist im vorliegenden Fall unbedingt ein ECL-Vorteiler einzusetzen. Bei $V = 64$ beträgt die maximale Eingangsfrequenz

$f_{e\,max} = f_{2\,max}/V = 14{,}48$ MHz.

Als max. Teiler-Verhältnis des 13-Bit-Synchronteilers wäre einstellbar

$N = 2^{13} = 8192$.

b) Um das gewünschte Abstimmraster $\Delta f = 125$ kHz zu erreichen, ist auf Grund des Vorteilerfaktors V als Referenzfrequenz erforderlich

$f_R = \Delta f / V = 125$ kHz$/64 = 1{,}953125$ kHz.

c) Das Referenzteiler-Verhältnis R muß betragen

$R = f_Q / f_R$, also bei $f_Q = 4$ MHz $\to R = 2048$

bzw. bei $\qquad\qquad f_Q = 3$ MHz $\to R = 1536$.

d) Die niedrigste Bildträgerfrequenz (im VHF-Bereich I) liegt bei $f_{BT1} = 48{,}25$ MHz.
Die höchste Bildträgerfrequenz (im UHF-Bereich V) liegt bei $f_{BT2} = 887{,}27$ MHz.
Bei einer Zwischenfrequenz des Bildträgers von $f_{ZFB} \approx 38{,}9$ MHz müssen als zugehörige Oszillatorfrequenzen erreicht werden

$$f_{OSZ1} = f_{BT1} + f_{ZFB} \approx 87{,}15 \text{ MHz}$$

und

$$f_{OSZ2} = f_{BT2} + f_{ZFB} \approx 926{,}15 \text{ MHz} \,.$$

Dies ist also bei obigem PLL-Synthesizer erfüllt.

Die Abstände der einzelnen Fernsehkanäle betragen im VHF-Bereich 7 MHz und im UHF-Bereich 8 MHz. Somit ist bei Rasterschritten von $\Delta f = 125$ kHz eine hinreichend feine Abstimmung der Kanäle möglich.

Bei Wahl eines bestimmten Kanales (Bild 6.4.3-2) erfolgt die Eingabe der aus einem Speicher abgerufenen zugehörigen Daten seriell in ein 16-Bit-Schieberegister (mit Speicher), wobei 13 Bit den Teilerfaktor N vorwählen und weitere 3 Bit die Information für die Bandumschaltung des VCO's enthalten. Für das Schieberegister wird von f_Q ein Schiebetakt $f_T = 62{,}5$ kHz abgeleitet. Hierfür ist als Teilerverhältnis erforderlich

$$T = f_Q/f_T = 4000 \text{ kHz}/62{,}5 \text{ kHz} = 64 \,.$$

Eingehendere Beschreibungen der bei dem vorliegenden Abstimmkonzept verwendeten Firmen-IC's sind u. a. in [50, 154] zu finden.

7 Kreisdiagramm [52]–[58]

Vor einigen Jahren dienten das Kreisdiagramm und auch das Smithdiagramm zum Entwurf und zur Berechnung von Hochfrequenzschaltungen. Computer führen heutzutage die Berechnungen exakter durch; jedoch in der Schaltungssynthese sind die Diagramme den Rechnern überlegen. Der Entwicklungsingenieur kann anhand der Transformationswege im Diagramm sofort die für ihn optimale Schaltung entwerfen, ohne aufwendige und rechenzeitintensive Optimierungsprogramme zu benutzen. Eine exakte Berechnungsanalyse der mit dem Kreisdiagramm gefundenen Schaltung kann dann mit einem einfachen Rechenprogramm durchgeführt werden.

Mit Hilfe von Geraden- und Kreisortskurven und deren Inversion in Kapitel 7.1 werden in Kapitel 7.2 das Kreisdiagramm abgeleitet und in den folgenden Kapiteln einige Anwendungsmöglichkeiten vorgestellt.

7.1 Ortskurven vom Geraden- und Kreistyp

Mit Zeigerdiagrammen lassen sich Summen verschiedener gleichfrequenter Sinusgrößen (Spannungen oder Ströme) recht anschaulich darstellen. Diese Darstellungsform läßt sich auch auf zeitunabhängige komplexe Größen (Widerstands- und Leitwertoperatoren) anwenden. Nachteilig in der Hochfrequenztechnik ist an dieser Darstellungsform, daß die Zeigerbilder nur für eine bestimmte Frequenz gelten. In der Hochfrequenztechnik werden jedoch Frequenzbänder verstärkt, gemischt, übertragen, gefiltert oder moduliert, d. h. man müßte das Breitbandverhalten einer Schaltung durch mehrere Zeigerbilder darstellen. Übersichtlicher wird diese Darstellung bei mehreren Frequenzen, wenn man nur noch die Kurve zeichnet, auf der die Endpunkte (Spitzen) der einzelnen Zeiger liegen. Man erhält damit die Ortskurve.

Bei Ortskurvenmessungen (Reflexions- und Transmissionsmeßplatz) ist zu beachten, daß die Ortskurve der geometrische Ort der betrachteten komplexen Größe (z. B. Eingangsimpedanz eines Verstärkers) für alle verschiedenen Werte der variablen Größe (z. B. Frequenz) ist, aber nur im jeweils stationären Zustand. Beim „Durchwobbeln" eines Frequenzbandes darf die „Wobbelgeschwindigkeit" nicht zu groß gewählt werden, damit die Schaltung einschwingen und ihren stationären Wert erreichen kann. Nur dann erhält man auf dem Leuchtschirm des Meßgerätes die richtige Ortskurve des Meßobjektes. Besonders kritische Meßobjekte sind Filterschaltungen hoher Güte, die relativ lange Einschwingzeiten benötigen.

7.1.1 Geradenortskurven durch den Nullpunkt

Die variable Schaltungsgröße einer Ortskurve (z. B. Frequenz, Kapazität, Widerstand usw.) wird meistens dargestellt als Produkt eines konstanten Bezugswertes (z. B. $1/\omega_g$) und eines Faktors oder als normierte Größe (z. B. $\lambda = \omega/\omega_g$). In Bild 7.1.1-1 ist eine Ortskurve durch den Nullpunkt dargestellt. Die komplexe Größe $\underline{A}$ ist zwar in der Richtung fest vorgegeben, kann jedoch durch den Parameter λ auf ihrer Richtung verschoben werden. Wenn die Parametrierung im Nullpunkt beginnt, dann beschreibt

$$\underline{Z}(\lambda) = \lambda \cdot \underline{A} \qquad (7.1.1/1)$$

die Ortskurve in Bild 7.1.1-1. Invertiert man die Gl. (7.1.1/1), dann ergibt sich:

$$\underline{Y}(\lambda) = \frac{1}{\underline{Z}(\lambda)} = \frac{1}{\lambda \cdot \underline{A}} = \frac{1}{\lambda} \cdot \frac{\underline{A}^*}{|\underline{A}|^2} = \Omega \cdot \underline{A}^* \quad \text{mit} \quad \Omega = \frac{1}{\lambda \cdot |\underline{A}|^2}. \qquad (7.1.1/2)$$

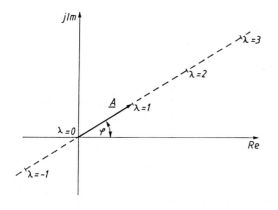

Bild 7.1.1-1
Geradenortskurve durch den Nullpunkt

Führt man in (7.1.1/2) als neuen Parameterwert die Größe Ω ein, dann erkennt man, daß die beiden Gleichungen (7.1.1/1) und (7.1.1/2) formal gleich aufgebaut sind, d. h. es findet eine Multiplikation zwischen einer Parametergröße (λ bzw. Ω) und einer komplexen Größe ($\underline{A}$ bzw. $\underline{A}^*$) statt. Die Inversion einer Geradenortskurve durch den Nullpunkt ergibt also wieder eine Geradenortskurve durch den Nullpunkt.

- **Beispiel 7.1.1/1:** Skizzieren Sie die Ortskurven $\underline{Z}(\omega)$ und $\underline{Y}(\omega)$ für die in Bild 7.1.1/2a dargestellte Induktivität.

Lösung:

$\underline{Z}(\omega) = j\omega L \triangleq \lambda \underline{A} \Rightarrow$ *Gerade durch den Nullpunkt*

$\quad$ mit $\quad \lambda \triangleq \omega$

$\qquad \underline{A} \triangleq jL$;

$\left. \begin{array}{l} \omega = 0: \ \underline{Z}(\omega = 0) = 0 \\ \omega = \infty: \ \underline{Z}(\omega = \infty) = j\infty \end{array} \right\} \Rightarrow$ *Bild 7.1.1-2b* ;

$\underline{Y}(\omega) = \dfrac{1}{\underline{Z}(\omega)} = \dfrac{1}{j\omega L} \triangleq \Omega \underline{A}^* \Rightarrow$ *Gerade durch den Nullpunkt*

$\quad$ mit $\quad \Omega \triangleq \dfrac{1}{\omega}$

$\qquad \underline{A}^* \triangleq \dfrac{1}{jL}$;

$\left. \begin{array}{l} \omega = 0: \ \underline{Y}(\omega = 0) = -j\infty \\ \omega = \infty: \ \underline{Y}(\omega = \infty) = 0 \end{array} \right\} \Rightarrow$ *Bild 7.1.1-2c* .

7.1.2 Geradenortskurven in allgemeiner Lage

Das Beispiel 7.1.2/1 soll die Normierung der Parametergröße ω auf die Kreisgrenzfrequenz ω_g verdeutlichen. Die Grenzfrequenzen f_g bzw. die Grenzfrequenzen f_{gi} ($i = 1, 2, 3 \ldots n$) einer Schaltung lassen sich mit Hilfe der Definitionsgleichung

$$|\underline{F}(\omega_g)| = \frac{|\underline{F}(\omega)|_{max}}{\sqrt{2}} \qquad (7.1.2/1)$$

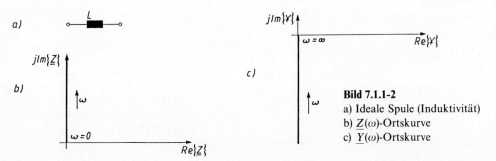

Bild 7.1.1-2
a) Ideale Spule (Induktivität)
b) $\underline{Z}(\omega)$-Ortskurve
c) $\underline{Y}(\omega)$-Ortskurve

berechnen, wobei $\underline{F}(\omega)$ der Frequenzgang ist. Der $1/\sqrt{2}$-Abfall in (7.1.2/1) bedeutet im logarithmischen Maßstab (20 log $|\underline{F}(\omega)|$) einen Leistungsabfall von 3 dB (exakt 3,01 dB). Man spricht deshalb auch von der 3 dB-Grenzfrequenz. Bei Geraden- und Kreisortskurven (Kreis durch den Nullpunkt) beträgt der Betrag des Phasenwinkels Φ bzw. die Beträge der Phasenwinkel $|\Phi_i| = 45°$. Sind die Ortskurven des Frequenzganges keine Geraden oder Kreise durch den Nullpunkt, dann kann bei einer Grenzfrequenz f_{gi} jeder beliebige Winkel auftreten.

- **Beispiel 7.1.2/1:** Skizzieren Sie für Bild 7.1.2-1a die Ortskurve $\underline{Z}(\lambda)$ und für Bild 7.1.2-1b die Ortskurve $\underline{Y}(\lambda)$ mit $\lambda = \omega/\omega_g$.

Lösung:

Aus Bild 7.1.2-1a:

(1) $\underline{Z} = R + j\omega L = R + j\omega L \cdot \dfrac{\omega_g}{\omega_g}$;

(2) $\omega = \omega_g : |\Phi|_{\omega_g} = 45° = \arctan\{1\} = \arctan\left\{\dfrac{\omega_g L}{R}\right\} \Rightarrow \dfrac{\omega_g L}{R} = 1 \Rightarrow \omega_g = \dfrac{R}{L}$;

(2) in (1): $\underline{Z} = R + j \cdot \dfrac{\omega L}{\omega_g} \cdot \dfrac{R}{L} = R\left[1 + j\dfrac{\omega}{\omega_g}\right] \Rightarrow \underline{Z}(\lambda) = R[1 + j\lambda]$;

$\lambda = 0 : \underline{Z}(\lambda = 0) = R$
$\lambda = 1 \ (\omega = \omega_g): \underline{Z}(\lambda = 1) = R \cdot [1 + j] = R\sqrt{2} \cdot e^{j45°}$ $\Big\}$ $\Rightarrow$ Bild 7.1.2-1c.

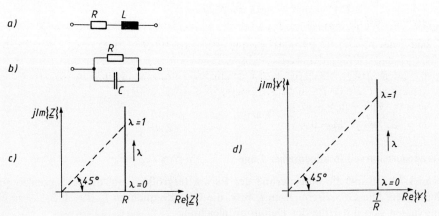

Bild 7.1.2-1
a) Ersatzschaltbild einer verlustbehafteten Spule
b) Ersatzschaltung eines verlustbehafteten Kondensators
c) Ortskurve $\underline{Z}(\lambda)$ für Bild 7.1.2-1a
d) Ortskurve $\underline{Y}(\lambda)$ für Bild 7.1.2-1b

7.1 Ortskurven vom Geraden- und Kreistyp

Aus Bild 7.1.2-1b:

(3) $\underline{Y} = \dfrac{1}{R} + j\omega C = \dfrac{1}{R} + j\omega C \cdot \dfrac{\omega_g}{\omega_g}$;

(4) $\omega = \omega_g : |\Phi|_{\omega_g} = 45° = \arctan\{1\} = \arctan\{\omega_g CR\} \Rightarrow \omega_g CR = 1 \Rightarrow \omega_g = \dfrac{1}{CR}$;

(4) in (3): $\underline{Y} = \dfrac{1}{R} + j\dfrac{\omega C}{\omega_g} \cdot \dfrac{1}{CR} = \dfrac{1}{R} \cdot \left[1 + j\dfrac{\omega}{\omega_g}\right] \Rightarrow \underline{Y}(\lambda) = \dfrac{1}{R} \cdot [1 + j\lambda]$;

$\left.\begin{array}{l} \lambda = 0: \underline{Y}(\lambda = 0) = \dfrac{1}{R} \\[2mm] \lambda = 1 \; (\omega = \omega_g): \underline{Y}(\lambda = 1) = \dfrac{1}{R} \cdot [1 + j] = \dfrac{\sqrt{2}}{R} \cdot e^{j45°} \end{array}\right\} \Rightarrow$ *Bild 7.1.2-1d*.

- **Übung 7.1.2/1:** Für die in Bild 7.1.2-2 dargestellten Schaltungen sind die Ortskurven

  a1) $\underline{Z}(R)$ c1) $\underline{Y}(\omega)$
  a2) $\underline{Z}(L)$ c2) $\underline{Y}(R)$
  b1) $\underline{Z}(\omega)$ c3) $\underline{Y}(L)$
  b2) $\underline{Z}(R)$ d) $\underline{Z}(\omega)$
  b3) $\underline{Z}(C)$ e) $\underline{Y}(\omega)$

  zu skizzieren und, falls möglich, die Grenzkreisfrequenzen darin einzuzeichnen.

Das Beispiel 7.1.2/1 und die Übung 7.1.2/1 zeigen, daß man jede Geradenortskurve in allgemeiner Lage auf die Form

$$\underline{G}(\lambda) = \underline{B} + \lambda \cdot \underline{A} \qquad (7.1.2/2)$$

bringen kann. In Bild 7.1.2-3a ist eine Geradenortskurve in allgemeiner Lage dargestellt, die sich mit

$$\underline{G}(\lambda) = \underline{G}_1 + \lambda \cdot (\underline{G}_2 - \underline{G}_1) \qquad (7.1.2/3)$$

beschreiben läßt. Wählt man $\underline{G}_1 \triangleq \underline{B}$ und $\underline{G}_2 - \underline{G}_1 \triangleq \underline{A}$, dann erhält man wieder (7.1.2/2). Bild 7.1.2-3b stellt mit Re$\{\underline{G}_1\} = 0$ ($\underline{B}$ ist imaginär) und Im$\{\underline{G}_1\} = $ Im$\{\underline{G}_2\}$ ($\underline{A}$ ist reell) den Sonderfall dar, daß die Geradenortskurve parallel zur reellen Achse verläuft. Mit Im$\{\underline{G}_1\} = 0$ ($\underline{B}$ ist reell) und Re$\{\underline{G}_1\} = $ Re$\{\underline{G}_2\}$ ($\underline{A}$ ist imaginär) ergibt sich die in Bild 7.1.2-3c skizzierte Geradenortskurve, die eine Parallele zur imaginären Achse bildet.

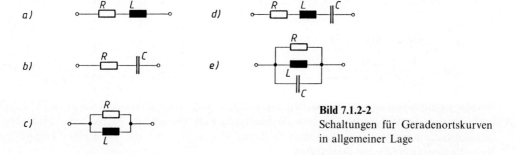

Bild 7.1.2-2
Schaltungen für Geradenortskurven in allgemeiner Lage

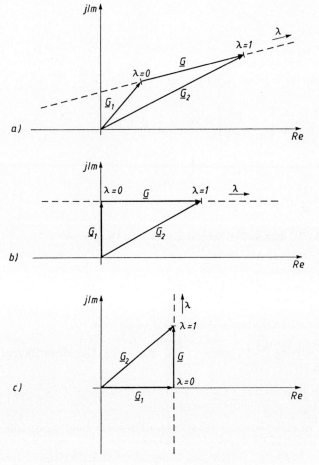

Bild 7.1.2-3
a) Geradenortskurve in allgemeiner Lage
b) Geradenortskurve parallel zur reellen Achse
c) Geradenortskurve parallel zur imaginären Achse

Bei der Gl. (7.1.2/2) lassen sich drei Sonderfälle betrachten:
1. $\underline{B} = 0 \Rightarrow$ *Geradenortskurve durch den Nullpunkt* (s. Gl. (7.1.1/1)).
2. $\underline{B}$ ist imaginär, $\underline{A}$ ist reell $\Rightarrow$ *Geradenortskurve parallel zur reellen Achse.*
3. $\underline{B}$ ist reell, $\underline{A}$ ist imaginär $\Rightarrow$ *Geradenortskurve parallel zur imaginären Achse.*

7.1.3 Kreisortskurven durch den Nullpunkt

Die Berechnungen in Beispiel 7.1.2/1 lieferten für Bild 7.1.2-1a die $\underline{Z}(\lambda)$-Ortskurve und für Bild 7.1.2-1b die $\underline{Y}(\lambda)$-Ortskurve. Invertiert man die beiden Ortskurven, so ergibt sich:

$$\underline{Y}(\lambda) = \frac{1}{\underline{Z}(\lambda)} = \frac{1}{R(1 + j\lambda)}, \tag{7.1.3/1}$$

$$\underline{Z}(\lambda) = \frac{1}{\underline{Y}(\lambda)} = \frac{R}{1 + j\lambda}. \tag{7.1.3/2}$$

Bei der Bestimmung der geometrischen Figur der beiden Ortskurven in (7.1.3/1) und (7.1.3/2) muß der konstante Faktor $1/R$ bzw. R nicht beachtet werden, da er nur eine Maßstabstransformation bewirkt. Der gemeinsame Term $1/(1 + j\lambda)$ wird mit Hilfe eines komplexen Koordinatensystems x, jy umgeformt:

7.1 Ortskurven vom Geraden- und Kreistyp

$$\frac{1}{1+j\lambda} = \frac{1-j\lambda}{1+\lambda^2} \stackrel{!}{=} x + j\lambda$$

mit

$$x = \frac{1}{1+\lambda^2},\qquad (7.1.3/3)$$

$$y = \frac{-\lambda}{1+\lambda^2}.\qquad (7.1.3/4)$$

Aus (7.1.3/3) folgt:

$$\lambda^2 = \frac{1}{x} - 1.\qquad (7.1.3/5)$$

Setzt man (7.1.3/5) in (7.1.3/4) ein, dann erhält man:

$$y = \frac{-\sqrt{\dfrac{1}{x}-1}}{1+\dfrac{1}{x}-1} = -x\cdot\sqrt{\frac{1}{x}-1} = -\sqrt{x-x^2}\,;$$

$$\Rightarrow y^2 = x - x^2 = -(x-\tfrac{1}{2})^2 + \tfrac{1}{4},$$

$$\Rightarrow (x-\tfrac{1}{2})^2 + y^2 = \tfrac{1}{4}.\qquad (7.1.3/6)$$

Für einen Kreis in allgemeiner Lage (s. Bild 7.1.3-1a) gilt nach [1] die Kreisgleichung

$$(x - x_0)^2 + (y - y_0)^2 = R^2.\qquad (7.1.3/7)$$

Ein Koeffizientenvergleich zwischen (7.1.3/6) und (7.1.3/7) liefert $x_0 = \tfrac{1}{2}$, $y_0 = 0$ und $R = \tfrac{1}{2}$, so daß sich der allgemeine Kreis in Bild 7.1.3-1a in den Nullpunkt verschiebt (s. Bild 7.1.3-1b). Um die Durchlaufrichtung in Abhängigkeit von λ bzw. ω zu bekommen, gibt man sich drei Werte vor.

λ	ω	$x + jy$
0	0	1
1	ω_g	$\dfrac{1}{1+j} = \dfrac{1-j}{2} = \dfrac{\sqrt{2}}{2}\cdot e^{-j45°} = \dfrac{e^{-j45°}}{\sqrt{2}}$
∞	∞	0

Die Tabellenwerte wurden in Bild 7.1.3-1b eingetragen. Man erkennt, daß nur der untere Halbkreis durchlaufen wird. Mit dem konstanten Faktor $1/R$ bzw. R in (7.1.3/1) bzw. (7.1.3/2) erhält man die in den Bildern 7.1.3-1c und 7.1.3-1d skizzierten Ortskurven; d. h. die Funktion

$$\underline{Y}(\lambda) = \frac{1}{R(1+j\lambda)} \quad \text{bzw.} \quad \underline{Z}(\lambda) = \frac{R}{1+j\lambda}$$

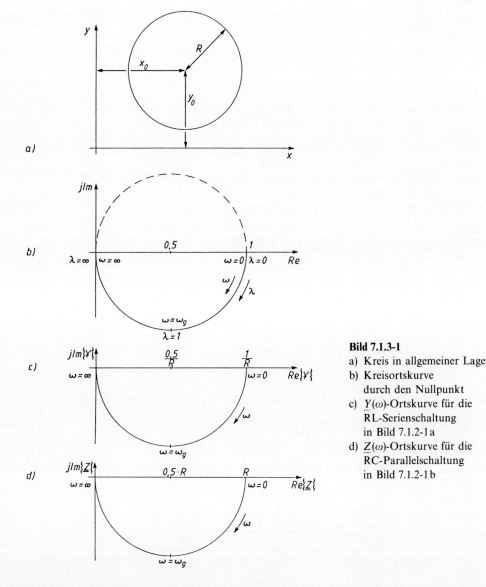

Bild 7.1.3-1
a) Kreis in allgemeiner Lage
b) Kreisortskurve durch den Nullpunkt
c) $\underline{Y}(\omega)$-Ortskurve für die RL-Serienschaltung in Bild 7.1.2-1a
d) $\underline{Z}(\omega)$-Ortskurve für die RC-Parallelschaltung in Bild 7.1.2-1b

beschreibt einen Kreis durch den Nullpunkt. Allgemein kann man eine Kreisortskurve durch den Nullpunkt darstellen mit

$$\underline{K}(0) = \frac{\underline{B}}{\underline{C} \cdot \lambda + \underline{D}}. \tag{7.1.3/8}$$

Betrachtet man analog zu (7.1.2/2) eine Geradenortskurve in allgemeiner Lage ($\underline{\tilde{G}}(\lambda) = \underline{\tilde{A}} \cdot \lambda + \underline{\tilde{B}}$), so liefert die Inversion

$$\frac{1}{\underline{\tilde{G}}(\lambda)} = \frac{1}{\underline{\tilde{A}} \cdot \lambda + \underline{\tilde{B}}} \triangleq \frac{\underline{B}}{\underline{C} \cdot \lambda + \underline{D}} = \underline{K}(0) \tag{7.1.3/9}$$

eine Kreisortskurve durch den Nullpunkt. Natürlich ist auch die umgekehrte Inversion möglich.

7.1 Ortskurven vom Geraden- und Kreistyp   341

Eine Kreisortskurve durch den Nullpunkt wird bei einer Inversion transformiert in eine Geradenortskurve in allgemeiner Lage.

- **Beispiel 7.1.3/1:** Bild 7.1.3-2a zeigt einen Wien-Robinson-Oszillator. Da Spulen für LC-Generatoren im Vergleich zu den übrigen Bauteilen sehr aufwendig sind, benutzt man für Sender mit niedrigen Frequenzen mitunter auch RC-Oszillatoren. Die darin enthaltenen Netzwerke aus Widerständen und Kondensatoren lassen sich klein, leicht und in integrierter Technik herstellen. Wenn man als Widerstände die steuerbaren Widerstände von Feldeffekttransistoren bzw. als Kondensatoren Kapazitätsdioden verwendet, läßt sich durch eine Hilfsspannung die Frequenz des Oszillators verändern (sog. VCO $\triangleq$ Voltage Controlled Oscillator). Als aktives Element im Verstärkervierpol dient der Operationsverstärker, der mit einem Spannungsteiler R_3, R_4 belastet ist. Das Rückkopplungsnetzwerk ist eine Wienbrücke und bestimmt die Schwingfrequenz f_m. Für den Schwingbetrieb ist neben einer bestimmten Betragsbedingung (eingestellt mit R_3 und R_4) die Phasenbedingung $\arg\{\underline{U}_1\} = \arg\{\underline{U}_2\}$ erforderlich (s. Kap. 6).
   a) Ermitteln Sie die Schwingfrequenz f_m.
   b) Skizzieren Sie die Ortskurve des Rückkopplungsnetzwerkes.

Lösung:

a) Zuerst wird das Spannungsteilerverhältnis $\underline{U}_1/\underline{U}_2$ berechnet.

$$(1) \quad \frac{\underline{U}_1}{\underline{U}_2} = \frac{\dfrac{1}{\underline{Y}_2}}{\underline{Z}_1 + \dfrac{1}{\underline{Y}_2}} = \frac{1}{1 + \underline{Z}_1 \underline{Y}_2}$$

mit

$$(2) \quad \underline{Z}_1 = R_1 + \frac{1}{j\omega C_1} \quad \text{und} \quad \underline{Y}_2 = \frac{1}{R_2} + j\omega C_2.$$

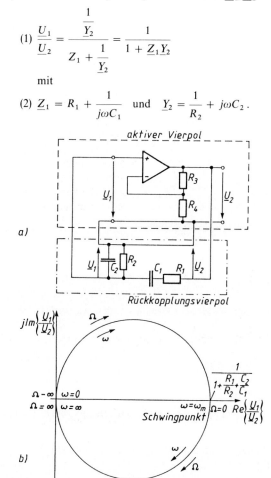

Bild 7.1.3-2
a) Wien-Robinson-Oszillator
b) Kreisortskurve des Rückkopplungsvierpols

Für die Schwingbedingung gilt:

(3) $\arg\{\underline{U}_1\} = \arg\{\underline{U}_2\} \Rightarrow \operatorname{Im}\left\{\dfrac{\underline{U}_1}{\underline{U}_2}\right\} \stackrel{!}{=} 0$.

Der Imaginärteil in (1) verschwindet für $\operatorname{Im}\{\underline{Z}_1\underline{Y}_2\} \stackrel{!}{=} 0$.

Mit (2) folgt:

(4) $\underline{Z}_1\underline{Y}_2 = \left(R_1 + \dfrac{1}{j\omega C_1}\right)\left(\dfrac{1}{R_2} + j\omega C_2\right) = \dfrac{R_1}{R_2} + \dfrac{C_2}{C_1} + j\left(\omega C_2 R_1 - \dfrac{1}{\omega C_1 R_2}\right)$.

(5) $\operatorname{Im}\{\underline{Z}_1\underline{Y}_2\} = \omega_m C_2 R_1 - \dfrac{1}{\omega_m C_1 R_2} \stackrel{!}{=} 0 \Rightarrow \omega_m^2 = \dfrac{1}{R_1 R_2 C_1 C_2} \Rightarrow f_m = \dfrac{1}{2\pi\sqrt{R_1 R_2 C_1 C_2}}$.

Der Ausdruck für die Schwingfrequenz wird noch einfacher, wenn man den Sonderfall $R_1 = R_2 = R$, $C_1 = C_2 = C$ in (5) berücksichtigt

$\Rightarrow f_m = \dfrac{1}{2\pi RC}$.

b) *(4) in (1) ergibt*

(6) $\dfrac{\underline{U}_1}{\underline{U}_2} = \dfrac{1}{1 + \dfrac{R_1}{R_2} + \dfrac{C_2}{C_1} + j\underbrace{\left(\omega C_2 R_1 - \dfrac{1}{\omega C_1 R_2}\right)}_{\Omega}}$;

$\Omega = \omega C_2 R_1 \cdot \dfrac{\omega_m}{\omega_m} - \dfrac{1}{\omega C_1 R_2} \cdot \dfrac{\omega_m}{\omega_m} = \dfrac{\omega}{\omega_m} \cdot \dfrac{C_2 R_1}{\sqrt{R_1 R_2 C_1 C_2}} - \dfrac{\omega_m}{\omega} \cdot \dfrac{\sqrt{R_1 R_2 C_1 C_2}}{C_1 R_2}$;

$\Omega = \dfrac{\omega}{\omega_m}\sqrt{\dfrac{C_2 R_1}{R_2 C_1}} - \dfrac{\omega_m}{\omega}\sqrt{\dfrac{C_2 R_1}{R_2 C_1}} = \sqrt{\dfrac{C_2 R_1}{C_1 R_2}}\left[\dfrac{\omega}{\omega_m} - \dfrac{\omega_m}{\omega}\right]$.

Die normierte Kreisfrequenz Ω kann folgende Werte annehmen:

(7) $\left.\begin{array}{l}\omega = \omega_m \Rightarrow \Omega = 0 \\ \omega = \infty \Rightarrow \Omega = \infty \\ \omega = 0 \Rightarrow \Omega = -\infty\end{array}\right\}$ $\begin{array}{l}0 \leq \Omega \leq \infty \\ -\infty \leq \Omega \leq 0\end{array}$

Betrachtet man $\dfrac{\underline{U}_1}{\underline{U}_2}(\Omega)$ in (6), dann erkennt man den gleichen formalen Aufbau wie bei (7.1.3/8), d. h. (6) beschreibt eine Kreisortskurve durch den Nullpunkt

(8) $\dfrac{\underline{U}_1}{\underline{U}_2}(\Omega) = \dfrac{1}{j\Omega + 1 + \dfrac{R_1}{R_2} + \dfrac{C_2}{C_1}} \triangleq \dfrac{B}{C\cdot\lambda + D} = \underline{K}(0)$.

Die Kreisortskurve (8) wird wegen (7) vollständig durchlaufen. Man erhält als Ortskurve einen Vollkreis durch den Nullpunkt (s. Bild 7.1.3-2b).

- **Übung 7.1.3/1:** Für die in Bild 7.1.3-3 (a und b) dargestellten Schaltungen sind die Ortskurven
  a) $\underline{Z}(R)$
  b) $\underline{Z}(L)$
  zu skizzieren.

7.1 Ortskurven vom Geraden- und Kreistyp 343

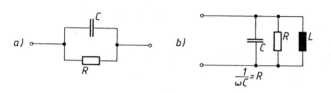

Bild 7.1.3-3
Schaltungen
für Kreisortskurven
durch den Nullpunkt

7.1.4 Kreisortskurven in allgemeiner Lage

Die Ableitung einer Kreisortskurve in allgemeiner Lage soll anhand der Schaltung in Bild 7.1.4-1a gezeigt werden. Die Impedanz $\underline{Z}$ der Schaltung berechnet sich mit

$$\underline{Z} = R_1 + \frac{R_2 \cdot \dfrac{1}{j\omega C}}{R_2 + \dfrac{1}{j\omega C}} = R_1 + \frac{R_2}{1 + j\omega C R_2}.$$

Mit der normierten Parametergröße $\lambda = \omega C R_2$ ergibt sich damit

$$\underline{Z} = R_1 + \frac{R_2}{1 + j\lambda} = R_1 + \frac{R_2(1 - j\lambda)}{1 - \lambda^2} \stackrel{!}{=} x + jy,$$

wobei x, jy wieder ein komplexes Koordinatensystem darstellen sollen:

$$x = R_1 + \frac{R_2}{1 + \lambda^2}, \qquad (7.1.4/1)$$

$$y = \frac{-R_2 \lambda}{1 + \lambda^2}. \qquad (7.1.4/2)$$

Aus (7.1.4/1) folgt:

$$\lambda^2 = \frac{R_2}{x - R_1} - 1. \qquad (7.1.4/3)$$

Setzt man (7.1.4/3) in (7.1.4/2) ein, dann erhält man:

$$y = \frac{-R_2 \cdot \sqrt{\dfrac{R_2}{x - R_1} - 1}}{1 + \dfrac{R_2}{x - R_1} - 1} = -(x - R_1) \cdot \sqrt{\frac{R_2}{x - R_1} - 1}$$

$$= -\sqrt{R_2(x - R_1) - (x - R_1)^2} \,;$$

$$y^2 = R_2(x - R_1) - (x - R_1)^2 = R_2 x - R_2 R_1 - x^2 + 2x R_1 - R_1^2$$
$$= -x^2 + x(R_2 + 2R_1) - R_1^2 - R_1 R_2 \,;$$

$$y^2 = -\left(x - \frac{R_2 + 2R_1}{2}\right)^2 + \left(\frac{R_2 + 2R_1}{2}\right)^2 - R_1^2 - R_1 R_2$$

$$= -\left(x - \frac{R_2 + 2R_1}{2}\right)^2 + \frac{R_2^2}{4} + R_1 R_2 + R_1^2 - R_1^2 - R_1 R_2$$

$$\Rightarrow \left(x - \frac{R_2 + 2R_1}{2}\right)^2 + y^2 = \frac{R_2^2}{4}. \qquad (7.1.4/4)$$

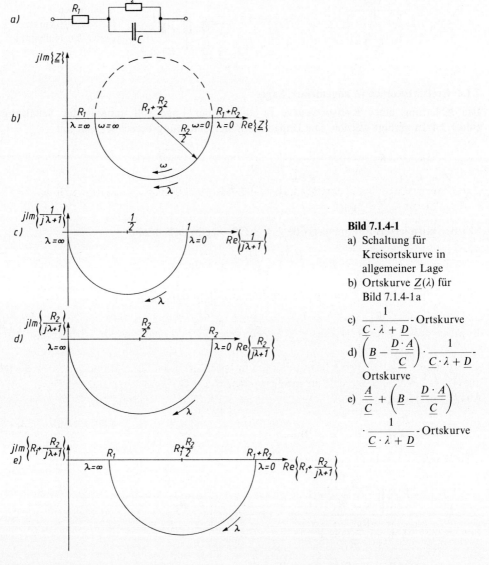

Bild 7.1.4-1
a) Schaltung für Kreisortskurve in allgemeiner Lage
b) Ortskurve $\underline{Z}(\lambda)$ für Bild 7.1.4-1a
c) $\dfrac{1}{\underline{C}\cdot\lambda+\underline{D}}$ - Ortskurve
d) $\left(\underline{B}-\dfrac{\underline{D}\cdot\underline{A}}{\underline{C}}\right)\cdot\dfrac{1}{\underline{C}\cdot\lambda+\underline{D}}$ - Ortskurve
e) $\dfrac{\underline{A}}{\underline{C}}+\left(\underline{B}-\dfrac{\underline{D}\cdot\underline{A}}{\underline{C}}\right)$
$\cdot\dfrac{1}{\underline{C}\cdot\lambda+\underline{D}}$ - Ortskurve

Für einen Kreis in allgemeiner Lage (s. Bild 7.1.3-1a) gilt nach [1] die Kreisgleichung

$$(x-x_0)^2+(y-y_0)^2=R^2. \tag{7.1.4/5}$$

Ein Koeffizientenvergleich zwischen (7.1.4/4) und (7.1.4/5) liefert

$$x=\frac{R_2+2R_1}{2}=R_1+\frac{R_2}{2},\quad y_0=0\quad\text{und}\quad R=\frac{R_2}{2},$$

so daß sich der allgemeine Kreis in Bild 7.1.4-1b ergibt. Um die Durchlaufrichtung in Abhängigkeit von λ bzw. ω zu bekommen, werden drei beliebige Werte vorgegeben.
Die Tabellenwerte wurden in Bild 7.1.4-1b eingetragen. Man erkennt, daß nur der untere Halbkreis durchlaufen wird. Die Impedanz der Schaltung in Bild 7.1.4-1a kann man auch

7.1 Ortskurven vom Geraden- und Kreistyp

λ	ω	$x + jy$
0	0	$R_1 + R_2$
1	$\dfrac{1}{CR_2}$	$R_1 + \dfrac{R_2}{1+j} = R_1 + \dfrac{R_2(1-j)}{2} = R_1 + \dfrac{R_2}{2} - \dfrac{jR_2}{2}$
∞	∞	R_1

folgendermaßen darstellen:

$$\underline{Z} = R_1 + \frac{R_2}{1+j\lambda} = \frac{R_1(1+j\lambda) + R_2}{1+j\lambda} = \frac{jR_1 \cdot \lambda + R_1 + R_2}{j \cdot \lambda + 1}. \qquad (7.1.4/6)$$

Eine Kreisortskurve in allgemeiner Lage, die also nicht durch den Nullpunkt geht, wird analog zu (7.1.4/6) mit

$$\underline{K} = \frac{\underline{A} \cdot \lambda + \underline{B}}{\underline{C} \cdot \lambda + \underline{D}} \qquad (7.1.4/7)$$

beschrieben.

Bildet man von (7.1.4/7) den Kehrwert, so erhält man einen Ausdruck, der die gleiche Form besitzt wie die Ausgangsgleichung (7.1.4/7), d. h. ebenfalls eine Kreisortskurve in allgemeiner Lage beschreibt. Daraus läßt sich die allgemeingültige Regel aufstellen: *Die Inversion einer Kreisortskurve, die nicht durch den Nullpunkt geht, ergibt wieder eine Kreisortskurve, die nicht durch den Nullpunkt geht.*

Um die Konstruktion von Kreisortskurven in beliebiger Lage zu vereinfachen, soll mit Hilfe von (7.1.4/7) ein „Kochrezept" angegeben werden. Die Division von (7.1.4/7) liefert:

$$\underline{K} = (\underline{A} \cdot \lambda + \underline{B}) : (\underline{C} \cdot \lambda + \underline{D}) = \frac{\underline{A}}{\underline{C}} + \frac{\underline{B} - \dfrac{\underline{D} \cdot \underline{A}}{\underline{C}}}{\underline{C} \cdot \lambda + \underline{D}}$$

$$\frac{-\left(\underline{A} \cdot \lambda + \dfrac{\underline{D} \cdot \underline{A}}{\underline{C}}\right)}{\underline{B} - \dfrac{\underline{D} \cdot \underline{A}}{\underline{C}}}$$

$$\Rightarrow \underline{K} = \frac{\underline{A}}{\underline{C}} + \left(\underline{B} - \frac{\underline{D} \cdot \underline{A}}{\underline{C}}\right) \cdot \frac{1}{\underline{C} \cdot \lambda + \underline{D}}. \qquad (7.1.4/8)$$

Bei der Konstruktion der Kreisortskurve wird (7.1.4/8) von rechts nach links abgearbeitet. Der Term

$$\frac{1}{\underline{C} \cdot \lambda + \underline{D}} = \underline{\tilde{K}}(0)$$

beschreibt analog zu (7.1.3/9) eine Kreisortskurve durch den Nullpunkt, die sich mit Hilfe von drei vorgegebenen Parameterwerten λ schnell konstruieren läßt. Die Kreisortskurve durch den Nullpunkt wird dann gemäß (7.1.4/8) mit dem komplexen Faktor

$$\left(\underline{B} - \frac{\underline{D} \cdot \underline{A}}{\underline{C}}\right)$$

multipliziert. Es findet damit eine Drehstreckung der Kreisortskurve durch den Nullpunkt statt. Am einfachsten realisiert man diese Drehstreckung, indem zuerst der Mittelpunkt des Kreises $\underline{\tilde{K}}(0)$ um den Phasenwinkel $\arg\{\underline{B} - \underline{D} \cdot \underline{A}/\underline{C}\}$ gedreht und dann um den Faktor $(\underline{B} - \underline{D} \cdot \underline{A}/\underline{C})$ verlängert wird. Zum Schluß wird noch eine komplexe Größe $\underline{A}/\underline{C}$ (s. (7.1.4/8)) addiert, d. h. der drehgestreckte Kreis wird verschoben.

Die Kreisortskurve in Bild 7.1.4-1b soll mit diesem Verfahren noch einmal abgeleitet werden, um das „Kochrezept" zu erläutern:

1. Die Ortskurvenfunktion $\underline{Z}(\lambda)$ wird auf die Form von (7.1.4/7) gebracht. Man erhält nach (7.1.4/6)

$$\underline{Z}(\lambda) = \frac{jR_1 \cdot \lambda + R_1 + R_2}{j \cdot \lambda + 1}. \tag{7.1.4/9}$$

2. Ein Koeffizientenvergleich zwischen (7.1.4/9) und (7.1.4/7) liefert $\underline{A} = jR_1$, $\underline{B} = R_1 + R_2$, $\underline{C} = j$ und $\underline{D} = 1$.

3. Die Größen $\underline{A}$, $\underline{B}$, $\underline{C}$ und $\underline{D}$ werden in (7.1.4/8) eingesetzt.

$$\underline{K} = \frac{jR_1}{j} + \left(R_1 + R_2 - \frac{1 \cdot jR_1}{j}\right) \cdot \frac{1}{j\lambda + 1} = R_1 + (R_2) \cdot \frac{1}{j\lambda + 1}. \tag{7.1.4/10}$$

4. Bei der Konstruktion der Kreisortskurve wird (7.1.4/10) von rechts nach links abgearbeitet. Der Term

$$\frac{1}{j\lambda + 1}$$

beschreibt die in Bild 7.1.4-1c skizzierte Kreisortskurve durch den Nullpunkt.

5. Der komplexe Faktor ist in (7.1.4/10) reell (R_2) und bewirkt deshalb nur eine Streckung um R_2; keine Drehung, weil $\arg\{R_2\} = 0$ ist (s. Bild 7.1.4-1d).

6. Zum Schluß wird die in Bild 7.1.4-1d dargestellte Kreisortskurve durch den Nullpunkt um den Wert R_1 nach rechts verschoben (s. Bild 7.1.4-1e).

- **Beispiel 7.1.4/1:**
  a) Ermitteln Sie für den in Bild 7.1.4-2a dargestellten Phasenschieber die Ortskurve $\underline{U}_a/U_0 = f(R_3)$.
  b) Wie muß die Schaltung dimensioniert werden, damit die Amplitude $\hat{u}_a$ konstant bleibt bei der Variation des Phasenwinkels $\arg\{\underline{U}_a\}$?
  c) Wie groß muß R_3 werden bei 90° Phasenverschiebung?

Lösung:

a) $\sum \underline{U} = 0 = \underline{U}_a + \underline{U}_C - \underline{U}_2 \Rightarrow \dfrac{\underline{U}_a}{\underline{U}_0} = \dfrac{\underline{U}_2}{\underline{U}_0} - \dfrac{\underline{U}_C}{\underline{U}_0};$

$$\frac{\underline{U}_a}{\underline{U}_0} = \frac{R_2}{R_1 + R_2} - \frac{\dfrac{1}{j\omega C}}{R_3 + \dfrac{1}{j\omega C}} = \frac{R_2}{R_1 + R_2} - \frac{1}{1 + j\omega C R_3} = \frac{R_2(1 + j\omega C R_3) - R_1 - R_2}{(R_1 + R_2)(1 + j\omega C R_3)}$$

$$= \frac{j\omega C R_2 \cdot R_3 + R_2 - R_1 - R_2}{j\omega C(R_1 + R_2) \cdot R_3 + R_1 + R_2} \triangleq \frac{\underline{A} \cdot \lambda + \underline{B}}{\underline{C} \cdot \lambda + \underline{D}} = \underline{K}.$$

7.1 Ortskurven vom Geraden- und Kreistyp

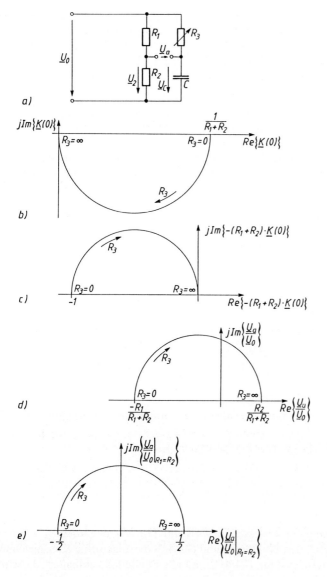

Bild 7.1.4-2
a) Phasenschieber
b) $\underline{K}(0)$-Ortskurve
c) Drehgestreckte $\underline{K}(0)$-Ortskurve
d) $\dfrac{\underline{U}_a}{\underline{U}_0}(R_3)$-Ortskurve des Phasenschiebers
e) $\dfrac{\underline{U}_a}{\underline{U}_0}(R_3)\bigg|_{R_1=R_2}$-Ortskurve des Phasenschiebers

Vergleich: $\underline{A} = j\omega CR_2$, $\underline{B} = -R_1$, $\underline{C} = j\omega C(R_1 + R_2)$, $\underline{D} = R_1 + R_2$, $\lambda = R_3$
In (7.1.4/8) eingesetzt:

$$\underline{K} = \frac{j\omega CR_2}{j\omega C(R_1 + R_2)} + \left[-R_1 - \frac{(R_1 + R_2)\,j\omega CR_2}{j\omega C(R_1 + R_2)}\right] \cdot \frac{1}{j\omega C(R_1 + R_2)R_3 + R_1 + R_2}$$

$$(1)\quad \underline{K} = \frac{R_2}{R_1 + R_2} - \underbrace{(R_1 + R_2)\frac{1}{j\omega C(R_1 + R_2)R_3 + R_1 + R_2}}_{\underline{K}(0)}$$

Die Kreisortskurve $\underline{K}(0)$ durch den Nullpunkt ist in Bild 7.1.4-2b dargestellt. Nach (1) wird $\underline{K}(0)$ mit dem Faktor $-(R_1 + R_2)$ multipliziert. Das Minuszeichen bedeutet eine Drehung um $180°$ (s.

Bild 7.1.4-2c). Die Ortskurve in Bild 7.1.4-2c muß noch nach (1) um den Wert $R_2/(R_1 + R_2)$ nach rechts verschoben werden. Dabei wird jeder Punkt der Ortskurve um diesen Wert nach rechts verschoben, auch -1 bei $R_3 = 0$:

$$(2) \quad -1 + \frac{R_2}{R_1 + R_2} = \frac{R_1 - R_2 + R_2}{R_1 + R_2} = \frac{-R_1}{R_1 + R_2}.$$

Das Ergebnis in (2) wurde bei der Konstruktion der Ortskurve in Bild 7.1.4-2d berücksichtigt. Man erkennt an der Ortskurve in Bild 7.1.4-2d, daß mit dem Phasenschieber eine kontinuierliche Phasenverschiebung von 0° bis 180° möglich ist.

b) Soll $\hat{u}_a$ bei der Phasenverschiebung konstant bleiben, dann muß $R_1 = R_2$ gewählt werden (erkennbar aus Bild 7.1.4-2d). Die Kreisortskurve für den Sonderfall $R_1 = R_2$ ist in Bild 7.1.4-2e dargestellt.

c) Aus den $\underline{U}_a/\underline{U}_0$-Ortskurven der Bilder 7.1.4-2d und e) ist abzulesen, daß bei einer 90°-Phasenverschiebung kein Realteil existiert:

$$\text{Re}\left\{\frac{\underline{U}_a}{\underline{U}_0}\right\} \stackrel{!}{=} 0\,;$$

$$\frac{\underline{U}_a}{\underline{U}_0} = \frac{R_2}{R_1 + R_2} - \frac{1}{1 + j\omega C R_3} = \frac{R_2}{R_1 + R_2} - \frac{1 - j\omega C R_3}{1 + (\omega C R_3)^2}\,;$$

$$\text{Re}\left\{\frac{\underline{U}_a}{\underline{U}_0}\right\} = \frac{R_2}{R_1 + R_2} - \frac{1}{1 + (\omega C R_3)^2} = 0\,;$$

$$1 + (\omega C R_3)^2 = 1 + \frac{R_1}{R_2} \Rightarrow R_3 = \frac{1}{\omega C}\sqrt{\frac{R_1}{R_2}} \quad \text{bzw.} \quad R_3 = \frac{1}{\omega C} \quad \text{für } R_1 = R_2\,.$$

■ **Übung 7.1.4/1:**
a) Bestimmen Sie für das in Bild 7.1.4-3a dargestellte Netzwerk die Ortskurve der Eingangsimpedanz $\underline{Z}_{in}$, wenn $0 \leq R_2 \leq \infty$ gilt.
b) Zeichnen Sie für die in Bild 7.1.4-3b skizzierte Schaltung die $\underline{Z}_{in}(L_2)$-Ortskurve
$$\left(0 \leq L_2 \leq \infty, \frac{R_2}{2} > \frac{1}{\omega C_1}\right).$$

7.1.5 Inversionsregeln

Die allgemeine Geradengleichung für Ortskurven wird mit (7.1.2/2) beschrieben, während (7.1.3/8) eine Kreisortskurve durch den Nullpunkt und (7.1.4/7) die allgemeine Kreisgleichung darstellt. In der allgemeinen Kreisgleichung (7.1.4/7) sind alle Sonderfälle enthalten, da selbst eine Geradenortskurve als Kreisortskurve mit dem Radius $R \to \infty$ angesehen werden kann. Deshalb lassen sich Ortskurven vom Geraden- bzw. Kreistyp mit

$$\underline{O} = \frac{\underline{A} \cdot \underline{\lambda} + \underline{B}}{\underline{C} \cdot \underline{\lambda} + \underline{D}} \tag{7.1.5/1}$$

charakterisieren.

Bei der Gl. (7.1.5/1) lassen sich folgende Sonderfälle betrachten:
a) $\underline{B} = \underline{C} = 0, \underline{D} = 1 \Rightarrow$ Geradenortskurve durch den Nullpunkt (s. (7.1.1/1)).
b) $\underline{C} = 0, \underline{D} = 1 \Rightarrow$ Geradenortskurve nicht durch den Nullpunkt (s. (7.1.2/2)).
b1) $\underline{B}$ ist imaginär, $\underline{A}$ ist reell $\Rightarrow$ Geradenortskurve parallel zur reellen Achse.
b2) $\underline{B}$ ist reell, $\underline{A}$ ist imaginär $\Rightarrow$ Geradenortskurve parallel zur imaginären Achse.

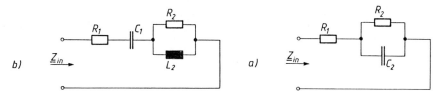

Bild 7.1.4-3 Schaltungen für Kreisortskurven (allgemeine Lage)

c) $\underline{A} = 0 \Rightarrow$ Kreisortskurve durch den Nullpunkt (s. (7.1.3/8)).
d) $\underline{A}$, $\underline{B}$, $\underline{C}$ und $\underline{D}$ vorhanden $\Rightarrow$ Kreisortskurve in allgemeiner Lage (s. (7.1.4/7)).

Für die Inversion von Ortskurven des Geraden- und Kreistyps gilt:
1. Die Inversion einer Geradenortskurve durch den Nullpunkt ergibt wieder eine Geradenortskurve durch den Nullpunkt (s. (7.1.1/2)).
2. Die Inversion einer Geradenortskurve, die nicht durch den Nullpunkt geht, ergibt eine Kreisortskurve, die den Nullpunkt berührt (s. (7.1.3/9)).
3. Bei der Inversion einer Kreisortskurve durch den Nullpunkt erhält man eine Geradenortskurve, die nicht durch den Nullpunkt geht (s. (7.1.3/9)).
4. Die Inversion einer Kreisortskurve, die nicht durch den Nullpunkt geht (Kreisortskurve in allgemeiner Lage) bewirkt wieder eine Kreisortskurve, die nicht durch den Nullpunkt verläuft (s. (7.1.4/7)).

7.2 Ableitung des Kreisdiagramms

Jede Impedanz $\underline{Z} = R + jX$ kann für eine feste Frequenz durch zwei verschiedene Schaltungen aus zwei Bauelementen realisiert werden. Die Ortskurve z. B. der Impedanz einer Induktivität L_1 mit veränderlichem ohmschen Reihenwiderstand R_1 (Bild 7.2-1b) ist in der $\underline{Z}$-Ebene eine horizontale Gerade (Bild 7.2-1a). In der $\underline{Y}$-Ebene entspricht dies einem Halbkreis durch den Nullpunkt mit dem Mittelpunkt auf der imaginären Achse (Bild 7.2-1c). Je größer R_1 wird, umso näher wandert die entsprechende Admittanz auf den Ursprung zu. Durch den veränderlichen Serienwiderstand R_1 wird eine Serientransformation (SR_1) durchgeführt. Die gestrichelt gezeichneten Ortskurven (Bilder 7.2-1 a und c) charakterisieren eine Serien-R_2-Transformation (SR_2) für die Serienschaltung einer Kapazität C_2 mit veränderlichem ohmschen Reihenwiderstand R_2 (Bild 7.2-1b). Entsprechendes gilt auch für ein festes R_1 bzw. R_2 und veränderliches L_1 bzw. C_2 (Bild 7.2-1e). Man erhält hier in der $\underline{Z}$-Ebene Geradenortskurven parallel zur imaginären Achse (Bild 7.2-1d) und in der $\underline{Y}$-Ebene Kreisortskurven, deren Mittelpunkte auf der reellen Achse liegen (Bild 7.2-1f). Diese Transformationen durch eine Serieninduktivität L_1 bzw. Serienkapazität C_2 nennen wir SL_1- bzw. SC_2-Transformationen.

Ebenso kann man Parallelschaltungen (P) mit veränderlichen G- oder B-Werten ($\underline{Y} = G + jB$) in der $\underline{Y}$-Ebene durch Geradenortskurven darstellen (PR_1- und PR_2-Transformationen in Bild 7.2-1g bzw. PL_1- und PC_2-Transformationen in Bild 7.2-1j), die sich in der $\underline{Z}$-Ebene als Kreisortskurven abbilden (Bild 7.2-1i und Bild 7.2-1l).

In der $\underline{Z}$-Ebene ergeben sich an jedem Punkt 6 verschiedene Wege, auf denen man die gegebene Impedanz durch Serien- oder Parallelschaltung eines Wirk- oder Blindelementes verändern kann. Analoges gilt in der Admittanzebene.

Bild 7.2-2 zeigt für die $\underline{Z}$-Ebene die prinzipiellen Maßnahmen zur Veränderung eines Impedanzwertes.

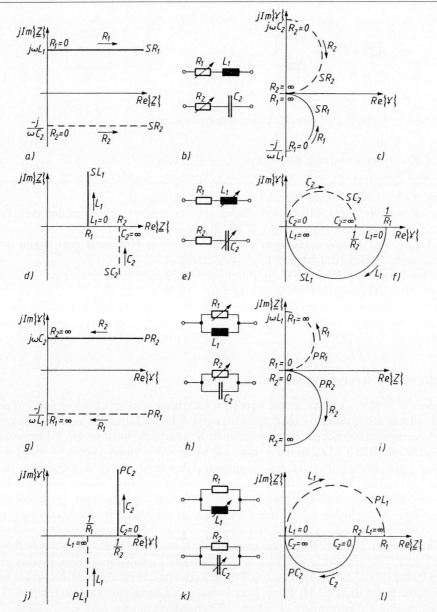

Bild 7.2-1 Geraden- und Kreisortskurven

Darin bedeuten:
SR ≙ Serientransformation durch einen ohmschen Widerstand R
SL ≙ Serientransformation durch eine Induktivität L
SC ≙ Serientransformation durch eine Kapazität C
PR ≙ Paralleltransformation durch einen ohmschen Widerstand R
PL ≙ Paralleltransformation durch eine Induktivität L
PC ≙ Paralleltransformation durch eine Kapazität C

7.2 Ableitung des Kreisdiagramms

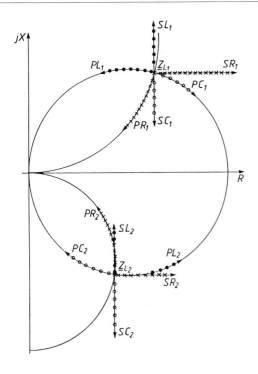

Bild 7.2-2
Mögliche Transformationswege im Kreisdiagramm

In der Praxis verzichtet man bei Transformationsproblemen meistens auf die Transformationseigenschaften eines ohmschen Widerstandes (SR- bzw. PR-Transformation), weil ohmsche Widerstände Wirkleistung verbrauchen, während man mit Reaktanzen (L bzw. C) verlustlos transformieren kann. Die ohmschen Komponenten realer Spulen und Kondensatoren kann man oft vernachlässigen (besonders wenn Kapazitäts- bzw. Induktivitätswerte durch Leitungstransformationen erzeugt werden), so daß die SL-, PL-, SC- und PC-Transformationen näherungsweise das reale Verhalten beschreiben.

Die PL_1- bzw. PC_2-Halbkreise in Bild 7.2-11 gelten für einen festen Parallelwiderstand R_1 bzw. R_2. Zeichnet man für verschiedene Widerstände R_1 bzw. R_2 die Halbkreise konstanten Wirkleitwerts G ($G_1 = 1/R_1$, $G_2 = 1/R_2$) in die komplexe Ebene und bezeichnet die Kreise jeweils mit den entsprechenden Wirkleitwerten G, so kann man damit für jedes $\underline{Z}$ den zugehörigen Wirkleitwert G der Admittanz $\underline{Y} = G + jb = 1/\underline{Z}$ unmittelbar ablesen. Analog dazu gelten die PR_1- bzw. PR_2-Halbkreise in Bild 7.2-1i für eine feste Parallelreaktanz L_1 bzw. C_2. Zeichnet man auch hier für verschiedene Reaktanzen die Halbkreise konstanten Blindleitwertes B und bezeichnet die Halbkreise jeweils mit dem entsprechenden B, so kann man aus dem so entstandenen Diagramm für jeden beliebigen Impedanzwert $\underline{Z}$ den zugehörigen Blindleitwert B der Admittanz $\underline{Y} = G + jB = 1/\underline{Z}$ entnehmen. Die G- und B-Kreise ermöglichen es, für ein gegebenes $\underline{Z}$ das gewünschte $\underline{Y}$ unmittelbar abzulesen. Die Durchführung der Inversion wird noch einfacher, wenn man die normierten G'- und die B'-Kreise in ein Diagramm zeichnet (Bild 7.2-3a). Man trägt dann in das rechtwinklige Koordinatensystem der komplexen Ebene nur Widerstandswerte ein und nennt sie deshalb die komplexe Widerstands- oder Impedanzebene ($\underline{Z}' = R' + jX'$). Die dazugehörigen Real- und Imaginärteile der Leitwerte $\underline{Y}' = G' + jB'$ lassen sich an dem kreisförmigen Koordinatennetz des Diagrammes ablesen. Analog dazu erhält man aus den Bildern 7.2-1c und 7.2-1f die Admittanzebene (Bild 7.2-3b)

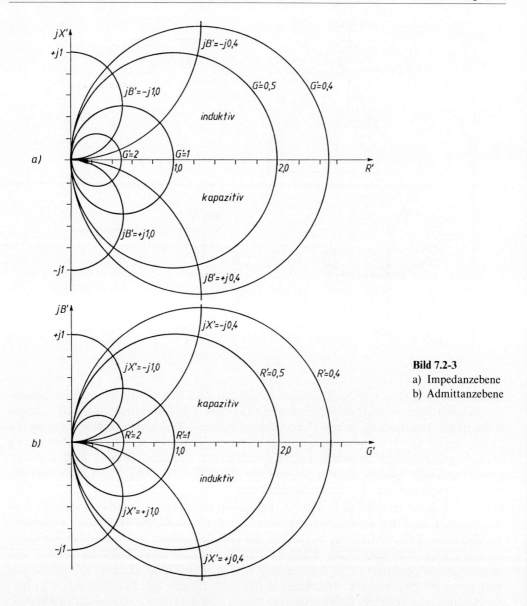

Bild 7.2-3
a) Impedanzebene
b) Admittanzebene

mit den R'- und X'-Kreisen. Vergleicht man die beiden Kreisdiagramme (Bild 7.2-3a mit Bild 7.2-3b), dann erkennt man, daß aus einem Kreisdiagramm der $\underline{Z}'$-Ebene ein Kreisdiagramm der $\underline{Y}'$-Ebene wird bzw. umgekehrt, wenn man die Parameter durch die dazu dualen ersetzt $(X' \to B', R' \to G', G' \to R', B' \to X')$. Für die Praxis ist deshalb nur ein Diagramm erforderlich, in dem sich alle Transformationen ausführen lassen. Bild 7.2-4 zeigt eine Möglichkeit der Darstellung des Kreisdiagramms. Das rechtwinklige Koordinatensystem beschreibt hierbei die Impedanzebene, während die Admittanzebene mit Hilfe des kreisförmigen Koordinatensystems gebildet wird.

Da das Kreisdiagramm nicht alle in der Praxis vorkommenden Widerstandswerte enthalten kann, muß man eine Normierung durchführen. Soll z. B. eine Impedanz $\underline{Z}$ einer nicht passenden

7.2 Ableitung des Kreisdiagramms

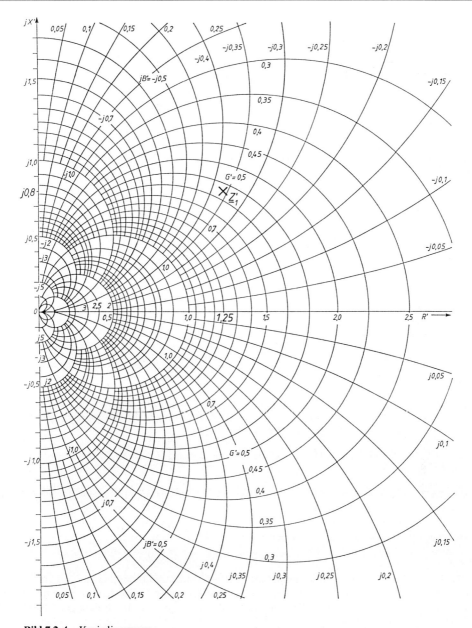

Bild 7.2-4 Kreisdiagramm
Rechtwinkliges Koordinatensystem $\triangleq$ Impedanzebene
Kreisförmiges Koordinatensystem $\triangleq$ Admittanzebene

Größenordnung im Kreisdiagramm des Bildes 7.2-4 invertiert werden, so spaltet man einen reellen Widerstand Z_0 ab, so daß $\underline{Z} = Z_0 \cdot \underline{Z}'$ ist; wegen der Ablesegenauigkeit sollten die $\underline{Z}'$-Anteile möglichst im Bereich von etwa 0,2 bis 2,5 (Realteil) liegen (s. Bild 7.2-4). $\underline{Z}'$ wird dann invertiert. Es ergibt sich ein normierter Leitwert $\underline{Y}'$, der noch um den Normierungswiderstand Z_0 größer ist als der gesuchte Leitwert $\underline{Y}$. Somit erhält man $\underline{Y} = \underline{Y}' \cdot Z_0$.

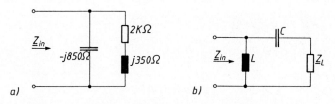

Bild 7.2-5 Schaltungen für die Kreisdiagrammberechnung

- **Beispiel 7.2/1:** Ermitteln Sie aus dem Kreisdiagramm in Bild 7.2-4 die zu $\underline{Z}_1 = (1{,}25 + j0{,}8)$ kΩ gehörige Admittanz $\underline{Y}_1 = 1/\underline{Z}_1$.

Lösung:

Zuerst wird eine Normierung durchgeführt, damit $\underline{Z}'_1$ in Bild 7.2-4 eingetragen werden kann.
Gewählter Normierungswiderstand: $Z_0 = 1$ kΩ

$$\underline{Z}'_1 = \frac{\underline{Z}_1}{Z_0} = 1{,}25 + j0{,}8 \ .$$

Dann wird $\underline{Z}'_1$ in Bild 7.2-4 eingezeichnet ($R' = 1{,}25$ und $jX' = j0{,}8$). Nun muß geschätzt werden, welche G'- und B'-Kreise durch $\underline{Z}'_1$ verlaufen.
Man erhält ungefähr $\underline{Y}'_1 = 0{,}57 - j0{,}36$.
Nach der Entnormierung

$$\underline{Y}_1 = \frac{\underline{Y}'_1}{Z_0} = \frac{0{,}57 - j0{,}36}{1 \text{ kΩ}} = (0{,}57 - j0{,}36) \text{ mS}$$

erhält man das gesuchte $\underline{Y}_1 = 1/\underline{Z}_1$. Natürlich kann man mit jedem Taschenrechner ein genaueres Ergebnis erhalten. Dieses einfache Beispiel sollte nur die Normierung und Entnormierung zeigen sowie ein schnelles Zurechtfinden im Kreisdiagramm fördern.

- **Übung 7.2/1:** Bestimmen Sie mit dem Kreisdiagramm die Eingangsimpedanz $\underline{Z}_{in}$ für die in Bild 7.2-5a dargestellte Schaltung.

- **Beispiel 7.2/2:** Bei einer Schaltungssynthese wurde der in Bild 7.2-6 skizzierte Lösungsweg in der $\underline{Z}'$-Ebene des Kreisdiagramms (Normierungswiderstand $Z_0 = 1{,}5$ kΩ, $f = 1{,}5$ MHz) gefunden.
a) Zeichnen Sie das Schaltbild, und berechnen Sie die Eingangsimpedanz $\underline{Z}_{in}$ nach Betrag und Phase.
b) Berechnen Sie die Größen der Bauelemente.

Lösung:

a) Man beginnt bei der normierten Lastimpedanz $\underline{Z}'_L$. Die Geradentransformation von $j0{,}3$ bis $-j0{,}6$ ist eine SC-Transformation, d. h. in Serie zu $\underline{Z}_L$ liegt eine Kapazität C. Die Kreistransformation von $B' = 0{,}6$ bis $B' = -0{,}2$ ist eine PL-Transformation, d. h. eine Induktivität L liegt parallel. Bild 7.2-5a zeigt die gesuchte Schaltung.

Aus Bild 7.2-6 läßt sich ablesen: $\underline{Z}'_{in} = (1{,}17 + j0{,}3)$
$\underline{Z}_{in} = \underline{Z}'_{in} Z_0 = (1{,}17 + j0{,}3)\, 1{,}5 \text{ kΩ} = (1{,}755 + j0{,}45)\, k\Omega = 1{,}812 \cdot e^{j14{,}38°}\, k\Omega$.

b) $X'_C = \dfrac{X_C}{Z_0} = \dfrac{-1}{\omega C Z_0} = \underbrace{-0{,}6 - 0{,}3}_{\text{Länge der SC-Transformation in Bild 7.2-6}} = -0{,}9$;

$$C = \frac{1}{0{,}9\, \omega Z_0} = \frac{1 \cdot F}{0{,}9 \cdot 2\pi \cdot 1{,}5 \cdot 10^6 \cdot 1{,}5 \cdot 10^3} = 78{,}6 \text{ pF} \ ;$$

7.2 Ableitung des Kreisdiagramms

$$B'_L = B_L Z_0 = \underbrace{\frac{-1}{\omega L} \cdot Z_0 = -0{,}2}_{\text{Länge der PL-Transformation in Bild 7.2-6}} - 0{,}6 = -0{,}8 \; ;$$

$$L = \frac{Z_0}{0{,}8\,\omega} = \frac{1{,}5 \cdot 10^3 \cdot H}{0{,}8 \cdot 2\pi \cdot 1{,}5 \cdot 10^6} = 198{,}9 \; \mu H \; .$$

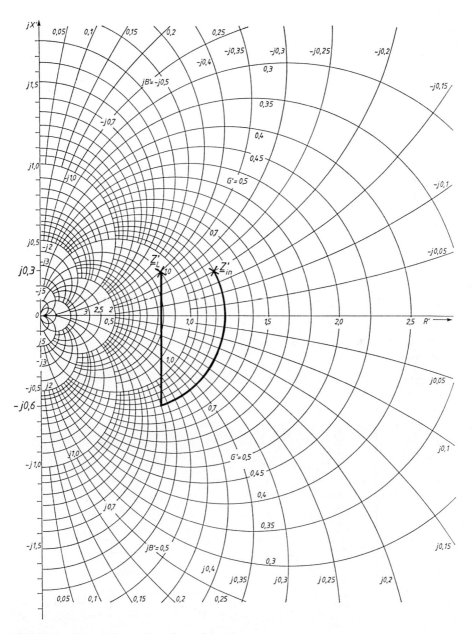

Bild 7.2-6 Vorgegebener Transformationsweg

7.3 Transformationsschaltungen

Transformationsschaltungen werden meistens mit Reaktanzen bzw. Leitungsstücken aufgebaut, um näherungsweise verlustlos transformieren zu können. Transformationsschaltungen werden benötigt bei Anpassungsproblemen (Leistungs- bzw. Rauschanpassung), Verzerrungsminimierungen bei Leistungsverstärkern usw.. Bild 7.3-1 zeigt die Transformationsmöglichkeiten, wenn man eine vorgegebene Lastimpedanz $\underline{Z}_L$ mit Hilfe von nur zwei Reaktanzen in eine gewünschte Eingangsimpedanz $\underline{Z}_{in}$ transformieren möchte. Wenn nur zwei Reaktanzen (Induktivitäten bzw. Kapazitäten) parallel oder in Reihe geschaltet werden sollen, sind immer mindestens zwei (Bild 7.3-1a), maximal vier (Bild 7.3-1d) Transformationswege im Kreisdiagramm möglich, um von dem gegebenen $\underline{Z}_L$ auf das gewünschte $\underline{Z}_{in}$ zu gelangen. Man beginnt formal beim $\underline{Z}_L$ und

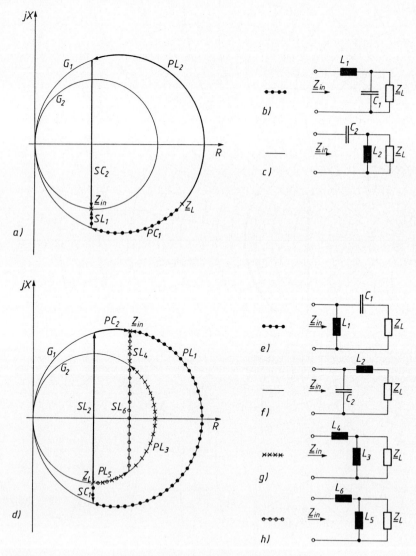

Bild 7.3-1 Transformationsmöglichkeiten mit zwei Reaktanzen

7.3 Transformationsschaltungen

schaut sich die Transformationsmöglichkeiten in Bild 7.2-2 an. Danach ist in Bild 7.3-1a eine PL_2- und SC_2-Transformation (durchgezogene Linie) sowie eine PC_1- und SL_1-Transformation (●●●●) durchführbar. Die entsprechenden Schaltungen sind in den Bildern 7.3-1 b und c) skizziert.

Durch die vorgegebene Lage von $\underline{Z}_L$ und $\underline{Z}_{in}$ in Bild 7.3-1d sind hier vier Transformationswege vorhanden:

1. ●●●● SC_1- und PL_1-Transformation (Schaltung in Bild 7.3-1e)
2. ——— SL_2- und PC_2-Transformation (Schaltung in Bild 7.3-1f)
3. ×××× PL_3- und SL_4-Transformation (Schaltung in Bild 7.3-1g)
4. ⊖⊖⊖⊖ PL_5- und SL_6-Transformation (Schaltung in Bild 7.3-1h)

Man kann also in der Praxis zwischen zwei bzw. vier Schaltungsvarianten wählen, die alle die Lastimpedanz $\underline{Z}_L$ in eine gewünschte Eingangsimpedanz $\underline{Z}_{in}$ transformieren. Möchte man z. B. einem Transistorverstärker eine Vorspannung zuführen, dann wäre dazu die Schaltung in Bild 7.3-1b geeignet, die Gleichstromdurchgang vom Ein- zum Ausgang aufweist. Ist eine Gleichstromentkopplung erforderlich, dann würde sich die Schaltung in Bild 7.3-1c anbieten. Ist man in der Schaltungswahl völlig frei, dann sollte man die Schaltung bevorzugen, die kurze Transformationswege im Kreisdiagramm aufweist. Da reale Induktivitäten bzw. Kapazitäten und auch Leitungstransformatoren geringe Verluste besitzen, erhält man bei kurzen Transformationswegen kleinere Verluste. Weiterhin wirken sich die Toleranzen der Bauelemente geringer aus. Der Entwurf von Transformationsschaltungen wird meistens für die Mittenfrequenz eines Frequenzbandes durchgeführt. Kurze Transformationswege bewirken hier eine geringere Frequenzabhängigkeit.

- **Beispiel 7.3/1:** Ein verlustloser Vierpol transformiert die Lastimpedanz $\underline{Z}_L = (19 + j7,3)\,\text{k}\Omega$ bei einer festen Mittenfrequenz in den Wert $\underline{Z}_{in} = (15 - j8,6)\,\text{k}\Omega$.
  a) Skizzieren Sie die möglichen Transformationswege im Kreisdiagramm (Impedanzebene) für den Fall, daß der verlustlose Vierpol zwei Bauelemente enthält.
  b) Zeichnen Sie die dazugehörigen Schaltbilder.
  c) Bestimmen Sie die Impedanz- bzw. Admittanzwerte der Bauelemente.

Lösung:

a) Gewählter Normierungswiderstand: $Z_0 = 10\,\text{k}\Omega$

$$\underline{Z}'_L = \frac{\underline{Z}_L}{Z_0} = 1,9 + j0,73, \qquad \underline{Z}'_{in} = \frac{\underline{Z}_{in}}{Z_0} = 1,5 - j0,86.$$

Mit zwei Reaktanzen erhält man die in Bild 7.3-2 dargestellten vier Transformationswege,
b) deren schaltungstechnische Realisierung in den Bildern 7.3-3 a) bis d) gezeigt wird.
c) *Bild 7.3-3a (PC_1- und SL_1-Transformation, ●●●●):*

$$B'_{C_1} = B_{C_1} \cdot Z_0 = \omega C_1 Z_0 = \underbrace{0,31 - (-0,175)}_{\text{Länge der } PC_1\text{-Transformation in Bild 7.3-2}} = 0,485\,;$$

$$B_{C_1} = \frac{0,485}{10\,\text{k}\Omega} = 48,5\,\mu\text{S}\,;$$

$$X'_{L_1} = \frac{X_{L_1}}{Z_0} = \frac{\omega L_1}{Z_0} = \underbrace{-0,86 - (-1,0)}_{\text{Länge der } SL_1\text{-Transformation in Bild 7.3-2}} = 0,14\,;$$

$$X_{L_1} = 0,14 \cdot 10\,\text{k}\Omega = 1,4\,\text{k}\Omega.$$

Bild 7.3-3b (SC_2- und PC_3-Transformation, ⊖⊖⊖⊖):

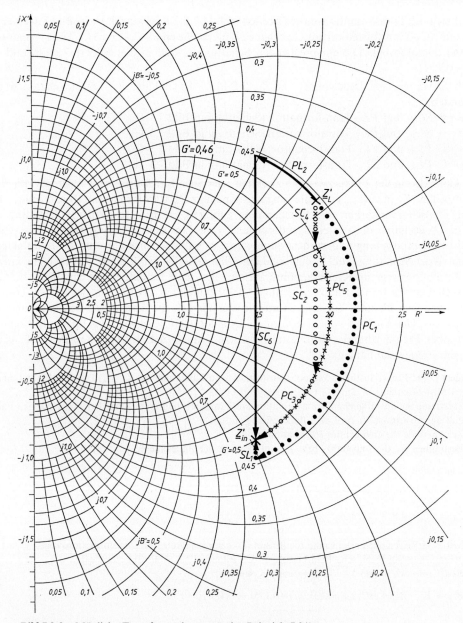

Bild 7.3-2 Mögliche Transformationswege des Beispiels 7.3/1

$$X'_{C_2} = \frac{X_{C_2}}{Z_0} = -\frac{1}{\omega C_2 Z_0} = \underbrace{-0{,}43 - 0{,}73}_{\text{Länge der } SC_2\text{-Transformation in Bild 7.3-2}} = -1{,}16 \, ;$$

$$X_{C_2} = -1{,}16 \cdot 10 \, \text{k}\Omega = -11{,}6 \, \text{k}\Omega \, ;$$

$$B'_{C_3} = B_{C_3} \cdot Z_0 = \omega C_3 Z_0 = \underbrace{0{,}28 - 0{,}11}_{\text{Länge der } PC_3\text{-Transformation in Bild 7.3-2}} = 0{,}17 \, ;$$

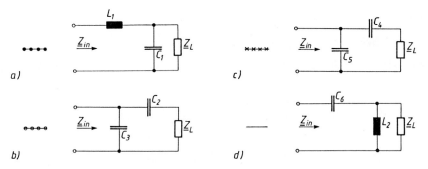

Bild 7.3-3 Schaltungen für die Transformationen in Bild 7.3-2

$$B_{C_3} = \frac{0{,}17}{10\,\text{k}\Omega} = 17\,\mu\text{S}\,.$$

Bild 7.3-3c (SC_4- und PC_5-Transformation, ⋈⋈⋈⋈*):*

$$X'_{C_4} = \frac{X_{C_4}}{Z_0} = -\frac{1}{\omega C_4 Z_0} = \underbrace{0{,}43 - 0{,}73}_{\text{Länge der }SC_4\text{-Transformation in Bild 7.3-2}} = -0{,}30\,;$$

$X_{C_4} = -0{,}30 \cdot 10\,\text{k}\Omega = -3\,\text{k}\Omega\,;$
$B'_{C_5} = B_{C_5} \cdot Z_0 = \omega C_5 Z_0 = \underbrace{0{,}28 - (-0{,}11)}_{\text{Länge der }PC_5\text{-Transformation in Bild 7.3-2}} = 0{,}39\,;$

$$B_{C_5} = \frac{0{,}39}{10\,\text{k}\Omega} = 39\,\mu\text{S}\,.$$

Bild 7.3-3d (PL_2- und SC_6-Transformation, ─── *):*

$$B'_{L_2} = B_{L_2} \cdot Z_0 = -\frac{1}{\omega L_2} \cdot Z_0 = \underbrace{-0{,}31 - (-0{,}175)}_{\text{Länge der }Pl_2\text{-Transformation in Bild 7.3-2}} = -0{,}135\,;$$

$$B_{L_2} = \frac{-0{,}135}{10\,\text{k}\Omega} = -13{,}5\,\mu\text{S}\,;$$

$$X'_{C_6} = \frac{X_{C_6}}{Z_0} = -\frac{1}{\omega C_6 Z_0} = \underbrace{-0{,}86 - 1{,}0}_{\text{Länge der }SC_6\text{-Transformation in Bild 7.3-2}} = -1{,}86\,;$$

$X_{C_6} = -1{,}86 \cdot 10\,\text{k}\Omega = -18{,}6\,\text{k}\Omega\,.$

- **Übung 7.3/1:** Die Admittanz $\underline{Y}_L = (8 - j6)$ mS soll bei $f = 1$ MHz durch zwei niederohmige Blindwiderstände in den Wert $\underline{Y}_{in} = (12{,}8 + j8{,}3)$ mS transformiert werden.

  Geben Sie die Schaltung an, und bestimmen Sie die Größen der Bauelemente mit Hilfe des Kreisdiagramms (Admittanzebene).

Berechnet man mit dem Kreisdiagramm auch die Größen der Bauelemente (Länge einer Serien- bzw. Paralleltransformation), dann erhält man immer das richtige Vorzeichen bei den X'- bzw. B'-Werten, wenn man den X'- bzw. B'-Wert am Pfeilende (Transformationspfeil, s. z. B. Bild 7.3-2) vom X'- bzw. B'-Wert am Pfeilanfang abzieht („Kochrezept: *Pfeilspitze minus Pfeilende*").

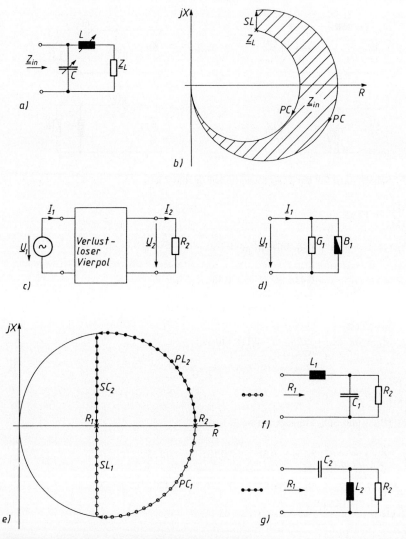

Bild 7.3-4 Transformationsschaltungen (a, c, d, f, g) und ihre Transformationswege im Kreisdiagramm (b, e)

Bild 7.3-4b zeigt den Transformationsbereich bei zwei variablen Reaktanzen, wenn z. B. L und C in Bild 7.3-4a beliebig verändert werden. Mit solchen einfachen Skizzen kann man in der Praxis sehr schnell erkennen, ob z. B. mit einer gegebenen Schaltung ein bestimmtes Transformationsproblem zu lösen ist.

- **Beispiel 7.3/2:** Zwischen einer idealen Spannungsquelle ($R_i = 0$) mit $\hat{u}_1 = 2$ V, $f = 5$ MHz und einem Widerstand $R_2 = 20$ kΩ befindet sich ein verlustloser Vierpol (Bild 7.3-4c). Der Vierpol enthält zwei Bauelemente, die so dimensioniert sind, daß die Spannung $\hat{u}_2 = 3$ V am Widerstand R_2 entsteht und gleichzeitig der aus der Spannungsquelle entnommene Strom $\underline{I}_1$ minimal ist.
  a) Geben Sie alle zulässigen Schaltungen des Vierpols an.
  b) Ermitteln Sie die Größen der Bauelemente für den Vierpol, der Gleichstromdurchgang vom Ein- zum Ausgang besitzt.

7.3 Transformationsschaltungen

Lösung:

a) Der Eingang des Vierpols wird mit der in Bild 7.3-4d skizzierten Parallelersatzschaltung beschrieben, wobei G_1 den durch den Vierpol transformierten Widerstand R_2 charakterisiert. Bei einer aus verlustlosen Bauelementen bestehenden Schaltung (Vierpol) muß die am Eingang eintretende Wirkleistung voll dem Abschlußverbraucher (R_2) zugeführt werden (Prinzip der durchgehenden Wirkleistung):

$$P_W = \frac{1}{2} \cdot |\underline{U}_1|^2 \, G_1 = \frac{1}{2} \cdot |\underline{U}_2|^2 \, G_2 \quad \text{mit} \quad G_2 = \frac{1}{R_2} = \frac{1}{20 \text{ k}\Omega} = 50 \text{ µS} \, ;$$

$$G_1 = G_2 \cdot \left|\frac{\underline{U}_2}{\underline{U}_1}\right|^2 = 50 \text{ µS} \cdot \left|\frac{3 \text{ V}}{2 \text{ V}}\right|^2 = 112{,}5 \text{ µS} \, ;$$

$\Rightarrow G_1 > G_2 \Rightarrow R_1 < R_2 \Rightarrow$ der verlustlose Vierpol muß von R_2 auf $R_1 < R_2$ heruntertransformieren.

Aus Bild 7.3-4d:

$\underline{Y} = G_1 + jB_1 \Rightarrow \underline{I}_1 = \underline{U}_1 \underline{Y}_1 = \underline{U}_1(G_1 + jB_1)$
$\underline{U}_1 = $ konst., $G_1 = 112{,}5$ µS ist festgelegt durch das geforderte Spannungsverhältnis $\Rightarrow B_1 = 0$ für $\underline{I}_1 \to$ minimal.

Da B_1 in Bild 7.3-4d nicht existiert ($\underline{Y}_1 = G_1$), kann R_1 mit

$$R_1 = \frac{1}{G_1} = \frac{1}{112{,}5 \text{ µS}} = 8{,}89 \text{ k}\Omega$$

berechnet werden. Der Transformationsvierpol muß also verlustlos von $R_2 = 20$ kΩ auf $R_1 = 8{,}89$ kΩ heruntertransformieren. Bild 7.3-4e zeigt die qualitativen Transformationswege im Kreisdiagramm, und in den Bildern 7.3-4 f und g) sind die dazugehörigen Schaltungen dargestellt.

b) Nur die Transformationsschaltung in Bild 7.3-4f realisiert einen Gleichstromdurchgang vom Ein- zum Ausgang. Der quantitative Transformationsweg dieser Schaltung ist in Bild 7.3-5 dargestellt. Gewählter Normierungswiderstand: $Z_0 = 10$ kΩ ;

$$\underline{Z}'_L = R'_2 = \frac{R_2}{Z_0} = 2 \, ; \qquad \underline{Z}'_{in} = R'_1 = \frac{R_1}{Z_0} = 0{,}889 \, ;$$

$$\underbrace{B'_{C_1} = B_{C_1} Z_0 = \omega C_1 Z_0 = 0{,}565 - 0 = 0{,}565}_{\text{Länge der } PC_1\text{-Transformation in Bild 7.3-5}} \, ;$$

$$C_1 = \frac{0{,}565}{\omega Z_0} = \frac{0{,}565 \cdot F}{2\pi \cdot 5 \cdot 20^6 \cdot 10 \cdot 10^3} = 1{,}8 \text{ pF} \, ;$$

$$\underbrace{X'_{L_1} = \frac{X_{L_1}}{Z_0} = \frac{\omega L_1}{Z_0} = 0 - (-0{,}99) = 0{,}99}_{\text{Länge der } SL_1\text{-Transformation in Bild 7.3-5}} \, ;$$

$$L_1 = \frac{0{,}99 \cdot Z_0}{\omega} = \frac{0{,}99 \cdot 10 \cdot 10^3 \cdot H}{2\pi \cdot 5 \cdot 10^6} = 315{,}1 \text{ µH} \, .$$

- **Übung 7.3/2:** Ein Generator mit dem Innenwiderstand $R_i = 500 \, \Omega$ soll über einen Transformationsvierpol an eine komplexe Last angeschlossen werden (Bild 7.3-6). Der Vierpol soll keine Wirkleistung verbrauchen, ein Minimum an Bauelementen enthalten, einen kurzen Transformationsweg im Kreisdiagramm (Impedanzebene) besitzen und Leistungsanpassung zwischen Generator und Last erzeugen.

Entwerfen Sie die Schaltung, und bestimmen Sie die Größen der Bauelemente.

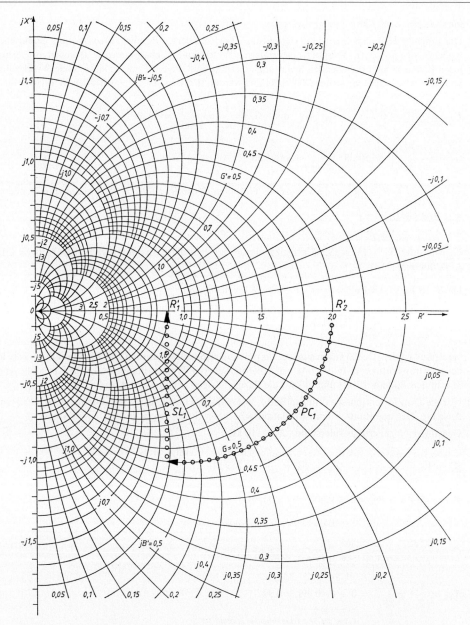

Bild 7.3-5 Transformationsweg für die gleichstromdurchlässige Schaltung in Bild 7.3-4f

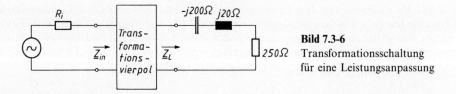

Bild 7.3-6 Transformationsschaltung für eine Leistungsanpassung

7.4 Symmetrische Kompensation

Die Aufgabe einer Kompensationsschaltung ist, die als Störung bei einem ohmschen Widerstand vorhandene Reaktanz (meistens Serieninduktivität, z. B. Induktivität eines Bonddrahtes, oder Parallelkapazität, z. B. Gehäusekapazität einer Diode) durch Zuschalten einer weiteren Reaktanz weitgehend zu eliminieren. Dies soll in einem möglichst großen Frequenzbereich erfolgen. In Bild 7.4-1a ist ein ohmscher Widerstand R_L als Wirkleistungsverbraucher dargestellt, bei dem als Störung z. B. die Gehäusekapazität C_P wirkt. Diese Transformation (PC_P) ist in Bild 7.4-1b dargestellt (●●●). Man erhält eine einfache Kompensation, wenn man zur Lastimpedanz in Serie die Kompensationsinduktivität L_K schaltet. Damit hat man wieder einen reellen Widerstand realisiert, der aber kleiner ist als R_L. Diesen Nachteil kann man vermeiden, wenn man zusätzlich zur SL_K-Transformation eine symmetrische Ergänzung vorsieht (s. Bild 7.4-1a). Mit $L_{SE} = L_K$ und $C_{SE} = C_P$ ergibt sich die in Bild 7.4-1b skizzierte Transformation, bei der man wieder den ursprünglichen Widerstand R_L als Eingangswiderstand der gesamten Schaltung erhält. Diese symmetrische Kompensation liefert exakt bei der Mittenfrequenz einen reellen Eingangswiderstand $Z_{in} = R_L$, bei den übrigen Frequenzen eines betrachteten Frequenzbandes ergeben sich geringe Abweichungen vom gewünschten Wert $Z_{in} = R_L$; jedoch sind die Abweichungen (im Kreisdiagramm meistens kleine Kringel um R_L) bei den in der Praxis vorkommenden Störungen (hier C_P) zu vernachlässigen. Deshalb ist bei Kompensationsproblemen immer die Lösung einer symmetrischen Ergänzung anzustreben, damit man die gewünschte Breitbandigkeit der Kompensation erreicht. Die beiden Teilinduktivitäten L_K uns $L_{SE} = L_K$ in Bild 7.4-1a werden natürlich in der Praxis mit Hilfe von nur einer Induktivität $L_{ges} = 2L_K$ realisiert.

■ **Übung 7.4/1:** Gegeben ist bei $f = 10$ MHz eine Serienschaltung aus $R_L = 100\,\Omega$ und $L = 1\,\mu H$. Die Induktivität soll durch ein parallelgeschaltetes Blindelement kompensiert werden.
a) Bestimmen Sie die Größe dieses Blindelementes.
b) Ergänzen Sie die kompensierte Schaltung durch zwei weitere Reaktanzen zu einer symmetrischen Kompensation.
c) Skizzieren Sie qualitativ den Transformationsweg im Kreisdiagramm (Impedanzebene).
d) Wie groß ist die Eingangsimpedanz $\underline{Z}_{in}$?

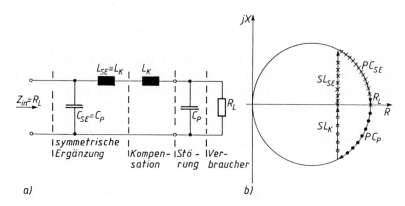

Bild 7.4-1 a) Kompensationsschaltung
b) Kompensationsweg im Kreisdiagramm

7.5 Phasendrehung von Spannung und Strom

Eine Serienschaltung aus Wirk- und Blindwiderständen bewirkt nur eine Phasendrehung der Spannung; der Strom wird in seiner Phase nicht beeinflußt. Die Gesamtphasendrehung der Spannung am Eingang einer Serienschaltung ist die Summe der Einzelphasendrehungen infolge der Reihenschaltung von Bauelementen. Dies entspricht in der Impedanzebene des Kreisdiagramms den geraden Transformationswegen (*SR*-, *SC*- oder *SL*-Transformation). Bild 7.5-1a zeigt eine Serienschaltung und Bild 7.5-1b die dazugehörigen Serientransformationen in der Impedanzebene des Kreisdiagramms. Multipliziert man alle Impedanzen in Bild 7.5-1a mit einem Strom $\underline{I} = |\underline{I}| \cdot e^{j0°}$, dann erhält man:

$$\underline{U}_2 = \underline{I} R_2 = |\underline{I}| \cdot R_2,$$
$$\underline{U}_A = \underline{I} \cdot \underline{Z}_A = |\underline{I}| \cdot |\underline{Z}_A| \cdot e^{j\Phi_A},$$
$$\underline{U}_B = \underline{I} \cdot \underline{Z}_B = |\underline{I}| \cdot |\underline{Z}_B| \cdot e^{j\Phi_B}.$$

Der Bezugszeiger $\underline{I}$ wird in die reelle Achse gelegt. Da die Größen R_2, $\underline{Z}_A$ und $\underline{Z}_B$ in Bild 7.5-1b nur mit dem konstanten Wert $|\underline{I}|$ multipliziert werden, bleiben natürlich die Winkel Φ_A und Φ_B erhalten, d. h. bei einiger Übung kann man auf das Zeigerbild in 7.5-1c verzichten und die Phasenverschiebung zwischen den drei Spannungen direkt aus Bild 7.5-1b entnehmen.

Ströme können durch Verzweigungen (Parallelschaltung) in der Phase verändert werden; die Phasenlage der Spannung wird durch Parallelschaltungen nicht beeinflußt. Die Gesamtphasendrehung des Stromes am Eingang einer Schaltung ist die Summe der Einzelphasendrehungen infolge der Parallelschaltung von Bauelementen. Dies entspricht in der Admittanzebene des Kreisdiagramms den geraden Transformationswegen (*PG*-, *PC*- oder *PL*-Transformation). Bild 7.5-1d zeigt eine Parallelschaltung (mit Leitwerten) und Bild 7.5-1e die dazugehörigen Paralleltransformationen in der Admittanzebene des Kreisdiagramms. Multipliziert man alle Admittanzen in Bild 7.5-1d mit einer Spannung $\underline{U} = |\underline{U}| \cdot e^{j0°}$, dann ergibt sich:

$$\underline{I}_2 = \underline{U} \cdot G_2 = |\underline{U}| \cdot G_2,$$
$$\underline{I}_A = \underline{U} \cdot \underline{Y}_A = |\underline{U}| \cdot |\underline{Y}_A| \cdot e^{j\Phi_A},$$
$$\underline{I}_B = \underline{U} \cdot \underline{Y}_B = |\underline{U}| \cdot |\underline{Y}_B| \cdot e^{j\Phi_B}.$$

Der Bezugszeiger $\underline{U}$ wird in die reelle Achse des Zeigerdiagramms (Bild 7.5-1f) gelegt. Da die Größen G_2, $\underline{Y}_A$ und $\underline{Y}_B$ in Bild 7.5-1d nur mit dem konstanten Wert $|\underline{U}|$ multipliziert werden, bleiben wieder die Winkel Φ_A und Φ_B erhalten, und man erhält das Zeigerbild in 7.5-1f. Man erkennt auch hier den Zusammenhang zwischen den beiden Bildern 7.5-1e und f), so daß sich die Phasenverschiebungen zwischen den drei Strömen direkt aus Bild 7.5-1e ablesen lassen, d. h. ein Zeigerbild ist überflüssig, da die Transformationswege im Kreisdiagramm die Phasenverschiebungswinkel beinhalten.

Benutzt man für Serienschaltungen die Impedanzebene und für Parallelschaltungen die Admittanzebene des Kreisdiagramms, dann lassen sich aus den Transformationswegen sehr leicht die Phasenverschiebungswinkel ablesen. Jedoch treten auch gemischte Schaltungen auf, d. h. parallel und seriell angeordnete Bauelemente. In diesem allgemeinen Fall muß man sich auf eine Kreisdiagrammebene festlegen. Die meisten Anfänger wählen die Impedanzebene des Kreisdiagramms, weil man sich unter einem 1 kΩ-Widerstand schneller etwas vorstellen kann als unter einem 1 mS-Leitwert. Die Schaltung in Bild 7.5-1d wurde noch einmal in Bild 7.5-1g skizziert, diesmal aber mit Widerstandsbezeichnungen. Der Transformationsweg aus einer

7.5 Phasendrehung von Spannung und Strom

PC- und *PR*$_1$-Transformation ist in Bild 7.5-1h dargestellt. Da wir uns jetzt in der Impedanzebene befinden, müssen die Paralleltransformationen natürlich auf Kreisbögen verlaufen (s. Bild 7.2-2). An den Transformationspfeilspitzen finden wir die $\underline{Z}_A$- und $\underline{Z}_B$-Impedanzen. Die in Bild 7.5-1h eingezeichneten Winkel Φ_A und Φ_B haben die gleichen absoluten Werte wie die Winkel in Bild 7.5-1e. Man erkennt nur an der Winkellage, daß durch den Wechsel von Admittanz- zur Impedanzebene eine Inversion stattgefunden hat, d. h. die Winkel wurden an der reellen Achse gespiegelt. Durch diese Spiegelung hat sich die Reihenfolge der Zeiger vertauscht. Würde man formal für $\underline{Z}_A$ und $\underline{Z}_B$ in Bild 7.5-1h die Stromzeiger $\underline{I}_A$ und $\underline{I}_B$ einzeichnen, dann hätte sich in das Zeigerdiagramm ein Fehler eingeschlichen. Betrachtet man eine Rotation der Zeiger in Gegenuhrzeigerrichtung, dann eilt in Bild 7.5-1f der Stromzeiger $\underline{I}_A$ vor, während bei einem Zeigerdiagramm, das formal aus Bild 7.5-1h abgeleitet wird,

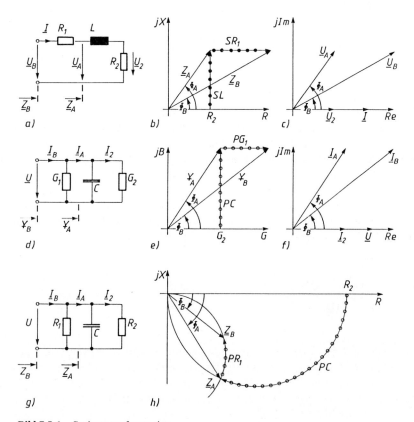

Bild 7.5-1 Serientransformation
  a) Schaltbild
  b) Transformationswege im Kreisdiagramm (Impedanzebene)
  c) Zeigerbild (Bezugszeiger ist $\underline{I}$)

  Paralleltransformation
  d) Schaltbild in der Leitwertform
  e) Transformationswege in der Admittanzebene des Kreisdiagramms
  f) Zeigerbild (Bezugszeiger ist $\underline{U}$)
  g) Schaltbild in der Widerstandsform
  h) Transformationswege in der Impedanzebene des Kreisdiagramms

der Stromzeiger I_B voreilen würde. Diese Inversion oder Spiegelung der Winkel läßt sich auch aus

$$I_2 = \frac{U}{R_2} = \frac{|U|}{R_2},$$

$$\underline{I}_A = \frac{\underline{U}}{\underline{Z}_A} = \frac{|U|}{|\underline{Z}_A| \cdot e^{j\Phi_A}} = \frac{|U|}{|\underline{Z}_A|} \cdot e^{-j\Phi_A},$$

$$\underline{I}_B = \frac{\underline{U}}{\underline{Z}_B} = \frac{|U|}{|\underline{Z}_B| e^{j\Phi_B}} = \frac{|U|}{|\underline{Z}_B|} \cdot e^{-j\Phi_B},$$

ablesen. Die Inversion durch die Vertauschung der Ebene muß formal rückgängig gemacht werden:

Benutzt man bei der Parallelschaltung von Bauelementen die Impedanzebene des Kreisdiagramms, dann müssen die Winkel der Impedanz an der reellen Achse gespiegelt werden, um die Phasenlagen der Ströme richtig zu erhalten.

Bei der Schaltung in Bild 7.5-2a sollen z. B. die Phasenverschiebungen zwischen $\underline{I}_{in}$ und $\underline{I}_2$, $\underline{U}_{in}$ und $\underline{U}_2$ sowie zwischen $\underline{U}_{in}$ und $\underline{I}_{in}$ bestimmt werden. Bild 7.5-2b zeigt die entsprechenden Transformationswege in der Impedanzebene des Kreisdiagramms. Aus dem Lastwiderstand R_2 wird durch eine SC_2-Transformation die Impedanz $\underline{Z}_A$, eine anschließende PL-Transformation ergibt den Wert $\underline{Z}_B$, der durch eine SR_1-Transformation in den Impedanzwert $\underline{Z}_C$ überführt wird. Zum Schluß liefert eine PC_1-Transformation die Eingangsimpedanz $\underline{Z}_D$. Aus dem Kreisdiagramm in Bild 7.5-2b lassen sich die Winkel

$$\Phi_1 = 32°, \qquad \Psi_1 = 57°,$$

$$\Phi_2 = 10° \quad \text{und} \quad \Psi_2 = 52°$$

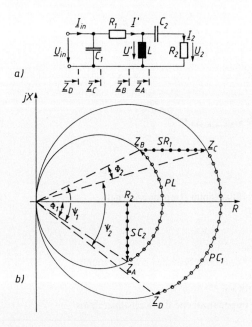

Bild 7.5-2
a) Gemischte Schaltung aus parallel und seriell geschalteten Bauelementen
b) Entsprechende Transformationswege in der Impedanzebene des Kreisdiagramms

7.5 Phasendrehung von Spannung und Strom

ablesen. Die folgenden komplexen Rechnungen sollen zeigen, wie die in Bild 7.5-2b eingezeichneten Transformationswege die Phasenverschiebungen der Ströme und Spannungen bestimmen.

(1) $\underline{U}_2 = \underline{I}_2 \cdot \underline{R}_2$,

(2) $\underline{U}' = \underline{I}_2 \cdot \underline{Z}_A = \underbrace{\frac{\underline{U}_2}{R_2}}_{aus\ (1)} \cdot |\underline{Z}_A| \cdot \underbrace{e^{j\arg\{\underline{Z}_A\}}}_{-\Phi_1} = \frac{|\underline{Z}_A|}{R_2} \cdot \underline{U}_2 \cdot e^{-j\Phi_1}$,

(3) $\underline{U}' = \underline{I}' \cdot \underline{Z}_B$

$\underline{U}_{in} = \underline{I}' \cdot \underline{Z}_C = \underbrace{\frac{\underline{U}'}{\underline{Z}_B}}_{aus\ (3)} \cdot \underline{Z}_C = \underline{U}' \cdot \left|\frac{\underline{Z}_C}{\underline{Z}_B}\right| \cdot \underbrace{e^{j(\arg\{\underline{Z}_C\} - \arg\{\underline{Z}_B\})}}_{-\Phi_2} =$

(4) $\frac{|\underline{Z}_C|}{|\underline{Z}_B|} \cdot \underline{U}' \cdot e^{-j\Phi_2}$

(2) in (4):

$\underline{U}_{in} = \left|\frac{\underline{Z}_C}{\underline{Z}_B}\right| \frac{|\underline{Z}_A|}{R_2} \cdot \underline{U}_2 \cdot e^{-j(\Phi_1 + \Phi_2)}$

$\Rightarrow \arg\{\underline{U}_{in}\} = \arg\{\underline{U}_2\} - \underbrace{(\Phi_1 + \Phi_2)}_{42°\ nach\ Bild\ 7.5\text{-}2}$

$\Rightarrow \underline{U}_{in}$ hinkt gegen $\underline{U}_2$ um 42° nach

$\underline{U}' = \underline{I}_2 \underline{Z}_A = \underline{I}' \underline{Z}_B$,

(5) $\Rightarrow \underline{I}' = \underline{I}_2 \cdot \frac{\underline{Z}_A}{\underline{Z}_B} = \underline{I}_2 \left|\frac{\underline{Z}_A}{\underline{Z}_B}\right| \cdot \underbrace{e^{j(\arg\{\underline{Z}_A\} - \arg\{\underline{Z}_B\})}}_{-\Psi_1} = \underline{I}_2 \cdot \left|\frac{\underline{Z}_A}{\underline{Z}_B}\right| \cdot e^{-j\Psi_1}$

$\underline{U}_{in} = \underline{I}_{in} \underline{Z}_D = \underline{I}' \underline{Z}_C$

(6) $\Rightarrow \underline{I}_{in} = \underline{I}' \cdot \frac{\underline{Z}_C}{\underline{Z}_D} = \underline{I}' \cdot \left|\frac{\underline{Z}_C}{\underline{Z}_D}\right| \cdot \underbrace{e^{j(\arg\{\underline{Z}_C\} - \arg\{\underline{Z}_D\})}}_{\Psi_2} = \underline{I}' \cdot \left|\frac{\underline{Z}_C}{\underline{Z}_D}\right| \cdot e^{j\Psi_2}$

(5) in (6):

$\underline{I}_{in} = \left|\frac{\underline{Z}_A}{\underline{Z}_B}\right| \cdot \left|\frac{\underline{Z}_C}{\underline{Z}_D}\right| \cdot \underline{I}_2 \cdot e^{j(\Psi_2 - \Psi_1)}$,

$\Rightarrow \arg\{\underline{I}_{in}\} = \arg\{\underline{I}_2\} + \underbrace{(\Psi_2 - \Psi_1)}_{-5°\ nach\ Bild\ 7.5\text{-}2}$

$\Rightarrow \underline{I}_{in}$ hinkt gegen $\underline{I}_2$ um 5° nach.

Da $\underline{U}_2$ und $\underline{I}_2$ wegen R_2 in Phase liegen

$\Rightarrow \underline{U}_{\text{in}}$ hinkt gegen $\underline{I}_{\text{in}}$ um 37° (42° − 5°) nach.

Hat man diese Ableitung verstanden, dann kann man in Zukunft bei der Ermittlung der Phasenverschiebungen bei Strömen und Spannungen auf die komplexe Rechnung verzichten und die Winkel direkt aus dem Kreisdiagramm entnehmen.

Für die Impedanzebene des Kreisdiagramms gilt ganz allgemein folgendes „Kochrezept":
Transformationsrichtung

(z. B. *SL*) Eingangsspannung eilt vor,

(z. B. *SC*) Eingangsspannung hinkt nach,

(z. B. *PC*) Eingangsstrom eilt vor,

(z. B. *PL*) Eingangsstrom hinkt nach.

- **Beispiel 7.5/1:** Eine Impedanz $\underline{Z}_2 = (50 + \text{j}37,5)\,\Omega$ soll durch einen aus zwei Reaktanzen bestehenden Vierpol in die Impedanz $\underline{Z}_1 = (25 + \text{j}12,5)\,\Omega$ transformiert werden.
  a) Skizzieren Sie die möglichen Transformationswege in der Impedanzebene des Kreisdiagramms, und geben Sie die Schaltungen der dazugehörigen Vierpole an.
  b) Zeichnen Sie zu jeder Schaltung ein Zeigerbild der Spannungen, und bestimmen Sie die Phasenverschiebungen zwischen Ein- und Ausgangsspannungen.

Lösung:

a) Gewählter Normierungswiderstand: $Z_0 = 25\,\Omega$

$$\underline{Z}'_2 = \frac{\underline{Z}_2}{Z_0} = 2 + \text{j}1,5, \qquad \underline{Z}'_1 = \frac{\underline{Z}_1}{Z_0} = 1 + \text{j}0,5.$$

Die normierten Impedanzen $\underline{Z}'_2$ und $\underline{Z}'_1$ wurden in Bild 7.5-3 eingetragen. Man erkennt, daß durch $\underline{Z}'_2$ kein G'-Kreis verläuft. Für das Einzeichnen der Paralleltransformationen ist ein $G' = 0{,}32$-Kreis erforderlich.

Konstruktion des $G' = 0{,}32$-Kreises:

1. $\underline{Z}'_2$ wird mit dem Nullpunkt verbunden.
2. Die Strecke $\overline{0\underline{Z}'_2}$ wird halbiert und die Mittelsenkrechte gebildet.
3. Der Schnittpunkt der Mittelsenkrechten mit der reellen Achse ist der Mittelpunkt (M) des $G' = 0{,}32$-Kreises.

Jetzt können die Transformationen eingezeichnet werden. Als Lösung erhält man eine $PL_B - SC_B$-Transformation und eine $PC_A - SL_A$-Transformation. Die dazugehörigen Transformationsschaltungen sind in Bild 7.5-4a skizziert.

b) Bild 7.5-4b zeigt die beiden Spannungszeigerdiagramme für die Schaltungen in Bild 7.5-4a. Aus Bild 7.5-4b läßt sich ablesen:

$\underline{U}_{1A}$ eilt gegen $\underline{U}_{2A}$ um $\Phi_A = 82°$ vor,

$\underline{U}_{1B}$ hinkt gegen $\underline{U}_{2B}$ um $\Phi_B = 30°$ nach.

2. Weg: Ohne Zeigerdiagramme
In der Impedanzebene des Kreisdiagramms können nur Geradentransformationen (SC_B bzw. SL_A) die Phasenlagen der Spannungen beeinflussen. Mißt man die Winkel Φ_A und Φ_B der Geradentransformationen zum Nullpunkt, dann erhält man wieder:

$\Phi_A = 82°, \qquad \Phi_B = 30°.$

Mit Hilfe des „Kochrezepts" ergibt sich:

$SC_B \Rightarrow$ Eingangsspannung $\underline{U}_{1B}$ hinkt gegen $\underline{U}_{2B}$ um $\Phi_B = 30°$ nach,

$SL_A \Rightarrow$ Eingangsspannung $\underline{U}_{1A}$ eilt gegen $\underline{U}_{2A}$ um $\Phi_A = 82°$ vor.

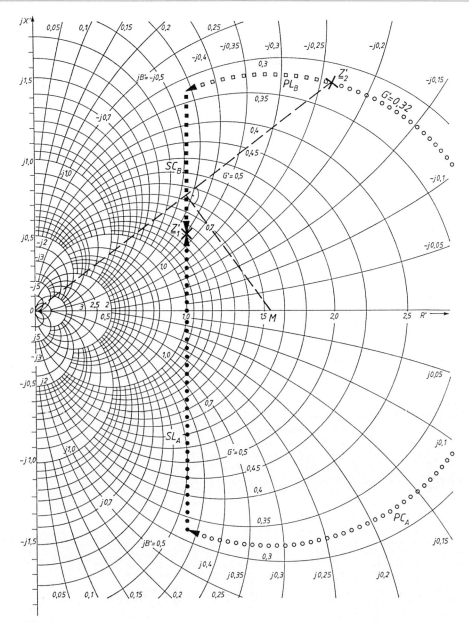

Bild 7.5-3 Konstruktion des $G' = 0{,}32$-Kreises für das Einzeichnen der Transformationswege

- **Übung 7.5/1:** Der in Bild 7.5-5a dargestellte verlustlose Vierpol transformiert die Lastimpedanz $\underline{Z}_L = (1{,}5 - j0{,}6)\,\text{k}\Omega$ bei der Frequenz $f = 30\,\text{MHz}$ in den Wert $\underline{Z}_{\text{in}} = (2{,}4 + j0{,}475)\,\text{k}\Omega$.
  a) Skizzieren Sie die möglichen Transformationswege im Kreisdiagramm (Impedanzebene) für den Fall, daß der Vierpol zwei Bauelemente enthält.
  b) Zeichnen Sie zu a) die dazugehörigen Schaltbilder.
  c) Bestimmen Sie die Größen der Bauelemente für die Schaltung in b), die Gleichstromdurchgang vom Ein- zum Ausgang des Vierpols aufweist.
  d) Ermitteln Sie mit Hilfe des Kreisdiagramms die Phasenverschiebung zwischen $\underline{U}_1$ und $\underline{U}_2$ für die in c) gefundene Schaltung.

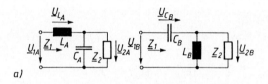

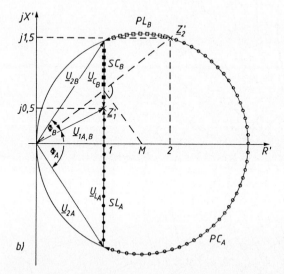

Bild 7.5-4
a) Transformationsschaltungen
b) Spannungszeigerdiagramme

- **Übung 7.5/2:** Die Impedanz $\underline{Z}_L = 480{,}8 \cdot e^{-j45°}\,\Omega$ wird durch den in Bild 7.5-5b skizzierten Vierpol mit den zwei Blindelementen $C = 40$ pF und $L = 10$ µH bei $f = 10$ MHz in den Wert $\underline{Z}_{in}$ transformiert.
  a) Ermitteln Sie die Größe der Eingangsimpedanz $\underline{Z}_{in}$ nach Betrag und Phase.
  b) Wie groß ist die Phasenverschiebung zwischen den Spannungen $\underline{U}_1$ und $\underline{U}_2$?
  c) Geben Sie die Bereiche der Impedanzebene an (schraffieren), in denen die Eingangsimpedanz $\underline{Z}_{in}$ liegen kann, wenn L und C in Bild 7.5-5b beliebige Werte zwischen 0 und ∞ annehmen können.
  d) Kennzeichnen Sie innerhalb des unter c) angegebenen Bereiches das Gebiet für $\underline{Z}_{in}$, für das $|\underline{U}_2| > |\underline{U}_1|$ gilt.

- **Beispiel 7.5/2:** Ein Generator mit der Impedanz $\underline{Z}_i = (16 - j6)\,\Omega$ soll über einen Transformationsvierpol bei der Frequenz $f = 15$ MHz an eine komplexe Last $\underline{Z}_L = 16{,}28 \cdot e^{j42{,}51°}\,\Omega$ angeschlossen werden

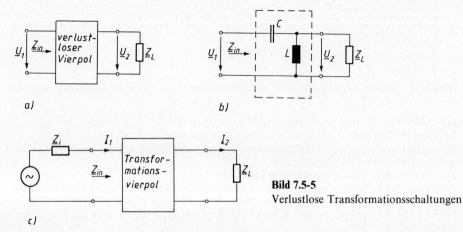

Bild 7.5-5
Verlustlose Transformationsschaltungen

7.5 Phasendrehung von Spannung und Strom

(Bild 7.5-5c). Der Vierpol soll keine Wirkleistung verbrauchen, ein Minimum an Bauelementen enthalten und Leistungsanpassung zwischen Generator und Last erzeugen.
a) Skizzieren Sie quantitativ die möglichen Transformationswege in der Impedanzebene des Kreisdiagramms.
b) Zeichnen Sie zu a) die dazugehörigen Schaltbilder.
c) Bestimmen Sie die Größen der Bauelemente für die Schaltungen in b), die den Gleichstrom vom Ein- zum Ausgang des Vierpols sperren.
d) Ermitteln Sie mit Hilfe des Kreisdiagramms die Phasenverschiebungen zwischen $\underline{I}_1$ und $\underline{I}_2$ für die unter c) gefundenen Schaltungen.

Lösung:

a) $\underline{Z}_L = 16{,}28 \cdot e^{j42{,}51°} \, \Omega = (12 + j11) \, \Omega$

Leistungsanpassung: $\underline{Z}_{in} = \underline{Z}_i^* = (16 + j6) \, \Omega$
Gewählter Normierungswiderstand: $Z_0 = 10 \, \Omega$

$$\underline{Z}'_L = \frac{\underline{Z}_L}{Z_0} = 1{,}2 + j1{,}1 \, , \qquad \underline{Z}'_{in} = \frac{\underline{Z}_{in}}{Z_0} = 1{,}6 + j0{,}6 \, ,$$

$\underline{Z}'_L$ und $\underline{Z}'_{in}$ werden in die Impedanzebene des Kreisdiagramms eingetragen und die Transformationswege konstruiert (s. Bild 7.5-6a).
b) Die aus den Transformationswegen gewonnenen vier Schaltbilder sind in Bild 7.5-6b skizziert.
c) Nur die Schaltung in Bild 7.5-6b1 sperrt nicht den Gleichstrom.

Bild 7.5-6b2:

$$X'_{C_B} = \frac{X_{C_B}}{Z_0} = -\frac{1}{\omega C_B Z_0} = \underbrace{-0{,}87 - 1{,}1}_{\text{Länge der } SC_B\text{-Transf. in Bild 7.5-6a}} = -1{,}97$$

$$C_B = \frac{1}{1{,}97\omega Z_0} = \frac{1 \cdot F}{1{,}97 \cdot 2\pi \cdot 15 \cdot 10^6 \cdot 10} = 538{,}6 \, \text{pF} \, ,$$

$$B'_{L_B} = B_{L_B} Z_0 = -\frac{1}{\omega L_B} \cdot Z_0 = \underbrace{-0{,}2 - 0{,}39}_{\text{Länge der } PL_B\text{-Transf. in Bild 7.5-6a}} = -0{,}59 \, ,$$

$$L_B = \frac{Z_0}{0{,}59\omega} = \frac{10 \cdot H}{0{,}59 \cdot 2\pi \cdot 15 \cdot 10^6} = 179{,}8 \, \text{nH} \, .$$

Bild 7.5-6b3:

$$X'_{C_{C1}} = \frac{X_{C_{C1}}}{Z_0} = -\frac{1}{\omega C_{C1} Z_0} = \underbrace{0{,}87 - 1{,}1}_{\text{Länge der } SC_{C1}\text{-Transf. in Bild 7.5-6a}} = -0{,}23 \, ,$$

$$C_{C1} = \frac{1}{0{,}23\omega Z_0} = \frac{1 \cdot F}{0{,}23 \cdot 2\pi \cdot 15 \cdot 10^6 \cdot 10} = 4{,}6 \, \text{nF} \, ,$$

$$B'_{C_{C2}} = B_{C_{C2}} Z_0 = \omega C_{C2} Z_0 = \underbrace{-0{,}2 - (-0{,}39)}_{\text{Länge der } PC_{C2}\text{-Transf. in Bild 7.5-6a}} = 0{,}19 \, ,$$

$$C_{C2} = \frac{0{,}19}{\omega Z_0} = \frac{0{,}19 \cdot F}{2\pi \cdot 15 \cdot 10^6 \cdot 10} = 201{,}6 \, \text{pF} \, .$$

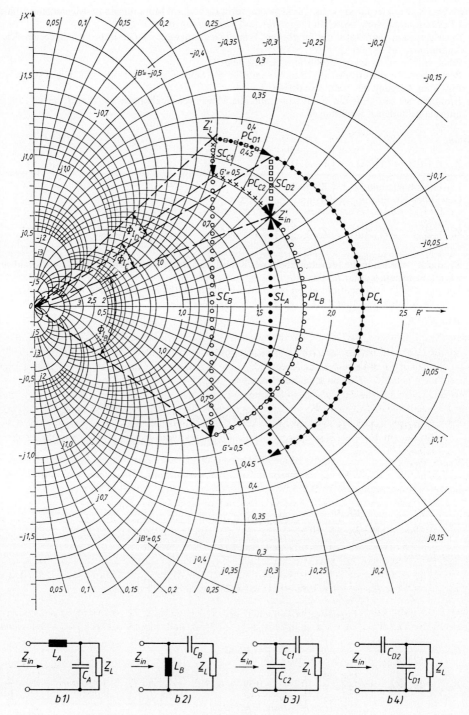

Bild 7.5-6 a) Transformationswege für Leistungsanpassung und Phasendrehungen der Ströme im Kreisdiagramm
b) Aus den Transformationswegen gewonnene Schaltbilder

7.5 Phasendrehung von Spannung und Strom

Bild 7.5-6 b4:

$$B'_{C_{D1}} = B_{C_{D1}} Z_0 = \omega C_{D1} Z_0 = \underbrace{-0{,}28 - (-0{,}42)}_{\text{Länge der } PC_{D1}\text{-Transf. in Bild 7.5-6a}} = 0{,}14 ,$$

$$C_{D1} = \frac{0{,}14}{\omega Z_0} = \frac{0{,}14 \cdot F}{2\pi \cdot 15 \cdot 10^6 \cdot 10} = 148{,}5 \text{ pF} ,$$

$$X'_{C_{D2}} = \frac{X_{C_{D2}}}{Z_0} = -\frac{1}{\omega C_{D2} Z_0} = \underbrace{0{,}6 - 0{,}98}_{\text{Länge der } SC_{D2}\text{-Transf. in Bild 7.5-6a}} = -0{,}38 ,$$

$$C_{D2} = \frac{1}{0{,}38 \omega Z_0} = \frac{1 \cdot F}{0{,}38 \cdot 2\pi \cdot 15 \cdot 10^6 \cdot 10} = 2{,}8 \text{ nF} .$$

d) Aus Bild 7.5-6a lassen sich folgende Winkel ablesen:

$$\Phi_{I_B} = 56°, \quad \Phi_{I_C} = 16°, \quad \Phi_{I_D} = 11°,$$

$PL_B \Rightarrow$ Eingangsstrom $\underline{I}_{1B}$ hinkt gegen $\underline{I}_{2B}$ um $\Phi_{I_B} = 56°$ nach,

$PC_{C2} \Rightarrow$ Eingangsstrom $\underline{I}_{1C}$ eilt gegen $\underline{I}_{2C}$ um $\Phi_{I_C} = 16°$ vor,

$PC_{D1} \Rightarrow$ Eingangsstrom $\underline{I}_{1D}$ eilt gegen $\underline{I}_{2D}$ um $\Phi_{I_D} = 11°$ vor.

- **Übung 7.5/3:** Der in Bild 7.5-7a skizzierte verlustlose Vierpol transformiert die Impedanz $\underline{Z}_L = (125 + j110)\,\Omega$ bei der Frequenz $f = 1$ MHz in den Wert $\underline{Z}_{in} = (200 + j130)\,\Omega$.
  a) Skizzieren Sie quantitativ die möglichen Transformationswege im Kreisdiagramm (Impedanzebene) für den Fall, daß der Vierpol zwei Bauelemente enthält.
  b) Zeichnen Sie zu a) die dazugehörigen Schaltbilder.
  c) Bestimmen Sie die Größen der Bauelemente für die Schaltung in b), die Gleichstromdurchgang vom Ein- zum Ausgang des Vierpols aufweist und deren Eingangsimpedanz bei $f \to \infty$ $\underline{Z}_{in} = 0$ beträgt.
  d) Ermitteln Sie mit Hilfe des Kreisdiagramms die Phasenverschiebung zwischen $\underline{I}_1$ und $\underline{I}_2$ für die in c) gefundene Schaltung.

- **Übung 7.5/4:** Einer Impedanz $\underline{Z}_L = (160 + j80)\,\Omega$ ist ein verlustloser Transformationsvierpol vorgeschaltet (gleiche Schaltung wie in Bild 7.5-7a).
  a) Geben Sie alle Schaltungsmöglichkeiten des Vierpols an, und skizzieren Sie die Transformationswege in der Widerstandsebene des Kreisdiagramms, wenn die Eingangsimpedanz $\underline{Z}_{in} = 80\,\Omega$ betragen soll.
  b) Für die Schaltung mit dem kürzesten Transformationsweg sind zu ermitteln:
  b1) die Werte der Reaktanz bei einer Mittenfrequenz von $f = 50$ MHz,
  b2) die Phasenverschiebung zwischen $\underline{I}_1$ und $\underline{I}_2$.
  c) Geben Sie den Bereich der Impedanzebene an, in dem die Eingangsimpedanzen $\underline{Z}_{in}$ liegen können, wenn beide Bauelemente des Vierpols Induktivitäten beliebiger Größe sind.

- **Übung 7.5/5:** Mit konzentrierten Bauelementen soll der in Bild 7.5-7b skizzierte Reaktanzvierpol aufgebaut werden, der bei einer Frequenz von $f = 5$ MHz und Abschluß mit $R_L = 1$ kΩ folgende

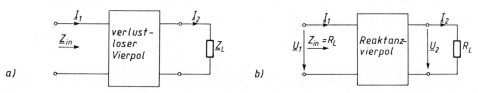

Bild 7.5-7 Transformationsschaltungen

Eigenschaften haben soll: $\underline{U}_1$ soll gegen $\underline{U}_2$ um 30° voreilen, und die Eingangsimpedanz soll $\underline{Z}_{in} = 1\,k\Omega$ betragen.
a) Wie groß ist die Phasenverschiebung zwischen $\underline{I}_1$ und $\underline{I}_2$?
b) Skizzieren Sie zwei geeignete Schaltungen für den Reaktanzvierpol, welche die geringstmögliche Anzahl von Bauelementen enthalten.
c) Bestimmen Sie die Größen der benötigten Bauelemente.
d) Skizzieren Sie zwei Reaktanzschaltungen, bei denen $\underline{U}_2$ gegen $\underline{U}_1$ um 30° voreilt, die Eingangsimpedanz aber wiederum $\underline{Z}_{in} = R_L = 1\,k\Omega$ ist.

7.6 Vom Kreis- zum Smithdiagramm

Für den Entwurf von Transformationsschaltungen aus konzentrierten Bauelementen ist das Kreisdiagramm wegen seiner Übersichtlichkeit besonders geeignet. Das Kreisdiagramm hat den Nachteil, daß immer nur ein Ausschnitt der positiven Impedanz- bzw. Admittanzebene dargestellt werden kann, nie aber z. B. die Werte $j\infty$, $-j\infty$ und ∞. Gesucht ist also ein Diagramm, das sämtliche Impedanz- bzw. Admittanzwerte beinhaltet. In Kap. 8 wird als eine komplexe Größe zur Berechnung von Leitungsproblemen der Reflexionsfaktor $\underline{r}$ eingeführt. Bei passiven Zweipolen kann der Reflexionsfaktorbetrag $|\underline{r}|$ niemals größer als 1 werden. Da der Reflexionsfaktorwinkel $\arg\{\underline{r}\}$ jeden beliebigen Wert zwischen 0 und 2π annehmen kann, ist die Umrandung der Reflexionsfaktorebene ein Kreis mit dem Radius 1, der sog. Einheitskreis. Innerhalb dieser Umrandung spielen sich alle realen Probleme der Leitungstheorie ab, wenn man aktive Bauelemente (z. B. Reflexionsverstärker) bei der Betrachtung ausschließt. Mit der Reflexionsfaktorebene liegt also ein abgeschlossenes Gebiet vor, in das das nichtabgeschlossene Gebiet des Kreisdiagramms transformiert werden soll. Durch diese mathematische Transformation (sog. konforme Abbildung) soll das ganze positive Gebiet des Kreisdiagramms auf das Innere des Einheitskreises ($|\underline{r}| \leq 1$) abgebildet werden. Der Reflexionsfaktor berechnet sich nach (8.3.1/3) mit

$$\underline{r} = \frac{\dfrac{\underline{Z}}{\underline{Z}_0} - 1}{\dfrac{\underline{Z}}{\underline{Z}_0} + 1} = \frac{\underline{Z} - \underline{Z}_0}{\underline{Z} + \underline{Z}_0}, \tag{7.6/1}$$

wobei $\underline{Z}_0$ in der Leitungstheorie den komplexen Wellenwiderstand charakterisiert. Meistens kann man jedoch den Imaginärteil $\text{Im}\{\underline{Z}_0\}$ vernachlässigen, so daß mit einem reellen Z_0 gearbeitet werden darf. Dieser reelle Wellenwiderstand Z_0 bewirkt in der Reflexionsfaktorebene die gleiche Normierung ($\underline{Z}/Z_0 = \underline{Z}' = R' + jX'$) wie der Normierungswiderstand Z_0 im Kreisdiagramm. Deshalb wurde schon beim Kreisdiagramm die Größe Z_0 eingeführt. Bei Transformationsproblemen mit konzentrierten Bauelementen (C oder L) kann der Normierungswiderstand Z_0 frei gewählt werden. Benutzt man Leitungsstücke zur Transformation, dann erhält man mit dem Leitungswellenwiderstand den erforderlichen Normierungswiderstand Z_0.

Mit einem reellen Z_0 in (7.6/1) ergibt sich:

$$\underline{r} = \text{Re}\{\underline{r}\} + j\,\text{Im}\{\underline{r}\} = \frac{\dfrac{\underline{Z}}{Z_0} - 1}{\dfrac{\underline{Z}}{Z_0} + 1} = \frac{\underline{Z}' - 1}{\underline{Z}' + 1} = \frac{R' + jX' - 1}{R' + jX' + 1}. \tag{7.6/2}$$

7.6 Vom Kreis- und Smithdiagramm

- **Beispiel 7.6/1:** Die folgenden R'- und X'-Größen des Kreisdiagramms sollen in der Reflexionsfaktorebene abgebildet werden.

a)

R'	0	0,5	1,0	1,5	2,0	2,5	∞

b)

X'	0	$\pm 0,5$	$\pm 1,0$	$\pm 1,5$	$\pm 2,0$	$\pm 2,5$	$\pm \infty$

Berechnen und skizzieren Sie die Re $\{\underline{r}\}$- und Im $\{\underline{r}\}$-Werte.

Lösung:

a) $X' = 0 \Rightarrow$ aus (7.6/2): $Re\{\underline{r}\} = \dfrac{R' - 1}{R' + 1}$

R'	Re $\{\underline{r}\}$
0	-1
0,5	$-0,333$
1,0	0
1,5	0,2
2,0	0,333
2,5	0,429
∞	1

$\Rightarrow$ Da $X' = 0$ ist, liegen alle Werte auf der reellen Achse. Man erkennt an Bild 7.6-1a, daß der Abstand zwischen den Re $\{\underline{r}\}$-Werten nicht mehr konstant ist, d. h. es tritt bei der konformen Abbildung eine Maßstabsverzerrung auf. Dies ist verständlich, da ja auch der $R' = \infty$-Wert auf einen endlichen Wert Re $\{\underline{r}\} = 1,0$ abgebildet wird. Der unbegrenzte Bereich $0 \leq R' \leq \infty$ des Kreisdiagramms wird in den begrenzten Bereich $-1,0 \leq$ Re $\{\underline{r}\} \leq 1,0$ der Reflexionsfaktorebene überführt.

b) $R' = 0 \Rightarrow$ aus (7.6/2): Re $\{\underline{r}\}$ + j Im $\{\underline{r}\} = \dfrac{jX' - 1}{jX' + 1}$

X'	Re $\{\underline{r}\}$	Im $\{\underline{r}\}$
0	-1	0
$\pm 0,5$	$-0,6$	$\pm 0,8$
$\pm 1,0$	0	± 1
$\pm 1,5$	0,385	$\pm 0,923$
$\pm 2,0$	0,6	$\pm 0,80$
$\pm 2,5$	0,724	$\pm 0,690$
$\pm \infty$	1	0

Trägt man die Real- und Imaginärteilwerte des Reflexionsfaktors in die komplexe Reflexionsfaktorebene ein, dann erkennt man an Bild 7.6-1b, daß die X'-Werte des Kreisdiagramms für $R' = 0$ auf einem Kreis mit dem Radius 1 abgebildet werden. Auch hier tritt natürlich eine Maßstabsverzerrung auf, da der unendliche Wert $jX' = j\infty$ auf Re $\{\underline{r}\} = 1,0$ abgebildet wird.

Die Kreuze in den beiden Bildern markieren die ursprünglichen $\underline{Z}'$-Werte des Kreisdiagramms. Eliminiert man das zur Konstruktion erforderliche Koordinatensystem des Reflexionsfaktors $\underline{r}$, dann ergibt sich Bild 7.6-1c. Damit haben wir die unendlich ausgedehnten Real- und Imaginärteilachsen des Kreisdiagramms auf dem Einheitskreis abgebildet. Theoretisch könnten wir jetzt jeden R'- und X'-Wert getrennt in Bild 7.6-1c eintragen. Die Parametrierung der Kreisumrandung sowie des horizontalen Kreisdurchmessers liegt damit vor. Unbekannt ist noch, wie ein beliebiger komplexer Wert $\underline{Z}' = R' + jX'$ des Kreisdiagramms innerhalb des Einheitskreises in Bild 7.6-1c abgebildet wird.

Betrachten wir die Ergebnisse des Beispiel 7.6/1 aus der Sicht der Ortskurventheorie, dann liegen eine Geradenortskurve (bzw. Kreis mit Radius ∞) und ein Kreis in allgemeiner Lage

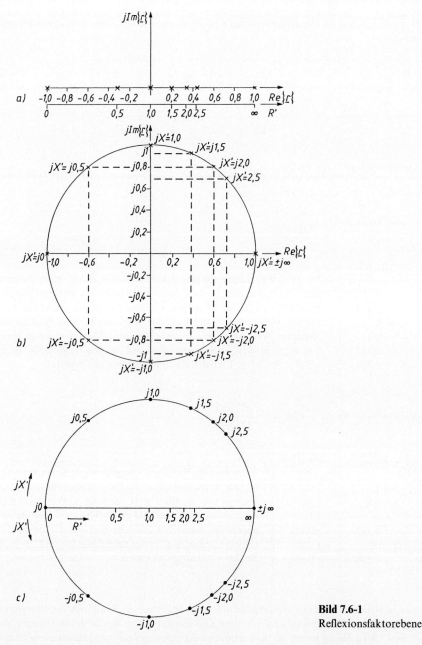

Bild 7.6-1
Reflexionsfaktorebene

vor. Mit Hilfe der Gleichung (7.1.5/1) wurden alle Geraden- und Kreisortskurven beschrieben. Wählt man in (7.6/2) als Parametergröße zuerst $\lambda = X'$, dann ergibt sich

$$\underline{r} = \frac{\mathrm{j} \cdot X' + R' - 1}{\mathrm{j} \cdot X' + R' + 1} \,\hat{=}\, \frac{\underline{A} \cdot \lambda + \underline{B}}{\underline{C} \cdot \lambda + \underline{D}}, \tag{7.6/3}$$

mit

$$\underline{A} = \mathrm{j}, \quad \underline{B} = R' - 1, \quad \underline{C} = \mathrm{j}, \quad \underline{D} = R' + 1, \quad \lambda = X'. \tag{7.6/4}$$

7.6 Vom Kreis- und Smithdiagramm

Zur Konstruktion der Kreisortskurve in allgemeiner Lage setzen wir die Werte aus (7.6/4) in (7.1.4/8) ein.

$$\underline{K} \triangleq \underline{r} = \frac{j}{j} + \left[R' - 1 - \frac{(R' + 1)j}{j} \right] \cdot \frac{1}{jX' + R + 1},$$

$$\underline{r} = 1 - 2 \cdot \underbrace{\frac{1}{jX' + R' + 1}}_{\underline{K}(0)} \qquad (7.6/5)$$

Die Kreisortskurve durch den Nullpunkt $\underline{K}(0)$ ist in Bild 7.6-2a skizziert, $-2\underline{K}(0)$ in Bild 7.6-2b, und die vollständige $\underline{r}(X')$-Ortskurve zeigt Bild 7.6-2c. In Bild 7.6-2b wurde jeder Punkt der

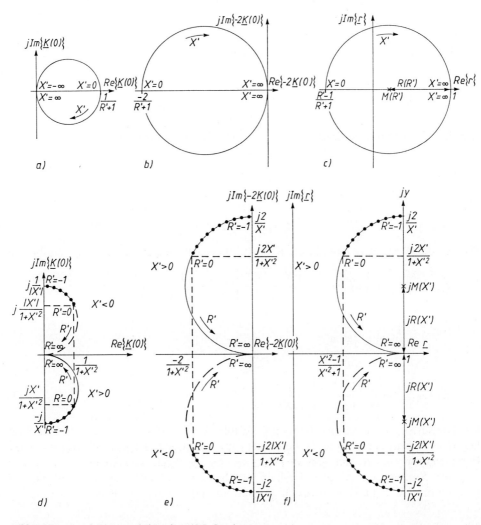

Bild 7.6-2 a)–c) Konstruktion der $\underline{r}(X')$-Ortskurve
 d)–f) Konstruktion der $\underline{r}(R')$-Ortskurve

Ortskurve um 1 nach rechts verschoben, auch $\dfrac{-2}{R' + 1}$ bei $X' = 0$.

$$\frac{-2}{R' + 1} + 1 = \frac{-2 + R' + 1}{R' + 1} = \frac{R' - 1}{R' + 1}.$$

Der Mittelpunkt der Kreisortskurve liegt auf der $Re\{\underline{r}\}$-Achse. Je nach Wahl von R' ($0 \leq R' \leq \infty$) verändert sich die Größe des Kreises. Für $R' = 0$ erhält man den in Bild 7.6-1c skizzierten Einheitskreis. Um die Kreise als Funktion von R' einfacher konstruieren zu können, sollen der Mittelpunkt $M(R')$ und der Radius $R(R')$ ermittelt werden.

Betrachtet man in Bild 7.6-2c den Durchmesser $D(R')$ auf der $Re\{\underline{r}\}$-Achse, so gilt:

$$D(R') = 2R(R') = 1 - \frac{R' - 1}{R' + 1} = \frac{R' + 1 - R' + 1}{R' + 1} = \frac{2}{R' + 1} \Rightarrow R(R') = \frac{1}{R' + 1}.$$
(7.6/6)

Der Mittelpunkt $M(R')$ ergibt sich, wenn man vom konstanten Wert 1 auf der $Re\{\underline{r}\}$-Achse den Radius abzieht.

$$M(R') = 1 - R(R') = 1 - \frac{1}{R' + 1} = \frac{R' + 1 - 1}{R' + 1} = \frac{R'}{R' + 1}.$$
(7.6/7)

Mit der neuen Parametergröße $\lambda = R'$ läßt sich (7.6/2) schreiben als

$$\underline{r} = \frac{1 \cdot R' + jX' - 1}{1 \cdot R' + jX' + 1} \triangleq \frac{\underline{A} \cdot \lambda + \underline{B}}{\underline{C} \cdot \lambda + \underline{D}},$$
(7.6/8)

mit

$$\underline{A} = 1, \qquad \underline{B} = jX' - 1, \qquad \underline{C} = 1, \qquad \underline{D} = jX' + 1, \qquad \lambda = R'.$$
(7.6/9)

Werden die Werte aus (7.6/9) in die Konstruktionsgleichung eingesetzt, dann ergibt sich:

$$\underline{K} = \underline{r} = \frac{1}{1} + \left[jX' - 1 - \frac{(jX' + 1)1}{1}\right] \cdot \frac{1}{1 \cdot R' + jX' + 1},$$

$$\underline{r} = 1 - 2 \cdot \underbrace{\frac{1}{R' + jX' + 1}}_{\underline{K}(0)}$$
(7.6/10)

$$\underline{K}(0)|_{R' = 0} = \frac{1}{jX' + 1} = \frac{1 - jX'}{1 + X'^2}.$$
(7.6/11)

Die Kreisortskurve durch den Nullpunkt ($\underline{K}(0)$) ist in Bild 7.6-2d dargestellt. Der Startwert bei $R' = 0$ wurde mit (7.6/11) berechnet. Im Gegensatz zur $\underline{r}(X')$-Ortskurve läuft der Parameterwert $\lambda = R'$ nur von $0 \leq R' \leq \infty$, die X'-Werte können jedoch positives und negatives Vorzeichen annehmen. Deshalb muß hier eine Fallunterscheidung getroffen werden ($X' > 0$ bzw. $X' < 0$). Die gestrichelt gezeichneten Ortskurven der Bilder 7.6-2d bis f) gelten für $X' < 0$.

Nachteilig für die Berechnung des Mittelpunktes in Bild 7.6-2d ist der fehlende Schnittpunkt einer Kreisortskurve mit der imaginären Achse beim Parameterwert $R' = 0$. Deshalb sollen

7.6 Vom Kreis- und Smithdiagramm

die beiden vorhandenen Kreisbögen zu Halbkreisen ergänzt werden. Der Parameterwert wird dann negativ ($R' < 0$). Ein Schnittpunkt mit der imaginären Achse liegt vor, wenn $Re\{\underline{K}(0)\} \stackrel{!}{=} 0$ gesetzt wird.

$$\underline{K}(0) = \frac{1}{R' + jX' + 1} = \frac{R' + 1 - jX'}{(R' + 1)^2 + X'^2}, \qquad (7.6/12)$$

$$Re\{\underline{K}(0)\} = \frac{R' + 1}{(R' + 1)^2 + X'^2} \stackrel{!}{=} 0 \Rightarrow R' = -1. \qquad (7.6/13)$$

Beim fiktiven Parameterwert von $R' = -1$ schneidet die Kreisortskurve $\underline{K}(0)$ die imaginäre Achse. $R' = -1$ wird in $Im\{\underline{K}(0)\}$ eingesetzt, um den Kreisdurchmesser und damit den Mittelpunkt zu erhalten.

$$Im\{\underline{K}(0)\} = \frac{-X'}{(R' + 1)^2 + X'^2},$$

$$Im\{\underline{K}(0)\}|_{R'=-1} = \frac{-X'}{X'^2} = -\frac{1}{X'}. \qquad (7.6/14)$$

Bei den Ortskurven für $X' < 0$ wurde für die imaginäre Achse die Betragsschreibweise eingeführt, damit sich das Vorzeichen wegen $X' < 0$ nicht mehr ändert. Statt $j \cdot \dfrac{1}{|X'|}$ könnte man auch $-j \cdot \dfrac{1}{X'}$ $(X' < 0)$ schreiben. Jedoch wäre es auf den ersten Blick ungewohnt, an der positiven imaginären Achse ein $-j$ vorzufinden. Die gleichen Überlegungen gelten für den $\dfrac{j|X'|}{1 + X'^2}$-Wert in Bild 7.6-2d.

Nach (7.6/10) muß die $\underline{K}(0)$-Ortskurve in Bild 7.6-2d mit -2 multipliziert werden. Das Minuszeichen bedeutet wieder eine Drehung um 180°, die 2 bewirkt eine Streckung. Diese drehgestreckte Ortskurve $-2\underline{K}(0)$ ist in Bild 7.6-2e dargestellt. Die vollständige $\underline{r}(R')$-Ortskurve ist in Bild 7.6-2f skizziert. Dabei wurde jeder Realteilwert der Ortskurve in Bild 7.6-2e um 1 nach rechts verschoben, so z. B. auch der Realteilwert $\dfrac{-2}{1 + X'^2}$ bei $R' = 0$.

$$\frac{-2}{1 + X'^2} + 1 = \frac{-2 + 1 + X'^2}{1 + X'^2} = \frac{X'^2 - 1}{X'^2 + 1}.$$

Man erkennt an Bild 7.6-2f, daß die Halbkreise immer durch den Punkt $Re\{\underline{r}\} = 1$ verlaufen. Die Mittelpunkte $M(X')$ der Kreise liegen auf einer parallel zur $jIm\{\underline{r}\}$-Achse befindlichen Geraden, die wir willkürlich als jy-Achse bezeichnen wollen und die nur zur Konstruktion der Ortskurven eingeführt wird. Da wir die Halbkreise bis zum Parameterwert $R' = -1$ ergänzt haben, können wir jetzt aus Bild 7.6-2f sofort den Durchmesser bzw. Radius ablesen.

$$D(X') = 2R(X') = \frac{2}{|X'|} \Rightarrow R(X') = \frac{1}{|X'|}, \qquad (7.6/15)$$

$$\Rightarrow M(X') = \frac{1}{X'}. \qquad (7.6/16)$$

- **Beispiel 7.6/2:** Skizzieren Sie quantitativ
  a) die $\underline{r}(X')$-Ortskurven für

| R' | 0 | 0,5 | 1,0 | 1,5 | 2,0 | 2,5 | ∞ |

  b) die $\underline{r}(R')$-Ortskurven für

| X' | 0 | $\pm 0,5$ | $\pm 1,0$ | $\pm 1,5$ | $\pm 2,0$ | $\pm 2,5$ | $\pm \infty$ |

Lösung:

a) Aus (7.6/6): $R(R') = \dfrac{1}{R' + 1}$

Aus (7.6/7): $M(R') = \dfrac{R'}{R' + 1}$

Kontrolle bei numerischen Berechnungen: $R(R') + M(R') = 1$

R'	$R(R')$	$M(R')$
0	1	0
0,5	0,667	0,333
1,0	0,5	0,5
1,5	0,4	0,6
2,0	0,333	0,667
2,5	0,286	0,714
∞	0	1

Die Mittelpunkte $M(R')$ wurden auf der $Re\{\underline{r}\}$-Achse des Bildes 7.6-3a eingezeichnet und die entsprechenden $R' = $ konst.-Kreise konstruiert.

b) Aus (7.6/15): $R(X') = \dfrac{1}{|X'|}$

Aus (7.6/16): $M(X') = \dfrac{1}{X'}$

X'	$R(X')$	$M(X')$
± 0	∞	$\pm \infty$
$\pm 0,5$	2	± 2
$\pm 1,0$	1	± 1
$\pm 1,5$	0,667	$\pm 0,667$
$\pm 2,0$	0,5	$\pm 0,5$
$\pm 2,5$	0,4	$\pm 0,4$
$\pm \infty$	0	0

Die $M(X')$-Berechnung wurde abgeleitet für die jy-Achse. Auf der jy-Achse des Bildes 7.6-3b wurden die positiven und negativen Mittelpunkte eingetragen und die entsprechenden $X' = $ konst.-Kreisbögen konstruiert.

Für die Konstruktion der Ortskurven in Bild 7.6-3 war das rechtwinklige Koordinatensystem des Reflexionsfaktors erforderlich. Liegen aber die $R' = $ konst.-bzw. $X' = $ konst.-Verläufe vor, dann verzichtet man aus Übersichtlichkeitsgründen auf das Koordinatensystem. Man erhält damit die Bilder 7.6-4b und d). Zusätzlich zu den beiden Darstellungen der Reflexionsfaktorebene sind noch die entsprechenden $R' = $ konst.- bzw. $X' = $ konst.-Verläufe im Kreisdiagramm skizziert (Bilder 7.6-4a und c)), um noch einmal grafisch die Transformationswirkung zu zeigen. Die vertikalen $R' = $ konst.-Geraden in Bild 7.6-4a werden in der Reflexionsfaktorebene zu Kreisen, deren Mittelpunkte auf der $Re\{\underline{r}\}$-Achse liegen. Die $Re\{\underline{r}\}$-Achse wird mit den entsprechenden R'-Werten bezeichnet. Die Bezeichnung der R'-Achse bezieht sich dann auf den ganzen Kreis, d. h. jeder Kreis ist der Ort für einen bestimmten R'-Wert.

7.6 Vom Kreis- und Smithdiagramm

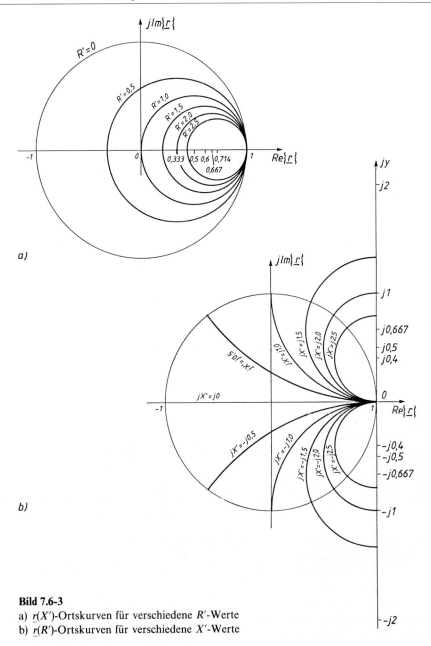

Bild 7.6-3
a) $\underline{r}(X')$-Ortskurven für verschiedene R'-Werte
b) $\underline{r}(R')$-Ortskurven für verschiedene X'-Werte

Die horizontal verlaufenden $X' = $ konst.-Geraden des Bildes 7.6-4c werden auf Kreisbögen abgebildet, deren Mittelpunkte auf einer vertikal durch $Re\{\underline{r}\} = 1$ verlaufenden Geraden (jy) liegen. Auch hier ist jeder Kreisbogen der Reflexionsfaktorebene der Ort für einen bestimmten X'-Wert. Eingehüllt wird die Reflexionsfaktorebene von dem schon aus Bild 7.6-1c bekannten Einheitskreis.

Werden die Bilder 7.6-4a und c) sowie die Bilder 7.6-4b und d) zusammengefaßt zu je einem Bild, dann erhält man die Darstellungen der Bilder 7.6-5a und b). Bild 7.6-5a zeigt die

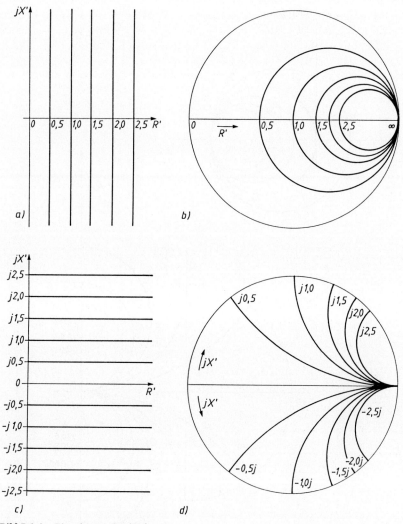

Bild 7.6-4 R' = konst. Verläufe
    a) im Kreisdiagramm
    b) in der Reflexionsfaktorebene

    X' = konst. Verläufe
    c) im Kreisdiagramm
    d) in der Reflexionsfaktorebene

Impedanzebene des Kreisdiagramms ohne die G'- und B'-Kreisverläufe. Diese rechtwinklig verlaufenden Impedanzlinien werden auf die Kreislinien des Bildes 7.6-5b abgebildet. Man erkennt, daß die 90°-Winkel zwischen den R' = konst.- und X' = konst.-Verläufen bei der Abbildung erhalten bleiben (winkeltreue oder konforme Abbildung).

Ersetzt man in Bild 7.6-5a X' durch B' und R' durch G', dann hätte man ein Kreisdiagramm für die Admittanzebene (s. Bild 7.2-3b). Da sich an der geometrischen Form nichts verändert hätte, würde man formal bei der konformen Abbildung das Bild 7.6-5b erhalten (X' wird

7.6 Vom Kreis- und Smithdiagramm

wieder durch B' und R' durch G' ersetzt), d. h. aus der Impedanzebene ist eine Admittanzebene geworden. Würde man nur mit Leitwerten arbeiten, dann würde das neue Diagramm alle Transformationen richtig ausführen. Ein Fehler würde erst auftreten, wenn man versuchen würde, aus der Admittanzebene direkt den Reflexionsfaktor $\underline{r}$ zu berechnen bzw. umgekehrt, da aus der Reflexionsfaktorgleichung (7.6/2) nur die Reflexionsfaktorebene für Impedanzen abgeleitet wurde. Möchte man eine Reflexionsfaktorebene für Admittanzen ableiten, dann muß in (7.6/2) $\underline{Z} = 1/\underline{Y}$ gesetzt werden.

$$\underline{r} = \frac{\dfrac{1}{\underline{Y}\cdot Z_0} - 1}{\dfrac{1}{\underline{Y}\cdot Z_0} + 1} = \frac{\dfrac{1}{\underline{Y}'} - 1}{\dfrac{1}{\underline{Y}'} + 1} = \frac{1 - \underline{Y}'}{1 + \underline{Y}'}. \tag{7.6/17}$$

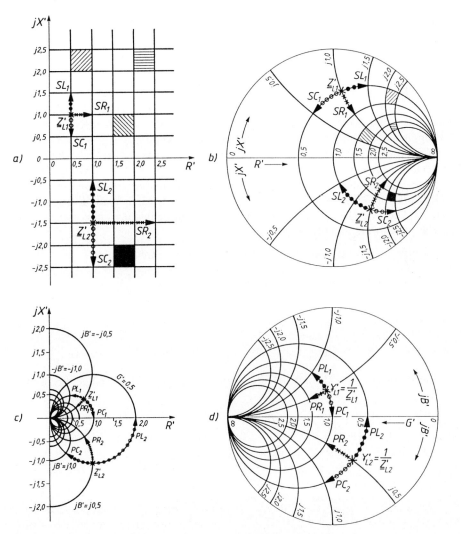

Bild 7.6-5 Transformationswege im Kreis- und Smithdiagramm

Mit $\underline{Y}' = G' + jB'$ ergibt sich:

$$\underline{r} = \frac{1 - G' - jB'}{1 + G' + jB'}. \tag{7.6/18}$$

Wählt man in (7.6/18) als Parametergröße zuerst $\lambda = B'$, dann bekommt man

$$\underline{r} = \frac{-j \cdot B' - G' + 1}{j \cdot B' + G' + 1} \triangleq \frac{\underline{A} \cdot \lambda + \underline{B}}{\underline{C} \cdot \lambda + \underline{D}},$$

mit

$$\underline{A} = -j, \quad \underline{B} = -G' + 1, \quad \underline{C} = j, \quad \underline{D} = G' + 1, \quad \lambda = B'. \tag{7.6/19}$$

Zur Konstruktion der Kreisortskurve in allgemeiner Lage setzen wir die Werte aus (7.6/19) in (7.1.4/8) ein.

$$\underline{K} \triangleq \underline{r} = \frac{-j}{j} + \left[-G' + 1 - \frac{(G' + 1)(-j)}{j} \right] \cdot \frac{1}{jB' + G' + 1},$$

$$\underline{r} = -1 + 2 \cdot \underbrace{\frac{1}{jB' + G' + 1}}_{\underline{K}(0)}. \tag{7.6/20}$$

Vergleicht man (7.6/20) mit (7.6/5), dann erkennt man, daß die $\underline{K}(0)$-Ortskurven formal übereinstimmen, d. h. Bild 7.6-2a mit ausgetauschten Bezeichnungen ($X' \to B'$, $R' \to G'$) würde die $\underline{K}(0)$-Ortskurve in (7.6/20) darstellen. Anschließend wurde in (7.6/5) die $\underline{K}(0)$-Ortskurve drehgestreckt ($-2\underline{K}(0)$), in (7.6/20) findet nur eine Streckung statt ($2\underline{K}(0)$). Die $-2\underline{K}(0)$-Ortskurve in (7.6/5) wurde dann um $+1$ nach rechts verschoben (Bild 7.6-2c), während die $2\underline{K}(0)$-Ortskurve in (7.6/20) um -1 nach links verschoben wird, d. h. alle Kreise gehen durch $Re\{\underline{r}\} = -1$. Die neue Ortskurve für (7.6/20) wäre das Spiegelbild der Ortskurve in Bild 7.6-2c mit der $jIm\{\underline{r}\}$-Koordinate als Spiegelachse.

Mit der zweiten Parametergröße $\lambda = G'$ läßt sich (7.6/18) schreiben als

$$\underline{r} = \frac{-1 \cdot G' - jB' + 1}{1 \cdot G' + jB' + 1} \triangleq \frac{\underline{A} \cdot \lambda + \underline{B}}{\underline{C} \cdot \lambda + \underline{D}},$$

mit

$$\underline{A} = -1, \quad \underline{B} = -jB' + 1, \quad \underline{C} = 1, \quad \underline{D} = jB' + 1, \quad \lambda = G'. \tag{7.6/21}$$

Werden die Werte aus (7.6/21) in die Konstruktionsgleichung (7.1.4/8) eingesetzt, dann ergibt sich:

$$\underline{K} \triangleq \underline{r} = \frac{-1}{1} + \left[-jB' + 1 - \frac{(jB' + 1)(-1)}{1} \right] \cdot \frac{1}{1 \cdot G' + jB' + 1},$$

$$\underline{r} = -1 + 2 \cdot \underbrace{\frac{1}{G' + jB' + 1}}_{\underline{K}(0)}. \tag{7.6/22}$$

Auch hier findet man eine Übereinstimmung der $\underline{K}(0)$-Ortskurven für (7.6/22) und (7.6/10).

7.6 Vom Kreis- und Smithdiagramm

Statt der Drehstreckung $(-2\underline{K}(0))$ in (7.6/10) findet in (7.6/22) wieder nur eine Streckung $(2\underline{K}(0))$ statt. Durch die fehlende 180°-Drehung vertauschen sich die Vorzeichen bei den Imaginärteilen ($X' \to -B'$). Auch die Verschiebung um -1 nach links statt um $+1$ nach rechts ist hier vorhanden, d. h. auch hier ist die neue Ortskurve das Spiegelbild der schon vorhandenen Ortskurve in Bild 7.6-2f; hinzu kommt eine Vertauschung der Vorzeichen bei den Imaginärteilen. Man braucht also nur die vorhandenen Ortskurven an den $jIm\{\underline{r}\}$-Koordinaten zu spiegeln, die Vorzeichen der Imaginärteile mit -1 zu multiplizieren, oder die in Bild 7.6-5b skizzierte Impedanzebene um 180° zu drehen, um die Admittanzebene (Bild 7.6-5d) zu erhalten.

Bild 7.6-5c zeigt die Leitwertkreise des Kreisdiagramms. Vergleicht man die Bilder 7.6-5c und d), dann erkennt man die Abbildungsgesetze. Die G' = konst.-Kreise des Kreisdiagramms werden wieder als G' = konst.-Kreise in der Admittanzebene des Reflexionsfaktordiagramms abgebildet, während die B' = konst.-Halbkreise des Kreisdiagramms in der Reflexionsfaktorebene als Kreisbögen erscheinen.

Möchte man wie beim Kreisdiagramm gleichzeitig Impedanz- und Admittanzwerte vorfinden, so müßten die Diagramme der beiden Bilder 7.6-5b und d) zusammengefaßt werden zu einem Bild. Manchmal wird auch ein Diagramm auf Transparentpapier gezeichnet und auf das andere Reflexionsfaktordiagramm gelegt, damit man zwischen Impedanz- und Admittanzwerten hin- und herspringen kann (z. B. bei einer Inversion oder bei Transformationsschaltungen). Der Nachteil dieser beiden Methoden ist die große Unübersichtlichkeit, da zu viele Kreise und Bezeichnungen nicht nur einen Anfänger verwirren. Genau wie beim Kreisdiagramm bevorzugt man nur eine Darstellung, meistens die Impedanzebene. Bevor wir uns aber anschauen, wie man Bild 7.6-5b gleichzeitig als Impedanz- und Admittanzebene nutzen kann, sollen mit Hilfe der Bilder 7.6-5a bis d) die Transformationswege in der Reflexionsfaktorebene abgeleitet werden.

In Bild 7.2-2 sind die Transformationswege des Kreisdiagramms (Impedanzebene) dargestellt. Diese Transformationen wurden auf die beiden Bilder 7.6-5a und c) übertragen, d. h. für zwei normierte Lastimpedanzen $\underline{Z}'_{L_1}$ und $\underline{Z}'_{L_2}$ wurden alle möglichen Transformationsrichtungen skizziert. Z. B. läuft die SL_1-Transformation in Bild 7.6-5a auf einer $R' = 0{,}5$-Geraden von $jX' = j1{,}0$ bis $jX' = j1{,}5$. Aus der $R' = 0{,}5$-Geraden des Kreisdiagramms wird in der Reflexionsfaktorebene ein $R' = 0{,}5$-Kreis, und die Transformation verläuft zwischen den beiden jX'-Werten j1,0 und j1,5; statt der Begrenzung mit jX' = konst.-Geraden findet man nun in der Reflexionsfaktorebene jX' = konst.-Kreisbögen.

Genauso kann man die anderen eingezeichneten Transformationen von der Kreisdiagramm- auf die Reflexionsfaktorebene übertragen. Um die konforme Abbildung noch zu verdeutlichen, sind in den Bildern 7.6-5a und b) vier willkürliche Gebiete herausgehoben worden.

Da bei Transformationsschaltungen näherungsweise verlustlos transformiert werden soll, werden die SR- und PR-Transformationen nur sehr selten angewendet. Man erkennt dann an den Bildern 7.6-5b und d), daß alle verlustlosen Transformationen auf R' = konst.- bzw. G' = konst.-Kreisen verlaufen. Der G' = konst.-Transformationskreis in Bild 7.6-5d verläuft durch den Wert der normierten Lastadmittanz $\underline{Y}'_L = 1/\underline{Z}'_L$. Wenn es gelingt, das Reflexionsfaktordiagramm in Bild 7.6-5b gleichzeitig als Impedanz- und Admittanzebene zu benutzen, dann laufen weiterhin die PL- und PC-Transformationen auf G' = konst.-Kreisen, deren Mittelpunkte auf der $Re\{\underline{r}\}$-Achse liegen und die Schnittpunkte mit $Re\{\underline{r}\} = +1$ (wegen der 180°-Drehung) und $\underline{Y}' = 1/\underline{Z}'_L$ aufweisen würden.

Die Impedanzebene des Bildes 7.6-5b kann man durch eine Spiegelung an der $jIm\{\underline{r}\}$-Achse und durch eine Vertauschung der Vorzeichen bei den Imaginärteilen in die Admittanzebene des Bildes 7.6-5d überführen. Da man aus Übersichtlichkeitsgründen nicht beide Diagramme gleichzeitig benutzen möchte, wird das Spiegelungsprinzip mit vertauschten Vorzeichen nicht auf die Impedanzen bzw. Admittanzen angewendet (rechte Seite der Gleichung (7.6/2) bzw. (7.6/17)), sondern direkt auf den Reflexionsfaktor $\underline{r}$ (linke Seite der Gleichung (7.6/2) bzw. (7.6/17)). Der Reflexionsfaktor $\underline{r}$ für die Impedanzebene in Bild 7.6-5b berechnet sich nach (7.6/2) mit

$$\underline{r} = |\underline{r}| \cdot e^{j \arg\{\underline{r}\}} = \frac{\underline{Z}' - 1}{\underline{Z}' + 1}, \tag{7.6/23}$$

während sich ein Reflexionsfaktor $\underline{r}$ für die Admittanzebene in Bild 7.6-5d mit (7.6/17) berechnet.

$$\underline{r} = |\underline{r}| \cdot e^{j \arg\{\underline{r}\}} = \frac{1 - \underline{Y}'}{1 + \underline{Y}'} = -\frac{\underline{Y}' - 1}{\underline{Y}' + 1}, \tag{7.6/24}$$

$$\Rightarrow -\underline{r} = \frac{\underline{Y}' - 1}{\underline{Y}' + 1}. \tag{7.6/25}$$

Die rechten Seiten der beiden Gleichungen (7.6/23) und (7.6/25) besitzen den gleichen formalen Aufbau, nämlich $\dfrac{\underline{A}' - 1}{\underline{A}' + 1}$, d. h. für beide Ausdrücke gilt das in Bild 7.6-5b skizzierte Reflexionsfaktordiagramm. Wird formal $\underline{A}' = \underline{Z}'$ gesetzt, erhält man die Impedanzebene und kann nach (7.6/23) sofort den Reflexionsfaktor $\underline{r}$ ablesen. Für $\underline{A}' = \underline{Y}'$ ergibt sich die Admittanzebene, und nach (7.6/25) kann man dem Diagramm $-\underline{r} = \underline{r} \cdot e^{\pm j\pi}$ entnehmen. Um in der Admittanzebene auf den Reflexionsfaktor $\underline{r}$ zu kommen, muß $-\underline{r}$ um 180° gedreht werden.

Man braucht also in der Praxis nur noch ein Diagramm, z. B. die Impedanzebene in Bild 7.6-5b. Trägt man hier z. B. einen Lastreflexionsfaktor $\underline{r}_L$ nach Betrag und Phase ein, dann läßt sich sofort die Impedanz $\underline{Z}'_L$ ablesen (Bild 7.6-6a). Benötigt man den Admittanzwert $\underline{Y}'_L$, dann dreht man den Reflexionsfaktor $\underline{r}_L$ um 180° bis zum Punkt $-\underline{r}_L$. Damit hat man formal aus der Impedanz- eine Admittanzebene gemacht (alle Parameterkurven werden jetzt gedanklich mit Leitwerten beschriftet: $R' \to G'$, $X' \to B'$) und es läßt sich im gleichen Diagramm $\underline{Y}'_L$ ablesen (Bild 7.6-6a). Da wir uns jetzt formal in der Admittanzebene befinden, gelten die Transformationswege, die wir in Bild 7.6-5d abgeleitet haben, d. h. die PL- und PC-Transformationen verlaufen auf einem G' = konst.-Kreis durch $\underline{Y}'_L$.

Aus Übersichtlichkeitsgründen wird das rechtwinklige Koordinatensystem $(Re\{\underline{r}\}, jIm\{\underline{r}\})$ wieder weggelassen und man erhält Bild 7.6-6b. Damit wir später bei der Leitungstheorie (Kap. 8) mit dem Reflexionsfaktor arbeiten können, wird in Bild 7.6-6b der Winkel des Reflexionsfaktors aufgetragen. Damit ist es möglich, den Reflexionsfaktor $\underline{r}$ nach Betrag ($|\underline{r}|$) und Phase ($\arg\{\underline{r}\}$) in das Diagramm einzutragen.

Bild 7.6-6b zeigt noch einmal die Inversion einer normierten Lastimpedanz $\underline{Z}'_L$. $\underline{Z}'_L$ wird nach Real- und Imaginärteil in das Diagramm eingetragen und mit dem Nullpunkt der $\underline{r}$-Ebene (Mittelpunkt des Diagramms) verbunden. Die Länge beträgt $|\underline{r}|$. Die Gerade wird weiter um $|\underline{r}|$ verlängert. Hier kann nun der Admittanzwert $\underline{Y}'_L$ abgelesen werden (s. Bild 7.6-6b), d. h. $\underline{Z}'_L$ und $\underline{Y}'_L$ haben den gleichen Abstand $|\underline{r}|$ vom Punkt 1 des Diagramms.

- **Beispiel 7.6/3:** Ermitteln Sie aus der Reflexionsfaktorebene in Bild 7.6-6b die zu $\underline{Z}_L = 106{,}07 \cdot e^{j 45°}\,\Omega$ gehörige Admittanz $\underline{Y}_L = 1/\underline{Z}_L$.

7.6 Vom Kreis- und Smithdiagramm

Lösung:

$\underline{Z}_L = 106{,}07 \cdot e^{j45°}\,\Omega = (75 + j75)\,\Omega$.

Gewählter Normierungswiderstand: $Z_0 = 150\,\Omega$

$\underline{Z}'_L = \dfrac{\underline{Z}_L}{Z_0} = 0{,}5 + j0{,}5 = R'_L + jX'_L$.

Der Schnittpunkt zwischen $R'_L = 0{,}5$ und $jX'_L = j0{,}5$ wird in die Impedanzebene des Reflexionsfaktordiagramms eingetragen. $\underline{Z}'_L$ und $R' = 1{,}0$ werden durch eine Gerade verbunden. Die Länge der Geraden beträgt $|\underline{r}|$. Die Gerade wird um $|\underline{r}|$ verlängert, und man kann in Bild 7.6-6b $\underline{Y}'_L = G'_L + jB'_L = 1{,}0 - j1{,}0$ ablesen.

Entnormierung:

$\underline{Y}_L = \dfrac{Y'_L}{Z_0} = (6{,}67 - j6{,}67)\,\text{mS} = 9{,}43 \cdot e^{-j45°}\,\text{mS}$.

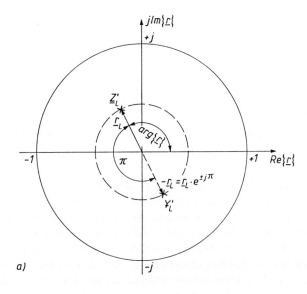

a)

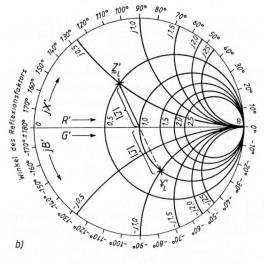

b)

Bild 7.6-6
Inversion in der
Reflexionsfaktorebene

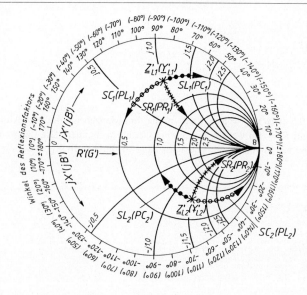

Bild 7.6-7
Transformationsrichtungen
für die gemeinsame Impedanz-
bzw. Admittanzebene

SR, SL, SC: Transformationen
in der Impedanzebene
(PR), (PL), (PC): Transformationen
in der Admittanzebene (Klammer-
werte)

In Bild 7.6-6b wurde die obere Reflexionsfaktorebene mit den Impedanzparametern R' und jX' bezeichnet, die untere mit den Admittanzparametern G' und jB'. Diese aus didaktischen Gründen vorgenommene Bezeichnung ist in der Praxis nicht üblich.

Es liegt entweder ein Reflexionsfaktordiagramm der Impedanz- oder der Admittanzebene vor. Auch Diagramme ohne Parameterbezeichnungen sind im Einsatz. Die in Bild 7.6-6b vorgenommene Parametrierung findet meistens nur gedanklich im Kopf des Anwenders statt.

Wie schon beim Kreisdiagramm wollen wir uns auch hier auf die Impedanzebene (Bild 7.6-5b) festlegen. Da wir formal durch die 180°-Drehung des Reflexionsfaktors aus der Impedanz- eine Admittanzebene erzeugen, können wir auch ganz formal die Transformationswege des Bildes 7.6-5d übernehmen. Da das Bild 7.6-5d durch eine 180°-Drehung des Bildes 7.6-5b entstanden ist, müssen wir jetzt das Bild 7.6-5d und damit die Transformationsrichtungen um 180° zurückdrehen, damit wir die Paralleltransformationen auf das Bild 7.6-5b anwenden dürfen. Bild 7.6-7 zeigt jetzt sämtliche Transformationsrichtungen für die gemeinsame Impedanz- bzw. Admittanzebene. Die nicht in den Klammern stehenden Bezeichnungen beziehen sich auf die Impedanzebene; hierfür gilt unser Reflexionsfaktor. Drehen wir den Reflexionsfaktor um 180°, dann befinden wir uns in der Admittanzebene und es gelten die in den Klammern stehenden Bezeichnungen.

Zeichnet man weitere R' = konst.-Kreise und X' = konst.-Kreisbögen mit Hilfe unserer abgeleiteten Ortskurvenkonstruktionsvorschriften, dann erhält man das in Bild 7.6-8 skizzierte Reflexionsfaktordiagramm, das nach seinem Erfinder Smith-Diagramm genannt wird. Die Bezeichnungen „Wellenlängen zum Generator" und „Wellenlängen zum Abschluß" werden erst bei der Leitungstheorie in Kapitel 8 benötigt und sollen deshalb erst dort abgeleitet werden. Das unterhalb des Diagramms aufgeführte „m" wird im nächsten Kapitel (7.7) eingeführt.

- **Übung 7.6/1:** Ermitteln Sie mit Hilfe des in Bild 7.6-8 skizzierten Smithdiagramms die zu $\underline{Z}_L$ = (1,25 + j0,8) kΩ gehörige Admittanz $\underline{Y}_L$ = $1/\underline{Z}_L$.

- **Beispiel 7.6/4:** Eine Lastimpedanz $\underline{Z}_L$ = (1,5 − j0,6) kΩ soll durch einen aus zwei Reaktanzen bestehenden Vierpol bei der Frequenz f = 30 MHz in den Wert $\underline{Z}_{in}$ = (2,4 + j0,475) kΩ transformiert werden.

7.6 Vom Kreis- und Smithdiagramm

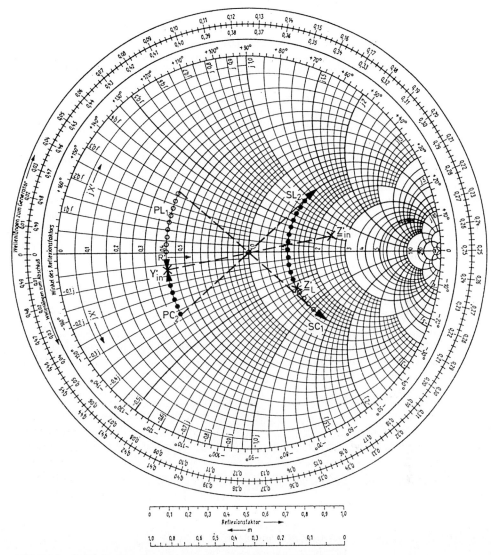

Bild 7.6-8 Smithdiagramm mit eingezeichneten Transformationswegen

a) Skizzieren Sie die möglichen Transformationswege im Smithdiagramm.
b) Zeichnen Sie zu a) die dazugehörigen Schaltbilder.
c) Bestimmen Sie die Größen der Bauelemente für die in b) gefundenen Schaltungen.

Lösung:

a) Gewählter Normierungswiderstand: $Z_0 = 1 \text{ k}\Omega$

$$\underline{Z}'_L = \frac{\underline{Z}_L}{Z_0} = 1{,}5 - j0{,}6\,, \qquad \underline{Z}'_{in} = \frac{\underline{Z}_{in}}{Z_0} = 2{,}4 + j0{,}475\,.$$

$\underline{Z}'_L$ und $\underline{Z}'_{in}$ werden in das Smithdiagramm eingetragen und die Transformationswege konstruiert. Man erkennt an Bild 7.6-8 (vielleicht auch erst nach einigen vergeblichen Versuchen), daß man es mit einem von $\underline{Z}'_L$ wegführenden Paralleltransformationsweg nicht schafft, mit zwei Reaktanzen die normierte Impedanz $\underline{Z}'_{in}$ zu erreichen. Deshalb beginnen wir mit einer SC_1-Transformation. Da wir im nächsten Schritt eine Paralleltransformation benötigen, müssen wir $\underline{Z}'_{in}$ in $\underline{Y}'_{in}$ transformieren (durch 180°-Drehung des Reflexionsfaktors). Damit liegt jetzt der $G' = 0{,}4$-Kreis fest, auf den wir hintransformieren müssen. Da wir uns jetzt in der Admittanzebene befinden, müssen wir auch die durch die SC_1-Transformation erhaltene Impedanz in eine Admittanz verwandeln. Dabei ist bis jetzt unbekannt, wie weit wir auf dem $R' = 1{,}5$-Kreis mit SC_1 transformieren müssen. Wir suchen eine Gerade durch den Mittelpunkt des Smithdiagramms, die zum $G' = 0{,}4$-Kreis und zum $R' = 1{,}5$-Kreis den gleichen Abstand $|\underline{r}|$ besitzt. Durch Probieren mit einem Lineal (am besten Geo-Dreieck mit Nullpunkt in der Mitte) findet man die in Bild 7.6-8 skizzierte Gerade, die den Endwert der SC_1-Transformation und den Anfangswert der folgenden PL_1-Transformation bestimmt.

Der zweite mögliche Transformationsweg beginnt mit einer SL_2-Transformation. Auch hier bestimmt die eingezeichnete Gerade den Endwert der SL_2-Transformation sowie den Anfangswert der PC_2-Transformation.

b) Die im Smithdiagramm gefundenen Transformationswege besitzen die in Bild 13-31b dargestellten Schaltbilder. Wir haben diese Transformationsaufgabe schon einmal in Übung 7.5/1 gelöst, dort mit Hilfe des Kreisdiagramms. Vergleicht man die beiden Lösungswege in Bild 7.6-8 und Bild 13-31a, dann erfaßt man die großen Vorteile des Kreisdiagramms, das bei Transformationen mit konzentrierten Bauelementen viel schneller und zielgerichteter zur Lösung führt. Werden jedoch die Impedanztransformationen teilweise mit Leitungsstücken realisiert, dann ist das Smith- dem Kreisdiagramm überlegen (s. Kap. 8).

c) Da sich durch die konforme Abbildung hinsichtlich der Transformationsgesetze nichts geändert hat, dürfen wir die Rechenvorschriften des Kreisdiagramms übernehmen:

Berechnet man mit dem Smithdiagramm auch die Größen der Bauelemente (Länge einer Serien- bzw. Paralleltransformation), dann erhält man immer das richtige Vorzeichen bei den X'- bzw. B'-Werten, wenn man den X'- bzw. B'-Wert am Pfeilende (Transformationspfeil) vom X'- bzw. B'-Wert am Pfeilanfang abzieht („Kochrezept: *Pfeilspitze minus Pfeilende*").

$SC_1 - PL_1$-*Transformation:*

$$X'_{C_1} = \frac{X_{C_1}}{Z_0} = -\frac{1}{\omega C_1 Z_0} = \underbrace{-1{,}25 - (-0{,}6)}_{\text{Länge der } SC_1\text{-Transf. in Bild 7.6-8}} = -0{,}65\,,$$

$$C_1 = \frac{1}{0{,}65\,\omega Z_0} = \frac{F}{0{,}65 \cdot 2\pi \cdot 30 \cdot 10^6 \cdot 1 \cdot 10^3} = 8{,}16\,\text{pF}\,,$$

$$B'_{L_1} = B_{L_1} \cdot Z_0 = -\frac{1}{\omega L_1} \cdot Z_0 = \underbrace{-0{,}075 - 0{,}33}_{\text{Länge der } PL_1\text{-Transf. in Bild 7.6-8}} = -0{,}405\,,$$

$$L_1 = \frac{Z_0}{0{,}405\,\omega} = \frac{1 \cdot 10^3 \cdot H}{0{,}405 \cdot 2\pi \cdot 30 \cdot 10^6} = 13{,}1\,\mu\text{H}\,,$$

$SL_2 - PC_2$-*Transformation:*

$$X'_{L_2} = \frac{X_{L_2}}{Z_0} = \frac{\omega L_2}{Z_0} = \underbrace{1{,}2 - (-0{,}6)}_{\text{Länge der } SL_2\text{-Transf. in Bild 7.6-8}} = 1{,}8$$

$$L_2 = \frac{1{,}8 \cdot Z_0}{\omega} = \frac{1{,}8 \cdot 1 \cdot 10^3 \cdot H}{2\pi \cdot 30 \cdot 10^6} = 9{,}55\,\mu\text{H}\,,$$

$$B'_{C_2} = B_{C_2} \cdot Z_0 = \omega C_2 Z_0 = \underbrace{-0{,}075 - (-0{,}325)}_{\text{Länge der } PC_2\text{-Transf. in Bild 7.6-8}} = 0{,}25\,,$$

$$C_2 = \frac{0{,}25}{\omega Z_0} = \frac{0{,}25 \cdot F}{2\pi \cdot 30 \cdot 10^6 \cdot 1 \cdot 10^3} = 1{,}33\,\text{pF}\,.$$

7.7 Kreise konstanter Wirkleistung

- **Übung 7.6/2:** Die Impedanz $\underline{Z}_L = (160 + j80)\,\Omega$ soll durch einen aus zwei Reaktanzen bestehenden Vierpol bei der Frequenz $f = 50$ MHz in den Wert $\underline{Z}_{in} = 80\,\Omega$ transformiert werden.
  a) Skizzieren Sie quantitativ die möglichen Transformationswege im Smithdiagramm.
  b) Zeichnen Sie zu a) die dazugehörigen Schaltbilder.
  c) Bestimmen Sie die Größen der Bauelemente für die in b) gefundenen Schaltungen.

7.7 Kreise konstanter Wirkleistung

Da im Hochfrequenzbereich die zur Verfügung stehende Nutzleistung meistens sehr klein ist (z. B. Empfangsleistung einer Satellitenbodenstation), dürfen bei der Übertragung (z. B. relative Dämpfungsminima der Atmosphäre) und im Empfänger nicht zu viel Wirkleistung verlorengehen. Deshalb werden bei Transformationsschaltungen Kondensatoren, Spulen oder kurze Leitungsstücke benutzt, deren Verluste näherungsweise vernachlässigbar sind. Mit diesen Transformationsschaltungen (s. Kapitel 7.3) kann man z. B. eine komplexe Last $\underline{Z}_a = R_a + jX_a$ an eine Sende- oder Generatorimpedanz $\underline{Z}_G$ leistungsmäßig anpassen. Bild 7.7-1a zeigt eine solche prinzipielle Anpaßschaltung. Der Reaktanzterm jX_a einer Lastimpedanz $\underline{Z}_a$ kann immer

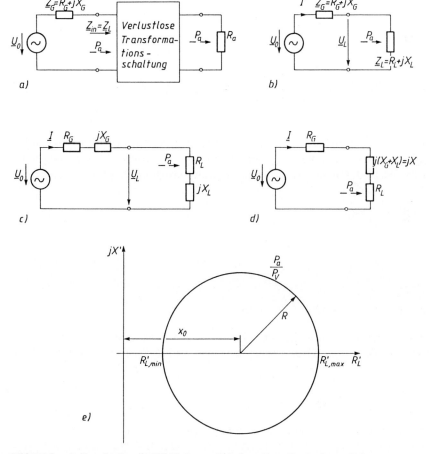

Bild 7.7-1 a) Durchgehende Wirkleistung bei einer Transformationsschaltung
  b)–d) Ersatzschaltungen für Bild 7.7-1a
  e) Kreis konstanter Wirkleistung

mit zur verlustlosen Transformationsschaltung gezählt werden. Da in der verlustlos angenommenen Transformationsschaltung keine Wirkleistung umgesetzt wird, muß nach dem Prinzip der durchgehenden Wirkleistung die gesamte in den Transformationsvierpol hineinfließende Wirkleistung P_a am Ausgang auch wieder erscheinen und dem ohmschen Widerstand R_a (Realteil der Impedanz $\underline{Z}_a$) zur Verfügung stehen, d. h. zur Berechnung von P_a ist die Ersatzschaltung in Bild 7.7-1b ausreichend. Die Wirkleistung P_a berechnet sich mit

$$P_a = \tfrac{1}{2} \cdot Re\{\underline{U}_L \cdot \underline{I}^*\} = \tfrac{1}{2} \cdot |\underline{I}|^2 \cdot Re\{\underline{Z}_L\} = \tfrac{1}{2} \cdot |\underline{I}|^2 \cdot R_L \,. \tag{7.7/1}$$

Nur dem Realteil ($Re\{\underline{Z}_L\} = R_L$) der Eingangsimpedanz $\underline{Z}_{in} = \underline{Z}_L$ wird formal die Wirkleistung P_a zugeführt. Dieser Sachverhalt ist in Bild 7.7-1c dargestellt. Der Lastwiderstand R_a in Bild 7.7-1a nimmt die maximale Leistung $P_{a,max}$ auf, wenn auch dem Eingangswiderstand R_L die maximale Leistung $P_{a,max}$ angeboten wird. Dies ist der Fall bei Leistungsanpassung ($\underline{Z}_L = \underline{Z}_G^* \Rightarrow R_L = R_G, X_L = -X_G$). Den Strom bei Leistungsanpassung erhält man mit

$$\underline{I}_{max} = \frac{\underline{U}_0}{\underline{Z}_G + \underbrace{\underline{Z}_L}_{\underline{Z}_G^*}} = \frac{\underline{U}_0}{R_G + jX_G + R_G - jX_G} = \frac{\underline{U}_0}{2R_G} \,. \tag{7.7/2}$$

Setzt man (7.7/2) in (7.7/1) ein, dann bekommt man die maximale Leistung

$$P_{a,max} = \frac{1}{2} \cdot |\underline{I}_{max}|^2 \cdot \underbrace{R_L}_{R_G} = \frac{1}{2} \cdot \frac{|\underline{U}_0|^2}{4R_G^2} \cdot R_G = \frac{|\underline{U}_0|^2}{8R_G} \,. \tag{7.7/3}$$

An die transformierte Lastimpedanz $\underline{Z}_L$ (und damit auch an R_a) wird die maximale Leistung $P_{a,max}$ abgegeben. Diese Leistung $P_{a,max}$, die die Quelle (Generator) bei Leistungsanpassung ($\underline{Z}_L = \underline{Z}_G^*$) an den Lastzweipol abgibt, nennt man die verfügbare Leistung

$$P_V = P_{a,max} = \frac{|\underline{U}_0|^2}{8R_G} \tag{7.7/4}$$

der Quelle.

Liegt keine Leistungsanpassung vor ($\underline{Z}_L \neq \underline{Z}_G^*$), dann berechnet sich der Strom mit

$$\underline{I} = \frac{\underline{U}_0}{\underline{Z}_G + \underline{Z}_L} = \frac{\underline{U}_0}{R_G + jX_G + R_L + jX_L} = \frac{\underline{U}_0}{R_G + R_L + jX} \,,$$

wobei die Abkürzung $X = X_G + X_L$ eingeführt wurde. Mit dieser Abkürzung hat man formal eine Spannungsquelle $\underline{U}_0$ mit einem reellen Innenwiderstand R_G erzeugt (s. Bild 7.7-1d).

$$|\underline{I}| = \frac{|\underline{U}_0|}{\sqrt{(R_G + R_L)^2 + X^2}} \,. \tag{7.7/5}$$

Die der Last R_a zugeführte Wirkleistung P_a ergibt sich, wenn man (7.7/5) in (7.7/1) einsetzt.

$$P_a = \frac{1}{2} \cdot \frac{|\underline{U}_0|^2}{(R_G + R_L)^2 + X^2} \cdot R_L \,. \tag{7.7/6}$$

7.7 Kreise konstanter Wirkleistung

Damit man abschätzen kann, wie weit man bei einer bestimmten Transformation noch von der maximalen (verfügbaren) Leistung $P_{a,max} = P_V$ entfernt ist, bezieht man (7.7/6) auf (7.7/4).

$$\frac{P_a}{P_V} = \frac{1}{2} \cdot \frac{|U_0|^2}{(R_G + R_L)^2 + X^2} \cdot R_L \cdot \frac{8R_G}{|U_0|^2} = \frac{4R_G R_L}{(R_G + R_L)^2 + X^2}, \qquad (7.7/7)$$

$$\Rightarrow (R_G + R_L)^2 + X^2 = 4R_G R_L \cdot \frac{P_V}{P_a}. \qquad (7.7/8)$$

Die Gleichung (7.7/8) wird normiert, indem alle Terme durch R_G^2 dividiert werden.

$$\left(1 + \frac{R_L}{R_G}\right)^2 + \left(\frac{X}{R_G}\right)^2 = 4 \frac{R_L}{R_G} \cdot \frac{P_V}{P_a}.$$

Mit den Abkürzungen $R'_L = R_L/R_G$ und $X' = X/R_G$ erhält man:

$$(1 + R'_L)^2 + X'^2 = 4R'_L \cdot \frac{P_V}{P_a},$$

$$\Rightarrow X'^2 = -R'^2_L + R'_L \cdot \left(4 \cdot \frac{P_V}{P_a} - 2\right) - 1,$$

$$\Rightarrow X'^2 = \underbrace{-\left[R'_L - \left(2 \cdot \frac{P_V}{P_a} - 1\right)\right]^2 + \left(2 \cdot \frac{P_V}{P_a} - 1\right)^2}_{Prinzip\ der\ quadratischen\ Ergänzung} - 1$$

$$\Rightarrow \left[R'_L - \left(2 \cdot \frac{P_V}{P_a} - 1\right)\right]^2 + X'^2 = \left(2 \cdot \frac{P_V}{P_a} - 1\right)^2 - 1. \qquad (7.7/9)$$

Für einen Kreis in allgemeiner Lage (s. Bild 7.1.3-1a) gilt nach [1] die Kreisgleichung

$$(x - x_0)^2 + (y - y_0)^2 = R^2. \qquad (7.7/10)$$

Ein Koeffizientenvergleich zwischen (7.7/9) und (7.7/10) liefert:

$$x_0 = 2 \cdot \frac{P_V}{P_a} - 1, \quad y_0 = 0, \quad R = +\sqrt{\left(2 \cdot \frac{P_V}{P_a} - 1\right)^2 - 1} = +\sqrt{x_0^2 - 1}. \qquad (7.7/11)$$

Die Kreise der konstanten Wirkleistung P_a haben wegen $y_0 = 0$ ihre Mittelpunkte auf der reellen R'_L-Achse (s. Bild 7.7-1e). Aus Bild 7.7-1e lassen sich der minimale und maximale ohmsche Widerstand ablesen:

$$R'_{L,min} = x_0 - R = x_0 - \underbrace{\sqrt{x_0^2 - 1}}_{aus\ (7.7/11)}, \qquad (7.7/12)$$

$$R'_{L,max} = x_0 + R = x_0 + \sqrt{x_0^2 - 1}, \qquad (7.7/13)$$

$$R'_{L,min} \cdot R'_{L,max} = [x_0 - \sqrt{x_0^2 - 1}] \cdot [x_0 + \sqrt{x_0^2 - 1}] = x_0^2 - x_0^2 + 1 = 1,$$

$$\Rightarrow R'_{L,min} = \frac{1}{R'_{L,max}} = m. \qquad (7.7/14)$$

Wir wollen schon hier eine weitere Größe aus der Leitungstheorie einführen, weil der gleiche physikalische Hintergrund existiert. Die Größe m in (7.7/14) wird in der Leitungstheorie als Anpassungsmaß bezeichnet und bestimmt auch dort den Wirkleistungsumsatz. Die Gleichungen (7.7/12) und (7.7/13) lassen sich auch aus (7.7/7) für $X = 0$ ableiten. $X = 0$ bedeutet, daß die Gleichung (7.7/7) nur noch für die reelle Achse gültig ist. Normiert man wieder (7.7/7) für den Sonderfall $X = 0$, dann ergibt sich:

$$\frac{P_a}{P_V} = \frac{4R'_L}{(1 + R'_L)^2}. \qquad (7.7/15)$$

Da (7.7/15) wegen $X = 0$ nur für die reelle Achse abgeleitet wurde, gibt es nach Bild 7.7-1e für R'_L nur die beiden Lösungen $R'_{L,\min}$ und $R'_{L,\max}$.

$$\frac{P_a}{P_V} = \frac{4R'_{L,\min}}{(1 + R'_{L,\min})^2} = \frac{4m}{(1 + m)^2},$$

$$\frac{P_a}{P_V} = \frac{4R'_{L,\max}}{(1 + R'_{L,\max})^2} = \frac{4 \cdot \frac{1}{m}}{\left(1 + \frac{1}{m}\right)^2} = \frac{4m}{(1 + m)^2}.$$

Man erkennt an diesen Ableitungen, daß man die Kreise konstanter Wirkleistung nicht nur mit dem Parameter P_a/P_V, sondern auch mit m bezeichnen kann. Man spricht deshalb auch von „m-Kreisen". Mit dieser Größe m läßt sich allgemein das Wirkleistungsverhältnis

$$\frac{P_a}{P_V} = \frac{4m}{(1 + m)^2} \qquad (7.7/16)$$

berechnen.

- **Beispiel 7.7/1:** Skizzieren Sie quantitativ in der Impedanzebene die Kreise konstanter Wirkleistung für folgende Parameterwerte:

| $\frac{P_a}{P_V}$ | 1 | 0,9 | 0,8 | 0,7 | 0,6 | 0,5 | 0 |

Lösung:

Aus (7.7/11):

$$\Rightarrow x_0 = 2 \cdot \frac{P_V}{P_a} - 1, \qquad R = +\sqrt{x_0^2 - 1}.$$

Aus (7.7/12) und (7.7/14):

$$\Rightarrow m = R'_{L,\min} = x_0 - R.$$

Aus (7.7/13):

$$\Rightarrow R'_{L,\max} = x_0 + R.$$

$\frac{P_a}{P_V}$	x_0	R	$m = R'_{L,\min}$	$R'_{L,\max}$
1	1	0	1	1
0,9	1,222	0,703	0,519	1,925
0,8	1,5	1,118	0,382	2,618
0,7	1,857	1,565	0,292	3,422
0,6	2,333	2,108	0,225	4,441
0,5	3	2,828	0,172	5,828
0	∞	∞	0	∞

Die Kreise konstanter Wirkleistung sind in Bild 7.7-2a skizziert. Sämtliche auf einem m-Kreis liegende Impedanzwerte bewirken nur eine bestimmte Leistungsumsetzung P_a/P_V.

7.7 Kreise konstanter Wirkleistung

Die *m*-Kreise (Kreise konstanter Wirkleistung) lassen sich auch auf das Smithdiagramm übertragen. Ein $G' =$ konst.-Kreis in der Impedanzebene des Kreisdiagramms (s. z. B. Bild 7.6-5c) wird im Smithdiagramm wieder als Kreis mit einem Mittelpunkt auf der reellen Achse abgebildet (s. z. B. Bild 7.6-5d). Daraus folgt, daß auch ein *m*-Kreis des Kreisdiagramms in der Smithdiagrammebene als Kreis abgebildet wird. Die Mittelpunkte der *m*-Kreise liegen in beiden Diagrammen auf den reellen Achsen. Um die Lage des Kreises im Smithdiagramm zu erhalten, geben wir uns die beiden R'_L-Werte ($R'_{L,\min}$, $R'_{L,\max}$) des Kreisdiagramms vor, die auf der $Re\{\underline{r}\}$-Achse des Smithdiagramms abgebildet werden.

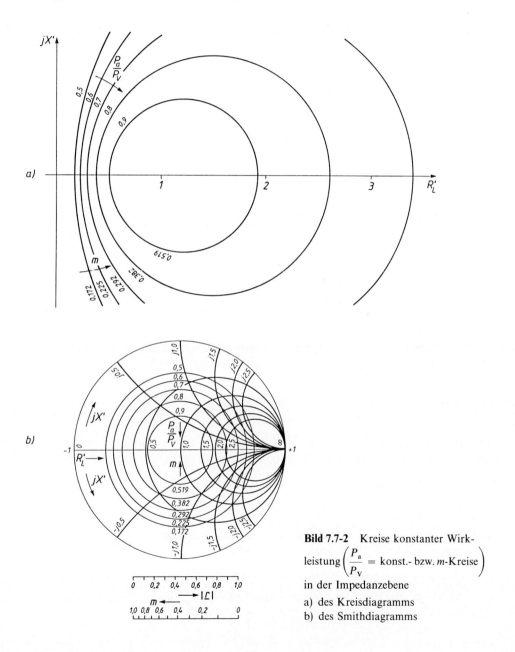

Bild 7.7-2 Kreise konstanter Wirkleistung $\left(\dfrac{P_a}{P_v} = \text{konst.- bzw. } m\text{-Kreise}\right)$ in der Impedanzebene
a) des Kreisdiagramms
b) des Smithdiagramms

Aus (7.7/14):

$$\Rightarrow R'_{L,\min} = m, \qquad R'_{L,\max} = \frac{1}{m}. \tag{7.7/17}$$

Analog zu (7.6/2) für $R' = R'_L$ ergibt sich:

$$\underline{r} = Re\{\underline{r}\} + jIm\{\underline{r}\} = \frac{R'_L + jX' - 1}{R'_L + jX' + 1}. \tag{7.7/18}$$

Betrachten wir im Kreisdiagramm wieder nur die reelle Achse ($X' = 0$), dann folgt aus (7.7/18)

$$Re\{\underline{r}\} = \frac{R'_L - 1}{R'_L + 1}. \tag{7.7/19}$$

Setzen wir für $X' = 0$ die zwei Fälle aus (7.7/17) in die Gleichung (7.7/19) ein, dann erhält man:

1. Fall: $R'_{L,1} = R'_{L,\min} = m$

$$Re\{\underline{r}_1\} = \frac{R'_{L,1} - 1}{R'_{L,1} + 1} = \frac{m-1}{m+1} = -\frac{1-m}{1+m}. \tag{7.7/20}$$

2. Fall: $R'_{L,2} = R'_{L,\max} = \frac{1}{m}$

$$Re\{\underline{r}_2\} = \frac{R'_{L,2} - 1}{R'_{L,2} + 1} = \frac{\frac{1}{m} - 1}{\frac{1}{m} + 1} = \frac{1-m}{1+m}, \tag{7.7/21}$$

$\Rightarrow |Re\{\underline{r}_1\}| = |Re\{\underline{r}_2\}| \Rightarrow$ Der m-Kreis im Smithdiagramm hat seinen Mittelpunkt bei $Re\{\underline{r}\} = 0$ (Mittelpunkt des Smithdiagramms). Der Radius beträgt deshalb

$$R(m) = \frac{1-m}{1+m}. \tag{7.7/22}$$

Die Kreise konstanter Wirkleistung (m-Kreise) sind im Smithdiagramm konzentrische Kreise um den Mittelpunkt $Re\{\underline{r}\} = 0$. Deshalb ist $R(m) = |\underline{r}|$ und (7.7/22) läßt sich schreiben als

$$|\underline{r}| = \frac{1-m}{1+m}. \tag{7.7/23}$$

- **Beispiel 7.7/2:** Skizzieren Sie quantitativ in der Impedanzebene des Smithdiagramms die Kreise konstanter Wirkleistung für folgende Parameterwerte:

$\dfrac{P_a}{P_v}$	1	0,9	0,8	0,7	0,6	0,5	0

7.7 Kreise konstanter Wirkleistung

Lösung:

Aus (7.7/16):

$$\Rightarrow \frac{P_a}{P_V} = \frac{4m}{(1+m)^2},$$

$$\Rightarrow 1 + 2m + m^2 = 4m \cdot \frac{P_V}{P_a},$$

$$\Rightarrow m^2 - 2m\left(2 \cdot \frac{P_V}{P_a} - 1\right) + 1 = 0,$$

(1) $\Rightarrow m = 2 \cdot \frac{P_V}{P_a} - 1 - \sqrt{\left(2 \cdot \frac{P_V}{P_a} - 1\right)^2 - 1}.$

Bei der Gleichung (1) erscheint vor der Wurzel ein negatives Vorzeichen wegen (7.7/11), (7.7/12) und (7.7/14).

Aus (7.7/22):

$$\Rightarrow R(m) = \frac{1-m}{1+m}.$$

Damit können die Radien $R(m)$ der konzentrischen m-Kreise berechnet werden. Der gemeinsame Mittelpunkt der m-Kreise ist identisch mit dem Mittelpunkt des Smithdiagramms.

$\frac{P_a}{P_V}$	m	$R(m)$
1	1	0
0,9	0,519	0,317
0,8	0,382	0,447
0,7	0,292	0,548
0,6	0,225	0,633
0,5	0,172	0,707
0	0	1

Bild 7.7-2b zeigt die Kreise konstanter Wirkleistung im Smithdiagramm. $m = 0$ liegt auf dem Einheitskreis (Umrandung des Smithdiagramms) und bedeutet, daß keine Wirkleistung P_a einer Lastimpedanz $\underline{Z}_a$ zugeführt wird ($P_a = 0$ wegen $R'_L = 0$). Die maximale Leistung $P_{a,max} = P_V$ wird von einer Lastimpedanz für $m = 1$ aufgenommen.

m	0	0,1	0,2	0,3	0,4	0,5	0,6	0,7	0,8	0,9	1
$|r|$	1	0,818	0,667	0,538	0,429	0,333	0,250	0,176	0,111	0,053	0

$m = 1$ ist der Mittelpunkt des Smithdiagramms ($R'_L = 1,0$, $jX' = 0$, $R(m) = 0$), d. h., hat man die Impedanzen des Smithdiagramms auf R_G normiert, dann sollten bei Leistungsbetrachtungen alle Transformationswege in der Nähe des Mittelpunktes enden (exakt den Mittelpunkt zu treffen, ist bei Reaktanzschaltungen nur bei einer Frequenz möglich), damit der Lastimpedanz fast die gesamte verfügbare Leistung P_V angeboten wird. Betrachtet man Frequenzbänder, dann ist es leistungsmäßig günstig, wenn die Ortskurve in kleinen Kringeln um den Mittelpunkt (Anpassungspunkt) des Smithdiagramms verläuft.

Mit Hilfe der angegebenen m-Skala unterhalb des Smithdiagramms in Bild 7.7-2b (s. auch Bild 7.6-8) lassen sich die m-Kreise sofort in das Smithdiagramm einzeichnen, bzw. bei einer vorgegebenen Ortskurve im Smithdiagramm erhält man die m-Werte für bestimmte Impedanzwerte, wenn man mit einem Stechzirkel den Abstand „Impedanzwert-Mittelpunkt des Smithdiagramms" ermittelt und auf der m-Skala mit Hilfe der Stechzirkellänge den m-Wert abliest.

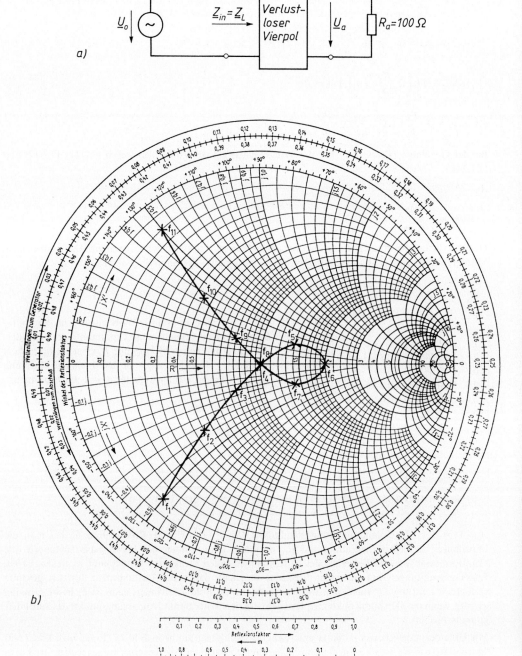

Bild 7.7-3 a) Transformationsschaltungen
b) Normierte Eingangsimpedanz $\underline{Z}'_{in}(f)$ der Transformationsschaltung

7.7 Kreise konstanter Wirkleistung

- **Übung 7.7/1:** Die in Bild 7.7-3a dargestellte Schaltung besitzt die in Bild 7.7-3b skizzierte normierte Eingangsimpedanz $\underline{Z}'_{\text{in}}(f) = \underline{Z}'_{\text{L}}(f)$. Normiert wurde die Eingangsimpedanz auf den Generatorwiderstand $R_{G,1} = 100\,\Omega$ ($\underline{Z}'_{\text{L}} = \underline{Z}_{\text{L}}/R_{G,1}$). Der Generator hat eine verfügbare Leistung von $P_V = 100\,\text{mW}$. Bei der Ortskurve der normierten Eingangsimpedanz in Bild 7.7-3b wurden 11 Frequenzpunkte eingezeichnet. Der Abstand zwischen zwei benachbarten Frequenzpunkten beträgt jeweils Δf.
  a) Wie groß ist die Amplitude der Generatorleerlaufspannung?
  b) Berechnen Sie für die 11 eingezeichneten Frequenzpunkte die an den Lastwiderstand R_a jeweils abgegebene Wirkleistung P_a sowie $\hat{u}_a$.

  Der Generatorwiderstand wird jetzt auf $R_{G,2} = 200\,\Omega$ erhöht. Die verfügbare Leistung soll weiterhin $P_V = 100\,\text{mW}$ betragen.
  c) Wie groß ist nun $\hat{u}_0$?
  d) Ermitteln Sie P_a und $\hat{u}_a$.
  e) Skizzieren Sie $P_a(f)$ für die beiden Generatorwiderstände $R_{G,1}$ und $R_{G,2}$.

Lösungen der Übungsaufgaben

Übung 1/1:

Analog Beispiel 1/1 (s. Bild L-1):

1. Punkt: z. B. Nullpunkt;

2. Punkt: z. B. $I_{max} = I_V - \hat{i}_P = -70$ mA, $U_{max} = I_{max} \cdot R = -0{,}525$ V.

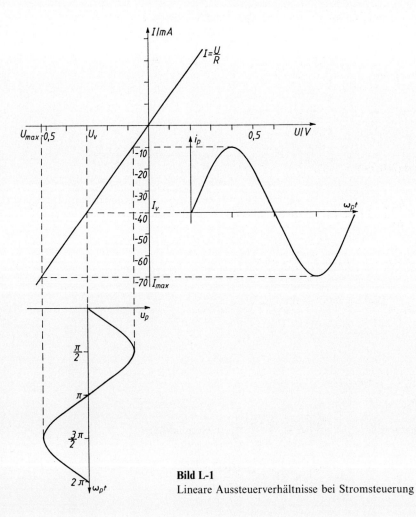

Bild L-1
Lineare Aussteuerverhältnisse bei Stromsteuerung

Übung 1/2:

Analog zu (1/3): $U_S = U_V + \hat{u}_P \cos(\Theta) \Rightarrow \cos(\Theta) = \dfrac{U_S - U_V}{\hat{u}_P}.$ (1)

a) *Analog zu (1/4):* $u = U_V + \hat{u}_P \cos(\omega_P t)$; (2)
   analog zu (1/5): $i = b(u - U_S)$; (3)

(2) in (3): $i = b[U_V + \hat{u}_P \cos(\omega_P t) - U_S] = b\hat{u}_P \left[\cos(\omega_P t) - \dfrac{U_S - U_V}{\hat{u}_P}\right]$; (4)

(1) in (4): $i = b\hat{u}_P[\cos(\omega_P t) - \cos(\Theta)]$; (5)

(5) ist identisch mit (1/6) $\Rightarrow$ die Fourierzerlegung für Bild 1-6 darf übernommen werden;

aus (1/9): $i_0 = \dfrac{b\hat{u}_P}{\pi}[\sin(\Theta) - \Theta \cos(\Theta)]$; (6)

aus (1/10): $i_n = \dfrac{b\hat{u}_P}{n\pi}\left[\dfrac{\sin((n-1)\Theta)}{n-1} - \dfrac{\sin((n+1)\Theta)}{n+1}\right]$; (7)

b) $n = 6$ *in (7):* $i_6 = \dfrac{b\hat{u}_P}{6\pi}\left[\dfrac{\sin(5\Theta)}{5} - \dfrac{\sin(7\Theta)}{7}\right]$; (8)

$\dfrac{di_6}{d\Theta} = \dfrac{b\hat{u}_P}{6\pi}\left[\dfrac{5\cos(5\Theta)}{5} - \dfrac{7\cos(7\Theta)}{7}\right] \overset{!}{=} 0$;

$\cos(5\Theta) = \cos(7\Theta) \Rightarrow \Theta = \dfrac{\pi}{2}$; (9)

Test: $\dfrac{d^2 i_6}{d\Theta^2} = \dfrac{b\hat{u}_P}{6\pi}[-5\sin(5\Theta) + 7\sin(7\Theta)] < 0$ für $\Theta = \dfrac{\pi}{2} \Rightarrow$ Maximum;

(9) in (1): $U_V = U_S - \hat{u}_P \cos\left(\dfrac{\pi}{2}\right) = 0{,}6$ V;

(9) in (8): $i_6 = \dfrac{b\hat{u}_P}{6\pi}\left[\dfrac{\sin(5\pi/2)}{5} - \dfrac{\sin(7\pi/2)}{7}\right] = 0{,}364$ mA.

Übung 1/3:

a) *Aus (1/9):* $i_0 = \dfrac{b\hat{u}_P}{\pi}[\sin(\Theta) - \Theta \cos(\Theta)]$;

aus (1/10) für $n = 1$: $i_1 = \dfrac{b\hat{u}_P}{\pi}\left[\Theta - \dfrac{\sin(2\Theta)}{2}\right]$ (L'Hospital-Regel);

$n = 2$: $i_2 = \dfrac{b\hat{u}_P}{2\pi}\left[\sin(\Theta) - \dfrac{\sin(3\Theta)}{3}\right]$;

$$n = 3: \quad i_3 = \frac{b\hat{u}_P}{3\pi} \left[\frac{\sin(2\Theta)}{2} - \frac{\sin(4\Theta)}{4} \right];$$

$$n = 4: \quad i_4 = \frac{b\hat{u}_P}{4\pi} \left[\frac{\sin(3\Theta)}{3} - \frac{\sin(5\Theta)}{5} \right];$$

$$n = 5: \quad i_5 = \frac{b\hat{u}_P}{5\pi} \left[\frac{\sin(4\Theta)}{4} - \frac{\sin(6\Theta)}{6} \right].$$

Θ	i_0/mA	i_1/mA	i_2/mA	i_3/mA	i_4/mA	i_5/mA
π	20	20	0	0	0	0
$\pi/2$	6,37	10	4,24	0	−0,85	0
$\pi/3$	2,18	3,91	2,76	1,38	0,28	−0,28
$\pi/4$	0,97	1,82	1,5	1,06	0,60	0,21
$\pi/5$	0,51	0,97	0,86	0,70	0,51	0,31

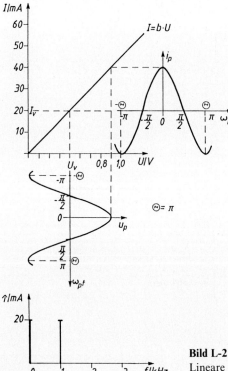

Bild L-2 Lineare Aussteuerung (keine neuen Frequenzen)

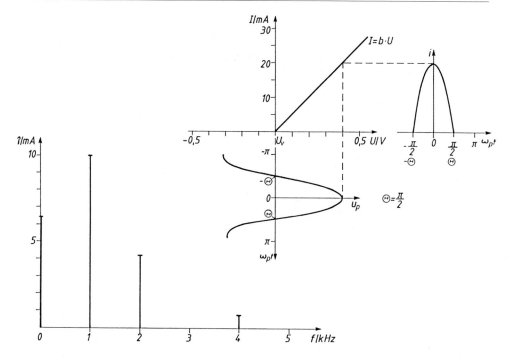

Bild L-3 Für $\Theta = 90°$ treten außer der Aussteuerfrequenz f_P nur geradzahlige Frequenzen $n \cdot f_P$ ($n = 0, 2, 4 \ldots$) im Spektrum auf

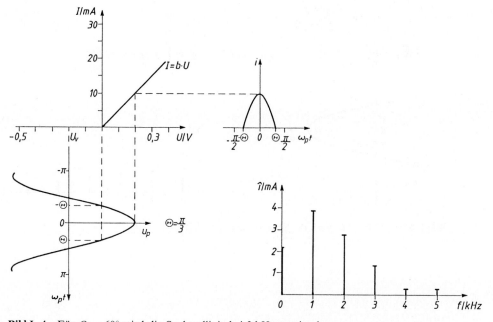

Bild L-4 Für $\Theta = 60°$ wird die Spektrallinie bei 3 kHz maximal

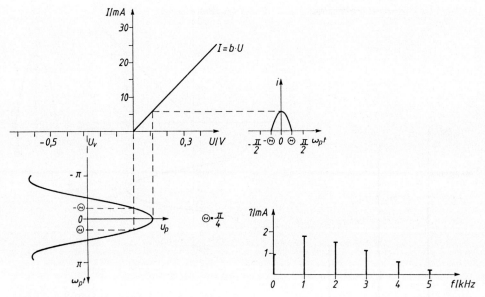

Bild L-5 Mit kleiner werdendem Stromflußwinkel Θ verteilt sich die Aussteuerleistung gleichmäßiger im Spektrum

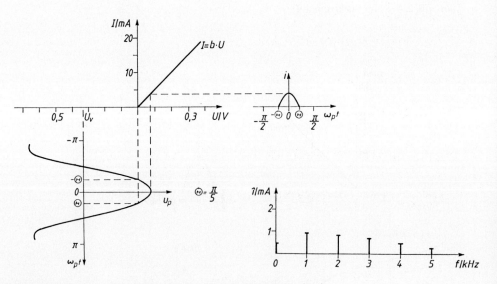

Bild L-6 Für $\Theta = 36°$ wird die Spektrallinie bei 5 kHz maximal

b) *Aus (1/3)*: $U_V = -\hat{u}_P \cos(\Theta)$.

Θ	U_V/V	s. Bild
π	0,4	L-2
$\pi/2$	0	L-3
$\pi/3$	$-0,2$	L-4
$\pi/4$	$-0,283$	L-5
$\pi/5$	$-0,324$	L-6

Übung 1/4:

a) *Analog zu Beispiel 1/2:*

Knickkennlinie für Diode:

1. Punkt: $U_S = 0,4\,\text{V}$, $I = 0\,\text{mA}$;

2. Punkt: $U = 1\,\text{V}$ vorgeben $\Rightarrow I = 0,2\,\dfrac{\text{A}}{\text{V}}(1-0,4)\,\text{V} = 120\,\text{mA}$.

R_i-*Kennlinie:*

1. Punkt: Nullpunkt;

2. Punkt: $I = 120\,\text{mA}$ vorgeben $\Rightarrow U_{R_i} = I \cdot R_i = 3\,\text{V}$.

Gesamtkennlinie:

Für $I = 120\,\text{mA} \Rightarrow U = (1+3)\,\text{V} = 4\,\text{V}$;

$$c = \frac{I}{U - U_S} = \frac{120\,\text{mA}}{(4-0,4)\,\text{V}} = 33,33\,\text{mS};$$

$$\sum U = I \cdot R_i + U_D = 0 \Rightarrow I = -\frac{U_D}{R_i} = 12\,\text{mA};$$

$$I = i_0 = \frac{c\hat{u}_P}{\pi}\cdot[\sin(\Theta) - \Theta\cos(\Theta)] \quad \text{mit} \quad \cos(\Theta) = \frac{U_S}{\hat{u}_P}, \quad \text{da} \quad U_V = 0\,\text{V};$$

$$\hat{u}_P = \frac{U_S}{\cos(\Theta)} \Rightarrow I = \frac{cU_S}{\pi\cos(\Theta)}\cdot[\sin(\Theta) - \Theta\cos(\Theta)] = \frac{cU_S}{\pi}[\tan(\Theta) - \Theta];$$

$$\frac{I\pi}{cU_S} = \tan(\Theta) - \Theta;$$

$$\frac{12\,\text{mA}\cdot\pi}{33,33\,\dfrac{\text{mA}}{\text{V}}\cdot 0,4\,\text{V}} = 2,83 = \tan(\Theta) - \Theta \Rightarrow \Theta \approx 76,5°;$$

$$\hat{u}_P = \frac{U_S}{\cos(\Theta)} = \frac{0,4\,\text{V}}{\cos(76,5°)} = 1,71\,\text{V}.$$

b) Die Diodenspannung U_D verschiebt sich soweit in den negativen Bereich, daß keine Gleichrichtung mehr stattfindet.

Übung 1.1.1/1:

a) $F = \sum_{\mu=1}^{n} [I_\mu - (a_0 + a_1 U_\mu)]^2 \to \min$.

$$\frac{\partial F}{\partial a_0} = \sum_{\mu=1}^{n} 2[I_\mu - (a_0 + a_1 U_\mu)](-1) \stackrel{!}{=} 0 \Rightarrow \sum_{\mu=1}^{n} [I_\mu - (a_0 + a_1 U_\mu)] = 0; \quad (1)$$

$$\frac{\partial F}{\partial a_1} = \sum_{\mu=1}^{n} 2[I_\mu - (a_0 + a_1 U_\mu)](-U_\mu) \stackrel{!}{=} 0 \Rightarrow \sum_{\mu=1}^{n} [I_\mu - (a_0 + a_1 U_\mu)] U_\mu = 0; \quad (2)$$

aus (1): $\sum_{\mu=1}^{n} a_0 + \sum_{\mu=1}^{n} a_1 U_\mu = \sum_{\mu=1}^{n} I_\mu \Rightarrow a_0 n + a_1 \cdot \sum_{\mu=1}^{n} U_\mu = \sum_{\mu=1}^{n} I_\mu;$ (3)

aus (2): $\sum_{\mu=1}^{n} a_0 U_\mu + \sum_{\mu=1}^{n} a_1 U_\mu^2 = \sum_{\mu=1}^{n} I_\mu U_\mu \Rightarrow a_0 \cdot \sum_{\mu=1}^{n} U_\mu + a_1 \cdot \sum_{\mu=1}^{n} U_\mu^2 = \sum_{\mu=1}^{n} I_\mu U_\mu.$ (4)

Gl. (3) $\times \sum_{\mu=1}^{n} U_\mu^2$ minus Gl. (4) $\times \sum_{\mu=1}^{n} U_\mu$:

$$a_0 \left[n \cdot \sum_{\mu=1}^{n} U_\mu^2 - \sum_{\mu=1}^{n} U_\mu \cdot \sum_{\mu=1}^{n} U_\mu \right] = \sum_{\mu=1}^{n} U_\mu^2 \cdot \sum_{\mu=1}^{n} I_\mu - \sum_{\mu=1}^{n} U_\mu \cdot \sum_{\mu=1}^{n} U_\mu I_\mu;$$

$$a_0 = \frac{\sum_{\mu=1}^{n} U_\mu^2 \cdot \sum_{\mu=1}^{n} I_\mu - \sum_{\mu=1}^{n} U_\mu \cdot \sum_{\mu=1}^{n} U_\mu I_\mu}{n \cdot \sum_{\mu=1}^{n} U_\mu^2 - \left[\sum_{\mu=1}^{n} U_\mu \right]^2}. \quad (5)$$

Gl. (3) $\times \sum_{\mu=1}^{n} U_\mu$ minus Gl. (4) $\times n$:

$$a_1 \left[\sum_{\mu=1}^{n} U_\mu \cdot \sum_{\mu=1}^{n} U_\mu - n \cdot \sum_{\mu=1}^{n} U_\mu^2 \right] = \sum_{\mu=1}^{n} U_\mu \cdot \sum_{\mu=1}^{n} I_\mu - n \cdot \sum_{\mu=1}^{n} U_\mu I_\mu;$$

$$a_1 = \frac{n \cdot \sum_{\mu=1}^{n} U_\mu I_\mu - \sum_{\mu=1}^{n} U_\mu \cdot \sum_{\mu=1}^{n} I_\mu}{n \cdot \sum_{\mu=1}^{n} U_\mu^2 - \left[\sum_{\mu=1}^{n} U_\mu \right]^2}. \quad (6)$$

μ	U_μ/mA	I_μ/mA	$U_\mu^2/10^{-3} \cdot V^2$	$U_\mu I_\mu$/mW
1	50	24	2,5	1,2
2	100	31,5	10	3,15
3	150	33	22,5	4,95
4	200	42	40	8,4
5	250	43,5	62,5	10,875
6	300	51,5	90	15,45
$\sum_{\mu=1}^{6}$	1050	225,5	227,5	44,025

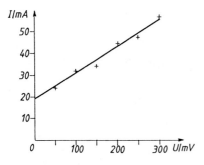

Bild L-7
Fehlerbehaftete Meßwerte und Ausgleichsgerade

Mit (5): $a_0 = \dfrac{0{,}2275 \text{ V}^2 \cdot 0{,}2255 \text{ A} - 1{,}050 \text{ V} \cdot 44{,}025 \cdot 10^{-3} \text{ V A}}{0{,}2625 \text{ V}^2} = 19{,}333 \text{ mA}$.

Mit (6): $a_1 = \dfrac{6 \cdot 44{,}025 \cdot 10^{-3} \text{ V A} - 1{,}050 \text{ V} \cdot 0{,}2255 \text{ A}}{0{,}2625 \text{ V}^2} = 104{,}286 \text{ mS}$.

b) $I = 19{,}333 \text{ mA} + 104{,}286 \cdot \dfrac{\text{mA}}{\text{V}} \cdot U$;

$U = 0$: $I = 19{,}333 \text{ mA}$;

$U = 300 \text{ mV}$: $I = 50{,}619 \text{ mA}$ (s. Bild L-7).

Übung 1.1.1/2:

$F = \sum\limits_{\mu=1}^{n} [I_\mu - (a_1 U_\mu + a_2 U_\mu^2)]^2 \to \min$.

$\dfrac{\partial F}{\partial a_1} = \sum\limits_{\mu=1}^{n} 2[I_\mu - (a_1 U_\mu + a_2 U_\mu^2)](-U_\mu) \stackrel{!}{=} 0 \Rightarrow \sum\limits_{\mu=1}^{n} [I_\mu - (a_1 U_\mu + a_2 U_\mu^2)] U_\mu = 0$; (1)

$\dfrac{\partial F}{\partial a_2} = \sum\limits_{\mu=1}^{n} 2[I_\mu - (a_1 U_\mu + a_2 U_\mu^2)](-U_\mu^2) \stackrel{!}{=} 0 \Rightarrow \sum\limits_{\mu=1}^{n} [I_\mu - (a_1 U_\mu + a_2 U_\mu^2)] U_\mu^2 = 0$; (2)

aus (1): $a_1 \cdot \sum\limits_{\mu=1}^{n} U_\mu^2 + a_2 \cdot \sum\limits_{\mu=1}^{n} U_\mu^3 = \sum\limits_{\mu=1}^{n} U_\mu I_\mu$; (3)

aus (2): $a_1 \cdot \sum\limits_{\mu=1}^{n} U_\mu^3 + a_2 \cdot \sum\limits_{\mu=1}^{n} U_\mu^4 = \sum\limits_{\mu=1}^{n} U_\mu^2 I_\mu$; (4)

Gl. (3) $\times \sum\limits_{\mu=1}^{n} U_\mu^4$ minus Gl. (4) $\times \sum\limits_{\mu=1}^{n} U_\mu^3$:

$a_1 \left[\sum\limits_{\mu=1}^{n} U_\mu^2 \cdot \sum\limits_{\mu=1}^{n} U_\mu^4 - \left(\sum\limits_{\mu=1}^{n} U_\mu^3\right)^2 \right] = \sum\limits_{\mu=1}^{n} U_\mu I_\mu \cdot \sum\limits_{\mu=1}^{n} U_\mu^4 - \sum\limits_{\mu=1}^{n} U_\mu^2 I_\mu \cdot \sum\limits_{\mu=1}^{n} U_\mu^3$;

$a_1 = \dfrac{\sum\limits_{\mu=1}^{n} U_\mu I_\mu \cdot \sum\limits_{\mu=1}^{n} U_\mu^4 - \sum\limits_{\mu=1}^{n} U_\mu^2 I_\mu \cdot \sum\limits_{\mu=1}^{n} U_\mu^3}{\sum\limits_{\mu=1}^{n} U_\mu^2 \cdot \sum\limits_{\mu=1}^{n} U_\mu^4 - \left(\sum\limits_{\mu=1}^{n} U_\mu^3\right)^2}$; (5)

Gl. (3) × $\sum_{\mu=1}^{n} U_\mu^3$ minus Gl. (4) × $\sum_{\mu=1}^{n} U_\mu^2$:

$$a_2\left[\left(\sum_{\mu=1}^{n} U_\mu^3\right)^2 - \sum_{\mu=1}^{n} U_\mu^4 \cdot \sum_{\mu=1}^{n} U_\mu^2\right] = \sum_{\mu=1}^{n} U_\mu I_\mu \cdot \sum_{\mu=1}^{n} U_\mu^3 - \sum_{\mu=1}^{n} U_\mu^2 I_\mu \cdot \sum_{\mu=1}^{n} U_\mu^2;$$

$$a_2 = \frac{\sum_{\mu=1}^{n} U_\mu^2 I_\mu \cdot \sum_{\mu=1}^{n} U_\mu^2 - \sum_{\mu=1}^{n} U_\mu I_\mu \cdot \sum_{\mu=1}^{n} U_\mu^3}{\sum_{\mu=1}^{n} U_\mu^2 \cdot \sum_{\mu=1}^{n} U_\mu^4 - \left(\sum_{\mu=1}^{n} U_\mu^3\right)^2}; \tag{6}$$

μ	U_μ/V	U_μ^2/V^2	U_μ^3/V^3	U_μ^4/V^4	I_μ/mA	$U_\mu I_\mu/V\,mA$	$U_\mu^2 I_\mu/mA$
1	0,5	0,25	0,125	0,063	12,0	6,0	3,0
2	1,0	1,0	1,0	1,0	31,5	31,5	31,5
3	1,5	2,25	3,375	5,063	49,5	74,25	111,38
4	2,0	4,0	8,0	16,0	84,0	168,0	336,0
5	2,5	6,25	15,625	39,063	108,8	271,875	679,69
6	3,0	9,0	27,0	81,0	154,5	463,5	1390,5
$\sum_{\mu=1}^{6}$	10,5	22,75	55,125	142,188		1015,125	2552,06

aus (5): $a_1 = \dfrac{1{,}015125\ V\,A \cdot 142{,}188\ V^4 - 2{,}55206\ V^2\,A \cdot 55{,}125\ V^3}{196{,}01\ V^6} = 18{,}654\ \dfrac{mA}{V};$

aus (6): $a_2 = \dfrac{2{,}55206\ V^2\,A \cdot 22{,}75\ V^2 - 1{,}015125\ V\,A \cdot 55{,}125\ V^3}{196{,}01\ V^6} = 10{,}717\ \dfrac{mA}{V^2};$

$I = 18{,}654 \cdot \dfrac{mA}{V} \cdot U + 10{,}717 \cdot \dfrac{mA}{V^2} \cdot U^2.$

U/V	I/mA
0,5	12,01
1,0	29,37
1,5	52,09
2,0	80,18
2,5	113,62
3,0	152,42

s. Bild L-8

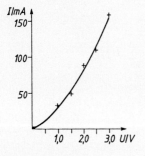

Bild L-8
Fehlerbehaftete Meßwerte mit Ausgleichsparabel

Lösungen der Übungsaufgaben

Übung 1.1.2/1:

a) Damit man die Form in (1.1.2/7) benutzen kann, muß die Scherung der Kennlinie durch den Bahnwiderstand herausgerechnet werden.

$$I = I_S \left[e^{\frac{U - R_B I}{m U_T}} - 1 \right]$$

$$\Rightarrow \ln\left(\frac{I}{I_S} + 1\right) = \frac{U - R_B I}{m U_T} \Rightarrow U = m U_T \cdot \ln\left(\frac{I}{I_S} + 1\right) + R_B I. \tag{1}$$

Die Spannung U in (1) setzt sich aus zwei Anteilen zusammen:

Der Spannungsabfall

$$U_D = m U_T \cdot \ln\left(\frac{I}{I_S} + 1\right) \tag{2}$$

der idealen Diode und der Spannungsabfall $R_B I$ durch den Bahnwiderstand, der die Scherung der Kennlinie bewirkt.

Aus (1) mit (2): $U_D = U - R_B I$; $\hspace{2cm}$ (3)

U/V	I/mA	$R_B I/V$	U_D/V aus (3)
0,1	$33{,}14 \cdot 10^{-6}$	$3{,}314 \cdot 10^{-7}$	0,1
0,2	$8{,}29 \cdot 10^{-4}$	$8{,}29 \cdot 10^{-6}$	0,2
0,3	$19{,}94 \cdot 10^{-3}$	$1{,}994 \cdot 10^{-4}$	0,3
0,405	0,479	$4{,}79 \cdot 10^{-3}$	0,4002
0,615	11,5	0,115	0,5
0,737	21,72	0,2172	0,5198
0,828	29,84	0,2984	0,5296
0,950	41,01	0,4101	0,5399
1,114	56,35	0,5635	0,5505
1,334	77,44	0,7744	0,5596
1,634	106,42	1,0642	0,5698

aus (2): $\dfrac{U_D}{m U_T} = \ln\left(\dfrac{I}{I_S} + 1\right) \Rightarrow e^{\frac{U_D}{m U_T}} = \dfrac{I}{I_S} + 1 \Rightarrow I = I_S \left[e^{\frac{U_D}{m U_T}} - 1 \right]$

$\Rightarrow I = I_S e^{\frac{U_D}{m U_T}} - I_S \triangleq A_1 e^{A_2 U_D} + A_0$ *aus (1.1.2/7)*;

Koeffizientenvergleich: $A_1 = I_S$, $\hspace{1em} A_0 = -I_S = -A_1$, $\hspace{1em} A_2 = \dfrac{1}{m U_T}$; $\hspace{2cm}$ (4)

aus (1.1.2/14): $U_{D3} = \dfrac{U_{D1} + U_{D2}}{2} = \dfrac{(0{,}1 + 0{,}3)\,\text{V}}{2} = 0{,}2\,\text{V}$;

aus (1.1.2/13): $A_0 = \dfrac{I_1 I_2 - I_3^2}{I_1 + I_2 - 2 I_3}$,

$A_0 = \dfrac{33{,}14 \cdot 10^{-9} \cdot 19{,}94 \cdot 10^{-6} - (8{,}29 \cdot 10^{-4})^2}{33{,}14 \cdot 10^{-9} + 19{,}94 \cdot 10^{-6} - 2 \cdot 8{,}29 \cdot 10^{-7}} \text{A} = -1{,}44\,\text{nA}$;

aus (4): $I_S = A_1 = -A_0 = 1{,}44\,\text{nA}$.

Für die Linearisierung mit (1.1.2/8) muß $\ln(I - A_0)$ berechnet werden. Für die praktische Berechnung wird eine Normierungsgröße C eingeführt, damit der Ausdruck dimensionslos wird.

Aus (1.1.2/7) mit C: $\dfrac{I - A_0}{C} = \dfrac{A_1 \, e^{A_2 U_D}}{C}$;

analog (1.1.2/8): $\tilde{I} = \ln\left(\dfrac{I - A_0}{C}\right)$, $\quad a_0 = \ln\left(\dfrac{A_1}{C}\right)$, $\quad a_1 = A_2$, $\quad \tilde{U} = U_D$; (5)

gewählt: $C = 1$ mA.

μ	$\tilde{U}/V$	$\tilde{I}$	$\tilde{U}^2/V^2$	$\tilde{U} \cdot \tilde{I}/V$
1	0,1	$-10{,}272$	0,01	$-1{,}0272$
2	0,2	$-7{,}094$	0,04	$-1{,}4188$
3	0,3	$-3{,}915$	0,09	$-1{,}1745$
4	0,4002	$-0{,}736$	0,1602	$-0{,}2945$
5	0,5	2,442	0,25	1,221
6	0,5198	3,078	0,2702	1,600
7	0,5296	3,396	0,2805	1,7985
8	0,5399	3,714	0,2915	2,0052
9	0,5505	4,032	0,3031	2,2196
10	0,5596	4,350	0,3132	2,4343
11	0,5698	4,667	0,3247	2,6593
$\sum_{\mu=1}^{11}$	4,7694	3,662	2,333	10,023

Mit (5) aus Übung 1.1.1/1:

$$a_0 = \dfrac{2{,}333 \cdot 3{,}662 - 4{,}7694 \cdot 10{,}023}{11 \cdot 2{,}333 - (4{,}7694)^2} = -13{,}46;$$

mit (6) aus Übung 1.1.1/1:

$$a_1 = \dfrac{11 \cdot 10{,}023 - 4{,}7694 \cdot 3{,}662}{11 \cdot 2{,}333 - (4{,}7694)^2} \dfrac{1}{V} = 31{,}822 \dfrac{1}{V};$$

$\tilde{I} = -13{,}46 + 31{,}822 \dfrac{\tilde{U}}{V} \quad$ (s. Bild L-9a).

b) Aus (5): $A_2 = a_1 = 31{,}822 \dfrac{1}{V}$, $\quad a_0 = \ln\left(\dfrac{A_1}{C}\right) \Rightarrow A_1 = C \cdot e^{a_0}$

$A_1 = 1 \text{ mA} \cdot e^{-13{,}46} = 1{,}43 \text{ nA};$

aus (4): $I_S = A_1 = 1{,}43$ nA,

$$U_T = \dfrac{k \cdot T}{e} = \dfrac{1{,}38054 \cdot 10^{-23} \cdot 293{,}15}{1{,}602 \cdot 10^{-19}} \text{V} = 25{,}26 \text{ mV};$$

aus (4): $m = \dfrac{1}{A_2 U_T} = \dfrac{1}{31{,}822 \cdot 25{,}26 \cdot 10^{-3}} = 1{,}244$,

$$I = I_S\left[e^{\tfrac{U - R_B I}{m U_T}} - 1\right] = 1{,}43 \text{ nA} \left[e^{\tfrac{31{,}822}{V}(U - 10\,\Omega \cdot I)} - 1\right];$$

aus (1): $U = m U_T \ln\left(\dfrac{I}{I_S} + 1\right) + R_B I = \dfrac{V}{31{,}822} \ln\left(\dfrac{I}{1{,}43 \text{ nA}} + 1\right) + 10\,\Omega \cdot I \quad$ (s. Bild L-9b).

Lösungen der Übungsaufgaben

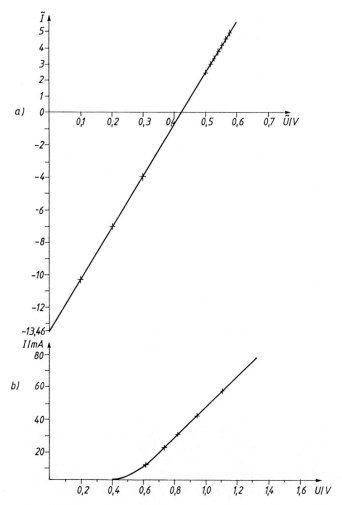

Bild L-9 a) Linearisierte Meßwerte und Ausgleichsgerade
b) Meßwerte und fehlerminimierte e-Funktion

Übung 1.1.3/1:

a)

U_μ/V	I_μ/mA
0,1	$33{,}14 \cdot 10^{-6}$
0,3	$19{,}94 \cdot 10^{-3}$
0,615	11,5
0,828	29,84

$$\left.\begin{array}{l}\dfrac{19{,}94 \cdot 10^{-3} - 33{,}14 \cdot 10^{-6}}{0{,}3 - 0{,}1} = 9{,}95 \cdot 10^{-2}\\[2mm]\dfrac{11{,}5 - 19{,}94 \cdot 10^{-3}}{0{,}615 - 0{,}3} = 36{,}44\\[2mm]\dfrac{29{,}84 - 11{,}5}{0{,}828 - 0{,}615} = 86{,}10\end{array}\right\}\begin{array}{l}\text{I}\\[6mm]\text{II}\end{array}$$

$$\text{I} \left\}\frac{36{,}44 - 9{,}95 \cdot 10^{-2}}{0{,}615 - 0{,}1} = 70{,}57\right\}$$

$$\frac{94{,}05 - 70{,}57}{0{,}828 - 0{,}1} = 32{,}25$$

$$\text{II} \left\}\frac{86{,}10 - 36{,}44}{0{,}828 - 0{,}3} = 94{,}05\right\}$$

$$\Rightarrow c_0 = 33{,}14 \cdot 10^{-6}\,\text{mA}, \quad c_1 = 9{,}95 \cdot 10^{-2}\,\frac{\text{mA}}{\text{V}}, \quad c_2 = 70{,}57\,\frac{\text{mA}}{\text{V}^2},$$

$$c_3 = 32{,}25\,\frac{\text{mA}}{\text{V}^3};$$

eingesetzt in (1.1.3/1): $\tilde{I}(U) = P(U) = 33{,}14 \cdot 10^{-6}\,\text{mA} + 9{,}95 \cdot 10^{-2}\,\frac{\text{mA}}{\text{V}}$

$\cdot (U - 0{,}1) + 70{,}57\,\frac{\text{mA}}{\text{V}^2}\,(U - 0{,}1)(U - 0{,}3) + 32{,}25\,\frac{\text{mA}}{\text{V}^3}\,(U - 0{,}1)(U - 0{,}3)$

$\cdot (U - 0{,}615)$

$$\tilde{I}(U) = 1{,}51\,\text{mA} - 19{,}23 \cdot \frac{\text{mA}}{\text{V}} \cdot U + 37{,}84 \cdot \frac{\text{mA}}{\text{V}^2} \cdot U^2 + 32{,}25 \cdot \frac{\text{mA}}{\text{V}^3} \cdot U^3. \qquad (1)$$

b)

μ	U_μ/V	I_μ/mA
1	0,1	$33{,}14 \cdot 10^{-6}$
2	0,2	$8{,}29 \cdot 10^{-4}$
3	0,3	$19{,}94 \cdot 10^{-3}$
4	0,405	0,479
5	0,615	11,5
6	0,737	21,72
7	0,828	29,84

$$\frac{8{,}29 \cdot 10^{-4} - 33{,}14 \cdot 10^{-6}}{0{,}2 - 0{,}1} = 7{,}96 \cdot 10^{-3} \right\} \text{I}$$

$$\frac{19{,}94 \cdot 10^{-3} - 8{,}29 \cdot 10^{-4}}{0{,}3 - 0{,}2} = 0{,}19 \right\} \text{II}$$

$$\frac{0{,}479 - 19{,}94 \cdot 10^{-3}}{0{,}405 - 0{,}3} = 4{,}37 \right\} \text{III}$$

$$\frac{11{,}5 - 0{,}479}{0{,}615 - 0{,}405} = 52{,}48 \right\} \text{IV}$$

$$\frac{21{,}72 - 11{,}5}{0{,}737 - 0{,}615} = 83{,}77 \right\} \text{V}$$

$$\frac{29{,}84 - 21{,}72}{0{,}828 - 0{,}737} = 89{,}23$$

Lösungen der Übungsaufgaben

I $\quad\left.\dfrac{0{,}19 - 7{,}96 \cdot 10^{-3}}{0{,}3 - 0{,}1} = 0{,}92\right\}$

II $\quad\left.\dfrac{4{,}37 - 0{,}19}{0{,}405 - 0{,}2} = 20{,}39\right\}$ $\quad\left.\dfrac{20{,}39 - 0{,}92}{0{,}405 - 0{,}1} = 63{,}87\right\}$

III $\quad\left.\dfrac{52{,}48 - 4{,}37}{0{,}615 - 0{,}3} = 152{,}73\right\}$ $\quad\left.\dfrac{152{,}73 - 20{,}39}{0{,}615 - 0{,}2} = 318{,}87\right\}$ VI

IV $\quad\left.\dfrac{83{,}77 - 52{,}48}{0{,}737 - 0{,}4} = 94{,}25\right\}$ $\quad\left.\dfrac{94{,}25 - 152{,}73}{0{,}737 - 0{,}3} = -133{,}82\right\}$ VII

V $\quad\left.\dfrac{89{,}23 - 83{,}77}{0{,}828 - 0{,}615} = 25{,}64\right\}$ $\quad\left.\dfrac{25{,}64 - 94{,}25}{0{,}828 - 0{,}405} = -162{,}19\right\}$ VIII

VI $\quad\left.\dfrac{318{,}87 - 63{,}87}{0{,}615 - 0{,}1} = 495{,}16\right\}$

VII $\quad\left.\dfrac{-133{,}82 - 318{,}87}{0{,}737 - 0{,}2} = -843{,}01\right\}$ $\quad\left.\dfrac{-843{,}01 - 495{,}16}{0{,}737 - 0{,}1} = -2100{,}74\right\}$ IX

VIII $\quad\left.\dfrac{-162{,}19 + 133{,}82}{0{,}828 - 0{,}3} = -53{,}74\right\}$ $\quad\left.\dfrac{-53{,}74 + 843{,}01}{0{,}828 - 0{,}2} = 1256{,}8\right\}$

IX $\quad\left.\dfrac{1256{,}8 + 2100{,}74}{0{,}828 - 0{,}1} = 4612{,}01\right\}$

$\Rightarrow c_0 = 33{,}14 \cdot 10^{-6}\,\text{mA}, \quad c_1 = 7{,}96 \cdot 10^{-3}\,\dfrac{\text{mA}}{\text{V}}, \quad c_2 = 0{,}92\,\dfrac{\text{mA}}{\text{V}^2}, \quad c_3 = 63{,}87\,\dfrac{\text{mA}}{\text{V}^3},$

$c_4 = 495{,}16\,\dfrac{\text{mA}}{\text{V}^4}, \quad c_5 = -2100{,}74\,\dfrac{\text{mA}}{\text{V}^5}, \quad c_6 = 4612{,}01\,\dfrac{\text{mA}}{\text{V}^6};$

eingesetzt in (1.1.3/1): $\tilde{I}(U) = P(U) = 33{,}14 \cdot 10^{-6}\,\text{mA}$

$+ 7{,}96 \cdot 10^{-3}\,\dfrac{\text{mA}}{\text{V}} \cdot (U - 0{,}1) + 0{,}92\,\dfrac{\text{mA}}{\text{V}^2} \cdot (U - 0{,}1)(U - 0{,}2) + 63{,}87\,\dfrac{\text{mA}}{\text{V}^3} \cdot (U - 0{,}1)$

$\cdot (U - 0{,}2)(U - 0{,}3) + 495{,}16\,\dfrac{\text{mA}}{\text{V}^4} \cdot (U - 0{,}1)(U - 0{,}2)(U - 0{,}3)(U - 0{,}405)$

$- 2100{,}74\,\dfrac{\text{mA}}{\text{V}^5} \cdot (U - 0{,}1)(U - 0{,}2)(U - 0{,}3)(U - 0{,}405)(U - 0{,}615)$

$+ 4612{,}01\,\dfrac{\text{mA}}{\text{V}^6} \cdot (U - 0{,}1)(U - 0{,}2)(U - 0{,}3)(U - 0{,}405)(U - 0{,}615)(U - 0{,}737).$

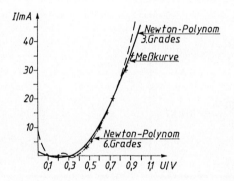

Bild L-10
Approximation einer Kennlinie durch Newton-Polynome

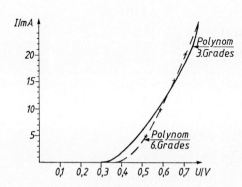

Bild L-11
Berücksichtigung der Newton-Polynome des Bildes L-10 bis zur ersten Nullstelle

Nach kurzer Zwischenrechnung erhält man:

$$\tilde{I}(U) = 9{,}06\,\text{mA} - 209{,}51\,\frac{\text{mA}}{\text{V}} \cdot U + 1763{,}97\,\frac{\text{mA}}{\text{V}^2} \cdot U^2 - 7008{,}86\,\frac{\text{mA}}{\text{V}^3} \cdot U^3$$

$$+ 13883{,}42\,\frac{\text{mA}}{\text{V}^4} \cdot U^4 - 12971{,}24\,\frac{\text{mA}}{\text{V}^5}\,U^5 + 4612{,}01\,\frac{\text{mA}}{\text{V}^6} \cdot U^6. \tag{2}$$

c) Die Meßwerte sowie die Polynome nach (1) und (2) sind in Bild L-10 skizziert. Man erkennt aus Bild L-10, daß sehr kleine I-Werte schlecht approximiert werden. Ein besseres Verhalten bekommt man, wenn die Polynome nur bis zur ersten Nullstelle benutzt werden (s. gedehnte Darstellung in Bild L-11). Berücksichtigt man das Newton-Polynom 6. Grades nur bis zur ersten Nullstelle, dann ergibt sich eine sehr gute Approximationsfunktion (s. Bild L-11), während das Newton-Polynom 3. Grades bei kleineren I-Werten nur eine grobe Näherung darstellt.

Übung 1.1.3/2:

a) *aus (1.1.3/7 bzw. (1.1.3/8):*

$$l_1(U) = \frac{(U - 0{,}615)(U - 0{,}828)}{(0{,}3 - 0{,}615)(0{,}3 - 0{,}828)} = 6{,}01 \cdot \frac{U^2}{\text{V}^2} - 8{,}68 \cdot \frac{U}{\text{V}} + 3{,}06; \tag{1}$$

$$l_2(U) = \frac{(U - 0{,}3)(U - 0{,}828)}{(0{,}615 - 0{,}3)(0{,}615 - 0{,}828)} = -14{,}9 \cdot \frac{U^2}{\text{V}^2} + 16{,}81 \cdot \frac{U}{\text{V}} - 3{,}7; \tag{2}$$

$$l_3(U) = \frac{(U - 0{,}3)(U - 0{,}615)}{(0{,}828 - 0{,}3)(0{,}828 - 0{,}615)} = 8{,}89 \cdot \frac{U^2}{\text{V}^2} - 8{,}14 \cdot \frac{U}{\text{V}} + 1{,}64; \tag{3}$$

Lösungen der Übungsaufgaben 415

(1) bis (3) in (1.1.3/6):

$$\tilde{I}(U) = P(U) = I_1 l_1(U) + I_2 l_2(U) + I_3 l_3(U)$$

$$= \left\{ 19{,}94 \cdot 10^{-3} \left[6{,}01 \cdot \frac{U^2}{V^2} - 8{,}68 \cdot \frac{U}{V} + 3{,}06 \right] + 11{,}5 \left[-14{,}9 \cdot \frac{U^2}{V^2} + 16{,}81 \cdot \frac{U}{V} - 3{,}7 \right] \right.$$

$$\left. + 29{,}84 \left[8{,}89 \cdot \frac{U^2}{V^2} - 8{,}14 \cdot \frac{U}{V} + 1{,}64 \right] \right\} \text{mA}$$

$$\tilde{I}(U) = 94{,}05 \cdot \frac{\text{mA}}{V^2} \cdot U^2 - 49{,}61 \cdot \frac{\text{mA}}{V} \cdot U + 6{,}44 \text{ mA} . \tag{4}$$

b)

μ	U_μ/V	I_μ/mA
1	0,3	$19{,}94 \cdot 10^{-3}$
2	0,615	11,5
3	0,828	29,84

$$\frac{11{,}5 - 19{,}94 \cdot 10^{-3}}{0{,}615 - 0{,}3} = 36{,}44$$

$$\frac{29{,}84 - 11{,}5}{0{,}828 - 0{,}615} = 86{,}10$$

$$\frac{86{,}10 - 36{,}44}{0{,}828 - 0{,}3} = 94{,}05$$

$$\Rightarrow c_0 = 19{,}94 \cdot 10^{-3} \text{ mA}, \quad c_1 = 36{,}44 \cdot \frac{\text{mA}}{V}, \quad c_2 = 94{,}05 \cdot \frac{\text{mA}}{V^2};$$

eingesetzt in (1.1.3/1):

$$\tilde{I}(U) = P(U) = 19{,}94 \cdot 10^{-3} \text{ mA} + 36{,}44 \frac{\text{mA}}{V} (U - 0{,}3) + 94{,}05 \frac{\text{mA}}{V^2} (U - 0{,}3)(U - 0{,}615)$$

$$\tilde{I}(U) = 94{,}05 \cdot \frac{\text{mA}}{V^2} \cdot U^2 - 49{,}61 \cdot \frac{\text{mA}}{V} \cdot U + 6{,}44 \text{ mA} . \tag{5}$$

c) Mit (4) bzw. (5) und den Meßwerten ergibt sich Bild L-12.

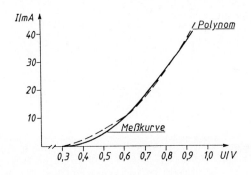

Bild L-12
Kennlinienapproximation durch ein Polynom 2. Grades

Übung 1.1.4/1:

a) *Mit Gl. (5) des Beispiels 1.1.4/1:*

$$U(I) = 3{,}1424 \cdot 10^{-2}\,\text{V} \cdot \ln\left(\frac{11{,}5\,\text{mA}}{1{,}43\,\text{nA}} + 1\right) + 10\,\Omega \cdot 11{,}5\,\text{mA} + (I - 11{,}5\,\text{mA})$$

$$\cdot \left(\frac{3{,}1424 \cdot 10^{-2}\,\text{V}}{11{,}5\,\text{mA}} + 10\,\Omega\right) + \frac{(I - 11{,}5\,\text{mA})^2}{2}\left[\frac{-3{,}1424 \cdot 10^{-2}\,\text{V}}{(11{,}5\,\text{mA})^2}\right]$$

$$+ \frac{(I - 11{,}5\,\text{mA})^3}{3} \cdot \frac{2 \cdot 3{,}1424 \cdot 10^{-2}\,\text{V}}{(11{,}5\,\text{mA})^3} + \frac{(I - 11{,}5\,\text{mA})^4}{24}\left[\frac{-6 \cdot 3{,}1424 \cdot 10^{-2}\,\text{V}}{(11{,}5\,\text{mA})^4}\right]$$

$$U(I) = 0{,}615\,\text{V} + 1{,}273 \cdot 10^{-2}\,\frac{\text{V}}{\text{mA}}(I - 11{,}5\,\text{mA}) - 1{,}188 \cdot 10^{-4}\,\frac{\text{V}}{(\text{mA})^2}(I - 11{,}5\,\text{mA})^2$$

$$+ 1{,}377 \cdot 10^{-5} \cdot \frac{\text{V}}{(\text{mA})^3} \cdot (I - 11{,}5\,\text{mA})^3 - 4{,}492 \cdot 10^{-7} \cdot \frac{\text{V}}{(\text{mA})^4} \cdot (I - 11{,}5\,\text{mA})^4.$$

b)

I/mA	Kennlinie U/V	Taylor U/V
8	0,5683	0,5701
9	0,5830	0,5828
10	0,5953	0,5955
11	0,6083	0,6083
12	0,6210	0,6210
13	0,6335	0,6337
14	0,6458	0,6465
15	0,6580	0,6592

Man erkennt an den Tabellenwerten eine gute Übereinstimmung zwischen Kennlinien- und Taylorwerten, obwohl die Taylorreihe bereits nach dem linearen Glied (Tangente) abgebrochen wurde; d. h., die Tangente wäre im betrachteten Aussteuerbereich eine gute Approximationsfunktion (geeignet z. B. bei Mischproblemen mit kleinen Signalgrößen).

Übung 1.2.1/1:

$U_{V1} = 1{,}2\,V:$ $U_{V1} - \hat{u}_P = (1{,}2 - 0{,}8)\,\text{V} = 0{,}4\,\text{V} = U_S$

$\Rightarrow$ Aussteuerung wie in Bild 1.2.1-1 $\Rightarrow \Theta = \pi \Rightarrow$ Berechnung mit (1.2.1/1) möglich: $U_0 = U_{V1} - U_S$
$= (1{,}2 - 0{,}4)\,\text{V} = 0{,}8\,\text{V};$

$$i_0 = a\left[U_0^2 + \frac{\hat{u}_P^2}{2}\right] = 138{,}9\,\frac{\text{mA}}{\text{V}^2}\left[0{,}8^2 + \frac{0{,}8^2}{2}\right]\text{V}^2 = 133{,}34\,\text{mA};$$

$$\hat{i}_{1P} = 2aU_0\hat{u}_P = 2 \cdot 138{,}9\,\frac{\text{mA}}{\text{V}^2} \cdot 0{,}8\,\text{V} \cdot 0{,}8\,\text{V} = 177{,}79\,\text{mA};$$

$$\hat{i}_{2P} = \frac{a}{2} \cdot \hat{u}_P^2 = \frac{138{,}9}{2}\,\frac{\text{mA}}{\text{V}^2} \cdot (0{,}8\,\text{V})^2 = 44{,}45\,\text{mA}.$$

2. *Weg:* aus Beispiel 1.2.1/1:

mit (1): $\quad \cos(\Theta) = \dfrac{U_S - U_{V1}}{\hat{u}_P} = \dfrac{0{,}4 - 1{,}2}{0{,}8} = -1 \Rightarrow \Theta = \pi;$

mit (5): $\quad i_0 = \dfrac{a\hat{u}_P^2}{4\pi} \cdot [2\Theta(2 + \cos(2\Theta)) - 3\sin(2\Theta)] = \dfrac{138{,}9}{4\pi}\,\dfrac{\text{mA}}{\text{V}^2} \cdot (0{,}8\,\text{V})^2$

$\cdot [2\pi(2 + \cos(2\pi)) - 3\sin(2\pi)] = 133{,}34\,\text{mA};$

Lösungen der Übungsaufgaben

mit (7) und (A14): $\hat{i}_{1P} = |i_1| = \left|\dfrac{a\hat{u}_P^2}{6\pi} \cdot \{9\sin(\Theta) - 12\Theta\cos(\Theta) + \sin(3\Theta)\}\right|$

$= \left|\dfrac{138{,}9}{6\pi} \dfrac{mA}{V^2} \cdot (0{,}8\,V)^2 \{9\sin(\pi) - 12\pi\cos(\pi) + \sin(3\pi)\}\right| = 177{,}79\,mA$;

mit (8) und (A14): $\hat{i}_{2P} = |i_2| = \left|\dfrac{a\hat{u}_P^2}{24\pi} \cdot \{12\Theta - 8\sin(2\Theta) + \sin(4\Theta)\}\right|$

$= \left|\dfrac{138{,}9}{24\pi} \dfrac{mA}{V^2} \cdot (0{,}8\,V)^2 \{12\pi - 8\sin(2\pi) + \sin(4\pi)\}\right| = 44{,}45\,mA$;

aus (9) und (10): $\Rightarrow i_3 = i_4 = 0$ bzw. aus (6) $i_n = 0$ für $n > 2$;

$U_{V2} = 0{,}4\,V$: $\cos(\Theta) = \dfrac{0{,}4 - 0{,}4}{0{,}8} = 0 \Rightarrow \Theta = \dfrac{\pi}{2} \Rightarrow$ Berechnung nur mit den Fouriergleichungen des Beispiels 1.2.1/1 möglich:

aus (5): $i_0 = 22{,}22\,mA$;

aus (7) mit (A14): $\hat{i}_{1P} = |i_1| = 37{,}73\,mA$;

aus (8) mit (A14): $\hat{i}_{2P} = |i_2| = 22{,}22\,mA$;

aus (9) mit (A14): $\hat{i}_{3P} = |i_3| = 7{,}55\,mA$;

aus (10) mit (A14): $\hat{i}_{4P} = |i_4| = 0\,mA$;

aus (6) mit (A14): $\hat{i}_{5P} = |i_5| = 1{,}08\,mA$.

Die Spektren sind in Bild L-13 skizziert ($n \cdot f_P = n \cdot 5$ MHz).

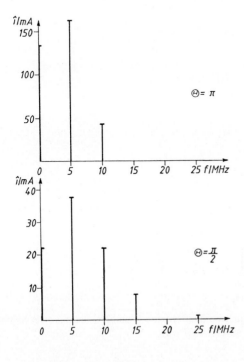

Bild L-13
Spektren für Parabelkennlinie
a) $\Theta = 180°$
b) $\Theta = 90°$

Übung 1.2.2/1:

$U_0 = U_V - U_S = (0{,}6 - 0{,}4)\,\text{V} = 0{,}2\,\text{V}$;

mit (1.2.2/2): $i_0 = 138{,}9\,\dfrac{\text{mA}}{\text{V}^2} \cdot \left[(0{,}2)^2 + \dfrac{0{,}1^2 + 0{,}1^2}{2}\right]\text{V}^2 = 6{,}95\,\text{mA}$;

mit (1.2.2/3): $\hat{i}_{1S} = 2 \cdot 138{,}9\,\dfrac{\text{mA}}{\text{V}^2} \cdot 0{,}2\,\text{V} \cdot 0{,}1\,\text{V} = 5{,}56\,\text{mA}$;

mit (1.2.2/4): $\hat{i}_{2S} = \dfrac{138{,}9}{2}\,\dfrac{\text{mA}}{\text{V}^2} \cdot (0{,}1\,\text{V})^2 = 0{,}695\,\text{mA}$;

mit (1.2.2/5): $\hat{i}_{1P} = 2 \cdot 138{,}9\,\dfrac{\text{mA}}{\text{V}^2} \cdot 0{,}2\,\text{V} \cdot 0{,}1\,\text{V} = 5{,}56\,\text{mA}$;

mit (1.2.2/6): $\hat{i}_{2P} = \dfrac{138{,}9}{2}\,\dfrac{\text{mA}}{\text{V}^2} \cdot (0{,}1\,\text{V})^2 = 0{,}695\,\text{mA}$;

mit (1.2.2/7): $\hat{i}_{S+P} = \hat{i}_{\pm S \mp P} = 138{,}9\,\dfrac{\text{mA}}{\text{V}^2} \cdot 0{,}1\,\text{V} \cdot 0{,}1\,\text{V} = 1{,}39\,\text{mA}$;

$f_S = 0{,}1\,\text{GHz}$, $\quad f_P = 1\,\text{GHz} \Rightarrow f_P - f_S = 0{,}9\,\text{GHz}$, $\quad f_P + f_S = 1{,}1\,\text{GHz} \Rightarrow$ Bild L-14.

Übung 1.2.2/2:

a) *Aus Beispiel 1.1.4/1 Gleichung (5):*

$$U(I) = mU_T \cdot \ln\left(\dfrac{I_V}{I_S} + 1\right) + R_B I_V + (I - I_V)\left(\dfrac{mU_T}{I_V + I_S} + R_B\right) + \dfrac{(I - I_V)^2}{2}\dfrac{-mU_T}{(I_V + I_S)^2}$$
$$+ \dfrac{(I - I_V)^3}{6}\dfrac{2mU_T}{(I_V + I_S)^3}$$

$$U(I) = 3{,}1424 \cdot 10^{-2}\,\text{V} \cdot \ln\left(\dfrac{2 \cdot 10^{-3}}{1{,}43 \cdot 10^{-9}} + 1\right) + 10 \cdot 2 \cdot 10^{-3}\,\text{V} + (I - I_V)$$
$$\cdot \left(\dfrac{3{,}1424 \cdot 10^{-2}}{2} + 10 \cdot 10^{-3}\right)\dfrac{\text{V}}{\text{mA}} - (I - I_V)^2 \dfrac{3{,}1424 \cdot 10^{-2}}{2 \cdot 2^2}\dfrac{\text{V}}{(\text{mA})^2} + (I - I_V)^3$$
$$\cdot \dfrac{2 \cdot 3{,}1424 \cdot 10^{-2}\,\text{V}}{6 \cdot 2\,(\text{mA})^3} = a_0 + a_1(I - I_V) + a_2(I - I_V)^2 + a_3(I - I_V)^3; \tag{1}$$

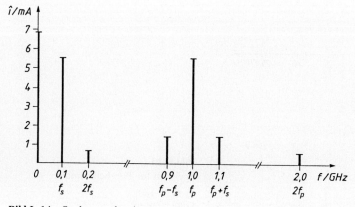

Bild L-14 Spektrum des Ausgangsstromes für eine quadratische Kennlinie, die mit zwei Signalen unterschiedlicher Frequenz großsignalmäßig ausgesteuert wird

Lösungen der Übungsaufgaben

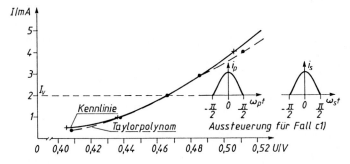

Bild L-15 Kennlinienapproximation durch ein Taylorpolynom 3. Grades

mit $a_0 = 0{,}465$ V ;

$a_1 = 2{,}571 \cdot 10^{-2} \dfrac{\text{V}}{\text{mA}}$;

$a_2 = -3{,}928 \cdot 10^{-3} \dfrac{\text{V}}{(\text{mA})^2}$;

$a_3 = 1{,}309 \cdot 10^{-3} \dfrac{\text{V}}{(\text{mA})^3}$;

$I_V = 2$ mA .

b)

I/mA	0,5	1	2	3	4	5
U/V Kennlinie	0,4061	0,4329	0,4647	0,4874	0,5065	0,5235
U/V Taylorpolynom	0,4129	0,4337	0,4647	0,4878	0,5109	0,5418

s. Bild L-15

c) $i = I_V + \hat{i}_P \cos(\omega_P t) + \hat{i}_S \cos(\omega_S t)$;

$i - I_V = \hat{i}_P \cos(\omega_P t) + \hat{i}_S \cos(\omega_S t)$; (2)

aus (1): $u = a_0 + a_1(i - I_V) + a_2(i - I_V)^2 + a_3(i - I_V)^3$; (3)

(2) in (3): $u = a_0 + a_1[\hat{i}_P \cos(\omega_P t) + \hat{i}_S \cos(\omega_S t)] + a_2[\hat{i}_P \cos(\omega_P t) + \hat{i}_S \cos(\omega_S t)]^2$

$+ a_3[\hat{i}_P \cos(\omega_P t) + \hat{i}_S \cos(\omega_S t)]^3 = a_0 + a_1[\hat{i}_P \cos(\omega_P t) + \hat{i}_S \cos(\omega_S t)]$

$+ a_2[\underbrace{\hat{i}_P^2 \cos^2(\omega_P t)}_{(A25)} + \underbrace{2\hat{i}_P\hat{i}_S \cos(\omega_P t)\cos(\omega_S t)}_{(A36)} + \underbrace{\hat{i}_S^2 \cos^2(\omega_S t)}_{(A25)}]$

$+ a_3[\underbrace{\hat{i}_P^3 \cos^3(\omega_P t)}_{(A37)} + \underbrace{3\hat{i}_P^2\hat{i}_S \cos^2(\omega_P t)\cos(\omega_S t)}_{(A25)} + \underbrace{3\hat{i}_P\hat{i}_S^2 \cos(\omega_P t)\cos^2(\omega_S t)}_{(A25)} + \underbrace{\hat{i}_S^3 \cos^3(\omega_S t)}_{(A37)}]$

$$= a_0 + a_1[\hat{i}_P \cos(\omega_P t) + \hat{i}_S \cos(\omega_S t)]$$

$$+ a_2 \left[\frac{\hat{i}_P^2 + \hat{i}_S^2}{2} + \frac{\hat{i}_P^2 \cos(2\omega_P t)}{2} + \frac{\hat{i}_S^2 \cos(2\omega_S t)}{2} + \hat{i}_P \hat{i}_S \{\cos((\pm\omega_P \mp \omega_S)t) + \cos((\omega_P + \omega_S)t)\} \right]$$

$$+ a_3 \left[\frac{\hat{i}_P^3}{4} \{\cos(3\omega_P t) + 3\cos(\omega_P t)\} + \frac{3}{2} \cdot \hat{i}_P^2 \hat{i}_S \{\cos(\omega_S t) + \underbrace{\cos(2\omega_P t)\cos(\omega_S t)}_{(A36)}\} \right.$$

$$\left. + \frac{3}{2} \cdot \hat{i}_P \hat{i}_S^2 \{\cos(\omega_P t) + \underbrace{\cos(\omega_P t)\cos(2\omega_S t)}_{(A36)}\} + \frac{\hat{i}_S^3}{4} \{\cos(3\omega_S t) + 3\cos(\omega_S t)\} \right]$$

$$= a_0 + \frac{a_2}{2} \cdot (\hat{i}_P^2 + \hat{i}_S^2) + \left[a_1 + \frac{3}{2} \cdot a_3 \hat{i}_P^2 + \frac{3}{4} \cdot a_3 \hat{i}_S^2 \right] \hat{i}_S \cos(\omega_S t) + \left[a_1 + \frac{3}{2} \cdot a_3 \hat{i}_S^2 + \frac{3}{4} \cdot a_3 \hat{i}_P^2 \right]$$

$$\cdot \hat{i}_P \cos(\omega_P t) + \frac{a_2 \hat{i}_P^2}{2} \cdot \cos(2\omega_P t) + \frac{a_2 \hat{i}_S^2}{2} \cdot \cos(2\omega_S t) + \frac{a_3 \hat{i}_P^3}{4} \cdot \cos(3\omega_P t) + \frac{a_3 \hat{i}_S^3}{4} \cdot \cos(3\omega_S t)$$

$$+ a_2 \hat{i}_P \hat{i}_S [\cos((\pm\omega_P \mp \omega_S)t) + \cos((\omega_P + \omega_S)t] + \frac{3}{4} \cdot a_3 \hat{i}_P^2 \hat{i}_S [\cos((\pm 2\omega_P \mp \omega_S)t) + \cos((2\omega_P + \omega_S)t]$$

$$+ \frac{3}{4} \cdot a_3 \hat{i}_P \hat{i}_S^2 [\cos((\pm\omega_P \mp 2\omega_S)t) + \cos((\omega_P + 2\omega_S)t)] \tag{4}$$

$$\Rightarrow U = a_0 + \frac{a_2}{2} \cdot (\hat{i}_P^2 + \hat{i}_S^2); \tag{5}$$

$$\hat{u}_S = \hat{i}_S |a_1 + 1{,}5 a_3 \hat{i}_P^2 + 0{,}75 a_3 \hat{i}_S^2|; \tag{6}$$

$$\hat{u}_P = \hat{i}_P |a_1 + 1{,}5 a_3 \hat{i}_S^2 + 0{,}75 a_3 \hat{i}_P^2|; \tag{7}$$

$$\hat{u}_{2P} = \frac{\hat{i}_P^2}{2} |a_2|; \tag{8}$$

$$\hat{u}_{2S} = \frac{\hat{i}_S^2}{2} |a_2|; \tag{9}$$

$$\hat{u}_{3P} = \frac{\hat{i}_P^3}{4} |a_3|; \tag{10}$$

$$\hat{u}_{3S} = \frac{\hat{i}_S^3}{4} |a_3|; \tag{11}$$

$$\hat{u}_{\pm P \mp S} = \hat{u}_{P+S} = \hat{i}_P \hat{i}_S |a_2|; \tag{12}$$

$$\hat{u}_{\pm 2P \mp S} = \hat{u}_{2P+2} = 0{,}75 \cdot \hat{i}_P^2 \hat{i}_S |a_3|; \tag{13}$$

$$\hat{u}_{\pm P \mp 2S} = \hat{u}_{P+2S} = 0{,}75 \cdot \hat{i}_P \hat{i}_S^2 |a_3|; \tag{14}$$

$f_S = 1\,\text{GHz}, \quad 2f_S = 2\,\text{GHz}, \quad 3f_S = 3\,\text{GHz}, \quad f_P = 10\,\text{GHz},$

$2f_P = 20\,\text{GHz}, \quad 3f_P = 30\,\text{GHz},$

$f_P + f_S = 11\,\text{GHz}, \quad f_P - f_S = 9\,\text{GHz}, \quad 2f_P + f_S = 21\,\text{GHz}, \quad 2f_P - f_S = 19\,\text{GHz},$

$f_P + 2f_S = 12\,\text{GHz}, \quad f_P - 2f_S = 8\,\text{GHz}.$

c1) *Mit (5):* $U = 0{,}4568$ V ;

mit (6): $\hat{u}_S = 28{,}66$ mV ;

mit (7): $\hat{u}_P = 28{,}66$ mV ;

mit (8): $\hat{u}_{2P} = 1{,}964$ mV ;

mit (9): $\hat{u}_{2S} = 1{,}964$ mV ;

mit (10): $\hat{u}_{3P} = 0{,}3275$ mV ;

mit (11): $\hat{u}_{3S} = 0{,}3275$ mV ;

mit (12): $\hat{u}_{\pm P \mp S} = \hat{u}_{P+S} = 3{,}928$ mV ;

mit (13): $\hat{u}_{\pm 2P \mp S} = \hat{u}_{2P+S} = 0{,}9825$ mV ;

mit (14): $\hat{u}_{\pm P \mp 2S} = \hat{u}_{P+2S} = 0{,}9825$ mV .

s. Bild L-16a

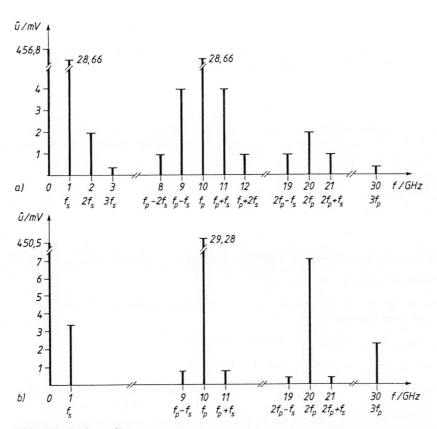

Bild L-16 Spektren für
 a) $\hat{\imath}_P = \hat{\imath}_S = 1$ mA (Großsignalaussteuerungen)
 b) $\hat{\imath}_P = 1{,}9$ mA (Großsignalaussteuerung) und $\hat{\imath}_S = 0{,}1$ mA (Kleinsignalaussteuerung)

c2) *Mit (5):* $U = 0{,}4505$ V ;

mit (6): $\hat{u}_S = 3{,}28$ mV ;

mit (7): $\hat{u}_P = 29{,}28$ mV ;

mit (8): $\hat{u}_{2P} = 7{,}09$ mV ;

mit (9): $\hat{u}_{2S} = 0{,}0196$ mV (vernachlässigbar) ;

mit (10): $\hat{u}_{3P} = 2{,}25$ mV ;

mit (11): $\hat{u}_{3S} = 0{,}328$ µV (vernachlässigbar) ;

mit (12): $\hat{u}_{\pm P \mp S} = \hat{u}_{P+S} = 0{,}75$ mV ;

mit (13): $\hat{u}_{\pm 2PS} = \hat{u}_{2P+S} = 0{,}355$ mV ;

mit (14): $\hat{u}_{\pm P \mp 2S} = \hat{u}_{P+2S} = 0{,}0187$ mV (vernachlässigbar).

Bild L-16b

Übung 1.3.2/1:

Aus Bild 1.3.1-1 ⇒ das Empfangsfilter im Geradeausempfänger sitzt in der HF-Stufe ⇒ $f_R = f_S = 20$ MHz
Bandbreite eines Schwingkreises $\Delta f = f_R/Q = f_S/Q = \dfrac{20 \text{ MHz}}{100} = 200$ kHz.

Aus Bild 1.3.2-1 ⇒ das Filter der HF-Vorstufe dient zur Spiegelfrequenzunterdrückung; mit dem Filter der ZF-Stufe wird die Trennschärfe erreicht ⇒ $f_R = f_{ZF} = 460$ kHz;

$$\Delta f = \dfrac{f_R}{Q} = \dfrac{f_{ZF}}{Q} = \dfrac{460 \text{ kHz}}{100} = 4{,}6 \text{ kHZ}.$$

Man sieht an den Ergebnissen, daß der Superhet eine sehr viel größere Trennschärfe (kleinere Filterbandbreite) besitzt, d. h. auch eng benachbarte Sender unterschiedlicher Intensität können empfangen werden.

Übung 1.3.2/2:

a) *Aus (1.3.2/2):* $f_{SP} = f_{S1} + 2f_{ZF}$;

$f_{SP\,min} = f_{S1\,min} + 2f_{ZF} = (535 + 2 \cdot 460)$ kHz $= 1455$ kHZ ;

$f_{SP\,max} = f_{S1\,max} + 2f_{ZF} = (1605 + 2 \cdot 460)$ kHz $= 2525$ kHz ;

⇒ 1455 kHZ $\leq f_{SP} \leq 2525$ kHz ;

⇒ Sender im MW-Bereich von 1455 kHz bis 1605 kHz können auf der Spiegelfrequenz stören;
⇒ kritischer Empfangsbereich:

$f_{S1\,min} = f_{SP\,min} - 2f_{ZF} = (1455 - 2 \cdot 460)$ kHz $= 535$ kHz ;

$f_{S1\,max} = f_{SP\,max} - 2f_{ZF} = (1605 - 2 \cdot 460)$ kHz $= 685$ kHz .

b) $f_{SP} = f_{S1} + 2f_{ZF} = (594 + 2 \cdot 460)$ kHz $= 1514$ kHz liegt noch im Mittelwellenbereich. Ohne Vorselektion in der HF-Stufe wird ein MW-Sender bei 1514 kHz auf die gleiche ZF-Frequenz $f_{ZF} = 460$ kHz wie der gewünschte Sender HR1 mit $f_{S1} = 594$ kHz gemischt.

Aus (1.3.2/2): $f_P = f_{ZF} + f_{S1} = (460 + 594)$ kHz $= 1054$ kHz .

c) s. Bild L-17

Lösungen der Übungsaufgaben

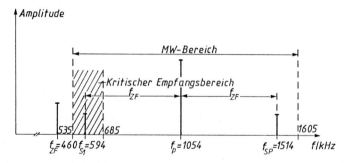

Bild L-17 Spektrum im Mittelwellenbereich

Übung 1.3.2/3:

a) Verstärkung zwecks Rauschverbesserung;
   Spiegelselektion;
   Nichtreziproker Vierpol (Abblocken der Pumpleistung).
b) f_{ZF1} für Spiegelfrequenzselektion groß gewählt, damit die Spiegelfrequenzfilter besser arbeiten können (Übergang vom Durchlaß- in den Sperrbereich).
   f_{ZF2} für Nahselektion (Trennschärfe) klein gewählt, damit die ZF-Filter eine kleine absolute Bandbreite besitzen.

Übung 2.1/1:

a) s. Bild L-18
b) $i(\omega_P t) = I_V + \hat{i}_P \cos(\omega_P t)$; (1)

$i(t) = i(\omega_P t) + \hat{i}_S \cos(\omega_S t)$; (2)

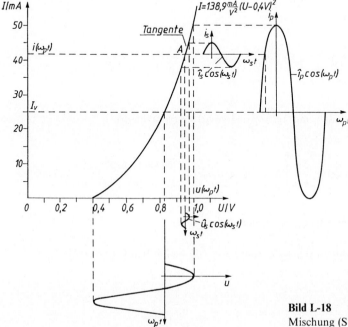

Bild L-18
Mischung (Stromsteuerung)

$$i(t) - i(\omega_P t) = \hat{i}_S \cos(\omega_S t) . \tag{3}$$

Taylorreihe: $u(t) = u(\omega_P t) + \underbrace{[i(t) - i(\omega_P t)]}_{aus\ (3):\ \hat{i}_S \cos(\omega_S t)} \cdot \underbrace{\frac{du}{di}(\omega_P t)}_{r(\omega_P t)} + \ldots ;$

$$u(t) = u(\omega_P t) + \hat{i}_S \cos(\omega_S t) \cdot r(\omega_P t) + \ldots . \tag{4}$$

$u(\omega_P t)$ und $r(\omega_P t)$ werden periodisch verändert $\Rightarrow$ Fourierreihe. $\cos(\omega_P t)$ ist eine gerade Zeitfunktion $(\cos(-\omega_P t) = \cos(\omega_P t))$

$\Rightarrow u(-\omega_P t) = u(\omega_P t), \quad r(-\omega_P t) = r(\omega_P t);$

$\Rightarrow$ reelle Fourierreihe für gerade Zeitfunktion

$$u(\omega_P t) = u_0 + \sum_{n=1}^{\infty} u_n \cos(n\omega_P t); \tag{5}$$

$$r(\omega_P t) = r_0 + \sum_{n=1}^{\infty} r_n \cos(n\omega_P t). \tag{6}$$

(5) und (6) in (4):

$$u(t) = \underbrace{u_0 + \sum_{n=1}^{\infty} u_n \cos(n\omega_P t)}_{\text{Großsignalgrößen}} + \underbrace{\hat{i}_S r_0 \cos(\omega_S t) + \hat{i}_S \cdot \sum_{n=1}^{\infty} r_n \cos(n\omega_P t) \cos(\omega_S t)}_{\text{Kleinsignalgrößen}};$$

aus (4): $\Delta u(t) = \underbrace{\hat{i}_S \cos(\omega_S t)}_{\Delta i(t)} \cdot r(\omega_P t) = \Delta i(t)\, r(\omega_P t);$ \hfill (7)

$$u_{\text{Misch}}(t) = \hat{i}_S \cdot \sum_{n=1}^{\infty} r_n \cdot \underbrace{\cos(n\omega_P t)\cos(\omega_S t)}_{(A36)} = \frac{\hat{i}_S}{2} \cdot \sum_{n=1}^{\infty} r_n \{\cos[(\pm n\omega_P \mp \omega_S)t] + \cos[(n\omega_P + \omega_S)t]\}. \tag{8}$$

Übung 2.1/2:

aus Bild 1-8 $\Rightarrow i = b(u - U_S), \quad u_P(t) = \hat{u}_P \cos(\omega_P t);$

$\Rightarrow$ gerade Pumpaussteuerung $\Rightarrow$ mit *(A7)* und *(A1)*:

$$g(\omega_P t) = g_0 + \sum_{n=1}^{\infty} g_n \cos(n\omega_P t) \quad \text{mit} \quad g_n = \frac{2}{\pi} \cdot \int_0^{\pi} g(\omega_P t) \cos(n\omega_P t)\, d(\omega_P t)$$

$$= \frac{2}{\pi} \cdot \int_0^{\pi} \frac{di}{du} \cdot \cos(n\omega_P t)\, d(\omega_P t) = \frac{2}{\pi} \cdot \int_0^{\Theta} b\cos(n\omega_P t)\, d(\omega_P t) = \frac{2b}{\pi} \cdot \left.\frac{\sin(n\omega_P t)}{n}\right|_0^{\Theta} = \frac{2b}{n\pi} \cdot \sin(n\Theta) \Rightarrow$$

für $n = 1: g_1 = \frac{2b}{\pi} \cdot \sin(\Theta) \Rightarrow g_{1\max} = \frac{2b}{\pi}$ für $\Theta = \frac{\pi}{2}$.

Die Aussteuerverhältnisse für maximales g_1 sowie $g = f(u)$ sind in Bild L-19 skizziert.

Übung 2.1/3:

$$\cos(\Theta) = \frac{U_S - U_V}{\hat{u}_P} = \frac{0{,}4 - 0{,}7}{0{,}3} = -1 \Rightarrow \Theta = \pi = \Theta_{\text{opt}} \quad \text{für} \quad g_{1\max};$$

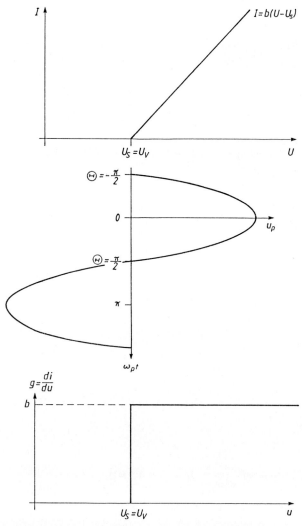

Bild L-19 Aussteuerung mit $\Theta = \dfrac{\pi}{2}$ für maximales g_1

aus Beispiel 2.1/1:

$$g_n = \frac{2a\hat{u}_P}{n\pi}\left[\frac{\sin((n-1)\Theta)}{n-1} - \frac{\sin((n+1)\Theta)}{n+1}\right]$$

$g_n = 0$ für $n \geq 2\,(\Theta = \pi)$;

aus (11): optimaler Mischleitwert $g_{1\mathrm{max}} = 2a\hat{u}_P = 83{,}34\,\dfrac{\mathrm{mA}}{\mathrm{V}}$;

aus (1/9) mit $b = 2a$: $i_0 \triangleq g_0 = \dfrac{2a\hat{u}_P}{\pi}[\underbrace{\sin(\pi)}_{0} - \pi\underbrace{\cos(\pi)}_{-1}] = 2a\hat{u}_P = 83{,}34\,\dfrac{\mathrm{mA}}{\mathrm{V}}$;

aus (2.1/7): $\hat{i}_S = \hat{u}_S g_0 = 30\,\text{mV} \cdot 83{,}34\,\dfrac{\text{mA}}{\text{V}} = 2{,}5\,\text{mA}$;

aus (2.1/8): $\hat{i}_{\text{Misch1}} = \dfrac{\hat{u}_S}{2} \cdot g_{1\text{max}} = \dfrac{30\,\text{mV}}{2} \cdot 83{,}34\,\dfrac{\text{mA}}{\text{V}} = 1{,}25\,\text{mA}$;

aus (2.1/5): $i(\omega_P t) = i_0 + \sum\limits_{n=1}^{\infty} i_n \cos(n\omega_P t)$;

aus Beispiel 1.2.1/1:

aus (5): $i_0 = \dfrac{a\hat{u}_P^2}{4\pi}[\underbrace{2\pi(2+\cos(2\pi))}_{1} - \underbrace{3\sin(2\pi)}_{0}] = \dfrac{3}{2}\cdot a\hat{u}_P^2 = 18{,}75\,\text{mA}$;

aus (7): $i_1 = \dfrac{a\hat{u}_P^2}{6\pi}[\underbrace{9\sin(\pi)}_{0} - \underbrace{12\pi\cos(\pi)}_{-1} + \underbrace{\sin(3\pi)}_{0}] = 2a\hat{u}_P^2 = 25\,\text{mA}$;

aus (8): $i_2 = \dfrac{a\hat{u}_P^2}{24\pi}[12\pi - \underbrace{8\sin(2\pi)}_{0} + \underbrace{\sin(4\pi)}_{0}] = \dfrac{a\hat{u}_P^2}{2} = 6{,}25\,\text{mA}$;

aus (6): $i_n = 0$ für $n \geq 3$;

mit (A14): $\hat{i}_{1P} = |i_1| = 25\,\text{mA}$;

$\hat{i}_{2P} = |i_2| = 6{,}25\,\text{mA}$;

$f_S = 0{,}1\,\text{MHz}$, $\quad f_P = 1\,\text{MHz}$, $\quad f_P - f_S = 0{,}9\,\text{MHz}$, $\quad f_P + f_S = 1{,}1\,\text{MHz}$, $\quad 2f_P = 2\,\text{MHz}$

$\Rightarrow$ Bild L-20 zeigt das Spektrum.

Übung 2.1/4:

Analog zu Übung 2.1/3:

$U_S = 0{,}7\,\text{V}$, $\quad \hat{u}_P = \hat{u}_2 = 500\,\text{mV}$, $\quad a = 90\,\dfrac{\text{mA}}{\text{V}^2}$, $\quad f_S = f_1 = 4{,}5\,\text{MHz}$;

$U_V = U_B = 1{,}2\,\text{V}$, $\quad \hat{u}_S = \hat{u}_1 = 65\,\text{mV}$, $\quad f_P = f_2 = 9{,}5\,\text{MHz}$;

$\cos(\Theta) = \dfrac{U_S - U_V}{\hat{u}_P} = -1 \Rightarrow \Theta = \pi \Rightarrow$ optimaler Betriebszustand für maximales $g_{1\text{max}}$.

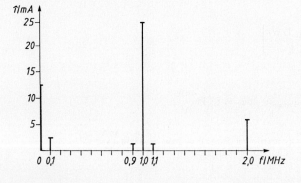

Bild L-20
Mischspektrum
für eine quadratische Kennlinie

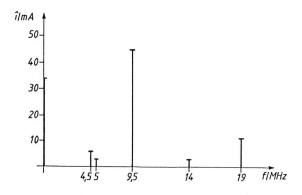

Bild L-21
Mischspektrum
für eine quadratische Kennlinie

a) $g_{1max} = 2a\hat{u}_P = 90 \dfrac{mA}{V}$, $g_0 = 2a\hat{u}_P = 90 \dfrac{mA}{V}$

b) $\hat{i}_S = \hat{u}_S g_0 = 5{,}85 \text{ mA}$;

$\hat{i}_{Misch1} = \dfrac{\hat{u}_S}{2} \cdot g_{1max} = 2{,}93 \text{ mA}$;

$i(\omega_P t) = i_0 + \sum\limits_{n=1}^{\infty} i_n \cos(n\omega_P t)$;

$i_0 = 1{,}5 a\hat{u}_P^2 = 33{,}75 \text{ mA}$;

$i_1 = 2a\hat{u}_P^2 = 45 \text{ mA}$;

$i_2 = \dfrac{a\hat{u}_P^2}{2} = 11{,}25 \text{ mA}$.

Das Spektrum ist in Bild L-21 skizziert mit:

$\hat{i}_S(f_S = 4{,}5 \text{ MHz}) = 5{,}85 \text{ mA}$;

$\hat{i}(f_P + f_S = 14 \text{ MHz}) = \hat{i}(f_P - f_S = 5 \text{ MHz}) = 2{,}93 \text{ mA}$;

$i_0(f = 0) = 33{,}75 \text{ mA}$;

$\hat{i}_1(f_P = 9{,}5 \text{ MHz}) = 45 \text{ mA}$;

$\hat{i}_2(2f_P = 19 \text{ MHz}) = 11{,}25 \text{ mA}$.

Übung 2.1.1/1:

a) *Aus Beispiel 2.1/1:*

aus (11): $g_{1max} = 2a\hat{u}_P$ für $\Theta = \pi$;

aus (9): $U_{V opt} = U_S + \hat{u}_P = (0{,}4 + 0{,}5) \text{ V} = 0{,}9 \text{ V}$.

b) Reelle Fourierkoeffizienten für $\Theta = \pi$:

aus *Übung 2.1/3* $\Rightarrow g_0 = 2a\hat{u}_P = 138{,}9 \dfrac{mA}{V}$;

$g_1 = g_{1max} = 2a\hat{u}_P = 138{,}9 \dfrac{mA}{V}$;

$g_2 = 0$.

Komplexe Fourierkoeffizienten:

nach (A17): $\underline{G}_0 = g_0 = 138{,}9 \, \dfrac{\text{mA}}{\text{V}}$;

nach (A18): $\underline{G}_1 = \dfrac{g_1}{2} = 69{,}45 \, \dfrac{\text{mA}}{\text{V}}$;

$$\underline{G}_2 = \dfrac{g_2}{2} = 0 \, .$$

c) Analog zu (2.1/3) $\Rightarrow |\pm m \cdot f_P \pm f_1|$ mit $m = 0, 1, 2, 3 \ldots$;

$$\left. \begin{array}{l} m = 0: \quad \pm f_1 \Rightarrow f_1 \\ m = 1: \quad \pm f_P \pm f_1 \Rightarrow f_2 = f_P - f_1 \\ m = 2: \quad \pm 2f_P \pm f_1 \Rightarrow f_3 = 2f_P - f_1 \end{array} \right\} \begin{array}{l} f_1 = f_P - f_2 = 2f_P - f_3 ; \\ f_2 = f_P - f_1 = -f_P + f_3 ; \\ f_3 = 2f_P - f_1 = f_P + f_2 \, . \end{array}$$

Konversionsgleichungen nach „Kochrezept":

$$\underbrace{\underline{I}_1}_{f_1} = \underbrace{\underline{G}_0 \cdot \underline{U}_1}_{\substack{0f_P + f_1 \\ f_1}} + \underbrace{\underline{G}_1 \cdot \underline{U}_2^*}_{\substack{1f_P - f_2 \\ f_1}} - \underbrace{\underline{G}_2 \cdot \underline{U}_3^*}_{\substack{2f_P - f_3 \\ f_1}} ; \tag{1}$$

$$\underbrace{\underline{I}_2}_{f_2} = \underbrace{\underline{G}_1 \cdot \underline{U}_1^*}_{\substack{1f_P - f_1 \\ f_2}} + \underbrace{\underline{G}_0 \cdot \underline{U}_2}_{\substack{0f_P + f_2 \\ f_2}} - \underbrace{\underline{G}_1^* \cdot \underline{U}_3}_{\substack{-1f_P - f_3 \\ f_2}} ; \tag{2}$$

$$\underbrace{\underline{I}_3}_{f_3} = \underbrace{-\underline{G}_2 \cdot \underline{U}_1^*}_{\substack{2f_P - f_1 \\ f_3}} - \underbrace{\underline{G}_1 \cdot \underline{U}_2}_{\substack{1f_P + f_2 \\ f_3}} + \underbrace{\underline{G}_0 \cdot \underline{U}_3}_{\substack{0f_P - f_3 \\ f_3}} \, . \tag{3}$$

Aus (1) $\Rightarrow \underline{I}_1^* = \underline{G}_0 \underline{U}_1^* + \underline{G}_1^* \underline{U}_2 - \underline{G}_2^* \underline{U}_3$

$$\Rightarrow \begin{bmatrix} \underline{I}_1^* \\ \underline{I}_2 \\ \underline{I}_3 \end{bmatrix} = \begin{bmatrix} \underline{G}_0 & \underline{G}_1^* & -\underline{G}_2^* \\ \underline{G}_1 & \underline{G}_0 & -\underline{G}_1^* \\ -\underline{G}_2 & -\underline{G}_1 & \underline{G}_0 \end{bmatrix} \cdot \begin{bmatrix} \underline{U}_1^* \\ \underline{U}_2 \\ \underline{U}_3 \end{bmatrix}$$

Aus Bild 2.1.1-2a $\Rightarrow \underline{I}_2 = -\dfrac{1}{R_2} \underline{U}_2$; $\tag{4}$

$\dfrac{1}{R_2} = G_2 \ne$ Fourierkoeffizient $\underline{G}_2$.

(4) in (2): $-G_2 \underline{U}_2 = \underline{G}_1 \underline{U}_1^* + \underline{G}_0 \underline{U}_2 - \underline{G}_1^* \underline{U}_3$

$$-\underline{U}_2 [\underline{G}_0 + G_2] = \underline{G}_1 \underline{U}_1^* - \underline{G}_1^* \underline{U}_3 \Rightarrow \underline{U}_2 = \dfrac{\underline{G}_1^* \underline{U}_3 - \underline{G}_1 \underline{U}_1^*}{\underline{G}_0 + G_2} \, . \tag{5}$$

(5) in (1): $\underline{I}_1 = \underline{G}_0 \underline{U}_1 + \underline{G}_1 \left[\dfrac{\underline{G}_1 \underline{U}_3^* - \underline{G}_1^* \underline{U}_1}{\underline{G}_0 + G_2} \right] - \underline{G}_2 \underline{U}_3^*$

$$\underline{I}_1 = \left[\underline{G}_0 - \dfrac{|\underline{G}_1|^2}{\underline{G}_0 + G_2} \right] \underline{U}_1 + \left[\dfrac{(\underline{G}_1)^2}{\underline{G}_0 + G_2} - \underline{G}_2 \right] \underline{U}_3^* \, . \tag{6}$$

Lösungen der Übungsaufgaben

(5) in (3): $\underline{I}_3 = -\underline{G}_2 \underline{U}_1^* - \underline{G}_1 \left[\dfrac{\underline{G}_1^* \underline{U}_3 - \underline{G}_1 \underline{U}_1^*}{G_0 + \underline{G}_2} \right] + G_0 \underline{U}_3$

$$\underline{I}_3 = \left[\dfrac{(\underline{G}_1)^2}{G_0 + \underline{G}_2} - \underline{G}_2 \right] \underline{U}_1^* + \left[G_0 - \dfrac{|\underline{G}_1|^2}{G_0 + \underline{G}_2} \right] \underline{U}_3. \tag{7}$$

(7) wird konjugiert komplex erweitert, damit die Spaltenvektoren mit (6) übereinstimmen.

$$\underline{I}_3^* = \left[\dfrac{(\underline{G}_1^*)^2}{G_0 + \underline{G}_2} - \underline{G}_2^* \right] \underline{U}_1 + \left[G_0 - \dfrac{|\underline{G}_1|^2}{G_0 + \underline{G}_2} \right] \underline{U}_3^*. \tag{8}$$

Mit (6) und (8):

$$\begin{bmatrix} \underline{I}_1 \\ \underline{I}_3^* \end{bmatrix} = \begin{bmatrix} G_0 - \dfrac{|\underline{G}_1|^2}{G_0 + \underline{G}_2} & \dfrac{(\underline{G}_1)^2}{G_0 + \underline{G}_2} - \underline{G}_2 \\ \dfrac{(\underline{G}_1^*)^2}{G_0 + \underline{G}_2} - \underline{G}_2^* & G_0 - \dfrac{|\underline{G}_1|^2}{G_0 + \underline{G}_2} \end{bmatrix} \cdot \begin{bmatrix} \underline{U}_1 \\ \underline{U}_3^* \end{bmatrix} \tag{9}$$

d1) $\begin{bmatrix} \underline{I}_1 \\ \underline{I}_3^* \end{bmatrix} = \begin{bmatrix} \underline{y}_{11} & \underline{y}_{12} \\ \underline{y}_{21} & \underline{y}_{22} \end{bmatrix} \cdot \begin{bmatrix} \underline{U}_1 \\ \underline{U}_3^* \end{bmatrix}$ \hfill (10)

Vergleich (10) mit (9):

$$\underline{y}_{11} = \underline{y}_{22} = G_0 - \dfrac{|\underline{G}_1|^2}{G_0 + \underline{G}_2} = \left(138{,}9 - \dfrac{(69{,}45)^2}{138{,}9 + 1} \right) \cdot \dfrac{\text{mA}}{\text{V}} = 104{,}42 \dfrac{\text{mA}}{\text{V}};$$

$$\underline{y}_{12} = \dfrac{(\underline{G}_1)^2}{G_0 + \underline{G}_2} - \underline{G}_2 = \left[\dfrac{(69{,}45)^2}{138{,}9 + 1} \right] \cdot \dfrac{\text{mA}}{\text{V}} = 34{,}48 \dfrac{\text{mA}}{\text{V}};$$

$$\underline{y}_{21} = \dfrac{(\underline{G}_1^*)^2}{G_0 + \underline{G}_2} - \underline{G}_2^* = \left[\dfrac{(69{,}45)^2}{138{,}9 + 1} \right] \cdot \dfrac{\text{mA}}{\text{V}} = 34{,}48 \dfrac{\text{mA}}{\text{V}}.$$

d2) Aus [15] für die Vierpolbeschaltung in Bild L-22:

$$\underline{Y}_{\text{in}} = \dfrac{\underline{I}_1}{\underline{U}_1} = \dfrac{\det \underline{y} + \underline{y}_{11} \underline{Y}_L}{\underline{y}_{22} + \underline{Y}_L}; \tag{11}$$

$$\underline{V}_u = \dfrac{\underline{U}_2}{\underline{U}_1} = \dfrac{-\underline{y}_{21}}{\underline{y}_{22} + \underline{Y}_L}; \tag{12}$$

$$\underline{V}_i = \dfrac{\underline{I}_2}{\underline{I}_1} = \dfrac{\underline{y}_{21} \underline{Y}_L}{\det \underline{y} + \underline{y}_{11} \underline{Y}_L}; \tag{13}$$

$$\underline{Y}_{\text{out}} = \dfrac{\underline{I}_2}{\underline{U}_2} = \dfrac{\det \underline{y} + \underline{y}_{22} \underline{Y}_S}{\underline{y}_{11} + \underline{Y}_S}; \tag{14}$$

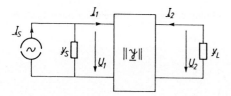

Bild L-22
Normvierpol für die Berechnung
mit $\underline{y}$-Parametern

$$\det \underline{y} = \underline{y}_{11}\underline{y}_{22} - \underline{y}_{12}\underline{y}_{21} = [104{,}42^2 - 34{,}48^2]\left(\frac{\mathrm{mA}}{\mathrm{V}}\right)^2 = 9714{,}67 \cdot \left(\frac{\mathrm{mA}}{\mathrm{V}}\right)^2.$$

Analog zu (11) mit $G_3 = \dfrac{1}{R_3}$:

$$\underline{Y}_{\mathrm{in}} = \frac{\underline{I}_1}{\underline{U}_1} = \frac{\det \underline{y} + \underline{y}_{11}G_3}{\underline{y}_{22} + G_3} = \frac{9714{,}67 + 104{,}42}{104{,}42 + 1}\cdot \frac{\mathrm{mA}}{\mathrm{V}} = 93{,}14 \cdot \frac{\mathrm{mA}}{\mathrm{V}}$$

$$\Rightarrow \underline{Z}_{\mathrm{in}} = \frac{1}{\underline{Y}_{\mathrm{in}}} = 10{,}74\ \Omega.$$

Analog zu (12): $\underline{V}_u = \dfrac{\underline{U}_3^*}{\underline{U}_1} = \dfrac{-\underline{y}_{21}}{\underline{y}_{22} + G_3} = \dfrac{-34{,}48}{104{,}42 + 1} = -0{,}327.$

Analog zu (13):

$$\underline{V}_i = \frac{\underline{I}_3^*}{\underline{I}_1} = \frac{\underline{y}_{21}G_3}{\det \underline{y} + \underline{y}_{11}G_3} = \frac{34{,}48 \cdot 1}{9714{,}67 + 104{,}42 \cdot 1} = 3{,}512 \cdot 10^{-3}.$$

Analog zu (14) mit $G_1 = \dfrac{1}{R_1}$:

$$\underline{Y}_{\mathrm{out}} = \frac{\underline{I}_3^*}{\underline{U}_3^*} = \frac{\det \underline{y} + \underline{y}_{22}G_1}{\underline{y}_{11} + G_1} = \frac{9714{,}67 + 104{,}42 \cdot 1}{104{,}42 + 1}\ \frac{\mathrm{mA}}{\mathrm{V}} = 93{,}14 \cdot \frac{\mathrm{mA}}{\mathrm{V}}$$

$$\Rightarrow \underline{Z}_{\mathrm{out}} = \frac{1}{\underline{Y}_{\mathrm{out}}} = 10{,}74\ \Omega.$$

e) $\underline{U}_1 = \dfrac{\underline{I}_1'}{G_1 + \underline{Y}_{\mathrm{in}}} = \dfrac{0{,}5\,\mathrm{e}^{-\mathrm{j}60°}}{1 + 93{,}14}\cdot \mathrm{V} = 5{,}311 \cdot \mathrm{e}^{-\mathrm{j}60°}\cdot \mathrm{mV};$

$\underline{U}_3 = \underline{V}_u^*\underline{U}_1^* = -0{,}327 \cdot 5{,}311 \cdot \mathrm{e}^{\mathrm{j}60°}\cdot \mathrm{mV} = -1{,}737 \cdot \mathrm{e}^{\mathrm{j}60°}\cdot \mathrm{mV} = 1{,}737\cdot\mathrm{e}^{-\mathrm{j}120°}\cdot \mathrm{mV};$

$\underline{I}_3 = -\dfrac{\underline{U}_3}{R_3} = -\dfrac{-1{,}737\cdot \mathrm{e}^{\mathrm{j}60°}\cdot \mathrm{mV}}{1\,\mathrm{k}\Omega} = 1{,}737\cdot \mathrm{e}^{\mathrm{j}60°}\cdot \mu\mathrm{A}.$

2. Weg: $\underline{I}_1 = \dfrac{\underline{U}_1}{\underline{Z}_{\mathrm{in}}} = \dfrac{5{,}311\cdot \mathrm{e}^{-\mathrm{j}60°}\cdot \mathrm{mV}}{10{,}74\ \Omega} = 0{,}495\cdot \mathrm{e}^{-\mathrm{j}60°}\cdot \mathrm{mA}$

$\underline{I}_3 = \underline{V}_i^*\underline{I}_1^* = 3{,}512 \cdot 10^{-3} \cdot 0{,}495 \cdot \mathrm{e}^{\mathrm{j}60°}\cdot \mathrm{mA} = 1{,}737\cdot \mathrm{e}^{\mathrm{j}60°}\cdot \mu\mathrm{A}$

Übung 2.1.1/2:

Aus (2.1/3) $\Rightarrow |\pm m \cdot f_P \pm f_S|;$

$$\left.\begin{array}{l} m = 0: \quad \pm f_S \Rightarrow f_S \\ m = 1: \quad \pm f_P \pm f_S \Rightarrow f_P - f_S = f_{ZF} \\ m = 2: \quad \pm 2f_P \pm f_S \Rightarrow 2f_P - f_S = f_{SP} \end{array}\right\} \left.\begin{array}{l} f_S = f_P - f_{ZF} = 2f_P - f_{SP} \\ f_{ZF} = f_P - f_S = -f_P + f_{SP} \\ f_{SP} = 2f_P - f_S = f_P + f_{ZF} \end{array}\right\} . \tag{1}$$

Aus Bild 2.1.1.4 $\Rightarrow$ Stromsteuerung $\Rightarrow$ differentieller Widerstand $r(\omega_P t) \Rightarrow$ komplexe Fourierkoeffizienten $\underline{R}_n \Rightarrow$ mit (1):

$$\underline{U}_S = -\underline{R}_0 \cdot \underline{I}_S - \underline{R}_1 \cdot \underline{I}_{ZF}^* - \underline{R}_2 \cdot \underline{I}_{SP}^*; \tag{2}$$

$\underbrace{f_S}_{f_S}\quad \underbrace{0f_P + f_S}_{f_S} \quad \underbrace{1f_P - f_{ZF}}_{f_S} \quad \underbrace{2f_P - f_{SP}}_{f_S}$

Lösungen der Übungsaufgaben

$$\underline{U}_{ZF} = -\underline{R}_1 \cdot \underline{I}_S^* - \underline{R}_0 \cdot \underline{I}_{ZF} - \underline{R}_1^* \cdot \underline{I}_{SP} ; \tag{3}$$

$$\underbrace{f_{ZF}}_{f_{ZF}} \quad \underbrace{1f_P - f_S}_{f_{ZF}} \quad \underbrace{0f_P - f_{ZF}}_{f_{ZF}} \quad \underbrace{-1f_P + f_{SP}}_{f_{ZF}}$$

$$\underline{U}_{SP} = -\underline{R}_2 \cdot \underline{I}_S^* + \underline{R}_1 \cdot \underline{I}_{ZF} + \underline{R}_2 \cdot \underline{I}_{SP} . \tag{4}$$

$$\underbrace{f_{SP}}_{f_{SP}} \quad \underbrace{2f_P - f_S}_{f_{SP}} \quad \underbrace{1f_P + f_{ZF}}_{f_{SP}} \quad \underbrace{0f_P + f_{SP}}_{f_{SP}}$$

Aus (2) $\Rightarrow \underline{U}_S^* = -\underline{R}_0 \underline{I}_S^* - \underline{R}_1^* \underline{I}_{ZF} - \underline{R}_2^* \underline{I}_{SP} .$ (5)

Aus (5), (3) und (4) erhält man die Konversionsmatrix:

$$\begin{bmatrix} \underline{U}_S^* \\ \underline{U}_{ZF} \\ \underline{U}_{SP} \end{bmatrix} = \begin{bmatrix} -\underline{R}_0 & -\underline{R}_1^* & -\underline{R}_2^* \\ -\underline{R}_1 & -\underline{R}_0 & -\underline{R}_1^* \\ +\underline{R}_2 & +\underline{R}_1 & +\underline{R}_0 \end{bmatrix} \cdot \begin{bmatrix} \underline{I}_S^* \\ \underline{I}_{ZF} \\ \underline{I}_{SP} \end{bmatrix}$$

Übung 2.1.2/1:

Aus (2.1/3) $\Rightarrow |\pm m \cdot f_P \pm f_S|$

$$\left.\begin{array}{ll} m = 0: & \pm f_S \Rightarrow f_S \\ m = 1: & \pm f_P \pm f_S \Rightarrow f_P - f_S = f_h \\ m = 2: & \pm 2f_P \pm f_S \Rightarrow 2f_P - f_S = f_{out} \end{array}\right\} \left.\begin{array}{l} f_S = f_P - f_h = 2f_P - f_{out} \\ f_h = f_P - f_S = -f_P + f_{out} \\ f_{out} = 2f_P - f_S = f_P + f_h \end{array}\right\} \tag{1}$$

Aus Bild 2.1.2-4a $\Rightarrow$ idealisierte Parallelschwingkreise $\Rightarrow$ Spannungssteuerung der Kapazitätsdiode $\Rightarrow$ differentielle Kapazität $c(\omega_P t)$ $\Rightarrow$ komplexe Fourierkoeffizienten $\underline{C}_n$ $\Rightarrow$ mit (1):

$$\underline{Q}_S = \underline{C}_0 \cdot \underline{U}_S + \underline{C}_1 \cdot \underline{U}_h^* - \underline{C}_2 \cdot \underline{U}_{out}^* ; \tag{2}$$

$$\underbrace{f_S}_{f_S} \quad \underbrace{0f_P + f_S}_{f_S} \quad \underbrace{1f_P - f_h}_{f_S} \quad \underbrace{2f_P - f_{out}}_{f_S}$$

$$\underline{Q}_h = -\underline{C}_1 \cdot \underline{U}_S^* - \underline{C}_0 \cdot \underline{U}_h + \underline{C}_1^* \cdot \underline{U}_{out} ; \tag{3}$$

$$\underbrace{f_h}_{f_h} \quad \underbrace{1f_P - f_S}_{f_h} \quad \underbrace{0f_P + f_h}_{f_h} \quad \underbrace{-1f_P + f_{out}}_{f_h}$$

$$\underline{Q}_{out} = \underline{C}_2 \cdot \underline{U}_S^* + \underline{C}_1 \cdot \underline{U}_h - \underline{C}_0 \cdot \underline{U}_{out} . \tag{4}$$

$$\underbrace{f_{out}}_{f_{out}} \quad \underbrace{2f_P - f_S}_{f_{out}} \quad \underbrace{1f_P + f_h}_{f_{out}} \quad \underbrace{0f_P + f_{out}}_{f_{out}}$$

Aus (2): $\underline{Q}_S^* = \underline{C}_0 \underline{U}_S^* + \underline{C}_1^* \underline{U}_h - \underline{C}_2^* \underline{U}_{out} .$ (5)

Aus (5), (3) und (4) ergibt sich:

$$\begin{bmatrix} \underline{Q}_S^* \\ \underline{Q}_h \\ \underline{Q}_{out} \end{bmatrix} = \begin{bmatrix} \underline{C}_0 & \underline{C}_1^* & -\underline{C}_2^* \\ -\underline{C}_1 & -\underline{C}_0 & \underline{C}_1^* \\ \underline{C}_2 & \underline{C}_1 & -\underline{C}_0 \end{bmatrix} \cdot \begin{bmatrix} \underline{U}_S^* \\ \underline{U}_h \\ \underline{U}_{out} \end{bmatrix} . \tag{6}$$

Aus Beispiel 2.1.2/1 Gleichung (11) $\Rightarrow \underline{Q} = \dfrac{\underline{I}}{j\omega}, \quad \underline{Q}^* = \dfrac{\underline{I}^*}{-j\omega}$ (7)

(7) in (6):

$$\begin{bmatrix} \underline{I}_S^* \\ \underline{I}_h \\ \underline{I}_{out} \end{bmatrix} = \begin{bmatrix} -j\omega_S \underline{C}_0 & -j\omega_S \underline{C}_1^* & j\omega_S \underline{C}_2^* \\ -j\omega_h \underline{C}_1 & -j\omega_h \underline{C}_0 & j\omega_h \underline{C}_1^* \\ j\omega_{out} \underline{C}_2 & j\omega_{out} \underline{C}_1 & -j\omega_{out} \underline{C}_0 \end{bmatrix} \cdot \begin{bmatrix} \underline{U}_S^* \\ \underline{U}_h \\ \underline{U}_{out} \end{bmatrix} .$$

Übung 2.1.2/2:

Aus (2.1/3) $\Rightarrow \left.\begin{array}{l} f_S = 2f_P - f_{SP} = f_P + f_{out} \\ f_{SP} = 2f_P - f_S = f_P - f_{out} \\ f_{out} = f_S - f_P = f_P - f_{SP} \end{array}\right\}$. (1)

Die Sperrschichtkapazität $C(U)$ wird mit Hilfe der Elastanz dargestellt, welche in die Fourierkoeffizienten $\underline{S}_0, \underline{S}_1, \underline{S}_2, \ldots$ aufgeteilt wird. Der die Verluste des Halbleitermaterials beschreibende Bahnwiderstand R_j liegt in Serie zur Sperrschichtkapazität und damit auch in Serie zu S_0. Da R_j ebenso wie S_0 keine Frequenzumsetzung $(0f_P)$ bewirkt, kann S_0 und R_j formal zu $\tilde{S}_0 = S_0 \pm j\omega R_j$ zusammengefaßt werden. Mit dieser Definitionsgröße $\tilde{S}_0$ ist es nun möglich, die weitere Berechnung formal mit dem bewährten „Kochrezept" durchzuführen:

$$\underbrace{\underline{U}_S}_{f_S} = \underbrace{\tilde{\underline{S}}_0}_{\underbrace{0f_P + f_S}_{f_S}} \cdot \underline{Q}_S + \underbrace{\underline{S}_2}_{\underbrace{2f_P - f_{SP}}_{f_S}} \cdot \underline{Q}_{SP}^* + \underbrace{\underline{S}_1}_{\underbrace{1f_P + f_{out}}_{f_S}} \cdot \underline{Q}_{out} \quad aus\ (1) \tag{2}$$

$$\underbrace{\underline{U}_{SP}^*}_{-f_{SP}} = \underbrace{\underline{S}_2^*}_{\underbrace{-2f_P + f_S}_{-f_{SP}}} \cdot \underline{Q}_S + \underbrace{\tilde{\underline{S}}_0}_{\underbrace{0f_P - f_{SP}}_{-f_{SP}}} \cdot \underline{Q}_{SP}^* + \underbrace{\underline{S}_1^*}_{\underbrace{-1f_P + f_{out}}_{-f_{SP}}} \cdot \underline{Q}_{out} \quad aus\ (1) \tag{3}$$

$$\underbrace{\underline{U}_{out}}_{f_{out}} = \underbrace{\underline{S}_1^*}_{\underbrace{-1f_P + f_S}_{f_{out}}} \cdot \underline{Q}_S + \underbrace{\underline{S}_1}_{\underbrace{1f_P - f_{SP}}_{f_{out}}} \cdot \underline{Q}_{SP}^* + \underbrace{\tilde{\underline{S}}_0}_{\underbrace{0f_P + f_{out}}_{f_{out}}} \cdot \underline{Q}_{out} \quad aus\ (1) \tag{4}$$

$$\begin{bmatrix} \underline{U}_S \\ \underline{U}_{SP}^* \\ \underline{U}_{out} \end{bmatrix} = \begin{bmatrix} \tilde{\underline{S}}_0 & \underline{S}_2 & \underline{S}_1 \\ \underline{S}_2^* & \tilde{\underline{S}}_0 & \underline{S}_1^* \\ \underline{S}_1^* & \underline{S}_1 & \tilde{\underline{S}}_0 \end{bmatrix} \cdot \begin{bmatrix} \underline{Q}_S \\ \underline{Q}_{SP}^* \\ \underline{Q}_{out} \end{bmatrix}. \tag{5}$$

Die Konversionsgleichungen $\underline{U}(Q)$ in (5) gelten für eine stromgesteuerte Reaktanzdiode mit Bahnwiderstand R_j.
$\tilde{S}_0 = S_0 \pm j\omega R_j$ in (5) eingesetzt:

$$\begin{bmatrix} \underline{U}_S \\ \underline{U}_{SP}^* \\ \underline{U}_{out} \end{bmatrix} = \begin{bmatrix} S_0 + j\omega_S R_j & \underline{S}_2 & \underline{S}_1 \\ \underline{S}_2^* & S_0 - j\omega_{SP} R_j & \underline{S}_1^* \\ \underline{S}_1^* & \underline{S}_1 & S_0 + j\omega_{out} R_j \end{bmatrix} \begin{bmatrix} \underline{Q}_S \\ \underline{Q}_{SP}^* \\ \underline{Q}_{out} \end{bmatrix}. \tag{6}$$

Mit den Beziehungen $\underline{Q} = \dfrac{\underline{I}}{j\omega}$ und $\underline{Q}^* = \dfrac{\underline{I}^*}{-j\omega}$ lassen sich die Gleichungen $\underline{U}(Q)$ aus (6) in die Gleichungen $\underline{U}(I)$ überführen.

$$\begin{bmatrix} \underline{U}_S \\ \underline{U}_{SP}^* \\ \underline{U}_{out} \end{bmatrix} = \begin{bmatrix} R_j + \dfrac{S_0}{j\omega_S} & \dfrac{-\underline{S}_2}{j\omega_{SP}} & \dfrac{\underline{S}_1}{j\omega_{out}} \\ \dfrac{\underline{S}_2^*}{j\omega_S} & R_j - \dfrac{S_0}{j\omega_{SP}} & \dfrac{\underline{S}_1^*}{j\omega_{out}} \\ \dfrac{\underline{S}_1^*}{j\omega_S} & \dfrac{-\underline{S}_1}{j\omega_{SP}} & R_j + \dfrac{S_0}{j\omega_{out}} \end{bmatrix} \begin{bmatrix} \underline{I}_S \\ \underline{I}_{SP}^* \\ \underline{I}_{out} \end{bmatrix}. \tag{7}$$

b) Die Konversionsmatrix (7) beschreibt das Verhalten der stromgesteuerten Varaktordiode mit Bahnwiderstand. Wird die Größe $S_0/j\omega$ in die Serienschwingkreise eingerechnet, dann kann für alle S_0-Terme in (7) formal $S_0 = 0$ gesetzt werden.

Lösungen der Übungsaufgaben

$$\begin{bmatrix} \underline{U}_S \\ \underline{U}_{SP}^* \\ \underline{U}_{out} \end{bmatrix} = \begin{bmatrix} R_j & \dfrac{-\underline{S}_2}{j\omega_{SP}} & \dfrac{\underline{S}_1}{j\omega_{out}} \\ \dfrac{\underline{S}_2^*}{j\omega_S} & R_j & \dfrac{\underline{S}_1^*}{j\omega_{out}} \\ \dfrac{\underline{S}_1^*}{j\omega_S} & \dfrac{-\underline{S}_1}{j\omega_{SP}} & R_j \end{bmatrix} \begin{bmatrix} \underline{I}_S \\ \underline{I}_{SP}^* \\ \underline{I}_{out} \end{bmatrix}. \qquad (8)$$

Übung 2.1.2/3:

Für quantitative Rechnungen ist es günstig, die sogenannte dynamische Güte $q = |\underline{S}_1|/\omega_S R_j$ einzuführen.

Aus Beispiel 2.1.2/4: *Gl. (14)* ⇒

$$\underline{Z}_{in} = R_j + \dfrac{\dfrac{|\underline{S}_1|^2}{\omega_S^2 R_j^2} \cdot \dfrac{\omega_S}{\omega_{out}} \cdot R_j}{1 + \dfrac{R_{out}}{R_j} - \dfrac{|\underline{S}_1|^2}{\omega_S^2 R_j^2} \cdot \dfrac{\omega_S^2}{\omega_{SP}\omega_{out}} \cdot \dfrac{R_j}{R_{SP} + R_j}},$$

$$\underline{Z}_{in} = R_j \left[1 + \dfrac{q^2 \cdot \dfrac{f_S}{f_{out}}}{1 + \dfrac{R_{out}}{R_j} - q^2 \dfrac{f_S^2}{f_{SP}f_{out}} \cdot \dfrac{R_j}{R_{SP} + R_j}} \right]. \qquad (1)$$

Aus (16) ⇒ $\underline{Z}_{out} = R_j + \dfrac{|\underline{S}_1|^2}{\omega_S^2 R_j^2} \cdot \dfrac{\omega_S^2 R_j^2}{\omega_{out}} \cdot \left[\dfrac{1}{\omega_S(R_j + R_S)} - \dfrac{1}{\omega_{SP}(R_j + R_{SP})} \right],$

$$\underline{Z}_{out} = R_j \cdot \left[1 + q^2 \cdot \dfrac{f_S}{f_{out}} \cdot \left(\dfrac{R_j}{R_j + R_S} - \dfrac{f_S}{f_{SP}} \cdot \dfrac{R_j}{R_j + R_{SP}} \right) \right]. \qquad (2)$$

Aus (18) ⇒ $L_V = \dfrac{R_S}{Re\{\underline{Z}_{out}\}} \cdot \dfrac{|\underline{S}_1|^2}{\omega_S^2 R_j^2} \cdot \left(\dfrac{R_j}{R_j + R_S} \right)^2,$

$$L_V = \dfrac{R_S}{Re\{\underline{Z}_{out}\}} \cdot q^2 \dfrac{1}{\left(1 + \dfrac{R_S}{R_j}\right)^2}; \qquad (3)$$

$$q = \dfrac{|\underline{S}_1|}{\omega_S R_j} = \dfrac{2{,}84 \cdot 10^{12} \dfrac{V}{A\,s}}{2\pi \cdot 34 \cdot \dfrac{10^9}{s} \cdot 2{,}1 \dfrac{V}{A}} = 6{,}33 \Rightarrow q^2 = 40\,.$$

a) $R_{SP} = \infty$ (Spiegelleerlauf):

$$\text{Aus (1)} \Rightarrow \underline{Z}_{in} = R_j \left[1 + \dfrac{q^2 \cdot \dfrac{f_S}{f_{out}}}{1 + \dfrac{R_{out}}{R_j}} \right], \qquad (4)$$

$$\underline{Z}_{in} = 2,1\,\Omega \left[1 + \frac{40 \cdot \frac{34}{3}}{1 + \frac{2,1}{2,1}} \right] = 478,1\,\Omega\,.$$

Aus (2) $\Rightarrow \underline{Z}_{out} = R_j \left[1 + q^2 \cdot \frac{f_S}{f_{out}} \cdot \frac{R_j}{R_j + R_S} \right]$, (5)

$$\underline{Z}_{out} = 2,1\,\Omega \left[1 + 40 \cdot \frac{34}{3} \cdot \frac{2,1}{2,1 + 2,1} \right] = 478,1\,\Omega\,.$$

Aus (3) $\Rightarrow L_V = \frac{2,1}{478,1} \cdot 40 \cdot \frac{1}{\left(1 + \frac{2,1}{2,1}\right)^2} = 4,39 \cdot 10^{-2}$.

Ein Spiegelwiderstand $R_{SP} = \infty$ bedeutet in Bild 2.1.2-10, daß kein geschlossener Stromkreis für den Spiegelstrom $\underline{I}_{SP}$ vorhanden ist, so daß $\underline{I}_{SP} = 0$ gilt. Da kein Strom $\underline{I}_{SP}$ fließen kann (auch nicht über den Bahnwiderstand R_j), wird keine Wirkleistung bei der Spiegelfrequenz f_{SP} umgesetzt. Das hat zur Folge, daß der Ein- und Ausgangskreis nicht entdämpft werden kann, d. h. die Impedanzen $\underline{Z}_{in}$ nach (4) und $\underline{Z}_{out}$ nach (5) können nicht negativ werden, da die negativen Terme in (1) und (2) durch $R_{SP} \to \infty$ herausgefallen sind. Weiterhin ist nur eine verfügbare Leistungsverstärkung $L_V < 1$ möglich.

b) $R_{SP} = 3\,\Omega$:

Aus (1) $\Rightarrow \underline{Z}_{in} = 2,1\,\Omega \left[1 + \frac{40 \cdot \frac{34}{3}}{1 + \frac{2,1}{2,1} - 40 \cdot \frac{34^2}{28 \cdot 3} \cdot \frac{2,1}{3 + 2,1}} \right] = -2,14\,\Omega$.

Aus (2) $\Rightarrow \underline{Z}_{out} = 2,1\,\Omega \left[1 + 40 \cdot \frac{34}{3} \cdot \left(\underbrace{\frac{2,1}{2,1 + 2,1}}_{0,5} - \underbrace{\frac{34}{28} \cdot \frac{2,1}{2,1 + 3}}_{0,5} \right) \right] = 2,1\,\Omega$.

Aus (3) $\Rightarrow L_V = \frac{2,1}{2,1} \cdot 40 \cdot \frac{1}{\left(1 + \frac{2,1}{2,1}\right)^2} = 10$.

Da ein Spiegelstrom $\underline{I}_{SP}$ fließen kann und somit Wirkleistung bei der Spiegelfrequenz umgesetzt wird, kann der Eingangskreis entdämpft werden. Die negative Eingangsimpedanz $\underline{Z}_{in}$ hat bei einer Wellenbetrachtung einen Reflexionsfaktorbetrag $|r| > 1$ zur Folge, so daß eine Welle verstärkt wird (s. Kap. 8). Dieser Verstärkungstyp wird Reflexionsverstärker genannt.
Am Ausgang des Mischers liegt mit $\underline{Z}_{out} = R_{out} = 2,1\,\Omega$ Leistungsanpassung vor. Im Gegensatz zu Fall a) erhält man jetzt ein $L_V > 1$, d. h. das Ausgangssignal bei der Frequenz $f_{out} = 3$ GHz ist größer als das Eingangssignal bei der Frequenz $f_S = 34$ GHz. Dieser Abwärtsmischer erzeugt im Gegensatz zum Schottkydiodenmischer in Kap. 2.1.1 eine Verstärkung, wenn der Spiegelwiderstand R_{SP} richtig dimensioniert wird. Man kann sich den Einfluß des Spiegelwiderstandes R_{SP} auf den Verstärkungsmechanismus folgendermaßen vorstellen:
Durch R_{SP} und damit durch $\underline{I}_{SP}$ mischen sich in der Sperrschicht Wirkleistungsanteile auf die Ausgangsfrequenz $f_{out} = 3$ GHz, d. h. der direkte Mischvorgang (34 GHz − 31 GHz = 3 GHz) wird unterstützt durch die Spiegelmischung (31 GHz − 28 GHz = 3 GHz). Bei richtiger Wahl des Spiegelwiderstandes R_{SP} liegen die verschiedenen Anteile des Ausgangssignals in Phase und addieren sich auf eine Ausgangsgröße, die größer ist als die Eingangsgröße, obwohl der Spiegelwiderstand R_{SP} und auch der Bahnwiderstand R_j Wirkleistung verbrauchen (Umsetzung in Wärme).

c) $R_{SP} = 0$ (Spiegelkurzschluß):

$$\text{Aus (1)} \Rightarrow \underline{Z}_{in} = R_j \left[1 + \frac{q^2 \cdot \frac{f_S}{f_{out}}}{1 + \frac{R_{out}}{R_j} - q^2 \cdot \frac{f_S^2}{f_{SP} \cdot f_{out}}} \right], \quad (6)$$

$$\underline{Z}_{in} = 2{,}1\,\Omega \left[1 + \frac{40 \cdot \frac{34}{3}}{1 + \frac{2{,}1}{2{,}1} - 40 \cdot \frac{34^2}{28 \cdot 3}} \right] = 0{,}364\,\Omega .$$

$$\text{Aus (2)} \Rightarrow \underline{Z}_{out} = R_j \left[1 + q^2 \cdot \frac{f_S}{f_{out}} \cdot \left(\frac{R_j}{R_j + R_S} - \frac{f_S}{f_{SP}} \right) \right], \quad (7)$$

$$\underline{Z}_{out} = 2{,}1\,\Omega \left[1 + 40 \cdot \frac{34}{3} \cdot \left(\frac{2{,}1}{2{,}1 + 2{,}1} - \frac{34}{28} \right) \right] = -677{,}9\,\Omega .$$

Aus (3) $\Rightarrow L_V = \frac{2{,}1}{-677{,}9} \cdot 40 \cdot \frac{1}{\left(1 + \frac{2{,}1}{2{,}1}\right)^2} = -3{,}1 \cdot 10^{-2} \Rightarrow$ der Mischer schwingt auf der Frequenz $f_{out} = 3\,\text{GHz}$.

Obwohl der Spiegelwiderstand $R_{SP} = 0$ ist, wird Wirkleistung bei der Spiegelfrequenz f_{SP} umgesetzt, denn der Spiegelstrom I_{SP} findet einen geschlossenen Stromkreis vor und erzeugt Verlustleistung im Bahnwiderstand R_j. Dadurch entsteht die Entdämpfung der Ausgangsimpedanz $\underline{Z}_{out}$; der Mischer ist zum Oszillator geworden, d. h. man könnte das Eingangssignal der Frequenz $f_S = 34\,\text{GHz}$ abschalten und der Mischer würde bei eingeschalteter Pumpaussteuerung weiter auf $f_{out} = 3\,\text{GHz}$ schwingen.

Übung 2.1.3/1:

$u(t) = U_V + \hat{u}_S \cos(\omega_S t) + \hat{u}_P \cos(\omega_P t) \Rightarrow$

Aus (1.2.2/2): $i_0 = a \left[U_0^2 + \frac{\hat{u}_S^2 + \hat{u}_P^2}{2} \right]$;

mit der Abkürzung $U_0 = U_V - U_S = (2 - 1)\,\text{V} = 1\,\text{V}$:

$i_0 = \frac{10\,\text{mA}}{\text{V}^2} \cdot \left[1^2 + \frac{0{,}5^2 + 0{,}2^2}{2} \right] \text{V}^2 = 11{,}45\,\text{mA} .$

Aus (1.2.2/3): $\hat{i}_{1S} = 2aU_0\hat{u}_S = 2 \cdot 10\,\frac{\text{mA}}{\text{V}^2} \cdot 1\,\text{V} \cdot 0{,}5\,\text{V} = 10\,\text{A} .$

Aus (1.2.2/4): $\hat{i}_{2S} = \frac{a\hat{u}_S^2}{2} = \frac{10}{2} \cdot \frac{\text{mA}}{\text{V}^2} \cdot (0{,}5\,\text{V})^2 = 1{,}25\,\text{mA} .$

Aus (1.2.2/5): $\hat{i}_{1P} = 2aU_0\hat{u}_P = 2 \cdot 10 \cdot \frac{\text{mA}}{\text{V}^2} \cdot 0{,}2\,\text{V} = 4\,\text{mA} .$

Aus (1.2.2/6): $\hat{i}_{2P} = \frac{a\hat{u}_P^2}{2} = \frac{10}{2} \cdot \frac{\text{mA}}{\text{V}^2} \cdot (0{,}2\,\text{V})^2 = 0{,}2\,\text{mA} .$

Aus (1.2.2/7): $\hat{i}_{S+P} = \hat{i}_{\pm S \mp P} = a\hat{u}_S\hat{u}_P = 10 \cdot \frac{\text{mA}}{\text{V}^2} \cdot 0{,}5\,\text{V} \cdot 0{,}2\,\text{V} = 1\,\text{mA} .$

$\Rightarrow$ Bild L-23 zeigt das Mischspektrum für die Aussteuerung an einer quadratischen Kennlinie (Steuerkennlinie eines Sperrschichtfeldeffekttransistors).

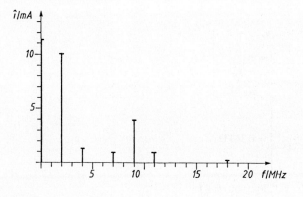

Bild L-23
Mischspektrum eines FET-Mischers

Übung 2.2/1:

Analog zu Beispiel 2.2/2 ⇒

Maschenumlauf für Diodenkreis D1:

$$\sum u(t) = 0 = u_{D1}(t) - u_P(t) - u_S(t) \Rightarrow u_{D1}(t) = u_P(t) + u_S(t). \tag{1}$$

Maschenumlauf für Diodenkreis D2:

$$\sum u(t) = 0 = u_{D2}(t) - u_P(t) + u_S(t) \Rightarrow u_{D2}(t) = u_P(t) - u_S(t). \tag{2}$$

Maschenumlauf für Diodenkreis D3:

$$\sum u(t) = 0 = u_{D3}(t) + u_S(t) + u_P(t) \Rightarrow u_{D3}(t) = -u_P(t) - u_S(t). \tag{3}$$

Maschenumlauf für Diodenkreis D4:

$$\sum u(t) = 0 = u_{D4}(t) - u_S(t) + u_P(t) \Rightarrow u_{D4}(t) = -u_P(t) + u_S(t). \tag{4}$$

Bei der Näherungsrechnung wird angenommen, daß die vier Diodensteuerspannungen $u_{D1}(t)$ bis $u_{D4}(t)$ die Ströme $i_1(t)$ bis $i_4(t)$ zur Folge haben, die dann die Ausgangsspannungen $u_{\text{out},1}(t)$ und $u_{\text{out},2}(t)$ erzeugen.

$$i_1(t) = a_0 + a_1 u_{D1}(t) + a_2 u_{D1}^2(t), \tag{5}$$

$$i_2(t) = a_0 + a_1 u_{D2}(t) + a_2 u_{D2}^2(t), \tag{6}$$

$$i_3(t) = a_0 + a_1 u_{D3}(t) + a_2 u_{D3}^2(t), \tag{7}$$

$$i_4(t) = a_0 + a_1 u_{D4}(t) + a_2 u_{D4}^2(t), \tag{8}$$

$$u_{\text{out},1}(t) = K_1[i_1(t) - i_4(t)], \tag{9}$$

$$u_{\text{out},2}(t) = K_1[i_2(t) - i_3(t)], \tag{10}$$

$$u_{\text{out}}(t) = K_2[u_{\text{out},1}(t) - u_{\text{out},2}(t)]. \tag{11}$$

Die beiden Konstanten K_1 und K_2 beschreiben das Verhalten des Übertragers.

(9) und (10) in (11):

$$u_{\text{out}}(t) = K_1 K_2[i_1(t) - i_4(t) - i_2(t) + i_3(t)]. \tag{12}$$

(5) bis (8) in (12):

$$u_{out}(t) = K_1K_2\{a_0 + a_1\underbrace{[u_P(t) + u_S(t)]}_{aus\ (1)} + a_2\underbrace{[u_P(t) + u_S(t)]^2}_{aus\ (1)} - a_0$$

$$- a_1\underbrace{[-u_P(t) + u_S(t)]}_{aus\ (4)} - a_2\underbrace{[-u_P(t) + u_S(t)]^2}_{aus\ (4)} - a_0 - a_1\underbrace{[u_P(t) + u_S(t)]}_{aus\ (2)}$$

$$- a_2\underbrace{[u_P(t) + u_S(t)]^2}_{aus\ (2)} + a_0 + a_1\underbrace{[-u_P(t) + u_S(t)]}_{aus\ (3)} + a_2\underbrace{[-u_P(t) + u_S(t)]^2}_{aus\ (3)}\}$$

$$= K_1K_2a_2\{[u_P^2(t) + 2u_P(t)u_S(t) + u_S^2(t)] - [u_P^2(t) - 2u_P(t)u_S(t) + u_S^2(t)]$$

$$- [u_P^2(t) - 2u_P(t)u_S(t) + u_S^2(t)] + [u_P^2(t) + 2u_P(t)u_S(t) + u_S^2(t)]\}$$

$$= 8K_1K_2a_2u_P(t)u_S(t) . \tag{13}$$

Setzt man $u_S(t) = \hat{u}_S \cos(\omega_S t)$ und $u_P(t) = \hat{u}_P \cos(\omega_P t)$ in (13) ein, dann ergibt sich:

$$u_{out}(t) = 8K_1K_2a_2\hat{u}_P\hat{u}_S\underbrace{\cos(\omega_P t)\cos(\omega_S t)}_{(A36)}$$

$$u_{out}(t) = 4K_1K_2a_2\hat{u}_P\hat{u}_S[\cos((\omega_P - \omega_S)t) + \cos((\omega_P + \omega_S)t)] . \tag{14}$$

Übung 2.2/2:

Analog zu (2.2/6) $\Rightarrow u_{out}(t) = \dfrac{\tilde{u}_P(t)}{\tilde{U}_P} \cdot u_S(t) ;$ \hfill (1)

$$\text{mit}\quad u_S(t) = \hat{u}_S \cos(\omega_S t) . \tag{2}$$

Die Schaltspannung $\tilde{u}_P(t)$ in Bild 2.2-7b wird in eine Fourierreihe entwickelt. Die rechteckförmig angenommene Schaltspannung $\tilde{u}_P(t)$ mit gleicher positiver und negativer Halbwelle enthält keinen Gleichspannungsanteil (arithmetischer Mittelwert = 0); deshalb darf im Gegensatz zu Beispiel 2.2/3 bei der Fourierreihe kein konstantes Glied auftauchen. Aus [1] $\Rightarrow$

$$\frac{\tilde{u}_P(t)}{\tilde{U}_P} = \frac{4}{\pi} \cdot \left[\cos(\omega_P t) - \frac{1}{3} \cdot \cos(3\omega_P t) + \frac{1}{5} \cdot \cos(5\omega_P t) - \ldots\right] . \tag{3}$$

Setzt man nun (2) und (3) in (1) ein, dann kann wegen des fehlenden konstanten Gliedes der Fourierreihe in (3) bei der Multiplikation mit der Signalspannung in (2) auch das in Beispiel 2.2/3 vorhandene Glied mit $\cos(\omega_S t)$ nicht mehr auftreten.

$$u_{out}(t) = \frac{4\hat{u}_S}{\pi} \cdot [\underbrace{\cos(\omega_S t)\cos(\omega_P t)}_{(A36)} - \frac{1}{3} \cdot \underbrace{\cos(\omega_S t)\cos(3\omega_P t)}_{(A36)} + \frac{1}{5} \cdot \underbrace{\cos(\omega_S t)\cos(5\omega_P t)}_{(A36)} - \ldots],$$

$$u_{out}(t) = \frac{2\hat{u}_S}{\pi} \cdot \Big\{\cos((\omega_P - \omega_S)t) + \cos((\omega_P + \omega_S)t) - \frac{1}{3} \cdot [\cos((3\omega_P - \omega_S)t)$$

$$+ \cos((3\omega_P + \omega_S)t)] + \frac{1}{5} \cdot [\cos((5\omega_P - \omega_S)t) + \cos((5\omega_P + \omega_S)t)] - \ldots\Big\} . \tag{4}$$

Ein Teil des Spektrums von $u_{out}(t)$ aus (4) ist in Bild 2.2-6b dargestellt. Man erkennt auch an diesem Spektrum, daß durch den Doppelgegentaktbetrieb des Mischers keine Spektralanteile bei der Pumpfrequenz

f_P, deren Oberwellenfrequenzen $n \cdot f_P$ ($n = 2, 3, 4 \ldots$) und der Signalfrequenz f_S auftreten. Summen- und Differenzfrequenzanteile liegen symmetrisch zu den ungeradzahligen Vielfachen $m \cdot f_P$ ($m = 1, 3, 5 \ldots$) der Pumpfrequenz f_P. Diese Oberwellenanteile der Summen- und Differenzfrequenzen fehlten beim Spektrum in Bild 2.2-4c, das für die Kleinsignalaussteuerung des Ringmodulators abgeleitet wurde.

Übung 3.2.3/1:

Nach Beispiel 3.2.3/1 können nur die Komponenten von $(f_T \pm 2f_s)$ in den Durchlaßbereich der Seitenbänder fallen. Möglicher Bereich von f_s: 100 Hz … 5 kHz.

Übung 3.2.3/2:

a) Aus Symmetrie und Abstand der Spektrallinien:

$f_T = 1000$ kHz und $f_s = 10$ kHz.

b) Es handelt sich um eine ZSB-AM mit Träger-Unterdrückung. Der Träger wird im Modulator nicht vollständig unterdrückt: die Absenkung beträgt $20 \log (0{,}1/8) \triangleq -38$ dB.
Die Modulator-Kennlinie besitzt stärkere kubische Anteile (bei 980 und 1020 kHz) und weitere Anteile höherer Ordnung.

c) Die Leistung beträgt

$$P = \frac{1}{R} \sum U_n^2 = \frac{1}{2R} \sum \hat{u}_n^2$$

$$= \frac{1}{2 \cdot 50} [2(0{,}9^2 + 1{,}5^2 + 8^2 + 0{,}1^2)]$$

$$= 1{,}3414 \text{ W}.$$

Übung 3.2.3/3:

a) $p'(t) = \dfrac{4}{\pi} \left[\cos(\omega_T t) - \dfrac{1}{3} \cos(3\omega_T t) + \dfrac{1}{5} \cos(5\omega_T t) - + \ldots \right] \cdot [U_0 + \hat{u}_s \cos(\omega_s t)]$

ω_T: $\quad \dfrac{4}{\pi} U_0$ $\left.\vphantom{\dfrac{4}{\pi}}\right\}$ Nutzsignale

$(\omega_T \pm \omega_s)$: $\quad \dfrac{4}{\pi} \dfrac{1}{2} \hat{u}_s$

$3\omega_T$: $\quad -\dfrac{4}{\pi} \dfrac{1}{3} U_0$

$(3\omega_T \pm \omega_s)$: $\quad -\dfrac{4}{\pi} \dfrac{1}{3} \dfrac{1}{2} \hat{u}_s$ $\left.\vphantom{\dfrac{4}{\pi}}\right\}$ wegfiltern!

$5\omega_T$: $\quad \dfrac{4}{\pi} \dfrac{1}{5} U_0$

$(5\omega_T \pm \omega_s)$: $\quad \dfrac{4}{\pi} \dfrac{1}{5} \dfrac{1}{2} \hat{u}_s$

b) Ein Bandpaß bzw. Schwingkreis.

Übung 3.3.2/1:

Die Leistung beträgt

$P_{WM} = U_{WM}^2 / R = \hat{u}_{WM}^2 / (2R); \quad P_T = \hat{u}_T^2 / (2R) = 100/(2 \cdot 50) \text{ W} = 1 \text{ W}.$

Mit (3.3.2/5) gilt:

$$P_{WM} = \frac{\hat{u}_T^2}{2R}\{J_0^2(\Delta\varphi_T) + 2J_1^2(\Delta\varphi_T) + 2J_2^2(\Delta\varphi_T) + 2J_3^2(\Delta\varphi_T) + ...\}$$

$$= \frac{\hat{u}_T^2}{2R}\left\{J_0^2(\Delta\varphi_T) + 2\sum_{n=1}^{\infty} J_n^2(\Delta\varphi_T)\right\}.$$

a) mit den Werten für die Besselfunktion aus Beispiel 3.3.2/3 (Tabelle): für $\Delta\varphi_T = 2$ beträgt

$$P_{WM} \approx 1\,W\{0{,}224^2 + 2[0{,}577^2 + 0{,}353^2 + 0{,}129^2 + 0{,}034^2 + 0{,}007^2 + 0{,}001^2 + ...]\}$$

$$\approx 1{,}000946\,W\,.$$

b) für $\Delta\varphi_T = 5$ beträgt

$$P_{WM} \approx 1\,W\{0{,}178^2 + 2[0{,}328^2 + 0{,}047^2 + 0{,}365^2 + 0{,}391^2 + 0{,}261^2 + 0{,}131^2$$
$$+ 0{,}053^2 + 0{,}018^2 + 0{,}005^2 + ...]\}$$

$$\approx 1{,}000362\,W\,.$$

c) Läßt man die Rundungsfehler der abgebrochenen Reihe außer Betracht, so erkennt man deutlich, daß die Leistung der winkelmodulierten Schwingung praktisch mit der Leistung des unmodulierten Trägers übereinstimmt. Das war im Grunde zu erwarten, da es sich ja um eine etwa konstante Amplitude handelt. Dies trifft für die Leistung auch weitestgehend dann zu, wenn man nur die Spektralkomponenten innerhalb der nach dem 10%-Kriterium definierten Bandbreite berücksichtigt.
Beispielsweise für $\Delta\varphi_T = 2$ ist dann

$$P_{WM} \approx 1\,W\{0{,}224^2 + 2[0{,}577^2 + 0{,}353^2 + 0{,}129^2]\}$$

$$\approx 0{,}998534\,W\,.$$

Übung 3.3.3/1:

a) aus der Symmetrie des Spektrums:

bei Modulator M1 → $f_{T1} = 748\,\text{kHz}$

bei Modulator M2 → $f_{T2} = 455\,\text{kHz}$.

b) Modulator M1:

1. Messung: $f_{S1} = 2\,\text{kHz}$

$|J_0(\Delta\varphi_{T1})| = 17{,}8/100 = 0{,}178 \rightarrow \Delta\varphi_{T1} = 5$,

$\Delta f_{T1} = f_{S1} \cdot \Delta\varphi_{T1} = 10\,\text{kHz}$.

2. Messung: $f_{S2} = 5\,\text{kHz}$

$|J_0(\Delta\varphi_{T2})| = 17{,}8/100 = 0{,}178 \rightarrow \Delta\varphi_{T2} = 5$,

$\Delta f_{T2} = f_{S2} \cdot \Delta\varphi_{T2} = 25\,\text{kHz}$.

Modulator M2:

1. Messung: $f_{S1} = 4\,\text{kHz}$

$|J_0(\Delta\varphi_{T1})| = 24{,}6/100 = 0{,}246 \rightarrow \Delta\varphi_{T1} = 10$,

$\Delta f_{T1} = f_{S1} \cdot \Delta\varphi_{T1} = 40\,\text{kHz}$.

2. Messung: $f_{S2} = 20\,\text{kHz}$

$|J_0(\Delta\varphi_{T2})| = 22{,}4/100 = 0{,}224 \rightarrow \Delta\varphi_{T2} = 2$,

$\Delta f_{T2} = f_{S2} \cdot \Delta\varphi_{T2} = 40\,\text{kHz}$.

c) Modulator M1 → Phasenmodulation, da $\Delta\varphi_T = $ konst.,
   Modulator M2 → Frequenzmodulation, da $\Delta f_T = $ konst.

Übung 3.3.5/1:

a) $\underline{U}_M = 1{,}5\text{ V }e^{j\omega_T t}[1 + 2e^{+j\omega_s t} + 2e^{-j\omega_s t}]$

   $\underline{U}_{T2} = 6\text{ V }e^{j\omega_T t} e^{j90°}$.

b) s. Bild 3.3.5-1c.

c) Als maximale Winkel erhält man

   $\varphi_2 = \arctan (\hat{u}_{TR} + 2\hat{u}_{SB})/\hat{u}_{T2}$

   $= \arctan (7{,}5\text{ V}/6\text{ V}) = 51{,}34° \to \Delta\varphi_T \approx +0{,}89$

   $\varphi_1 = \arctan (2\hat{u}_{SB} - \hat{u}_{TR})/\hat{u}_{T2}$

   $= \arctan (4{,}5\text{ V}/6\text{ V}) = 36{,}87° \to \Delta\varphi_T \approx -0{,}64$.

Durch den vorhandenen Trägerrest ergibt sich gegenüber der ZSB-AM mit Trägerunterdrückung bei den hier vorliegenden Zeigerlängen eine starke Unsymmetrie für $\pm\Delta\varphi_T$. Als Folge dieser Unlinearität treten Verzerrungen auf. D. h. die obige Anordnung ist bei dieser Aussteuerung nicht brauchbar.

Übung 3.3.5/2:

a) Nach (3.3.3/5) und (3.3.3/7) gilt für den Phasenmodulator (Bild 3.3.5-3a)

   $$\Delta\varphi_T \sim \hat{u}_{S2} \tag{1}$$

   und

   $$\Delta f_T = \Delta\varphi_T \cdot f_S \sim \hat{u}_{S2} \cdot f_S, \tag{2}$$

   d. h. der Frequenzhub steigt proportional mit f_S an.
   Der Anstieg muß durch die Vorverzerrung (RC-Glied) ausgeglichen werden, also durch einen Faktor $(1/f_S)$. Diese Korrektur entspricht dann einer Integration des Eingangssignals $u_{S1}(t)$.

b) Einfache Realisierung durch RC-Glied (Bild 3.3.5-3b)

   $$\frac{\underline{U}_{S2}}{\underline{U}_{S1}} = \frac{1/j\omega_S C}{R + 1/j\omega_S C} = \frac{1}{1 + j\omega_S CR} = \frac{1}{1 + j\dfrac{\omega_S}{\omega_g}}, \tag{3}$$

   mit $\omega_g = 1/(CR)$.

   Für $\omega_S/\omega_g \gg 1$ wird $\left|\dfrac{\underline{U}_{S2}}{\underline{U}_{S1}}\right| \approx \dfrac{\omega_g}{\omega_S} = \dfrac{f_g}{f_S}$. (4)

   Damit wird jetzt der Frequenzhub Δf_T unabhängig von f_S

   $\Delta f_T \sim \hat{u}_{S2} f_S \sim \hat{u}_{S1}(f_g/f_S) \cdot f_S \sim \hat{u}_{S1}$,

   d. h. die Gesamtanordnung ergibt am Ausgang eine Frequenzmodulation.
   Zahlenbeispiel: $f_g = 0{,}1$ kHz gewählt

   $$f_S = (0{,}3 \ldots 3{,}4) \text{ kHz}.$$

   Der Aussteuerbereich für obige Werte ist durch die Strecke b im Bode-Diagramm gekennzeichnet (Bild 3.3.5-3c), also

   $f_S/f_g = 3 \ldots 34$.

Lösungen der Übungsaufgaben 441

Übung 5.1.4/1:

Die Leistungsbilanz ergibt $P_1 = P_2$, d. h.

$|\underline{U}_1|^2/|\underline{Z}'_2| = |\underline{U}_2|^2/|\underline{Z}_2|$

bzw.

$|\underline{Z}'_2| = |\underline{U}_1/\underline{U}_2|^2 \, |\underline{Z}_2|$. \hfill (1)

Das Spannungsverhältnis ergibt sich aus Bild 5.1.4-1c

$$\frac{\underline{U}_1}{\underline{U}_2} = \frac{\dfrac{1}{j\omega C_1} + \dfrac{1}{1/R_2 + j\omega C_2}}{\dfrac{1}{1/R_2 + j\omega C_2}}$$

$$= \frac{1}{j\omega C_1}\left(\frac{1}{R_2} + j\omega C_2\right) + 1$$

$$= 1 + \frac{C_2}{C_1} - j\frac{\left(\dfrac{1}{\omega C_1}\right)}{R_2}. \hfill (2)$$

Für $R_2 \gg \left(\dfrac{1}{\omega C_1}\right)$ gilt

$\ddot{u}_C \approx 1 + C_2/C_1 = (C_1 + C_2)/C_1$ \hfill (3)

bzw. mit

$C_{ges} = C_1 C_2/(C_1 + C_2)$ \hfill (4)

wird

$\ddot{u}_C = C_2/C_{ges}$. \hfill (5)

Übung 5.5.2/1:

a) Bei gleichen Aussteuer-Verhältnissen (und gleichem Arbeitspunkt) wie im Bild 5.5.2-2a muß gelten

$R_p \parallel R_{L1} = R_L$.

Nach (5.1.2/6) ist

$R_P = X_K \cdot Q_K = 100\,\Omega \cdot 20 = 2000\,\Omega$.

Somit wird

$R_{L1} = 1/(1/R_L - 1/R_P) = 1/(1/100 - 1/2000)$

$\phantom{R_{L1}} = 105{,}3\,\Omega$.

b) Auf Grund der niederohmigen Last ist die Betriebsgüte

$Q_B = (R_P \parallel R_{L1})/X_K = R_L/X_K = 1$,

d. h. nach (5.1.2/8) ist die Bandbreite $B = f_0/Q_B \approx f_0$ und damit der Schwingkreis praktisch wirkungslos (da extrem bedämpft). Eine bessere Betriebsgüte Q_B läßt sich durch Resonanztransformation von R_{L1} erreichen, wobei die resultierende Lastgerade $R_P \parallel R'_{L1}$ hochohmiger und damit flacher durch den Arbeitspunkt A verläuft. Hierdurch verringert sich allerdings der Wirkungsgrad. Eine derartige Stufe ist z. B. zur Leistungsverstärkung von AM-Signalen heranziehbar, die streng linear verstärkt werden müssen. Allerdings ist hierbei die Verlustleistung des HF-Transistors recht hoch (Sendeverstärker im A-Betrieb).

Übung 6.1/1:

a) $\underline{Z}_D = r_B + j\omega L_S + (-r_n) \parallel \left(-j\dfrac{1}{\omega C_j}\right),$ (1)

$$= r_B + j\omega L_S + \frac{|r_n|\, j(1/\omega C_j)}{-|r_n| - j(1/\omega C_j)}$$

$$= r_B + j\omega L_S - \frac{|r_n|\, j(1/\omega C_j)\,[|r_n| - j(1/\omega C_j)]}{r_n^2 + (1/\omega C_j)^2}$$

$$= r_B - \frac{|r_n|/(\omega C_j)^2}{r_n^2 + (1/\omega C_j)^2} + j\left\{\omega L_S - \frac{r_n^2/(\omega C_j)}{r_n^2 + (1/\omega C_j)^2}\right\}. \tag{2}$$

b) $\mathrm{Re}\{\underline{Z}_D\} = 0,$ wenn (3)

$$\frac{r_B}{|r_n|} = \frac{1}{r_n^2(\omega_g C_j)^2 + 1},$$

$$|r_n|\,(\omega_g C_j) = \sqrt{\left[\frac{|r_n|}{r_B} - 1\right]}.$$

Diodengrenzfrequenz

$$f_g = \frac{1}{2\pi C_j |r_n|} \sqrt{\left[\frac{|r_n|}{r_B} - 1\right]}. \tag{4}$$

Mit $|r_n| = 100\,\Omega;\quad C_j = 10\,\mathrm{pF};\quad r_B = 1\,\Omega$ wird $f_g = 1{,}58\,\mathrm{GHz}$.

c) s. Bild 6.1-3d. Zur Widerstandstransformation sind Anzapfungen an der Spule sowohl für die Tunneldiode wie auch für die Lastankopplung vorgesehen. Näheres hierzu in [51].

Übung 6.3.2/1:

a) Der Parallelschwingkreis mit allen Bedämpfungselementen ist in Bild 6.3.2-3d dargestellt. Hier ergeben sich teilweise andere Übersetzungsverhältnisse.
Unter der idealisierenden Annahme von etwa unbelasteten kapazitiven Teilerverhältnissen gilt mit

$$C_{ges} = C_1 C_2 / (C_1 + C_2) \tag{1}$$

$$\frac{U_P}{U_{C_2}} \approx \frac{1/\omega C_{ges}}{1/\omega C_2} \approx C_2/C_{ges} \approx (C_1 + C_2)/C_1 \approx 1 + C_2/C_1, \tag{2}$$

sowie

$$\frac{U_P}{U_{C_1}} \approx \frac{1/\omega C_{ges}}{1/\omega C_1} \approx C_1/C_{ges} \approx (C_1 + C_2)/C_2 \approx 1 + C_1/C_2. \tag{3}$$

Somit erhält man als Bedämpfungswiderstände

$$r'_{CE} \approx (U_P/U_{C2})^2\, r_{CE} \approx (1 + C_2/C_1)^2\, r_{CE}, \tag{4}$$

$$R'_C \qquad\qquad \approx (1 + C_2/C_1)^2\, R_C, \tag{5}$$

$$r''_e \approx (U_P/U_{C_1})^2\, r_e \approx (1 + C_1/C_2)^2\, r_e, \tag{6}$$

$$R_P = Q\omega_0 L. \tag{7}$$

Da meistens $C_1 \gg C_2$, gilt

$$r'_{CE} \approx r_{CE} \quad\text{und}\quad R'_C \approx R_C. \tag{8}$$

b) Damit betragen die Gesamt-Verluste des Kreises

$$R_{P\,ges} = r'_{CE} \parallel R'_C \parallel R_P \parallel r''_e \,. \tag{9}$$

Hieraus ergibt sich die Betriebsgüte

$$Q_B = R_{P\,ges}/(\omega_0 L)\,, \tag{10}$$

und die Betriebsbandbreite des Kreises

$$B = f_0/Q_B \,. \tag{11}$$

Übung 6.3.2/2:

a) Frequenzänderungen durch den Transistor selbst:
Die Vierpolparameter des Transistors sind vom Arbeitspunkt und von der Temperatur abhängig. Daher sollte besonders darauf geachtet werden, daß zunächst die Betriebsspannung U_B stabil und temperaturunabhängig ist. Das gleiche gilt für den Arbeitspunkt des Transistors:
also Arbeitspunktstabilisierung durch Strom-Gegenkopplung;
geringer Kollektorstrom, damit geringe Erwärmung;
keine starke Belastung des Transistors (Last lose ankoppeln, eventuell separate Trennstufe).
Nach Möglichkeit wird man die externen Schwingkreiskapazitäten C_1, C_2 sehr groß gegen die Transistorkapazitäten wählen.

b) Frequenzänderungen durch passive Bauelemente:
Auch die externen Bauelemente wie L und C sind temperaturabhängig. So läßt sich z. B. der positive Temperaturkoeffizient einer mit Kern abstimmbaren Induktivität durch den negativen TK einer Kapazität kompensieren. Näheres hierzu ist in [46] zu finden.

Übung 7.1.2/1:

Die Geradenortskurven in allgemeiner Lage lassen sich auf die allgemeine Form $\underline{Z}(\lambda) = \underline{B} + \lambda \cdot \underline{A}$ bringen:

a1) $\underline{Z}(R) = j\omega L + R \cdot 1$, $\quad \lambda \triangleq R$, s. Bild L-24a1

a2) $\underline{Z}(L) = R + L \cdot j\omega$, $\quad \lambda \triangleq L$, s. Bild L-24a2

b1) $\underline{Z}(\omega) = R + \dfrac{1}{\omega} \cdot \dfrac{1}{jC}$, $\quad \lambda \triangleq \dfrac{1}{\omega}$, s. Bild L-24b1

b2) $\underline{Z}(R) = \dfrac{1}{j\omega C} + R \cdot 1$, $\quad \lambda \triangleq R$, s. Bild L-24b2

b3) $\underline{Z}(C) = R + \dfrac{1}{C} \cdot \dfrac{1}{j\omega}$, $\quad \lambda \triangleq \dfrac{1}{C}$, s. Bild L-24b3

c1) $\underline{Y}(\omega) = \dfrac{1}{R} + \dfrac{1}{\omega} \cdot \dfrac{1}{jL}$, $\quad \lambda \triangleq \dfrac{1}{\omega}$, s. Bild L-24c1

c2) $\underline{Y}(R) = \dfrac{1}{j\omega L} + \dfrac{1}{R} \cdot 1$, $\quad \lambda \triangleq \dfrac{1}{R}$, s. Bild L-24c2

c3) $\underline{Y}(L) = \dfrac{1}{R} + \dfrac{1}{L} \cdot \dfrac{1}{j\omega}$, $\quad \lambda \triangleq \dfrac{1}{L}$, s. Bild L-24c3

d) $\underline{Z}(\omega) = R + \left(\dfrac{\omega}{\omega_0} - \dfrac{\omega_0}{\omega}\right) jRQ_S$, $\quad \lambda \triangleq \dfrac{\omega}{\omega_0} - \dfrac{\omega_0}{\omega}$, s. Bild L-24d

mit $\omega_0 = \dfrac{1}{\sqrt{LC}}$, $\quad Q_S = \dfrac{\omega_0 L}{R} = \dfrac{1}{\omega_0 CR}$

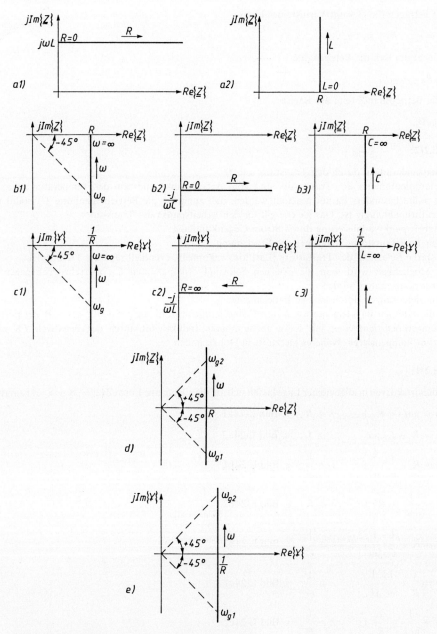

Bild L-24 Geradenortskurven in allgemeiner Lage

e) $\underline{Y}(\omega) = \dfrac{1}{R} + \left(\dfrac{\omega}{\omega_0} - \dfrac{\omega_0}{\omega}\right) \cdot \dfrac{jQ_P}{R}, \quad \lambda \triangleq \dfrac{\omega}{\omega_0} - \dfrac{\omega_0}{\omega},$ s. Bild L-24e

mit $\omega_0 = \dfrac{1}{\sqrt{LC}}, \quad Q_P = \dfrac{R}{\omega_0 L} = \omega_0 CR.$

Lösungen der Übungsaufgaben

Übung 7.1.3/1:

a) $\underline{Z}(R) = \dfrac{1}{\dfrac{1}{R} + j\omega C} \triangleq \dfrac{\underline{B}}{\underline{C} \cdot \lambda + \underline{D}} = \underline{K}(0)$,

$R = 0: \quad \underline{Z}(R = 0) = 0$

$R = \infty: \quad \underline{Z}(R = \infty) = \dfrac{-j}{\omega C}$

$R = \dfrac{1}{\omega C}: \quad \underline{Z}\left(R = \dfrac{1}{\omega C}\right) = \dfrac{1}{\dfrac{1}{R}(1 + j)} = \dfrac{R(1 - j)}{2}$ $\Bigg\}$ ⇒ Bild L-25a

b) $\underline{Z}(L) = \dfrac{1}{\underbrace{\dfrac{1}{R} + j\omega C}_{\tfrac{1}{R}} + \dfrac{1}{j\omega L}} = \dfrac{1}{\dfrac{1}{j\omega L} + \dfrac{1}{R} \cdot (1 + j)} \triangleq \dfrac{\underline{B}}{\underline{C} \cdot \lambda + \underline{D}} \triangleq \underline{K}(0)$,

$L = 0: \quad \underline{Z}(L = 0) = 0$

$L = \infty: \quad \underline{Z}(L = \infty) = \dfrac{1}{\dfrac{1}{R} \cdot (1 + j)} = \dfrac{R(1 - j)}{2}$

$L = \dfrac{R}{\omega}: \quad \underline{Z}\left(L = \dfrac{R}{\omega}\right) = \dfrac{1}{\dfrac{-j}{R} + \dfrac{1}{R}(1 + j)} = R$ $\Bigg\}$ ⇒ Bild L-25b.

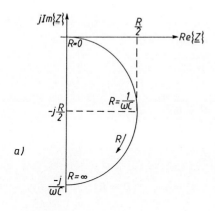

a)

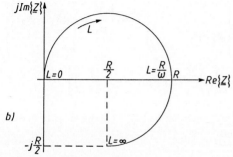

b)

Bild L-25
Kreisortskurven durch den Nullpunkt

Übung 7.1.4/1:

a) $\underline{Z}_{in} = R_1 + \dfrac{R_2 \cdot \dfrac{1}{j\omega C_2}}{R_2 + \dfrac{1}{j\omega C_2}} = R_1 + \dfrac{R_2}{1 + j\omega C_2 R_2}$

$= \dfrac{R_1(1 + j\omega C_2 R_2) + R_2}{1 + j\omega C_2 R_2} = \dfrac{(1 + j\omega C_2 R_1) R_2 + R_1}{j\omega C_2 R_2 + 1} \triangleq \dfrac{\underline{A} \cdot \underline{\lambda} + \underline{B}}{\underline{C} \cdot \underline{\lambda} + \underline{D}} = \underline{K}$

mit

$\underline{A} = 1 + j\omega C_2 R_1, \quad \underline{B} = R_1, \quad \underline{C} = j\omega C_2, \quad \underline{D} = 1, \quad \underline{\lambda} = R_2.$ (1)

(1) in (7.1.4/8): $\underline{K} = \dfrac{1 + j\omega C_2 R_1}{j\omega C_2} + \left[R_1 - \dfrac{1(1 + j\omega C_2 R_1)}{j\omega C_2} \right] \cdot \dfrac{1}{j\omega C_2 R_2 + 1}$

$= \dfrac{1}{j\omega C_2} + R_1 + \left[R_1 - \dfrac{1}{j\omega C_2} - R_1 \right] \dfrac{1}{1 + j\omega C_2 R_2} = R_1 - \dfrac{j}{\omega C_2} + \underbrace{\dfrac{j}{\omega C_2} \cdot \underbrace{\dfrac{1}{1 + j\omega C_2 R_2}}_{\underline{K}(0)}}_{\text{Drehung um } +90°}$

Die $\underline{K}(0)$-Ortskurve ist in Bild L-26a skizziert. Wird $\underline{K}(0)$ mit $\dfrac{j}{\omega C_2}$ multipliziert, dann ergibt sich die in Bild L-26b dargestellte Ortskurve (Drehung um $+90°$). Die Addition der komplexen Größe $R_1 - \dfrac{j}{\omega C_2}$ liefert dann die $\underline{Z}_{in}(R_2)$-Ortskurve in Bild L-26c.

b) $\underline{Z}_{in} = R_1 + \dfrac{1}{j\omega C_1} + \dfrac{R_2 j\omega L_2}{R_2 + j\omega L_2} = \dfrac{\left(R_1 - \dfrac{j}{\omega C_1} \right)(R_2 + j\omega L_2) + R_2 j\omega L_2}{R_2 + j\omega L_2}$

$= \dfrac{\left[\dfrac{1}{C_1} + j\omega(R_1 + R_2) \right] L_2 + R_1 R_2 - \dfrac{jR_2}{\omega C_1}}{j\omega L_2 + R_2} \triangleq \dfrac{\underline{A} \cdot \underline{\lambda} + \underline{B}}{\underline{C} \cdot \underline{\lambda} + \underline{D}} = \underline{K}$

mit

$\underline{A} = \dfrac{1}{C_1} + j\omega(R_1 + R_2), \quad \underline{B} = R_2\left(R_1 - \dfrac{j}{\omega C_1} \right), \quad \underline{C} = j\omega, \quad \underline{D} = R_2, \quad \underline{\lambda} = L_2.$ (2)

(2) in (7.1.4/8): $\underline{K} = \dfrac{\dfrac{1}{C_1} + j\omega(R_1 + R_2)}{j\omega} + \left\{ R_2\left(R_1 - \dfrac{j}{\omega C_1} \right) - \dfrac{R_2\left[\dfrac{1}{C_1} + j\omega(R_1 + R_2) \right]}{j\omega} \right\}$

$\cdot \dfrac{1}{j\omega L_2 + R_2} = R_1 + R_2 - \dfrac{j}{\omega C_1} + \left[R_2\left(R_1 - \dfrac{j}{\omega C_1} \right) - R_2\left(R_1 + R_2 - \dfrac{j}{\omega C_1} \right) \right]$

$\cdot \dfrac{1}{R_2 + j\omega L_2} = R_1 + R_2 - \underbrace{\dfrac{j}{\omega C_1}}_{\text{Drehung um } 180°} - R_2^2 \cdot \underbrace{\dfrac{1}{R_2 + j\omega L}}_{\underline{K}(0)}.$

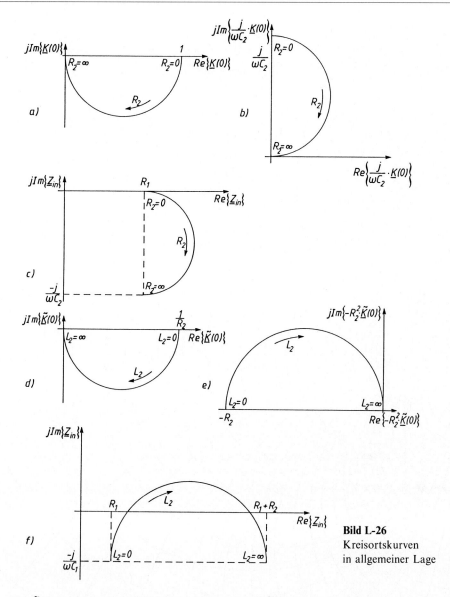

Bild L-26
Kreisortskurven in allgemeiner Lage

Die $\tilde{\underline{K}}(0)$-Ortskurve ist in Bild 13-26d skizziert. Wird $\tilde{\underline{K}}(0)$ mit $-R_2^2$ multipliziert, dann ergibt sich die in Bild L-26e dargestellte Ortskurve (Drehung um 180°). Die Addition der komplexen Größe $R_1 + R_2 - \dfrac{j}{\omega C_1}$ liefert dann die $\underline{Z}_{in}(L_2)$-Ortskurve in Bild L-26f.

Übung 7.2/1:

Die Induktivität (j350 Ω) und der ohmsche Widerstand (2 kΩ) werden zusammengefaßt zur Impedanz $\underline{Z} = (2 + j0{,}35)$ kΩ. Gewählter Normierungswiderstand: $Z_0 = 1$ kΩ.

$\underline{Z}' = \dfrac{\underline{Z}}{Z_0} = 2 + j0{,}35$ wird in das Kreisdiagramm eingetragen (s. Bild L-27). Aus dem Diagramm kann $\underline{Y}' = 0{,}48 - j0{,}08$ (kreisförmiges Koordinatensystem) abgelesen werden.

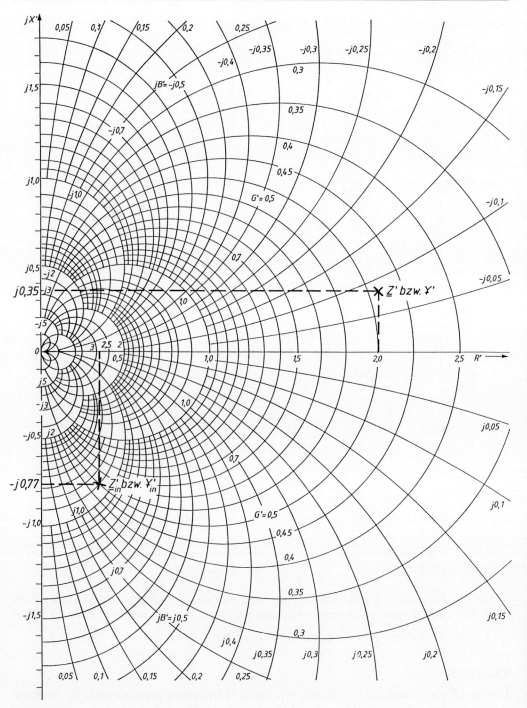

Bild L-27 Inversion im Kreisdiagramm

Normierung des Blindwiderstandes der Kapazität:

$$X = -850\,\Omega \Rightarrow X' = \frac{X}{Z_0} = -0{,}85\,,$$

$$B' = -\frac{1}{X'} = \frac{1}{0{,}85} = 1{,}18,\ \text{weil die Kapazität parallel geschaltet ist.}$$

$\underline{Y}'_{\text{in}} = \underline{Y}' + jB' = 0{,}48 - j0{,}08 + j1{,}18 = 0{,}48 + j1{,}1$.

Der Wert $\underline{Y}'_{\text{in}}$ wird in das Kreisdiagramm eingezeichnet (kreisförmiges Koordinatensystem) und $\underline{Z}'_{\text{in}}$ = 0,34 − j0,76 beim rechteckförmigen Koordinatensystem abgelesen (s. Bild L-27).
Entnormierung: $\underline{Z}_{\text{in}} = \underline{Z}'_{\text{in}} Z_0 = (340 - j760)\,\Omega$.

Übung: 7.3./1:

Gewählter Normierungsleitwert: $Y_0 = 10\,\text{mS}$;

$$\underline{Y}'_L = \frac{Y_L}{Y_0} = 0{,}8 - j0{,}6\,, \qquad \underline{Y}'_{\text{in}} = \frac{Y_{\text{in}}}{Y_0} = 1{,}28 + j0{,}83\,.$$

Mit zwei Reaktanzen erhält man die in Bild L-28a dargestellten zwei Transformationswege (in der Admittanzebene des Kreisdiagramms), deren schaltungstechnische Realisierung in den Bildern L-28b und L-28c gezeigt wird.
Gefordert: Niederohmige Blindwiderstände ⇒

SL- bzw. *SC-*Transformationen kurz (kurze Transf.-Wege),

PL- bzw. *PC-*Transformationen lang (lange Transf.-Wege).

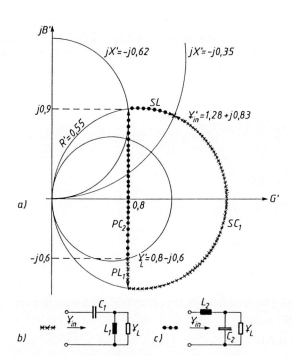

Bild L-28
Transformationswege in der Admittanzebene des Kreisdiagramms (a) und die dazugehörigen Schaltbilder (b, c)

Aus Bild L-28a:

$SL_2 < SC_1 \Rightarrow SL_2$ besitzt den kleineren Blindwiderstand,

$PC_2 > PL_1 \Rightarrow PC_2$ besitzt den größeren Blindleitwert und damit den kleineren Blindwiderstand;

$\Rightarrow$ die $PC_2 - SL_2$-Transformation (●●●●) besitzt die niederohmigeren Bauelemente:

$$B'_{C_2} = \frac{B_{C_2}}{Y_0} = \frac{\omega C_2}{Y_0} = \underbrace{0{,}9 - (-0{,}6)}_{\text{Länge der } PC_2\text{-Transformation in Bild L-28a}} = 1{,}5;$$

$$C_2 = 1{,}5 \cdot \frac{Y_0}{\omega} = 1{,}5 \cdot \frac{10 \cdot 10^{-3} \cdot F}{2\pi \cdot 10^6} = 2{,}39 \text{ nF};$$

$$X'_{L_2} = X_{L_2} \cdot Y_0 = \omega L_2 Y_0 = \underbrace{-0{,}35 - (-0{,}62)}_{\text{Länge der } SL_2\text{-Transformation in Bild L-28a}} = 0{,}27;$$

$$L_2 = \frac{0{,}27}{\omega Y_0} = \frac{0{,}27 \cdot H}{2\pi \cdot 10^6 \cdot 10 \cdot 10^{-3}} = 4{,}3 \text{ μH}.$$

Übung 7.3/2:

$\underline{Z}_L = (250 - j180)\,\Omega$,

Leistungsanpassung: $\underline{Z}_{in} = R_i = 500\,\Omega$ (s. Bild 7.3-6).

Gewählter Normierungswiderstand: $Z_0 = 200\,\Omega$.

$$\underline{Z}'_L = \frac{\underline{Z}_L}{Z_0} = 1{,}25 - j0{,}9, \quad \underline{Z}'_{in} = R'_i = \frac{\underline{Z}_{in}}{Z_0} = 2{,}5.$$

Man erkennt aus Bild L-29a, daß die $SC_1 - PL_1$-Transformation einen kürzeren Transformationsweg (●●●●) besitzt als die $SL_2 - PC_2$-Transformation. Bild L-29b zeigt die Schaltung mit dem kürzesten Transformationsweg.

$$X'_{C_1} = \frac{X_{C_1}}{Z_0} = -\frac{1}{\omega C_1 Z_0} = \underbrace{-1{,}25 - (-0{,}9)}_{\text{Länge der } SC_1\text{-Transformation in Bild L-29a}} = -0{,}35;$$

$$X_{C_1} = -0{,}35 \cdot 200\,\Omega = -70\,\Omega;$$

$$B'_{L_1} = B_{L_1} \cdot Z_0 = -\frac{1}{\omega L_1} \cdot Z_0 = \underbrace{0 - 0{,}4}_{\text{Länge der } PL_1\text{-Transformation in Bild L-29a}} = -0{,}4;$$

$$B_{L_1} = -\frac{0{,}4}{200\,\Omega} = -2 \text{ mS}.$$

Übung 7.4/1:

a) Bild L-30a zeigt den Transformationsweg in der normierten Impedanzebene des Kreisdiagramms und Bild L-30b die dazugehörige Schaltung:

$$X_L = \omega L = 2\pi \cdot 10 \cdot 10^6 \cdot 10^{-6} \cdot \Omega = 62{,}8\,\Omega.$$

Lösungen der Übungsaufgaben

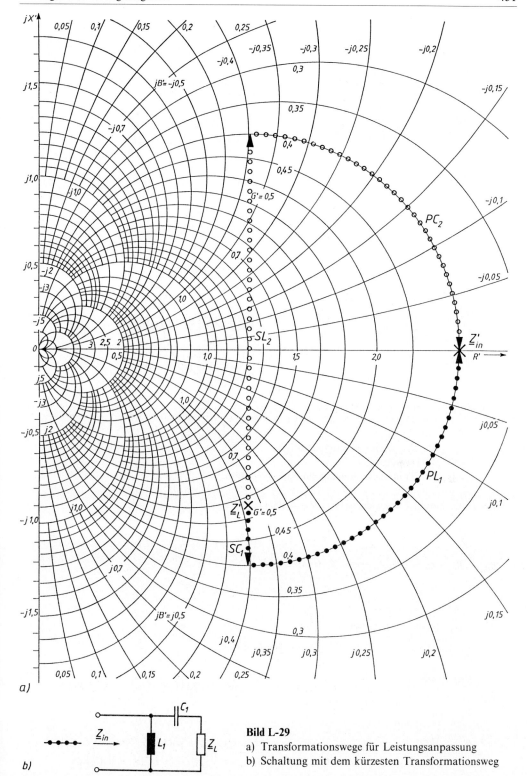

Bild L-29
a) Transformationswege für Leistungsanpassung
b) Schaltung mit dem kürzesten Transformationsweg

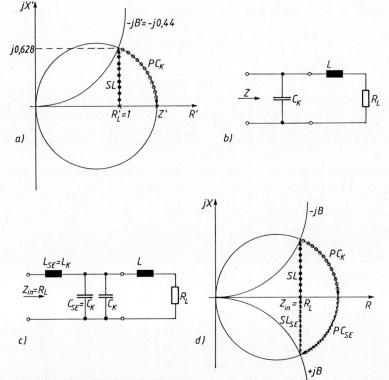

Bild L-30 Einfache Kompensation
  a) Transformationsweg im Kreisdiagramm
  b) Schaltbild
  Symmetrische Kompensation
  c) Schaltung
  d) Transformationsweg im Kreisdiagramm

Gewählter Normierungswiderstand: $Z_0 = 100\,\Omega$.

$R'_L = \dfrac{R_L}{Z_0} = 1, \qquad X'_L = \dfrac{X_L}{Z_0} = 0{,}628$.

$B'_{C_K} = B_{C_K} \cdot Z_0 = \omega C_K Z_0 = \underbrace{0 - (-0{,}44)}_{\text{Länge der } PC_K\text{-Transformation in Bild L-30a}} = 0{,}44$,

$C_K = \dfrac{0{,}44}{\omega Z_0} = \dfrac{0{,}44\,\text{F}}{2\pi \cdot 10 \cdot 10^6 \cdot 100} = 70\,\text{pF}$.

2. *Weg*: Komplexe Berechnung der Schaltung in Bild L-30b:

$$\underline{Z} = \dfrac{(R_L + j\omega L)\cdot \dfrac{1}{j\omega C_K}}{R_L + j\omega L + \dfrac{1}{j\omega C_K}} = \dfrac{R_L + j\omega L}{j\omega C_K R_L - \omega^2 L C_K + 1} = \dfrac{(R_L - j\omega L)(1 - \omega^2 L C_K - j\omega C_K R_L)}{(1 - \omega^2 L C_K)^2 + (\omega C_K R_L)^2}$$

$$= \dfrac{R_L - \omega^2 L C_K R_L + \omega^2 L C_K R_L + j\omega(L - \omega^2 L^2 C_K R_L^2)}{(1 - \omega^2 L C_K)^2 + (\omega C_K R_L)^2} = \dfrac{R + j\omega(L - \omega^2 L^2 C_K - C_K R_L^2)}{(1 - \omega^2 L C_K)^2 + (\omega C_K R_L)^2};$$

Lösungen der Übungsaufgaben

$\text{Im} \{\underline{Z}\} \stackrel{!}{=} 0 \Rightarrow \omega(L - \omega^2 L^2 C_K - C_K R_L^2) = 0$

$\Rightarrow C_K(\omega^2 L^2 + R_L^2) = L$

$\Rightarrow C_K = \dfrac{L}{\omega^2 L^2 + R_L^2} = \dfrac{10^{-6} \cdot F}{(2\pi \cdot 10 \cdot 10^6 \cdot 10^{-6})^2 + 100^2} = 71{,}7 \text{ pF}$.

Man sieht an diesem einfachen Beispiel, daß auch die Berechnung (nicht nur der Schaltungsentwurf) mit Hilfe des Kreisdiagramms sehr viel schneller geht als die komplexe Rechnung. Natürlich ist das aus dem Kreisdiagramm gewonnene Ergebnis ($C_K = 70$ pF) ungenauer als das aus der Berechnung gewonnene ($C_K = 71{,}7$ pF). Berücksichtigt man jedoch die Toleranzen der Bauteile, dann ist ein erster Schaltungsentwurf mit $C_K = 70$ pF vollkommen ausreichend.

b) Die Schaltungsstruktur (Bild L-30c) läßt sich sofort aus dem Kreisdiagramm entnehmen. Von Z' in Bild L-30a muß man wieder auf $R'_L = 1$ transformieren. Das geht mit einer $PC_{SE} - SL_{SE}$-Transformation (Bild L-30d).

c) Der Transformationsweg der symmetrischen Transformation ($Z_{in} = R_L$) ist in Bild L-30d dargestellt.

d) Man erkennt aus Bild L-30d, daß natürlich $Z_{in} = R_L = 100\,\Omega$ gelten muß.

Übung 7.5/1:

a) Gewählter Normierungswiderstand: $Z_0 = 1$ kΩ.

$\underline{Z}'_L = \dfrac{\underline{Z}_L}{Z_0} = 1{,}5 - j0{,}6 \,, \quad \underline{Z}'_{in} = \dfrac{\underline{Z}_{in}}{Z_0} = 2{,}4 + j0{,}475$.

Mit $\underline{Z}'_L$ und $\underline{Z}'_{in}$ erhält man die in Bild L-31a dargestellten Transformationswege.

b) Bild L-31b zeigt die dazugehörigen Schaltbilder.

c) Nur die Schaltung mit der Längsinduktivität L_2 gewährleistet einen Gleichstromdurchgang vom Ein- zum Ausgang. Mit Hilfe der $SL_2 - PC_2$-Transformation in Bild L-31a lassen sich die Werte der Bauteile L_2 und C_2 ermitteln.

$X'_{L_2} = \dfrac{X_{L_2}}{Z_0} = \dfrac{\omega L_2}{Z_0} = \underbrace{1{,}22 - (-0{,}6)}_{\text{Länge der } SL_2\text{-Transformation in Bild L-31a}} = 1{,}82 \,,$

$L_2 = \dfrac{1{,}82 Z_0}{\omega} = \dfrac{1{,}82 \cdot 10^3 \cdot H}{2\pi \cdot 30 \cdot 10^6} = 9{,}66\,\mu H \,,$

$B'_{C_2} = B_{C_2} Z_0 = \omega C_2 Z_0 = \underbrace{-0{,}075 - (-0{,}325)}_{\text{Länge der } PC_2\text{-Transformation in Bild L-31a}} = 0{,}25$

$C_2 = \dfrac{0{,}25}{\omega Z_0} = \dfrac{0{,}25 \cdot F}{2\pi \cdot 30 \cdot 10^6 \cdot 10^3} = 1{,}33 \text{ pF}$.

d) Bei der $SL_2 - PC_2$-Transformation ist nur die Geradentransformation SL_2 für die Phasenverschiebung der Spannung zuständig. Die Spitze und das Ende des SL_2-Transformationspfeils in Bild L-31a werden mit dem Koordinatennullpunkt des Kreisdiagramms verbunden und der dazwischenliegende Winkel $\Phi_U = 61°$ ermittelt. Nach „Kochrezept" bewirkt die SL_2-Transformation ($\updownarrow$) ein Voreilen der Eingangsspannung. Daraus folgt:

$\underline{U}_1$ eilt um $61°$ gegen $\underline{U}_2$ vor.

Übung 7.5/2:

a) $\underline{Z}_L = 480{,}8 \cdot e^{-j45°}\,\Omega = (340 - j340)\,\Omega$.

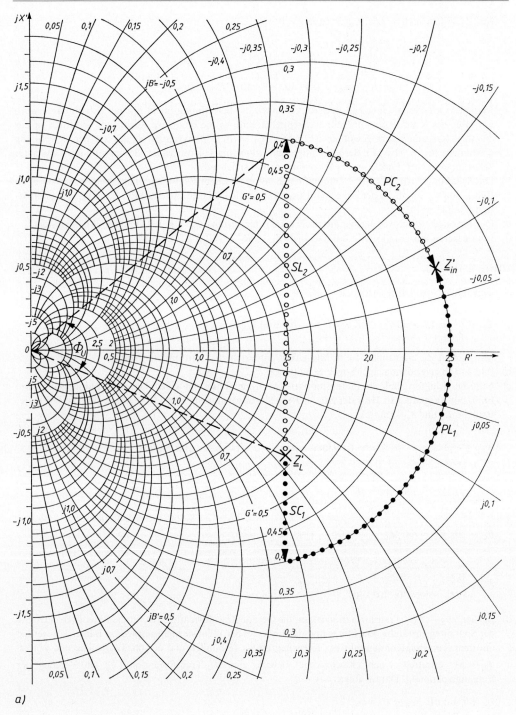

Bild L-31 a) Transformationswege
b) Schaltbilder

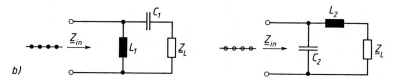

Bild L-31 Transformationswege (a) und die dazugehörigen Schaltbilder (b)

Gewählter Normierungswiderstand: $Z_0 = 300\,\Omega$.

$$\underline{Z}'_L = \frac{\underline{Z}_L}{Z_0} = 1{,}13 - j1{,}13\,,$$

$$B'_L = B_L Z_0 = -\frac{1}{\omega L}\cdot Z_0 = -\frac{300}{2\pi\cdot 10\cdot 10^6\cdot 10\cdot 10^{-6}} = -0{,}477\,,$$

$$X'_C = \frac{X_C}{Z_0} = -\frac{1}{\omega C Z_0} = -\frac{1}{2\pi\cdot 10\cdot 10^6\cdot 40\cdot 10^{-12}\cdot 300} = -1{,}33\,.$$

Der Wert $\underline{Z}'_L$ wird in das Kreisdiagramm eingezeichnet und der durch $\underline{Z}'_L$ verlaufende $G' = 0{,}44$-Kreis konstruiert (s. Bild L-32a). Weiterhin wird geschätzt, welcher jB'-Kreis durch $\underline{Z}'_L$ verläuft. Man erhält $jB' = j0{,}44$.

Von $B' = 0{,}44$ startet die PL-Transformation mit der Gesamtweglänge von $B'_L = -0{,}477$.
Endpunkt (Pfeilspitze der PL-Transformation):

$$0{,}44 - 0{,}477 = -0{,}037\,.$$

Der Wert $-jB' = -j0{,}037$ wird in das Kreisdiagramm eingetragen und an dieser Stelle der jX'-Wert von $X' = 0{,}2$ abgelesen. Die SC-Transformation geht bis zum jX'-Wert:

$$0{,}2 - 1{,}33 = -1{,}13\,.$$

Die SC-Pfeilspitze markiert das Ende der PL-SC-Transformation. Hier kann in Bild L-32a der normierte Eingangsimpedanzwert $\underline{Z}_{in} = 2{,}24 - j1{,}13$ abgelesen werden.
Entnormierung: $\underline{Z}_{in} = \underline{Z}'_{in} Z_0 = (2{,}24 - j1{,}13)\cdot 300\,\Omega = (672 - j339)\,\Omega$

$$\underline{Z}_{in} = 752{,}7\cdot e^{-j26{,}8°}\,\Omega\,.$$

b) Für die SC-Transformation in Bild L-32a kann man den Winkel $\Phi_U = 32°$ ablesen. Nach „Kochrezept": (SC-Transformation) $\Rightarrow \underline{U}_1$ hinkt gegen $\underline{U}_2$ um $32°$ nach.
c) Die PL-Transformation kann von $\underline{Z}'_L$ auf dem $G' = 0{,}44$-Kreis bis zum Koordinatennullpunkt laufen. Von jeder Stelle des PL-Kreisbogens ist eine SC-Geradentransformation möglich. Man erhält das in Bild L-32b schraffierte Gebiet, das sich bis $-j\infty$ ausdehnt.
d) Für das schraffierte Gebiet ohne die Kreisumrandung in Bild L-32c gilt: $|\underline{U}_2| > |\underline{U}_1|$.

Übung 7.5/3:

a) Gewählter Normierungswiderstand: $Z_0 = 100\,\Omega$.

$$\underline{Z}'_L = \frac{\underline{Z}_L}{Z_0} = 1{,}25 + j1{,}1\,,\qquad \underline{Z}'_{in} = \frac{\underline{Z}_{in}}{Z_0} = 2 + j1{,}3$$

Die normierten Impedanzen $\underline{Z}'_L$ und $\underline{Z}'_{in}$ werden in das Kreisdiagramm eingetragen und die Transformationswege konstruiert (s. Bild L-33a).
b) Aus den Transformationswegen in Bild L-33a ergeben sich die in den Bildern L-33b bis e) dargestellten Schaltungen.

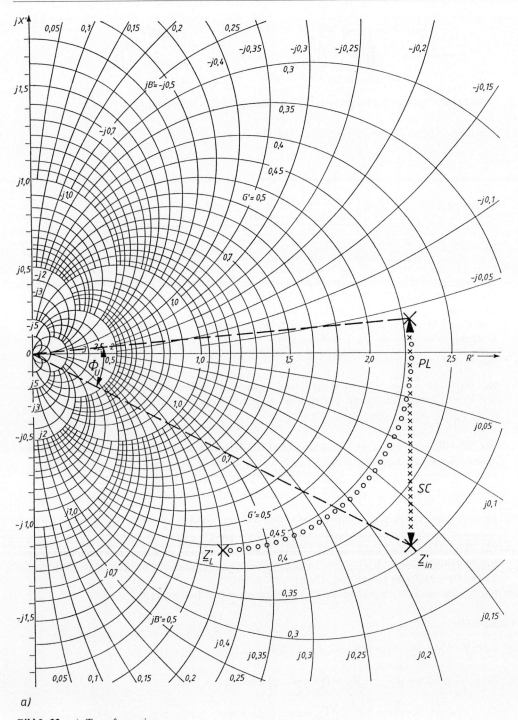

Bild L-32 a) Transformationswege
b) + c) Phasendrehungen der Spannungen im Kreisdiagramm

Lösungen der Übungsaufgaben

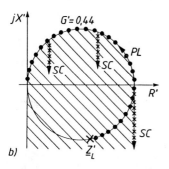 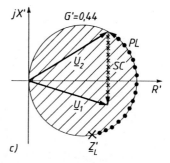

b)   c)

Bild L-32   Transformationswege (a) und Phasendrehungen der Spannungen im Kreisdiagramm (b, c)

c) Die Schaltung in Bild L-33b erfüllt die beiden Randbedingungen.

$$X'_{L_1} = \frac{X_{L_1}}{Z_0} = \frac{\omega L_1}{Z_0} = \underbrace{1{,}42 - 1{,}1}_{\text{Länge der } SL_1\text{-Transf. in Bild L-33a}} = 0{,}32$$

$$L_1 = \frac{0{,}32 \cdot Z_0}{\omega} = \frac{0{,}32 \cdot 100 \cdot H}{2\pi \cdot 10^6} = 5{,}1 \ \mu H$$

$$B'_{C_1} = B_{C_1} \cdot Z_0 = \omega C_1 Z_0 = \underbrace{-0{,}225 - (-0{,}395)}_{\text{Länge der } PC_1\text{-Transf. in Bild L-33a}} = 0{,}17$$

$$C_1 = \frac{0{,}17}{\omega Z_0} = \frac{0{,}17 \cdot F}{2\pi \cdot 10^6 \cdot 100} = 270{,}6 \ pF$$

d) Aus Bild $\Phi_{I_1} = 15{,}5°$;

$PC_1 \Rightarrow I_1$ eilt um 15,5° gegen I_2 vor.

Übung 7.5/4:

a) Gewählter Normierungswiderstand: $Z_0 = 80 \ \Omega$.

$$\underline{Z}'_L = \frac{\underline{Z}_L}{Z_0} = 2 + j, \quad \underline{Z}'_{in} = \frac{\underline{Z}_{in}}{Z_0} = 1.$$

Mit $\underline{Z}'_L$ und $\underline{Z}'_{in}$ erhält man die in Bild L-34a skizzierten Transformationswege. Die dazugehörigen Schaltungen sind in den Bildern L-34b und c) dargestellt.

b) Der PL_1-SC_1-Transformationsweg (●●●●) in Bild L-34a ist kürzer als der PC_2-SL_2-Transformationsweg (××××).

b1) *Berechnung für Schaltbild L-34b:*

$$B'_{L_1} = B_{L_1} \cdot Z_0 = -\frac{1}{\omega L_1} \cdot Z_0 = \underbrace{-0{,}48 - (-0{,}19)}_{\text{Länge der } PL_1\text{-Transf. in Bild L-34a}} = -0{,}29\ ;$$

$$L_1 = \frac{Z_0}{0{,}29 \omega} = \frac{80 \cdot H}{0{,}29 \cdot 2\pi \cdot 50 \cdot 10^6} = 878{,}1 \ nH\ ;$$

$$X'_{C_1} = \frac{X_{C_1}}{Z_0} = -\frac{1}{\omega C_1 Z_0} = \underbrace{0 - 1{,}23}_{\text{Länge der } SC_1\text{-Transf. in Bild L-34a}} = -1{,}23\ ;$$

$$C_1 = \frac{1}{1{,}23 \cdot \omega Z_0} = \frac{1 \cdot F}{1{,}23 \cdot 2\pi \cdot 50 \cdot 10^6 \cdot 80} = 32{,}3 \ pF\ .$$

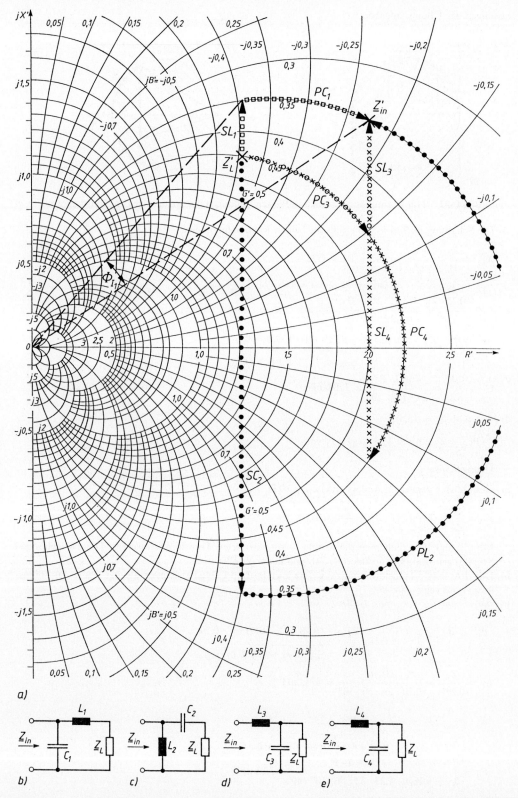

Bild L-33 Transformationswege (a, Phasendrehung des Stromes) und die dazugehörigen Schaltbilder (b−e)

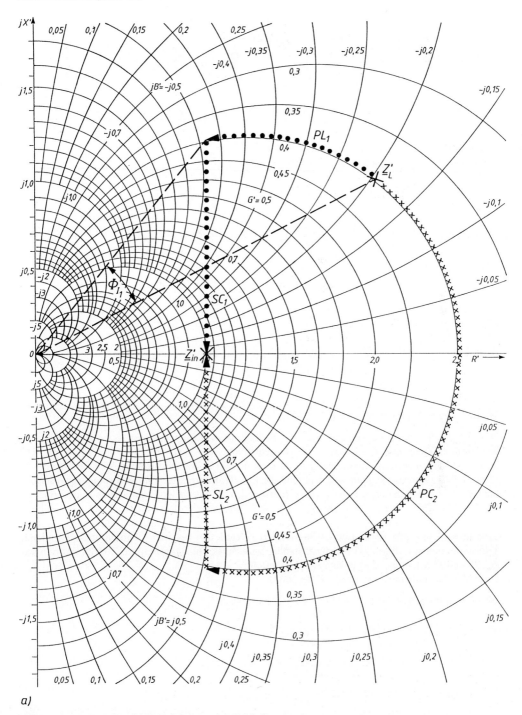

a)

Bild L-34 a) + e) Transformationswege im Kreisdiagramm
b), c), d) Transformationsschaltungen

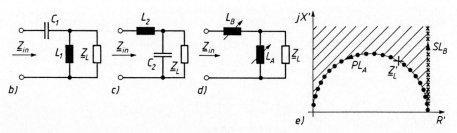

Bild L-34 Transformationsschaltungen (b–d) und ihre Transformationswege im Kreisdiagramm (a, e)

b2) *Winkel der PL_1-Transformation in Bild L-34a:*

$\Phi_{I_1} = 24°$;

$PL_1 \Rightarrow$ Eingangsstrom $\underline{I}_1$ hinkt um $\Phi_{I_1} = 24°$ gegen $\underline{I}_2$ nach.

c) Die Schaltung in Bild L-34b wird umgebaut zu der Schaltung in Bild L-34d. Von jedem Ort der PL_A-Transformation (Kreisbogen) kann eine SL_B-Transformation beginnen. Die möglichen Eingangsimpedanzen $\underline{Z}_{in}$ können in dem schraffierten Gebiet des Bildes L-34e liegen.

Übung 7.5/5:

a) $Z_{in} = 1\ k\Omega \triangleq$ ohmsch $\Rightarrow \arg\{\underline{U}_1\} = \arg\{\underline{I}_1\}$;

$R_L = 1\ k\Omega \triangleq$ ohmsch $\Rightarrow \arg\{\underline{U}_2\} = \arg\{\underline{I}_2\}$.

Vorgegeben: $\arg\{\underline{U}_1\} - \arg\{\underline{U}_2\} = 30°$;

$\Rightarrow \arg\{\underline{I}_1\} - \arg\{\underline{I}_2\} = 30°$;

$\Rightarrow \underline{I}_1$ eilt gegen $\underline{I}_2$ um $30°$ vor.

b) Nur mit mindestens 3 Reaktanzen sind die Bedingungen (Kompensation: $Z_{in} = R_L$, Phasendrehung) zu erfüllen. Die Forderung $Z_{in} = R_L$ entspricht der symmetrischen Kompensation. Die beiden SL_1-Geradentransformationswege bewirken in Bild L-35a die Spannungsphasendrehung Φ_U ($\uparrow SL \Rightarrow$ Eingangsspannung eilt vor), während die PC_1-Transformation für die Stromphasenverschiebung Φ_I ($\curvearrowright PC \Rightarrow$ Eingangsstrom eilt vor) verantwortlich ist. Wegen der geschlossenen Transformation ($R_L - SL_1 - PC_1 - SL_1 - R_L$) gilt $\Phi_U = \Phi_I$. Die dazugehörige Schaltung wird als T-Schaltung bezeichnet, weil die Reaktanzen L_1, C_1 und L_1 ein „T" bilden. Die äquivalente Π-Schaltung mit ihren Transformationswegen ist in Bild L-35b skizziert. Wegen der besseren Übersichtlichkeit sind alle Transformationen in Bild L-35 nicht maßstäblich gezeichnet. Die quantitativen Transformationswege der T- und Π-Schaltung sind in Bild L-36 dargestellt.

c) Gewählter Normierungswiderstand: $Z_0 = 500\ \Omega$.

Berechnung für Schaltbild L-35a ($SL_1 - PC_1 - SL_1$-Transf.):

$$X'_{L_1} = \frac{X_{L_1}}{Z_0} = \frac{\omega L_1}{Z_0} = \underbrace{0{,}525 - 0}_{obere} = \underbrace{0 - (-0{,}525)}_{untere} = 0{,}525 ;$$

SL_1-Transf. in Bild L-26

$$L_1 = 0{,}525 \cdot \frac{Z_0}{\omega} = \frac{0{,}525 \cdot 500 \cdot H}{2\pi \cdot 5 \cdot 10^6} = 8{,}4\ \mu H ;$$

$$B'_{C_1} = B_{C_1} \cdot Z_0 = \omega C_1 Z_0 = \underbrace{0{,}12 - (-0{,}12)}_{} = 0{,}24 ;$$

Länge der PC_1-Transf. in Bild L-36

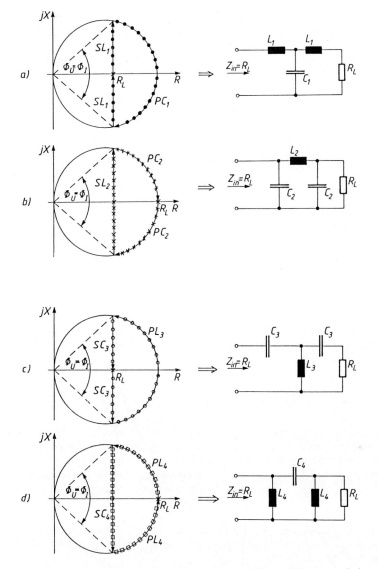

Bild L-35 Phasendrehungen von Spannung und Strom bei symmetrischer Kompensation

$$C_1 = \frac{0{,}24}{\omega Z_0} = \frac{0{,}24 \cdot F}{2\pi \cdot 5 \cdot 10^6 \cdot 500} = 15{,}3 \text{ pF}.$$

Berechnung für Schaltbild L-35b ($PC_2 - SL_2 - PC_2$-Transf.):

$$B'_{C_2} = B_{C_2} \cdot Z_0 = \omega C_2 Z_0 = \underbrace{0 - (-0{,}13)}_{\text{obere}} = \underbrace{0{,}13 - 0}_{\text{untere}} = 0{,}13;$$

PC_2-Transf. in Bild L-36

$$C_2 = \frac{0{,}13}{\omega Z_0} = \frac{0{,}13 \cdot F}{2\pi \cdot 5 \cdot 10^6 \cdot 500} = 8{,}3 \text{ pF};$$

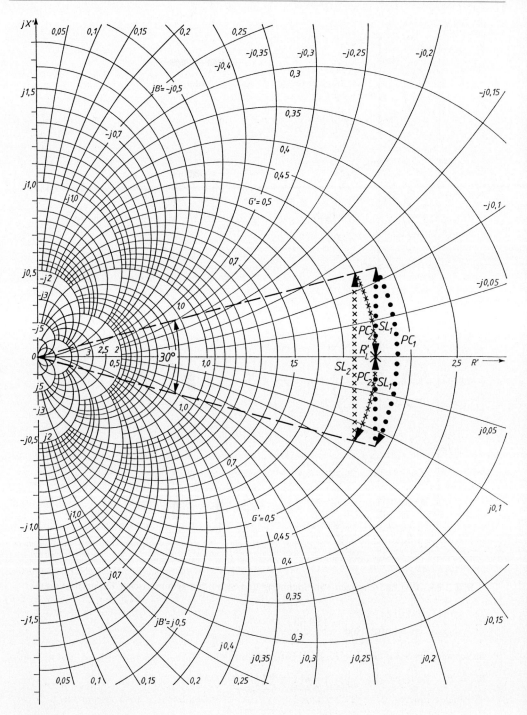

Bild L-36 Transformationswege und Phasenverschiebungswinkel (Spannung und Strom) bei symmetrischer Kompensation

$$X'_{L_2} = \frac{X_{L_2}}{Z_0} = \underbrace{\frac{\omega L_2}{Z_0} = 0{,}49 - (-0{,}49)}_{\text{Länge der } SL_2\text{-Transf. in Bild L-36}} = 0{,}98 \; ;$$

$$L_2 = \frac{0{,}98 \cdot Z_0}{\omega} = \frac{0{,}98 \cdot 500 \cdot H}{2\pi \cdot 5 \cdot 10^6} = 15{,}6 \, \mu H \; .$$

d) Auch hier kann wieder das Prinzip der symmetrischen Kompensation angewendet werden. $\underline{U}_1$ soll nachhinken ⇒ ↓ SC-Transformation für den Phasenwinkel Φ_U. Die Transformationswege und die dazugehörigen Schaltungen sind in den Bildern L-35c und d) dargestellt. Schaltbild L-35c ist wieder eine T-Schaltung, während die Schaltung in Bild L-35d die dazu äquivalente Π-Schaltung darstellt.

Übung 7.6/1:

Zuerst wird eine Normierung durchgeführt, damit $\underline{Z}'_L$ in Bild 7.6-7 eingetragen werden kann. Gewählter Normierungswiderstand: $Z_0 = 1 \, k\Omega$.

$$\underline{Z}'_L = \frac{\underline{Z}_L}{Z_0} = 1{,}25 + j0{,}8 \; .$$

Dann wird $\underline{Z}'_L$ im Smithdiagramm markiert ($R' = 1{,}25, jX' = j0{,}8$), die Gerade durch $R' = 1{,}0$ konstruiert und $\underline{Y}' = G' + jB' = 0{,}57 - j0{,}35$ abgelesen.

Entnormierung: $\underline{Y}_L = \dfrac{\underline{Y}'_L}{Z_0} = \dfrac{0{,}57 - j0{,}35}{1 \, k\Omega} = (0{,}57 - j0{,}35) \, mS$.

Übung 7.6/2:

a) Gewählter Normierungswiderstand: $Z_0 = 80 \, \Omega$.

$$\underline{Z}'_L = \frac{\underline{Z}_L}{Z_0} = 2 + j \; , \qquad \underline{Z}'_{in} = \frac{\underline{Z}_{in}}{Z_0} = 1$$

$\underline{Z}'_L$ und $\underline{Z}'_{in}$ werden in das Smithdiagramm eingetragen und mit Hilfe von Bild 7.6-7 überlegt, welche Transformationswege zum Ziel führen. Man erkennt dann hoffentlich an Bild L-37 (als Anfänger kann der Erkenntnisprozeß etwas länger dauern), daß man es mit (von $\underline{Z}'_L$ wegführenden) Serientransformationen nicht schafft, mit den zwei vorgeschriebenen Reaktanzen die normierte Impedanz $\underline{Z}'_{in}$ zu erreichen. Deshalb invertieren wir als erstes $\underline{Z}'_L$ (180°-Drehung des Reflexionsfaktors) und bekommen $\underline{Y}'_L$. Die normierte Admittanz liegt auf einem $G' = 0{,}4$-Kreis, auf dem wir die nachfolgenden Paralleltransformationen durchführen müssen. Beginnen wir mit einer PL_1-Transformation. Dabei ist bis jetzt unbekannt, wie weit wir auf dem $G' = 0{,}4$-Kreis mit PL_1 transformieren müssen. Unser Ziel $\underline{Z}'_{in} = 1$ liegt auf einem $R' = 1{,}0$-Kreis. Deshalb suchen wir eine Gerade durch den Mittelpunkt des Smithdiagramms, die zum $G' = 0{,}4$-Kreis und zum $R' = 1{,}0$-Kreis den gleichen Abstand $|r|$ besitzt. Durch Probieren mit einem Lineal (Nullpunkt in der Mitte) findet man die in Bild L-37 skizzierte Gerade, die den Endwert $\underline{Y}'_1$ der PL_1-Transformation und den Anfangswert $\underline{Z}'_1$ der folgenden SC_1-Transformation festlegt. Die Inversion $\underline{Z}'_1 = 1/\underline{Y}'_1$ (180°-Drehung des Reflexionsfaktors) ist erforderlich, weil die nachfolgende SC_1-Transformation in der Impedanzebene durchgeführt werden muß.
Der zweite mögliche Transformationsweg beginnt mit einer PC_2-Transformation. Auch hier bestimmt die eingezeichnete Gerade den Endwert $\underline{Y}'_2$ der PC_2-Transformation sowie den Anfangswert $\underline{Z}'_2 = 1/\underline{Y}'_2$ der folgenden SL_2-Transformation.

b) Die im Smithdiagramm gefundenen Transformationswege besitzen die in den Bildern L-34b und c) dargestellten Schaltbilder. Wir haben diese Transformationsaufgabe schon einmal in Übung 7.5/4 gelöst, dort mit Hilfe des Kreisdiagramms (s. Bild L-34a).

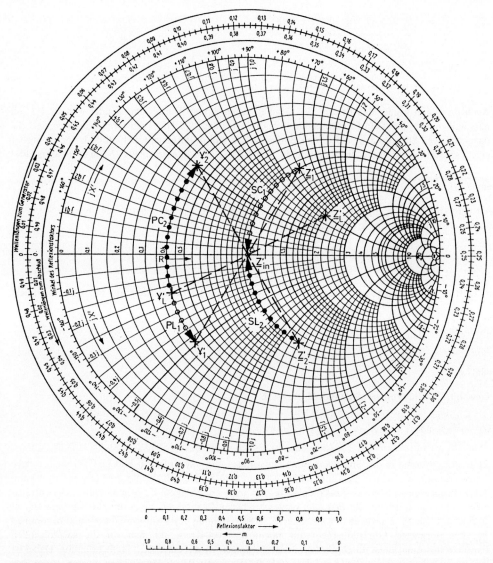

Bild L-37 Transformationswege im Smithdiagramm

c) *Berechnung für Schaltbild L-34b:*

$$B'_{L_1} = B_{L_1} \cdot Z_0 = -\frac{1}{\omega L_1} \cdot Z_0 = \underbrace{-0{,}48 - (-0{,}19)}_{\text{Länge der } PL_1\text{-Transf. in Bild L-37}} = -0{,}29 :$$

$$L_1 = \frac{Z_0}{0{,}29\omega} = \frac{80 \cdot H}{0{,}29 \cdot 2\pi \cdot 50 \cdot 10^6} = 878{,}1 \text{ nH};$$

$$X'_{C_1} = \frac{X_{C_1}}{Z_0} = -\frac{1}{\omega C_1 Z_0} = \underbrace{0 - 1{,}23}_{\text{Länge der } SC_1\text{-Transf. in Bild L-37}} = -1{,}23 :$$

Lösungen der Übungsaufgaben

$$C_1 = \frac{1}{1{,}23\omega Z_0} = \frac{1 \cdot F}{1{,}23 \cdot 2\pi \cdot 50 \cdot 10^6 \cdot 80} = 32{,}3 \text{ pF}.$$

Berechnung für Schaltbild L-34c:

$$B'_{C_2} = B_{C_2} \cdot Z_0 = \omega C_2 Z_0 = \underbrace{0{,}5 - (-0{,}19)}_{\text{Länge der } PC_2\text{-Transf. in Bild L-37}} = 0{,}69 \text{ ;}$$

$$C_2 = \frac{0{,}69}{\omega Z_0} = \frac{0{,}69 \cdot F}{2\pi \cdot 50 \cdot 10^6 \cdot 80} = 27{,}5 \text{ pF ;}$$

$$X'_{L_2} = \frac{X_{L_2}}{Z_0} = \frac{\omega L_2}{Z_0} = \underbrace{0 - (-1{,}2)}_{\text{Länge der } SL_2\text{-Transf. in Bild L-37}} = 1{,}2 \text{ ;}$$

$$L_2 = \frac{1{,}2 \cdot Z_0}{\omega} = \frac{1{,}2 \cdot 80 \cdot H}{2\pi \cdot 50 \cdot 10^6} = 305{,}6 \text{ nH}.$$

Übung 7.7/1:

a) $\Rightarrow \hat{u}_0 = |\underline{U}_0| = \sqrt{8 P_V R_{G,1}} \Rightarrow \hat{u}_0 = \sqrt{8 \cdot 100 \cdot 10^{-3} \cdot 100 \text{ V}^2} = 8{,}94 \text{ V}$

b) Mit einem Stechzirkel werden die Abstände zwischen den Frequenzpunkten auf der Ortskurve und dem Mittelpunkt des Smithdiagramms in Bild 7.7-3b ermittelt. Auf der m-Skala in Bild 7.7-3b lassen sich die m-Werte ablesen.

Aus (7.7/16) $\Rightarrow P_a = P_V \cdot \dfrac{4m}{(1+m)^2}.$

Da der Vierpol verlustlos ist, wird die gesamte in den Vierpol fließende Wirkleistung P_a dem Lastwiderstand R_a zugeführt.

$$P_a = \frac{|\underline{U}_a|^2}{2R_a} \Rightarrow |\underline{U}_a| = \hat{u}_a = \sqrt{2 P_a R_a}$$

f	m	P_a/mW	$\hat{u}_a$/V
f_1	0,08	27,43	2,34
f_2	0,385	80,28	4,01
f_3	0,69	96,64	4,40
f_4	1,0	100,00	4,47
f_5	0,65	95,50	4,37
f_6	0,5	88,89	4,22
f_7	0,65	95,50	4,37
f_8	1,0	100,00	4,47
f_9	0,69	96,64	4,40
f_{10}	0,385	80,28	4,01
f_{11}	0,08	27,43	2,34

c) Aus Teil a: $\hat{u}_0 = |\underline{U}_0| = \sqrt{8 P_V R_{G,2}}$

$\Rightarrow \hat{u}_0 = \sqrt{8 \cdot 100 \cdot 10^{-3} \cdot 200 \text{ V}^2} = 12{,}65 \text{ V}$

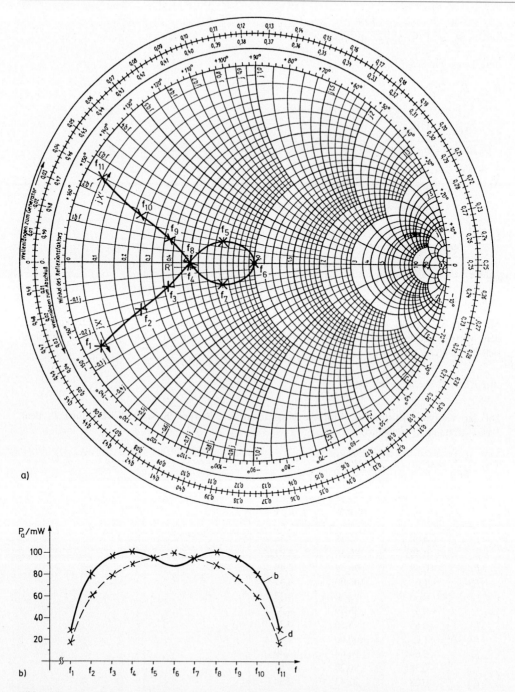

Bild L-38 a) Auf $R_{G,2} = 200\,\Omega$ normierte Eingangsimpedanz $\underline{Z}''_{in}(f) = \underline{Z}''_{L}(f)$
b) An den Lastwiderstand R_a abgegebene Wirkleistung P_a [b) $\hat{=} R_{G,1} = 100\,\Omega$, d) $\hat{=} R_{G,2} = 200\,\Omega$]

d) Die in Bild 7.7-3b dargestellte Ortskurve der normierten Eingangsimpedanz wurde mit $R_{G,1} = 100\,\Omega$ normiert. Um weiterhin mit den m-Kreisen arbeiten zu können, muß die Ortskurve zuerst entnormiert und dann wieder normiert werden auf den neuen Generatorwiderstand $R_{G,2} = 200\,\Omega$.

$$\underline{Z}'_L = \frac{\underline{Z}_L}{R_{G,1}} \Rightarrow \underline{Z}_L = R_{G,1}\underline{Z}'_L$$

$$\underline{Z}''_L = \frac{\underline{Z}_L}{R_{G,2}} = \frac{R_{G,1}}{R_{G,2}} \cdot \underline{Z}'_L = \frac{100\,\Omega}{200\,\Omega} \cdot \underline{Z}'_L = 0{,}5 \cdot \underline{Z}'_L\,.$$

Bild L-38a zeigt die neue auf $R_{G,2} = 200\,\Omega$ normierte Ortskurve der Eingangsimpedanz. Die weiteren Berechnungen verlaufen wie in Teil b.

f	$\underline{Z}'_L$	$\underline{Z}''_L = 0{,}5 \cdot \underline{Z}'_L$	m	P_a/mW	$\hat{u}_a/\mathrm{V}$
f_1	0,1 − j0,5	0,05 − j0,25	0,045	16,48	1,82
f_2	0,45 − j0,375	0,225 − j0,1875	0,22	59,12	3,44
f_3	0,75 − j0,2	0,375 − j0,1	0,37	78,85	3,97
f_4	1,0	0,5	0,5	88,89	4,22
f_5	1,4 + j0,3	0,7 + j0,15	0,66	95,80	4,38
f_6	2,0	1,0	1,0	100,00	4,47
f_7	1,4 − j0,3	0,7 − j0,15	0,66	95,80	4,38
f_8	1,0	0,5	0,5	88,89	4,22
f_9	0,75 + j0,2	0,375 + j0,1	0,37	78,85	3,97
f_{10}	0,45 + j0,375	0,225 + j0,1875	0,22	59,12	3,44
f_{11}	0,1 + j0,5	0,05 + j0,25	0,045	16,48	1,82

e) S. Bild L-38b.

Anhang

Zusammenstellung der benutzten mathematischen Operationen

1 Fourierreihe
1.1 Reelle Fourierreihe

$$f(x) = a_0 + \sum_{n=1}^{\infty} [a_n \cos(nx) + b_n \sin(nx)],\qquad\text{(A1)}$$

mit den Koeffizienten $\quad a_0 = \dfrac{1}{2\pi} \cdot \displaystyle\int_{-\pi}^{\pi} f(x)\,dx,\qquad\text{(A2)}$

$$a_n = \frac{1}{\pi} \cdot \int_{-\pi}^{\pi} f(x) \cos(nx)\,dx,\qquad\text{(A3)}$$

$$b_n = \frac{1}{\pi} \cdot \int_{-\pi}^{\pi} f(x) \sin(nx)\,dx.\qquad\text{(A4)}$$

a) $f(x)$ ist eine gerade Funktion

$$a_0 = \frac{1}{\pi} \cdot \int_{0}^{\pi} f(x)\,dx,\qquad\text{(A5)}$$

$$a_n = \frac{2}{\pi} \cdot \int_{0}^{\pi} f(x) \cos(nx)\,dx,\qquad\text{(A6)}$$

$$b_n = 0.\qquad\text{(A7)}$$

b) $f(x)$ ist eine ungerade Funktion

$$a_n = 0,\qquad\text{(A8)}$$

$$b_n = \frac{2}{\pi} \cdot \int_{0}^{\pi} f(x) \sin(nx)\,dx.\qquad\text{(A9)}$$

1.2 Spektraldarstellung

$$f(x) = a_0 + \sum_{n=1}^{\infty} \hat{d}_n \sin(nx + \Psi_n)\qquad\text{(A10)}$$

mit $\hat{d}_n = \sqrt{a_n^2 + b_n^2}$, (A11)

$$\Psi_n = \arctan\left\{\frac{a_n}{b_n}\right\}$$ (A12)

für $a_n = 0$: $\hat{d}_n = |b_n|$, (A13)

für $b_n = 0$: $\hat{d}_n = |a_n|$. (A14)

1.3 Komplexe Fourierreihe

$$f(x) = \sum_{n=-\infty}^{\infty} \underline{C}_n e^{jnx}$$ (A15)

mit $\underline{C}_n = \dfrac{1}{2\pi} \cdot \displaystyle\int_{-\pi}^{\pi} f(x)\, e^{-jnx} \cdot dx$. (A16)

1.4 Umrechnungsformeln

$C_0 = a_0$, (A17)

$\underline{C}_n = \dfrac{a_n - jb_n}{2} = |\underline{C}_n| \cdot e^{j\Phi_n}$, (A18)

$\underline{C}_{-n} = \underline{C}_n^* = \dfrac{a_n + jb_n}{2} = |\underline{C}_n| \cdot e^{-j\Phi_n}$, (A19)

$\hat{d}_n = 2\,|\underline{C}_n|$. (A20)

$\Psi_n = \Phi_n + \dfrac{\pi}{2}$, (A21)

$a_n = 2\,\mathrm{Re}\,\{\underline{C}_n\}$, (A22)

$b_n = -2\,\mathrm{Im}\,\{\underline{C}_n\}$. (A23)

2 Additionstheoreme

$\sin(\alpha)\cos(\beta) = \dfrac{\sin(\alpha - \beta) + \sin(\alpha + \beta)}{2}$, (A24)

$\cos^2(\alpha) = \dfrac{1 + \cos(2\alpha)}{2}$, (A25)

$\sin(2\alpha) = 2\cos(\alpha)\sin(\alpha)$, (A26)

$\cos(2\alpha) = \cos^2(\alpha) - \sin^2(\alpha)$, (A27)

$\dfrac{\sin(3\alpha)}{3} = \sin(\alpha) - \dfrac{4}{3}\sin^3(\alpha)$, (A28)

$\sin^2(\alpha) = \dfrac{1 - \cos(2\alpha)}{2}$, (A29)

$2\sin(3\alpha)\cos(2\alpha) = \sin(\alpha) + \sin(5\alpha)$, (A30)

$2\cos(\alpha)\sin(2\alpha) = \sin(\alpha) + \sin(3\alpha)$, (A31)

$$2 \cos (\alpha) \sin (4\alpha) = = \sin (3\alpha) + \sin (5\alpha), \tag{A32}$$

$$2 \sin (4\alpha) \cos (2\alpha) = \sin (2\alpha) + \sin (6\alpha), \tag{A33}$$

$$2 \cos (\alpha) \sin (3\alpha) = \sin (2\alpha) + \sin (4\alpha), \tag{A34}$$

$$2 \cos (\alpha) \sin (5\alpha) = \sin (4\alpha) + \sin (6\alpha), \tag{A35}$$

$$\cos (\alpha) \cos (\beta) = \frac{\cos (\pm\alpha \mp \beta) + \cos (\alpha + \beta)}{2}, \tag{A36}$$

$$\cos^3 (\alpha) = \frac{\cos (3\alpha) + 3 \cos (\alpha)}{4}, \tag{A37}$$

$$\cos^2 (\alpha) \cos (\beta) = \tfrac{1}{2} \cdot \cos (\beta) + \tfrac{1}{2} \cdot \cos (2\alpha) \cos (\beta)$$
$$= \tfrac{1}{2} \cdot \cos (\beta) + \tfrac{1}{4} \cdot [\cos (\beta - 2\alpha) + \cos (\beta + 2\alpha)], \tag{A38}$$

$$\sin (\alpha) \sin (\beta) = \tfrac{1}{2} \cdot [\cos (\alpha - \beta) - \cos (\alpha + \beta)], \tag{A39}$$

$$\sin (\alpha + \beta) = \sin (\alpha) \cos (\beta) + \cos (\alpha) \sin (\beta), \tag{A40}$$

$$\cos (\alpha + \beta) = \cos (\alpha) \cos (\beta) - \sin (\alpha) \sin (\beta). \tag{A41}$$

3 Komplexe Umformungen

$$\sum_{i=1}^{m} \hat{a}_i \cos (\omega_i t + \Phi_i) = \sum_{i=1}^{m} \frac{\hat{a}_i}{2} \cdot [e^{j(\omega_i t + \Phi_i)} + e^{-j(\omega_i t + \Phi_i)}] = \frac{1}{2} \cdot \sum_{i=1}^{m} [|\underline{A}_i| e^{j\Phi_i} e^{j\omega_i t}$$
$$+ |\underline{A}_i| e^{-j\Phi_i} e^{-j\omega_i t}] = \frac{1}{2} \cdot \sum_{i=1}^{m} [\underline{A}_i e^{j\omega_i t} + \underline{A}_i^* e^{-j\omega_i t}]. \tag{A42}$$

4 Rotation

Die Rotation eines komplexen Vektors $\vec{\underline{H}}$ berechnet sich für ein kartesisches Koordinatensystem mit:

$$\mathrm{rot}\,(\vec{\underline{H}}(x,y,z)) = \begin{vmatrix} \vec{e}_x & \vec{e}_y & \vec{e}_z \\ \frac{\partial}{\partial x} & \frac{\partial}{\partial y} & \frac{\partial}{\partial z} \\ \underline{H}_x & \underline{H}_y & \underline{H}_z \end{vmatrix} = \left(\frac{\partial \underline{H}_z}{\partial y} - \frac{\partial \underline{H}_y}{\partial z}\right) \vec{e}_x + \left(\frac{\partial \underline{H}_x}{\partial z} - \frac{\partial \underline{H}_z}{\partial x}\right) \vec{e}_y + \left(\frac{\partial \underline{H}_y}{\partial x} - \frac{\partial \underline{H}_x}{\partial y}\right) \vec{e}_z. \tag{A43}$$

5 Mathematische Zeichen

$x(y)$	Funktion vom Argument y
$\underline{X}$	Komplexe Größe
$\underline{X}^*$	Konjugiert komplexe Größe
$|\underline{X}| = X$	Betrag der komplexen Größe
$\arg \{\underline{X}\}$	Argument von $\underline{X}$
$\mathrm{Re}\,\{\underline{X}\}$	Realteil von $\underline{X}$
$\mathrm{Im}\,\{\underline{X}\}$	Imaginärteil von $\underline{X}$
$\vec{X}$	Vektor
$\vec{\underline{X}}$	Komplexer Vektor
$\mathrm{rot}\,(\vec{X})$	Rotor von $\vec{X}$
$\mathrm{div}\,(\vec{X})$	Divergenz von $\vec{X}$
$\mathrm{grad}\,(x)$	Gradient von x
$\Delta \vec{X}$	Laplaceoperator von $\vec{X}$

6 Tabelle des Integralsinus

$$\mathrm{Si}(x) = \int_0^x \frac{\sin u}{u}\, du = x - \frac{x^3}{3!\,3} + \frac{x^5}{5!\,5} - \frac{x^7}{7!\,7} + \ldots \qquad (A44)$$

x	Si(x)	x	Si(x)	x	Si(x)	x	Si(x)
0,0	0,0000	8,0	1,5742	16,0	1,6313	24,0	1,5547
0,2	0,1996	8,2	1,5981	16,2	1,6266	24,2	1,5476
0,4	0,3965	8,4	1,6198	16,4	1,6197	24,4	1,5415
0,6	0,5881	8,6	1,6386	16,6	1,6111	24,6	1,5367
0,8	0,7721	8,8	1,6538	16,8	1,6011	24,8	1,5333
1,0	0,9461	9,0	1,6650	17,0	1,5901	25,0	1,5315
1,2	1,1081	9,2	1,6721	17,2	1,5787	26,0	1,5449
1,4	1,2562	9,4	1,6747	17,4	1,5671	27,0	1,5803
1,6	1,3892	9,6	1,6732	17,6	1,5560	28,0	1,6047
1,8	1,5058	9,8	1,6676	17,8	1,5457	29,0	1,5973
2,0	1,6054	10,0	1,6584	18,0	1,5366	30,0	1,5668
2,2	1,6876	10,2	1,6460	18,2	1,5291	31,0	1,5418
2,4	1,7525	10,4	1,6311	18,4	1,5234	32,0	1,5442
2,6	1,8004	10,6	1,6144	18,6	1,5197	33,0	1,5703
2,8	1,8321	10,8	1,5965	18,8	1,5181	34,0	1,5953
3,0	1,8487	11,0	1,5783	19,0	1,5186	35,0	1,5969
3,2	1,8514	11,2	1,5604	19,2	1,5212	36,0	1,5751
3,4	1,8419	11,4	1,5436	19,4	1,5257	37,0	1,5506
3,6	1,8220	11,6	1,5284	19,6	1,5319	38,0	1,5455
3,8	1,7933	11,8	1,5154	19,8	1,5395	39,0	1,5633
4,0	1,7582	12,0	1,5050	20,0	1,5482	40,0	1,5870
4,2	1,7184	12,2	1,4976	20,2	1,5577	41,0	1,5949
4,4	1,6758	12,4	1,4933	20,4	1,5674	42,0	1,5808
4,6	1,6325	12,6	1,4922	20,6	1,5771	43,0	1,5583
4,8	1,5900	12,8	1,4943	20,8	1,5864	44,0	1,5481
5,0	1,5499	13,0	1,4994	21,0	1,5949	45,0	1,5587
5,2	1,5137	13,2	1,5071	21,2	1,6023	46,0	1,5798
5,4	1,4823	13,4	1,5172	21,4	1,6082	47,0	1,5918
5,6	1,4567	13,6	1,5291	21,6	1,6126	48,0	1,5845
5,8	1,4374	13,8	1,5423	21,8	1,6153	49,0	1,5651
6,0	1,4247	14,0	1,5562	22,0	1,6161	50,0	1,5516
6,2	1,4187	14,2	1,5704	22,2	1,6151		
6,4	1,4192	14,4	1,5841	22,4	1,6124		
6,6	1,4258	14,6	1,5970	22,6	1,6081		
6,8	1,4379	14,8	1,6085	22,8	1,6023		
7,0	1,4546	15,0	1,6182	23,0	1,5955		
7,2	1,4751	15,2	1,6258	23,2	1,5877		
7,4	1,4983	15,4	1,6309	23,4	1,5795		
7,6	1,5233	15,6	1,6336	23,6	1,5710		
7,8	1,5489	15,8	1,6337	23,8	1,5626		

7 Tabelle des Integralkosinus

$$\mathrm{Ci}(x) = -\int_x^\infty \frac{\cos u}{u}\,du = 0{,}577 + \ln x - \frac{x^2}{2!\,2} + \frac{x^4}{4!\,4} - \frac{x^6}{6!\,6} + \ldots \tag{A45}$$

x	$\mathrm{Ci}(x)$	x	$\mathrm{Ci}(x)$	x	$\mathrm{Ci}(x)$	x	$\mathrm{Ci}(x)$
0,01	−4,0280	5,40	−0,1544	14,40	0,0677	23,40	−0,0417
0,02	−3,3349	5,60	−0,1287	14,60	0,0628	23,60	−0,0423
0,03	−2,9296	5,80	−0,0994	14,80	0,0555	23,80	−0,0411
0,04	−2,6421	6,00	−0,0681	15,00	0,0463	24,00	−0,0383
0,05	−2,4191	6,20	−0,0359	15,20	0,0354	24,20	−0,0341
0,10	−1,7279	6,40	−0,0042	15,40	0,0234	24,40	−0,0286
0,15	−1,3255	6,60	0,0258	15,60	0,0108	24,60	−0,0220
0,20	−1,0422	6,80	0,0531	15,80	−0,0019	24,80	−0,0147
0,25	−0,8247	7,00	0,0767	16,00	−0,0142	25,00	−0,0068
0,30	−0,6492	7,20	0,0960	16,20	−0,0257	26,00	−0,0283
0,35	−0,5031	7,40	0,1104	16,40	−0,0358	27,00	0,0357
0,40	−0,3788	7,60	0,1196	16,60	−0,0443	28,00	0,0109
0,45	−0,2715	7,80	0,1236	16,80	−0,0509	29,00	−0,0219
0,50	−0,1778	8,00	0,1224	17,00	−0,0552	30,00	−0,0330
0,55	−0,0953	8,20	0,1164	17,20	−0,0573	31,00	−0,0140
0,60	−0,0223	8,40	0,1061	17,40	−0,0571	32,00	0,0164
0,65	0,0427	8,60	0,0919	17,60	−0,0546	33,00	0,0303
0,70	0,1005	8,80	0,0747	17,80	−0,0500	34,00	0,0163
0,75	0,1522	9,00	0,0553	18,00	−0,0435	35,00	−0,0115
0,80	0,1983	9,20	0,0345	18,20	−0,0354	36,00	−0,0274
0,85	0,2394	9,40	0,0133	18,40	−0,0261	37,00	−0,0179
0,90	0,2761	9,60	−0,0077	18,60	−0,0160	38,00	0,0071
0,95	0,3086	9,80	−0,0275	18,80	−0,0054	39,00	0,0245
1,00	0,3374	10,00	−0,0455	19,00	0,0052	40,00	0,0190
1,20	0,4205	10,20	−0,0609	19,20	0,0153	41,00	−0,0033
1,40	0,4620	10,40	−0,0733	19,40	0,0246	42,00	−0,0216
1,60	0,4717	10,60	−0,0824	19,60	0,0327	43,00	−0,0196
1,80	0,4568	10,80	−0,0878	19,80	0,0394	44,00	−0,0001
2,00	0,4230	11,00	−0,0896	20,00	0,0444	45,00	0,0186
2,20	0,3751	11,20	−0,0877	20,20	0,0476	46,00	0,0198
2,40	0,3173	11,40	−0,0824	20,40	0,0487	47,00	0,0031
2,60	0,2533	11,60	−0,0740	20,60	0,0480	48,00	−0,0157
2,80	0,1865	11,80	−0,0630	20,80	0,0453	49,00	−0,0196
3,00	0,1196	12,00	−0,0498	21,00	0,0409	50,00	−0,0056
3,20	0,0553	12,20	−0,0350	21,20	0,0349		
3,40	−0,0045	12,40	−0,0194	21,40	0,0277		
3,60	−0,0580	12,60	−0,0034	21,60	0,0195		
3,80	−0,1038	12,80	0,0121	21,80	0,0107		
4,00	−0,1410	13,00	0,0268	22,00	0,0016		
4,20	−0,1690	13,20	0,0399	22,20	−0,0073		
4,40	−0,1877	13,40	0,0510	22,40	−0,0159		
4,60	−0,1970	13,60	0,0598	22,60	−0,0236		
4,80	−0,1976	13,80	0,0660	22,80	−0,0303		
5,00	−0,1900	14,00	0,0694	23,00	−0,0357		
5,20	−0,1753	14,20	0,0699	23,20	−0,0395		

8 Legrendsche Polynome

$$P_n(x) = \frac{1}{2^n \cdot n!} \frac{d^n[(x^2-1)^n]}{dx^n}, \qquad (A46)$$

$P_0(x) = 1$,

$P_1(x) = x$,

$P_2(x) = \frac{1}{2}(3x^2 - 1)$,

$P_3(x) = \frac{1}{2}(5x^3 - 3x)$,

$P_4(x) = \frac{1}{8}(35x^4 - 30x^2 + 3)$,

$P_5(x) = \frac{1}{8}(63x^5 - 7x^3 + 15x)$.

Literatur

[1] Bronstein, I. N. und Semendjajew, K. A., Taschenbuch der Mathematik; Verlag Harri Deutsch, Frankfurt 1973
[2] Fukui, H., Available Power Gain, Noise Figure, and Noise Measure of Two-Ports and Their Graphical Representations; IEEE Trans. on Circuit Theory, vol. CT-13 (1966) 2
[3] Hewlett Packard, Accurate and Automatic Noise Figure Measurements; Application Note 64-3, June 1980
[4] Monroe, J. W., de Koning, J. G., Kelly, W. M., Tokuda, H., Spot Compression Points With Equal-Gain Circles; Microwaves (1977) 10
[5] Geißler, R., Meß- und Auswerteverfahren zur Fehlerminimierung bei der Rauschparameterbestimmung im mm-Wellengebiet; Frequenz 37 (1983) 10
[6] Solbach, K., Auswertung von Mikrowellen-Messungen durch rechnergestützte analytische Approximationsverfahren; Mikrowellen Magazin (1981) 2
[7] Löcherer, K.-H., Elektronenröhren und Halbleiterbauelemente; Vorlesungsskript, Universität Hannover, 1979
[8] Hewlett Packard, Spectrum Analyzer Basics; Application Note 150, April 1974
[9] Oberg, H. J., Berechnung nichtlinearer Schaltungen für die Nachrichtenübertragung; Teubner Studienskripten, 1973
[10] Zinke, O., Brunswig, H., Lehrbuch der Hochfrequenztechnik; Springer-Verlag, 1986
[11] Löcherer, K.-H., HF-Sende- und Empfangstechnik; Vorlesungsskript, Universität Hannover, 1976
[12] Meinke, H., Gundlach, F. W., Taschenbuch der Hochfrequenztechnik; Springer-Verlag, 1986
[13] Rothe, H., Dahlke, W., Theory of Noisy Fourpoles; Proc. of the IRE, June 1956
[14] Voges, E., Hochfrequenztechnik (Band 1); Hüthig-Verlag, 1986
[15] Telefunken-Fachbuch, Röhre und Transistor als Vierpol; Franzis-Verlag, 1967
[16] Niemeyer, M., Ein parametrischer Verstärker für den 11 GHz-Bereich; NTZ, Heft 11 und 12, 1979
[17] Okean, H. C., Asmus, J. R., Steffek, L. J., Low-noise, 94 GHz parametric amplifier development; IEEE-G-MTT Int. Microwave Symp. Digest, Boulder, 1973
[18] Edrich, J., A Cryogenically Cooled Two-Channel Paramp Radiometer for 47 GHz; IEEE MTT-25, No. 4, April 1977
[19] Kuramoto, M., Kaji, M., Kajikawa, M., Rauscharmer parametrischer Breitband-Verstärker im 20 GHz-Band; Trans. of the Inst. of Electronics and Communication Engineers of Japan, 1977
[20] Heinlein, W., Mezger, P. G., Theorie des parametrischen Reflexionsverstärkers; Frequenz 16 (1962), Nr. 9, 10 und 11
[21] Penfield, P., Rafuse, R., Varactor Applications; Cambridge Mass., M.I.T. Press, 1960
[22] Löcherer, K.-H., Brandt, C. D., Parametric Electronics; Springer-Verlag, 1982
[23] Okean, H. C., DeGruyl, J. A., Ng, E., Ultra Low Noise, Ku-Band Parametric Amplifier Assembly; IEEE MTT-S Int. Microwave Symp. Digest of Tech. Papers, Cherry Hill, 1976
[24] Okajima, K., et al., 18 GHz Paramps with Triple-Tuned Characteristics for Both Room and Liquid Helium Temperature Operation; IEEE Trans., Microwave Theory Tech., Vol. MTT-20, December 1972
[25] Zappe, H., Bertsch, G., Ungekühlter parametrischer Verstärker für Kleinerdefunkstellen, NTZ, 32 (1979), Heft 11
[26] Skolnik, M. I., Radar Handbook; McGraw Hill Book Company, New York 1970
[27] Löcherer, K.-H., Parametrische Schaltungen mit niedrigen Pumpfrequenzen; AEÜ, Band 31 (1977), Heft 9
[28] Geißler, R., Parametrischer Mikrowellenverstärker mit einer niedrigen Pumpfrequenz; AEÜ, Band 37 (1983), Heft 11/12

[29] Steiner, K.-H., Pungs, L., Parametrische Systeme; S. Hirzel Verlag, Stuttgart 1965
[30] Geißler, R., Microwave Parametric Upper-Sideband Down Convertor With Conversion Gain; ELECTRONICS LETTERS, Vol. 18, No. 10, May 1982
[31] Bücker, H., Selbstschwingende Mischstufen mit Bipolar-Transistoren im Mikrowellenbereich; Dissertation, Universität Hannover, 1982
[32] Kindler, K., Mischstufen mit Feldeffekt-Transistoren; Studienarbeit, Inst. f. HF-Technik, Universität Hannover, 1978
[33] Schoen, H., Weitzsch, F., Zur additiven Mischung mit Transistoren; Valvo Berichte, Band VIII, Heft 1, 1962
[34] Spiegel, M. R., Mathematical Handbook of Formulas and Tables; McGraw-Hill Book Company, New York, 1968
[35] Schmidt, H., Selbstschwingende Mischstufe für 100 MHz; Diplomarbeit, Universität Hannover, 1977
[36] Mäusl, R., Modulationsverfahren in der Nachrichtentechnik mit Sinusträger; Hüthig-Verlag, 1981
[37] Stoll, D., Einführung in die Nachrichtentechnik; AEG-Telefunken Fachbuchsonderausgabe für Studierende, 1979
[38] Tietze, U., Schenk, Ch., Halbleiter-Schaltungstechnik; Springer-Verlag, 1980
[39] Mäusl, R., Analoge Modulationsverfahren; Hüthig-Verlag, 1988
[40] Mäusl, R., Digitale Modulationsverfahren; Hüthig-Verlag, 1988
[41] Herter/Lörcher, Nachrichtentechnik; Hanser-Verlag, 1987
[42] Weidenfeller, H., Hochfrequenztechnik; Vorlesungsskript, FH Frankfurt/M., 1988
[43] Weidenfeller/Ladenburg, Digitale Modulationsverfahren für die frequenzband- und leistungsbegrenzte Mikrowellen-Funkübertragung; VDI-Verlag, 1988
[44] Nibler u. a., Hochfrequenzschaltungstechnik; Expert-Verlag, 1984
[45] Dietz, W., Zürn, K., Leistungsendstufe für KW; Diplomarbeit, FH Frankfurt/M., 1987
[46] Koch, H., Transistorsender; Franzis-Verlag, 1972
[47] Kammerloher, J., Transistoren (Teil III), Berechnung eines UKW-Transistor-Supers; Winter'sche Verlagshandl., Prien, 1966
[48] Henne, W., Empfänger-Elektronik; Hüthig-Verlag, 1973
[49] Best, R., Theorie u. Anwendungen des Phase-locked Loops; AT-Verlag Aarau, 1987
[50] Geschwinde, H., Einführung in die PLL-Technik; Vieweg-Verlag, 1980
[51] Zinke, O., Brunswig, H., Lehrbuch der Hochfrequenztechnik; Springer-Verlag, 1990
[52] Frohne, H., Einführung in die Elektrotechnik (3. Band: Wechselstrom); Teubner Studienskripten, 1971
[53] Frohne, H., Übungsaufgaben zur Vorlesung „Grundlagen der Elektrotechnik für Elektroingenieure"; Universität Hannover, 1972
[54] Stadler, E., Hochfrequenztechnik; AEG-Telefunken Fachbuchsonderausgabe für Studierende, Vogel-Verlag, 1973
[55] Lange, K., Theoretische Elektrotechnik I–IV; Vorlesungsskript, Universität Hannover, 1975
[56] Dalichau, H., Übungsaufgaben zur Vorlesung „Theoretische Elektrotechnik I–IV", Universität Hannover, 1975
[57] Oberg, H. J., Allgemeine Elektrotechnik; Vorlesungsmitschrift, FH Hamburg, 1970
[58] Oberg, H. J., Lineare und nichtlineare Systeme; Vorlesungsmitschrift, FH Hamburg, 1971

Sachwortverzeichnis

16-QAM 171
– Schrittgeschwindigkeit 172
2-PSK 166
– Bittaktableitung 199
– Modulator 167
– Schrittgeschwindigkeit 166
– Signal 166
– Trägerableitung 198
– Zeigerdiagramme 167
3 db-Grenzfrequenz 336
4-PSK 168
– Trägerableitung 204
– Ausgangssignal 170
– Bittaktableitung 207
– Modulator 168
– Zeigerdiagramm 169

A

Abbildungsgesetze 385
Amplitudenentscheider 201, 202, 208
Amplituden-Modulation 100 ff.
–, Arten 104
–, Entstehung an einer Knick-Kennlinie 118
–, Entstehung an einer Multiplizierer-Schaltung 121
–, Entstehung an einer nichtlinearen Kennlinie 114
Anpassung 225
Anpassungsmaß 394
Anpassungsschaltung 391
Arbeitspunkt
– Einstellung 237
– verschiebung 69
Aufwärtsmischer 56
Augendiagramm 165
Ausgleichsrechnung 12
Aussteuerfunktion
–, gerade 5
–, ungerade 5
Aussteuerung einer nichtlinearen Kennlinie 26

B

Bahnwiderstand 76
Bandbreite 102, 215
–, relative 215, 217
Bandfilter, zweikreisiger 248
Bandpaß, idealer 76
Basisbahnwiderstand 81
Basismodulation 126
Besselfunktion 81, 135
Betriebsbandbreite 220
Betriebsgüte 218
Bittaktfrequenz 160
Brückenschaltung 85

C

C-Betrieb 118, 179
Clapp-Oszillator 302
Collins-Filter 228
Colpitts-Oszillator 300
Costas-Loop-Schaltung 204

D

Deemphasis 152
Demodulation
– der 2-PSK 198
– der 4-PSK 202
– des 16-QAM 208
– Trägerzusatz 187
– von AM 178
– von FM 188
– von FM mit PLL 197
– winkeldemodulierter Signale 188
Demodulationszeitkonstante 181
Detektorempfänger 38
Differenzfrequenzspektralanteile 33
Differenzverstärkerprinzip 88
Diffusionsspannung 61
Digitale Modulationsverfahren 158
Dioden-Modulator 114, 125
Diodenkennlinie 4
–, Scherung 9
Diskriminator-Kennlinie 189, 192, 195
Doppelbit (Dibit) 169
Doppelgate-MOS-Feldeffekttransistor 87

Doppelsuperhetempfänger 44, 45
Dotierungsprofil 61
Dreipunkt-Schaltung
–, induktive 297
–, kapazitive 300
Dreitormatrix 80

E
Einfachsuperhet 39
Einheitskreis 374
Einseitenband
– AM (ESB-AM) 109
– Modulation, Erzeugung 129
Einweggleichrichtung 5
Elastanz
–, differentielle 68
– funktion 74
Empfänger 38 ff.
– Empfindlichkeit 40
Entkopplung 40
Entnormierung 354
Entscheider 198, 201

F
Fehler
–, statische 13
Fehlerquadratmethode nach Gauß 12
Feldeffekttransistoren 83
Filtermethode 130
Flanken-Diskriminator 189
Fourierkoeffizienten 6
Fourierreihe 5, 47
–, doppelte 35
–, komplexe 51, 53, 64, 72, 74
Frequenz
– Syntheziser-Schaltung 328
– hub 133
– modulation
    – Erzeugung 147
    – Frequenzspektren 145
– spektrum 101, 116, 134,
    – bei FM 145
    – bei PM 145
– umsetzung 1 ff., 45 ff.
– verdopplerschaltung 32
– vervielfacher 7, 32

G
Gegentakt
– Diodenmischer 91, 94
– Diodenmodulator 127
– Flankendiskriminator 192
– mischer 90
Geradeausempfänger
–, dreikreisig 39
–, einkreisig 38
Geradenortskurven 335
Gleichlage 36
– abwärtsmischer 37, 53
– aufwärtsmischer 36
– fall 56
Grenzfrequenzen 335
Großsignalverstärker 262 ff.
– A-Betrieb 264
– B-Betrieb 267
– Betriebsarten 262
– C-Betrieb 269
Grundton-Oszillator 314

H
Halbleiterdiode 31, 34
Hartley-Oszillator 297
HF
– Bandbreiten 174
– Gleichrichtung 178
– Vorselektion 43
Hilfskreise 80
Hubvervielfachung 151
Hüllkurven-Demodulator 178

I
Impedanztransformator 76
Impulsformung 159
Intermodulation 132
Interpolationspolynom 21

K
Kehrlage 37
– abwärtsmischer 37
– aufwärtsmischer 37
– fall 56
Kennlinie
–, lineare 1, 4
–, parabolische 50
–, quadratische 27, 84
Kennlinienapproximation 12
Kennwiderstand 212

Kleinsignal-Verstärker, Betriebsverhalten 242
Knickgerade 82
Knickkennlinie 49, 50
Koinzidenz-Demodulator 193
Kollektormodulation 126
Kombinationsfrequenzen 82
Kompensation, symmetrische 363
konforme Abbildung 374, 375
Konstantspannungseinspeisung 2
Konstantstromeinspeisung 2
Konversionsgleichungen 51, 54, 64, 72
Konversionsmatrix 55, 64
– eines Mischers 77
– der Diode bei Stromsteuerung 56
– der Kapazitätsdiode bei Stromsteuerung 73
– eines Varaktoraufwärtsmischers 74
Kreisdiagramm 349 ff.
Kreise konstanter Wirkleistung 391
Kreisgüte 213, 216
Kreisortskurve 338
Kreuzmodulation 131

L

L-Transformation 226
Ladungsaussteuerung, harmonische 69
Ladungskennlinie, nichtlineare 71
Ladungssteuerung 73
Lagrangesche Interpolationsformel 23
LC-Oszillatoren 294
Leistungsverstärkung, verfügbare 79
Leitungswellenwiderstand 374
Leitwert
– differentieller 47, 48, 51, 53
– zeitvariabler 48, 53
Linearisierung 16

M

m-Kreise 397
Meißner-Schaltung 294
Meßfelder, systematische 17
Mischleitwert
–, maximaler 50
–, optimaler 50
Mischsteilheit 81
–, optimale 50
Mischsteuerung 8
Mischstufe, selbstschwingende 84
Mischung
–, additive 46 ff.
–, multiplikative 87

Mischverstärkung 85
Mittenfrequenzen 36
Modulation 98 ff.
Modulationsgrad 101
Modulationskennlinie
–, dynamische 125
–, statische 123
Modulationsverzerrungen 84

N

Nahselektion 44
Newtonsches Interpolationspolynom 21
Normierung 352
Normierungswiderstand 353, 374
Nyquist-Bandbreite 160

O

Oberwellenmischung 44, 48
Operationsverstärker 341
Ortskurven, Geraden- und Kreistyp 334
Oszillator 85
–, Analyse mit Y-Parameter 317
– für UKW 304
–, Schwingbedingung 286
– spannung 1
– Vierpol 285
– Zweipol 279

P

Parabelkennlinie 26, 32
Parallelgleichrichter-Schaltung 183
Parallelresonanz 308
Parallelschwingkreis 215
–, Transformation 222
–, Verlustwiderstand 216
Pendel-Zeigerdiagramm 133
Pfeifstörungen durch Oberwellenmischung 44
Phasen
– differenz-Codierung 209
– hub 133
– methode 130
– modulation
  –, Erzeugung 154
  –, Frequenzspektren 145
– schieber 346
– sprung 106
– unsicherheiten 209
Pierce-Oszillator 313
Pilotträger 108

Sachwortverzeichnis 479

PLL 188, 199, 204
–, digitale 328
–, Fangbereich 324
– Frequenz-Synthesizer 329
–, Grundkreis (linearer PLL) 322
–, Haltebereich 324
–, Rasterabstand 330
pn-Übergang 82
Potenzreihenapproximation 35
Preemphasis 152
Prinzip der durchgehenden Wirkleistung 361, 392
Produktdemodulator 186
PSK (Phasenumtastung) 159
–, Beispiele 175
Pumpgenerator 52
Pumposzillator 1
Pumpspannung 1

Q

Quadratur
– Träger 202
– modulation 107
Quarz
– Oberton-Oszillator 316
– Oszillator 306
– „Ziehen" 310
– Ersatzschaltbild 307
– Güte 309

R

Rauschen, thermisches 60, 80
Rauschfenster 61
RC-Oszillatoren 287, 341
Reflexionsfaktor 240, 374
Reflexionsfaktorebene 374, 375
Reflexionsverstärker 60
Regellage 36
Regression, lineare 12
Reihengleichrichter-Schaltung 183
Reihenschwingkreis 212
Remodulation 206
Resonanz
– frequenz 212, 216
– transformation 226, 228
– überhöhung 219
Restseitenband-AM (RSB-AM) 112
Richtkennlinienfeld 181
Ringmodulator 93, 97, 129, 198
Roll-off-Faktor 164

Rückmischeffekte 86
Rückmischung, parametrische 86
Rundfunk-Stereoübertragung 107

S

S-Parameter, Verstärker-Berechnung 255
Saugkreis 220, 221
Schaltung, parametrische 59
Schleifenfilter 326
Schleusenspannung 4
Schottkydioden 52
– kennlinie 34
– mischer 52 ff.
Schritt
– geschwindigkeit 169
– weite 160
Schrotrauschen 60, 80
Schwellspannung 4
Schwingkreis 212 ff.
–, Generator-Einfluß 218
–, Kennwiderstand 216
Schwingung
–, amplitudenmodulierte 84
Selektion des Empfängers 38
Selektionsverstärker, einstufiger 244
Serienresonanz 308
Signal, amplitudenmoduliert 33
Signalfrequenzband 36
Smith-Diagramm 374, 388
Spannung, eingeprägte 1
Spannungssteuerung 49, 52, 63 ff.
Spektraldichte 162
Spektrum 7, 31
Sperrkreis 220, 222
Sperrschichtfeldeffekttransistor 27
Sperrschichtkapazität 62, 74
– differentielle 68
Spiegelfrequenz 43
– abschluß 80
– band 37
– empfang 44
– selektion 44
Spiegelkreis 80
Spiegelselektion 43
Strom
–, eingeprägter 1
– flußwinkel 4, 5, 26, 32
–, optimaler 50
– quelle, gesteuerte 89
– steuerung 49, 67 ff.

Summenfrequenzspektralanteile 33
Superheterodynempfänger 39
Synchron
– demodulator 186, 198
– träger, störbefreiter 199

T
Taylor
– polynom 34
– reihe 46, 63, 71
Temperaturspannung 81
Träger
–, störbereinigter 204
– ableitverfahren 209
– rückgewinnung 187
Transformation, mit λ/4-Leitung 231
Transistor
– abwärtsmischung 81
– Ersatzschaltbild Giacoletto 235
– Grundschaltungen 234
– mischer 80 ff.
Trennschärfe 41, 42
Tunneldioden-Oszillator 281

U
Überlagerungsempfänger 39
Übertragung
–, Bandbreite 164

V
Varaktor
– diode 61
– ersatzschaltung 76
– mischer 59 ff.
VCO 322
Verdreifacherschaltung 32
verfügbare Leistung 392
Verlustfaktor 212

Verlustwiderstand 212
Verstärker
–, parametrischer 59
–, selektiver 42
Verstimmung, relative 42, 214
Vorselektion 39
Vorselektionskreis 43

W
Weaver-Methode 131
Wellenwiderstand
–, komplexer 374
–, reeller 374
Widerstand
–, differentieller 59
–, idealer 4
–, negativer 280
Wien-Brücken-Oszillator 291
Wien-Robinson-Oszillator 292, 341
Wienbrücke 341
Winkelmodulation 132
–, Bandbreite 141
–, Frequenzspektren 143
Wirkleistungsumsatz 103

Y
Y-Parameter 232

Z
Zeigerdiagramm 102
Zeitverlauf 101, 133
ZF-Verstärker 40
Zweifachüberlagerung 44
Zweiseitenband-AM
– mit Träger (ZSB-AM) 104 ff.
– ohne Träger 105 ff.
Zweitormatrix 80
Zwischenfrequenz 40